近代物理实验

葛惟昆　王合英　主编

清华大学出版社

北　京

内 容 简 介

本书分为以下六个部分：①原子物理和量子物理；②现代光学及应用；③凝聚态物理与实验技术；④等离子体物理；⑤核物理及粒子物理与技术；⑥实验技术与综合。这种划分，是本实验室几十年来教学科研建设的历史发展之自然结果，它与物理学的二级学科大致并行，也与清华大学物理系的科研教学大致吻合，一方面尽可能涵盖近代物理的主要分支和物理学发展过程中具有里程碑意义的重要实验，也试图反映当代物理学发展的最前沿的成果。

本书可作为理工科近代物理实验课程的教学参考用书，也可供具有物理知识和对物理实验有浓厚兴趣的人参考。

图书在版编目（CIP）数据

近代物理实验/葛惟昆，王合英主编. —北京：清华大学出版社，2020.12
ISBN 978-7-302-56858-2

Ⅰ. ①近… Ⅱ. ①葛… ②王… Ⅲ. ①物理学—实验 Ⅳ. ①O41-33

中国版本图书馆 CIP 数据核字（2020）第 226096 号

责任编辑：佟丽霞　陈凯仁
封面设计：常雪影
责任校对：赵丽敏
责任印制：吴佳雯

出版发行：清华大学出版社
　　　　　网　　址：http://www.tup.com.cn，http://www.wqbook.com
　　　　　地　　址：北京清华大学学研大厦 A 座　　　　邮　　编：100084
　　　　　社 总 机：010-62770175　　　　　　　　　　邮　　购：010-62786544
　　　　　投稿与读者服务：010-62776969，c-service@tup.tsinghua.edu.cn
　　　　　质量反馈：010-62772015，zhiliang@tup.tsinghua.edu.cn
印 装 者：三河市君旺印务有限公司
经　　销：全国新华书店
开　　本：185mm×260mm　　印　张：31　　　　　字　　数：755 千字
版　　次：2020 年 12 月第 1 版　　　　　　　　印　　次：2020 年 12 月第 1 次印刷
定　　价：87.00 元

产品编号：057222-01

前　言

　　自 20 世纪以来,近代物理以磅礴之势登上世界历史舞台,突破了千百年的传统观念,改变了人类生活,开辟了崭新的时代!从经典物理的两朵乌云,到相对论和量子力学的诞生,人类对自然的认识发生了质的飞跃。从宇宙星辰的宏观运动,到分子、原子、粒子的微观运动,都彻底摈弃了经典物理学的观念。物理学的革命性发展,影响了整个自然科学,进而推动了科学技术的全面发展。尤其以量子力学为基础的电子学,更使人类社会进入了新时代。以量子通信和量子计算以及人工智能等为代表的当代科学技术的迅猛发展,更出现了所谓"第二次量子力学革命"的预言。

　　20 世纪 20 年代诞生的量子力学,给人们打开了微观世界的大门,往往被称为"第一次量子力学革命"。量子力学有着一些奇特的性质,例如波函数的概率幅、波粒二象性、薛定谔猫、量子纠缠等。而围绕着这些奇特性质,有着各种疑惑和解释。

　　1935 年,爱因斯坦等提出所谓 EPR(Einstein-Podolsky-Rosen)的思想实验,开启了关于量子纠缠态即量子非局域性的探索。这个思想实验进一步启发了贝尔(J. Bell)提出贝尔不等式,将这些思想性的实验付诸于真实的实验。在 2015 年,荷兰研究组利用两块相距 1.5 km 的金刚石色心中电子自旋,完成了所谓"无漏洞"的贝尔不等式的验证。这场爱因斯坦和玻尔之间的学术争论,揭示了量子世界更为深刻和基础的性质:量子非局域性。可以预想,就像当年关于黑体辐射的深入研究,导致了量子力学的第一次革命,对于这些量子世界的奇特性质的更深入的探索,将导致量子力学的第二次革命!第一次量子革命之后,量子力学应用到各个领域,已经取得了非常丰硕的成果。而第二次量子革命,物理学家希望彻底弄明白量子力学的奇特性质到底为什么是这样。特别是关于量子力学最为奇特的属性之一:量子非局域性,它的根源是什么?我们在近代物理实验中试图做一点最初步的尝试,激发起同学们的好奇心,鼓励他们去追踪物理学最基本的目标:研究物质运动最一般规律和物质基本结构。

　　大学本科物理的教学,以经典物理为基础,重点在近代物理,尤其是建立在量子力学基础上的各门学科,包括粒子物理学、原子核物理学、原子与分子物理学、固体物理学、凝聚态物理学、激光物理学、等离子体物理学、生物物理学等。实验物理的教学也相应地分为普通(即经典)物理和近代物理两个部分。

    根据目前清华大学实验物理教学中心的实际教学内容,本书分为以下 6 个部分:①原子物理和量子物理;②现代光学及应用;③凝聚态物理与实验技术;④等离子体物理;⑤核物理及粒子物理与技术;⑥实验技术与综合。这种划分,是本实验室几十年来教学科研建设的历史发展之自然结果,它与物理学的二级学科大致并行,也与清华大学物理系的科研教学大致吻合,一方面尽可能涵盖近代物理的主要分支和物理学发展过程中具有里程碑意义的重要实验,也试图反映当代物理学发展的最前沿的成果,例如量子纠缠实验。同时特别把实验技术独立列出,体现物理学是实验科学、与技术紧密相关的特点。具体来说,第 1 部分"原子物理和量子物理"代表了在量子力学的起源和发展中一些核心的相关实验,例如磁共振、光吸收和电子衍射,都是量子化能级间跃迁和粒子波粒二象性的表征,同时也包含了像量子纠缠这样前沿和深奥的课题。第 2 部分"现代光学及应用",也可以说是量子光学,基本都与激光有关,也包括光学信息处理。2018 年的诺贝尔物理学奖正是表彰美国和加拿大三位科学家在激光物理学领域的突破性贡献。许多人对光学在 21 世纪的发展和应用寄予厚望。第 3 部分"凝聚态物理与实验技术",这是物理学最大的分支,也是与人类实际生活关系最密切的学科。在凝聚态物理学中,1980 年发现的量子霍尔效应是一个具有历史意义的里程碑,从此各种量子效应在凝聚态中大显身手,例如本书所包含的巨磁电阻效应及其应用、高温超导体、半导体、太阳能电池和燃料电池、磁晶和液晶以及物相分析等。第 4 部分"等离子体物理",专注于气、液、固三种物质形态之外的第四种物质形态:等离子体。第 5 部分"核物理及粒子物理与技术",介绍 X 射线、γ 射线等在核物理研究中各种能谱仪器的应用,以及一些放射现象。第 6 部分"实验技术与综合",包括近代物理实验中经常使用的微弱信号处理、真空和薄膜制备,以及质谱、超声、微波和扫描隧道显微镜等技术手段。

    本书由清华大学实验物理实验教学中心组织编写,得到中心主任张留碗的大力支持。中心前主任葛惟昆和近代物理实验教学负责人王合英共同主编,参加编写的有近代物理实验室主任陈宜保,以及宁传刚、张慧云、侯清润、陈宏、孙文博、茅卫红、郑盟昆、王秀凤等各位老师。具体编写者的姓名列在各个实验的文字部分之后。

    囿于经验及知识水平,本书偏颇或疏漏之处难免,敬祈指正!

葛惟昆

2020 年 10 月于清华园

目　录

第 4 部分　等离子体物理

第 5 部分　核物理及粒子物理与技术

第 6 部分　实验技术与综合

第 1 部分

原子物理和量子物理

实验 **1** 光泵磁共振实验

20 世纪 50 年代初期,卡斯特勒(A. Kastler)等人提出了光抽运(optical pumping)的概念,又称光泵,并发展了这一技术。1966 年,他由于在光抽运方面的贡献而荣获诺贝尔物理学奖。光抽运是用圆偏振光束激发气态原子,打破原子在所研究的能级间的玻耳兹曼热平衡分布,造成所需的布居数差,从而在低浓度的条件下提高了信号强度。这时再用相应频率的射频场激励原子,就可以实现磁共振,测量原子超精细结构塞曼子能级的朗德因子。

【思考题】

1. 在有磁场和无磁场两种条件下,光探测器接收到的透过吸收池的光的强度是不一样的,分析哪个强、哪个弱。
2. 磁共振发生在哪个子能级上?

【引言】

物理学中研究物质内部结构,广泛利用光谱学的方法,通过它研究原子和分子的结构并提供了有关的数据,推动了原子和分子物理学的进展。如果要研究原子、分子等微观粒子内部更精细的结构和变化时,光谱学的方法就受到仪器分辨率和谱线线宽的限制。在此情况下发展了波谱学的方法,它利用物质的微波或射频共振,以研究原子的精细结构以及因磁场存在而分裂形成的塞曼子能级,这比光谱学方法有更高的分辨率。但是,热平衡下磁共振涉及的能级粒子布居数差别很小,加以磁偶极跃迁概率也较小,因此核磁共振波谱方法也有如何提高信号强度的问题。对于固态和液态物体的波谱学,如核磁共振(NMR)和电子顺磁共振(EPR),由于样品浓度大,再配合高灵敏度的电子探测技术,能够得到足够强的共振信号。可是对气态的自由原子,样品的浓度降低了几个数量级,就需要采用新方法来提高共振信号强度,才能深入进行研究。

在 20 世纪 50 年代初期,卡斯特勒(A. Kastler)等人提出了光抽运(optical pumping)概念,又称光泵,并发展了这一技术。1966 年,他由于在光抽运方面的贡献而荣获诺贝尔物理学奖。光抽运是用圆偏振光束激发气态原子,以打破原子在所研究的能级间的玻耳兹曼热平衡分布,造成所需的布居数差,从而在低浓度的条件下提高了信号强度。这时再用相应频率的射频场激励原子,就可以观察到磁共振。在探测磁共振方面,不直接探测原子对射频量子的发射或吸收,而是采用光探测的方法,探测原子对光量子的发射或吸收。由于光量子的能量比射频量子高 7、8 个数量级,所以探测灵敏度得以提高。几十年来,用光抽运——磁共振——光探测技术对许多原子、离子和分子进行了大量研究,增进了我们对微观粒子结构的了解。如对原子的磁矩、朗德因子、能级寿命、能级结构、塞曼分裂与斯塔克分裂的研究,尤其是对碱金属原子激发态精细结构的研究,对搞清楚碱金属原子结构的理论方面起了很大的推动作用。此外光抽运在激光、电子频率标准、精测弱磁场等方面也有重要的应用。

本实验的物理内容很丰富,实验过程中不仅可以见证其独特的测量方法,也会看到比较复杂的物理现象。若学生能够根据基本原理给出正确的分析,将会受到一次很好的原子物理实验和综合实验的训练,进一步加深对原子超精细结构的理解。本实验的具体内容是测定铷原子超精细结构塞曼子能级的朗德因子、地磁场。

【实验原理】

1. 铷(Rb)原子基态及最低激发态的能级

实验研究的对象是铷的气态自由原子。铷是碱金属原子,在紧束缚的满壳层外只有一个电子。铷的价电子处于第五壳层,主量子数 $n=5$。主量子数为 n 的电子,其轨道量子数 $L=0,1,\cdots,n-1$。基态 $L=0$,最低激发态 $L=1$。电子还具有自旋,电子自旋量子数 $S=1/2$。

由于电子的自旋与轨道运动的相互作用(LS 耦合)而发生能级分裂,称为精细结构,见图 1.1。轨道角动量 $\boldsymbol{P}_L$ 与自旋角动量 $\boldsymbol{P}_S$ 合成总角动量,$\boldsymbol{P}_J=\boldsymbol{P}_L+\boldsymbol{P}_S$。原子能级的精细结构用总角动量量子数 J 来标记,$J=L+S,L+S-1,\cdots,|L-S|$。对于基态,$L=0,S=1/2$,因此 Rb 基态只有 $J=1/2$,其标记为 $5^2S_{1/2}$。铷原子最低激发态是 $5^2P_{3/2}$ 及 $5^2P_{1/2}$。$5^2P_{1/2}$ 态的 $J=1/2$,$5^2P_{3/2}$ 态的 $J=3/2$。$5P$ 与 $5S$ 能级之间产生的跃迁是铷原子主线系的第 1 条线,为双线。它在铷灯光谱中强度是很大的。$5^2P_{1/2}\rightarrow5^2S_{1/2}$ 跃迁产生波长为 794.76 nm 的 D_1 谱线,$5^2P_{3/2}\rightarrow5^2S_{1/2}$ 跃迁产生波长 780 nm 的 D_2 谱线。

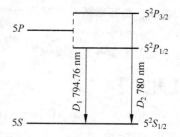

图 1.1 LS 耦合精细能级结构

原子的价电子在 LS 耦合中,总角动量 $\boldsymbol{P}_J$ 与原子的电子总磁矩 $\boldsymbol{\mu}_J$ 的关系为

$$\boldsymbol{\mu}_J=-g_j\frac{e}{2m}\boldsymbol{P}_J \tag{1.1}$$

$$g_J=1+\frac{J(J+1)-L(L+1)+S(S+1)}{2J(J+1)} \tag{1.2}$$

其中,g_J 是朗德因子;J、L 和 S 是相应的量子数。

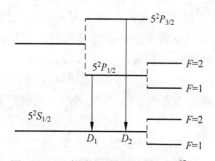

图 1.2 IJ 耦合超精细结构能级(^{87}Rb)

原子核也具有自旋和磁矩。核磁矩与上述原子的电子总磁矩之间相互作用造成能级的附加分裂。这种附加分裂称为超精细结构。铷元素在自然界主要有两种同位素,^{87}Rb 占 27.85%,^{85}Rb 占 72.15%。两种同位素铷核的自旋量子数 I 是不同的。核自旋角动量 $\boldsymbol{P}_I$ 与电子总角动量 $\boldsymbol{P}_J$ 耦合成 $\boldsymbol{P}_F$,有 $\boldsymbol{P}_F=\boldsymbol{P}_I+\boldsymbol{P}_J$。IJ 耦合形成超精细结构能级,见图 1.2。由 F 量子数标记,$F=I+J,\cdots,|I-J|$。

^{87}Rb 的 $I=3/2$，它的基态 $J=1/2$，具有 $F=2$ 和 $F=1$ 两个状态。^{85}Rb 的 $I=5/2$，它的基态 $J=1/2$，具有 $F=3$ 和 $F=2$ 两个状态。

整个原子的总角动量 $\boldsymbol{P}_F$ 与总磁矩$\boldsymbol{\mu}_F$ 之间的关系可写为

$$\boldsymbol{\mu}_F = -g_F \frac{e}{2m}\boldsymbol{P}_F \tag{1.3}$$

其中的 g_F 因子可按类似于求 g_J 因子的方法算出。考虑到核磁矩比电子磁矩小约 3 个数量级（为什么？），$\boldsymbol{\mu}_F$ 实际上为$\boldsymbol{\mu}_J$ 在 $\boldsymbol{P}_F$ 方向的投影，从而由矢量关系的三角公式得到

$$g_F = \frac{g_J[F(F+1)+J(J+1)-I(I+1)]}{2F(F+1)} \tag{1.4}$$

其中，g_F 是对应于$\boldsymbol{\mu}_F$ 与 $\boldsymbol{P}_F$ 关系的朗德因子。以上所述都是在没有外磁场条件下的情况。

如果处在外磁场 $\boldsymbol{B}$ 中，由于总磁矩$\boldsymbol{\mu}_F$ 与磁场 $\boldsymbol{B}$ 的相互作用，超精细结构中的各能级进一步发生塞曼分裂，形成塞曼子能级。用磁量子数 M_F 来表示，则 $M_F=F,F-1,\cdots,-F$，即分裂成 $2F+1$ 个子能级，其间距相等。$\boldsymbol{\mu}_F$ 与 $\boldsymbol{B}$ 的相互作用能量为

$$E = -\boldsymbol{\mu}_F \cdot \boldsymbol{B} = g_F \frac{e}{2m}\boldsymbol{P}_F \cdot \boldsymbol{B} = g_F \frac{e}{2m}M_F(h/2\pi)B = g_F M_F \mu_B B \tag{1.5}$$

式中，$\mu_B = \dfrac{e}{2m}\hbar$ 为玻尔磁子。^{87}Rb 的能级图如图 1.3 所示，^{85}Rb 能级图如图 1.4 所示。为了清楚起见，所有的能级结构图均未按比例绘制。各相邻塞曼子能级的能量差为

$$\Delta E = g_F \mu_B B \tag{1.6}$$

可以看出 ΔE 与 B 成正比。当外磁场为零时，各塞曼子能级将重新简并为原来能级。

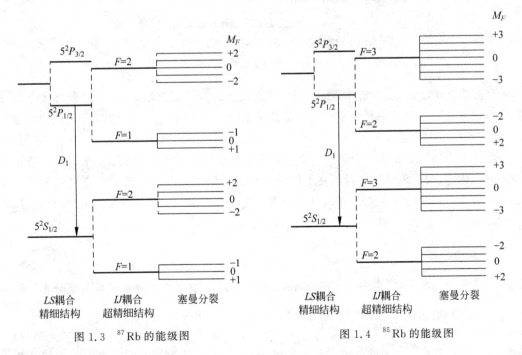

　　图 1.3　^{87}Rb 的能级图　　　　　　　　　　图 1.4　^{85}Rb 的能级图

2. 增大粒子布居数之差，以产生粒子数偏极化

气态^{87}Rb 原子受 $D_1\sigma^+$ 左旋圆偏振光照射时，遵守光跃迁选择定则

$$\Delta F = 0, \pm 1, \quad \Delta M_F = +1$$

在由 $5^2S_{1/2}$ 能级到 $5^2P_{1/2}$ 能级的激发跃迁中，由于 σ^+ 光子的角动量为 $+\hbar$，只能产生 $\Delta M_F = +1$ 的跃迁。基态 $M_F = +2$ 子能级上原子若吸收光子就将跃迁到 $M_F = +3$ 的状态，但 $5^2P_{1/2}$ 各子能级最高为 $M_F = +2$，因此基态中 $M_F = +2$ 子能级上的粒子就不能跃迁，换言之其跃迁概率为零。如图 1.5 所示，由 $5^2P_{1/2}$ 到 $5^2S_{1/2}$ 的向下跃迁中，由于是无辐射跃迁，不必满足角动量守恒的要求，所以 $\Delta M_F = 0, \pm 1$ 的各跃迁都是可能的。

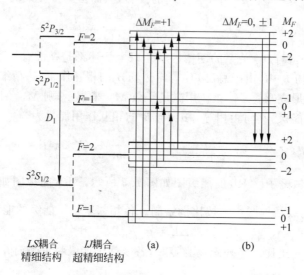

图 1.5 ^{87}Rb 吸收光受激跃迁及基态无辐射跃迁

(a) ^{87}Rb 吸收光受激跃迁，$M_F = +2$ 粒子跃迁概率为零；

(b) ^{87}Rb 基态无辐射跃迁，以相等概率返回基态（这里只标示了到 $M_F = +2$ 态的跃迁）

经过多次上下跃迁，基态中 $M_F = +2$ 子能级上的粒子数只增不减，这样就增大了粒子布居数的差别。这种非平衡分布称为粒子数偏极化。类似地，也可以用右旋圆偏振光照射样品，最后原子都布居在基态 $F = 2$、$M_F = -2$ 的子能级上。原子受光激发，在上下跃迁过程中使某个子能级上粒子过于集中的现象称为光抽运。光抽运的目的就是要造成基态能级中的偏极化，实现了偏极化就可以在子能级之间进行磁共振跃迁实验了。磁共振发生在基态 $5^2S_{1/2}$，$F = 2$，$M_F = +2$ 子能级处。同样，对于 ^{85}Rb 原子，磁共振发生在基态 $5^2S_{1/2}$，$F = 3$，$M_F = +3$ 子能级处。

3. 弛豫时间

在热平衡条件下，任意两个能级 E_1 和 E_2 上的粒子数之比都服从玻耳兹曼分布，即

$$N_2/N_1 = \exp(-\Delta E/kT)$$

式中，$\Delta E = E_2 - E_1$ 是两个能级之差；N_1、N_2 分别是两个能级 E_1、E_2 上的粒子数目；k 是玻耳兹曼常数；T 是温度。由于能量差极小，近似地可认为各子能级上的粒子数是相等的。光抽运增大了粒子布居数的差别，使系统处于非热平衡分布状态。

系统由非热平衡分布状态趋向于平衡分布状态的过程，称为弛豫过程。促使系统趋向平衡的机制是原子之间以及原子与其他物质之间的相互作用。在实验过程中要保持粒子分

布有较大的偏极化程度,就要尽量减少返回玻耳兹曼分布的趋势。但铷原子与容器壁的碰撞以及铷原子之间的碰撞都会导致铷原子恢复到热平衡分布,失去光抽运所造成的偏极化。然而铷原子与磁性很弱的原子碰撞,对铷原子状态的扰动极小,不影响粒子分布的偏极化。因此在铷样品泡中充入 1333 Pa 的氮气,它的密度比铷蒸气原子的密度大 6 个数量级,这样可减少铷原子与容器以及与其他铷原子的碰撞机会,从而保持铷原子分布的高度偏极化。此外,处于 $5^2P_{1/2}$ 的 ^{87}Rb 原子须与缓冲气体分子碰撞多次才能发生能量转移,而在 ^{87}Rb 原子内部的跃迁中,由于所发生的过程主要是无辐射跃迁,所以返回到基态中八个塞曼子能级的概率均等,因此缓冲气体分子还有利于粒子更快地被抽运到 $M_F=+2$ 的子能级上。

铷样品泡温度升高,气态铷原子密度增大,则铷原子与器壁及铷原子之间的碰撞都要增加,使原子分布的偏极化减小。而温度过低时,铷蒸气原子不足,也使信号幅度变小。因此有个最佳温度范围,一般在 40～60℃ 之间(Rb 的熔点是 38.89℃)。

4. 塞曼子能级之间的磁共振

因光抽运而使 ^{87}Rb 原子分布偏极化达到饱和以后,铷蒸气不再吸收 $D_1\sigma^+$ 光,从而使透过铷样品泡(吸收池)的 $D_1\sigma^+$ 光增强。这时,在垂直于产生塞曼分裂的磁场 B 的方向加一频率为 ν 的射频磁场,当 ν 和 B 之间满足磁共振条件

$$h\nu = g_F\mu_B B \tag{1.7}$$

时,在塞曼子能级之间产生感应跃迁,称为磁共振。跃迁遵守选择定则

$$\Delta F=0, \quad \Delta M_F=\pm 1$$

铷原子将从基态 $M_F=+2$ 的子能级向下跃迁到各子能级上,即大量原子由 $M_F=+2$ 的子能级跃迁到 $M_F=+1$,以后又跃迁到 $M_F=0,-1,-2$ 等各子能级上,如图 1.6 所示。这样,磁共振破坏了原子分布的偏极化,而同时,原子又继续吸收入射光而进行新的光抽运。

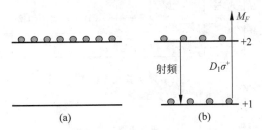

图 1.6　^{87}Rb 发生磁共振时的状态变化

(a) 未发生磁共振时状态(^{87}Rb 的基态); (b) 发生磁共振时,$M_F=+2$ 能级上粒子数减少,跃迁到 $M_F=+1$ 能级上,$M_F=+1$ 能级上的粒子可以吸收光量子到达 ^{87}Rb 的激发态,产生新的光抽运,对 $D_1\sigma^+$ 吸收增加

随着光抽运过程的进行,粒子又从 $M_F=-2,-1,0,+1$ 各子能级上被抽运到 $M_F=+2$ 的子能级上。随着粒子数的偏极化,透射再次变强。光抽运与感应磁共振跃迁达到一个动态平衡。由于光跃迁速度比磁共振跃迁速度大几个数量级,因此光抽运与磁共振的过程就可以连续地进行下去。^{85}Rb 也有类似的情况,只是 $D_1\sigma^+$ 光将 ^{85}Rb 抽运到基态 $M_F=+3$ 的子能级上,在磁共振时又跳回到如下子能级上:$M_F=+2,+1,0,-1,-2,-3$。

射频(场)频率 ν 和外磁场(产生塞曼分裂的)B 两者可以固定一个,改变另一个以满足

磁共振条件(1.7)。改变频率的方法称为扫频法(磁场固定),改变磁场的方法称为扫场法(频率固定)。利用式(1.7)中 ν 与 B 的线性关系,也可以同时改变 ν 和 B,得到一组($\nu \sim B$)数据,并在 xoy 坐标系中作图,通过直线的斜率求出 g_F 因子,通过直线的截距求出地磁场水平分量和水平扫场。本实验采用扫场法,固定射频场的频率约 600 kHz,调节水平方向 B 的大小,找到满足磁共振条件的 B 的大小。

5. 光探测

照射到铷样品泡上的 $D_1\sigma^+$ 光,一方面起光抽运作用,另一方面,透射光的强弱变化反映样品物质的光抽运过程和磁共振过程的信息,实现了光抽运——磁共振——光探测。在探测过程中射频(600 kHz)量子的信息转换成了高频(10^{14} Hz)光子的信息,这就使信号功率提高了 8 个数量级。样品中 ^{85}Rb 和 ^{87}Rb 同时存在,都能被 $D_1\sigma^+$ 光抽运而产生磁共振。为了分辨是 ^{85}Rb 还是 ^{87}Rb 参与磁共振,可以根据它们的与偏极化有关的能态的 g_F 因子的不同而导致的共振条件的不同来加以区分。对于 ^{85}Rb,由基态中 $F=3$ 的能级计算 g_F 因子。对于 ^{87}Rb,由基态中 $F=2$ 能级计算 g_F 因子。

【实验仪器】

本实验的总体装置框图如图 1.7 所示,主体装置如图 1.8 所示,具体说明如下:

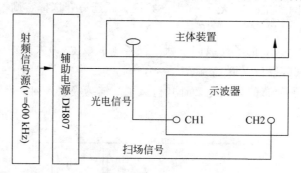

图 1.7　实验装置框图

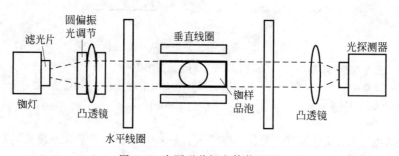

图 1.8　光泵磁共振主体装置图

(1) 光源为铷原子光谱灯,其由高频振荡器(频率为 55～65 MHz)、控温装置(80～90℃)以及铷灯泡组成。铷灯泡在高频电磁场的激励下进行气体放电而发光,产生铷光谱,包括 $D_1=7948$ Å 和 $D_2=7800$ Å 光谱线。D_2 光谱线对光抽运过程有害,出光处安装一干涉滤光片,其中心波长为(794.8±50) Å,将 D_2 线滤掉。

(2) 产生平行的 $D_1\sigma^+$ 圆偏振光装置。凸透镜的焦距为 77 mm,是为调准直使用的。偏振片与 40 μm 厚的云母制成的 1/4 波片的作用是使 D_1 光成为圆偏振光,通过调节偏振片的偏振方向和 1/4 波片的光轴之间的夹角,可以把光调成圆偏振光,此时光抽运信号最强。

(3) 主体中央为铷样品泡及射频磁场线圈部分。所用的样品为天然成分的金属铷(由两种同位素组成,其中 ^{85}Rb 占 72%,^{87}Rb 占 28%),铷和缓冲气体充在一直径为 52 mm 的玻璃泡内,在铷样品泡的两侧对称放置一对小射频线圈,它为铷原子磁共振跃迁提供射频场。铷样品和射频线圈都置于圆柱形恒温槽内,称为吸收池。槽内温度控制在 40~60℃ 的范围内。吸收池安放在两对亥姆霍兹线圈的中心。一对竖直线圈产生的磁场用以抵消地磁场的竖直分量。另一对水平线圈有两套绕组,一组在外,产生水平方向直流磁场,另一组在内,产生水平方向扫场。后一组产生的水平扫场是在直流磁场上叠加了一个调制磁场(方波或三角)。要注意,使铷原子的超精细结构能级发生塞曼分裂的是水平方向的总磁场。

(4) 辅助电源。由实验装置框图 1.7 可以看到,射频信号先输入辅助电源,再由 24 芯电缆将辅助电源与主体装置联接起来。射频信号发生器(600 kHz)可以显示射频信号的频率值,功率由幅度(AMPLITUDE)旋钮调节。辅助电源上有测量水平线圈与竖直线圈励磁电流的电流表,用以测水平磁场励磁电流和竖直磁场励磁电流(单位是 A),如图 1.9 所示。在本实验中,除射频小线圈外,所有励磁线圈都有一个极性换向开关和调节励磁电流的旋钮,它们装在辅助电源的前面板上。池温(ON) 开关用于给吸收池加热。当池温和灯温显示灯亮时,说明池温和灯温已到工作温度。方波和三角波开关,用来选择水平扫场是用方波还是三角波。观察光抽运信号,用方波和三角波;观察磁共振信号用三角波。水平扫场幅度旋钮可以调节方波或三角波的峰-峰值,测量时交流信号的峰-峰值一般为 200 mV,可以用示波器观察与测量。水平磁场、水平扫场以及垂直磁场换向开关的功能可由指南针判断。把指南针放在吸收池上方中心位置,适当调大线圈电流,调节换向开关,观察指南针的偏转,判断磁场方向与地磁场(水平和垂直)方向的关系。辅助电源后面板上有射频信号功率输入插孔和扫场信号输出插孔(已接好)。

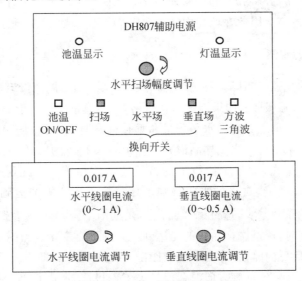

图 1.9　DH807 辅助电源前面板

(5) 聚光元件。凸透镜作为聚光元件,焦距为 77 mm。

(6) 光电接收装置。光电池作为光电接收元件,与放大器一起组成光检测器,然后将转变成电信号的光强信号输出接到示波器的 CH1 通道,水平扫场信号接 CH2 通道。

【实验方法】

1. 仪器的调节

本实验受外界磁场影响很大,因此判别方向后,吸收池上方的指南针要拿走,主体装置附近要避开其他铁磁性物质、强电磁场及大功率电源线等。

(1) 为了做好实验,应先用指南针确定水平线圈和垂直线圈产生的磁场与地磁场方向的关系是相同还是相反。主体装置的光轴已与地磁场水平方向相平行,可以不用再调节。

(2) 接通 DH807 电源开关,按下"池温 ON"键,加温铷样品泡和铷灯,加温时间大约 15 分钟。打开示波器电源。用指南针确定水平磁场线圈、竖直磁场线圈及水平扫场线圈产生的各磁场方向与地磁场水平和垂直方向的关系,并做详细记录。

(3) 主体装置的光学元件已调成等高共轴,调整准直透镜可以得到较好的平行光束,使其通过铷样品泡并照射到聚光透镜上。因铷灯不是点光源,不能得到一个完全平行的光束。但如果仔细调节,再通过聚光透镜,可以使铷灯照射到光电池上的总光量为最大,得到良好的光信号。

(4) DH807 电源接通约 15 分钟后,灯温显示灯亮,铷光谱灯点燃并发出紫红色光。池温显示灯亮,吸收池能正常工作。

(5) 调节偏振片及 1/4 波片,使 1/4 波片的光轴与偏振光偏振方向的夹角为 $\pi/4$,以获得圆偏振光。σ^+ 左旋圆偏振光把原子抽运到 $M_F=+2$ 的能级,σ^- 右旋圆偏振光原子抽运到 $M_F=-2$ 的能级。π 光没有抽运作用,它是线偏振光,可视为强度相等的 σ^+ 与 σ^- 的合成,两种相反的光抽运作用全部抵消,没有光抽运效应。当入射光为圆偏振光时,光抽运的效应最强。当入射光是椭圆偏振光时,两种相反的光抽运作用不会全部抵消,这时对入射光有吸收,也有光抽运效应。因此在调光中一定要将 D_1 光调成圆偏振光。

2. 光抽运信号的观察

透过铷样品泡的光强,与其周围的磁场有密切关系。如果周围没有磁场,$B=0$,光被铷样品泡吸收,即原子共振吸收;如果周围存在磁场,光会通过铷样品泡。当水平线圈和垂直线圈产生的磁场分别抵消地磁场的水平分量和垂直分量时,有无磁场两种状态可以通过水平扫场中的交流部分来实现。当铷样品泡开始加上方波扫场的一瞬间,基态中各塞曼子能级上的粒子数接近热平衡,即各子能级上的粒子数大致相等。因此这一瞬间有总粒子数 7/8 的粒子在吸收 $D_1\sigma^+$ 光,对光的吸收最强。随着粒子逐渐被抽运到 $M_F=+2$ 子能级上,能吸收 σ^+ 光的粒子数减少,透过铷样品泡的光逐渐增强。当抽运到 $M_F=+2$ 子能级上的粒子数达到饱和时,透过铷样品泡的光达到最大且不再变化。当磁场扫过零(指水平方向的总磁场为零)然后反向时,各塞曼子能级跟随着发生简并随即再分裂。能级简并时,铷原子的分布由于碰撞等导致自旋方向混杂而失去了偏极化,所以重新分裂后各塞曼子能级上的粒子数又近似相等,对 $D_1\sigma^+$ 光的吸收又达到最大值,这样就观察到了光抽运信号,如图 1.10 和图 1.11 所示。

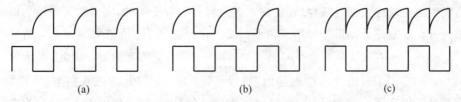

(a)　　　　　　　　　(b)　　　　　　　　　(c)

图 1.10　光抽运信号(上方)与水平扫场方波信号(下方)示意图。磁场的零点在方波的不同位置,光抽运信号形状会有所不同,磁场零点在方波的(a)顶端,(b)底端,(c)中间

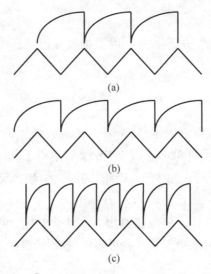

(a)

(b)

(c)

图 1.11　光抽运信号(上方)与水平扫场三角波信号(下方)示意图。磁场的零点在三角波的不同位置,光抽运信号形状会有所不同,磁场零点在三角波的(a)顶端,(b)底端,(c)中间

使用不同的水平扫场,方波或三角波,竖直线圈磁场以及水平线圈磁场,其大小和方向都将影响光抽运信号。在记录光抽运信号时,首先要将光抽运信号幅度调至最大。实验中可以先调出图 1.10(c)所对应的信号,调节 1/4 波片的光轴与偏振光偏振方向的夹角为 $\pi/4$,以获得圆偏振光,此时光抽运信号最强。然后研究光抽运信号强度(峰-峰值)与垂直线圈产生的磁场(大小和方向)的关系,做出它们之间的关系曲线。光抽运信号强度最大处对应的垂直线圈产生的磁场抵消了地磁场垂直分量。固定该电流(后面的实验都要求这么做),研究光抽运信号强度与水平线圈产生的磁场(大小和方向)的关系,做出它们之间的关系曲线。根据测量数据,可以计算地磁场的垂直分量,还可以估算地磁场的水平分量。通过调节水平磁场的大小,可以调出图 1.10 和图 1.11 中所有信号。

3. 磁共振信号的观察

光抽运信号反映两个能带(分别由 $5^2S_{1/2}$ 和 $5^2P_{1/2}$ 分裂而形成)间的光学跃迁,磁共振信号则反映塞曼子能级之间的射频跃迁。磁共振破坏了粒子分布的偏极化,从而引起新的光抽运。这两种信号都是由透过样品泡的光强变化来探测的。所以,从探测到的光强变化鉴别所发生的是单纯光抽运过程、还是磁共振过程是非常重要的,实验时要根据它们的产生条件来区分。观察磁共振信号时用三角波扫场。每当磁场 B_0 值与射频频率 ν 满足共振条件时,即 $h\nu = g_F\mu_B B_0$,铷原子分布的偏极化被破坏,产生新的光抽运。因此,对于确定的频率,例如 $\nu_0 = 600$ kHz,改变水平磁场值,可以获得[87]Rb 或 [85]Rb 的磁共振信号,即扫场法。磁共振信号可以与图 1.11 中的(a)、(b)、(c)光抽运信号相同,我们以图 1.11(c)为磁共振信号,记录水平线圈电流。对于确定的磁场值,改变频率同样可以获得[87]Rb 与 [85]Rb 的磁共振信号,即扫频法。

4. 测量 g_F 因子

为了研究原子的超精细结构,测准 g_F 因子是很有用的。本实验用的亥姆霍兹线圈轴线中心处的磁感强度为

$$B = \frac{16\pi}{5^{3/2}} \frac{N}{r} I \times 10^{-7} \tag{1.8}$$

式中,N 为线圈匝数;r 为线圈有效半径(米);I 为流过线圈的直流电流;B 为磁场强度。公式(1.7)中,普朗克常数 $h = 6.626 \times 10^{-34}$ J·s;玻尔磁子 $\mu_B = 9.274 \times 10^{-24}$ J/T。利用式(1.7)和式(1.8)可以计算出 g_F 因子。要注意的是,引起塞曼能级分裂的磁场是水平方向的总磁场(地磁场的竖直分量已抵消),即 $B = B_{水平} + B_{地} + B_{扫场}$,可能还有其他杂散磁场,所有这些都难以测定。这样还能直接测出 g_F 因子来吗?可以的。只要参考在霍尔效应实验中用过的换向方法,把水平磁场反向再测量,就不难解决了。

【实验内容】

1. 光抽运信号观察与研究

(1)用指南针确定水平场线圈,水平扫场线圈,竖直场线圈产生的各磁场方向与地磁场水平和垂直方向的关系,是相同还是相反,记录在表 1.1 中。

表 1.1　各线圈产生的磁场与地磁场方向的关系

磁　　场	水平线圈磁场	水平线圈扫场	垂直线圈磁场
方向(按下)			
方向(松开)			

(2)调出图 1.10(c)的波形,记录圆偏振光的调节步骤和观察到的现象。用示波器测量光抽运信号和水平扫场信号的峰-峰值 U_{pp} 和周期。

(3)研究光抽运信号强度(峰-峰值 U_{pp})与垂直线圈电流 $I_\perp$(包括正、反两个方向)的关系,做出它们之间的关系曲线 $U_{pp} \sim I_\perp$,计算地磁场的垂直分量,对曲线作出解释。其中,垂直线圈中心处磁场为

$$B_\perp = (8\pi/5^{3/2})(N/r)I \times 10^{-7} \qquad (1.9)$$

（4）研究光抽运信号强度（峰-峰值 U_{pp}）与水平场线圈电流 $I_\parallel$ 的关系，考虑到水平方向上有地磁场水平分量（B_e），水平磁场（$B_\parallel$），水平扫场（B_s），因此分三种情况进行研究，做出它们之间的关系曲线 $U_{pp} \sim I_\parallel$。根据图 1.12(b)、(c) 两种情况，估算地磁场水平分量和水平扫场的大小。其中，水平线圈中心处磁场为

$$B_\parallel = (16\pi/5^{3/2})(N/r)I \times 10^{-7} \qquad (1.10)$$

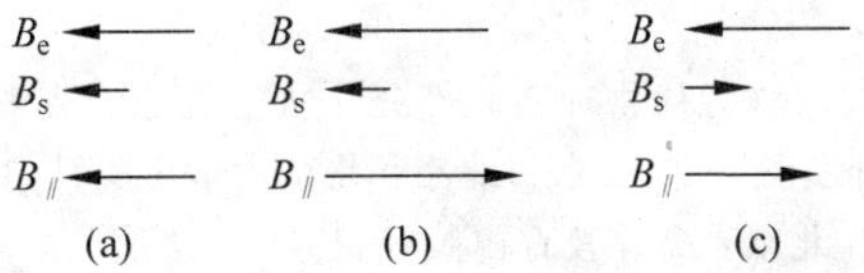

图 1.12　水平方向上三个磁场方向之间的关系

（a）同向；（b）水平磁场反向，$B_\parallel \sim B_e + B_s$；（c）水平磁场和水平扫场均反向，$B_\parallel \sim B_e - B_s$

（5）调出图 1.10 与图 1.11 所有的光抽运信号，记录产生条件，在水平扫场信号（方波和三角波）上标出总磁场零点位置，说明磁场为零和有磁场两种情况下光强的变化，从而对光抽运信号作出解释。

2. 磁共振信号观察与研究

（1）光抽运信号和磁共振信号波形一样，如何区分它们？

（2）根据 [85]Rb 和 [87]Rb 的量子数，计算各自的 g_F。

（3）选择适当频率（600 kHz），根据式（1.11）和式（1.10），估算磁共振时水平线圈的电流（可以暂不考虑地磁场和水平扫场）。

$$\begin{cases} h\nu = g_F \mu_B (B_\parallel - B_e - B_s) \\ h\nu = g_F \mu_B (B'_\parallel - B_e - B_s) \\ h\nu = g_F \mu_B (B''_\parallel - B_e + B_s) \end{cases} \qquad (1.11)$$

（4）固定频率 $\nu = 600$ kHz，在图 1.12(a) 情况下，调节水平线圈的电流由小到大，会发现两次共振，记录下发生磁共振时水平线圈的电流。为了抵消地磁场和水平扫场，把水平磁场反向，在图 1.12(b) 情况下重复测量。根据式（1.11），计算 g_F 因子。

（5）上述测量和计算得到的数据记录于表 1.2 中。

（6）在图 1.12(c) 情况下，测出发生磁共振时水平线圈的电流，根据式（1.11），计算地磁场水平分量和水平扫场的大小，同时计算北京地区的地磁倾角。

表 1.2　磁共振时各参数记录表

同位素	[87]Rb	[85]Rb
g_F（理论）		
g_F（实验）		
I（理论）		
I（实验）$(I_1 + I_2)/2$		
I_1（实验）		
I_2（实验）		

3. 选做内容

(1) 用扫频法测量 g_F 因子,并与理论值比较,分析误差的来源。

(2) 用扫频-扫场法测量 g_F 因子,测量地磁场水平分量和水平扫场的大小,要求作出 ν-B 直线。

【参考文献】

[1] 张孔时,丁慎训.物理实验教程(近代物理实验部分)[M].北京:清华大学出版社,1991.

[2] 吴思诚,王祖铨.近代物理实验[M].2版.北京:北京大学出版社,1999.

[3] 褚圣麟.原子物理学[M].北京:高等教育出版社,1979.

(侯清润)

实验 **2** 铷原子饱和吸收谱

光通过介质时会产生该种介质特有的吸收谱线。但是由于介质原子本身的热运动速率服从麦克斯韦分布,原子热运动的多普勒效应导致一个自然线宽为 kHz 或 MHz 的原子跃迁的吸收峰谱线会增宽到 GHz 的量级,从而大大地降低了该跃迁谱线的鉴频能力,从而无法分辨出原子的超精细结构。根据多普勒效应,只有在探测光路径上速度分量为零的那部分原子或分子,它们的多普勒频移才为零。饱和吸收谱则是通过光路的设计,利用较强的泵浦光与较弱的探测光共同作用于原子气体,对多普勒展宽进行压制,从而测得原子超精细结构的光谱。

【思考题】

1. 何谓原子的精细结构、超精细结构? 各是由于什么原因形成的?
2. 谱线展宽的种类有哪些? 各自的原因是什么? 线型是什么样的?
3. 在实验中,激光频率及其扫描范围由什么决定?
4. 饱和吸收光谱中泵浦光与探测光的强度是否相当? 它们的作用各是什么?
5. 交叉共振峰的位置是否与实际能级间的跃迁相对应? 为什么?
6. 对于三能级系统,在饱和吸收光谱中可以观察到的反转峰数目为多少个? 四能级系统呢?

【引言】

众所周知,氢原子的玻尔模型得到的结果在"宽线宽"时代是非常完美的。但是随着对原子光谱的进一步分析发现,光谱线并不单一,其中存在很多细小的线,这些线相互之间距离很近,因此之前被误认为是同一条线。在此之后,人们意识到了原子的能级结构并不仅仅限于单一的由库仑场产生的能级,还包括很多由量子力学效应而产生的更加精细的能级。为了证实这些能级的存在,有必要通过直接实验的方式进行验证,但是在验证时却遇到了诸多困难,其中较大的阻碍就是光谱的展宽问题。在室温下,由于原子热运动的多普勒效应,一个自然线宽为 kHz 或 MHz 的原子跃迁的吸收峰谱线也会增宽到 GHz 的量级,因而,较为精细的光谱结构是无法被直接观测到的。为了解决这一问题,人们发明了很多方法,饱和吸收光谱法便是其中之一。

饱和吸收光谱(saturated absorption spectroscopy)是一种常用的精密的激光光谱技术,通常简称 SAS。它利用方向相反的泵浦光和探测激光来探测特定速度的原子,从而获得接近自然线宽的跃迁谱线,使得吸收光谱信号的半高宽不会产生多普勒展宽,仅仅由所涉及的原子能级跃迁的线宽和激光强度决定。

饱和吸收光谱的分辨率很高,广泛应用于激光频率标准、激光冷却等方面。利用它就可实现对亚多普勒线宽的原子、分子气体样品的吸收谱线的探测。它在1981年诺贝尔物理学奖中被提及,而后被应用到激光冷却捕获原子和玻色-爱因斯坦凝聚实验中,后两者的研究成果也分别在1997年和2001年获得诺贝尔物理学奖。由此可见,饱和吸收光谱是一种非常有用的光谱技术。

通过实验,学生应掌握饱和吸收光谱的原理,理解光与原子相互作用过程中的吸收与辐射,建立对原子精细结构与超精细结构的直观认识,并通过搭建饱和吸收光谱光路,锻炼动手能力,学会调节光路的方法。

【实验原理】

1. 原子超精细结构能级

原子是由原子核和核外电子组成的,核外价电子所处的壳层数由主量子数 n 表示。电子绕原子核运动,因此具有轨道角动量,轨道量子数用 L 表示。同时电子还具有自旋,自旋量子数由 S 表示。由于电子的自旋与轨道运动的相互作用(L-S 耦合)而发生能级分裂,称为精细结构。轨道角动量与自旋角动量合称电子总角动量。原子能级的精细结构用电子总角动量量子数 J 来标记,$J = L + S, L + S - 1, \cdots, |L - S|$。对于铷(Rb)原子来说,它的基态是 $5^2S_{1/2}$,最低激发态是 $5^2P_{1/2}$ 及 $5^2P_{3/2}$ 双重态(见图2.1)。$5P$ 与 $5S$ 能级之间产生的跃迁是铷原子主线系的第1条线,为双线,它在 Rb 光谱中强度很大。

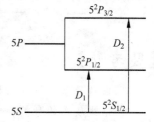

图 2.1　铷原子 L-S 耦合
精细结构能级

原子核具有自旋和磁矩,原子核的自旋量子数用 I 表示。核磁矩与上述原子的电子总磁矩之间相互作用(J-I 耦合)造成能级的附加分裂,这附加的分裂称为超精细结构,其量子数由 F 表示,$F = I + J, I + J - 1, \cdots, |I - J|$。

铷元素在自然界中主要有两种同位素:$^{87}Rb(27.85\%)$ 和 $^{85}Rb(72.15\%)$,它们的基态 $J = 1/2$。但这两种同位素铷核的自旋量子数 I 是不同的,^{87}Rb 的 $I = 3/2$,因此具有 $F = 2$ 和 $F = 1$ 两个基态。^{85}Rb 的 $I = 5/2$,因此具有 $F = 3$ 和 $F = 2$ 两个基态。图2.2所示为铷原子的基态与激发态的超精细结构和跃迁。

当我们把激光频率对准其中一条超精细跃迁频率时,激光能够激发这两个超精细能级间的共振跃迁,却几乎激发不了其他能级跃迁,这主要是因为频率失谐太大。因此,光与原子相互作用的过程中,对于共振或近共振超精细跃迁,可以把原子简化成二能级模型,无需考虑其他的能级。

2. 谱线展宽

根据电磁场与原子相互作用的基本原理可知,对于静止的基态原子,在一定条件下,它可以吸收光子而跃迁至激发态,然后自发辐射返回基态。让一束激光穿过原子样品,用光电管探测透射光强,扫描激光频率,就能得到该原子对激光的吸收,即吸收谱,谱线的每一个谷底都对应原子的一个能级跃迁频率。

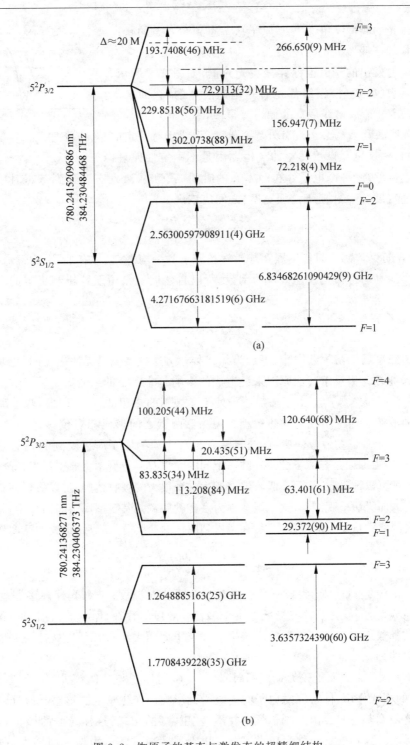

图 2.2　铷原子的基态与激发态的超精细结构
(a) ^{87}Rb 的 $5S_{1/2}$ 和 $5P_{3/2}$ 的能级超精细结构和相关跃迁信息；
(b) ^{85}Rb 的 $5S_{1/2}$ 和 $5P_{3/2}$ 的能级超精细结构和相关跃迁信息

当入射光的频率 f 正好等于原子从基态到激发态的跃迁频率 f_0 时,原子吸收光的概率最大,这时称为共振吸收,它对应的自发辐射发出的光谱也称共振荧光光谱,如图 2.3 所示。但是每一条吸收(发射)谱线都是有一定的展宽的,它的半高宽用 Δf 表示。造成谱线展宽的原因有很多,主要有:

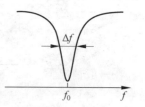

图 2.3　原子共振的吸收光谱

(1) 自然展宽 Δf_N:当没有外界影响时,谱线仍有一定的宽度,称为自然展宽。自然展宽的产生原因是不确定性原理。根据不确定性原理,一个电子处在激发态的时间 $\Delta \tau$ 和从激发态跃迁到基态时放出的光子能量的不确定度 ΔE(相应于谱线宽度)之间应该满足:

$$\Delta \tau\, \Delta E \geqslant \frac{h}{2\pi} \tag{2.1}$$

其中, h 为普朗克常数。即自然展宽与激发态原子的平均寿命(τ)有关,平均寿命越长,谱线宽度越窄。而平均寿命是跃迁概率的倒数,所以自然展宽是由跃迁机制决定的。不同谱线有着不同的自然展宽,即

$$\Delta f_N = \frac{1}{2\pi\tau} \tag{2.2}$$

自然展宽的线型属于洛伦兹线型,一般为几兆赫兹。这种展宽是无法避免的,也是无法消除的。但是这种展宽相较于其他原因来说造成的影响是非常小的。

(2) 多普勒展宽 Δf_D:由于辐射原子处于无规则的热运动状态,因此,辐射原子可以看作是运动的波源。这一不规则的热运动与观测器两者之间形成相对位移运动,从而发生多普勒效应。由于多普勒效应的影响,与光源有相对运动的原子所接受到的光的频率并不是光源频率,这使得即便是与原子的激发频率不同的光也有一定概率将原子激发,导致较大频率范围内的光都可以被吸收,从而在吸收谱上产生一个很大的吸收范围,足以将任何谱线掩盖在这个范围之内而无法被观测到,这个展宽称为多普勒展宽。其线型属于高斯线型,是造成谱线变宽的主要因素。从定量的角度来说,在考虑到原子的速度分布之后,谱线的宽度就会变为

$$\Delta f_D = \frac{2\sqrt{2\ln 2}\, f_0}{c}\sqrt{\frac{k_B T}{m}} \tag{2.3}$$

其中, m 为原子的质量; k_B 为玻耳兹曼常数; T 为绝对温度; c 为光速。多普勒展宽的线型属于高斯线型,一般为几百兆赫兹。由于多普勒效应的存在,原子的精细结构和超精细结构绝大多数都被淹没在由多普勒效应产生的展宽里面而无法观察到。这种展宽也是我们重点要去消除的。

(3) 压力展宽:当原子较为接近的时候,由于辐射原子与其他粒子(分子、原子、离子和电子等)间的相互作用,使得辐射原子的能级受到影响而产生畸变。这会导致处在激发态的辐射原子落回到基态时放出的光子频率并不是"正常"的结果,这样光谱的形状和宽度就有可能受到影响。这种展宽统称为压力展宽。压力展宽通常随压力增大而增大,在气体足够稀薄的时候,这种影响就可以被减弱甚至消除。

(4) 饱和增宽:在使用外加光场对原子进行激发时,外部光场(激光)的强度也会对原子的吸收光谱的宽度产生影响。这是由于足够强的辐射场可以显著地改变不同粒子数密度的分布,这种情况下会出现附加的谱线增宽,称为饱和增宽。

此外,外电场或磁场的作用,也能引起能级的分裂,从而导致谱线展宽,称为场致展宽。

3. 饱和吸收光谱

在一般情况下,由于多普勒展宽远大于自然展宽,因此我们只能探测到带有多普勒展宽的吸收光谱。为了消除多普勒展宽对探测原子自然展宽的影响,美国斯坦福大学的汉斯(T. W. Hänsch)与威曼(C. E. Wieman)提出了一种简单的消除多普勒本底的方法——饱和吸收法。

3.1　饱和状态

考虑一个二能级系统(见图 2.4),低能级 E_1 的粒子数为 N_1,高能级 E_2 的粒子数为 N_2,粒子数之间存在着如下关系:

$$\frac{N_2}{N_1+N_2}=\frac{1}{2+A/[B\rho(f)]} \qquad (2.4)$$

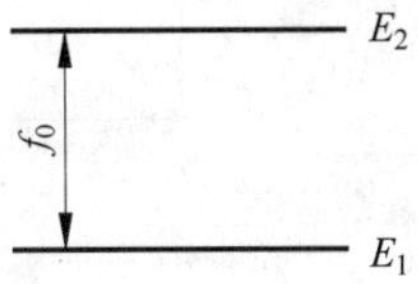

其中,A 为自发辐射系数;B 为受激辐射或受激吸收系数;$\rho(f)$ 为辐射场的能量密度。根据玻耳兹曼分布理论,正常情况下大部分粒子处于低能级而只有少量粒子处于高能级,低能级粒子吸收光子跃迁到高能级就是正常吸收过程。

图 2.4　原子的二能级模型

如果系统受到频率 $f_0=(E_2-E_1)/h$ 的强光照射,则 $B\rho(f_0)\gg A$,式(2.4)的值接近 1/2,此时处于高能级和低能级的粒子数近似相等,称这个状态为饱和状态。在饱和状态下,低能级粒子对频率为 f_0 的光的吸收会大大降低。

3.2　贝纳特烧孔效应

一个气室内的原子,都处于运动状态,原子的速度分布可以用麦克斯韦-玻耳兹曼分布描述:

$$n(v)\mathrm{d}v=N\sqrt{\frac{m}{2\pi k_B T}}\,\mathrm{e}^{-\frac{mv^2}{2k_B T}}\mathrm{d}v \qquad (2.5)$$

其中,$n(v)$ 为原子数目;v 为原子的运动速度。设激光频率为 f,由于多普勒效应的存在,原子实际感受到的激光频率(f_D)与原子在光束方向上的速度 v_z 有关,即

$$f_D=f\left(1\pm\frac{v_z}{c}\right) \qquad (2.6)$$

在二能级系统中,原子开始处于基态,当共振吸收发生时

$$hf_D=E_2-E_1=hf_0 \qquad (2.7)$$

式中,f_0 为原子在静止状态时被探测到的跃迁频率。可以看出,当扫描激光频率时,只有特定速度群的基态原子才会吸收光子,跃迁至激发态。而处于基态时,这个速度群的粒子数(布居数)决定了气室对激光的吸收强度。考虑到原子基态布居数的速度分布,会发现在某个速度 $v_z=c(f-f_0)/f$ 时,原子的基态布居数有个凹陷,如图 2.5 所示,此种现象称为贝纳特(Bennet)烧孔效应。这是因为共振吸收造成了原子在该速度群下的基态布居数降低。考虑到原子能级有一定的自然展宽 Δf_N,即意味着只要激光频率和原子接近共振时,就会有吸收发生,表现为贝纳特孔呈现一定的速度宽度。当激光光强增大时,贝纳特孔也逐渐加深加宽。但当外场光强增大到一定程度时,贝纳特孔不再加深,达到饱和状态。此时若用另一束同频率同方向的激光照射原子时,原子将表现为透明。

3.3　本征饱和吸收谱

利用饱和吸收光谱技术就可消除多普勒本底,从而探测到静止原子的自然展宽。我们在原子气室中对射两束相同频率的激光,即泵浦光 I_1 与探测光 I_2(即 $f_1=f_2=f$),但泵浦光(也称为饱和光)光强远大于探测光的光强,因而可以忽略由探测光引起的饱和效应。假设泵浦光 I_1 沿 $-z$ 方向入射,探测光 I_2 沿 z 方向入射,用光电探测器(PD)接收探测光通过原子气体之后的剩余光强,光路示意图如图 2.6 所示。

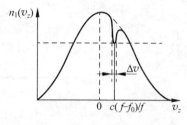

图 2.5　贝纳特烧孔效应

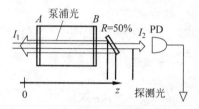

图 2.6　饱和吸收光谱光路示意图

当激光频率 $f<f_0$ 时,泵浦光与气室中原子相互作用时,考虑到原子的速度,气室中某些以速度 v_z 沿 z 方向飞行的原子“感受”到的激光频率为 $f(1+v_z/c)=f_0$,这些原子就会吸收光子从基态跃迁到激发态,而基态对应速度 $+v_z$ 的粒子数 $n(v_z)$ 分布会有一凹陷。而以相同速度 v_z 沿 $-z$ 方向飞行的原子“感受”到的激光频率为 $f(1-v_z/c)\neq f_0$,不能产生共振吸收。对于探测光,由于光的传输方向与泵浦光相反,因而它只对速度为 $-v_z$ 的原子产生共振吸收,使得基态对应速度 $-v_z$ 的粒子数分布会有一凹陷,如图 2.7(a)所示。

当激光频率 $f>f_0$ 时,情况基本相同,只是此时泵浦光可以激发速度为 $-v_z$ 的原子从基态跃迁到激发态,而探测光会对速度为 $+v_z$ 的原子产生共振吸收,基态的粒子数分布如图 2.7(c)所示。

当激光频率 $f=f_0$ 时,情况则很不相同。此时泵浦光只能激发 $v_z=0$ 的原子从基态跃迁到激发态,而探测光也只能对速度 $v_z=0$ 的原子产生共振吸收,基态的粒子数分布如图 2.7(b)所示。

光电探测器接收到的光强分为两种情况:①若无泵浦光只有探测光时,扫描激光的频率,导致不同速度(v_z)的原子被激发,其中也包括 $v_z=0$ 的原子,因而探测的光强曲线如图 2.7(d)所示。曲线的形状是高斯线型,是由原子多普勒展宽造成的。②若泵浦光存在时,扫描激光的频率,当 $f=f_0$ 时,由于泵浦光的强度很强,已将下能级中的 $v_z=0$ 的原子基本抽至饱和,因而原子就不再能吸收探测光,这样,探测光的透射强度就在 $v_z=0$ 处增加,形成正向凸起的峰,测得的光强曲线如图 2.7(e)所示。这个小峰称为饱和吸收峰,在以多普勒背景为本底上有饱和吸收峰的光谱称为饱和吸收光谱。该吸收峰只源于特定速度群的原子,跟很宽的麦克斯韦速度分布无关,故饱和吸收谱不受多普勒增宽的影响。只要探测光光强够弱,就有望得到接近自然线宽的光谱。

简单来说,只有当泵浦光和探测光争抢同一速度群($v_z=0$)的原子时,由于泵浦光较强,耗尽了几乎所有原子,导致探测光的透射光强较大。当然,实际的铷原子并非只有二能级,而是有多个能级,那么当激光频率扫过每个跃迁能级时,都会产生一个饱和吸收峰,从而形成本征饱和吸收谱。

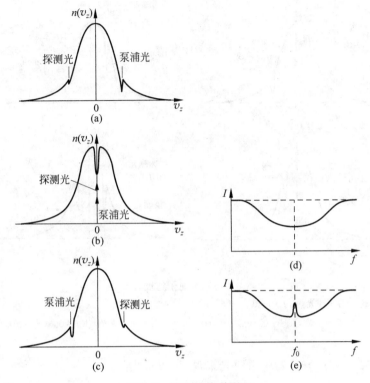

图 2.7　饱和吸收谱原理

（a）激光频率 $f < f_0$，基态原子速度分布；（b）激光频率 $f = f_0$，基态原子速度分布；

（c）激光频率 $f > f_0$，基态原子速度分布；（d）无泵浦光时，光电探测器接收到的光强；

（e）有泵浦光时，光电探测器接收到的光强

　　由于饱和吸收峰为洛伦兹线型，呈偶对称，因此，饱和吸收峰的中心频率位置对应于原子跃迁线的中心位置。这也是为什么可以利用饱和吸收光谱准确地测定原子的能级间距，并用其将激光频率准确地锁定于原子能级跃迁的中心频率上的原因。

3.4　交叉饱和吸收峰

　　但是在三能级的情况下，如图 2.8 所示（$f_1 < f_2$），当激光频率 $f = 0.5(f_1 + f_2)$ 时，也会出现两束光争抢原子的情况并得到对应的吸收峰，称之为交叉饱和吸收峰。

　　当 $f \neq 0.5(f_1 + f_2)$ 时（假设 $f_1 < f < f_2$），若只有泵浦光，对于 E_1 能级，只有速度满足式 $f(1 - v_{z1}/c) = f_1$，且沿 $-z$ 方向飞行的原子才能吸收光子跃迁至 E_1 能级。而对于 E_2 能级，只有速度满足式 $f(1 + v_{z2}/c) = f_2$，且沿 z 方向飞行的原子才能吸收光子跃迁至 E_2 能级，显然 $|v_{z1}| \neq |v_{z2}|$。泵浦光对速度为 $-v_{z1}$ 和 v_{z2} 的原子都能产生共振吸收，作用于原子后的基态原子速度分布情况如图 2.9（a）所示。同样若只有探测光，它分别作用于速度为 v_{z1} 和 $-v_{z2}$ 的原子并使其产生共振吸收。两光共同作用于原子后的基态原子速度分布情况如图 2.9（b）所示。

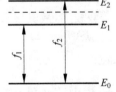

图 2.8　共下能级的原子的
三能级模型

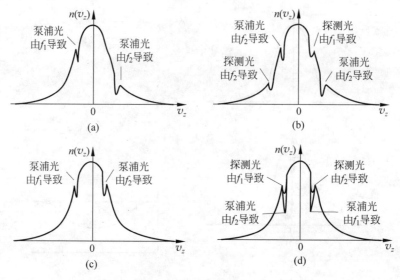

图 2.9 基态原子速度分布

(a) 只有泵浦光,且 $f \neq 0.5(f_1+f_2)$;(b) 有泵浦光和探测光,且 $f \neq 0.5(f_1+f_2)$;

(c) 只有泵浦光,且 $f = 0.5(f_1+f_2)$;(d) 有泵浦光和探测光,且 $f = 0.5(f_1+f_2)$

当 $f = 0.5(f_1+f_2)$ 时,对于泵浦光来说,可以推出 $v_{z1} = -v_{z2} = c\dfrac{f_1-f_2}{f_1+f_2}$,即泵浦光对速度大小相等、运动方向相反的两类原子都会产生共振吸收,作用于原子后的速度分布如图 2.9(c)所示。而探测光也正好只对这两类原子产生共振吸收,两光共同作用于原子后的基态原子速度分布如图 2.9(d)所示。

同样地,由于泵浦光比较强,使基态上速度为 $\pm c\dfrac{f_1-f_2}{f_1+f_2}$ 的原子都被抽至饱和,因而对探测光几乎透明,使得探测光得以通过,在相应的激光频率处也形成正向凸起的峰,这种类型的光谱称为交叉饱和吸收光谱。由于此饱和吸收对应于速率分布的两个速度区间,相比本征吸收仅对应于 0 附近的一个速度区间,交叉峰实际对应有效原子数较多,故其吸收峰信号实际比本征吸收的信号要大,为一组中最大的吸收信号,位置居中,如图 2.10 所示。

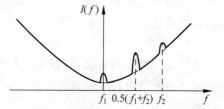

f_1, f_2 为本征吸收,$0.5(f_1+f_2)$ 为交叉吸收峰

图 2.10 三能级系统时饱和吸收峰示意图

4. PDH(Pound Drever Hall)原理

有的饱和吸收谱的信号很小,不易确认其吸收峰的位置,而利用 PDH 技术则可以准确地捕获微弱吸收峰的信息。PDH 方法是一种原理类似于锁相放大器,但功能上与锁相放大器不同的选频放大的方法。这种方法最早于 1983 年由德雷弗(R. Drever)和霍尔(J. L. Hall)提出,由庞德(R. V. Pound)在实验上验证。其工作原理如下:

激光发射出来的光(频率为 f)可用正弦波表示,略去空间项,其电场部分写为

$$E(t) = E_0 e^{i2\pi ft} \tag{2.8}$$

对激光的相位进行周期性（频率为 f_m）的调制，这样激光电场变为

$$E(t) = E_0 e^{i(2\pi ft + M\sin 2\pi f_m t)} \tag{2.9}$$

在实验中，调制深度 M 比较小（$M \ll 1$），展开上式并舍去高阶项可得

$$E(t) \approx E_0 \left[J_0(M) e^{i2\pi ft} + J_1(M) e^{i2\pi(f+f_m)t} - J_1(M) e^{i2\pi(f-f_m)t} \right] \tag{2.10}$$

其中，$J_n(M)$ 为 n 阶贝塞尔函数。由此看到激光的频谱在相位调制后会多出 $f \pm f_m$ 两个分量。

让调制后的激光经过铷原子吸收腔（铷泡），由于吸收腔对不同频率的光有不同的吸收特征。我们用吸收系数 $\alpha(f)$ 来表达吸收腔对光电场的反应，它的实部表示强度吸收，虚部表示相位延迟。因此通过吸收腔之后，激光的电场强度变为

$$E(t) \approx E_0 \left[\alpha(f) J_0(M) e^{i2\pi ft} + \alpha(f+f_m) J_1(M) e^{i2\pi(f+f_m)t} - \right.$$
$$\left. \alpha(f-f_m) J_1(M) e^{i2\pi(f-f_m)t} \right] \tag{2.11}$$

光电探测器探测到的光的功率 P 与电场平方成正比，即

$$P = | E_0 \alpha(f) J_0(M) |^2 + | E_0 \alpha(f+f_m) J_1(M) |^2 + | E_0 \alpha(f-f_m) J_1(M) |^2 +$$
$$2E_0^2 | J_0(M) J_1(M) | \{ \mathrm{Re}[\alpha(f)\alpha^*(f+f_m) - \alpha^*(f)\alpha(f-f_m)]\cos 2\pi f_m t +$$
$$\mathrm{Im}[\alpha(f)\alpha^*(f+f_m) - \alpha^*(f)\alpha(f-f_m)]\sin 2\pi f_m t \} + \cdots \tag{2.12}$$

当调制频率比较小时，可以证明

$$\alpha(f)\alpha^*(f+f_m) - \alpha^*(f)\alpha(f-f_m) \approx \frac{\mathrm{d}|\alpha|^2}{\mathrm{d}f} f_m \tag{2.13}$$

是一个纯实数。将 P 信号与调制激光相位的原信号进行混频，并通过低通滤波之后就可以将 $\cos 2\pi f_m t$ 信号选取出来，这样就在吸收峰的共振点处得到了一个过零点的谱信号，获得所寻找的共振吸收峰位置和相应的能级差。这个在共振点处奇对称的信号也可以方便地用于电子反馈。

【实验装置】

实验仪器主要有：半导体激光器（含电源），光电探测器，示波器，隔离器，反射镜，凸透镜，凹透镜，波片，偏振分光镜，铷泡及荧光板等。

（1）半导体激光器：半导体激光器的输出频率与输入电流有关，且在小范围内成线性关系，故通过输入一个直流加扫描信号的调制信号，可以控制激光输出频率进行一个区间扫描。

（2）隔离器：防止反射光进入激光器，损坏激光光源。

（3）1/2 波片：沿着快轴和垂直快轴的光出射相位差比原来多 π，对线偏振入射光效果相当于以快轴为轴做一次轴对称，若入射光偏振与快轴夹角 θ，通过 1/2 波片后则相当于偏振方向转 2θ 角度，改变波片方向即可达到任意旋转偏振方向的作用。

（4）1/4 波片：沿着快轴和垂直快轴的光出射相位差比原来多 $\pi/2$，直观效果则为线偏振入射光会变为圆偏振光出射，反之圆偏振入射光会以线偏振出射。两个相同轴向的 1/4 波片则和 1/2 波片起同样作用。

（5）偏振分光镜：能将入射光中的垂直于入射面方向的光（竖直偏振分量）基本完全透

射,平行于入射面方向的光(水平偏振分量)几乎完全反射,通过控制入射光偏振方向可以做到精确分光的效果。在本实验中,偏振分光镜和 1/2 波片共同作用,来改变激光光强。

(6)凸、凹透镜:组成望远镜透镜组使平行光展宽扩大(增加有效吸收原子数、增大信号)。

(7)铷泡:内含铷原子。

(8)荧光板:激光波长约 780 nm,人眼对其不敏感。但激光通过荧光板变成红光,使人眼很容易观测到激光。

【实验内容】

1. 按照实验指示书,开启激光的温控及电流控制,将激光发光波长调节到 780 nm 附近。

注意:要避免光束(特别是未经衰减的光束)直接射入或反射到人眼中,请采用俯视的方式进行光路调节,严禁采用平视的方式进行观察和调节。

2. 按照图 2.11 搭建光路(搭建光路时保证光路等高共轴)。

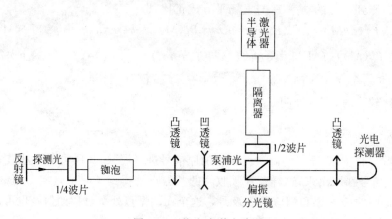

图 2.11　饱和光谱光路图

3. 光路搭建完毕后,将光电探测器的直流输出连接到示波器上,观测饱和吸收谱,调节光路优化吸收谱的信号强度。

4. 根据 ^{85}Rb 和 ^{87}Rb 的能级结构,指认光谱中的每个吸收峰(即它们来自哪种同位素哪两个能级之间的跃迁)。

5. 测量光谱中的多普勒展宽和自然展宽。

6. 分析铷原子 PDH 谱上各个共振峰对应的原子跃迁,估算 ^{85}Rb 和 ^{87}Rb 的超精细结构的能级分裂大小。

【参考文献】

[1] 张庆国,尤景汉,贺健. 谱线展宽的物理机制及其半高宽[J]. 河南科技大学学报(自然科学版), 2008,29(1):84-87.

[2] 杨道生,环敏,欧朝芳. 原子光谱线变宽的因素分析[J]. 云南民族大学学报(自然科学版),2006, 15(1):38-41.

[3] 廖腊梅,曹虹. 原子光谱的展宽机制和描述方法[J]. 新校园:上旬刊,2017,9:104.

(张慧云　孙文博)

实验 **3**　电子自旋共振和铁磁共振

电子自旋共振(electron spin resonance,ESR)是处于恒定磁场中的电子磁矩在交变磁场作用下发生的一种磁能级间的共振跃迁现象。ESR 技术是一种重要的近代物理实验技术。通过对电子自旋共振波谱的研究,可以得到有关分子、原子或离子中未成对电子的状态及其周围环境方面的信息,从而得到有关的物理结构和化学键方面的知识。通过本实验,学生应重点理解电子自旋共振的原理,掌握电子自旋共振的实验方法,了解微波磁共振和微波元件的基础知识,学会测量顺磁材料和铁磁材料中电子的 g 因子和共振线宽。

实验 3.1　电子自旋共振

【思考题】

1. 电子自旋共振与谐振腔耦合谐振的本质区别是什么? 在实验中它们有什么关系? 电子自旋共振的本质是什么?

2. 频率计和反射式谐振腔的原理和作用是什么? 如何判断是否谐振?

3. 谐振腔谐振时腔内微波电磁场分布如何? 选择好微波频率后,样品在谐振腔中应放在什么位置? 为什么?

4. 发生电子自旋共振的磁场有一个范围,观察磁场范围的大小。既然在一定的磁场范围内都可以发生共振,如何比较准确地测量共振磁场? 分析其原因。

【引 言】

电子自旋共振(electron spin resonance,ESR),也称电子顺磁共振(electron paramagnetic resonance),是 1945 年由苏联物理学家扎伏伊斯基首先观测到的。他将样品 $CuCl_2 \cdot 2H_2O$ 放置于 4.76 mT 的外磁场中,用频率为 133 MHz 的交变电磁波照射样品,检测到电磁波被共振吸收的信号。其后的实验结果显示高频率、强磁场的条件更有利于检测到 ESR 信号。1946 年,美国哈佛(Harvard)大学的柏塞尔(E. M. Purcell)等和斯坦福(Stanford)大学的布洛赫(F. Bloch)等各自独立地在自己的实验室里观测到了核磁共振(NMR)现象。1952 年,美国化学物理杂志首次报道了有机自由基的 ESR 波谱。从此,磁共振作为一种崭新的实验技术和研究手段,引起了化学家、生物学家以及医学家的广泛关注。20 世纪 50 年代,商品化磁共振波谱仪问世,目前则向自动化、多功能和综合性方向发展。

电子自旋共振谱仪是利用具有未成对电子的物质在静磁场作用下对电磁波的共振吸收的原理研制而成的。只有分子中含有未成对电子的物质才可能是 ESR 研究的对象,如自由基、三重态分子、双基或多基、过渡族金属离子、稀土金属离子以及固体中某些晶格缺陷等。ESR 已成为对物质微观结构及运动状态进行分析和探索的一种现代实验技术,也是探测物质中未耦合电子以及它们与周围原子相互作用的非常重要的方法,具有很高的灵敏度和分辨率,并且具有不破坏样品结构的优点,目前广泛应用在化学、物理、生物和医学等诸多方面。

通过本实验,学生应重点理解电子自旋共振的原理,掌握电子自旋共振的实验方法,了解微波磁共振和微波元件的基础知识,观察共振吸收信号和色散信号,测量顺磁材料中电子的 g 因子和共振线宽。

【实验原理】

1. 电子自旋共振的基本原理

原子的磁性来源于原子磁矩,由于原子核的磁矩很小,可以略去不计,所以原子的总磁矩由原子中各电子的轨道磁矩和自旋磁矩所决定。原子的总磁矩 $\boldsymbol{\mu}_J$ 与总角动量 $\boldsymbol{P}_J$ 之间满足如下关系:

$$\boldsymbol{\mu}_J = -g\frac{\mu_B}{\hbar}\boldsymbol{P}_J = -\gamma\boldsymbol{P}_J \tag{3.1}$$

式中,负号表示磁矩与角动量方向相反;μ_B 为玻尔磁子(Bohr magneton),是度量磁矩的基本单位;$\hbar$ 为约化普朗克常量;γ 为回磁比,其满足如下关系:

$$\gamma = g\frac{\mu_B}{\hbar} \tag{3.2}$$

按照量子理论,电子 L-S 耦合的朗德因子为

$$g = 1 + \frac{J(J+1) + S(S+1) - L(L+1)}{2J(J+1)} \tag{3.3}$$

由此可见,对于单纯自旋运动($L=0, J=S$),$g=2$;对于单纯轨道运动($S=0, J=L$),$g=1$;若自旋和轨道磁矩两者都有贡献,则 g 的值介于 1 与 2 之间。因此,测定 g 的数值便可判断自旋和轨道对电子运动的影响,从而有助于了解原子的结构。

具有未成对电子的物质置于静磁场 $\boldsymbol{B}$ 中时,由于电子自旋磁矩与外加磁场的相互作用导致电子基态塞曼能级分裂。电子磁矩与磁场的相互作用能为

$$E = -\boldsymbol{\mu}_J \cdot \boldsymbol{B} \tag{3.4}$$

沿外磁场方向的相互作用能为

$$E = -\gamma m\hbar B = -mg\mu_B B \tag{3.5}$$

其中,$m = j, j-1, \cdots, -j$。在外磁场中,不成对电子的能级会分裂成 $2j+1$ 个子能级。不同磁量子数 m 所对应的状态上的电子具有不同的能量,各磁能级是等距分裂的,两相邻磁能级之间的能量差为

$$\Delta E = \gamma\hbar B \tag{3.6}$$

能级差 ΔE 随外磁场的逐渐加大而增大。当外磁场 B 从零逐渐加大时,电子的自旋能级从简并逐渐分裂成两个能级 E_1 和 E_2,如图 3.1 所示。按照玻耳兹曼统计分布原理(见式(3.9)),多数电子将占据低能级。

如果在垂直于恒定磁场 $\boldsymbol{B}$ 的方向上加一个角频率为 ω 的交变电磁场 $\boldsymbol{B}'$，且交变电磁场的能量 $\hbar\omega$ 正好等于电子的两个相邻磁能级之间的能量差，即

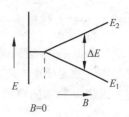

$$\hbar\omega = \Delta E = \gamma\, \hbar B \tag{3.7}$$

$$\omega = \gamma B = g\,\frac{e}{2m}B \tag{3.8}$$

图 3.1　$S=1/2$ 的自旋体系的能级随外磁场强度的变化

此时处于低能级上的电子就会吸收交变电磁场的能量跃迁到相邻的高能级，这就是所谓的磁偶极共振跃迁，也叫共振吸收。从上述分析可知，这种共振跃迁现象只能发生在原子的固有磁矩不为零的顺磁材料中，因此称为电子顺磁共振。

在顺磁物质中，由于电子受到原子外部电荷的作用，使电子轨道平面发生进动，电子的轨道角动量量子数 L 的平均值为 0，在作一级近似时，可以认为电子轨道角动量近似为零，因此顺磁物质中的磁矩主要是电子自旋磁矩的贡献，故电子顺磁共振又称为电子自旋共振。

塞曼能级间的跃迁包含着电子磁矩取向的变化，只有受到电磁辐射使其产生重新取向才能导致跃迁。如果电磁辐射偏振磁场的取向平行于外加的直流磁场，由式(3.7)可知，辐射效应将促使塞曼能级的能量值发生微小变化，不可能发生跃迁。只有电磁辐射偏振磁场的方向有垂直于直流磁场的分量时，才有可能改变电子的磁矩方向而发生跃迁(参考式(3.10))。这个要求在微波频率范围内是不难做到的。

对于一个由大量不成对电子组成的顺磁样品，当它与周围环境达到热平衡时，每个电子虽然有磁矩，但由于热运动，各磁矩取向是混乱的，对外的合磁矩为零。当样品处于恒定外磁场中时，两种不同自旋的电子产生能级分裂，当达到平衡时，在上下两能级上的粒子数服从玻耳兹曼(Boltzmann)分布，即

$$\frac{N_2}{N_1} = \exp\left(\frac{E_1 - E_2}{kT}\right) \tag{3.9}$$

若 $E_2 > E_1$，则 $N_1 > N_2$，处于低能级上的粒子数略大于高能级上的粒子数。正是这一粒子数差提供了微弱的共振信号。当产生共振吸收时，低能级的粒子向高能级跃迁的速度是光子运动的速度，在极短时间内两能级的粒子数之差就会趋于零，如果没有其他的相互作用，此后就不产生微波能量的净吸收，即不呈现 ESR 信号。实际上，实验上所观察到的 ESR 信号并非瞬态的，而是稳态的。这说明自旋体系受微波场辐射时，不仅发生受激跃迁，同时还有其他的相互作用存在，使其从不平衡恢复至平衡态，这样才有可能保持稳态的 ESR 信号。自旋体系受外界电磁波扰动后由不平衡恢复到平衡态的过程称为弛豫过程。由于恢复平衡通常是一指数过程，因此用弛豫时间表征共振吸收后自旋体系返回基态所需的特征时间，即恢复平衡的速率。

当满足磁共振条件时，低能级上的粒子吸收交变磁场的能量向高能级跃迁，而部分处在高能级的粒子则通过"自旋-晶格"相互作用(弛豫)把能量释放给晶格回到低能级，使得两能级上的粒子布居数又满足玻耳兹曼分布。"晶格"则为了使体系能量达到平衡，又把能量以热的形式释放给环境。体系的能量沿着上述机制迁徙，共振吸收就能持续进行下去，在实验中就可以观察到稳态的磁共振波谱了。

2. 布洛赫方程和弛豫过程

顺磁共振条件(3.8)同普朗克常数 $\hbar$ 无关,意味着可以用经典理论描述顺磁共振现象。这就是布洛赫的处理方法,不用个别离子的能级描述共振过程,而用样品的磁化强度 $\boldsymbol{M}$ 来描述。设 $\boldsymbol{J}$ 是样品的角动量密度,按照经典的运动方程

$$\frac{\mathrm{d}\boldsymbol{J}}{\mathrm{d}t} = \boldsymbol{M} \times \boldsymbol{B}' \tag{3.10}$$

对宏观自旋体系,不计自旋与晶格的相互作用,则 $\boldsymbol{M} = \gamma \boldsymbol{J}$。若在垂直于体系 $\boldsymbol{M}$ 的方向加一交变磁场 $\boldsymbol{B}'$,则磁化强度 $\boldsymbol{M}$ 的运动方程为

$$\frac{\mathrm{d}\boldsymbol{M}}{\mathrm{d}t} = \gamma \boldsymbol{M} \times \boldsymbol{B}' \tag{3.11}$$

在没有外磁场时,顺磁晶体中的本征磁矩是杂乱分布的,磁化强度等于零。设在 z 方向施加静磁感应强 $\boldsymbol{B}$,本征磁矩则朝外磁场方向旋转,经过 T_1 秒之后基本达到平衡的磁化强度 $\boldsymbol{M}$。磁矩体系势能变成 $-\boldsymbol{M} \cdot \boldsymbol{B}$,这些能量在 T_1 秒内交给环境(晶格),因此磁化强度变化的过程可写成:

$$\frac{\mathrm{d}M_z}{\mathrm{d}t} = \frac{M - M_z}{T_1} \tag{3.12}$$

或

$$M_z(t) = M(1 - \mathrm{e}^{-t/T_1}) \tag{3.13}$$

式中,T_1 为纵向弛豫时间。平衡的磁化强度依赖于外磁场的大小和晶格的温度。晶格离子的热运动,在电子的位置上产生磁场涨落,它阻碍电子自旋顺利地跟随外磁场运动,因此在磁化过程中,自旋体系通过自旋-晶格的相互作用把能量交给晶格,自旋体系的有序程度增加了。所以,纵向弛豫时间 T_1 又称为自旋-晶格弛豫时间。

在晶体中本征磁矩绕静磁场进动,在垂直磁场的平面上有旋转的横向磁矩,因而晶体中具有横向磁化强度分量 M_x 和 M_y。相邻离子的本征磁矩之间有磁相互作用,导致每个离子的横向磁矩不可能以相同的位相旋转。也就是说,它们的位相是杂乱无章的。这是自旋体系内部的相互作用,它阻碍横向磁矩分量随横向交变磁场的运动,所以横向磁化强度分量 M_x 和 M_y 的运动也有弛豫过程。以 T_2 表示横向弛豫时间,其来源是离子本征磁矩或自旋磁矩之间产生的磁场涨落,因此 T_2 又称为自旋-自旋弛豫时间。

1946 年,布洛赫考虑到外部磁场和弛豫两者独立对单位体积内磁化强度 $\boldsymbol{M}$ 的影响,导出著名的描述磁化强度运动的布洛赫方程,其分量形式为

$$\frac{\mathrm{d}M_x}{\mathrm{d}t} = -\gamma(\boldsymbol{M} \times \boldsymbol{B}')_x - \frac{M_x}{T_2} \tag{3.14}$$

$$\frac{\mathrm{d}M_y}{\mathrm{d}t} = -\gamma(\boldsymbol{M} \times \boldsymbol{B}')_y - \frac{M_y}{T_2} \tag{3.15}$$

$$\frac{\mathrm{d}M_z}{\mathrm{d}t} = -\gamma(\boldsymbol{M} \times \boldsymbol{B}')_z - \frac{M_z - M_z^0}{T_1} \tag{3.16}$$

如果在 z 方向加上静磁场 $\boldsymbol{B}$,则磁化强度在 z 方向(纵向)的分量 $M_z(t)$ 达到热平衡时,将趋于 M_z^0,而横向分量 M_x 和 M_y 应趋于零。T_1 和 T_2 分别代表磁化强度的纵向分量 M_z

和横向分量 M_x、M_y 达到热平衡所需的弛豫时间,即纵向弛豫时间和横向弛豫时间。纵向弛豫起因于自旋体系与它所依附的晶格之间以非辐射形式交换能量,与体系的温度密切相关。横向弛豫则是由于自旋体系内部自旋-自旋之间交换能量,与自旋浓度密切相关。

自旋体系内的弛豫机制影响共振时谱线的线宽、线型和饱和。根据共振条件,电子自旋共振谱线应是一条无限窄的谱线,由于存在弛豫过程,实际测得的谱线总有一定的宽度和形状(线型)。典型的线型主要有两种:洛伦兹(Lorentz)型和高斯(Gauss)型。导致谱线展宽的因素有弛豫展宽(固有展宽)、饱和展宽和仪器展宽等。其中弛豫展宽有自旋-晶格弛豫展宽和自旋-自旋弛豫展宽两种。弛豫相互作用越强,相应的弛豫时间越短,弛豫展宽也越严重。

3. 微波在矩形波导管中的传输

在微波波段,随着工作频率的升高,导线的趋肤效应和辐射效应增大,使得普通的双导线不能完全传输微波能量,而必须改用微波传输线。常用的微波传输线有平行双线、同轴线、带状线、微带线、金属波导管及介质波导管等多种形式的传输线,本实验用的是矩形波导管,波导管是指能够引导电磁波沿一定方向传输能量的传输线。

根据电磁场的普遍规律——麦克斯韦方程组或由它导出的波动方程以及具体波导的边界条件,可以严格求解出只有两大类波能够在矩形波导中传播:①横电波又称为磁波,简写为 TE 波或 H 波,磁场可以有纵向和横向的分量,但电场只有横向分量;②横磁波又称为电波,简写为 TM 波或 E 波,电场可以有纵向和横向的分量,但磁场只有横向分量。在实际应用中,一般让波导中存在一种波型,而且只传输一种波型,我们实验用的 TE_{10} 波就是矩形波导中常用的一种波型。

(1) TE_{10} 型波

在一个均匀、无限长和无耗的矩形波导中,从电磁场基本方程组出发,可以解得沿 z 方向传播的 TE_{10} 型波的各个场分量为

$$
\begin{cases}
H_x = \mathrm{i}\,\dfrac{\beta a}{\pi}\sin\left(\dfrac{\pi x}{a}\right)\mathrm{e}^{\mathrm{i}(\omega t - \beta z)} \\[2mm]
H_y = 0 \\[2mm]
H_z = \cos\left(\dfrac{\pi x}{a}\right)\mathrm{e}^{\mathrm{i}(\omega t - \beta z)} \\[2mm]
E_x = 0 \\[2mm]
E_y = -\,\mathrm{i}\,\dfrac{\omega\mu_0 a}{\pi}\sin\left(\dfrac{\pi x}{a}\right)\mathrm{e}^{\mathrm{i}(\omega t - \beta z)} \\[2mm]
E_z = 0
\end{cases}
\tag{3.17}
$$

其中,ω 为电磁波的角频率,$\omega = 2\pi f$;f 为微波频率;a 为波导截面宽边的长度;β 为微波沿传输方向的相位常数,$\beta = 2\pi/\lambda_\mathrm{g}$;$\lambda_\mathrm{g}$ 为波导波长,$\lambda_\mathrm{g} = \dfrac{\lambda}{\sqrt{1-\left(\dfrac{\lambda}{2a}\right)^2}}$。矩形波导中 TE_{10} 型

行波的电磁场结构如图 3.2 所示。

图 3.2 和式(3.17)均表明,TE_{10} 波具有如下特点:

① 存在一个临界波长 $\lambda_c = 2a$,只有波长 $\lambda < \lambda_c$ 的电磁波才能在波导管中传播;

② 波导波长 λ_g 大于自由空间波长 λ；

③ 电场只存在横向分量，电力线从一导体壁出发，终止在另一导体壁上，并且始终平行于波导的窄边；

④ 磁场既有横向分量，也有纵向分量，磁力线环绕电力线；

⑤ 电磁场在波导的纵方向(z)上形成行波；在 z 方向上，E_y 和 H_x 的分布规律相同，也就是说 E_y 最大处 H_x 也最大，E_y 为零处 H_x 也为零，场的这种结构是行波的特点。

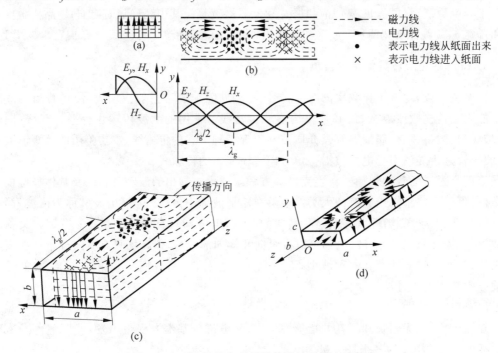

图 3.2 TE$_{10}$ 波的电磁场结构及波导壁电流分布

(a) xy 面电场；(b) xz 面电磁场；(c) 波导内电磁场；(d) 波导壁电流分布

(2) 谐振腔中电磁场分布

当波导的终端负载匹配时，波导管内横向电场和横向磁场沿纵向的传输是同时达到最大值的。但是在谐振腔中的电磁场由于形成驻波，使横向电场的最大值与横向磁场的最大值沿纵向相隔 $\lambda_g/4$，其中 λ_g 为波导波长，电场与磁场有 $90°$ 的相位差，即当电场最大时磁场最小，反之亦然。由于横向电场和横向磁场有 $90°$ 的相位差，其坡印廷矢量(能量流速矢量)为零，因此没有净能量流，只是储存或损耗在腔内。

【实验仪器】

本实验采用的电子顺磁共振实验仪器包括微波源与微波传输部分、谐振腔与耦合系统、电磁铁系统以及检测系统。其实验装置示意图如图 3.3 所示。下面对仪器各部分分别进行介绍。

微波源提供所需微波信号，微波由体效应振荡管产生。微波频率范围在 8.6~9.6 GHz 内可调，工作方式有等幅、方波、外调制等，做共振实验时选择等幅模式。

把微波耦合到谐振腔中的样品上，需要由隔离器、衰减器和环行器三个微波器件通过波导管连接组成一个耦合系统。微波从耦合系统进入到谐振腔必须经过一个"耦合孔"，耦合

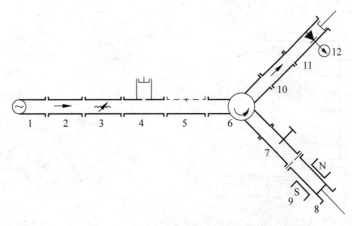

图 3.3　电子自旋共振实验装置图

1—微波源；2—隔离器；3—衰减器；4—频率计；5—测量线；6—环行器；7—单螺调配器；

8—样品腔；9—电磁铁；10—隔离器；11—晶体检波器；12—微安表和示波器 y 轴

孔的尺寸大小与腔的频率及灵敏度有直接的关系。

（1）波导管：本实验所使用的波导管型号为 BJ-100，其内腔尺寸为 $a = (22.86 \pm 0.07)$ mm，$b = (10.16 \pm 0.07)$ mm。其主模频率范围为 $(8.20 \sim 12.50)$ GHz，截止频率为 6.557 GHz。

（2）隔离器：如图 3.4 所示，位于磁场中的某些铁氧体材料对于来自不同方向的电磁波有着不同的吸收，经过适当调节，可使其对微波具有单方向传播的特性。隔离器常用于振荡器与负载之间，起隔离和单向传输作用。

（3）衰减器：如图 3.5 所示，把一片能吸收微波能量的介质片垂直于矩形波导的宽边，纵向插入波导管即成，用以部分衰减传输功率，沿着宽边移动吸收片可改变衰减量的大小。衰减器起调节系统中微波功率以及去耦合的作用。

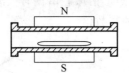

图 3.4　隔离器结构示意图

图 3.5　衰减器结构示意图

（4）谐振式频率计：如图 3.6 所示，微波的频率用直读频率计测量。电磁波通过耦合孔从波导进入频率计的空腔中，当频率计的腔体失谐时，腔里的电磁场极为微弱，此时，它基本上不影响波导中波的输出。当电磁波的频率满足空腔的谐振条件时，被吸收的能量最大，相应地，通过的电磁波信号强度将减弱，输出幅度将明显减小，从外壳表面上标尺可直接读出输入微波的频率。

（5）环行器：如图 3.7 所示，它是使微波能量按一定顺序传输的铁氧体器件。主要结构为波导 Y 形接头，在接头中心放一铁氧体圆柱（或三角形铁氧体块），在接头外面有"U"形永磁铁，它提供恒定磁场 H_0。当能量从①端口输入时，只能从②端口输出，③端口隔离，同样，当能量从②端口输入时只有③端口输出，①端口无输出，以此类推即得能量传输方向为

①→②→③→①的单向环行。

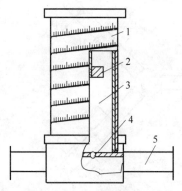

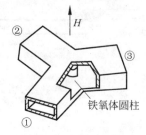

图 3.6　谐振式频率计结构原理图

1—螺旋测微机构；2—可调短路活塞；

3—圆柱谐振腔；4—耦合孔；5—矩形波导

图 3.7　Y 形环行器

（6）单螺调配器：如图 3.8 所示，将一个穿伸度可以调节的螺钉插入矩形波导中，并沿着矩形波导宽壁中心的无辐射缝作纵向移动，通过探针的位置调节负载与测量线的匹配。调匹配过程的实质，就是使调配器产生一个反射波，其幅度和失配元件产生的反射波幅度相等而相位相反，从而抵消失配元件在系统中引起的反射而达到匹配。

（7）反射式谐振腔：谐振腔是电子自旋共振实验装置的心脏，被检测的样品就放置在谐振腔中。本实验谐振腔采用可调矩形反射腔，如图 3.9 所示，它既为样品提供线偏振磁场，同时又将样品吸收偏振磁场能量的信息传递出去。为了调谐，谐振腔的末端是可移动的活塞，调节其位置，可以改变谐振腔的长度从而使谐振腔在给定的微波频率下谐振。为了保证样品在任意给定的微波频率下都可处于微波磁场最强处，在谐振腔宽边正中央开了一条窄槽，这样通过机械传动装置可以改变样品的位置以满足实验的需要。样品在谐振腔中的位置可以从窄边上的刻度直接读出。另外该图还给出了矩形谐振腔谐振时微波磁力线的分布情况。谐振腔发生谐振时，腔长必须是半个波导波长的整数倍。

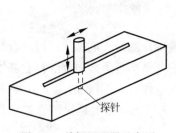

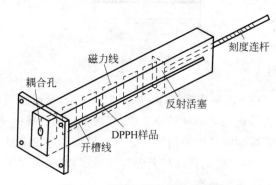

图 3.8　单螺调配器示意图

图 3.9　可调矩形谐振腔示意图

谐振腔的谐振频率会受耦合孔的尺寸以及外路负载的影响，不过可以通过调配器加以微调，以保证仪器检测信号的灵敏度。谐振腔的调谐方法：将单螺钉调配器的探针全部旋出，调节晶体检波器 11，使其检波最灵敏，然后仔细调节谐振腔的长度，使谐振腔处于谐振状态(由晶体检波器输出信号判断),这时再调节单螺调配器,使晶体检波器输出最小,如此反复几次,便可调节到最佳工作状态。

(8) 电磁铁系统:电磁铁的电流由磁共振实验仪的"磁场"旋钮控制,提供电子能级分裂所需的稳恒磁场,其强度可在 0～5000 Gs 范围内连续变化。电磁铁的磁场强度与线圈电流的关系可用特斯拉计测量。电磁铁中另有一对扫场线圈,通以 50 Hz 的交变扫场,当扫场信号扫过共振区时,将在示波器上观察到电子共振吸收信号。为了使输入示波器 x 轴的信号与扫场线圈中的电流(即扫描磁场)同相位,在扫场线圈的电源部分安装一个 RC 相移器。通过电源面板上"调相"旋钮调节电阻 R 的大小,使输入示波器 x 轴的信号与扫场磁场的变化同相位。

(9) 检测系统:检测系统包括晶体检波器、微安表和示波器。晶体检波器从波导宽壁中点耦合出两宽壁间的感应电压,经微波二极管进行检波,调节其终端短路活塞位置,可使检波管处于微波电场的波腹点,以获得最大的检波信号输出。晶体检波接头最好是满足平方律检波的,这时检波电流表示相对功率($I \propto P$)。改变微波频率时,也应改变晶体检波器短路活塞位置,使检波管一直处于微波波腹的位置。从晶体检波器输出的信号是直流信号,可用微安表检测谐振腔的输出功率。微安表量程 0～200 μA,如果超量程,调节微波源功率或衰减器使输出功率在其量程范围内。若用示波器观测电子自旋共振信号则将晶体检波器输出信号接入磁共振实验仪的"检波输入",同时将磁共振实验仪的 x 轴、y 轴分别与示波器 CH1、CH2 相连接,示波器选用 AC 的 x-y 模式。

(10) 特斯拉计(高斯计):是测量磁场强度的一种仪器,用它可以测量电磁铁的电流与磁场强度的对应关系。

(11) 实验样品:我们通常所见的化合物,它们所有的电子轨道都已成对地填满了电子,因此自旋磁矩完全抵消,没有固有磁矩,电子自旋共振不能研究这样的逆磁性化合物。它只能研究具有未成对的电子的特殊化合物,如本实验所用的样品 DPPH(Di-Phenyl Picryl Hydrazyl),它的化学名称是二苯基-2-三硝基苯肼,其分子结构式为 $(C_6H_5)_2N$—$NC_6H_2(NO_2)_3$,如图 3.10 所示,它的第二个氮原子上存在一个未成对的电子,构成有机自由基。在磁场中,它的能级分裂成两个子能级,电子在两子能级之间跃迁,并满足选择定则 $\Delta m_s = 1$,故产生一条顺磁共振吸收谱线,实验观测的就是这类电子的磁共振现象。

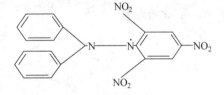

图 3.10　DPPH 结构图

【实验内容和方法】

1. 实验内容

根据实验原理连接测量装置,观察 DPPH 样品的电子自旋共振信号,分析影响共振信号的因素,测量其 g 因子。

2. 实验方法

由式(3.7)可知,可以有两种方法来检测顺磁物质的共振吸收,一种方法是保持磁场强度不变,使塞曼能级间隔恒定,改变微波频率乃至寻找到共振吸收。另一种方法是保持微波频率不变,而改变直流磁场。由于实验上的方便,通常采用后一种方法,即改变直流磁场,使能级间隔随着变动。当满足共振吸收条件时,将显现出共振吸收谱线。

开启微波源,选择"等幅"方式,按图接好整个实验装置。注意可调反射式谐振腔前必须加上带耦合孔的铜片,接入隔离器及环行器时要注意其方向。选定某一微波频率,用直读频率计测量微波频率。根据测量的频率,计算波导波长,调节传动装置使样品处于微波磁场最强处。将单螺调配器的探针逆时针旋出,检波晶体的输出接到电流表上,用电流表测量微波功率的大小,调节可调矩形谐振腔的可移动活塞,使谐振腔耦合共振。然后调节单螺调配器的探针深度和前后位置,使反射谐振腔匹配。将检波晶体的输出接到磁共振实验仪上,并使磁共振实验仪处于"扫场"状态,加上扫描磁场。改变稳恒磁场的大小,在示波器上搜索电子自旋共振信号。观察共振磁场的范围、样品位置对共振信号的影响,并分析其原因。测量电子自旋共振时共振磁场的大小,根据测量数据计算 DPPH 中电子的 g 因子。

【注意事项】

1. 选择微波频率时尽量选在微波源可调范围内的中间频率,不要选上下极限值。

2. 可调反射式谐振腔前必须加上带耦合孔的铜片,接入耦合片时注意其边缘四个孔应和波导管上四个孔相匹配,否则会影响微波耦合强度。

3. 放置电磁铁时应注意调节其电极位置的高低,使谐振腔与电磁铁两极之间有一定空隙,确保谐振腔内样品可灵活移动。如果样品移动装置被电磁铁磁矩卡住,则会损坏样品传动装置,无法调节样品位置。

4. 磁共振实验仪与电磁铁接线时注意按接线柱颜色对应连接。开启磁共振实验仪时,先检查磁场旋钮是否逆时针旋到底。因为磁场线圈电流较大,长时间通电会引起线圈发热,实验过程中不用磁场时尽量关闭磁铁电源。关闭磁共振实验仪时,注意将电流调零。

【参考文献】

[1] 何元金,马兴坤,近代物理实验[M].北京:清华大学出版社,2003.

[2] Purcell E M,Torrey H C,Pound R V. Resonance absorption by nuclear magnetic moments in a solid [J]. Phys. Rev. 1946,69:37-38.

[3] Bloch F,Hansen W W,Packard M. Nuclear induction[J]. Phys. Rev. 1946,69(3-4):127.

[4] 陈贤镕. 电子自旋共振实验技术[M]. 北京:科学出版社,1996.

[5] 徐元植. 实用电子磁共振波谱学[M]. 北京:科学出版社,2008.

[6] 戴道宣,戴乐山. 近代物理实验[M]. 北京:高等教育出版社,2006.

实验 3.2　铁 磁 共 振

【思考题】

1. 铁磁共振的本质是什么?

2. 如何调节可以使透射谐振腔耦合谐振? 如何判断透射式谐振腔是否谐振?

3. 在本实验中,传输式谐振腔 n 为什么取偶数?

4. 测量 P-B 曲线时,为什么要断开扫场?

5. 你还知道哪些磁共振? 磁共振的一般特性是什么?

【引言】

铁磁共振(FMR)观察的对象是铁磁物质中的未偶电子,因此可以说它是铁磁物质中的电子自旋共振。本实验目的是通过观测铁磁共振测定有关物理量,认识磁共振的一般特性。

【实验原理】

1. 铁磁共振现象

在铁磁物质中由于电子自旋之间存在着强耦合作用,使铁磁物质内存在着许多自发磁化的小区域,叫磁畴。在恒磁场中,磁导率可用简单的实数来表示,但当铁磁物质在稳恒磁场 $\boldsymbol{B}$ 和交变磁场 $\boldsymbol{B}'$ 的同时作用下时,其磁导率 μ 就要用复数来表示

$$\mu = \mu' + \mathrm{i}\mu'' \qquad (3.18)$$

实部 μ' 为铁磁性物质在恒定磁场 $\boldsymbol{B}$ 中的磁导率,它决定磁性材料中储存的磁能,虚部 μ'' 则反映交变磁能在磁性材料中的损耗。当交变磁场 $\boldsymbol{B}'$ 频率固定不变时,μ',μ'' 随 $\boldsymbol{B}$ 变化的实验曲线如图 3.11 所示。

在 ω 与 B_0 满足

$$\omega = \gamma B_0 = \frac{g\mu_{\mathrm{B}}}{\hbar} B_0 \qquad (3.19)$$

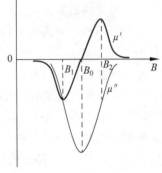

图 3.11 μ'-B 和 μ''-B 曲线

处,μ'' 达到最大值,这种现象称为铁磁共振。通常将 B_0 称为共振磁场值,而 $\mu'' = \mu''_{\max}/2$ 两点对应的磁场间隔 $B_2 - B_1$ 称为共振线宽 ΔB,ΔB 是描述铁氧体材料性能的一个重要参量,它的大小标志着磁损耗的大小,是铁氧体内部发生能量转换的微观机制。测量 ΔB 对于研究铁磁共振的机理和提高微波器件性能是十分重要的。

为什么会发生铁磁共振现象呢? 从宏观唯象理论来看,铁氧体的磁矩 $\boldsymbol{M}$ 在外加恒磁场 $\boldsymbol{B}$ 的作用下绕着 $\boldsymbol{B}$ 进动,进动频率 $\omega = \gamma B$,γ 为回磁比。由于铁氧体内部存在阻尼作用,$\boldsymbol{M}$ 的进动角会逐渐减小,结果 $\boldsymbol{M}$ 逐渐趋于平衡方向($\boldsymbol{B}$ 的方向)。当外加微波磁场 $\boldsymbol{B}'$ 的角频率与 $\boldsymbol{M}$ 的进动频率相等时,$\boldsymbol{M}$ 吸收外界微波能量,用以克服阻尼并维持进动,这就发生共振吸收现象。

从量子力学观点来看,在恒磁场作用下,原子能级分裂成等间隔的几条,当微波电磁场的量子 $\hbar\omega$ 刚好等于两个相邻塞曼能级间的能量差时,就发生共振现象。这个条件是

$$\hbar\omega = |\Delta E| = Bg\mu_{\mathrm{B}} |\Delta m|$$

吸收过程中发生选择 $\Delta m = -1$ 的能级跃迁,这时上式变成 $\hbar\omega = \hbar\gamma B$,与经典结果一致。

当磁场改变时,$\boldsymbol{M}$ 趋于平衡态的过程称为弛豫过程。$\boldsymbol{M}$ 在趋于平衡态过程中与平衡态的偏差量减小到初始值的 $1/\mathrm{e}$ 时所经历的时间称为弛豫时间。$\boldsymbol{M}$ 在外磁场方向上的分量趋于平衡值所需的特征时间称为纵向弛豫时间 τ_1。$\boldsymbol{M}$ 在垂直于外加磁场方向上的分量趋于平衡值的特征时间称为横向弛豫时间 τ_2。在一般情况下,$\tau_1 \approx \tau_2$,$\tau_2 = 2/\gamma\Delta B$。为了方

便,把 τ_1,τ_2 统称为弛豫时间 τ,则有

$$\tau = \frac{2}{\gamma \Delta B} \tag{3.20}$$

2. 传输式谐振腔

观察铁磁共振通常采用传输式谐振腔法。其原理如图 3.12 所示。传输式谐振腔是一个封闭的金属导体空腔,由一段标准矩形波导管,在其两端加上带有耦合孔的金属板,就可构成一个传输式谐振腔。

(1)谐振条件:谐振腔发生谐振时,腔长必须是半个波导波长的整数倍。

(2)谐振腔的有载品质因数 Q_L 由下式确定:

$$Q_L = \frac{f_0}{|f_1 - f_2|}$$

式中,f_0 为腔的谐振频率;f_1,f_2 分别为两个不同的半功率点频率。

当把样品放在腔内微波磁场最强处时,会引起谐振腔的谐振频率和品质因数的变化。

如果样品很小,可看成一个微扰,即放进样品后所引起谐振频率的相对变化很小,并且除了样品所在的地方以外,腔内其他地方的电磁场保持不变,这时就可以用谐振腔的微扰理论:当固定输入谐振腔的微波频率和功率,改变磁场 B,则 μ'' 与腔体输出功率 P 之间存在着一定的对应关系。图 3.13 是 P 随 B 变化的关系曲线,图中 P_0 为远离铁磁共振区域时谐振腔的输出功率,P_r 为共振时的输出功率,与 $\mu''_{\max}$ 对应,$P_{1/2}$ 为半共振点,与 $\mu''_{1/2}$ 对应。在铁磁共振区域,由于样品的铁磁共振损耗,使输出功率降低。$P_{1/2}$ 由 P_0 和 P_r 决定,且

$$P_{1/2} = \frac{2P_0 P_r}{(\sqrt{P_0} + \sqrt{P_r})^2} \tag{3.21}$$

因此在铁磁共振实验中,可以将测量 μ''-B 曲线求 ΔB 的问题转化为测量 P-B 曲线来求。

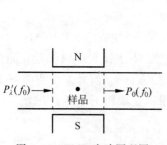

图 3.12　FMR 实验原理图

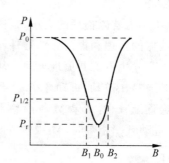

图 3.13　P-B 曲线

应该指出的是:实验时由于样品 μ'' 的变化会使谐振腔的谐振频率发生偏移(频散效应),为了得到准确的共振曲线和线宽,在逐点测绘铁磁共振曲线时,对于每一个恒磁场 B,都要稍微改变谐振腔的谐振频率,使它与输入谐振腔的微波频率调谐。这在实验中难以做到,通常是在考虑到样品谐振腔的频散效应后,对式(3.21)进行修正,可得

$$P_{1/2} = \frac{2P_0 P_r}{P_0 + P_r} \tag{3.22}$$

【实验仪器】

用传输式谐振腔观测铁磁共振的实验装置的构成如图 3.14 所示。传输式谐振腔采用 TE_{10n} 型矩形谐振腔(一般 n 取偶数),样品是多晶铁氧体小球,直径约 1 mm。各微波元器件的工作原理参考电子自旋共振"实验装置"部分。

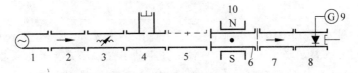

图 3.14　FMR 实验装置的构成

1—微波源;2—隔离器;3—衰减器;4—频率计;5—测量线;6—透射谐振腔;
7—隔离器;8—晶体检波器;9—检流计;10—电磁铁

【实验内容】

按图 3.14 接好各部件。微波源选择"等幅"方式。测量谐振腔的长度,根据公式计算它的谐振频率,一定要保证 n 为偶数。将检波晶体的输出接到电流表上,用电流表测量微波的大小,调节微波频率,使谐振腔耦合共振,用直读频率计测量共振频率 f_0。用示波器观察铁磁共振信号,并与电子自旋共振信号相比较。断开扫场,逐点测绘 P-B 曲线。计算回磁比 γ、g 因子,共振线宽及弛豫时间,对数据进行分析。

【注意事项】

铁磁共振实验注意事项同电子自旋共振。

【参考文献】

[1]　何元金,马兴坤. 近代物理实验[M]. 北京:清华大学出版社,2003.

[2]　沈致远. 微波技术[M]. 北京:国防工业出版社,1980.

[3]　吴思诚,王祖铨. 近代物理实验[M]. 2 版. 北京:北京大学出版社,1995.

[4]　巴德 M J,福布斯 G S,格兰特 J R,等. 卫星与雷达图像在天气预报中的应用[M]. 北京:科学出版社,1998.

（王合英　张慧云）

实验 4　脉冲核磁共振及成像系列实验

核磁共振(NMR)在 1946 年由布洛赫(F. Bloch)和柏塞尔(E. M. Purcell)同时独立发现，它是核磁矩在静磁场中被磁化后与特定频率的射频磁场产生共振吸收的现象。产生这一现象的根本原因在于原子核的自旋。1966 年发展起来的脉冲傅里叶变换核磁共振技术，将信号采集由频域变为时域，从而大大提高了检测灵敏度，提高了成像效率和成像质量。本实验的主要目的是观察核磁共振现象；调节和测量拉莫尔共振频率；利用硬脉冲序列法测量自旋-自旋弛豫时间 T_2；利用反转恢复法测量自旋-晶格弛豫时间 T_1；采用自旋回波法对样品进行二维成像。

【思考题】

1. 脉冲核磁共振的基本原理是什么？
2. 测量脉冲核磁共振的仪器有哪几部分构成？各部分的作用是什么？
3. 为什么采用硬脉冲自旋回波序列测量横向弛豫时间？
4. 硬脉冲和软脉冲的区别和用途是什么？
5. 如何理解核磁共振的弛豫？
6. 脉冲核磁共振测量材料化学位移的原理？
7. 二维核磁共振成像的原理？

【引言】

核磁共振(Nuclear Magnetic Resonance, NMR)的物理基础是原子核的自旋。泡利在 1924 年提出核自旋的假设，1930 年在实验上得到证实。1932 年人们发现中子，从此对原子核自旋有了新的认识：原子核的自旋是质子和中子自旋之和，具有自旋角动量和磁矩的原子核称为磁性核。物理学家拉比(I. I. Rabi)发现在磁场中的原子核会沿磁场方向呈正向或反向有序平行排列，而施加无线电波之后，原子核的自旋方向发生翻转。这是人类关于原子核与磁场以及外加射频磁场相互作用的最早认识。由于这项研究，拉比于 1944 年获得了诺贝尔物理学奖。1946 年美国科学家布洛赫和柏塞尔发现，将具有奇数核子(包括质子和中子)的原子核置于磁场中，再施加以特定频率的射频场，就会发生原子核吸收射频磁场能量的现象，为此他们两人共同获得了 1952 年度的诺贝尔物理学奖。

核磁共振现象自发现以来，与其相关的研究和发明已经多次获得诺贝尔奖。20 世纪 60—70 年代，瑞士科学家恩斯特(R. R. Ernst)因对发展脉冲核磁共振技术、用傅里叶变换方法获得高分辨核磁共振谱和二维核磁共振成像做出重要贡献，获得了 1991 年的诺贝尔化学奖。1973 年发明核磁共振成像技术的美国科学家劳特伯(P. C. Lauterbur)和对核磁共振成像技术的发展做出重要贡献的曼斯菲尔德(P. Mansfield)共同获得 2003 年诺贝尔生理学或医学奖。

　　核磁共振技术在物理、化学、生物、医学等众多研究领域有非常重要的应用。本实验通过采用脉冲核磁共振的方法,观测核磁共振的特征参数,测量拉莫尔频率和系统弛豫时间,从而研究核磁共振现象及成像原理和技术。

【实验原理】

　　核磁共振(NMR)是物质原子核磁矩在外磁场的作用下能级发生分裂,并在外加射频磁场的能量条件下产生能级跃迁的物理现象,即指磁矩不为零的原子或原子核(具有奇数质子或中子的原核子)在外加磁场中被磁化后与特定频率的射频辐射产生共振吸收的现象。

1. 核磁共振原理

1.1　原子核的自旋与磁矩

　　泡利(W. Pauli)在 1924 年首先提出原子核具有磁矩,并认为核磁矩与其本身的自旋运动相联系,用此理论成功地解释了原子光谱的超精细结构。

　　根据量子力学,原子核角动量是量子化的,可表示为

$$P = \sqrt{I(I+1)}\,\hbar, \quad I = 0, \frac{1}{2}, 1, \frac{3}{2}, \cdots \tag{4.1}$$

式中,I 为核的自旋量子数,其值为半整数或整数,由原子核性质所决定。核磁矩 $\boldsymbol{\mu}$ 与核自旋角动量 $\boldsymbol{P}$ 之间的关系为

$$\boldsymbol{\mu} = \gamma \boldsymbol{P} \tag{4.2}$$

式中,γ 称为核的旋磁比,随原子核的结构不同而不同。

　　未加外磁场时,核自旋为 I 的原子核处于($2I+1$)度简并态;当原子核处于外磁场 $\boldsymbol{B}_0$ 中时,核角动量 $\boldsymbol{P}$ 与核磁矩 $\boldsymbol{\mu}$ 将绕 $\boldsymbol{B}_0$(取为 z 轴方向)进动,进动角频率为

$$\omega_0 = \gamma B_0 \tag{4.3}$$

上式称为拉莫尔进动公式。

　　由于核自旋角动量 $\boldsymbol{P}$ 的空间取向是量子化的,其在 z 轴上的投影 P_z 满足

$$P_z = m\,\hbar, \quad m = I, I-1, \cdots, -I+1, -I \tag{4.4}$$

式中,m 为磁量子数。相应地

$$\mu_z = \gamma P_z = \gamma m\,\hbar \tag{4.5}$$

此时,原简并能级在外磁场 $\boldsymbol{B}_0$ 中分裂为不同的能级

$$E = -\boldsymbol{\mu} \cdot \boldsymbol{B}_0 = -\mu\cos\theta B_0 = -\mu_z B_0 = -\gamma m\,\hbar B_0 \tag{4.6}$$

相邻两个能级间就会产生能量差

$$\Delta E = \gamma\,\hbar B_0 = \hbar\,\omega_0 \tag{4.7}$$

在与 $\boldsymbol{B}_0$ 垂直的方向再加上一个频率为 ν 的交变磁场 B_1,当 $\Delta E = h\nu$ 时,就可能引起核能态在 $\Delta m = \pm 1$ 的两个分裂能级间的跃迁,即产生共振吸收现象,共振频率为

$$\nu_0 = \gamma\frac{B_0}{2\pi} \tag{4.8}$$

可见,只有外加交变磁场 B_1 的圆频率与拉莫尔频率一致时,才会产生共振吸收。

1.2　宏观磁矩与弛豫过程

核磁共振实验中,磁共振的对象不可能是单个核,而是包含大量等同核的系统,所以用宏观磁矩 $\boldsymbol{M}$ 来描述。核系统宏观磁矩 $\boldsymbol{M}$ 为单位体积内所有微观磁矩的矢量和。样品在恒定磁场 $\boldsymbol{B}_0$ 的作用下,如图 4.1 所示,系统宏观磁矩 $\boldsymbol{M}$ 将绕 $\boldsymbol{B}_0$ 作拉莫尔进动,角频率为 $\omega_0 = \gamma B_0$。同时每个核磁矩均绕 $\boldsymbol{B}_0$ 作拉莫尔进动,由于每个核磁矩彼此间相位的随机性,当样品在外恒定磁场 $\boldsymbol{B}_0$ 中处于热平衡态时,$\boldsymbol{M}$ 在 z 轴上的投影 M_z 为恒定值 M_0,如图 4.2 所示。

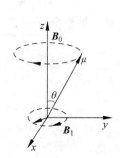
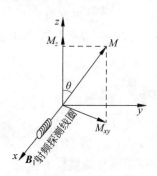

图 4.1　拉莫尔进动　　　　图 4.2　实验室坐标系核磁共振的磁化强度

当系统处于外磁场 $\boldsymbol{B}_0$ 中时,若在垂直于 $\boldsymbol{B}_0$ 的方向(设为 x 轴)再施加一个射频(radio frequency,RF)交变磁场 $\boldsymbol{B}_1$,当其脉冲宽度 t_p 足够小时,宏观磁矩 $\boldsymbol{M}$ 将绕 $\boldsymbol{B}_1$ 进动,导致 $\boldsymbol{M}$ 与 $\boldsymbol{B}_0$ 的夹角发生变化,此时转过的角度 $\theta = \gamma B_1 t_p$ 称为倾倒角,此射频脉冲称为 θ 角脉冲,如图 4.3(a)所示。倾倒角为 $90°$ 脉冲和 $180°$ 脉冲的情况分别如图 4.3(b)和(c)所示。

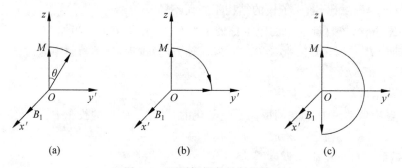

图 4.3　不同倾倒角的射频脉冲

(a) θ 角脉冲;(b) $90°$ 脉冲;(c) $180°$ 脉冲

当给核磁共振系统作用一个射频脉冲将导致 $\boldsymbol{M}$ 与 $\boldsymbol{B}_0$ 的夹角发生变化。脉冲结束后,$\boldsymbol{M}$ 将以绕 z 轴螺旋旋进的形式回到热平衡位置,此过程即称为弛豫过程。在此弛豫过程中,若在垂直于 z 轴方向上放置一个接收线圈,便可感应出一个射频信号,其频率与进动频率 ω_0 相同,幅值按照指数规律衰减,称为自由感应衰减信号(free induction decay,FID)信号,如图 4.4 所示。

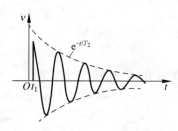

图 4.4　FID 信号示意图

布洛赫假设磁力矩和核自旋体系自发弛豫两种作用对宏观磁化强度矢量 $\boldsymbol{M}$ 发生作用。粒子磁矩在外磁场 $\boldsymbol{B}_0$ 作用下发生进动，施加横向射频磁场 $\boldsymbol{B}_1$ 引起磁矩发生章动，产生核磁共振（横向磁场的频率要和进动频率一致才能引起共振跃迁）。用数学公式来描述就是著名的布洛赫方程，在实验室参考系下：

$$\frac{\mathrm{d}\boldsymbol{M}}{\mathrm{d}t} = \gamma(\boldsymbol{M}\times\boldsymbol{B}) - \frac{\mathrm{i}M_x + \mathrm{j}M_y}{T_2} - \frac{k(M_z - M_0)}{T_1} \tag{4.9}$$

磁场由纵向磁场 $\boldsymbol{B}_0$ 与横向磁场 $\boldsymbol{B}_1$ 以及梯度磁场组成，即

$$\boldsymbol{B} = \boldsymbol{B}_0 + \boldsymbol{B}_1 + \mathrm{i}xG_x + \mathrm{j}yG_y + kzG_z \tag{4.10}$$

在无横向磁场与梯度磁场的时，可以解得静场解：

$$\omega_0 = \gamma B_0 \tag{4.11}$$

$$M_x(t) = \mathrm{e}^{-\frac{t}{T_2}}(M_x(0)\cos\omega_0 t + M_y(0)\sin\omega_0 t) \tag{4.12}$$

$$M_y(t) = \mathrm{e}^{-\frac{t}{T_2}}(M_y(0)\cos\omega_0 t - M_x(0)\sin\omega_0 t) \tag{4.13}$$

$$M_z(t) = M_z(0)\mathrm{e}^{-\frac{t}{T_1}} + M_0(1 - \mathrm{e}^{-\frac{t}{T_1}}) \tag{4.14}$$

它对应的物理意义就是在拉莫尔进动与弛豫过程的共同作用下，磁化矢量的端点沿着如图 4.5 的螺旋锥形轨迹运动。

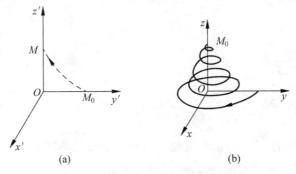

图 4.5　90°脉冲作用后的核磁共振弛豫过程

(a) 旋转坐标系；(b) 实验坐标系

加入射频脉冲磁场的作用（实际上我们是无法真正让磁场旋转的，只是加一个交变磁场，其作用类似旋转磁场）时，$\boldsymbol{B} = B_0\boldsymbol{e}_z + B_1\cos\omega t\boldsymbol{e}_x$。如引入一个旋转坐标系 (x', y', z)，z 轴方向与 z' 轴重合，坐标旋转角频率 $\omega = \omega_0$。在旋转坐标系中由布洛赫方程可得

$$\left(\frac{\mathrm{d}M_{x'}}{\mathrm{d}t}\right)' = (\omega_0 - \omega)M_{y'} - \frac{M_{x'}}{T_2} \tag{4.15}$$

$$\left(\frac{\mathrm{d}M_y}{\mathrm{d}t}\right)' = -\omega_1 M_{z'} - M_{x'}(\omega - \omega_0) - \frac{M_{y'}}{T_2} \tag{4.16}$$

$$\left(\frac{\mathrm{d}M_z}{\mathrm{d}t}\right)' = \omega_1 M_{y'} + \frac{M_0 - M_z}{T_1} \tag{4.17}$$

共振条件为 $\omega = \omega_0$。共振时，磁化强度 $\boldsymbol{M}$ 从旋转坐标系来看就变成了一个绕 x' 轴进动的

系统,进动的频率 $\omega_1 = \gamma B_1$,进动角度为 $\theta = \gamma B_1 t_p$,相当于在原来的进动上叠加了另一个进动,因而得到了章动的效果。

在图 4.6 中,T_1 为纵向弛豫时间;T_2 是横向弛豫时间。在弛豫过程中,$\boldsymbol{M}$ 的水平分量($M_\perp$)的衰减与 z 轴分量(M_z)的恢复各自遵从不同的规律。其中,M_z 的恢复与自旋-晶格弛豫时间 T_1 有关。$M_\perp$ 的衰减与自旋-自旋弛豫时间 T_2 有关,涉及邻近核自旋系统间横向的能量交换。在 90° 脉冲作用下,由布洛赫方程可以得到 M_z 和 $M_\perp$ 的变化规律如下。

$$\begin{cases} M_Z = M_0(1 - \mathrm{e}^{-\frac{t}{T_1}}) \\ M_\perp = M_{\perp\max}\,\mathrm{e}^{-\frac{t}{T_2}} \end{cases} \tag{4.18}$$

在实际应用中外磁场的不均匀性还会产生额外的散相,可以用 T_2' 来表征,它对横向弛豫产生影响。考虑磁场非均匀性的影响,横向弛豫时间表示为 T_2^*,则有

$$\frac{1}{T_2^*} = \frac{1}{T_2} + \frac{1}{T_2'} \tag{4.19}$$

通常来说,$T_1 > T_2$,且脂肪组织的弛豫时间较水来说要短一些,这对于后面成像非常有意义。实际观测到的 FID 信号,是各个不同进动频率的指数衰减信号的叠加,如图 4.7 所示。

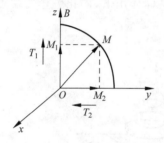
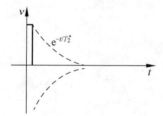

图 4.6　弛豫过程　　　　　　　　　　图 4.7　实际测得 FID 信号

设 ΔB^* 为外磁场的不均匀度,则总的 FID 信号的衰减速度由 T_2 和 ΔB^* 两者决定,可以用一个称为表观横向弛豫时间 T_2^* 的物理量来等效:

$$\frac{1}{T_2^*} = \frac{1}{T_2} + \frac{\gamma \Delta B^*}{2} \tag{4.20}$$

当样品的 T_2 很大或者磁场的非均匀度很大时,系统的表观弛豫时间 T_2^* 主要由外磁场的非均匀度决定,这也是核磁共振实验中磁场必须达到一定的均匀度才能获得较强共振信号的原因。

由图 4.6 可知弛豫过程分为两种,一个是纵向磁化强度的弛豫,另一个是横向磁化强度的弛豫。为什么会有这样的区分?这是因为势能 $U = -\boldsymbol{\mu} \cdot \boldsymbol{B}$,当磁场沿纵向时,纵向磁矩变化会引起能量变化,是一个耗散过程;而横向磁矩变化能量是守恒的,是一个保守过程。这样两个不同过程有两种不同的机制,即纵向弛豫(自旋-晶格弛豫时间 T_1)和横向弛豫(自旋-自旋弛豫时间 T_2)。

纵向弛豫 T_1(spin-lattice relaxation)过程的本质是,自旋核释放激励过程中吸收的射频能量从高能态返回到原来的基态的过程。T_1 短意味着弛豫过程快,也意味着晶格场中

有较强的适合与自旋系统交换能量的电磁场成分(频率相近)。反之，T_1 长则意味着晶格场中这种电磁场成分比较弱。对不同物质，T_1 差别很大，从几毫秒到几天。纯水的 $T_1 = 3$ s，人体水的 T_1 在 500 ms～1 s 范围。固体中 T_1 很长，几小时甚至几天。

横向弛豫又称为自旋-自旋弛豫，它对应的弛豫时间为 T_2(spin-spin relaxation)。横向弛豫来源于自旋与自旋之间的相互作用，这是因为每一个自旋会在局部产生一个磁场，如图 4.8 所示。磁场又会影响周围的自旋，因而产生了一个自旋与自旋的相互作用，由于不同的局部有不同的磁场，这样的相互作用导致各局部自旋的相位不同。横向弛豫过程的本质是，自旋核相位一致性逐渐失去的过程。核磁矩正是通过自旋-自旋相互作用使横向分量 $\mu_\perp$ 分散开，从而导致横向分量 $\mu_\perp$ 在圆锥上的分布趋于均匀，此即 $M_\perp \rightarrow 0$，即热平衡时统计来看横向总磁矩趋于零。这正是自旋系统内部"横向热平衡"状态。自旋-自旋弛豫通常比自旋-晶格要快，液体中两者基本在同一量级。

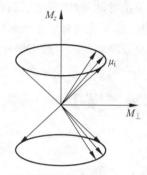

图 4.8　核磁矩相位相干时可形成横向磁化强度分量 $M_\perp$

2. 核磁共振成像原理

实验中在垂直于 z 轴方向上放置一个射频接收线圈(实际与发射射频磁场的线圈为同一个线圈)对脉冲核磁共振信号(即横向体磁化强度)进行测量。横向体磁化强度 M_{xy} 进动时产生电磁波，采用接收线圈接收，根据法拉第电磁感应定律：

$$V(t) = -\frac{\partial \Phi(t)}{\partial t} = -\frac{\partial}{\partial t}\iiint_\Omega \boldsymbol{B}_r(\boldsymbol{r}) \cdot \boldsymbol{M}(\boldsymbol{r}, t)\mathrm{d}^3\boldsymbol{r} \tag{4.21}$$

其中，$\boldsymbol{B}_r(\boldsymbol{r})$ 为接受线圈在 $\boldsymbol{r}$ 处产生的磁感应强度，复数信号表示：

$$V(t) \propto \omega_0 \int \mathrm{d}^3\boldsymbol{r}\, \mathrm{e}^{-\frac{t}{T_2(\boldsymbol{r})}} M_\perp(\boldsymbol{r}) B_\perp(\boldsymbol{r}) \mathrm{e}^{\mathrm{i}(\omega_0 t + \theta_B(\boldsymbol{r}) - \phi_0(\boldsymbol{r}))} \tag{4.22}$$

将此信号经过调制、低通滤波处理后得到的信号，再进一步进行解调和放大后，得到与核磁共振样品的核自旋密度 ρ、弛豫时间 T_1、T_2 等参数相关的共振信号输出。所谓成像，就是采用灰度值将核磁共振信号作为空间坐标的函数，表达为 $\rho(x, y, z)$、$T_1(x, y, z)$、$T_2(x, y, z)$ 等。

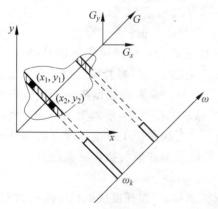

图 4.9　线性梯度编码

如何区分 NMR 信号中来自样品中不同位置的贡献？方法是利用磁场梯度区分空间坐标。根据核磁共振条件 $\omega_0 = \gamma B_0$，如果在静磁场 B_0 上叠加一个线性梯度磁场退化静磁场的均匀性，那么在样品中沿梯度方向，不同位置就有不同的共振频率。如图 4.9 所示，设在样品系统中，施加一个线性梯度场 $\boldsymbol{G} = G_x \boldsymbol{i} + G_y \boldsymbol{j}$，那么沿 $\boldsymbol{G}$ 方向有不同的共振频率 $\omega_k = x G_x + y G_y$。对于一个三维物体，垂直于 $\boldsymbol{G}$ 方向的每个层面称为等色层，等色层内各点进动频率均相等。利用上述梯度线性效应，首先在 z 方向施

加一个线性梯度场 G_z,配合与各等色面匹配的选择性 RF 软脉冲,实现垂直于 z 轴层面的选择。在选层线性梯度磁场施加完成之后,在 x 方向施加一个线性梯度场 G_x,作用一定时间后,层面内与 x 方向垂直的窄条内的自旋都积累了不同的相位,实现了层面内相位角的差异化。相位编码梯度施加完成之后,开启 y 方向的线性梯度 G_y,于是沿 y 轴自旋的共振频率再次被改变,实现了层面内频率的差异化。经过上述的选层编码、相位编码、频率编码的过程,即可实现对一个平面内体单元的空间定位。

将采集到的信号数据按照一定规则排列在一个矩阵内,形成 k 空间表象,再通过二维傅里叶变换得到信号强度的空间分布,即核磁共振图像。

【实验装置】

本实验所用设备为 MRIjx-10 核磁共振成像教学实验仪,其硬件系统结构如框图 4.10 所示:

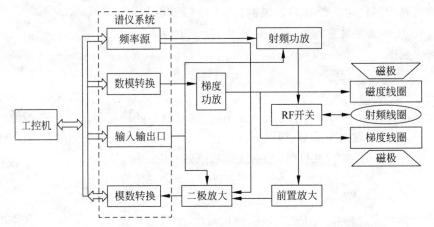

图 4.10　MRIjx-10 核磁共振成像教学实验仪硬件系统结构框图

根据核磁共振仪各个子系统的作用及控制流程可以将实验仪器分为以下几部分:磁体子系统、射频子系统(脉冲发射单元,包括信号接收单元)、梯度场子系统、谱仪子系统(即扫描控制系统)和计算机系统(软件系统)。实验装置的工作原理简要概述如下。

在计算机的(脉冲序列)控制下,直接数字频率合成源(DDS)产生满足共振条件的射频信号。在波形调制信号的控制下调制成所需要的形状(方波或 SINC 波形),并送到射频功放系统进行功率放大后经射频线圈发射,并激发样品产生核磁共振。在信号采集期间,射频线圈将对此核磁共振信号感应得到核磁共振信号,此信号即为自由感应衰减信号(FID 信号)。FID 信号经前置放大后在二级放大板中与 DDS 产生的一等幅的射频信号进行混频后放大最后送入模数变换器(ADC)进行数据采集与模数转换。采集的数据送入计算机进行相应处理就可得到核磁共振信号的谱线。在二维磁共振成像序列中,还需要从脉冲序列发生器中发出三路梯度控制信号,分别经梯度功放后经由梯度线圈产生 3 个维度上的梯度磁场,起到对磁共振信号进行空间定位的作用,通过计算机处理获取的数据从而得到样品的 2D 图像。

磁体系统及梯度磁场系统:磁体系统包括一台永久磁体、一组梯度线圈(x,y,z),加热及恒温电路以及具有严格屏蔽的射频线圈组成。永久磁体用于产生静磁场 B_0,一般磁场强度越大,核磁共振频率 ω_0 也越大,成像质量也越好。本实验仪器的磁体产生的磁场强度为 0.5 T 左右。梯度线圈在 x、y、z 三个方向产生轴相互正交的梯度磁场,实现信号的空间编码。同时,梯度线圈还起到电子匀场的作用,通过调整线圈电流,提高谱仪整体磁场的均匀度,本实验仪器的磁场均匀度可以在 12 mm×12 mm×12 mm 的立体空间内达到 20 ppm。

　　模拟电路系统:包括射频发射单元、信号接收单元和梯度单元,具体包括波形调制、射频功放、前置放大、二级放大、射频开关和梯度功放等功能。

　　谱仪系统及软件系统:由安装在计算机机箱内部的直接数字频率合成源(DDS)、数模变换器(DAC)和模数变换器(ADC)等板卡以及安装在工控机内部的序列产生软件组成。DDS 板的功能主要是接受主机发送过来的参数,负责产生射频所需的具有一定包络形状的射频频率信号,送到射频功放进行放大。DDS 同时还需要产生磁共振信号在混频处理时所需要的参考频率基准信号。DDS 板还需要产生诸如发射、接受等控制信号。DAC 接受主机发送过来的三路梯度的数字型控制信号,将其进行数字到模拟信号的转换,转换成较低的梯度电流信号,发送到梯度功放进行功率放大后作为梯度电流,梯度的施加的时间序列是通过 DDS 板提供的信号进行控制的。ADC 卡接受二级放大后的磁共振信号并对信号进行滤波采样和高速数字化,形成计算机可以接受的数据,并送至计算机存储单元,完成存储和重建任务。软件系统负责接收操作者的指令,并通过序列发生软件产生各种控制信号,传递给谱仪系统的各个部件协调工作,以及完成数据处理、存储和图像重建、显示等任务。

【实验内容】

　　氢原子的核磁共振称为质子磁共振(proton magnetic resonance)。氢原子核只包含一个质子,自旋量子数 I 为 1/2。氢原子核(^{1}H)在有机化合物中占有很重要的地位。本实验研究物质中有关氢原子核的共振及其相关成像。

1. 磁场均匀性和拉莫尔频率测量

　　按照仪器操作说明启动实验仪器,放入测量样品,调整梯度电子柜面板上的 GX Shim、GY Shim、GZ Shim 电位器旋钮,让主磁场经过电子匀场后达到最均匀的状态,测量磁场的均匀性及样品的拉莫尔共振频率。调节完磁场的均匀性,测量出实验物质的共振频率。

2. 硬脉冲和软脉冲回波测量

　　对硬脉冲、软脉冲及其回波序列调节。确定仪器硬脉冲的 90° 和 180° 脉冲宽度(P_1 和 P_2)。确定所加软脉冲的 90° 及 180° 脉冲的脉冲幅度(RFA_1 和 RFA_2)。软脉冲是频域上的方波,而在时域上是较宽的一个辛格(sinc)函数。

　　硬脉冲(非选择性 RF 脉冲):硬脉冲是一个很窄很强的矩型 RF 脉冲,而在频域上是一个较宽的 sinc 函数波形,具有很宽的频谱,如图 4.11 所示。例如,如果脉冲宽度为 2 μs,则频域上 sinc 函数主瓣两边零点间宽度为 1 MHz,在主瓣中央部分足以覆盖吸收谱,可以把发射线圈作用范围内的样品全部激发,而不是有选择的激发一个或几个层面,因此称为非选择性 RF 脉冲。这种脉冲不能用于选择层面,多用于分析中。

　　软脉冲(选择性 RF 脉冲):软脉冲的频带窄,典型地为几千赫兹,强度 B_1 小,功率小,而时宽比较大,一般在 1～10 ms 量级。在二维成像中,选择层面必须使用选择性 RF 脉冲,

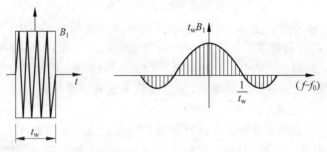

图 4.11　时域上窄矩形 RF 脉冲及其频谱分布

并且使激发谱和待选层面的吸收谱相匹配。实验仪器及软件的相关操作请参考实验室说明。

3. 采用硬脉冲 CPMG 序列测量样品的 T_2（实验测量 $CuSO_4$ 及油样品的弛豫时间）

　　自旋回波方法如图 4.12 所示。当受到频率等于共振频率、具有一定时间宽度的射频脉冲时，核自旋绕射频磁场的方向转动。将引起 90° 与 180° 转动的脉冲，称作 90° 脉冲与 180° 脉冲。初始时样品中的核自旋沿着磁场方向排列，总磁矩沿磁场方向；施加 90° 脉冲后磁矩被转动到垂直于磁场的方向，此后样品的磁矩一方面绕磁场进动，一方面发生弛豫过程，其中横向磁矩分量将在探测线圈中感应出以同样频率振荡的信号，即为 FID 回波信号，回波信号的幅度随着横向弛豫过程衰减。

　　实验采用硬脉冲 CPMG 序列测量横向弛豫时间 T_2。硬脉冲 CPMG 序列是在自旋回波脉冲序列基础上，多次施加 180° 脉冲，可以同时得到多个回波信号的回波脉冲序列，其序列结构和回波情况如图 4.13 所示。即在 90° 脉冲之后，分别在 $t=\tau,3\tau,5\tau,\cdots,(2n-1)\tau$ 时在 x 轴上施加 180° RF 脉冲，就会分别在 $t=2\tau,4\tau,6\tau,\cdots,2n\tau$ 时得到相应的回波信号，从而得到一个回波波列，由每个回波峰值 $|U(t)|=|U_0|\mathrm{e}^{-2n\tau/T_2}$，形成的指数衰减曲线就是 T_2 衰减曲线，因此可以利用这个峰值衰减规律来测得样品的 T_2 值。

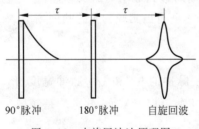

图 4.12　自旋回波法原理图

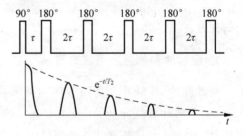

图 4.13　CPMG 序列示意图

4. 反转恢复法测量样品的 T_1（测量 $CuSO_4$ 及油样品的弛豫时间）

　　反转恢复法脉冲序列时序如图 4.14 所示。当系统加上 180° 脉冲时，体磁化强度 $\boldsymbol{M}$ 从 z 轴反转至 $-z$ 方向，而由于纵向弛豫效应使 z 轴方向的体磁化强度 M_z 值沿 $-z$ 轴方向逐渐缩短，直至变为零，再沿 z 轴方向增长直至恢复平衡态 M_0，M_z 随时间变化的规律是以时间 t 呈指数增长，表达式为

$$M_z(t) = M_0(1 - 2e^{-t/T_1})\tag{4.23}$$

利用上述 M_z 随时间变化的规律测量样品的弛豫时间 T_1。实验过程中使用不同的时间间隔 t 重复 90°～180°脉冲序列的实验,得到了不同的 FID 信号初始幅值。这样,把初始幅值与脉冲间隔 t 的关系画出曲线,就能得到图 4.15,并拟合得到 T_1。

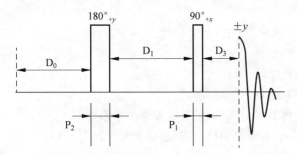

图 4.14　反转恢复法脉冲序列时序

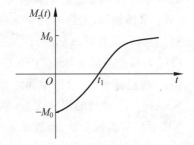

图 4.15　反转恢复法测量纵向弛豫时间

5. 化学位移测量

化学位移是指同种原子核,在不同的化学环境中时,在相同外磁场下的共振频率不同。这种化学位移效应来源于核外电子在外磁场下的进动对磁场的屏蔽作用。设原子核感受到的实际磁场为

$$B = B_0(1 - \sigma)\tag{4.24}$$

σ 为屏蔽因子。则化学位移定义为

$$\delta = \frac{\sigma_R - \sigma_S}{1 - \sigma_S} \times 10^6 \approx \frac{\omega_S - \omega_R}{\omega_S} \times 10^6\tag{4.25}$$

其中 S 与 R 分别代表样品和参照物。本实验测量乙醇的化学位移。

6. 自旋回波序列成像实验

在核磁共振成像中,为了获取用以重建图像的信号需要按照一定时序和周期施加射频脉冲与梯度脉冲的组合,通常称为脉冲序列(pulse sequence)。实验中采用自旋回波序列进行成像。自旋回波序列及其参数见图 4.16。
具体各个参数的意义如下:

RFA_1:90°软脉冲的脉冲幅度

RFA_2:180°软脉冲的脉冲幅度

SP_1、SP_2:分别是 90°软脉冲和 180°软脉冲的脉冲宽度(一般取 1000 μs)

D_1:相位编码时间

D_2:相位平衡梯度(选层梯度后的回聚梯度)时间

D_3:代表频率梯度编码开始到采样开始之间的时间

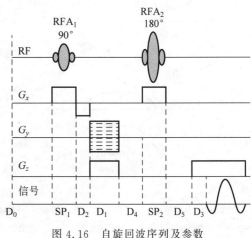

图 4.16　自旋回波序列及参数

D_4：相位编码结束到 180°脉冲之间的死时间

D_5：180°脉冲到频率编码梯度之间的死时间

D_0：两个序列周期之间的间隔时间

成像软件中的参量含义说明如下：

TD：每个序列采集数据数量

SW：采样频率，采样时间＝采样数/采样频率

SF_1：射频信号频率粗调值

O_1：射频信号频率细调值，共振频率 $f＝SF_1＋O_1$

RG：增益调节，在成像中非常重要，增益可以提高信噪比

NS：同一个测量的累加次数，累加有利于减小噪声，但会增加整个采集时间

NE_1：相位编码步数，也就是采集多少个不同的相位编码，总数据量＝$NE_1 * TD$

GxA：x 方向（机器的前后面方向）梯度幅度

GyA：y 方向（机器的上下面方向）梯度幅度

GzA：z 方向（机器的左右面方向）梯度幅度

SlicePos：选片位置（ ）

SLICE：选层方向，0 就是 x 方向选层，为矢状位；1 是 y 方向选层，为横断位；2 是 z 方向选层，为冠状位。

先施加一个 90°的软脉冲，使磁化强度矢量偏转到 xy 平面内进动。然后散相，经过相同时间后再加上一个 180°软脉冲使散相过程反转过来，这相当于时间反演，这使相位发生汇聚，磁化强度汇聚到同一方向，信号达到峰值，这就是自旋回波的基本思想，具体如图 4.17 所示。利用汇聚后的自旋回波对样品进行成像可以得到清晰的图像，如图 4.18 所示。

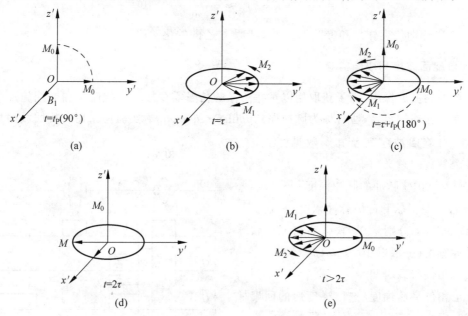

图 4.17　自旋回波相散及汇聚过程

（a）90°射频脉冲作用下总磁化强度的转动；（b）磁场不均匀对磁矩的影响；（c）180°射频脉冲使磁化强度各分量翻转；（d）各磁化分量的汇聚；（e）各磁化分量因磁场不均匀散开

【实验步骤】

（1）启动计算机，运行"核磁共振成像教学仪"软件，进入软件操作界面程序。

（2）将装有 2 g 芝麻样品的试管（或其他样品）小心放入磁体柜上方样品槽内。

（3）开启射频单元及梯度放大器的电源。

（4）调节磁场均匀，测量共振频率并保存数据。

（5）调节脉冲序列参数，了解其对成像的影响。

（6）选择菜单栏里的 ZG 工具，进行累加采集。

（7）当数据采集完毕后，选择傅里叶变换工具 FFT，选择图像分辨率，进行傅里叶变换就能得到二维层面的图像。如图 4.18 所示为芝麻矢状二维成像图。

图 4.18　芝麻矢状二维图像

【注意事项】

在使用 MRIjx-10 台式核磁共振成像仪时，"开机"和"关机"均必须严格按以下顺序操作：

1. 开机

（1）启动计算机；

（2）在计算机桌面上启动应用程序 WinMRIXP；

（3）开启射频单元电源；注意：射频单元后部的恒温系统电源由老师控制，不需要学生开关；

（4）打开梯度放大器机箱电源开关。

2. 关机

（1）关闭梯度放大器机箱电源开关；

（2）关闭射频单元电源；

（3）退出应用程序 WinMRIXP；

（4）关闭计算机。

【参考文献】

[1]　俎栋林. 核磁共振成像学[M]. 北京：高等教育出版社，2003.

[2]　邓克俊. 核磁共振测井理论及应用[M]. 东营：中国石油大学出版社，2010.

[3]　汪红志，张学龙，武杰. 核磁共振成像技术实验教程[M]. 北京：科学出版社，2008.

（陈　宏）

实验 5　量子纠缠实验

量子纠缠态在量子物理研究领域中占据极其重要的地位,同时又是量子信息技术中最基础和核心的内容。量子纠缠实验包含丰富的物理内容和多种现代实验技术:量子纠缠态的本质及其性质;EPR 佯谬和贝尔(J. S. Bell)不等式在量子力学发展中的作用;非线性晶体中的 I 类和 II 类自发参量下转换;参量过程中相位匹配的物理内涵及其实现方法;偏振纠缠光子对的产生机理及测量方法;激光技术;光纤耦合;单光子探测;符合测量技术,等等。因此它是一个技术综合、内容开放的实验。

【思考题】

1. 如何理解量子纠缠态及其性质?
2. 贝尔不等式和 CHSH 不等式对量子力学理论有何重要意义?
3. 自发参量下转换的物理本质和实现条件是什么?
4. 如何实现参量下转换的相位匹配?
5. I 类偏振纠缠源和 II 类偏振纠缠源有什么区别与联系?
6. II 类偏振纠缠源实验测量时为何要增加补偿系统? I 类纠缠源需要加补偿系统吗?
7. 实验测量验证 CHSH 不等式应怎样选取两个偏振片的角度的计数读数,为什么?

【引言】

量子纠缠的概念是在 1935 年分别由爱因斯坦(A. Einstein)、波多尔斯基(B. Podolsky)和罗森(N. Rosen)在质疑量子力学的完备性时提出的,并称其为量子力学的精髓。他们联名发表论文,提出了一种新的量子叠加态,这种叠加态在时间和空间上完全叠加在一起,在量子力学范围内是无法区分的,只能用一个波函数来表达,而该叠加态显然是两个独立量子态的叠加。他们基于经典实在论的观点,即物理量只能具有唯一相应的物理实在,对量子力学中薛定谔提出的波函数的完备性提出了质疑。薛定谔认为爱因斯坦等人提出的量子叠加态是合理的,称这种叠加态为满足量子力学规律的连接体问题,并首次用纠缠(entanglement)命名该叠加态。他根据玻尔量子测量的波包塌缩理论,提出了著名的薛定谔猫态佯谬,而之前爱因斯坦等人提出的叠加态则被称为爱因斯坦佯谬,也称 EPR 佯谬或 EPR 态。

在很长的一段时间内,量子力学与定域实在论之间的矛盾只能从哲学上加以论述。这种状况一直持续到贝尔不等式的出现。1965 年,贝尔从爱因斯坦的定域实在论和隐变量假设出发,得出了二粒子的自旋纠缠态关联函数满足一个不等式。1972 年,弗里德曼(S. Freedman)和克劳泽(J. Clauser)首次利用光学实验,验证了贝尔不等式的破缺,实验结果与量子力学的预言相当吻合,从而证明了量子力学的正确性,推翻了隐变量理论。

产生量子纠缠态的方法很多,可以利用原子手段,也可以在固体中产生纠缠态。目前实验上技术最成熟、应用最广泛的还是用光学手段产生的光子纠缠。利用非线性晶体中的自发参量下转换(spontaneous parametric down conversion,SPDC)过程实现双光子纠缠的产生和操纵,探测简便,纠缠纯度高,相干性保持距离长,所以应用也最为广泛。用自发参量下转换光子对作为 EPR 实验的纠缠源检验贝尔不等式,结果违背贝尔不等式,有力地证实了量子力学非局域性的存在。

自 20 世纪 80 年代,量子纠缠和量子信息一直是科研的热点。量子纠缠态已经不再拘泥于当初爱因斯坦等人提出的深奥玄妙的理论概念,而被应用到许多高新技术领域,如量子隐形传态、量子传真、量子密码通信、量子图像学、量子光刻、量子计算及光探测器量子效率绝对标定及光辐射绝对测量等。

本实验介绍两种参量下转换产生双光子偏振纠缠对的原理和实验技术,测量其偏振纠缠特性(对比曲线),并检验贝尔不等式。

【实验原理】

1. 量子纠缠态及其性质

量子纠缠,又称量子非局域相关,是多粒子系统具有强关联特性的量子叠加态。量子纠缠态具有如下性质:当所研究的体系包括两个或两个以上的子系统时,在某些特定的条件下,子系统之间具有空间非定域的关联特性。此时在任何量子力学表象中,都无法表示为组成它的各子系统量子态的直积形式,这些子系统之间表现出相互纠缠的不可分特性;即使将它们在空间分离,对处于纠缠态的两个子系统之一进行测量,虽然不能对另一子系统产生直接的相互作用,却包含了另一子系统的信息,并在瞬时改变了另一子系统的描述。因此纠缠态的关联是一种超空间的、非定域性的关联。

根据量子力学理论,一个孤立的微观体系 A,其状态可以用一个纯态来完备地描述,但如果考虑它与外界环境 B 之间的相互作用,其状态则用 A 和 B 的叠加态描述,这种叠加态在数学上不能分解为 A 和 B 两个独立子系统量子态简单乘积的形式,则 A 和 B 之间形成了量子纠缠。因此,量子纠缠态实质上是由强关联子系统之间的相互作用形成的量子叠加态。

一个典型的量子纠缠态例子是由两个自旋为 1/2 的粒子 A 和 B 组成的系统,其自旋单态和自旋三重态的波函数用式(5.1)、式(5.2)表示,它们均不能简单地表示为两个粒子各自量子态的直积,从而显示出非经典的量子关联。

$$|\Psi_{1,2}\rangle = \frac{1}{\sqrt{2}}(|0\rangle_A |1\rangle_B \pm |1\rangle_A |0\rangle_B) \tag{5.1}$$

$$|\Psi_{3,4}\rangle = \frac{1}{\sqrt{2}}(|0\rangle_A |0\rangle_B \pm |1\rangle_A |1\rangle_B) \tag{5.2}$$

式中 $|0\rangle_A$,$|1\rangle_B$ 分别表示粒子 A 的自旋向上态、粒子 B 的自旋向下态。人们把上述四个态称为贝尔态,它们是纠缠度最高的态。

由两个自旋为 1/2 的粒子 A 和 B 组成的系统处于纠缠态时,粒子 A 和 B 的空间波包可以彼此相距遥远而完全不重叠,这时依然会产生关联塌缩。例如,相互远离的甲和乙两人在

两处各自对态

$$\frac{1}{\sqrt{2}}(\mid 0\rangle_A \mid 0\rangle_B + \mid 1\rangle_A \mid 1\rangle_B) \tag{5.3}$$

进行观测,甲对态中的 A 粒子做测量时,A 有各 1/2 的概率得到自旋向上态和自旋向下态。乙对态中 B 粒子的测量结果也一样。按照量子力学的解释,如果甲测得 A 自旋向上,则乙观测到的 B 自旋一定向上,则这个态就塌缩到 $\mid 0\rangle_A \mid 0\rangle_B$。同样如果甲测量 A 的状态塌缩到 $\mid 1\rangle_A$,则乙测量的 B 必为 $\mid 1\rangle_B$。即使甲和乙分别在地球和月球上,或者位居银河的两岸,这种超距作用和由于波函数的退相干导致的关联的传递也应该存在。子系统之间的纠缠特性一直保持到执行新的测量过程或系统与外界环境之间的相互作用使得这种强关联特性的量子态退相干。

由量子力学的态叠加原理,量子系统的任意未知量子态,不可能在不遭受破坏的前提下,以 100% 成功的概率被克隆到另一个量子体系上。正是由于量子纠缠态的这种非定域的关联性和不可克隆性,使得量子通信有更多的优越性。量子信息处理允许量子态的相干叠加,当我们用量子态来加载信息时,量子通信系统可以在如下几个方面超越经典通信系统:绝对安全性、高效率和高通道容量。

2. EPR 佯谬和贝尔不等式

1935 年,爱因斯坦、波多尔斯基和罗森在他们发表的论文 "*Can Quantum Mechanics description of physical reality be considered complete?*" 中对量子力学的完备性提出了质疑,以后人们就以三人姓氏的第一个字母合写作为称谓,即著名的 EPR 佯谬(也称 EPR 论证或爱因斯坦定域实在论)。他们在文章中提出了考察量子力学完备性的三个前提:

(1) 对两个可在空间上分开的微观实体,量子力学的观测所作的预言正确;

(2) 在自然界中存在着不依赖于感觉、测量的物理实在要素,如果不以任何方式干扰物理体系,而且能够精确预言(即概率为 100%)某一物理量的值,就存在一个物理实在要素与该物理量对应;如果任何客观存在的物理实在要素,都能在一套统一的物理理论中找到它的对应部分,这套理论就是完备的;

(3) 按狭义相对论,自然界中一切信息最多只能通过光速传递。对于任何两个分开的系统,对其中一个系统做的任何物理操作不应对另一个系统有任何影响,也就是说自然界没有超距作用。

然后据此假定,他们进行了规范的量子力学论述,并巧妙地构造了一个理想实验:假设有一对相对运动的全同粒子,当运动到某一点处发生相互作用,然后又彼此分开。设想在远离相互作用点处有一个观察者测量其中一个粒子的动量,根据实验条件和动量守恒定理,他能够确定另一个粒子的动量;同样,如果他选择测量第一个粒子的位置,同样能够推知另一个粒子的位置。在量子力学中,由测不准关系可知,对于坐标与动量这对共轭量不可能同时具有确定的数值。据此得到结论:量子力学不能给出对于微观系统的完备的描述。

1951 年玻姆(D. Bohm)将 EPR 的观点用在自旋表象中具体化。玻姆希望能用一种所谓的局域隐变量理论来解决 EPR 对量子力学的非难。隐变量理论认为,存在一种在量子力学中没有观测到的所谓的隐变量,这个隐变量决定物理现象。例如对自旋的 z 分量进行观测,自旋的 x 分量的取向对应于隐变量。根据隐变量理论,对二粒子体系来说,不存在对其中一个粒子的测量会影响相距很远的另一个粒子状态的这样一个超距作用。在两处的每个

粒子都具有隐变量 λ 的确定值,这就是所谓的局域性观点。如果用 $\rho(\lambda)$ 表示粒子的隐变量值为 λ 的概率密度,则 $\rho(\lambda)(>0)$ 满足归一化条件:

$$\int \rho(\lambda)\mathrm{d}\lambda = 1 \tag{5.4}$$

问题的关键是隐变量理论能否和量子力学的对易关系相协调。这种争论在 1965 年以前主要都是从哲学的观点上进行辩论,而 1965 年贝尔的工作改变了这种局面。贝尔从爱因斯坦的定域实在论和有隐变量存在这两点出发,推导出二粒子的自旋纠缠态关联函数 P 满足不等式:

$$|P(\boldsymbol{a},\boldsymbol{b}) - P(\boldsymbol{a},\boldsymbol{c})| \leqslant 1 + P(\boldsymbol{b},\boldsymbol{c}) \tag{5.5}$$

上式就是著名的贝尔不等式。其中,$\boldsymbol{a}$、$\boldsymbol{b}$、$\boldsymbol{c}$ 是空间三个任意方向的单位矢量;$P(\boldsymbol{a},\boldsymbol{b})$,$P(\boldsymbol{a},\boldsymbol{c})$,$P(\boldsymbol{b},\boldsymbol{c})$ 分别是沿 $\boldsymbol{a}$ 与 $\boldsymbol{b}$,$\boldsymbol{a}$ 与 $\boldsymbol{c}$,$\boldsymbol{b}$ 与 $\boldsymbol{c}$ 方向测量 A 和 B 的关联函数。由于粒子 A、B 自旋朝向的观测结果取决于隐变量 λ 和各自的测量方向 $\boldsymbol{a}$ 和 $\boldsymbol{b}$,观测结果分别表示为 $A(\boldsymbol{a},\lambda)$ 和 $B(\boldsymbol{b},\lambda)$。$A(\boldsymbol{a},\lambda)$ 和 $B(\boldsymbol{b},\lambda)$ 可以用泡利算符 σ 的本征值描述。其最大值为 1,最小值为 -1,因此要满足条件:

$$|A(\boldsymbol{a},\lambda)| \leqslant 1, \quad |B(\boldsymbol{b},\lambda)| \leqslant 1 \tag{5.6}$$

根据局域的隐变量理论,观测值 $A(\boldsymbol{a},\lambda)$ 和 $B(\boldsymbol{b},\lambda)$ 的关联函数 $P(\boldsymbol{a},\boldsymbol{b})$ 可以表示为

$$P(\boldsymbol{a},\boldsymbol{b}) = \int \mathrm{d}\lambda \rho(\lambda) A(\boldsymbol{a},\lambda) B(\boldsymbol{b},\lambda) \tag{5.7}$$

同样,观测值 $A(\boldsymbol{a},\lambda)$ 和 $B(\boldsymbol{c},\lambda)$,$A(\boldsymbol{b},\lambda)$ 和 $B(\boldsymbol{c},\lambda)$ 的关联函数 $P(\boldsymbol{a},\boldsymbol{c})$ 和 $P(\boldsymbol{b},\boldsymbol{c})$ 都可表示成式(5.7)的形式。贝尔不等式指出,基于隐变量和定域实在论的任何理论都遵守这个不等式,而量子力学的理论却可以破坏这个不等式。贝尔不等式将多年的争论变成能够通过实验验证的问题,为判断量子力学理论的正确性提供了依据。之后许多人分别从理论和实验上对此进行了广泛研究,推出了支持量子力学而否认定域实在论导出的不等式验算结果。

1969 年,克劳泽,霍恩,希姆尼和赫尔特改进并推广了贝尔不等式。设 4 个测量方向分别为 $\boldsymbol{a}$,$\boldsymbol{b}'$,$\boldsymbol{b}$,$\boldsymbol{c}$,则关联函数 P 满足关系式:

$$S = |P(\boldsymbol{a},\boldsymbol{b}) - P(\boldsymbol{a},\boldsymbol{c})| + |P(\boldsymbol{b}',\boldsymbol{c}) + P(\boldsymbol{b}',\boldsymbol{b})| \leqslant 2 \tag{5.8}$$

上式叫做 CHSH 不等式,式(5.8)中假设对于某些 $\boldsymbol{b}'$ 和 $\boldsymbol{b}$,有 $P(\boldsymbol{b}',\boldsymbol{b}) = 1-\delta$,其中 $0 \leqslant \delta \leqslant 1$,它是贝尔不等式的一种。第一个检验 CHSH 不等式的实验是 1972 年弗里德曼和克劳泽用原子级联辐射做的实验。此外还有很多使用原子级联辐射检验 CHSH 不等式的实验,大多数的实验结果都支持量子力学,其中最著名的实验就是 1981 年阿斯佩(A. Aspect),格兰杰(P. Grangier)和罗杰(G. Roger)做的实验,该实验结果与量子力学符合极好,并且以 40 倍标准偏差破坏贝尔不等式。

本实验利用 BBO 晶体(β 相偏硼酸钡(β-BaB$_2$O$_4$)晶体,负单轴晶体)参量下转换产生的双光子偏振纠缠态的相关性计算 CHSH 不等式中 S 的值:

$$S = |P(\theta_1,\theta_2) + P(\theta_1,\theta_2') + P(\theta_1',\theta_2) - P(\theta_1',\theta_2')| \tag{5.9}$$

其中,θ_1,θ_2,θ_1',θ_2' 分别为四个不同的偏振片角度,关联函数 $P(\theta_1,\theta_2)$ 表示为符合计数的关系式:

$$P(\theta_1,\theta_2) = \frac{C(\theta_1,\theta_2) + C(\theta_1^\perp,\theta_2^\perp) - C(\theta_1,\theta_2^\perp) - C(\theta_1^\perp,\theta_2)}{C(\theta_1,\theta_2) + C(\theta_1^\perp,\theta_2^\perp) + C(\theta_1,\theta_2^\perp) + C(\theta_1^\perp,\theta_2)} \tag{5.10}$$

式中 $C(\theta_1,\theta_2)$ 为 A、B 两路偏振片分别取 θ_1 和 θ_2 时的符合计数;$C(\theta_1^\perp,\theta_2^\perp)$ 为 A、B 两路偏振片分别取 $\theta_1+90°$ 和 $\theta_2+90°$ 时的符合计数。$S \leqslant 2$ 为基于定域实在论的结论,而特殊角

度下量子力学给出的 S 最大可以为 $2\sqrt{2}$。

由于贝尔(CHSH)不等式的导出是基于爱因斯坦的定域性原理,因此实验验算贝尔不等式是否成立成为检验定域性原理正确与否的有效手段。如果实验结果证实贝尔不等式是对的,那么就违反了量子力学的预测;相反的,如果实验结果违背了贝尔不等式,也就同时否定了贝尔不等式的前提,即爱因斯坦定域性原理。实验上对于贝尔(CHSH)不等式的测量和验证将是对量子力学是否具有完备性的最有力的说明。CHSH 不等式的实验检验无论是对量子力学基本原理的检验方面还是对量子信息安全性的保证方面都有重要意义。

3. 双光子偏振纠缠态的产生机理与实验技术

3.1　非线性光学效应

自发参量下转换是晶体的非线性光学效应。当光场 E 作用于介质,会在介质中产生电极化强度 P。考虑到非线性作用后,P 可展开为 E 的幂级数:

$$P = \varepsilon_0 [\chi^{(1)} E + \chi^{(2)} E^2 + \chi^{(3)} E^3 + \cdots + \chi^{(n)} E^n + \cdots] \tag{5.11}$$

其中 ε_0 为真空的介电常数,它的出现是由于采用了国际单位制;$\chi^{(1)}, \chi^{(2)}, \chi^{(3)}, \cdots, \chi^{(n)}$ 分别称为线性以及 $2, 3, \cdots, n$ 阶极化率。正是这些非线性极化项的出现,导致了各种非线性光学效应的产生。例如二阶极化强度 $P^{(2)}$ 可导致一些典型的二阶非线性光学效应:光学二次谐波;光学和频与差频;光学参量放大与振荡等。

3.2　光学参量放大与振荡

设一个频率为 ω_p 的强光波(称为泵浦光)入射到介质,同时入射一个频率为 ω_s($\omega_s < \omega_p$)的弱光波(称为信号光)。由于二阶非线性极化的差频效应,便可能产生频率为 $\omega_i = \omega_p - \omega_s$ 的光波(称为空闲光)。一旦空闲光产生,泵浦光与空闲光又可差频得到频率为 $\omega_s = \omega_p - \omega_i$ 的光波,使信号光得到放大,这就是光学参量放大效应。由于泵浦光的强度远大于信号光和空闲光的强度,在满足相位匹配条件下,上述非线性混频过程持续进行,泵浦光的能量不断耦合到信号光和空闲光中去。当泵浦光足够强,参量放大可转换成参量振荡。此时,即使没有信号光入射,也可产生一对输出光,它们的频率之和等于泵浦光频率。

光学参量放大是三波混频过程。由非线性光学三波混频原理,当两束频率不同的光入射到非线性晶体上,将产生频率不同的极化行波,如果极化行波在晶体中传播的速度与电磁波自由传播的速度一致,将引起累积增长。三波相互作用过程中,三个光波的总能量是不变的,也就是说,能量只在光波之间交换,介质不参与,只起媒介作用。这是一切参量作用的特点。

非线性过程中介质材料本身并不参与能量的净交换,而光波频率发生转换的作用称为参量转换作用。参量转换作用一般分为参量上转换和参量下转换:和频过程由频率较低的 ω_1 和 ω_2 辐射出频率较高的 ω_3 的信号,称为参量上转换;而差频由频率较高的 ω_3 转换为频率较低的 ω_1 和 ω_2 的信号,称为参量下转换。

3.3　自发参量下转换

自发参量下转换(SPDC),又称为参量荧光、参量噪声、参量散射,通常称为参量下转换。参量下转换光场的产生原理类似于上述的参量混频过程,都是强光泵浦的非线性光学现象,但又有本质的区别。一般的参量混频需要有两束光入射非线性晶体,而 SPDC 过程中只有一束泵浦光作用在非线性晶体上。它是由单色泵浦光子流和量子真空噪声对非中心对称非线性晶体的综合作用而产生的一种非经典光场。量子真空噪声与原子相互作用产生自发辐射,自发辐射光子与泵浦光子在非线性晶体中进行混频,并经参量放大后输出。也就是说,SPDC 光场可理解为自发辐射的参量放大过程,由于自发辐射为连续光谱,SPDC 光场就具有从泵浦频率到晶格共振频率的宽光谱分布。理论和实验都表明 SPDC 过程中产生的双光子具有量子相关性,由这两个光子构成的态称为双光子纠缠态,它们具有频率、时间、偏振和自旋纠缠特性以及全同的时间涨落。SPDC 光场的空间分布取决于非线性晶体折射率的色散特性和泵浦光场电场波矢与晶体光轴方向之间的夹角 θ。

参量下转换过程的两个重要参量是晶体的非线性系数和泵浦光与产生光之间的相位匹配。其中,非线性系数是与晶体本身的结构和类型相关的内禀属性,例如晶体的非中心对称。相位匹配则决定所产生纠缠光子的纠缠特性,如偏振纠缠、频率纠缠等。实验中一般选择有效非线性系数较高的晶体以提高转换效率。对一定的晶体,相位匹配决定着在介质与光波相互作用中诸多可能产生的非线性光学现象哪些能真正产生。

3.4　相位匹配的物理本质及作用

在某些非中心对称性的晶体中,一个高能量的光子通过二阶非线性光学效应,自发地转换为两个能量较低的光子。在参量相互作用中,光波之间要满足能量守恒和动量守恒,

$$\omega_{\mathrm{p}} = \omega_{\mathrm{s}} + \omega_{\mathrm{i}} \tag{5.12}$$

$$\boldsymbol{k}_{\mathrm{p}} = \boldsymbol{k}_{\mathrm{s}} + \boldsymbol{k}_{\mathrm{i}} \tag{5.13}$$

只有入射光波矢和出射光波矢在介质中满足条件(5.13)时,参量过程才能实现。若定义 $\Delta \boldsymbol{k} = \boldsymbol{k}_{\mathrm{p}} - \boldsymbol{k}_{\mathrm{s}} - \boldsymbol{k}_{\mathrm{i}}$ 为波矢的失配量,当 $\Delta \boldsymbol{k} = 0$,即失配量为零时,称为相位匹配,此时输出光强最大。式(5.13)称为相位匹配条件。当 $\Delta \boldsymbol{k} \neq 0$ 时,称为相位失配。如果参与作用光波的波矢方向相同或者在同一直线上,称之为共线相位匹配;若参与作用光波的波矢方向不同或不在同一直线上,这种相位匹配称之为非共线的相位匹配。

非线性晶体中参量下转换的相位匹配有两种类型,设光波满足 $\omega_{\mathrm{p}} > \omega_{\mathrm{s}} \geqslant \omega_{\mathrm{i}}$,$\mathrm{d}n/\mathrm{d}\lambda \leqslant 0$,若两个下转换光子的偏振相同,我们称这种匹配为 I 类相位匹配;若两个下转换光子的偏振正交,称这种匹配为 II 类相位匹配。

相位匹配是参量下转换过程能否进行的关键因素,那么,如何利用晶体的双折射特性实现参量放大中的相位匹配?我们以负单轴晶体 I 类相位匹配为例加以说明。

已知负单轴各向异性晶体(本实验用 BBO 晶体)的折射率面是一个椭球。图 5.1 给出负单轴晶体的折射率面示意图。寻常光(o 光)的折射率面是半径为 n_{o} 的球面,非常光(e 光)的折射率面是旋转椭球面,与 o 光球面相切,切点落在晶体光轴 z 上。光轴之外,寻常光(o 光)折射率 n_{o} 比非常光(e 光)折射率 n_{e} 大 $(n_{\mathrm{o}} > n_{\mathrm{e}})$;o 光折射率 n_{o} 不随光的传播方向改变,e 光的折射率 $n_{\mathrm{e}}(\theta)$ 随光传播方向 $\boldsymbol{k}$ 与光轴之间的夹角 θ 而改变。另外,对于 o 光,能量传播方向 $\boldsymbol{S}_{\mathrm{o}}$ 与波面传播方向 $\boldsymbol{k}$ 总是一致的,但对于 e 光而言,如果入射光不沿光轴方向,e 光的能量传播方向 $\boldsymbol{S}_{\mathrm{e}}$ 与波面传播方向 $\boldsymbol{k}$ 有一较小的夹角 δ(如图 5.1 所示),δ 称为离散角。

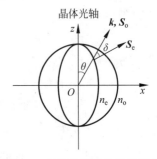

图 5.1　负单轴晶体的折射率面

对于共线简并的 I 类参量下转换过程,考虑到波矢与频率的关系 $k_j = n(\omega_j)\omega_j/c\,(j = \mathrm{p},\mathrm{s},\mathrm{i})$,相位匹配条件 $\Delta k = k_{\mathrm{p}} - k_{\mathrm{s}} - k_{\mathrm{i}} = 0$,同时在简并条件下,$k_{\mathrm{s}} = k_{\mathrm{i}}$,

$$\boldsymbol{k}_{\mathrm{p}} = 2\boldsymbol{k}_{\mathrm{s}} = 2\boldsymbol{k}_{\mathrm{i}} \tag{5.14}$$

$$n_{ep}(\omega,\theta_m) = n_{os}\left(\frac{\omega}{2}\right) = n_{oi}\left(\frac{\omega}{2}\right) \tag{5.15}$$

式中 θ_m 是匹配角,其具体含义见下文。由式(5.15)可知,相位匹配的物理内涵就是要求极化波与所辐射的光波具有相同的相速度($v=c/n$)。只有满足该条件,极化波在所有空间位置上辐射的光波才是同相位的,因而相干叠加后是相长的,从而有最大的输出。任何混频或参量过程产生的光波,都是由介质中经非线性作用形成的同频率的极化波产生的。由整个介质辐射的光波应是每一点辐射的光波的相干叠加。只有当叠加不是相消而是相长时,参量过程才能发生。这就要求介质中每一点辐射的光波具有相同的相位。由于介质的极化是以波的形式存在,所以只有当极化波的相速度与所辐射的光波相速度相等时,这个要求才能满足。反之,在相位失配时,极化波在不同空间位置上辐射的光波是不同相的,光波就不会有效地产生。

负单轴晶体中频率为 $\omega/2$ 和 ω 两束光的折射率面如图 5.2 所示。前者由较小的球面 $n_o\left(\frac{\omega}{2}\right)$(表示 o 光折射率)和椭球面 $n_e\left(\frac{\omega}{2}\right)$(表示 e 光折射率)构成,后者由较大的球面和椭球面 $n_e(\omega)$ 构成(图 5.2 中只画出椭球面)。无论 o 光或 e 光,都有 $n(\omega) > n\left(\frac{\omega}{2}\right)$。因为 I 类参量下转换光都是 o 光,$n_o\left(\frac{\omega}{2}\right)$ 不随角度 θ 改变,只是频率的函数;$n_e(\omega,\theta)$ 是泵浦光折射率,它不仅随频率改变,还随 θ 改变。按照折射率面的定义,由原点 O 至较小球面 $n_o\left(\frac{\omega}{2}\right)$ 与较大椭球面 $n_e(\omega)$ 交点连线的方向 $\boldsymbol{k}$,即是能实现相位匹配的光波共线传播方向。因为沿该方向传播的 o 光和 e 光有相同的折射率 $n_o\left(\frac{\omega}{2}\right) = n_e(\omega,\theta_m)$。这时光束传播方向 $\boldsymbol{k}$ 与晶体光轴 z 之间的夹角 θ_m 称为匹配角。因此利用晶体的双折射特性补偿晶体的色散效应就可以实现相位匹配。这种在光波特定的偏振配置下,通过调节光波传播方向与晶体光轴之间的夹角 θ,使之等于 θ_m 以实现相位匹配,称为角匹配。另外随着温度的改变,晶体的折射率和双折射特性也在变化,所以有时也采用所谓温度匹配。它是在光波的特定偏振配置下,固定光波传播方向与晶体光轴的夹角 θ,调节温度使之实现相位匹配。匹配角 θ_m 满足下列关系式:

$$\sin^2\theta_m = \frac{(n_o^{\frac{\omega}{2}})^{-2} - (n_o^{\omega})^{-2}}{(n_e^{\omega})^{-2} - (n_o^{\omega})^{-2}} \tag{5.16}$$

其中 n_o^{ω} 和 n_e^{ω} 及 $n_o^{\frac{\omega}{2}}$ 和 $n_e^{\frac{\omega}{2}}$ 分别是不同频率光的两个主折射率。对 BBO 晶体,n_o 和 n_e 通过塞米尔(Selleimer)方程来计算(式中 λ 单位为 μm):

$$n_o^2(\lambda) = 2.7359 + 0.01878/(\lambda^2 - 0.01822) - 0.01354\lambda^2 \tag{5.17}$$

$$n_e^2(\lambda) = 2.3753 + 0.01224/(\lambda^2 - 0.01667) - 0.01516\lambda^2 \tag{5.18}$$

$$n_e(\theta) = \left(\frac{\cos^2\theta}{n_o^2} + \frac{\sin^2\theta}{n_e^2}\right)^{-1/2} \tag{5.19}$$

相位匹配条件 $\Delta k = k_p - k_s - k_i = 0$ 决定的是参量下转换输出光的中心频率。事实上,当信号光和闲置光稍偏离中心频率,致使 Δk 稍偏离零时,参量下转换的输出虽然由于相位失配而下降,但仍会有一定的输出,换言之,输出频率有一定带宽。参量转换输出光强度随失配量 Δk 的变化如图 5.3 所示。

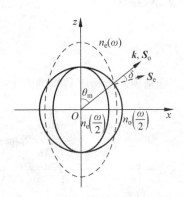

图 5.2　Ⅰ类共线简并下转换的相位匹配

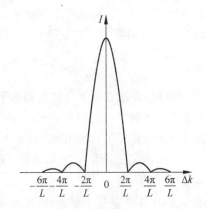

图 5.3　参量转换输出强度随失配量 Δk 的变化，L 为作用距离

3.5　Ⅰ类和Ⅱ类参量下转换的双光子偏振纠缠源

自发参量下转换按照晶体相位匹配的类型也分为Ⅰ类和Ⅱ类参量下转换。由于晶体的双折射导致不同偏振的光在晶体内的折射率不同，同时晶体的色散作用使得不同波长的光出射方向不同，从而使出射光形成一个彩虹圆锥。若泵浦光选择 e 光，Ⅰ类参量下转换过程可以表示为 e→o+o（负单轴）或 o→e+e（正单轴），也就是产生的双光子偏振相同，且均垂直于泵浦光偏振方向，如图 5.4 所示。

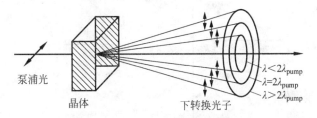

图 5.4　Ⅰ类自发参量下转换，e→o+o

为了在实验上产生偏振纠缠的光子对，一种简单的方法是利用两块相同的Ⅰ类下转换相位匹配的 BBO 晶体，将两块晶体的光轴取向彼此垂直放置，如果泵浦光的偏振方向与两块晶体的光轴均成 45°角入射，则由两块晶体产生的两个光锥的偏振方向相互垂直，如图 5.5 所示。

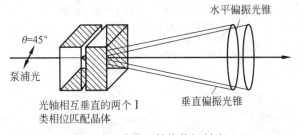

图 5.5　Ⅰ类下转换偏振纠缠

若将两块厚度很薄、光轴垂直的晶体粘接在一起，则两个晶体的出射光圆锥重合在一起，我们测量两个下转换光子的偏振方向，两者要么都是水平偏振，要么都是垂直偏振，水平偏振和垂直偏振的概率各为 1/2。因此只要测量其中一个光子的偏振方向，就可以推知另一

个光子的偏振方向。这种偏振态不能表示成两个光子态简单的乘积,即$|\psi_{EPR}\rangle \neq |A\rangle_1|B\rangle_2$,因而形成了偏振纠缠态。其波函数表示为

$$|\psi_{EPR}\rangle = \frac{1}{\sqrt{2}}(|V\rangle_1|V\rangle_2 \pm |H\rangle_1|H\rangle_2) \qquad (5.20)$$

其中$|V\rangle$和$|H\rangle$分别表示垂直偏振和水平偏振,下标1,2分别表示参量下转换的两个光子。

Ⅱ类参量下转换可表示为e→e+o(负单轴),即产生的双光子对偏振方向相互垂直,如图5.6所示。图5.6中上面的光锥是由e光形成的,下面的光锥是由o光形成的。

图5.7为Ⅱ类参量下转换的光波波矢和偏振方向示意图。非线性晶体中的Ⅱ类非共线相位匹配以能够直接产生偏振纠缠光子为显著特点。理

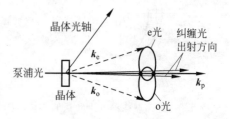

图5.6　Ⅱ类自发参量下转换,e→e+o

论计算表明,在Ⅱ类匹配的自发参量下转换过程中,两个下转换光子的出射模式为两个圆锥。迎面看去,就是两个光环,如图5.8所示:当泵浦光与晶体光轴的夹角θ大于匹配角θ_m时两个圆环相交,当θ等于θ_m时两个圆环相切,当θ小于θ_m时两个圆环相离。

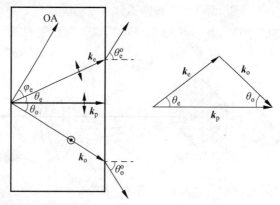

图5.7　Ⅱ类相位匹配光波波矢和偏振方向示意图:所有波矢都在光轴OA和
　　　　泵浦光波波矢k_p组成的平面内

图5.9中下转换光环中1为频率简并情况,2和3对应的两组直径不同的相交圆环是频率非简并情况。Ⅱ型下转换通常采用频率简并,这时可产生偏振纠缠双光子对,如图5.10所示。下转换的e光和o光光锥相交于A,B两点,交叉点A,B处出射的光可能是e光,也可能是o光。如果其中一个为e光,则另一个为o光,这样的一对光子形成了偏振纠缠的双光子态,即贝尔态:

$$|\Psi\rangle = \frac{1}{\sqrt{2}}(|H\rangle_1|V\rangle_2 \pm e^{i\alpha}|V\rangle_1|H\rangle_2) \qquad (5.21)$$

式中V和H分别代表垂直(e光)和水平(o光)两个偏振态,α为两路光的相位差,与晶体内双折射效应有关。如果在其中一路检测光路中加入一块半波片,使其中的光子偏振态H与V互换,则可实现另外两种贝尔态:

$$|\Psi\rangle = \frac{1}{\sqrt{2}}(|V\rangle_1|V\rangle_2 \pm |H\rangle_1|H\rangle_2) \qquad (5.22)$$

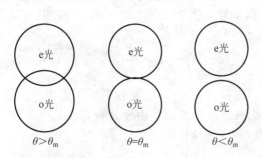

图 5.8　Ⅱ 型下转换光子空间分布随 θ 的变化关系示意图

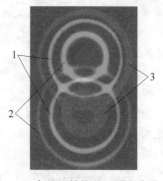

图 5.9　参量下转换的不同频率分布
1—频率简并情况；2—频率非简并情况；
3—频率非简并情况

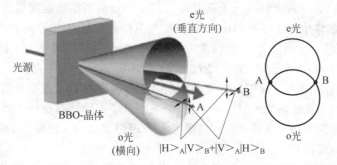

图 5.10　Ⅱ 型参量下转换产生偏振纠缠光子示意图

　　我们分析一下 BBO 晶体Ⅱ类参量下转换 A、B 两点纠缠光子的偏振纠缠特性。如果 A、B 两点的光子是偏振纠缠态，则只要知道其中一点的光子偏振特性和来源，就能知道另一点的光子偏振特性和来源，即如果 B 点纠缠光子是来源于 o 光的水平偏振态，则在 A 点与 B 点水平偏振纠缠的光子一定是来源于 e 光的垂直偏振态；同样，如果 B 点纠缠光子的垂直偏振态来源于 e 光，则在 A 点处与 B 点纠缠的光子一定是来源于 o 光的水平偏振态，反之亦然。这种结果源自偏振来源分析过程引入的量子态塌缩。再从概率的角度给予说明。B 处光子偏振的来源既可以是 o 光，也可以是 e 光，则确知其偏振来源的概率是 1/2，由于 A，B 两处的光子是纠缠的，分析 B 处纠缠光子偏振来源的测量一经完成，则状态塌缩会使 A 处纠缠光子的偏振来源完全确定，与是否对 A 处光子进行测量无关，即 A 处纠缠光子的偏振来源概率是 1，最终，确知 A，B 处偏振光子偏振来源的概率是 $1/2 \times 1 = 1/2$。如果 A，B 两处的光子是不纠缠的，它们之间毫无关联，则确定它们的偏振来源概率均是 1/2，则总的偏振来源概率是 $1/2 \times 1/2 = 1/4$。很明显，偏振纠缠光子的偏振来源测量概率高于非偏振纠缠光子的偏振来源测量概率，其中最关键的是量子纠缠引起的测量塌缩，导致偏振纠缠光子（双光子纠缠态）一方的测量过程与另一方的测量结果相关联，从而影响另一方的测量结果，即所谓的测量关联塌缩。总之，纠缠光子之间强关联特性导致的测量过程中量子态的塌缩，是量子纠缠的核心魅力所在。通过关联在一起的量子纠缠态，利用微观体系的量子态来直接表达量子信息，使量子力学应用于现有的电子信息科技，已经是蓬勃发展的量子通信和量子计算领域直接表达信息的载体。

　　因为Ⅱ类相位匹配时下转换双光子分别为 o 光和 e 光，o 光在晶体中的波前传播方向与能量传播方向一致,而 e 光在晶体中的波前传播方向与能量传播方向不一致,e 光的波矢量 $\boldsymbol{k}$ 与坡印亭(能流)矢量 $\boldsymbol{S}_e$ 方向之间的夹角 δ 为离散角(如图 5.2 所示)。在相位匹配时, δ 由下式决定:

$$\tan\delta = \frac{1}{2}n_e^2(\theta)\left(\frac{1}{n_e^2} - \frac{1}{n_o^2}\right)\sin2\theta \tag{5.23}$$

由于离散效应,当光束截面有限时,两束光行进一段距离 L 后便分离开而不再相互作用。若光束截面宽度为 d,那么 $L_d = d/\tan\delta$ 称为有效临界长度。由于这种离散效应导致光子的纠缠度降低,因此在实验测量时需要对离散效应进行补偿。

4. 离散效应与补偿

利用晶体的双折射效应通过相位匹配实现参量下转换产生纠缠光子对,但在设计纠缠源实验时,必须考虑由于晶体的双折射效应产生的离散效应所导致的纠缠度的降低而加以补偿。双折射效应会导致下转换光子在晶体内的横向走离与纵向走离效应。横向走离效应指的是在双折射晶体中由于 e 光的电场矢量 $\boldsymbol{E}$ 与电位移矢量 $\boldsymbol{D}$ 的方向并不一致,而是存在一个夹角 δ,这使得 e 光的波矢量 $\boldsymbol{k}$ 与能流方向 $\boldsymbol{S}_e$ 之间也存在同样大小的一个夹角,这个夹角会使得原本重合的 o 光与 e 光在经过 BBO 晶体后空间上发生走离。而纵向走离效应指的是在双折射晶体中不同偏振的 o 光和 e 光由于群速度的不同而造成的传播时间上的走离。这些效应都有可能破坏光子对的相干性,必须用量子擦除技术使相干性恢复。恢复的办法就是在下转换光路中加入半波片与一块厚度为主 BBO 晶体一半的辅助 BBO,使横向空间走离与纵向时间走离都得到补偿。

横向走离补偿的原理如图 5.11 所示。若下转换光子在主 BBO 晶体的中间产生,则其走离大小相当于由晶体一半的厚度产生。出射的 o 光和 e 光经过 45° 放置的半波片,它们的偏振方向各自改变 90°,即原来垂直偏振的 e 光变成水平偏振的 o 光,而原来水平偏振的 o 光变成垂直偏振的 e 光,再进入厚度为主 BBO 一半的补偿 BBO。由于主 BBO 与补偿用的辅助 BBO 晶体空间取向完全相同,所以改变偏振方向以后的 o 光和 e 光经过厚度为主 BBO 晶体厚度一半的辅助 BBO 晶体后,两光子在主 BBO 晶体内由于双折射效应产生的横向空间走离和纵向时间走离都得到完全补偿。若下转换不是发生在主 BBO 的正中间,只要在泵浦光的横向相干长度内,在主 BBO 中间两侧相等距离上产生光子发生的走离是不可区分的,相干性仍然可以恢复。

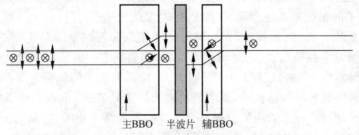

主BBO 半波片 辅BBO

图 5.11 补偿横向走离示意图

横向走离的大小可由下式计算:

$$\Delta X = \frac{L}{2}\frac{(n_o^2 - n_e^2)\sin2\theta}{n_o^2\sin^2\theta + n_e^2\cos^2\theta} \tag{5.24}$$

其中，ΔX 表示 o 光与 e 光在离开晶体表面时分开的距离，θ 为泵浦光与晶体光轴的夹角，L 为主 BBO 晶体的厚度，n_o，n_e 分别为晶体中 o 光与 e 光的折射率。

纵向走离效应主要考虑由于寻常光与非常光折射率不同导致的光子到达的时间不同。补偿原理示意图如图 5.12 所示。

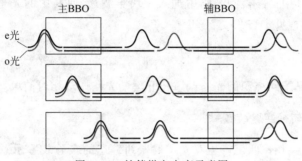

图 5.12　补偿纵向走离示意图

【实验装置】

1. Ⅰ类参量下转换实验装置

图 5.13 为Ⅰ类参量下转换双光子偏振纠缠源实验装置示意图。半导体激光器 0 产生的激光(403 nm)经过偏振片 13、补偿器 16、聚焦透镜 1 和定位光阑 12 等到达下转换 BBO 晶体 2。在两个光轴相互垂直的 BBO 晶体内有一部分泵浦光光子经过自发参量下转换形成偏振纠缠的光子对。由于下转换的纠缠光子对同时产生，并分别位于泵浦光的两侧，因此通过两路关于泵浦光对称的光路收集纠缠光子对，用光纤耦合系统送入单光子计数器，测量其符合计数。偏振片 13、检偏器 4 用于偏振方向的设定和偏振纠缠特性对比曲线的测量。

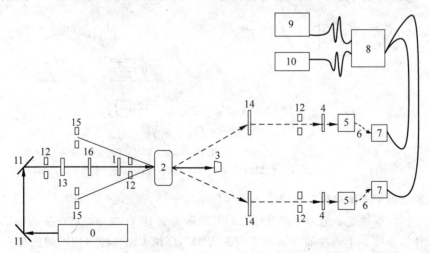

图 5.13　Ⅰ类参量下转换双光子偏振纠缠源实验装置示意图

0—激光器；1—聚焦透镜；2—BBO 晶体；3—尾光收集器；4—检偏器；5—单模光纤准直器；6—单横光纤；7—单光子计数器；8—电子学系统；9—示波器；10—计算机；11—反射镜；12—光阑；13—偏振片；14—反射镜；15—反打定位光阑；16—补偿器

本实验的核心器件是两块Ⅰ型BBO晶体2的光轴相对取向。我们采用一块晶体的光轴位于垂直面内,另一块晶体的光轴位于水平面内。按照相位匹配条件,使入射泵浦光的偏振处于45°,则两块晶体具有同样的概率发生自发参量下转换过程。如果两块晶体都很薄。且圆锥张角小,则两块晶体发生的参量下转换光重叠,可制备出式(5.20)表示的偏振纠缠态(贝尔态)。如果在其中一路检测光路中加入一块半波片,使其中的光子偏振态 H 和 V 互换,则可制备另外两种贝尔态:

$$|\Psi\rangle = \frac{1}{\sqrt{2}}(|H\rangle_1 |V\rangle_2 \pm |V\rangle_1 |H\rangle_2) \tag{5.25}$$

Ⅰ类参量下转换双光子纠缠源的光路调节比Ⅱ类的光路调节相对简单。

2. Ⅱ类参量下转换实验装置

用BBO晶体Ⅱ类相位匹配产生双光子偏振纠缠态的实验装置示意如图5.14所示。1为中心波长为403 nm,输出功率为10 mW的半导体激光器。输出光经过两个反射镜2和3反射后,将出射光的高度调为实验室光学系统的统一高度。然后用凸透镜4对泵浦光聚焦,使聚焦后泵浦光的束腰正好在主BBO晶体5的中心。BBO晶体的切割角为 $\theta=42.8°$, $\varphi=30°$,晶体的两个表面分别镀有对405 nm和810 nm的增透膜。由此晶体产生的两个频率简并的光子在水平面内与泵浦光的角度大约为3°。这样可以使泵浦光与下转换光子在空间上分开,减少不必要的滤波手段。为了调节方便,将晶体5装在俯仰倾斜与左右倾斜都可调的支架内。实验上我们在主BBO晶体后放置一个尾光收集器8,将不需要的泵浦光收集掉。

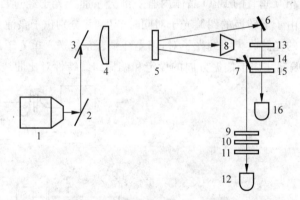

图 5.14　双光子偏振纠缠源实验装置示意图

1—半导体激光器;2、3—反射镜;4—凸透镜;5—主 BBO 晶体;6、7—红外反射镜;8—尾光收集器;
9、13—半波片;10、14—辅助 BBO 晶体;11、15—偏振片;12、16—单光子探测器

为了恢复由于晶体双折射效应破坏掉的量子相干性,两出射光分别经过两个红外反射镜(6,7)反射后,都经过一个由半波片(9,13)和厚度为主BBO晶体厚度一半的辅助BBO晶体组成的补偿系统。半波片的光轴角度放置为45°,辅助BBO(10,14)的角度与主BBO一致。11和15是两个偏振片,用来分析纠缠光子对的偏振特性。经过非球面镜聚焦,与单模光纤的模场相匹配。收集纠缠光子对的光纤为中心波长800 nm的单模光纤。收集到的光子对分别经过单模光纤直接进入单光子探测器12和16。两个单光子探测器探测到的信号

分别送到符合测量系统。符合测量系统采用基于两路时间分析的微机采集显示系统。时间-幅度转换仪（time amplitude converter，TAC）将两个探测器所产生的脉冲信号间的时间差，即接收光子的时间间隔，转化为电压幅度信号，通过多道分析仪（multi-channel analyser，MCA）分别统计各个时间差，最终的结果通过软件显示在计算机屏幕上并存储，然后进行数据处理和分析。

【实验内容与方法】

实验内容分为基础部分和研究型部分两部分内容。

1. 基础部分

（1）BBO 晶体光轴方向的确定

BBO 晶体光轴与泵浦光的夹角直接影响纠缠光子的产生和空间位置，为了实验上纠缠光子对收集的方便，需要将纠缠光子对的出射方向调节在水平面内。晶体光轴的确定对实验成功起着决定性的作用，调节光路前首先确定晶体的光轴。晶体光轴方向的判断方法可以自己设计实验方案，也可以参考实验室的建议实施。

（2）Ⅰ类自发参量下转换产生的双光子偏振纠缠态测量

测量Ⅰ类自发参量下转换产生的双光子偏振的符合对比曲线，根据对比曲线判断其纠缠特性：在第（1）步的基础上，根据 BBO 晶体的中心高度确定整个光路的高度，调整各器件的高度，确定偏振片的偏振方向，光纤适配器的聚焦与准直等。按图 5.13 所示摆放光学元件和测量器件，调整整个光路的元件使其等高共轴，初步确定纠缠点的位置及光学垃圾桶的位置。进一步细调光路尤其是光纤适配器的状态使两路光子计数和符合计数最大，然后进行对比度曲线测量。分别测量一路偏振片偏振方向为 $0°$、$90°$；$-45°$、$45°$；$-22.5°$、$67.5°$；$22.5°$、$112.5°$时，另一路偏振片偏振方向在 $0°\sim360°$ 范围内均匀变化时的符合计数，画出相应的对比度曲线。在此基础上，在其中一路测量光路中增加半波片，重复上述测量，并对结果做出分析。

（3）Ⅱ类自发参量下转换产生的双光子偏振纠缠态测量

测量Ⅱ类自发参量下转换制备双光子偏振纠缠态的符合对比曲线，根据对比曲线判断其纠缠特性。首先确定主 BBO、辅助 BBO 晶体、半波片的光轴方向和偏振片的偏振方向，并调整它们等高共轴。按图 5.14 摆放聚光透镜，通过透镜使泵浦激光的束腰聚焦到主 BBO 晶体的中心，确定主 BBO 晶体的位置。用 He-Ne 激光通过光纤适配器反向入射，调节光纤适配器聚焦与准直，初步确定纠缠点的位置（光纤适配器的位置）及光学垃圾桶的位置。进一步细调光路尤其是光纤适配器的状态使两路光子计数和符合计数最大，然后进行对比度曲线测量。分别测量不加辅助 BBO 补偿和加上补偿后的对比度曲线，对比两者的区别并分析原因。测量对比度曲线的角度取值和方法与Ⅰ类自发参量下转换纠缠源的相同。

（4）贝尔不等式的实验测量，验证量子纠缠态的非局域性

实验测量对应于四个贝尔态的 S 值，分别取 $\theta_1=-22.5°$，$\theta_1^{\perp}=67.5°$，$\theta_1'=22.5°$，$\theta_1'^{\perp}=112.5°$；$\theta_2=-45°$，$\theta_2^{\perp}=45°$，$\theta_2'=0°$，$\theta_2'^{\perp}=90°$。根据不同角度的符合计数率用式（5.9）和式（5.10）计算 CHSH 不等式，对实验结果做出分析。

2. 研究型部分

（1）查阅资料，了解Ⅱ型自发参量下转换光场分布的计算理论，设计方案对下转换光场分布进行实验测量。

（2）学生在做完基础实验后，查找资料，自己设计另一种光路实现双光子纠缠态的制备和测量，设计光路时可以用到其他的非线性光学元件，如 PBS 等，并对两种方法的优缺点对比分析。

（3）纠缠双光子的干涉实验。对比度曲线反映了两个光子的偏振关系，但此处的符合测量并不能直接反映两个光子的相干性质，学生可以尝试设计一种关于纠缠双光子的相干性的实验。

（4）设计一个利用纠缠源验证量子通信方案的实验。

【注意事项】

1. 实验用激光可能对人造成伤害，调节光路时务必戴激光防护镜保护眼睛。

2. 注意光学元件的保护，不要用手触摸光学元件表面。不用的光学器件要稳妥放置，避免摔碰。

3. 光纤适配器的调节架可五维调节，是精密调节仪器，调节不当易损坏，因此操作时务必小心轻调，俯仰和聚焦对结果影响很大，调节时要谨慎。

4. 单光子计数器是极微弱光探测器，直接强光照射会损坏仪器，开单光子计数器一定要检查是否条件合适，并防止自身静电，尤其在冬季，在实验时最好戴上防静电手环。

5. BBO 晶体的光轴方向和光纤适配器的调节是实验关键，要静心调节，手脑并用。

【参考文献】

［1］ EINSTEIN A，PODOLSKY B，ROSEN N. Can quantum-mechanical description of realiy be considered complete[J]. *Physical Review*，1935，47：777-780.

［2］ BELL J S. On the Problem of Hidden Variables in Quantum Mechanics[J]. *Rev. Mod. Phys.*，1966，38：447-452.

［3］ FREEDMAN S J，CLAUSER J F. Experimental test of local hidden-variable theories[J]. *Phys. Rev. Lett.*，1972，28：938-941.

［4］ HONG C K，MANDEL L. Theory of parametric frequency down conversion of light[J]. *Phys. Rev. A*，1985，31(4)：2409-2418.

［5］ SHIN Y H，ALLEY C O. New type of Einstein-Podolsky-Rosenbohm experiment using pairs of light quanta produced by optical parametric down conversion[J]. *Phys. Rev. Lett.*，1988，61(26)：2921-2924.

［6］ OU Z Y，MANDEL V. Violation of Bell's inequality and classical probability in a two-photon correlation experiment[J]. *Phys. Rev. Lett.*，1988，61(1)：50-53.

［7］ KWIAT P G，MATTLE K，WEINFURTER H，et al. New high-intensity source of polarization-entangled photon pairs[J]. *Phys. Rev. Lett.*，1995，75：4337-4341.

［8］ CLAUSER J F，HORNE M A，SHIMONY A，et al. Proposed experiment to test local hidden-variable theories[J]. *Phys. Rev. Lett.*，1969，23：880-884.

［9］ ASPECT A，GRANGIER P，ROGER G. Experimental test of realistic local theories via Bell's theorem

［J］. *Phys. Rev. Lett.*,1981,47：460-463.

［10］　叶佩弦. 非线性光学物理［M］. 北京：北京大学出版社,2007.

［11］　DEHLINGER D,MITCHELL M W. Entangled photon apparatus for the undergraduate laboratory ［J］. *Am. J. Phys.*，2002,70(9)：898-902.

［12］　DEHLINGER D，MITCHELL M W. Entangled photons,nonlocality,and Bell inequalities in the the undergraduate laboratory［J］. *Am. J. Phys.* 2002,70(9)：903-910.

（王合英　孙文博）

实验 **6** 磁光阱实验

　　激光制冷原子的核心原理是使处在光场中的原子更多地散射与其运动方向相反的光子,从而实现原子减速降温的目的。这一思想是由美国斯坦福大学物理系的汉斯(T. W. Hänsch)和肖洛(A. L. Schawlow)于1975年提出的。1986年,法国巴黎高等师范学院的达利巴尔(J. Dalibard)提出了一种既能冷却又能囚禁原子的新方案:磁光阱(Magneto-Optical Trap,MOT),该方案利用一对反亥姆霍兹线圈和六束对射的圆偏振光束来对原子进行冷却和束缚。1987年,麻省理工学院的普里特查德(D. E. Pritchard)和朱棣文首次在实验中实现这个方案。在本实验中,同学们将通过学习搭建磁光阱的核心装置,实现对 ^{87}Rb 原子的冷却和束缚。

【思考题】

　　1. 实验上如何制备两束手性相同或相反的圆偏光束?

　　2. 在本实验中,回泵浦光的频率被锁定在 $5S_{1/2}F=1 \rightarrow 5P_{3/2}F'=2$ 跃迁上,试问如果锁定在其他几个跃迁上磁光阱还能工作吗? 为什么?

　　3. 当入射光为圆偏振光时,旋转磁光阱后级的1/4波片对经过原子的反射光的偏振是否有影响? 试解释原因。

【引言】

　　光子与原子发生碰撞的过程遵从动量守恒定律和能量守恒定律。利用光子与原子的散射来降低原子的速度,从而实现冷却,是激光冷却的基本思想。磁光阱利用六束两两对射的激光,对原子进行三维冷却,并在此基础上,加一对反亥姆霍兹线圈,在六束激光的交汇区域产生磁四极场,使原子偏离磁四极场中央时获得一个与偏离方向反向的光压,因此原子在被冷却的同时得以汇聚。在原子、分子和光物理领域,磁光阱已成为制备冷原子量子气体的标准方法之一,是冷原子物理、玻色-爱因斯坦凝聚、原子量子光学、光晶格量子模拟等研究的实验基础。

【实验原理】

1. 激光冷却

　　如图 6.1 所示,假定一个共跃迁频率为 ω_0 的二能级原子从右向左运动,速度为 v,而频率为 ω 的激光从左向右传播,由于多普勒效应,原

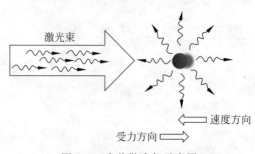

图 6.1　多普勒冷却示意图

子感受到的光频率为 $\omega + \omega(v/c)$，当此频率与共振频率 ω_0 的差值越接近于零时，原子散射光子的速率越高。激光冷却的核心思想是利用六束两两对射的、频率接近原子跃迁频率但是稍微红失谐（激光频率低于原子能级共振频率）的激光来冷却原子。当原子逆红失谐的光束运动时，原子感受到的激光频率会更接近共振频率，而当原子沿着光束运动时，原子感受到的激光频率会更远离共振频率，因此在这种光场中的原子总是会更多地散射逆其运动方向传播的光子，感受到反向的辐射压力，最终被减速至几乎不动为止。

一束激光对一个原子的辐射压力为：

$$F_{\text{scatt}} = \hbar k \frac{\Gamma}{2} \frac{I/I_{\text{sat}}}{1 + I/I_{\text{sat}} + 4\delta^2/\Gamma^2}$$

其中 I 为激光光强，I_{sat} 为该跃迁的饱和光强，$\delta = \omega - \omega_0 + kv$，$\Gamma$ 为原子从激发态到基态的弛豫速率。在两束对射的激光场中，低速原子受到的辐射压力可近似为

$$F_{\text{scatt}} = -4\,\hbar k^2 \frac{I}{I_{\text{sat}}} \frac{-2\delta/\Gamma}{(1 + 4\delta^2/\Gamma^2)^2} v$$

图 6.2 展示了原子受到的辐射压力与原子速度的关系，其中实线对应两束对射激光的情况，虚线对应于一束激光的情况（左右两个方向）。如果用六束两两对射的红失谐激光从三个非共面的方向照射在原子上，就可以实现对原子的三维冷却。

2. 磁光阱

六束两两对射的激光可以使原子减速，但无法将原子束缚在某个空间中，为了将原子囚禁，需要再加一对反亥姆霍兹线圈，产生磁四极场，还需要将六束激光调整为圆偏振光。根据四极场在不同方向上的局域磁场指向以及原子的特性，冷却激光的偏振需要设成右旋圆偏光或者左旋圆偏光，如图 6.3 所示。

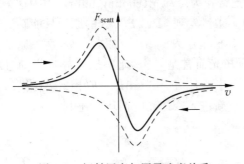

图 6.2　辐射压力与原子速度关系

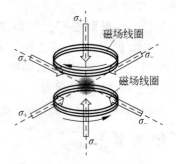

图 6.3　磁光阱示意图

磁四极场中心处磁场为零，中心附近磁场值近似线性变化。在低磁场下，原子能级的塞曼能移与磁场成正比。因此，原子能级与空间位置的关系如图 6.4 所示（以 x 方向为例）。在任何位置 x，原子都会同时受到 σ_+ 光和 σ_- 光的作用，分别对应基态到激发态 $m_F = 0 \rightarrow m_F = +1$ 和 $m_F = 0 \rightarrow m_F = -1$ 的跃迁，由于处于零点右侧，σ_- 光对应的跃迁频率更接近于激光频率，因此原子散射的 σ_- 光子多于 σ_+ 光子，获得向左的辐射压力。同理，零点左侧的原子则会获得向右的辐射压力。原子因此获得了一个空间相关的束缚力（真实的原子还包含电子和核自旋，其能级比图 6.4 所示更为复杂，但是其基本工作原理不变）。

注意：

（1）冷却光的圆偏手性必须与磁场指向匹配，否则会形成一个局域的排斥力。

（2）在一个磁四极场中，如果主轴上各点的磁场指向磁场零点，那么通过零点而垂直于主轴的面上各点的磁场都会指离零点。因此，沿着主轴的冷却光与垂直于主轴的冷却光的圆偏手性是相反的。

3. 光抽运

本实验装置针对 ^{87}Rb 原子设计，其能级结构如图 6.5 所示。

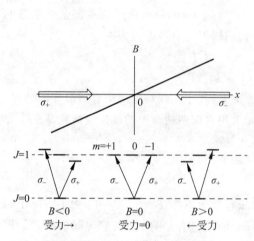

图 6.4　磁四极场中原子能级的塞曼劈裂示意图

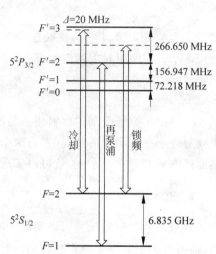

图 6.5　^{87}Rb 原子的 D2 跃迁的能级示意图

实验中选择 $5S_{1/2}F=2 \to 5P_{3/2}F'=3$ 跃迁线作为冷却光（cooling light），因为这个跃迁为闭循环跃迁，根据选择定则（即 $|F'-F| \leqslant 1$），被激发到 $5P_{3/2}F'=3$ 的原子只能跃迁回到 $5S_{1/2}F=2$。但是，原子还是有一定概率被非共振地激发到 $5P_{3/2}F'=2$ 态，这时原子就有可能会掉到基态 $5S_{1/2}F=1$，而这个态对于冷却光而言是一个"暗态"，会导致冷却过程终止。因此在冷却原子的过程中还需要添加对应于 $5S_{1/2}F=1 \to 5P_{3/2}F'=2$ 跃迁线的回泵浦光（repumping light），使掉入"暗态"的原子重新进入冷却光的循环跃迁中。

【实验装置】

这套实验系统主要分为四个部分：激光器、冷却光及回泵浦光系统、真空系统和磁光阱系统。其中激光器温度控制器参数已经设定好，开机后通过红色按钮确认开启输出，无需调节参数，激光器的电流源控制器打开后只需要将电流设定值缓慢升至 140 mA 即可。冷却光及回泵浦光的产生光路较为复杂，涉及饱和吸收谱、激光锁频、AOM 移频及光纤耦合等内容，实验中无需调节，但需要理解光路设计。磁光阱主要由六束特定偏振方向的光束及反亥姆霍兹线圈构成。真空系统由一台离子泵来维持，离子泵处于常开状态，请勿调节。

1. 激光器

本实验使用两支 Eagleyard 公司生产的波长 780 nm 的分布式反馈（distributed feedback，

DFB)激光管来提供冷却光和回泵浦光,激光线宽 2 MHz,激光管自带热电制冷器和热敏电阻,因此可以实现对激光管的温度控制,其工作特性请见表 6.1。

表 6.1 DFB 激光管工作特性 温度:25℃

参 数	符号	单位	最小值	典型值	最大值
中心波长	λ_c	nm	779	780	781
波宽(FWHM)	$\Delta\nu$	MHz		2	
温度波长系数	$d\lambda/dT$	nm/K		0.06	
电流波长系数	$d\lambda/dI$	nm/mA		0.03	2.959 GHz/k
输出功率(I_F 为 180 mA 标称)	P_{opt}	mW	80		1.497 GHz/mA
斜度效率	η	W/A	0.6	0.8	1.0

为了使激光频率稳定在我们需要的频率 384.2304 THz(^{87}Rb 原子 $5S_{1/2} \rightarrow 5P_{3/2}$ D2 线)附近,需要对激光管的温度和电流进行精准的控制,控制器请见图 6.6。

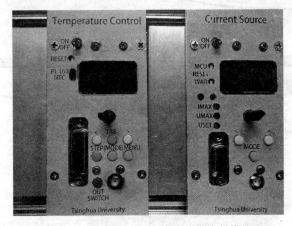

图 6.6 激光器温度控制及电流控制模块

本实验中两只激光管的正常工作状态为:①冷却光:温度 21.600℃,电流设定值 140 mA;②回泵浦光:温度 23.030℃,电流设定值 140 mA。

实验中开启温度控制器后通过红色按钮确认开启输出,电流源控制器打开后将电流设置值缓慢升至 140 mA 即可。

2. 冷却光及回泵浦光

实验中需要将激光的频率锁定在特定的原子跃迁频率上,因此需要先通过铷原子的饱和吸收谱来确定激光频率的位置,其光路如图 6.7 所示。当激光管温度和电流设定正确时,激光频率应在 D2 跃迁线附近。通过扫描模块电路(GSC)的 FF out 调制激光管电流,使得激光管工作电流在 140 mA 附近做周期振动,则可使激光频率也扫描起来。适当地调节 GSC 模块的扫描范围和直流偏置,通过示波器观测光电探测器(PD)的直流输出可获得铷原子气体的饱和吸收谱,如图 6.8 所示。

为了实现激光频率锁定,本实验采用 PDH(Pound-Drever-Hall)锁频技术。我们用直接数字式频率合成器(Direct Digital Synthesizer,DDS)信号源模块产生调制信号,将其输入

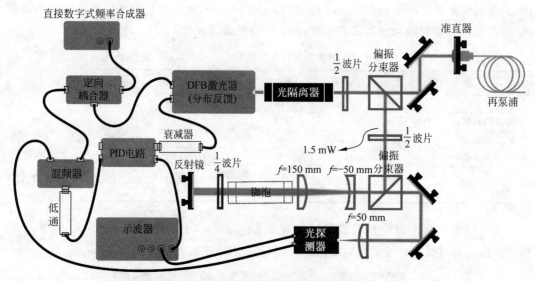

图 6.7 饱和吸收谱光路图

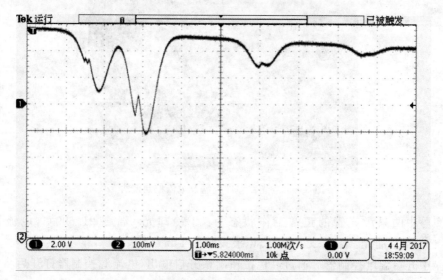

图 6.8 饱和吸收谱线

给定向耦合器(Directional Coupler, DC)的输入端,其 CPL 端接到激光器的 AC MOD 电流调制端口,其输出端的输出则作为本振信号输入给混频器的 LO 端,混频器的 RF 输入端连接光电探测器的输出端口,输出端经过低通滤波后送入 PID 控制器。用示波器可以看到 PID 模块模拟(Monitor)端口输出的误差信号,通过调节 GSC 模块的扫描范围和直流偏置,找到锁频位置进而完成锁频(开启 PID 模块的积分开关)。

实验中回泵浦光锁在 $5S_{1/2}F=1\rightarrow5P_{3/2}F'=2$ 共振跃迁频率,冷却光分出 2.5 mW 的光,用声光调制器(AOM)向下移频 116 MHz 后锁定在 $5S_{1/2}F=2\rightarrow5P_{3/2}F'=2$ 和 $5S_{1/2}F=2\rightarrow5P_{3/2}F'=3$ 的交叉峰上。移频光路见图 6.9,锁频位置见图 6.10。

实验中冷却光和回泵浦光的合束由二进四出保偏光纤完成,四路输出中每路的冷却光约 5.2 mW,回泵浦光约 3 mW,光纤耦合已经调节好,无需调节。使用其中三路输出作为

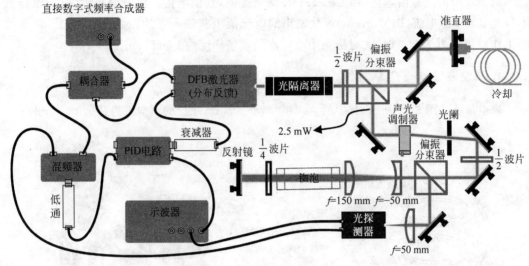

图 6.9　冷却光移频、锁频光路

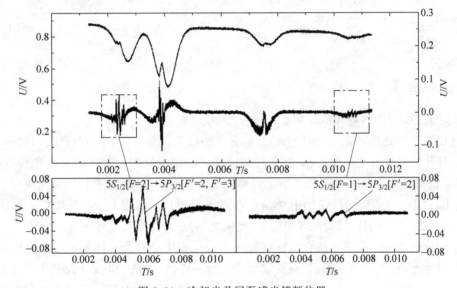

图 6.10　冷却光及回泵浦光锁频位置

MOT 的构建光束。

3. 磁光阱

从光纤出射的光束为线偏振光,经过前级 1/4 波片,变成圆偏振光,穿过玻璃腔体后再经过后级 1/4 波片和反射镜反射回原子处,如图 6.11 所示。

波片晶体有快轴和慢轴,当线偏振光照射到波片上时,可以将激光偏振投影到这两个光轴上,两种偏振光进行独立传播但它们的传播速度不一样,因此在经过波片后累积了一个相位差,当相位差为 π/2 时,我们称该波片为 1/4 波片。当入射光偏振刚好与 1/4 波片的两个光轴夹角为 45°时,出射光为圆偏振光(分左旋和右旋)。实验中,需要转动前级 1/4 波片,才能得到如图 6.11 所示的左旋偏振光和右旋偏振光。

磁场线圈的电流由电流(PI Current)模块来控制,其供电由直流电源提供(电压设定值不得超过 8 V),电流(PI Current)模块输出的电流值由其输入端的控制电压决定。磁场线圈工作电流约为 2.5 A 时,此时磁场中心零点的磁场梯度约 2 mT/cm。

4. 真空系统

真空系统如图 6.12 所示,其中的 Agilent 离子泵常开,系统的真空度为几个 10^{-9} mBar。

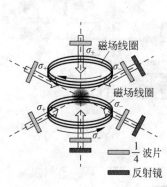

图 6.11　磁光阱示意图

图 6.12　真空系统示意图

【实验内容】

本实验主要工作内容和步骤如下:

1. 理解冷却光和回泵浦光的光路,此部分光路已经调节完成,请勿擅自改动调节。

2. 打开激光器温度控制,按下红色按钮确认开启温度反馈。打开激光电流控制模块,将电流缓慢提升至 140 mA,其他参数无须修改,此时可用红外感光卡片探测光路中是否有激光输出。DDS 与驱动 AOM 的射频功放在通电后即可正常工作,无须调节。注:AOM 的输入频率为 116 MHz,其负一级衍射光(光闸之后)的功率接近 2.5 mW。

3. 调整磁光阱六束激光使它们在反亥姆霍兹线圈中心重合。这六束激光将组成三对驻波场,分水平两路、竖直一路,每条光路结构一模一样,它们基本正交于反亥姆霍兹线圈中间,如图 6.13 所示。实验中,用红外感光卡片在光纤耦合器输出端可以观察到一个直径约 2 cm 的输出光斑。真空玻璃腔下的反射装置已经调节好,只需搭建水平两路光束以及垂直光路的上部分即可。每条光路包含两个反射镜、两个 1/4 波片,每路光的调节目标是使从光纤耦合头输出的激光,经过两个反射镜、两个波片后沿原路返回。

4. 激光锁频:打开扫描模块电路(GSC),开启扫描,打开 PID 模块开关,打开 PD 供电板开关。利用示波器监测 PID 的模拟(monitor)输出可获得锁频的误差信号谱。适当地调节 GSC 模块的扫描范围和直流偏置,使误差信号过零位置处于示波器中心附近,不断减小扫描范围至零,即找到锁频位置,然后开启 PID 模块的积分开关进而完成锁频。

5. 要成功实验磁光阱并在监视器上观测到冷原子团的荧光必须同时满足三个条件:

(1) 必须正确锁定冷却和回泵光的频率。

(2) 六束激光必须与四极阱中央重合。

（3）水平两路和竖直光路偏振的手性与四极阱线圈的电流方向必须自洽。

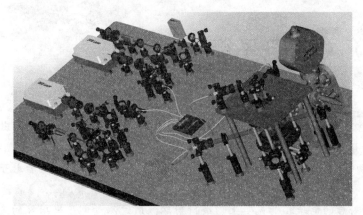

图 6.13　磁光阱系统示意图

【注意事项】

1. 注意人身安全

（1）注意回避激光光束，不可用眼睛直视激光。

（2）由于机箱为冷原子实验室自制，注意不要擅自触动、拆解、插拔机箱供电，防止触电，请通过电源插板的总开关控制接电。

2. 仪器维护

（1）请按实验内容中的操作顺序依次打开、关闭各电子模块。

（2）请务必不要擅自改动冷却光及回泵浦光的锁频光路及光纤耦合光路。

（3）请务必不要触碰真空玻璃腔以及关闭离子泵。

3. 关闭系统时注意

关掉线圈电流控制模块的供电。激光部分请注意先将激光脱锁（关闭 PID 积分开关），关闭 PD 供电，关闭扫描模块，接着将激光器电流控制缓慢降至 0，然后关闭电流源模块，关闭温度控制模块，最后通过插线板开关关闭所有机箱供电。

【参考文献】

［1］　HÄNSCH T W,SCHAWLOW A L. Cooling of gases by laser radiation[J]. Optics Communications,1975,13(1),68-69.

［2］　FOOT C J. Atomic physics[M]. Oxford：Oxford University Press,2005.

［3］　STECK D A. Rubidium 87 D line data［EB/OL］. Los Alamos：Los Alamos National Laboratory Libraries,2001[2019-06-17]. http://steck.us/alkalidata/rubidium87numbers.1.6.pdf.

［4］　BLACK E D. An introduction to Pound-Drever-Hall laser frequency stabilization[J]. American journal of physics,2001,69(1),79-87.

（郑盟锟　孙文博）

实验 **7** 电子衍射

德布罗意在光的波粒二象性和一些实验现象的启示下,于 1924 年提出实物粒子如电子、质子也具有波动性的假设。波粒二象性是量子力学的重要基础,表现在电子上,即电子具有波动性,它的动量和能量符合德布罗意关系。电子衍射是检验电子波粒二象性的重要实验。本实验利用电子衍射仪,通过高电压加速电子束,在银多晶薄膜上发生布拉格散射,衍射后的电子在荧光屏上形成衍射环。通过测量电子衍射环的直径计算出电子的德布罗意波长,并通过电压关系计算出电子的动量,从而实现对德布罗意关系式的验证。同时了解电子衍射的实验方法及分析方法,了解晶体衍射知识并加深对物质波的理解。

【思考题】

1. 电子衍射与 X 射线衍射有哪些相同之处和不同之处?
2. 电子衍射有哪些应用?
3. 电子衍射实验应注意哪些问题?
4. 分子泵的工作原理和使用注意事项?
5. 真空计的原理和使用注意事项?
6. 制备火棉胶薄膜过程的注意事项?
7. 制备多晶薄膜时的薄膜厚度如何控制?

【引言】

德布罗意(L. D. Broglie)在光的波粒二象性和一些实验现象的启示下,于 1924 年提出实物粒子如电子、质子也具有波动性的假设。当时,人们已经掌握了 X 射线的晶体衍射知识,这为从实验上证实德布罗意假设提供了有利因素。1927 年戴维孙(C. J. Davisson)和革末(L. S. Germer)最先发表了用低速电子轰击镍单晶产生电子衍射的实验结果。两个月后,英国的汤姆森(G. P. Thomson)和雷德(A. Red)发表了用高速电子穿透物质薄片的办法直接获得电子衍射花样的结果。他们从实验测得电子波的波长与德布罗意公式计算出的波长相吻合,成为第一批证实德布罗意假说的实验。

电子衍射实验曾获得过 1937 年诺贝尔物理学奖,是几个重大近代物理实验之一。电子衍射的实验涉及多个学科方面,包括晶体结构,波粒二象性等。电子衍射实验对确立电子的波粒二象性起到了重要作用,同时也作为证据支持波粒二象性理论,成为量子力学的基础实验之一。在应用方面,电子衍射可以用来作物相鉴定,也可以用来测定晶体取向和原子位置。和 X 射线不同,电子极易被物体吸收而衰减,电子衍射更适合于研究薄膜、大块物体的表面和小颗粒的单晶。

【实验原理】

1. 德布罗意假设和电子波的波长

电子衍射实验对确立电子的波粒二象性和建立量子力学起过重要作用。历史上认识电子的波粒二象性之前,已经确立了光的波粒二象性。早在 1905 年,爱因斯坦依照普朗克的量子假设提出了光子理论。光子理论认为光是一种微粒——光子,每个光子具有能量 E 和动量 p,它们与光的频率和波长有以下关系:

$$E = h\nu, \quad p = \frac{E}{c} = \frac{h\nu}{c} = \frac{h}{\lambda} \tag{7.1}$$

式中,为 h 普朗克常数;c 为真空中的光速。光子理论得到许多实验事实的证实,从而确立了光的波粒二象性。

1924 年德布罗意提出物质波或称德布罗意波的假说:一个能量为 E、动量为 p 的实物粒子同时也具有波的性质,其波长 λ 与动量 p 有关,频率 ν 则与能量 E 有关,其关系与光子的相应公式完全相同,即

$$\begin{cases} \lambda = \dfrac{h}{p} \\ \nu = \dfrac{E}{h} \end{cases} \tag{7.2}$$

1928 年以后的实验进一步证明,不仅电子具有波的性质,一切物质如质子、中子、α 粒子、原子、分子等都具有波的性质,即为物质波或德布罗意波。

在实验中获得具有一定能量电子的方法,通常是使一固态阴极发射电子,并使它们在电场中加速,如图 7.1 所示。我们要计算这样产生的电子波的波长 λ,为此,需要找出 λ 与加速电压 U 的关系。

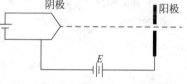

图 7.1　产生电子波的示意图

在加速电压足够大时,电子刚从阴极发出时的初速度可以忽略不计,设电子到达阳极处的速度为 v,则有

$$eU = \frac{1}{2} m_0 v^2 \tag{7.3}$$

式中,e 为电子电量,m_0 为电子质量,U 为加速电压。由式(7.2)、式(7.3)两式可得

$$\lambda = \frac{h}{\sqrt{2m_0 eU}} \tag{7.4}$$

为使用此式方便,电压 U 以 V 为单位,λ 以 Å 为单位,将有关常数代入后得

$$\lambda = \frac{12.26}{\sqrt{U}} \tag{7.5}$$

当加速电压较高时,电子速度很大,有必要用相对论进行计算。因此计算出的电子波的

波长(推导过程见附录)为

$$\lambda = \frac{12.26}{\sqrt{U}}(1 - 4.892 \times 10^{-7}U) \tag{7.6}$$

式中,括号内的第 2 项是相对论的修正。

2. 电子波的晶体衍射

2.1 晶面指数

晶面指数(indices of crystal face)是晶体的常数之一,是晶面在 3 个晶轴上的截距系数的倒数比,当化为最简单的整数比后,所得出的 3 个整数称为该晶面的米勒指数(Miller index)。

晶面指数标定步骤:①在点阵中设定参考坐标系,设置方法与确定晶向指数时相同;②求得待定晶面在三个晶轴上的截距,若该晶面与某个轴平行,则在此轴上截距为无穷大;若该晶面与某个轴负方向相截,则在此轴上截距为一负值;③取各截距的倒数;④将三倒数化为互质的整数比,并加上圆括号,即表示该晶面的指数,记为 (hkl)。晶面指数所代表的不仅是某一晶面,而是代表着一组相互平行的晶面。另外,若在晶体内晶面间距和晶面上原子的分布完全相同,只是空间位向不同的晶面可以归并为同一晶面族,以 $\{hkl\}$ 表示,例如图 7.2 所示为立方晶胞的 $\{110\}$ 和 $\{111\}$ 晶面族,它代表由对称性相联系的若干组等效晶面的总和。

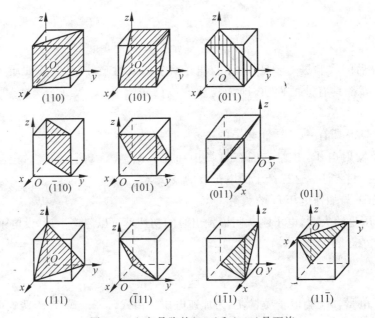

图 7.2　立方晶胞的 $\{110\}$ 和 $\{111\}$ 晶面族

电子入射到晶体上时,各个晶粒对入射电子都有散射作用。沿各个方向的晶体衍射乃是具有不同取向的晶粒所产生的散射电子波的相长干涉结果。该结果是只在某些方向才存在衍射束(衍射强度极大),而在其他方向不存在衍射束(衍射强度极弱)。衍射电子束强度极大的方向与入射电子波的波长 λ 以及晶体结构的关系完全与 X 射线的晶体衍射所服从

的衍射条件相同,如图 7.3 所示。即由布拉格(W. L. Bragg)方程决定:

$$2d\sin\theta = \lambda \tag{7.7}$$

式中,λ 为入射电子波的波长,d 为晶面间距,θ 为电子波的掠射角。另一方面,电子衍射与 X 射线衍射也有区别。

(1) 电子的加速电压一般为 20～30 kV,有时还要高,与此相应的电子波的波长比 X 射线的波长要短得多。因此,由布拉格方程式(7.7)看出,电子衍射的衍射角(2θ)也要比 X 射线的衍射角小得多。

(2) 由于电子的穿透能力比 X 射线弱得多,要观察透过样品的衍射图像,样品必须做得很薄(一般为几百埃)。另外,物质对电子的散射比对 X 射线强很多(近万倍),衍射线的相对强度(相对于中心亮斑)比 X 射线强得多,因此拍摄照片时的曝光时间可以很短(几秒钟)。

2.2　立方晶系样品的电子衍射图像及其分析计算

(1) 电子衍射图像

本实验为观测多晶样品的电子衍射。多晶样品是取向杂乱的微小单晶粒的集合。电子衍射图像可以看成是这些小单晶粒的电子衍射图像的重叠。由于这些小单晶粒的取向是完全杂乱的,与 X 射线的德拜相完全相似,因此衍射图像是以入射电子束方向为对称轴的同心圆环。

(2) 布拉格方程

为分析计算方便,把布拉格方程改写一下。图 7.4 为电子衍射的示意图,样品到底片的距离为 L,某一衍射环的半径为 r,对应的掠射角为 θ。令样品晶体的点阵常数为 a,晶面指数为 (hkl) 的晶面族的晶面间距为 d。据晶体学知识,它们之间的关系为:

$$d = \frac{a}{\sqrt{h^2 + k^2 + l^2}} \tag{7.8}$$

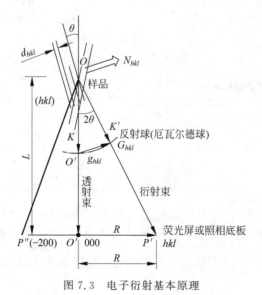

图 7.3　电子衍射基本原理

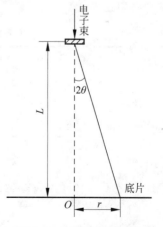

图 7.4　电子衍射示意图

一般电子波的衍射角较小,近似有 $r/L=\tan2\theta\approx2\theta,\sin\theta\approx\theta\approx r/2L$,则布拉格方程 $2d\sin\theta=\lambda$ 可写成为:

$$2\frac{a}{\sqrt{h^2+k^2+l^2}}\frac{r}{2L}=\lambda \tag{7.9}$$

即

$$\lambda=\frac{a}{L}\frac{r}{\sqrt{h^2+k^2+l^2}} \tag{7.10}$$

式中 (hkl) 为与半径为 r 的衍射环对应的晶面族的晶面指数。这就是改写后的布拉格方程。

(3) 标定衍射环的指数

本实验是用已知结构的晶体样品产生电子衍射,拍摄电子衍射图,测出各衍射环的直径 D,从而计算出电子波的波长 λ。

拍摄出衍射照片后,必须确认某衍射环是由哪一组晶面指数 (hkl) 的晶面族的布拉格反射所形成的,即所谓标定指数,才能正确应用式(7.10)计算波长 λ。现在以面心立方晶体为例说明标定指数的过程。

根据晶体学知识,并不是都能观察到所有不同晶面族的反射,对于复晶胞(一个晶胞内有两个或两个以上的原子),有些晶面族的反射消失了(称为消失反射)。能观察到的反射(称为出现反射)及消失反射所对应的晶面指数存在一定的消光规律,可参见表7.1。

表 7.1　三种立方点阵的消光规律

点阵类型	出 现 反 射	消 失 反 射
简单立方	全部	无
体心立方	$h+k+l$ 为偶数	$h+k+l$ 为奇数
面心立方	h,k,l 全为奇数或全为偶数	h,k,l 奇偶混杂

按照这个规律,对于面心立方晶体可能的出现反射,可将其对应的晶面族的晶面间距由大到小排序。由 $d=a/\sqrt{h^2+k^2+l^2}$ 知,也就是将 $(h^2+k^2+l^2)$ 由小到大排序(消失反射的不在此顺序内)。令 $h^2+k^2+l^2=M_n$,n 是从衍射环中心向外起算的衍射环序号。现将 M_n 的顺序列在表7.2中。

表 7.2　面心立方晶体的 M_n 的顺序表

n	1	2	3	4	5	6	7	8	9	10
hkl	111	200	220	311	222	400	331	420	422	333 511
M_n	3	4	8	11	12	16	19	20	24	27
M_n/M_1	1.000	1.333	2.667	3.667	4.000	5.333	6.333	6.667	8.000	9.000

为了确认照片上各衍射环对应的晶面指数,可利用式(7.10)及表7.2中的 M_n 顺序进行分析。在实验中,λ、a、L 是一定的,因此由式(7.10)可看出,对于不同半径 r_n 的衍射环,比值 $r_n/\sqrt{h^2+k^2+l^2}=r_n/\sqrt{M_n}$ 应为一常量。因此,任一衍射环 n 与衍射环 1 之间应有以下关系

$$\left(\frac{r_n}{r_1}\right)^2 = \frac{M_n}{M_1} \tag{7.11}$$

利用式(7.11)可将各衍射环对应的晶面指数(hkl)定出,或将M_n定出。方法是,测得某一衍射环的半径r_n,可得一个$(r_n/r_1)^2$值。在表7.2的最后一行(M_n/M_1)中找出与此值最接近(理论上应相等)的竖列,则该列中的(hkl)和M_n即为此衍射环所对应的晶面指数。照此法可将所拍摄出的各个衍射环标定指数,同时还可检查出是否有强度较弱的环在测量中被遗漏。完成标定指数以后即可用式(7.10)计算波长。面心立方多晶体电子衍射图如图7.5所示。

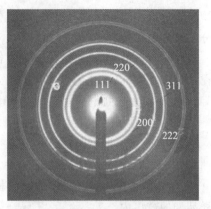

图 7.5　面心立方多晶体电子衍射图

【实验装置】

电子衍射仪大体由三部分组成,即真空系统、衍射仪和镀膜装置。为了减少空气分子对电子束的散射和保护电子发源源的灯丝不被氧化而损坏,需要将衍射仪腔内抽成高真空。镀膜装置是为制备样品设置的。图7.6为衍射仪的真空系统、衍射仪和镀膜装置及CCD摄像装置的总体系统图。

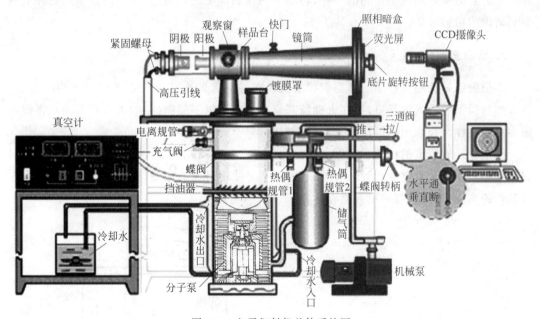

图 7.6　电子衍射仪总体系统图

1. 真空系统

本实验所用衍射仪的真空系统由机械泵、储气桶、分子泵及复合真空检测计组成(图7.6)。分子泵与衍射仪部分(镜筒)之间由真空蝶阀执行"通"或"断"。三通阀可以使机械泵与衍射仪镜筒系统相连通("拉"位)或与储气桶相连通("推"位)。实验或镀膜时须先将镜筒抽成低真空时才能打开蝶阀,其他时间都要关闭蝶阀和切断电离规管灯丝电流,以保护分子泵和电离规管。

若须将镜筒部分通大气时(如在镀膜工作中装取样品架等),可用充气阀充入空气。但在打开充气阀前,要注意以下几点。

① 必须先切断电离规管的灯丝电流。

② 关闭蝶阀。

③ 若此时机械泵仍在运转中,三通阀必须置于"推"位(否则充气阀打开后,机械泵是在抽大气)。

④ 为防止充入空气过程中吹破样品膜,应将样品台向前旋紧,以使样品架密封在装取样品架的窗口内。

2. 衍射仪(镜筒)部分

图 7.7 为电子衍射仪示意图。阴极 A 内有 V 形灯丝,通电后发射电子。A 与加速阳极 B 形成电子枪,阳极接地,阴极有数万伏的负高压,C 为光阑,使射到样品 D 上为细的电子束,E 为荧光屏。

将制备好薄膜的样品架放入衍射仪中部的样品推杆上(由螺纹旋接)。可以调节样品推杆外面的套筒螺丝来控制样品的平移,转动手柄控制样品的转角(方位),使得在荧光屏上观察到清晰的衍射环。

3. 镀膜室部分

本衍射仪带有制备样品的真空镀膜装置。在样品架的小孔上先覆盖一层火棉胶基膜,待火棉胶膜干后放入镀膜室,再在火棉胶基膜上镀一层银多晶膜(一般为几百个埃),将镀好银多晶膜的样品架取出即可以用来进行衍射。

图 7.8 是镀膜室的结构示意图。样品架放在样品架支座上(可放三个样品架)。样品材料放在钼舟内。在真空度达到 3×10^{-3} Pa 以上时使钼舟通电加热,样品材料汽化后蒸镀在样品架的基膜上,即获得一层多晶样品膜。

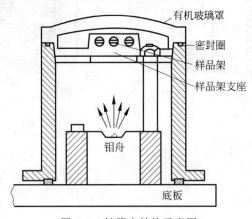

有机玻璃罩
密封圈
样品架
样品架支座
钼舟
底板

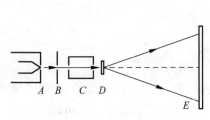

$A\ B\ C\ D$

E

图 7.7　衍射仪示意图　　　　　　　图 7.8　镀膜室结构示意图

(1) 制备基膜

将一滴用乙酸正戊酯稀释的火棉胶溶液滴到蒸馏水的表面上。待乙酸正戊酯挥发后,在水面上悬浮一层火棉胶薄膜。用带小孔的样品架小心捞起薄膜,放入烘箱或用红外线灯小心地使其干燥后即可使用。

(2) 真空蒸镀晶体膜的加热操作

① 将仪器面板上的双掷开关倒向"镀膜"侧(左侧),接通镀膜电流开关(向上)。

② 转动"灯丝调节"旋钮以调节调压器(调节镀膜电流或调节灯丝电流共用一个电压调节器),"镀膜电流"表头指示通过钼舟的电流(一般约几十安培,镀银时为 30~40 A)。当从镀膜室的有机玻璃罩上能看到镀膜痕的颜色变为深褐色时,立刻将电流降到零。蒸镀样品工作即完成。

【实验内容】

1. 系统抽真空:熟练掌握真空测量和真空获得知识及操作技巧。

2. 火棉胶基膜的制备。

3. 多晶体薄膜银样品的制备。

4. 观察电子衍射现象(本实验为银多晶体的电子衍射)。

(1) 为了保护分子泵,开机前应使蝶阀处于"断"位。

(2) 放样品。将样品台中心的推杆向镜筒旋转内移,然后转动推杆手柄,使推杆前端顶到镜筒内壁。旋转拧开装卸样品架的窗口螺钉,将样品架拧到样品台推杆上(用螺丝扣连接)。然后把窗口螺钉拧紧(参看实验室的操作规程及注意事项)。

(3) 将镜筒内抽至 1.5×10^{-3} Pa 以上的高真空度(参看实验室的操作规程)。

(4) 观察电子衍射:真空度达 1.5×10^{-3} Pa 后加高压,将"高压调节"旋钮调至 10~25 kV,调节样品台推杆(平移、移动),在荧光屏上观察衍射环,直到获得满意的衍射环图像。

(5) 拍摄电子衍射图像的照片:在用荧光屏观察到清晰的衍射环后,即可进行拍照。将高压(加速电压)调至 25 kV,用荧光屏观察,衍射环清晰,即可用 CCD 拍摄图像。

5. 衍射图像的标定:根据电子衍射环用式(7.10)计算电子波的波长,并与用式(7.6)得到的计算值进行比较。

本实验中所用的样品银为面心立方结构,点阵常数 $a = 4.086$ Å。样品至底片的距离 $L = 315$ mm。

6. 仪器关闭:首先切断电离规管灯丝电流并使蝶阀处于"断"位,再关分子泵电源开关(15 分钟后方可停机械泵、断冷却水)。

【注意事项】

1. 注意人身安全

(1) 检查仪器外壳,使其良好接地(可用万用表检查外壳接地情况)。

(2) 高速电子轰击到金属上会产生 X 射线。阳极周围要用铅玻璃防护。操作时带铅玻璃眼镜。

2. 仪器维护

（1）开机械泵前需要检查可能通大气的部件是否旋紧关闭，例如充气阀、样品出入窗口、底片出入口的密封圆盘、镀膜室的密封盖等。启动机械泵的同时要注意电磁阀是否动作（吸合）。

（2）开分子泵前要先通冷却水。

（3）蝶阀是保护分子泵的主要部件。不管分子泵是否在工作，在镜筒通大气或真空度下降时（如漏气等），蝶阀都应处于"断"位。

（4）电离规管在蝶阀上方。因此，只要镜筒内的压强大于 10^{-2} Pa，电离规管灯丝必须处于断电状态。

（5）"灯丝调节"旋钮和"高压调节"旋钮必须经常处于零位。否则，灯丝开关或高压开关接通时，就有较大的电流或电压，极不安全。

（6）要保持密封圈和密封部位的清洁，勿用手触摸。

【误差估计】

计算电子波的波长理论值所产生的误差较大，这是由于加速电压 U 在实验中测得不够精确。在估计误差时可将式(7.6)中相对论的修正部分略去。这样可得

$$\frac{\Delta\lambda}{\lambda} = \frac{1}{2}\frac{\Delta U}{U} \tag{7.12}$$

取 $U = 35$ kV 时，如 $\Delta U = 2$ kV，则 $\Delta\lambda/\lambda \approx 3\%$。在此情况下，用实验方法从衍射环推算（用式(7.10)）电子波的波长实验值时，衍射环的直径可用米尺进行直接测量（毫米以下估计一位）。由此产生的误差与理论值的误差相当。

【实验操作】

电子衍射实验操作步骤如下。

（1）系统抽真空

① 开机之前，检查所有开关是否处于关闭状态，关闭真空计，真空室封闭（关放气阀、镀膜室盖子、样品室）。

② 开仪器电源，电源指示灯亮，三通阀推进后右旋把手锁紧三通阀，开机械泵，机械泵指示灯亮。

③ 检查复合真空计灯丝开关是否处于"自动启动"状态，开真空计电源，观察"热偶计"窗口，当抽到 5 Pa 之后，将左旋三通阀把手解锁然后缓慢拉出三通阀（用手顶住缓慢拉出，防止抽速过快导致荧光屏上的荧光粉被抽走），观察"复合计"窗口，继续抽真空到 5 Pa 以下，推进三通阀并右旋把手锁紧，首先打开冷却水，再开分子泵总电源，分子泵指示灯亮，数码显示板闪烁显示 450，然后按下"启动"按钮，分子泵启动，数码显示板显示分子泵转速，直至显示至 450，分子泵完全启动，打开蝶阀，对系统抽高真空，通过"复合计"窗口监控真空室的真空状态。

④ 系统真空度低于 0.1 Pa 后，真空计的灯丝会自动启动，此时真空计自动切换用电离计测量系统真空，真空度示数仍然在"复合计"窗口显示。系统真空度达到 3×10^{-3} Pa 后，

即可开始后续的实验工作。

（2）制备薄膜样品

① 制备样品底膜（该步骤可以在系统抽高真空的过程中间进行）：取 1～2 滴火棉胶，用乙酸正戊酯按 10∶1 的比例稀释火棉胶，形成混合溶液，在表面皿中放置部分清水，然后将配置好的混合溶液用滴管滴一滴到水的表面，形成一层薄膜，在抽真空的过程中，等待薄膜中的乙酸正戊酯逐渐挥发（现象为：水表面的油花状的薄膜逐渐消失，最后留下一层透明的火棉胶薄膜，需要选择合适的角度观察）。

② 用样品架从水中捞出火棉胶薄膜，让薄膜附着在样品架的开孔小的一侧，将超出样品架外面的薄膜去掉，等待薄膜水分挥发变干，最后附着在样品架上。

③ 系统高真空达到 3×10^{-3} Pa 后，关闭复合真空计电源，再关紧蝶阀，然后缓慢拧开放气阀，对系统缓慢放气，会听到放气的声音（此时注意仔细听机械泵的抽气声音，如果出现连续很大的异常声音，请及时关闭放气阀，然后检查蝶阀是否完全关闭）。

④ 系统放气完毕，拧开镀膜真空室的锁盖，取下透明的有机玻璃顶盖，并用擦手纸将顶盖内擦拭干净，检查蒸发舟内是否有银片。

⑤ 取出真空室中样品托架，将样品架插入到托架上对应的小孔中，保持有底膜的一面向下平行放置。

⑥ 将托架装回真空室，把观察孔调到适合自己观察的位置，然后，盖上有机玻璃顶盖，并用锁盖锁紧。

⑦ 关紧放气阀，打开真空计电源，然后左旋三通阀把手解锁，然后缓慢拉出三通阀（用手顶住缓慢拉出，防止抽速过快导致底膜和荧光屏上的荧光粉被抽走），观察"复合计"窗口，待系统真空度达到 5 Pa 以下后，将三通阀推进并右旋把手锁紧，打开蝶阀，对系统抽高真空，用"复合计"窗口监控系统真空度。

⑧ 待系统真空度达到 3×10^{-3} Pa 后，将工作模式选择按钮左旋转到镀膜挡，打开"镀膜"开关，然后缓慢旋转"灯丝-镀膜电压调节"的调压器旋钮，对镀膜舟缓慢加热，面板上镀膜电流表指针偏转，待蒸发舟变成暗红色后（镀膜电流约 35～40 A），继续调节调压器，同时从侧面注意观察真空室玻璃顶盖，当顶盖出现一层深褐色的薄膜后，立即反旋调压器旋钮，降低镀膜电压直到零位置（注意：镀膜过程很快，请仔细观察，避免薄膜过厚，电子束无法穿透），关闭"镀膜"开关，将工作模式旋钮右旋至关的挡位。

⑨ 镀膜完毕，关闭复合真空计电源，再关紧蝶阀，然后缓慢拧开放气阀，对系统缓慢放气，会听到放气的声音（此时注意仔细听机械泵的抽气声音，如果出现连续很大的异常声音，请及时关闭放气阀，然后检查蝶阀是否完全关闭）。

⑩ 系统放气完毕，拧开镀膜真空室的锁盖，取下透明的有机玻璃顶盖，取出已经镀上薄膜的样品架，然后将托架装回真空室，盖上有机玻璃顶盖，并用锁盖锁紧。

⑪ 关紧放气阀。

（3）观察薄膜的电子衍射

① 安装薄膜样品：把衍射样品室的双头螺纹右旋到头，再把推杆右旋到头，将衍射样品室和真空系统隔离开。关闭蝶阀。

② 在样品室双头螺纹的对面取下样品盖，将样品架安装到样品室的托架上（如果托架上有样品架，请先取下），然后盖上样品盖，一定先将推杆左旋全出后，再将双头螺纹左旋到

合适的位置,通过样品观察窗口观察样品的位置,让样品架上镀有薄膜小孔的开孔大的一面对着电子束的出射孔。

③ 打开真空计电源,然后左旋三通阀把手解锁然后缓慢拉出三通阀(用手顶住缓慢拉出,防止抽速过快导致底膜和荧光屏上的荧光粉被抽走),观察"复合计"窗口,待系统真空达到 5 Pa 以下后,将三通阀推进并右旋把手锁紧,打开蝶阀,对系统抽高真空,用"复合计"窗口监控系统真空度。

④ 观察系统真空到 1.5×10^{-3} Pa 后,将工作模式旋钮右旋到灯丝位置,缓慢旋转"灯丝-镀膜电压调节"的调压器旋钮,对灯丝加电压至 150 V,灯丝变亮。

⑤ 旋转样品室的推杆,通过观察窗观测,仔细调整样品架位置,让灯丝透过的电子束光点照到样品架上适当的位置。

⑥ 加高压:在样品观察口盖上铅盖,打开扩散泵开关(此开关为高压电源的前级开关),扩散泵指示灯亮,然后打开高压开关,高压指示灯亮,旋转高压调压器的旋钮,缓慢地对系统加高压至 10 kV,注意观察系统真空的变化情况(保证示数不超过 1.5×10^{-3} Pa)。等待 1 min,然后继续调节高压调压器,加高压至 25 kV(一定要非常缓慢地调节高压旋钮,并时刻观察复合真空计的示数,保证示数不超过 1.5×10^{-3} Pa)。加高压 6 min 内完成衍射环的调节和拍照,如果不能完成,请先将高压降到 0。然后找老师指导完成后续实验。

⑦ 戴上铅玻璃眼镜,关闭暗室灯光,通过样品架推杆和双头螺纹调整样品位置,旋转样品室推杆和双头螺纹,让电子束打到薄膜样品上(注意开孔大的一面对着电子束的入射方向)。在荧光屏上观察薄膜的衍射图样,同时微调样品室推杆的位置,直至出现最清楚的衍射环。

⑧ 用 CCD 摄像头拍摄衍射图像,注意 CCD 摄像头要正对观察窗,并且离观察窗的距离不要小于 1 m。然后用数据处理软件计算衍射环半径。注意调节衍射图样和拍摄时间不要太长,总体不要超过 6 min,以防长时间加高压,导致系统过热。

⑨ 拍摄完毕,将高压缓慢降为 0,关闭高压,关闭扩散泵开关,然后将灯丝电压缓慢降为 0,再将工作模式旋钮左旋至关闭挡位,关闭灯丝。

(4) 结束

① 10 min 后关闭真空计电源,关闭蝶阀,按下分子泵"停止"按钮,数码显示板显示分子泵转速逐渐下降,直至显示为 0,然后面板闪烁显示 450,按分子泵电源开关关闭分子泵,10 min 后,关闭机械泵,关闭冷却水,将三通阀左旋解锁然后缓慢拉出,再右旋锁紧。

② 关闭仪器面板上的总电源。实验结束。

【注意事项】

1. 放气时要先关闭真空计电源,再缓慢放气。抽气之前一定要关紧放气阀。

2. 机械泵的旋转方向必须和外壳的标记一致。抽气时,注意听机械泵的声音,如果长时间出现很大的异常响声,表明机械泵在直接抽大气,请检查蝶阀和放气阀是否完全关闭。

3. 开启分子泵之前,必须开冷却水。

4. 分子泵没有停止转动时(数码显示板显示当前转速,直至闪烁显示 450 时,才为完全停止转动状态),不能关闭分子泵总电源。

5. 系统真空度不到 1.5×10^{-3} Pa,不能开启灯丝。实验过程中,如果出现漏气,导致真

空度无法达到 1.5×10^{-3} Pa,如果已开灯丝,则请立即降低灯丝电压,并关闭灯丝;如果已经加了高压,请立即将高压降为 0 并关闭。

6．扩散泵开关只有在开高压前打开,高压关闭后立即关闭扩散泵开关。

7．三通阀推拉时,要先左旋解锁,推拉要缓慢操作,推拉到位后,要右旋锁紧,防止由于压差的原因导致三通阀自动移动。

8．开启高压后,样品室观察孔要盖上铅盖。

9．开始观测衍射图样时,是处于暗室环境,请注意移动时,不要碰到仪器上的各种旋钮和开关,尤其是防止走动碰到蝶阀开关,导致蝶阀关闭。

10．蝶阀的开关一定要到位,打开时要将蝶阀开到位,并防止蝶阀开关自动下滑关闭。

11．使用 CCD 时,注意要固定住三脚架,并防止碰倒摔坏 CCD 摄像头。

12．关闭各种阀门时要注意关紧。

【参考文献】

[1]　张孔时,丁慎训.物理实验教程(近代物理实验部分)[M].北京:清华大学出版社,1991.

[2]　顾秉林,王喜坤.固体物理学[M].北京:清华大学出版社,1989.

[3]　王蓉.电子衍射物理教程[M].北京:冶金工业出版社,2002.

【附录】

电子波波长的相对论修正

当加速电压较高时,电子速度很大,必须用相对论的计算方法,即电子的质量 m 为

$$m = \frac{m_0}{\sqrt{1 - (v/c)^2}} \tag{7.13}$$

式中,m_0 为电子静止质量,v 为电子的速度,c 为真空中的光速。电子的动能可由下式确定:

$$eU = mc^2 - m_0 c^2 \tag{7.14}$$

德布罗意公式中的动量 p 为 mv,即

$$\lambda = h/mv \tag{7.15}$$

仍成立。但现在应由式(7.13)和式(7.14)两式解出 mv,并用已知量 m_0, e, U 表示。下面进行此工作。

将式(7.13)代入式(7.14),有

$$eU = m_0 c^2 \left[\frac{1}{\sqrt{1 - (v/c)^2}} - 1 \right] \tag{7.16}$$

由上式可解出 v 为

$$1 - \left(\frac{v}{c} \right)^2 = \frac{1}{\left(\dfrac{eU}{m_0 c^2} + 1 \right)^2} \tag{7.17}$$

$$v = \frac{c(e^2 U^2 + 2m_0 c^2 eU)^{\frac{1}{2}}}{eU + m_0 c^2} \tag{7.18}$$

电子的动量为

$$mv = \frac{m_0}{\sqrt{1 - (v/c)^2}} \frac{c(e^2U^2 + 2m_0c^2eU)^{\frac{1}{2}}}{eU + m_0c^2} \tag{7.19}$$

利用式(7.17)可将式(7.19)改写为

$$mv = \frac{(e^2U^2 + 2m_0c^2eU)^{\frac{1}{2}}}{c} = (2m_0eU)^{\frac{1}{2}}\left(1 + \frac{eU}{2m_0c^2}\right)^{\frac{1}{2}} \tag{7.20}$$

将上式代入式(7.15),可得

$$\lambda = \frac{h}{mv} = \frac{h}{\sqrt{2m_0eU}}\left(1 + \frac{eU}{2m_0c^2}\right)^{-\frac{1}{2}} \tag{7.21}$$

将$\left(1 + \frac{eU}{2m_0c^2}\right)^{-\frac{1}{2}}$展开并略去高阶小量,有

$$\left(1 + \frac{eU}{2m_0c^2}\right)^{-\frac{1}{2}} \approx 1 - \frac{eU}{4m_0c^2} \tag{7.22}$$

代入式(7.21)得

$$\lambda = \frac{h}{\sqrt{2m_0eU}}\left(1 - \frac{eU}{4m_0c^2}\right) \tag{7.23}$$

为使用式(7.23)方便,将各已知量代入式(7.23),并以 Å 为波长 λ 的单位,以 V 为电压 U 的单位,即得

$$\lambda = \frac{12.26}{\sqrt{U}}(1 - 4.892 \times 10^{-7}U) \tag{7.24}$$

(陈　宏　陈宜保)

第 2 部分
现代光学及应用

实验 **8**　氦-氖激光器放电条件的研究

　　所谓"激光",是指一个物理体系(例如原子)受激辐射产生的光。氦-氖激光就是原子体系的受激辐射(见下图)。制备一个氦-氖激光器,工艺并不复杂,但其中蕴含了丰富的物理知识以及如何在实验上通过精妙的设计、细微的实验条件的控制来满足物理原理的要求,从而使一个理论预言变成一个物理的客观现实。而且若想使氦-氖激光器的发光功率达到最优值,还需对气体配比、压强、放电电流等条件进行研究、择优。

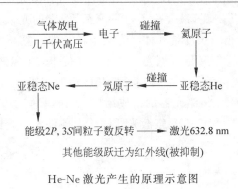

He-Ne 激光产生的原理示意图

【思考题】

　　1. 自发辐射与受激辐射有何不同? 它们的辐射光各有什么特点?

　　2. 什么是亚稳态? 它的成因是什么?

　　3. 什么是粒子数反转? 它为什么是产生激光的必要条件? 激光工作物质在热平衡情况下是否能实现粒子数反转分布?

　　4. 谐振腔对激光产生的作用是什么? 它的腔长有什么要求?

　　5. 激光器输出的光的波长是否绝对单一?

　　6. 发生"共振转移"的条件是什么?

　　7. 氦气在氦-氖激光器中的作用是什么?

　　8. 氦-氖激光束有哪些特点?

　　9. 氦-氖激光器中毛细管的作用是什么?

【引言】

　　激光,英文名称是 laser,是取自英文 light amplification by stimulated emission of radiation 的各单词头一个字母组成的缩写词,意思是"通过受激辐射光放大"。激光器是利用受激辐射原理使光在某些受激发的物质中放大或振荡发射的器件。1917 年爱因斯坦提出了一套全新的技术理论：光与物质相互作用。这一理论是说在组成物质的原子中，有不同数量的粒子（电子）分布在不同的能级上，一方面会有低能态电子吸收某种光子的能量而跃迁到高能态，发生受激吸收；同时在高能级上的粒子受到某种光子的激发，会从高能级跃迁到低能级上，这时将会辐射出与激发它的光相同性质的光，而且在某种状态下，能出现一个弱光激发出一个强光的现象，这就叫作"受激辐射的光放大"，简称激光。虽然爱因斯坦预言了受激辐射的存在，但在一般热平衡情况下，物质的受激辐射总是被受激吸收所掩盖，未能在实验中观察到。直到1960年，第一台红宝石激光器才面世，它标志了激光技术的诞生。相对一般光源，激光有良好的方向性，同时还具有单色性好的特点，也就是说，它可以具有非常窄的谱线宽度。

气体激光器所采用的工作物质是气体，并且根据气体中真正产生受激辐射作用之工作粒子性质的不同而进一步区分为原子气体激光器、离子气体激光器、分子气体激光器、准分子气体激光器等。氦-氖激光器是具有连续输出特性的气体激光器，虽然它的输出功率一般来说并不很高，通常只有几毫瓦，最大也不过百毫瓦，但它的光束质量很好，光束发散角很小，一般能达到衍射极限，相干长度是气体激光器中最长的。氦-氖激光器的器件结构简单，操作方便，造价低廉，输出光束又是可见光。基于上述优点，氦-氖激光器在精密计量、准直、导航、全息照相、通信、激光医学等方面得到了极其广泛的应用。

通过实验，学生应掌握氦-氖激光器的组成结构、工作原理，了解受激辐射与自发辐射的不同；学会如何制作激光器并了解氦-氖激光器的放电条件对激光输出功率的影响。

【实验原理】

1. 形成激光的条件

1.1 普通光源的发光——受激吸收和自发辐射

普通常见光源的发光（如电灯、火焰、太阳等）是由于物质在受到外来能量（如光能、电能、热能等）作用时，原子中的电子就会吸收外来能量而从低能级跃迁到高能级，即原子被激发，激发的过程是一个"受激吸收"过程。这个激发态不是原子的稳定状态，处在高能级（E_2）的电子寿命很短（一般为 $10^{-9} \sim 10^{-8}$ s），即使没有外界作用，原子也有一定的概率，自发地向低能级（E_1）跃迁，跃迁时将产生光（电磁波）辐射，辐射光子的能量为

$$h\nu = E_2 - E_1 \tag{8.1}$$

式中，h 为普朗克常数，ν 是辐射光子的频率。这种辐射称为自发辐射，它是由原子本身的性质决定的，不受外部辐射场的影响。原子的自发辐射过程完全是一种随机过程，各发光原子的发光过程各自独立、互不关联，即所辐射的光在发射方向上无规则地射向四面八方，另外其位相、偏振状态也各不相同。由于激发态能级有一定宽度，所以发射光的频率也不是单一的，而有一个展宽范围。

在通常热平衡条件下，粒子数按能量 E 的分布服从玻耳兹曼分布规律，即 $N \propto \exp(-E/kT)$，于是在上、下两个能级上的原子数密度比为

$$\frac{N_2}{N_1} \propto \exp\left(-\frac{E_2 - E_1}{kT}\right) \tag{8.2}$$

式中 k 为玻耳兹曼常数，T 为绝对温度。因为 $E_2 > E_1$，所以 $N_2 \ll N_1$，可见在通常热平衡

条件时,原子几乎都处于基态。要使原子发光,必须由外界提供能量使原子到达激发态,所以普通广义的发光包含了受激吸收和自发辐射两个过程。一般来说,这种光源所辐射光的能量是不强的,加上向四面八方发射,更使能量分散了。

1.2　受激辐射

处于高能级的原子除了可以以自发辐射的方式跃迁到低能级,外界光的诱发和刺激也可以引发电子以一定的概率从高能级跃迁到低能级并放出光子,这种过程是被"激"出来的,故称受激辐射。受激辐射的概念是爱因斯坦于 1917 年在推导普朗克的黑体辐射公式时第一个提出来的,他从理论上预言了原子发生受激辐射的可能性,这是激光的基础。

原子体系受激辐射的过程大致如下：原子开始处于高能级 E_2,当一个外来光子所带的能量 $h\nu$ 正好为某一对能级之差 $E_2 - E_1$,则这个原子可以在此外来光子的诱发下从高能级 E_2 向低能级 E_1 跃迁(见图 8.1)。这种受激辐射的光子有一个显著的特点,就是原子可发出与诱发光子全同的光子,不仅频率(能量)相同,而且发射方向、偏振方向以及光波的相位都完全一样。于是入射一个光子,就会出射两个完全相同的光子,这意味着原来的光信号被放大,这种在受激过程中产生并被放大的光,就是激光。

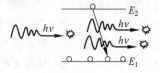

图 8.1　受激辐射过程示意图

1.3　粒子数反转

一个诱发光子不仅能引起受激辐射,而且也能引起受激吸收。设处于低能级 E_1 的原子数密度为 N_1,处于高能级 E_2 的原子数密度为 N_2。根据爱因斯坦理论,当它受到能量为 $h\nu$ ($h\nu = E_2 - E_1$)、能量密度为 $\rho(\nu)$ 的入射光照射时,原子就有一定的概率吸收光子而跃迁到高能级。在光场作用下,在时间间隔 dt 内由于吸收而跃迁到 E_2 的原子数为

$$dN_1 = N_1 B_{12} \rho(\nu) dt \tag{8.3}$$

B_{12} 称为吸收系数,它只取决于原子本身的性质。与此同时,处于高能级 E_2 的原子,也可能放出一个能量为 $h\nu$ 的光子而跃迁到低能级 E_1。在光场作用下,dt 时间内由于受激辐射而跃迁到 E_1 的原子数为

$$dN_2 = N_2 B_{21} \rho(\nu) dt \tag{8.4}$$

B_{21} 称为受激辐射系数。可以证明它们之间的关系为

$$g_1 B_{12} = g_2 B_{21} \tag{8.5}$$

g_1 和 g_2 分别为能级 E_1 和 E_2 的简并度,对于氦-氖激光器 632.8 nm 谱线来说,E_1 为 $2P$ 态,E_2 为 $3S$ 态,它们的简并度分别为 $g_1 = 5, g_2 = 3$。在不考虑自发辐射的情况下,若想使受激辐射跃迁超过受激吸收而占优势,则需 $dN_2 > dN_1$,即

$$N_2 g_1 > N_1 g_2 \tag{8.6}$$

这种情况称为粒子数反转。但在热平衡条件下,介质中的原子几乎都处于最低能级(基态),要使受激辐射超过受激吸收是实现不了的。为此,我们可以借用一个外界的能源(如放电、光照、化学反应等),通过它对介质的作用来激励介质,造成一个不同于玻耳兹曼分布的状态,实现粒子数反转。实现粒子数反转的介质称为增益介质,这样当入射光通过这种介质时,引起的受激辐射就会超过受激吸收。粒子数反转的程度越高,光的增强也就越多,也就是实现了所谓的放大。介质对光放大能力的大小,称为介质的增益系数 $G(\nu)$,它的定义为

$$G(\nu) = \frac{\mathrm{d}I_\nu(z)}{I_\nu(z)\mathrm{d}z} \tag{8.7}$$

即频率为 ν、光强为 $I_\nu(z)$ 的单色光在激活介质中传播单位距离所增加的光强的百分比，z 为光的传输距离。当 $I_\nu(z)$ 随着传输距离而逐渐增加时，高能级粒子被不断消耗，因此 $G(\nu)$ 也随之减少，$G(\nu)$ 随着 z 的增加而减少的现象称为增益饱和。

1.4 谐振腔

满足了上述条件后，还不一定能产生激光。原因是：高能级的原子回到较低的能级，除了可通过受激辐射发出光子之外，还可通过自发辐射，而在普通光源中受激辐射所占比例非常小。例如对于 $T = 3000\ \mathrm{K}$ 的高温、$\lambda = 600\ \mathrm{nm}$ 的可见光，受激辐射只占 $1/3000$。因此为了要形成激光，还要设法使受激辐射的概率远大于自发辐射的概率才行。受激辐射的概率与介质中同一频率的光能密度 $\rho(\nu)$ 成正比，于是加大介质中传播的光能密度就可以实现上述目的。如果没有光能的耗散，光能密度是随着光通过的路程按指数规律增长，也就是说，增益介质越长，光能密度就越大，受激辐射的概率也越大。但是由于技术上的原因，我们无法把介质做得很长，因而人们利用多次反射的方法，这相当于加大了介质的长度，能使光不断地放大，构成所谓谐振腔，以达到形成激光的目的。

任何事物都具有两重性，光波在腔内往返振荡时，一方面有增益，使光不断增强，另一方面也存在着不可避免的多种损耗，使光能减弱，主要有：①腔面上的吸收、散射、透射、衍射；②工作物质引起的散射、折射。因此要使光振荡维持下去，还需要工作物质对光的放大作用大于各种损耗的总和，这称为光振荡的阈值条件。随着光强的不断增加，增益介质的增益作用不断减小，当增益和损耗相当时，光强将不再随传输距离的变化而变化，此时的光强称为饱和光强。

实际上，被传播的光波决不可能是单一频率的（通常所谓某一波长的光，不过是指光的中心波长而已）。由于原子的能级是有一定宽度的，粒子在谐振腔内运动是受到多种因素的影响的，因而激光器输出的光谱宽度是由自然增宽、碰撞增宽和多普勒增宽叠加而成的。不同类型的激光器，工作条件不同，以上诸影响有主次之分。只有频率落在展宽范围内的光在介质中传播时，光强将获得不同程度的放大，激光增益曲线见图 8.2(b)。但只有单程放大还不足以产生激光，还需要有谐振腔对它进行光学反馈，使光在多次往返传播中形成稳定持续的振荡，才有激光输出的可能。而形成持续振荡的条件是：光在谐振腔中往返一周的光程差应是波长的整数倍，即：

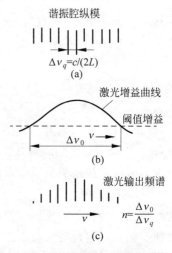

图 8.2 激光增益与谐振腔纵模的相互作用

(a) 谐振腔纵模；(b) 激光增益曲线；(c) 激光输出频谱

$$2\mu L = q\lambda_q \tag{8.8}$$

式中，μ 是折射率，对于气体 $\mu \approx 1$，L 是腔长，q 是正整数。这正是光波相干极大的条件，满足此条件的光将获得极大增强，其他则相互抵消。

式(8.8)中每一个 q 对应一个纵模，是一种纵向稳定的电磁场分布 λ_q，q 称作纵模序数，见图 8.2(a)。q 是一个很大的数，通常不需要知道它的数值。式(8.8)也是驻波形成的条件,即腔内的纵模是以驻波形式存在的,q 值反映的恰好是驻波波腹的数目。

谐振腔的谐振频率中,只有其介质增益大于增益阈值的纵模频率才能形成激光,如图 8.2(c)所示。从式(8.8)还可知,当腔长 L 或折射率 μ 改变时,谐振频率也将跟着改变,这时激光器的频率将发生漂移,因此导致激光器的输出功率也跟着改变。

综上所述,要形成激光,必须具备以下几个条件:

(1) 合适的发光介质(或称激光工作物质);

(2) 使发光介质实现粒子数反转的手段,以保持受激辐射超过受激吸收;

(3) 具有适当的谐振腔,以保证受激辐射的概率远大于自发辐射的概率,且满足光振荡的阈值条件。

2. 氦-氖激光器的工作原理

2.1　氦原子和氖原子的能级

氦-氖激光器中充有氦氖混合气体,这是激光的工作物质,其中氦气为辅助气体,氖气为工作气体。它是典型的四能级系统,图 8.3 给出了与氦-氖激光产生有关的氦和氖原子的能级图。

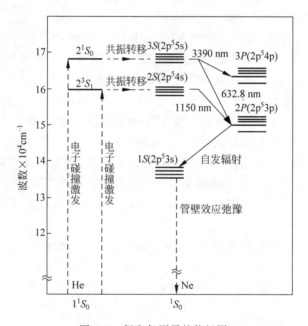

图 8.3　氦和氖原子的能级图

氦原子核外有两个电子,按照 L-S 耦合,氦原子的基态为 $1s1s(^1S_0)$。氦原子激发态由一个电子被激发至高能级而另一个留在基态构成。根据 L-S 耦合,其可形成原子态有 $1s2s(2^1S_0)$,$1s2s(2^3S_1)$(与产生激光无关的能级不予考虑)。

氖原子的核外有 10 个电子,基态为 $2p^6$。氖原子激发态是一个 2p 电子跃迁至高能级形成的,原子态有:$2p^53s(1S)$,$2p^53p(2P)$,$2p^54s(2S)$,$2p^54p(3P)$,$2p^55s(3S)\cdots$

2.2　粒子数反转机制和激光跃迁

由量子理论可知,描写原子中电子运动状态时,除主量子数 $n(n=1,2,\cdots)$ 外,还有轨道

量子数 L 和自旋量子数 S。量子理论还告诉我们，电子在不同能级之间的电偶极跃迁是要满足跃迁选择定则的（$\Delta S=0,\Delta L=\pm1,\Delta J=0,\pm1$，$J$ 是总角动量量子数，包括自旋和轨道角动量）。如果选择规则不满足，则电子自发跃迁的概率很小，甚至接近于零。因此在原子中可能存在这样一些能级，一旦电子从高能态跃迁到某一激发态后，此激发态与所有低于它的能级之间都不满足跃迁的选择定则，不能通过光自发辐射跃迁至低能态，因此电子在这种能级上的寿命很长，这种能级称为亚稳态能级。

氦-氖激光器是通过气体放电的方式获得激励能量的。在放电管两极加几千伏直流高压，激光放电管内就产生辉光放电，在管内的发光区有均匀的电位差梯度。气体被高度电离后，电子从电场中获得足够的能量，并与处于基态的氦原子发生非弹性碰撞，将氦原子激发到 2^1S_0 和 2^3S_1 能级上去。这两个激发态向基态 1^1S_0 的跃迁由于不满足跃迁定则而禁戒，即被激发到 2^1S_0（寿命 5×10^{-6} s）和 2^3S_1（寿命 10^{-4} s）态的氦原子不能经过自发辐射跃迁回到基态，故而处于亚稳态。另一方面，被激发到更高能态上去的氦原子有相当一部分经过跃迁后会落到这两个亚稳态上。所以放电一旦建立，就会有大量氦原子处在 2^1S_0 和 2^3S_1 两个能级上。这两个亚稳态不能靠辐射光子回到基态，只能通过与其他粒子发生非弹性碰撞把能量转移给其他粒子再回到基态。尤其当两种粒子相应能级间的能量差 ΔE 很小时，这种过程特别容易发生，这被称为能量的共振转移过程。

从图 8.3 中可以看到，氖的 2S 能级（19.78 eV）和 3S（20.66 eV）正好分别与氦的 2^3S_1（19.82 eV）和 2^1S_0（20.61 eV）能量相差很少，所以处于 2^3S_1 和 2^1S_0 激发态的氦原子很容易通过同氖原子的碰撞把氖原子从基态激发到 2S 和 3S 能级上去。相较于氦原子的 2^3S_1 和 2^1S_0 能级，氖原子的 2S 和 3S 能级的寿命较短，所以通过直接和电子发生非弹性碰撞使氖原子在 2S 和 3S 能级上集聚的贡献很小，这就是氦-氖激光器必须充氦的原因。氖原子的 3S 和 2S 能级也是两个亚稳态，所以当这两个能级上的受激氖原子足够多时，即可实现 3S 和 2S 能级对 3P 和 2P 能级之间的粒子数反转，这样上下能级间就会产生受激辐射。由于 S 能级和 P 能级由多条能级组成，所以可产生上百条谱线，最强的有 3.39 μm、632.8 nm、1.5 μm 三种波长的激光，这种受激辐射经谐振腔进行光放大以后，即产生激光输出。

激光下能级 2P 和 3P 不是亚稳态，因而寿命很短，到达这两个能级上的粒子通过自发辐射很快降落到 1S 能级上。1S 是个亚稳态，寿命很长，它不能靠自发辐射跃迁回到基态，只能靠跟管壁的碰撞放出能量回到基态，这就是所谓的"管壁效应"。为了尽快使下能级 1S 抽空，激光管要使用比较细的毛细管，增加氖原子与管壁碰撞的频率，即加强"管壁效应"。

这样，当入射光通过激活介质时，光的受激辐射就有可能大于光的受激吸收，光愈走愈强，发生增益现象。利用谐振腔发生反馈，则可使这种光量子放大得以维持，形成振荡而得到充分放大，输出大量在频率、相位、偏振、传播方向上都和外来光子完全一致的激光。氦-氖激光器就是利用氖气作为工作物质，氦气作为辅助气体得以提高激励效率的。

3. 氦-氖激光器的结构

氦-氖激光器是由谐振腔和放电管组成的。按照谐振腔的两块反射镜相对于激光放电管安置方式是否是直接接触，氦-氖激光器可分为三种结构形式，如图 8.4 所示。图 8.4(a) 为内腔式，两块反射镜直接贴在放电管两端，这种形式的最大优点是使用方便，反射镜贴好后就不能再调整。其缺点是由于发热或外界扰动等原因而造成放电管发生形变,使两块反射镜的位置发生相对变化,导致谐振腔失调,因而使输出频率及功率发生较大的变化。

图 8.4(b)是外腔式,组成谐振腔的两块反射镜与放电管完全分离,反射镜安装在专门设计的调整支架上,放电管两端用布儒斯特窗片以布儒斯特角密封。这种结构的优点是能避免因放电管形变而引起的谐振腔失调,同时获得线偏振光,这对某些应用和光学研究是必要的。其缺点是需要不断调整腔镜使其输出最佳,使用不如内腔式方便。

图 8.4(c)是半外腔式,它的放电管一端直接贴反射镜,另一块反射镜与放电管分离。输出光束也是线偏振光,其性能介于图 8.4(a)和(b)两者之间。本实验所用的是内腔式氦-氖激光器。

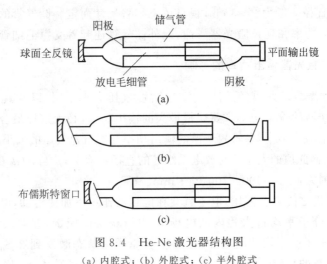

图 8.4　He-Ne 激光器结构图
(a) 内腔式；(b) 外腔式；(c) 半外腔式

谐振腔(见图 8.5):在激光管的两端,面对面装上反射率很高的球面反射镜和平面输出镜。球面镜的反射率接近 100%,即完全反射,平面镜的反射率约为 98%,光大部分反射、少量透射出去。当一些氖原子在实现了粒子数反转的两能级间发生跃迁,辐射出平行于激光器方向的光子时,少部分激光可透过平面镜射出,而大部分光被反射回工作介质中,继续诱发新的受激辐射,光被放大。因此,光在谐振腔中来回振荡,造成连锁反应,雪崩似地获得放大,产生强烈的激光,从平面镜一端输出。

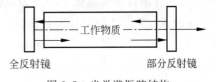

图 8.5　光学谐振腔结构

但是,在激活介质中,对于受激辐射光,并非所有频率的光波都能在谐振腔中形成激光。考虑到光波在腔内来回反射互相干涉,只有当光在腔内走上一个来回,相位的变量为 2π 的整数倍时,多次反射的光才能互相加强形成激光。这样我们就可以抑制其他波长的受激辐射光,而使我们所需要的波长 632.8 nm 的激光得到输出。谐振腔的作用有 3 个方面:①维持光振荡,起到光放大作用;②使激光产生极好的方向性;③具有选频作用,使激光的单色性好。

放电管中央的细管为毛细管,套在毛细管外面较粗的管子为储气管,两端有两个电极:阴极和阳极。

(1) 毛细管:产生激光增益的区域,它的几何尺寸决定了激光的最大增益,光在激光器中的增益正比于毛细管的长度,反比于毛细管的直径。但是毛细管的直径也不能太细,太细了给调节谐振腔带来麻烦,使衍射损失增大,影响激光器的总输出功率(它与毛细管直径平方成正比)。

(2)电极:它的好坏对激光器的寿命影响很大。He-Ne激光器工作于辉光放电区,气体放电时,被电场加速的正离子轰击阴极将引起阴极材料的溅射与蒸发。这些金属原子可能沉积在附近玻璃壁上,导致对部分工作气体的吸收与吸附,使放电管内工作气体压强不断降低,或者把谐振腔的反射镜弄脏,大大降低镜的反射率。因此一般选用溅射较弱的铝作阴极,阴极一般做成空心圆柱状,以减低溅射效应。功率较小的He-Ne激光管一般用钨杆做阳极。

(3)储气管:直径一般为$2\sim5$ cm,视具体毛细管尺寸而定。储气管的主要用途是稳定工作气压、稳定输出功率和延长激光器寿命,此外储气管还起着支撑毛细管的作用。

4. 放电条件对激光器输出功率的影响

对于He-Ne激光器来说,它的结构、充气比例、气压大小不同,以及具体工作情况的不同,都会影响到激光器的输出功率。要获得最大的输出功率,必须选择最合适的放电条件。

(1)最佳的气体总气压:氦-氖激光器的输出功率与充气总气压的大小有关,存在一个最佳充气总气压值p,而此值的大小又与放电毛细管的直径d有关,p与d(d在$1\sim15$ mm范围内)乘积的取值范围为:$pd=400\sim700$ Pa·mm。

给激光管两电极之间加上高压,电子就会在电场的作用下加速运动,电子能量的多少取决于其在一个气体分子平均自由程内从电场E中所获得的能量,即取决于E/p的大小。当压强p减小时,电子的平均动能增加,这对于氦原子由基态激发到2^1S_0态是有利的,它有利于氖原子粒子数的反转。但是气压p太小,氦和氖的原子数太少,这时形成的粒子数反转密度不高,增益系数也就不大。另一方面,气压太高,电子的平均动能减小,使得只有少数电子具有足以激发氦原子的能量,这对于粒子数反转不利,所以存在一个最佳的气压p。

(2)氦、氖气体的最佳混合比:工作气体的混合比例对于激光功率的输出有很大影响。对于毛细管直径$d=1.25$ mm的激光管,氦与氖的充气配比取$7:1$较好,此时输出功率随气体配比的变化不太明显。

在激光管氦、氖混合气体中,若氦的比例高,更多的氦原子会被激发到2^1S_0态,有利于氖的粒子数反转。但氖太少的话,参与受激辐射的氖原子数目会太少,形不成足够的反转粒子数密度,影响激光的输出功率,也将影响增益。若氖的比例太大时,对于激发氦原子是不利的,从而影响氖的粒子数反转。通常的氦、氖配气比为$p_{He}:p_{Ne}=5:1\sim7:1$。

(3)最佳放电电流:图8.6所示为氦-氖激光器的功率P与放电电流I关系曲线。从曲线可以看出,当放电电流不同时,输出功率也不同,存在一个最佳放电电流I_0,此时激光器的输出功率最大,总气压降低时最佳电流升高。

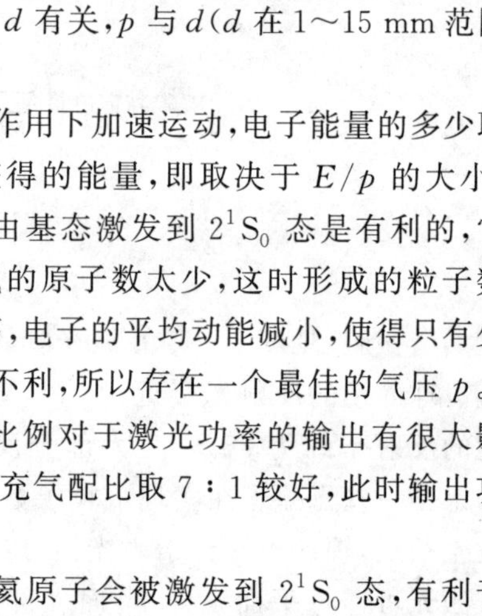

图8.6　激光器工作的P-I曲线

显而易见,在气体放电中存在一个最小维持电流,当放电电流低于此值时,气体中离子对的产生数低于复合(消灭)数,不能够维持稳定的放电产生激光。电流在此之上的一定范围内,实验发现处于亚稳态 2^1S_0 的氦原子密度在小的放电电流时,随放电电流近似线性地增大,这有益于氖形成明显的粒子数反转分布,激光功率增大。但是这一过程是有限度的,当放电电流进一步增大,亚稳态 2^1S_0 上的氦原子密度有饱和的趋势。氖原子 3S 能级上原子数密度与放电电流的变化关系亦有相似的规律。造成饱和趋势的原因是:当电流太大时,电子密度的增加导致激发态氦原子再次与电子碰撞,这个碰撞既可能将氦原子由亚稳态激发到更高的能级上去,也有可能使得亚稳态的氦原子将能量转交给电子而回到基态。这两个过程都会导致亚稳态上氦原子的去激发,使亚稳态上氦原子的数目随着放电电流的增加趋于饱和。另外电子密度提高,电子与氖亚稳态 1S 上原子相碰并使之激发到 2P 态的概率也增加,使激光 632.8 nm 的下能级 2P 的原子密度正比地增加,削弱了粒子数反转分布,导致光放大的增益下降,即激光输出功率减少。因此,在一定的气压下,粒子数反转密度随着放电电流变化有一个极大值,此时激光输出功率最大,此电流值即为最佳放电电流。

【实验装置】

本实验的装置如图 8.7 所示,包含有真空泵、真空计及激光放电管系统,整个系统的控制和显示部分安装在仪器控制柜内。

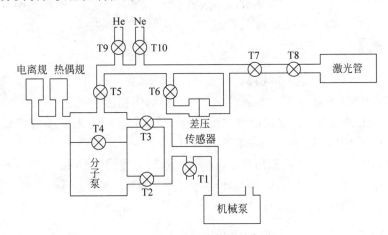

图 8.7　实验系统装置示意图

T1—放气阀;T2、T3、T5、T6、T7—角阀;T4—蝶阀;T8—玻璃阀门;T9、T10—微调针阀

(1) 真空泵:在配制气体、制作激光器之前,需先将激光管抽至高真空,本实验是通过机械泵和分子泵来对系统抽真空的。

(2) 复合真空计:用于监测系统的压强,它是由一个热偶真空计和一个电离真空计复合而成,由单片计算机控制,是完全自动化的仪器,测量范围为 $10^3 \sim 10^{-5}$ Pa。

(3) 扩散硅压阻式差压传感器:用于测量激光管所充工作气体的压强,它是利用半导体材料的压阻效应制成的器件。差压传感器的示意图如图 8.8 所示。当在差压传感器的 1、3 两端加上一恒定电流后,其 2、4 两端会输出一与压差 Δp 成线性关系的电压 U_p:

$$U_p = U_0 + k_p \Delta p \tag{8.9}$$

U_0 为压强差为零时的输出电压,系数 k_p 一般为一常数。差压传感器在使用时要先通过定标确定 U_0(需自己测定)和 k_p(实验室给出)的数值,再利用式(8.9)进行压强测量。

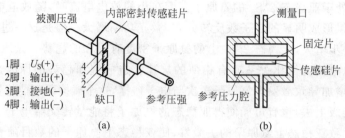

图 8.8　差压传感器的外形及原理示意图

(a) 外部结构；(b) 内部剖面示意

（4）激光管：部分的结构示意图见图 8.9，由真空阀门将其分成三部分，体积 V_1，V_2，V_3 如图所示。制作激光器之前，先利用波意尔定律测量出 V_1，V_2，V_3 的体积比。利用所测得的数据，就可以根据所需的气体比例，进行配气制作激光器。

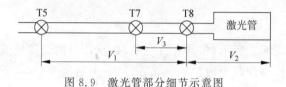

图 8.9　激光管部分细节示意图

【实验内容】

1. 用机械泵、分子泵按操作规程对激光管抽到高真空（$p < 3 \times 10^{-3}$ Pa）。

2. 利用理想气体的波义耳定律测定 V_1，V_2，V_3 的体积比。

3. 给氦-氖激光器配气。选用的气体配比为 $p_{He} : p_{Ne} = 7 : 1$，此步骤需要利用上步测得的 V_1 与 V_2 体积比，详细的配气步骤自己设计。

4. 测量不同气压下激光的输出功率（光强）与放电电流（$I < 10$ mA）的关系。改变气体压强需要利用测得的 V_2 与 V_3 体积比，详细的实验步骤自己设计。

5. （选做）改变氦、氖气体配比，研究激光器的输出功率的变化。

【参考文献】

[1]　周炳琨. 激光原理[M]. 北京：国防工业出版社，1995.

[2]　吴思诚，王祖铨. 近代物理实验[M]. 2 版. 北京：北京大学出版社，1995.

[3]　HELLER A. Orchestrating the world's most powerful laser[J]. Science and Technology Review Lawrence Livermore National Laboratory，2005(7).

[4]　邱林. 氦氖激光器的特性和应用[J]. 遵义师范学院学报，2004，6(3)：94-96.

【附录】

激　光　器

激光器是能发射激光的装置。除自由电子激光器外，各种激光器的基本工作原理均相同。产生激光的必不可少的条件是粒子数反转和增益大于损耗，所以装置中必不可少的组成部分有激励（或抽运）源、具有亚稳态能级的工作介质两个部分。激光器中常见的组成部分还有谐振腔,但谐振腔并非必不可少的组成部分。激光器的种类是很多的,下面将分别从激光工作物质、激励方式、运转方式、输出波长范围等几个方面进行分类介绍。

1．工作物质

工作物质是指用来实现粒子数反转并产生激光的受激辐射放大作用的物质体系,有时也称为激光增益媒质。根据工作物质物态的不同可把所有的激光器分为以下几大类:

(1) 固体激光器(晶体和玻璃):这类激光器所采用的工作物质,是通过把能够产生受激辐射作用的金属离子掺入晶体或玻璃基质中构成发光中心而制成的。

(2) 气体激光器:它们所采用的工作物质是气体,并且根据气体中真正产生受激辐射作用之工作粒子性质的不同,而进一步区分为原子气体激光器、离子气体激光器、分子气体激光器、准分子气体激光器等。

(3) 液体激光器:这类激光器所采用的工作物质主要包括两类,一类是有机荧光染料溶液,另一类是含有稀土金属离子的无机化合物溶液,其中金属离子(如 Nd)起工作粒子作用,而无机化合物液体(如 $SeOCl_2$)则起基质的作用。

(4) 半导体激光器:这类激光器是以一定的半导体材料作为工作物质而产生受激辐射作用,其原理是通过一定的激励方式(电注入、光泵或高能电子束注入),在半导体物质的能带之间或能带与杂质能级之间,通过激发非平衡载流子而实现粒子数反转,从而产生光的受激辐射作用。

(5) 自由电子激光器:这是一种特殊类型的新型激光器,工作物质为在空间周期变化磁场中高速运动的定向自由电子束,只要改变自由电子束的速度就可产生可调谐的相干电磁辐射,原则上其相干辐射谱可从 X 射线波段过渡到微波区域,因此具有很诱人的前景。

2．激励方式

激励方式是指为使激光工作物质实现并维持粒子数反转而提供能量来源的机构或装置。根据工作物质和激光器运转条件的不同,可以采取不同的激励方式和激励装置,常见的有以下四种:

(1) 光泵式激光器:指以光泵方式激励的激光器,包括几乎全部的固体激光器和液体激光器,以及少数气体激光器和半导体激光器。

(2) 电激励式激光器:大部分气体激光器均是采用气体放电(直流放电、交流放电、脉冲放电、电子束注入)方式进行激励,而一般常见的半导体激光器多是采用结电流注入方式进行激励,某些半导体激光器亦可采用高能电子束注入方式激励。

(3) 化学激光器:这是专门指利用化学反应释放的能量对工作物质进行激励的激光器,根据希望产生的化学反应可分别采用光照引发、放电引发、化学引发。

(4) 核泵浦激光器:指专门利用小型核裂变反应所释放出的能量来激励工作物质的一类特种激光器,如核泵浦氦氩激光器等。

3．运转方式

由于激光器所采用的工作物质、激励方式以及应用目的的不同,其运转方式和工作状态亦相应有所不同,从而可区分为以下几种主要的类型:

(1) 连续激光器：其工作特点是工作物质的激励和相应的激光输出，可以在一段较长的时间范围内以连续方式持续进行，以连续光源激励的固体激光器和以连续电激励方式工作的气体激光器及半导体激光器，均属此类。由于连续运转过程中往往不可避免地产生器件的过热效应，因此多数需采取适当的冷却措施。

(2) 单次脉冲激光器：对这类激光器而言，工作物质的激励和相应的激光发射，从时间上来说均是一个单次脉冲过程，一般的固体激光器、液体激光器以及某些特殊的气体激光器，均采用此方式运转，此时器件的热效应可以忽略，故可以不采取特殊的冷却措施。

(3) 重复脉冲激光器：这类器件的特点是其输出为一系列的重复激光脉冲，为此，器件可相应以重复脉冲的方式激励，或以连续方式进行激励但以一定方式调制激光振荡过程以获得重复脉冲激光输出，通常亦要求对器件采取有效的冷却措施。

(4) 调 Q 激光器：这是专门指采用一定的开关技术以获得较高输出功率的脉冲激光器，其工作原理是在工作物质的粒子数反转状态形成后并不使其产生激光振荡（开关处于关闭状态），待粒子数积累到足够高的程度后，突然瞬时打开开关，从而可在较短的时间内形成十分强的激光振荡和高功率脉冲激光输出。

(5) 锁模激光器：这是一类采用锁模技术的特殊类型激光器，其工作特点是由共振腔内不同纵向模式之间有确定的相位关系，因此可获得一系列在时间上来看是等间隔的激光超短脉冲序列。若进一步采用特殊的快速光开关技术，还可以从上述脉冲序列中选择出单一的超短激光脉冲。

(6) 单模和稳频激光器：单模激光器是指在采用一定的限模技术后处于单横模或单纵模状态运转的激光器。稳频激光器是指采用一定的自动控制措施使激光器输出波长或频率稳定在一定精度范围内的特殊激光器件。在某些情况下，还可以制成既是单模运转又具有频率自动稳定控制能力的特种激光器件。

(7) 可调谐激光器：在一般情况下，激光器的输出波长是固定不变的，但采用特殊的调谐技术后，使得某些激光器的输出激光波长，可在一定的范围内连续可控地发生变化，这一类激光器称为可调谐激光器。

4. 波段范围

根据输出激光波长范围之不同，可将各类激光器区分为以下几种。

(1) 远红外激光器：输出波长范围处于 $25\sim1000\ \mu m$ 之间，某些分子气体激光器以及自由电子激光器的激光输出即落入这一区域。

(2) 中红外激光器：指输出激光波长处于中红外区（$2.5\sim25\ \mu m$）的激光器件，代表者为 CO_2 分子气体激光器（$10.6\ \mu m$）、CO 分子气体激光器（$5\sim6\ \mu m$）。

(3) 近红外激光器：指输出激光波长处于近红外区（$0.75\sim2.5\ \mu m$）的激光器件，代表者为掺钕固体激光器（$1.06\ \mu m$）、CaAs 半导体二极管激光器（约 $0.8\ \mu m$）和某些气体激光器等。

(4) 可见光激光器：指输出激光波长处于可见光谱区（$400\sim700\ nm$）的一类激光器件，代表者为红宝石激光器（694.3 nm）、氦氖激光器（632.8 nm）、氩离子激光器（488 nm、514.5 nm）、氪离子激光器（476.2 nm、520.8 nm、568.2 nm、647.1 nm）以及一些可调谐染料激光器等。

(5) 近紫外激光器：其输出激光波长范围处于近紫外光谱区（200～400 nm），代表者为氮分子激光器（337.1 nm）、氟化氙（XeF）准分子激光器（351.1 nm、353.1 nm）、氟化氪（KrF）准分子激光器（249 nm）以及某些可调谐染料激光器等。

(6) 真空紫外激光器：其输出激光波长范围处于真空紫外光谱区（5～200 nm），代表者为（H）分子激光器（164.4～109.8 nm）、氙（Xe）准分子激光器（173 nm）等。

(7) X 射线激光器：输出波长处于 X 射线谱区（0.001～5 nm）的激光器系统，目前软 X 射线已研制成功，但仍处于探索阶段。

激光器的发明是 20 世纪科学技术的一项重大成就。它使人们终于有能力驾驭尺度极小、数量极大、运动极混乱的分子和原子的发光过程，从而获得产生、放大相干的红外线、可见光线和紫外线（以至 X 射线和 γ 射线）的能力。激光科学技术的兴起使人类对光的认识和利用达到了一个崭新的水平。

（张慧云）

实验 9 半导体激光器光学特性测量

自 1962 年世界上第一台半导体激光器发明问世以来,半导体激光器发展变化迅速,极大地推动了其他科学技术的发展,因此它被认为是 20 世纪人类最伟大的发明之一。本实验介绍半导体激光器的工作原理,测量半导体激光器的输出特性,了解阈值条件、偏振度、不同方向的发散角、光谱特性等基本光学特性。通过本实验,学生要掌握半导体激光器耦合、准直等光路的调节,并能根据半导体激光器的光学特性考察其在光电子技术方面的应用。

【思考题】

1. 半导体激光器具有哪些特点?
2. 半导体激光器的基本结构是什么?
3. 如何理解半导体激光器的工作原理和过程?
4. 半导体激光器的阈值条件是什么?受哪些参数的影响?
5. 半导体激光器的远场分布是什么?
6. 如何理解半导体激光器的偏振特性?
7. 实验中测量偏振度时电流应如何选取?影响原因是什么?
8. 使用光谱仪测量激光器波长时,应该注意哪些问题?

【引言】

激光是在有理论准备和实际需要的背景下应运而生的。光电子器件和技术是当今和未来高技术的基础之一。受激辐射的概念是爱因斯坦于 1916 年在推导普朗克的黑体辐射公式时提出来的,从理论上预言了原子发生受激辐射的可能性,这是激光的理论基础。直到 1960 年激光才被首次成功制造(红宝石激光器)。半导体激光(semiconductor laser)在 1962 年被成功发明,在 1970 年实现室温下连续输出。半导体激光器的结构从同质结发展成单异质结、双异质结、量子阱(单、多量子阱)等多种形式,制作方法从扩散法发展到液相外延(LPE)、气相外延(VPE)、分子束外延(MBE)、金属有机化合物气相淀积(MOCVD)、化学束外延(CBE)等多种工艺。由于半导体激光器的体积小、结构简单、输入能量低、寿命较长、易于调制及价格低廉等优点,使得它目前在各个领域中应用都非常广泛。半导体激光器已经成功地用于光通信和光学唱片系统,还可以作为红外高分辨率光谱仪光源,用于大气检测和同位素分离等。同时半导体激光器也可以成为雷达、测距、全息照相和再现、射击模拟器、红外夜视仪、报警器等的光源。半导体激光器与调频器、放大器集成在一起的集成光路将进一步促进光通信和光计算机的发展。半导体激光器主要发展方向有两类,一类是以传递信息为目的的信息型激光器,另一类是以提高光功率为目的的功率型激光器。

本实验旨在使学生掌握半导体激光器的基本原理和光学特性,利用光功率探测仪和 CCD 光学多道分析器,测量可见光半导体激光器输出特性、不同方向的发散角、偏振度,以及光谱特性,并熟悉光路的耦合调节及 CCD 光学多道分析器等现代光学分析仪器的使用,同时进一步了解半导体激光器在光电子领域的广泛应用。

【实验原理】

1. 半导体激光器的基本工作原理及过程

激光(light amplification by stimulated emission of radiation,LASER)是受激辐射产生的光。激光的基本特征是高强度、单色性、方向性和相干性。任何激光器的外部结构都包括三部分,即增益介质、谐振腔和激励源。

1) 激光工作介质

激光的产生必须选择合适的工作介质,可以是气体、液体、固体。在这种介质中可以实现粒子数反转,粒子数反转是产生激光的必要条件。显然亚稳态能级的存在,对实现粒子数反转是非常有利的。现有工作介质近千种,可产生的激光波长包括从真空紫外到远红外,非常宽广。

2) 激励源

为了使激光工作介质中出现粒子数反转,以原子体系的介质为例,必须用一定的方法去激励原子体系,使处于上能级的粒子数增加。一般可以用气体放电的方法利用具有动能的电子去激发介质原子,称为电激励;也可用脉冲光源来照射工作介质,称为光激励;还有热激励、化学激励等。各种激励方式被形象化地称为泵浦或抽运。为了不断得到激光输出,必须不断地"泵浦"以维持处于上能级的粒子数比下能级多。在半导体激光器中,粒子数的反转表现为足够的电子空穴对数目,原因在下文中分析。

3) 谐振腔

有了合适的工作物质和激励源后,可实现粒子数反转,但这样产生的受激辐射强度很弱,无法实际应用,需要利用光学谐振腔进行放大。所谓光学谐振腔,实际是在激光器两端,面对面制备两块反射率很高的镜。一块几乎全反射,一块大部分反射、少量透射出去,以使激光可透过这块镜子出射。被反射回到工作介质的光,继续诱发新的受激辐射,光被放大。因此,光在谐振腔中来回振荡,造成连锁反应,雪崩似地获得放大,产生强烈的激光,从部分反射镜子一端输出。

对于半导体激光器来说,激光工作物质大多数是具有直接带隙跃迁的Ⅱ-Ⅵ族或Ⅲ-Ⅴ族化合物半导体材料,例如Ⅲ-Ⅴ族化合物半导体材料 GaAs 或 $Ga_{1-x}Al_xAs$ 材料。半导体材料的禁带宽度决定着光发射波长 λ。光学谐振腔一般是由半导体晶体本身的自然解理面所构成的平行平面腔,腔面的反射率是由半导体材料的折射率决定的。半导体激光器由电压很低的直流电源供电。如图 9.1 所示,在图 9.1 中右下面的能带图是没有施加正向偏压时 p-n 结(热平衡态)的能带图,在平衡态时,这 p-n 结两边的费米能级相等。在图 9.1 中左下面的能带图是加正向电压(即注入)后 p-n 结(非平衡态)的能带图,在非平衡态下,即存在外界注入电子时,电子和空穴各自形成自己独立的准费米能级。

半导体激光器基本结构单元是 p-n 结。半导体激光器第一阶段是同质结型激光器,典型的同质结的半导体激光器的基本结构如图 9.2 所示,同普通的 p-n 结一样,结两边半导体材料的掺杂类型不同,但有相同的禁带宽度。这是一种只能以脉冲形式工作的半导体激光器。

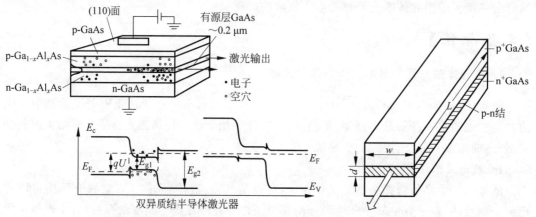

图 9.1 双异质结半导体激光器的基本结构　　　图 9.2 同质结半导体激光器简图

第二阶段是异质结构半导体激光器,它是由两种不同带隙的半导体材料多层结构所组成。首先出现的单异质结,是将一个窄带隙的半导体材料夹在两个宽带隙材料之间,进而在窄带隙半导体中产生辐射。1967 年,IBM 公司首先通过液相外延生长(LPE)方法在 GaAs 上生长出 AlGaAs。贝尔实验室成功研制出 AlGaAs/GaAs 单异质结半导体激光器。双异质结的发明能够更加有效地将载流子和光场限制在薄层内,大大减小室温下的阈值电流密度,即将 p 型 GaAs 夹在 n 型和 p 型 AlGaAs 层之间。典型的双异质结激光器的基本结构如图 9.1 所示。

第三阶段为半导体量子阱激光器,其有源区(发光区,就是 p-n 界面附近注入载流子集中的区域)是由势阱所组成,由于势阱宽度小于材料中电子的德布罗意波的波长,产生了量子效应,本来连续的能带分裂为子能级,特别有利于载流子的有效填充。

半导体激光器的激光来自于半导体器件内部电子发生跃迁时产生的受激发射。与激光发光有关的跃迁过程是:受激吸收、自发辐射和受激辐射,各由一个代表概率的系数 B_{12}、A_{21} 和 B_{21} 表征。量子物理指出,受激发射与吸收的概率等同,即 $B_{12}=B_{21}$。爱因斯坦进而给出了 A、B 系数之间的关系:

$$B_{21}=B_{12}=\frac{c^3}{8\pi h\nu^3}A_{21}$$

在没有注入(电注入或光注入)时,激光器体系处于热平衡态,在电子占有的两个能级之间,既可以发生自发辐射,也会有光吸收,其结果是黑体辐射。

自发辐射和受激辐射是两种不同的光子发射过程。自发辐射中各原子的跃迁都是随机的。所产生的光子虽然具有相等的能量,但这种光辐射的相位和传播方向各不相同。受激辐射所发出的光辐射的全部特性(频率、相位、方向和偏振态等)与入射光辐射完全相同。

根据固体物理和量子力学的理论,半导体内部的电子能级分布不是分立的,而是处于一系列的能带中。在半导体材料中电子在平衡态下遵循费米统计分布;电子布居在由一系列接近于连续的能级所组成的能带上,即电子占据在导带或价带,或者半导体材料杂质(受主或施主)能级上。在非平衡态下,即存在外界注入电子时,电子和空穴各自形成自己独立的准费米能级,分别描述电子和空穴在非平衡态下的浓度。由伯纳德和杜拉福提出半导体中实现受激辐射的必要条件,即非平衡电子和空穴的准费米能级差必须大于受激辐射能量,即 $E_{fc}-E_{fv}>\hbar\omega$。因此在半导体中要实现粒子数反转,必须在 p-n 结两侧调节准费米能级,使在 n 型一边处在高能态导带底的电子数比处在低能态价带顶的空穴数大很多,而在 p 型一边则正好相反,使得整个体系有大量的电子-空穴对可以参与受激辐射复合发光。这种条件通过给同质结或异质结加正向偏压,向有源层内注入必要的载流子来实现,实现非平衡载流子的粒子数反转。当处于粒子数反转状态的大量电子与空穴复合时,便产生受激辐射。

半导体激光器激励原理为通过正向偏置电流使 p-n 结中产生粒子数反转,如图 9.3 所示,以 n 型半导体为例,当掺杂了施主原子后,施主原子的多余电子松散地围绕在原子核周围,所以其能级较高,与导带底部能级差为 E_d,由于 E_d 远小于 E_g,因此只需要很少的能量即可让这些电子进入导带,在热激发的作用下,导带中拥有了数量较多的电子。同时,热激发也可能让价带中电子进入导带,在价带中产生空穴,但概率相对很小,所以导带中电子将大大多于价带中空穴。而在 p 型材料中,掺入的受主由于比基体原子少一个价电子,相当于松散地束缚一个空穴,在热激发下会向价带提供空穴,使材料呈 p 型。

当正向偏置电流通过 p-n 结时,如图 9.4 所示,电流向 n 型半导体中注入电子、向 p 型半导体中注入空穴,n 型材料的导带上具有较多电子,p 型材料的价带上具有较多空穴,两者的准费米能级随注入的加强而逐渐拉开,直至达到 $E_{fc}-E_{fv}>\hbar\omega$,即粒子数反转。由于正向偏压的作用,p-n 结之间的耗尽层很窄,大量电子与空穴隔着耗尽层相对,容易发生电子空穴结合并发光,由此产生受激光辐射。

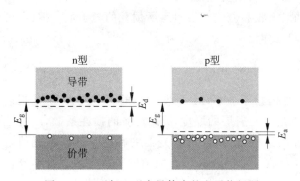

图 9.3 n 型与 p 型半导体中的电子能级图

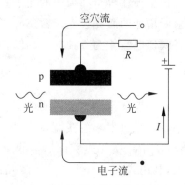

图 9.4 结激光器激发原理图

要获得相干受激辐射,必须使受激辐射的光子在光学谐振腔内得到多次反馈而形成激光振荡,激光器的谐振腔是由半导体晶体的自然解理面作为反射镜形成的,通常在不出光的那一端镀上高反射多层介质膜,而出光面镀上减反射膜。由此半导体激光器可以很方便地利用晶体与 p-n 结的平面相垂直的自然解理面构成 F-P(法布里-珀罗)腔。

为了形成稳定激光振荡,激光介质必须能提供足够大的增益,以弥补谐振腔引起的光损耗及从腔面的激光输出等引起的损耗,不断增加腔内的光场。这就必须要有足够强的电流注入,即保持足够的粒子数反转,粒子数反转程度越高,得到的增益就越大。因此形成稳定的激光要求必须满足一定的电流阈值条件。当激光器达到阈值,具有特定波长的光就能在腔内谐振被放大,最后形成激光而连续输出。

半导体激光器有不同于其他激光器的特性和参数。一般主要性能有:电学参数(如阈值电流、最大工作电流等);空间光学参数(如近场、远场光强分布、发散角);光谱特性(线宽、中心波长等);光学参数(输出功率、消光比等)。

2. 半导体激光器的阈值条件

激光器的阈值是激光器的增益和损耗的平衡点。由于半导体激光器是直接注入电流的电子-光子转换器件,因此其阈值常用电流密度或电流来表示。阈值电流是评定半导体激光器性能的一个主要参数。本实验采用两段直线拟合法测量阈值电流,即测量半导体激光器功率与电流的关系曲线(P-I 曲线)。将阈值前与后的两段直线分别延长并相交,其交点对应的电流即为阈值电流(I_{th})。

当半导体激光器加正向电流时,激光器件不会立即出现激光辐射。小电流时发射光是自发辐射,光谱线宽在数百个埃数量级。随着激励电流的增大,有源区产生大量粒子数反转并发射更多的光子,当电流超过阈值时,会出现从非受激发射到受激发射的突变。实际上能够观察到超过阈值电流时激光的突然发生,即观察 P-I 曲线上斜率的突变,如图 9.5 所示。这是由于激光作用过程的本身具有较高量子效率而导致的。定量分析,激光的阈值对应于:由受激辐射每秒所增加的激光模光子数正好等于每秒损耗的光子数(即由散射、吸收等内部损耗和输出损耗等全部损失的光子数),即单位时间内由受激发射所增加的激光模光子数正好等于由散射、吸收和激光的发射等所损耗的光子数。据此,可将阈值电流作为各种材料和结构参数的函数导出一个表达式为

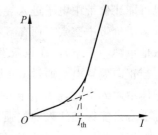

图 9.5　半导体激光器阈值测量

$$J_{th} = \frac{8\pi e n^2 \Delta\gamma D}{\eta_Q \lambda_0^2} \left[\alpha + \frac{1}{2L}\ln\left(\frac{1}{R_1 R_2}\right) \right] \tag{9.1}$$

式中物理参量的意义说明如下:其中 η_Q 是内量子效率,λ_0 是发射光的真空波长,n 是折射率,$\Delta\gamma$ 是自发辐射线宽,e 是电子电荷,D 是光发射层的厚度,α 是行波的损耗系数,L 是腔长,R_1、R_2 为谐振腔前后镜的反射率。在实际应用中,测出激光器的特定条件下的阈值电流,利用式(9.1),便可求出激光器的其他参数。可以分析影响阈值的各种因素:①半导体晶体的掺杂浓度越大,阈值越小;②谐振腔的损耗小,如增大反射率,阈值就低;③与半导体材料结型有关,异质结阈值电流比同质结低得多;④温度愈高,阈值越高,100 K 以上,阈值随 T 的三次方增加;因此,半导体激光器最好在低温和室温下工作。

3. 半导体激光器的偏振态特性

半导体双异质结激光器利用异质结的光波导效应将光场限制在有源区内,使光波沿有源层传播并由腔面输出。双异质结的有源层和相邻的两个包层之间存在折射率差,这是产生光波导效应的基础,其三层结构就是一个典型的平板介质波导结构。波导用来定向引导电磁波的传播,半导体激光器中的谐振腔可以简化为一种矩形波导结构,不同于自由空间的

情形。电磁波在真空中传输时是横波,即电磁场的振动方向与波的传播方向(纵向)垂直,但在波导中传播时,由于波导表面的作用,电场、磁场可能还会有纵向分量。设 a 是矩形波导的宽边长度,b 是矩形波导的窄边长度。利用麦克斯韦方程得到波动方程,此时需要求解的光沿 z 方向传播的数学物理方程问题变为

$$\begin{cases} \nabla^2 \boldsymbol{E} + k^2 \boldsymbol{E} = 0 \\ E_y = E_z = \dfrac{\partial E_x}{\partial x} = 0, \quad x = 0, a \\ E_x = E_z = \dfrac{\partial E_y}{\partial y} = 0, \quad y = 0, b \end{cases} \tag{9.2}$$

磁场问题与之类似,最终解得

$$\begin{cases} E_x = B_1 \cos k_x x \sin k_y y \, \mathrm{e}^{\mathrm{i}(k_z z - \omega t)} \\ E_y = B_2 \cos k_y y \sin k_x x \, \mathrm{e}^{\mathrm{i}(k_z z - \omega t)} \\ E_z = (B_1 k_x + B_2 k_y) \sin k_x x \sin k_y y \, \mathrm{e}^{\mathrm{i}(k_z z - \omega t)} / \mathrm{i} k_z \end{cases} \tag{9.3}$$

$$\begin{cases} H_x = -\dfrac{1}{\omega \mu k_z} \left[B_1 k_x k_y + B_2 (k_y^2 + k_z^2) \right] \sin k_x x \cos k_y y \, \mathrm{e}^{\mathrm{i}(k_z z - \omega t)} \\ H_y = \dfrac{1}{\omega \mu k_z} \left[B_1 (k_x^2 + k_z^2) + B_2 k_x k_y \right] \cos k_x x \sin k_y y \, \mathrm{e}^{\mathrm{i}(k_z z - \omega t)} \\ H_z = \dfrac{\mathrm{i}}{\omega \mu} (B_1 k_y - B_2 k_x) \cos k_x x \cos k_y y \, \mathrm{e}^{\mathrm{i}(k_z z - \omega t)} \end{cases} \tag{9.4}$$

由于只有两个独立常数 B_1、B_2,从 E_z 和 H_z 的表达式可以看出,不可能出现它们同时为零的情况,因此波导中电场和磁场不能同时为横波。当 $E_z = 0$,$H_z \neq 0$ 时,称为横电波(TE 波),此时电矢量与传播方向垂直;当 $H_z = 0$,$E_z \neq 0$ 时,称为横磁波(TM 波),此时磁矢量与传播方向垂直。这两种波是光在波导中可能存在的形式,如图 9.6 所示。

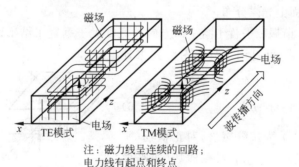

注:磁力线呈连续的回路;
电力线有起点和终点

图 9.6　波导中的 TE 模和 TM 模示意图

光是电磁波,光功率由光波电场强度决定。沿一定路径传播的电磁波,当电矢量 $\boldsymbol{E}$ 与磁矢量 $\boldsymbol{H}$ 都垂直于传播方向 $\boldsymbol{k}$ 时,称为横波。自由空间中电场与磁场可以沿着不同的方向振动且概率相等,因此自然光是无偏振光。在半导体激光器介质波导中出射的光,只有 TE 波与 TM 波,对于 TE 模,传播方向上有磁场分量无电场分量;对于 TM 模,传播方向上有电场分量无磁场分量,两种偏振模式分别对应水平偏振和竖直偏振,其中 TE 波是水平偏振的,TM 波是竖直偏振的,因而出射的光是偏振光。偏振度反映了总光强中完全偏振光所占的比例。对于线偏振半导体激光器,其出射激光的偏振度的计算公式为

$$P = \frac{I_{\max} - I_{\min}}{I_{\max} + I_{\min}} \times 100\% \tag{9.5}$$

式中，$I_{\max}$ 和 $I_{\min}$ 分别表示光场中某点垂直于光的传播方向上的平面内光功率最大方向的光功率值和功率最小方向的功率值，对于常用的 GaAs 异质结激光器，GaAs 晶面对 TE 模的反射率大于对 TM 模的反射率，因此 TE 模阈值较低，首先产生受激发射，并抑制了 TM 模，所以会产生非常高的偏振度。另一方面，形成半导体激光器共振腔的波导层一般都很薄（$0.1~\mu m$ 量级），波导层越薄对偏振方向垂直于波导层的 TM 模吸收越大，使得 TM 模增益减小。这些因素都使得 TE 模增益大，更容易产生受激发射，使激光器的输出模式绝大部分是 TE 模，因此半导体激光器有很高的偏振度。

光波在波导中传播时根据传播方向是否有电磁分量可以将光的模式分为三类：TEM 模、TE 模和 TM 模。对于 TEM 模，在传播方向上没有电、磁分量，实际的激光为准 TEM 模，即电场和磁场在传播方向上分量远远小于横向分量，否则光传播方向会偏离轴线方向，容易溢出谐振腔，难以产生共振放大。

4. 半导体激光器空间模式测量

半导体激光器的共振腔具有介质波导的结构，所以在共振腔中传播的光以模的形式存在，每个模都有自己的传播常数和横向电场分布。半导体激光器的模式分为空间模和纵模。

半导体激光器输出的光场分布分别用近场与远场特性来描述。近场光分布指光强在解理面上的分布。远场分布是指距输出腔面一定距离 $l~(l \gg \lambda)$ 的光束在空间的分布，它常与光束的发散角的大小相联系。由于半导体激光器有源层截面的不对称性和有源区很薄，其谐振腔的厚度与辐射波长可以比拟，因此中心层截面的作用类似一个狭缝，它使光束发散。激光经过端面出射后形成辐射场，辐射场的角分布沿平行于结平面方向和垂直于结平面方向分别定义为侧横场和正横场。侧横场和正横场用以描述以输出光束为对称轴线的并且垂直于传播方向的平面上光强分布。

如图 9.7 所示，谐振腔平行于结平面方向的宽度大于垂直于结平面方向的厚度。激活区是一个狭长的区域，可以用单缝衍射公式来计算光束发射角：

$$\theta = \arcsin \frac{\lambda}{a} \tag{9.6}$$

式中 λ 为光波波长；a 为狭缝宽度，对正横场（垂直横模）的发散角 $\theta_\perp$，$a = d$；对侧横场（水平横模）的发散角 $\theta_{//}$，$a = w$。其中 d 表示光学孔径（有源层或波导层）的厚度，w 表示光学孔径（有源层或波导层）的宽度。辐射场正横场的发散角和谐振腔有源层的厚度的关系由式（9.6）决定，由于谐振腔有源层厚度通常很薄（约为 $0.15~\mu m$），和波长同量级，所以正横场发射角较大，一般为 $30°\sim 40°$；辐射场侧横场的发散角和谐振腔有源层的宽度成反比，半导体激光器谐振腔有源层的宽度一

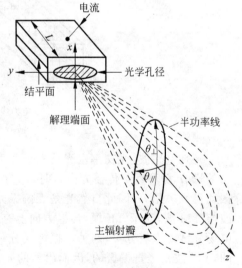

图 9.7　激光束的空间分布示意图

般有几百微米,所以侧横场小于正横场发散角,如图 9.8 所示。侧横场发散角可近似表示为:$\theta \approx \lambda/d$。谐振腔有源层尺寸越小,辐射场发射角越大。在侧横场方向一般为单模工作方式,这种光束发散角小,亮度高,能与光纤有效的耦合,也能通过简单的光学系统聚焦得到较小的光斑。

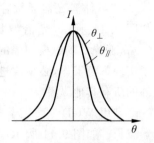

图 9.8　半导体激光器的发散角

5. 半导体激光器的纵模特性及光谱测量

半导体激光器的波长是由禁带宽度决定的,而这一波长也必须满足谐振腔内的驻波条件,如图 9.9 所示。谐振条件决定激光辐射波长的精细结构或纵波模谱。激光二极管端面反射的光反馈导致建立单个或多个纵光学模。类似于法布里-珀罗干涉仪的平行镜面,激光器的端面也常称为法布里-珀罗面。当平行面之间间距为半波长的整数倍时,在激光器内形成驻波。模数 m 可由波长的数值得出:

$$m = \frac{2Ln}{\lambda_0} \tag{9.7}$$

式中,L 是两端面之间的距离,n 是激光器材料的折射率,λ_0 是真空中的波长,模的间隔由 $\mathrm{d}m/\mathrm{d}\lambda_0$ 确定:

$$\frac{\mathrm{d}m}{\mathrm{d}\lambda_0} = -\frac{2Ln}{\lambda_0^2} + \frac{2L}{\lambda_0}\frac{\mathrm{d}n}{\mathrm{d}\lambda_0} \tag{9.8}$$

对应 $\mathrm{d}m = -1$,模的间隔 $\mathrm{d}\lambda_0$ 为

$$\mathrm{d}\lambda_0 = \frac{\lambda_0^2}{2L(n - \lambda_0\,\mathrm{d}n/\mathrm{d}\lambda_0)} \tag{9.9}$$

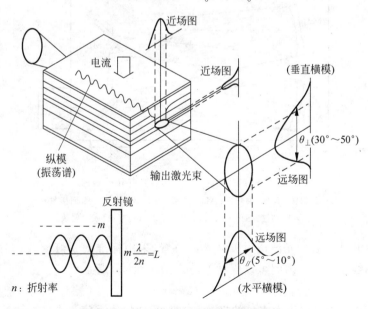

图 9.9　半导体激光器横模和纵模特性

半导体激光器通常存在几个纵模,其典型的光谱如图 9.10 所示,光谱波长接近自发辐射峰值波长。GaAs 激光器的纵模间隔的典型值为 $d_0 \approx 0.3$ nm。为了实现单模工作,必须改进激光器的结构,抑制主模以外的所有其他纵模。

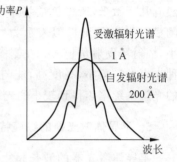

图 9.10　半导体激光器的光谱

利用 WGD-6 型光学多道分析器测量半导体激光器波长。如图 9.11 所示,光源发出的光束进入入射狭缝 S1,S1 位于反射式准光镜 M2 的焦面上,通过 S1 射入的光束经 M2 反射成平行光束入射到平面光栅 G 上,衍射后的平行光束经物镜 M3 聚焦成像在 S2 上,使用 CCD 采集信号。平面光栅衍射时遵循光栅衍射方程:

$$D(\sin\alpha + \sin\theta) = k\lambda \tag{9.10}$$

式中 D 是光栅常数;α 为入射角;θ 为衍射角;k 为光栅级数;λ 为激光波长。当光栅级数为零时,没有色散。当光栅级数不为零时,不同波长的衍射角不同,有色散。对光栅衍射方程进行微分,可以得到光栅的角色散率为

$$d\theta/d\lambda = k/D\cos\theta \tag{9.11}$$

在实际测量中光栅级数取为一次而且衍射角 θ 较小,可以近似地取 $\cos\theta \approx 1$,角色散率近似地为:$d\theta/d\lambda = k/D$,即色散与波长成线性关系,因此线色散率近似为:$dl/d\lambda = fk/D$,其中 f 为会聚透镜的焦距。所以当 CCD 收集的光栅衍射级次不变时,波长 λ 就与衍射极大点的位置成正比关系。

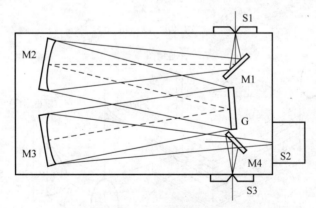

图 9.11　WGD-6 型光学多道分析器

M1—反射镜;M2—准光镜;M3—物镜;M4—转镜;G—平面衍射光栅;

S1—入射狭缝;S2—CCD 接收位置;S3—观察窗(或出射狭缝)

在本实验中用 x 表示光波衍射极大点的位置,采用标准的汞灯谱线(如图 9.12 所示)定标 λ 与 x 的线性关系。因此可以假设 λ 与 x 满足线性关系:

$$\lambda = a + bx \tag{9.12}$$

其中,λ 为波长;x 为衍射极大点处的坐标,亦即 CCD 的通道值。本实验中采用 600 nm 为中心波长。采集到一系列汞灯已知波长的谱线的通道值 x,并进行线性拟合计算出 a 值和 b 值,将横坐标由 CCD 通道值 x 转化为波长 λ。

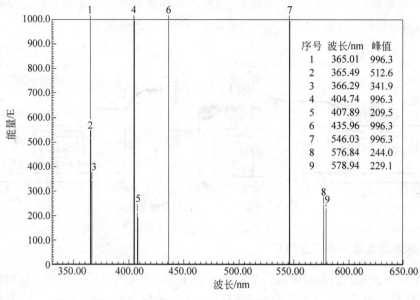

图 9.12　汞灯的光谱

【实验内容】

实验中所使用的半导体激光器是可见光半导体激光器,最大功率为 3 mW,中心波长为 650 nm 左右。

1. 半导体激光器的输出特性

半导体激光器的输出功率曲线测量实验光路如图 9.13 所示。调节半导体激光器 LD 的准直透镜把光耦合进光功率指示仪的接收器,用光功率指示仪读出半导体激光的输出功率。把半导体激光器注入电流 I 从零逐渐增加到 40 mA,观察半导体激光器输出功率 P 的变化,重复 2 次,将试验数据列表,并做出 P-I 曲线,P 为平均功率。

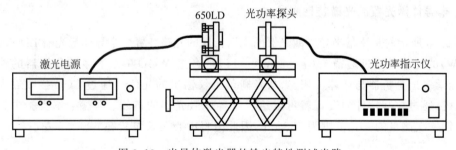

图 9.13　半导体激光器的输出特性测试光路

2. 半导体激光器的发散角测定

测定半导体激光发散角的实验装置如图 9.14 所示。半导体激光器置于旋转台中心,去掉准直透镜,使半导体激光器的光发散,并平行于旋转台面。光功率指示仪探头与半导体激光器 LD 的距离为 L,当旋转台位于不同角度时,记录下光功率指示仪所测到的输出值,做出在半导体激光器存在不同的注入电流时,其输出值随角度变化的曲线。将半导体激光器旋转 90°再测量侧横场发散角。取曲线的半高宽为激光器的发射角。

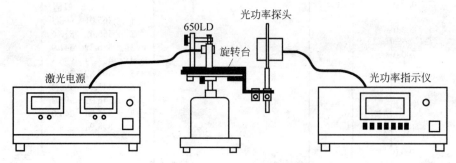

图 9.14　测定半导体激光的发散角测量

3. 半导体激光器的偏振度测量

测量半导体激光器的偏振度的装置如图 9.15 所示,偏振器是带有角度读数的旋转偏振片,读出偏振片处于不同角度时,对应的半导体激光器的输出值,将实验值列表,并计算出其偏振度。

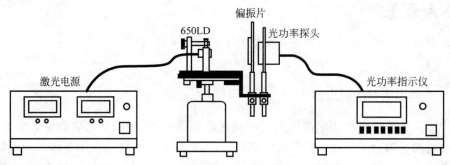

图 9.15　测量半导体激光器的偏振度

4. 半导体激光器的光谱特性测试

图 9.16 所示的是测量半导体激光器的光谱特性的光路装置。半导体激光器 LD(650 nm,<5 mW)的光信号通过透镜 $L(f=15,\Phi=14)$ 耦合进 WGD-6 光学多道分析器的输入狭缝,让光学多道分析器与计算机相连,从光栅单色仪输出的光信号通过 CCD 接收放大输出到计算机,通过控制软件的设置就可以绘出半导体激光器的谱线。注意:本实验中光学多道分析仪一次测量的波长范围为 158 nm,因此需将中心波长设置在 600 nm 左右。

5. 光学多道分析器的定标测量

由于所测得的光谱谱线受到光学多道分析器的工作状态、狭缝大小、光源距狭缝的距离等因素影响,因此需要用已知波长的光源对光学多道分析器定标才能相对准确地确定激光的波长与分布特性。本实验利用 WGD-6 光学多道分析器对汞灯光谱进行测量,首先利用标准汞灯光谱进行定标,再测量半导体激光器的波长。

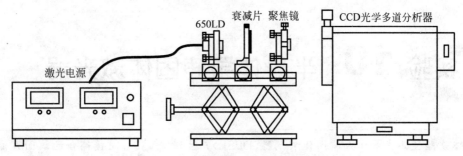

图 9.16 半导体激光器的光谱特性测试

【注意事项】

半导体激光器使用的注意事项如下所示：

（1）半导体激光器不能承受电流或电压的突变。若使用不当容易损坏。当电路接通时，半导体激光器的注入电流必须缓慢地上升，不要超过 40 mA，以防半导体激光器损坏。使用完毕，必须将半导体激光器的注入电流降回零。

（2）静电感应对半导体激光器也有影响。如果需要用手触摸半导体激光器外壳或电极时，手必须事先触摸金属一下。

（3）周围大型设备的启动和关闭极易损坏半导体激光器，遇到这种情况时，应先将半导体激光器的注入电流降低到零，然后再开关电器。

【参考文献】

［1］ 黄德修，刘雪枫. 半导体激光器及其应用［M］. 北京：国防工业出版社，2001.

［2］ 陈海燕，罗江华，黄春雄. 激光原理与技术［M］. 武汉：武汉大学出版社，2011.

［3］ 杜宝勋. 半导体激光器原理［M］. 北京：兵器工业出版社，2004.

（陈　宏）

实验 **10**　半导体泵浦固体激光器

本实验使用半导体泵浦固体激光器(DPSL)产生激光,采用间接耦合的端面泵浦耦合方式对光束进行耦合,使其聚焦在掺钕的钇铝石榴石 Nd^{3+}:YAG 激光晶体上,调整固体激光器谐振腔获得 1064 nm 激光,并对光斑(激光的横模)进行观测和分析。本实验的目的是使学生了解并掌握半导体泵浦固体激光器的工作原理、构成和调试技术;在此基础上进行 Cr^{4+}:YAG 晶体调 Q 和 KTP 晶体倍频实验,使学生对激光器的可饱和吸收调 Q 技术及倍频技术等非线性光学现象的基本原理和应用有一定的了解。

【思考题】

1. 如何搭建半导体泵浦固体激光器系统?
2. 如何调节固体激光器各光学元件的等高和共轴光路?
3. 什么是半导体泵浦固体激光器中的光谱匹配和模式匹配?
4. 泵浦光 808 nm 激光器的温度控制对实验有何影响?
5. 掺钕离子的钇铝石榴石(Nd^{3+}:YAG)激光晶体是如何产生 1064 nm 波长的激光的?
6. 如何理解 Cr^{4+}:YAG 可饱和吸收调 Q 的工作原理?
7. 可饱和吸收调 Q 中的激光脉宽、重复频率随泵浦功率如何变化?
8. 什么是光学非线性效应?倍频晶体如何将 1064 nm 红外激光倍频成 532 nm 绿光?

【引言】

1916 年,爱因斯坦提出了受激辐射的概念,为激光的产生提供了理论基础。固体激光器通常是指以固体材料作为工作物质的激光器。例如,红宝石激光器、掺钕钇铝石榴石(Nd^{3+}:YAG)激光器、掺钕离子(Nd^{3+})的玻璃激光器和掺钛离子(Ti^{3+})的蓝宝石(简称钛宝石)激光器等,均属于固体激光器。1960 年,梅曼(T. H. Maiman)发明了世界上第一台激光器——红宝石激光器。1962 年半导体激光被成功发明,1970 年在室温下实现连续输出。半导体泵浦固体激光器(diode pump solid state laser,DPSL),是以激光二极管代替闪光灯泵浦固体激光介质的固体激光器,具有高效率、长寿命、光束质量高、稳定性好、结构紧凑小型化等一系列优点,目前在光学图像处理、光通信、激光雷达、激光医学、激光加工等方面有广泛应用。20 世纪 80 年代以后,以高功率固体激光器、可调谐固体激光器和高效率固体激光器,特别是以二极管泵浦固体激光器的迅速发展为标志,固体激光器持续发展,并开拓了重要应用领域。激光发明以后,科学家于 1961 年提出调 Q 的概念,即设想用一种方法把全部光辐射能量压缩到极窄的脉冲中发射。调 Q 就是调节谐振腔的损耗率。目前常用的调

Q 方法有电光调 Q、声光调 Q 和被动式可饱和吸收调 Q。1992 年,美国劳伦斯-利弗莫尔国家实验室研制出千瓦量级的高功率二极管泵浦 Nd^{3+}：YAG 激光器。本实验采用 Cr^{4+}：YAG 晶体通过可饱和吸收被动调 Q 方法产生短激光脉冲,其优点是抗电磁干扰强,可以获得峰值功率大、脉宽小的巨脉冲。

倍频过程来自晶体中发生的非线性光学效应,使得输入的两个光子转化为一个输出光子,从而将输出激光的频率变为输入激光频率的两倍。本实验在半导体泵浦固体激光器产生 1064 nm 激光的谐振腔内,加入倍频晶体使激光频率加倍,从而获得 532 nm 的绿光,同时加入调 Q 晶体产生激光脉冲,并用示波器观测脉宽和频率,以研究半导体泵浦激光器的倍频技术和被动调 Q 技术。激光倍频技术使激光向更短波长扩展,以获得范围更宽的激光波长。

【实验原理】

固体激光器由增益介质、泵浦系统、谐振腔和冷却、滤光系统构成。在激励源的作用下,增益介质实现能级反转,产生受激辐射。受激辐射经过光学谐振腔放大后输出激光,光学谐振腔是实现正反馈、选模及输入、输出耦合的光学器件。

1. 半导体激光器泵浦光源及其耦合

由于固体激光器的增益介质是绝缘晶体,所以一般都采用光泵浦激励。泵浦光源应当满足两个基本条件：①有很高的发光效率；②辐射光的光谱特性应与激光工作物质的吸收光谱特性相匹配。

半导体泵浦固体激光器,采用输出波长为 808 nm 的半导体激光器(laser diode,LD)作为泵浦光源,这个波长值正好与 Nd^{3+} 离子的吸收光谱相吻合,因此极大地提高光泵浦的效率,减小了激光晶体因温度升高而在其内部产生不均匀的温度分布造成的对激光器的影响。半导体激光器的能级跃迁是在能带之间进行的,其谱线宽度一般较宽,包括均匀展宽和非均匀展宽。半导体材料成分、结构及激光器工作电流和温度都对其波长有影响。因此通过对半导体激光器工作电流和温度进行适当的控制,可以微调其中心波长,使其中心波长和固体激光工作物质吸收峰准确重合。

半导体激光泵浦固体激光器的常用耦合方式如图 10.1 和图 10.2 所示。由于泵浦源半导体激光器的光束发散角较大,为了使泵浦光有效地耦合进入激光晶体,必须对光束进行变换及整形处理,压缩发散角使光斑成为近似的矩形,泵浦光和固体激光晶体才能在空间上很好的匹配。激光泵浦耦合技术有两种方式,即侧面泵浦方式和端面泵浦方式。端面泵浦系统适用于中小功率固体激光器,具有体积小、结构简单、空间模式匹配好等优点。侧面泵浦方式主要应用于大功率激光器。端面泵浦方式又有直接耦合和间接耦合两种方式。

(1) 直接耦合：将半导体激光器的发光面紧贴增益介质,使泵浦光束在未发散之前即被增益介质吸收,泵浦源和增益介质之间无光学系统,这种耦合方式称为直接耦合方式。

(2) 间接耦合：将半导体激光器输出的光束进行准直、整形,再进行端面泵浦,这种耦合方式称为间接耦合方式。间接耦合常见的方法有 3 种：

① 组合透镜系统耦合：用球面透镜组合或者柱面透镜组合进行耦合。

② 自聚焦透镜耦合：用自聚焦透镜取代组合透镜进行耦合,优点是结构简单,准直光

斑的大小取决于自聚焦透镜的数值孔径。

③ 光纤耦合：用带尾光纤输出的 LD 进行泵浦耦合。

本实验采用端面泵浦中间接耦合的方式。

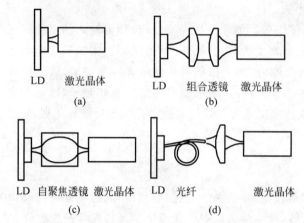

图 10.1　半导体激光泵浦固体激光器的常用耦合方式

（a）直接耦合；（b）组合透镜系统耦合；（c）自聚焦透镜耦合；（d）光纤耦合

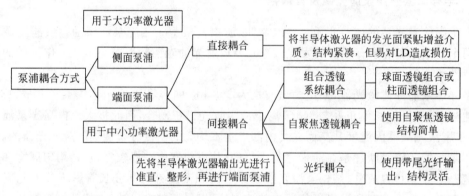

图 10.2　半导体激光泵浦固体激光器各种耦合方式的比较

2. 端面泵浦固体激光器的模式匹配技术

典型的平凹型激光器谐振腔结构如图 10.3 所示。以一面蒸镀对于泵浦光的增透膜和另一面蒸镀对于输出激光的全反射膜的激光晶体，作为输入镜；以镀有对于输出激光波长的增透膜的凹面镜作为输出镜，从而构成光学谐振腔。这种平凹型谐振腔容易形成稳定的激光输出模式，并具有高的光转换效率。

平凹谐振腔中的 g 参数表示为

$$g_1 = 1 - \frac{L}{R_1}, \quad g_2 = 1 - \frac{L}{R_2}$$

式中，R_1 和 R_2 分别为谐振腔前后反射镜的曲率半径；L 为谐振腔长度。根据腔的稳定性条件可知，

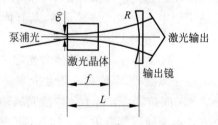

图 10.3　典型的平凹型激光器
谐振腔结构

在 $0 < g_1 g_2 < 1$ 时,腔为稳定腔,故当 $L < R_2$ 时,腔稳定。同时推导计算出其束腰位置在晶体的输入平面上,该处的光斑尺寸为

$$\sigma_0 = \sqrt{\frac{\left[L(R_2 - L)\right]^{\frac{1}{2}} \lambda}{\pi}}$$

本实验中,R_1 为无穷大(平面),$R_2 = 200$ mm,$L = 80$ mm,由此可以算出 σ_0 大小。如果泵浦激光经过整形聚焦在激光晶体输入面上的光斑半径小于等于 σ_0,则泵浦光与固体激光器的激光基模模式就可相匹配,从而容易发生激光振荡。因此,本实验中配备了透过率为 3% 和 8%(@1064 nm)两种谐振腔输出镜。

3. 固体激光器的增益介质(激光晶体)

激光晶体是影响激光器性能的最重要的光学元件。为了获得高效率的激光输出,在一定运转方式下选择合适的激光晶体是至关重要的。目前已经有上百种晶体作为增益介质实现了发射连续波和脉冲激光的运转。Nd^{3+} 离子受激辐射的突出优点是阈值低,加之母体晶体具有优良的热学性质,适用于连续和高重复率工作,因此以钕离子(Nd^{3+})作为激活粒子的钕激光器是使用最广泛的一类固体激光器。采用掺杂 Nd^{3+} 离子部分取代 $Y_3Al_5O_{12}$ 晶体中 Y^{3+} 离子而形成的掺钕钇铝石榴石(Nd^{3+}：YAG)晶体具有量子效率高、受激辐射截面大、光学质量好、热导率高、容易生长等优点,因而成为目前应用最广泛的半导体泵浦的理想激光晶体。在实际的激光器设计中,除了考虑吸收波长和出射波长外,选择激光晶体时还需要考虑掺杂浓度、上能级寿命、热导率、发射截面、吸收截面、吸收带宽等多种因素。

掺钕钇铝石榴石 Nd^{3+}：YAG 晶体的吸收光谱如图 10.4 和图 10.5 所示,其在可见光和红外区域有几个较强的吸收带。

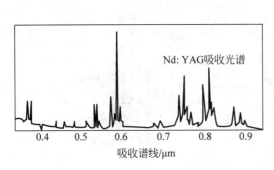

图 10.4　Nd^{3+}：YAG 晶体的吸收光谱(300 K)

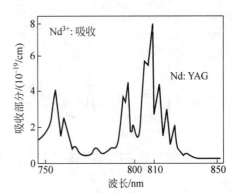

图 10.5　在 808 nm 附近 Nd^{3+}：YAG 晶体的吸收光谱图

将掺钕钇铝石榴石晶体的吸收光谱在 808 nm 附近放大(如图 10.5 所示),可以看出它在 807.5 nm 处有一强吸收峰。精确控制 LD 电源的温度,可使泵浦光工作时的波长与 Nd^{3+}：YAG 的吸收峰匹配,即实现了光谱匹配。

Nd^{3+}：YAG 中的 Nd^{3+} 与激光产生有关的能级结构如图 10.6 所示,它属于四能级系统。其发射激光的上能级 E_3 为 $^4F_{3/2}$,下能级 E_2 为 $^4I_{13/2}$,$^4I_{11/2}$,荧光谱线波长为

1.35 μm 和 1.06 μm，$^4I_{9/2}$ 相应于更低的能级 E_1。由于波长为 1.06 μm 的荧光比波长为 1.35 μm 的荧光约强 4 倍，所以通常在室温激光振荡中，Nd^{3+}：YAG 激光晶体将只产生波长为 1.06 μm 的激光，它在 300 K 时在 1064 nm 附近的荧光光谱如图 10.7 所示。

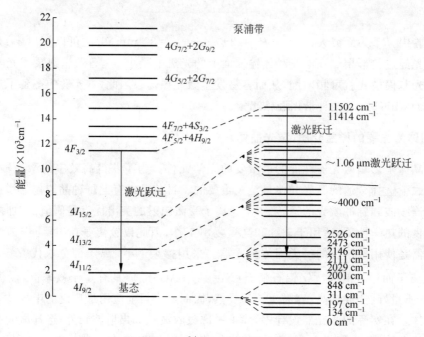

图 10.6　Nd^{3+}：YAG 能级结构图

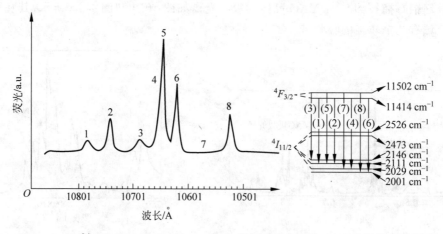

图 10.7　Nd^{3+}：YAG 300 K 时在 1064 nm 附近的荧光光谱（a. u. 表示任意单位）

4. Cr^{4+}：YAG 晶体被动调 Q 的工作原理及技术

激光振荡需要足够的增益（激光阈值条件），当损耗过大时，增益不够，激光停止振荡。调 Q 能控制激光的振荡。调 Q 技术是为压缩激光器输出脉冲宽度和提高脉冲峰值功率而采取的一种特殊技术。这种技术的基础是实现快速腔内光开关，一般称为激光调 Q 开关，简称为 Q 开关。共振腔的 Q 值大小，是由腔内损耗和反射镜光学反馈能力等因素决定的。

Q 为谐振腔的品质因素，定义为腔内存储的能量与每秒损耗的能量之比。Q 值越高，所需要的泵浦阈值就越低,即激光越容易起振。
当 Cr^{4+}：YAG 晶体被放置在激光谐振腔内时,
它的透过率会随着腔内的光强而改变。在激光
振荡的初始阶段,Cr^{4+}：YAG 的透过率较低
(初始透过率),随着泵浦的作用增益介质的反
转粒子数不断增加,当谐振腔增益等于谐振腔
损耗时,反转粒子数达到最大值,如图 10.8 所
示。随着泵浦的进一步作用,腔内光子数不断
增加,可饱和吸收体的透过率也逐渐变大,并最
终达到饱和。此时,Cr^{4+}：YAG 的透过率急剧
增大,损耗快速降低,光子数密度迅速增加,积
累到较高程度的反转粒子数能量会集中在很短
的时间间隔内快速释放出来,从而可获得很窄
的脉冲宽度和高峰值功率的激光输出。腔内光
子数密度达到最大值时,激光输出最大,此后,
由于反转粒子的减少,光子数密度也开始降低,
则可饱和吸收体 Cr^{4+}：YAG 的透过率也开始

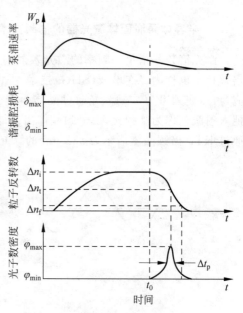

图 10.8　谐振腔内光子数 φ 及反转粒子
数 Δn 随时间的变化过程

降低。当光子数密度降到初始值时,Cr^{4+}：YAG 的透过率也恢复到初始值,调 Q 脉冲结
束。上述过程周而复始,会产生一系列尖峰脉冲,理想调 Q 脉冲波形的示意图如图 10.9 所
示。实验中用快速光探测器和示波器观察记录调 Q 脉冲。泵浦功率越大,尖峰脉冲形成越
快,而尖峰脉冲的时间间隔越小。

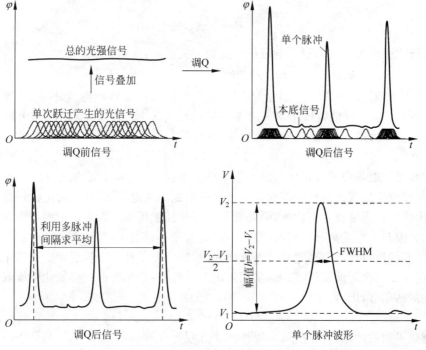

图 10.9　理想调 Q 脉冲波形示意图

5. 半导体泵浦固体激光器的倍频技术

激光倍频是指单一频率的激光入射到非线性光学介质,引起倍频光辐射的过程。激光倍频技术也称为二次谐波(SHG)技术。利用非线性晶体在强激光作用下的二次非线性效应,可以使频率为 ω 的激光通过晶体后变为频率为 2ω 的倍频光,如图 10.10 所示。通常,把入射激光称为基频光,由倍频晶体出来的激光称为倍频光。本实验将 1064 nm 的红外光通过 KTP 倍频晶体倍频为 532 nm 的绿光。

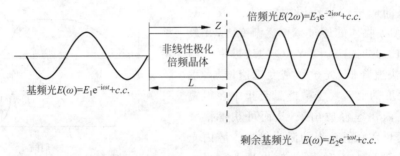

图 10.10　倍频光非线性过程

倍频光辐射是由于强光和物质相互作用在一定的条件下产生的,其物理机理简单介绍如下。当光入射介质时,介质内的原子会产生极化,即负电荷中心相对正电荷中心发生位移 $\boldsymbol{r}$,形成电偶极矩 $\boldsymbol{m}$,由于电子电荷为 e,则电偶极矩的表达式为

$$\boldsymbol{m} = e\boldsymbol{r} \tag{10.1}$$

由于极化强度矢量 $\boldsymbol{P}$ 定义为单位体积内原子电偶极矩的总和,故有

$$\boldsymbol{P} = \frac{\sum\limits_{i=1}^{N} \boldsymbol{m}_i}{\Delta V} \tag{10.2}$$

而介质的极化强度矢量与入射的电磁场满足如下关系式:

$$\boldsymbol{P} = \varepsilon_0 \left[\chi^{(1)} \boldsymbol{E} + \chi^{(2)} \boldsymbol{E}^2 + \chi^{(3)} \boldsymbol{E}^3 + \cdots + \chi^{(n)} \boldsymbol{E}^n \right] \tag{10.3}$$

式中,$\chi^{(1)}, \chi^{(2)}, \chi^{(3)}, \cdots, \chi^{(n)}$ 分别称为线性电极化率、二阶非线性电极化率、三阶非线性电极化率,……,n 阶非线性电极化率。由于一般情况下 $\chi^{(n+1)} \ll \chi^{(n)}$(相差几个数量级),因此在电场强度不大时,仅考虑一阶线性作用,则介质的极化强度矢量近似表达式为

$$\boldsymbol{P} = \varepsilon_0 \chi^{(1)} \boldsymbol{E} \tag{10.4}$$

此时极化强度与电场强度成正比。但是当电场足够强时,就需要考虑式(10.3)中的非线性项,非线性项对应的现象为产生高次谐波。根据电磁场理论可知,变化的电磁场作用在介质上时,产生的极化强度也是变化的,因此变化的极化强度场可以作为辐射源产生新的电磁辐射。新的光波与入射光具有相同的频率,这就是通常的线性光学现象。当入射光的电场较强时,介质非线性极化现象会明显地表现出来,在特定的条件下新辐射出的光波中不仅含有基频波,还含有二次谐波、三次谐波,从而形成能量转移、频率变换。将极化强度表示成线性和非线性的两部分,则有

$$\boldsymbol{P} = \boldsymbol{P}_L + \boldsymbol{P}_{NL}$$

在理想平面波的近似情况下,非线性波动方程为

$$\nabla^2 \boldsymbol{E} - \mu_0 \frac{\partial^2 \boldsymbol{D}_L}{\partial t^2} = \mu_0 \frac{\partial^2 \boldsymbol{P}_{NL}}{\partial t^2} \tag{10.5}$$

式中，$\boldsymbol{D}_L$ 为介质电位移矢量的线性部分。介质中三个光波的非线性相互作用是激光倍频的基础。设有三个频率分别为 ω_1，ω_2 和 ω_3，沿 z 方向传播的单色平面电磁波 E_1，E_2 和 E_3，且 $E_i = A_i e^{i(\omega_i t - k_i z)}$，则对于三波混频，有 $\omega_1 + \omega_2 = \omega_3$。由上式的光波方程推导可以得出：

$$\frac{\partial A_i}{\partial z} = \frac{i\omega}{2\varepsilon_0 c n(\omega_i)} P_{NLi} e^{i(\omega_i t - k_i z)}, \quad i = 1, 2, 3 \tag{10.6}$$

式中，A_i 为光波的振幅，ε_0 为真空介电常数，c 为真空中的光速，$n(\omega_i)$ 为频率为 ω_i 的光波的折射率，P_{NLi} 为 E_i 所引起的极化强度非线性部分。

为简化方程，定义一个新的耦合参量 σ_i，

$$\sigma_i = \frac{\omega_i d_{\text{eff}}}{n_i c}, \quad i = 1, 2, 3$$

定义有效非线性极化系数为 d_{eff}

$$d_{\text{eff}} = \frac{1}{2} \chi^{(2)}$$

在只考虑电场的二阶非线性效应时，三光波耦合方程可以写成下列方程组：

$$\begin{cases} \dfrac{\partial A_1}{\partial z} = i\sigma_1 A_2^* A_3 e^{i\Delta kz} \\[2mm] \dfrac{\partial A_2}{\partial z} = i\sigma_2 A_1^* A_3 e^{i\Delta kz} \\[2mm] \dfrac{\partial A_3}{\partial z} = i\sigma_3 A_1 A_2 e^{-i\Delta kz} \end{cases} \tag{10.7}$$

其中，A_1 和 A_2 是基频光波的振幅，A_3 是倍频光的振幅。在倍频情况时，两个偏振不同的基频光的振幅相等 $A_1 = A_2$，其频率为 $\omega_1 = \omega_2 = \omega$，倍频光的角频率为 $\omega_3 = 2\omega$，$\Delta k = k_3 - k_2 - k_1$ 称为相位失配因子。因此，方程式(10.7)可以简化为

$$\begin{cases} \dfrac{dA_3}{dz} = \dfrac{i\omega}{c n(2\omega)} d_{\text{eff}} A_1^2 e^{-i\Delta kx} & \text{(倍频光)} \\[2mm] \dfrac{dA_1}{dz} = \dfrac{i\omega}{c n(\omega)} d_{\text{eff}} A_3 A_1^* e^{i\Delta kx} & \text{(基频光)} \end{cases} \tag{10.8}$$

根据实际情况，在特定的近似条件和边界条件下对上式进行积分，可以计算出基频光与倍频光的光波振幅及基频光与倍频光的光强。

将入射光功率转化为倍频光功率的转化效率定义为倍频效率，如果激光在介质中的作用长度为 L，入射光功率为 $S(\omega)$，经过介质后的倍频光功率为 $S(2\omega)$，则经过推导可以得到倍频效率为

$$\eta = \frac{S(2\omega)}{S(\omega)} = \frac{2\omega^2}{c^3 n^2(\omega) n(2\omega) \varepsilon_0} d_{\text{eff}}^2 I(\omega) L^2 \frac{\sin^2(\Delta kL/2)}{(\Delta kL/2)^2} \tag{10.9}$$

从上式可以看出，倍频转换效率与入射光的强度成正比，与倍频晶体材料的非线性系数的平方成正比，还与相位失配因子的大小密切相关。当基频光的频率 ω、光强 $I(\omega)$ 和作用长度 L 都确定时，若 $\Delta k = 0$，则称为角度相位匹配，此时三波非线性相互作用最强，倍频效率最高。

相位匹配条件是产生光学倍频的重要条件。相位匹配时，倍频晶体内各处产生的二次

谐波的相位相同,倍频光正是这些光波互相干涉加强所产生的。上述相位匹配条件也可以由光子动量守恒定律推导出来。

利用非线性光学晶体的双折射特性和色散关系可以实现相位匹配。角度相位匹配是利用晶体的双折射来补偿正常色散而达到相位匹配的一种方法。任何频率为 ω 的光在各向异性的晶体中传播时,除光轴方向外,一般还存在两个相互垂直的偏振方向(如 o 光方向和 e 光方向),其中 o 光为寻常光,e 光为非寻常光,它们的折射率不同。如果晶体中 o 光方向的折射率大于 e 光方向的折射率,则称为负轴晶体;反之,称为正轴晶体。对于偏振方向相互垂直并且频率不同的两束光(如基频光 ω 和倍频光 2ω),可以找到这样一个波矢方向,使得在其传播方向上有 $n(\omega)=n(2\omega)$,这样就满足了相位匹配条件,如图 10.11 所示。

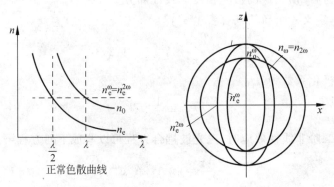

图 10.11　负单轴晶体中基频光与倍频光匹配的折射率曲面

各向异性晶体可分为单轴晶体和双轴晶体,单轴晶体又可分为负单轴晶体和正单轴晶体,双轴晶体也可分为负双轴晶体和正双轴晶体。不同的晶体对称性不同,其折射率与频率的变化规律也不相同。利用折射率与频率的函数关系可以计算出不同类型晶体的折射率匹配条件。本实验中采用的倍频晶体磷酸钛氧钾晶体(简称 KTP 晶体)是负双轴晶体,其各个方向上的折射率均不同,沿一个方向(波矢方向)传播的两个偏振光的光速也不同,分别定义为快光(f)和慢光(s),两种偏振光均为非寻常光。如图 10.12 所示,双轴晶体中有 2 个光轴,晶体的 3 个主轴方向的折射率都不同,Ω 为光轴角,波矢 k 与 z 轴的夹角为 θ,波

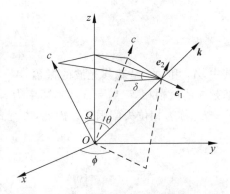

图 10.12　双轴晶体中 k 为光的传播方向,
Ω 为光轴角,(θ,ϕ) 是光传播的方位角

矢 k 在 xOy 平面的投影与 x 轴的夹角为 ϕ。由于双轴晶体的折射率是角度 θ 和 ϕ 的函数,所以双轴晶体的相位匹配角为角度 θ 和 ϕ,并且满足相位匹配条件的相位匹配角 (θ,ϕ) 有无穷多组,可以连成一条曲线,称为相位匹配曲线。KTP 晶体折射率半球和相位匹配曲线如图 10.13 所示。

晶体角度相位匹配有两种不同模式,分别记为 I 类相位匹配和 II 类相位匹配:

$$\begin{cases} \text{I 类相位匹配:} \omega_1 n_1^s + \omega_2 n_2^s = \omega_3 n_3^f (s+s \rightarrow f) \\ \text{II 类相位匹配:} \omega_1 n_1^s + \omega_2 n_2^f = \omega_3 n_3^f (s+f \rightarrow f) \end{cases} \tag{10.10}$$

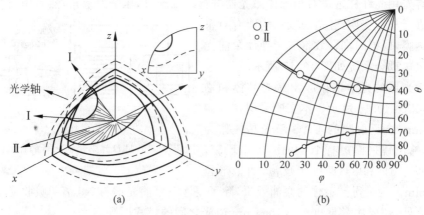

图 10.13　KTP 晶体的折射率半球和相位匹配曲线
（a）折射率半球；（b）相位匹配曲线

在 I 类相位匹配中，基频光为慢光，倍频光为快光，偏振互相垂直，其相位匹配曲线为基频光和倍频光折射率曲面的交线。II 类相位匹配，基频光中有快光和慢光，偏振互相垂直，倍频光为快光，其相位匹配曲线为基频折射率曲面内外层平均曲面和倍频光折射率曲面的交线。

　　常用的倍频晶体有 KTP、KDP、LBO、BBO 和 LN 等。KTP 晶体在 1064 nm 光附近有较高的有效非线性系数，且导热性良好，因此非常适合用于 YAG 激光的倍频。当基频光波长为 1064 nm 时，KTP 晶体最佳相位匹配角为：$\theta = 90°$，$\phi = 23.3°$，对应的有效非线性系数 $d_{eff} = 7.36 \times 10^{-12}$ V/m。倍频技术通常有腔内倍频和腔外倍频两种。腔内倍频是指将倍频晶体放置在激光谐振腔之内，由于腔内具有较高的功率密度，因此适合用于连续运转的固体激光器。腔外倍频方式指将倍频晶体放置在激光谐振腔之外的倍频技术，较适合用于脉冲运转的固体激光器。

【实验仪器】

　　实验仪器（光路系统）如图 10.14 所示。本实验的半导体泵浦激光器采用了输出波长为 808 nm、InGaAlAs/GaAs 量子阱结构设计、光斑预整形、输出功率大于 2 W 的多模半导体激光器，泵浦源工作电流可调。采用半导体制冷片对其进行温度控制。开放式谐振腔由 3% 或 8% 透过率的输出镜和激光晶体组成，还包括光纤及组合透镜聚焦系统。实验还配备有指示激光、光强功率计、快速探测器、倍频晶体和调 Q 晶体、示波器等配套器件。

图 10.14　半导体泵浦固体激光器光路实验系统

实验首先用光纤柱透镜对半导体激光器进行快轴准直,压缩发散角,然后用组合透镜对泵浦光束进行整形变换,各透镜表面均镀有对泵浦光的增透膜,以提高耦合效率。半导体泵浦光源及光纤聚焦耦合系统如图 10.15 所示。

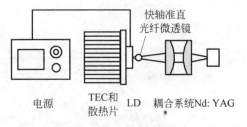

固体激光器的光学谐振腔由激光晶体和输出镜构成,如图 10.16 所示。本实验采用在一侧镀有 1064 nm 全反射膜的 YAG 激光晶体作为全反射镜,输出镜表面镀有 1064 nm 的半反膜,提供透光率为 3% 和 8% 两种半反镜,曲率半径

图 10.15　LD 光束快轴压缩耦合泵浦简图

均为 250 mm。为了得到最佳的泵浦效果,除了要注意泵浦光谱与 Nd 离子吸收光谱之间的光谱匹配之外,还要注意泵浦光与 1064 nm 激光之间的模式匹配。

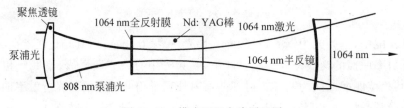

图 10.16　模式匹配光路原理图

【实验内容】

1. 808 nm 半导体泵浦光源的 *I*-*P* 曲线测量

如图 10.17 所示,将 808 nm 半导体泵浦光源固定于谐振腔光路导轨座的右端,功率计探头放于前端激光出射位置,调节工作电流从零到最大,依次记录电流 I 和功率 P,作出 *I*-*P* 曲线及求出阈值电流(电流最大值<2.2 A,测试功率不超过 2 W)。测量完成后将半导体泵浦光源的电流调回至最小。

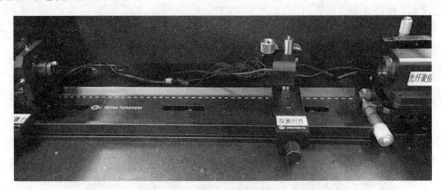

图 10.17　半导体泵浦光源 *I*-*P* 测量的光路图

2. 1064 nm 固体激光谐振腔设计调整

(1) 如图 10.18 所示,将 808 nm 半导体泵浦光源固定于谐振腔光路导轨座的右端,指

示激光器(650 nm 红光)四维调节架固定于导轨最左侧,激光输出镜放在指示激光器右侧;调节指示激光器的二维平移旋钮,使 650 nm 指示激光束打在输出镜中心,然后将输出镜移动到导轨的最右侧,调节指示激光器的二维俯仰旋钮,使 650 nm 激光束仍然照射到"激光输出镜"中心,反复操作几次将指示激光调平。

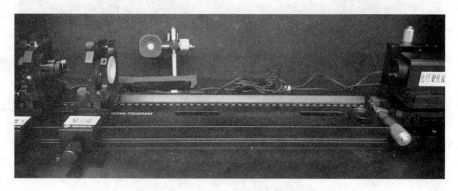

图 10.18　指示激光器调节光路实物图

(2) 取下激光输出镜,使 650 nm 激光光束直接照射到光纤聚焦镜保护盖上,调整光纤聚焦镜的二维平移台使指示激光照射到"光纤聚焦镜"的中心。

(3) 如图 10.19 所示,将激光晶体及其调节架放置于光纤聚焦镜前,挡住指示激光;打开 808 nm 泵浦光源开关,调节电流到 1 A 左右,移动激光晶体的前后位置,使 808 nm 泵浦光源汇聚点能够落于激光晶体中心,并使聚焦点靠近晶体前表面;调节晶体的二维平移旋钮,使聚焦的细线通过晶体的中心;将 808 nm 电流调到最低,打开 650 nm 激光,调节激光晶体二维俯仰旋钮,使激光晶体反射的指示激光光点返回到其出光口内。

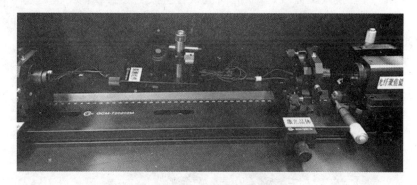

图 10.19　激光晶体调节光路实物图

(4) 如图 10.20 所示,将 1064 nm 的激光输出镜置于激光晶体左边,输出镜的镀膜面朝向激光晶体,中间预留出 50 mm 到 80 mm 左右的距离,以备后面腔内还要插入其他器件。调节输出镜的二维俯仰旋钮,使其反射的 650 nm 的指示激光束光点返回到指示激光器的出光口内,关闭指示激光。将 808 nm 半导体泵浦光源的电源旋钮调节到 1 A 左右,取出红外显示卡片放置到输出镜的前端并轻微晃动,检查是否可以看到 1064 nm 的激光点。如果没有,微调输出镜的二维俯仰旋钮,直至 1064 nm 激光出光。

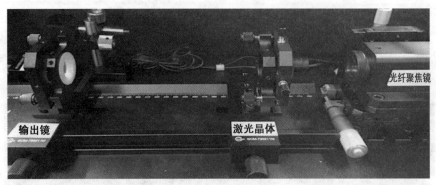

图 10.20 激光输出镜调节光路实物图

3. 1064 nm 固体激光模式观测及调整

1064 nm 激光出光后,在红外显示卡上仔细观察光斑形状(使用红外卡片时不能将光直接反射到眼睛中)。根据光斑分瓣形状、数目及分斑方向分析激光模式,并探究激光谐振腔的腔长变化对激光模式的影响。

4. 1064 nm 固体激光输出功率及转换效率等参数测量

如图 10.21 所示,调节光路的等高和共轴使其能够出射激光并通过激光功率计探测激光功率。依次微调输出镜二维俯仰旋钮、激光晶体四维调整旋钮、耦合镜组四维调整旋钮,激光晶体沿导轨方向位置微调,以使功率计数最高,此时激光谐振腔处于相对最佳的输出状态。测量激光输出功率与泵浦光源的关系曲线,拟合出 1064 nm 固体激光输出的 I-P 转换效率曲线和 P-P 转换效率曲线,并研究阈值条件。改变腔长或输出镜透过率等条件,研究谐振腔的改变对激光出光功率、转换效率、阈值条件等参数的影响。半导体激光发散较大,固体激光发散较小。将激光功率计放置在距离输出镜前端稍远位置处,而不是紧靠激光输出镜,可以减小 808 nm 激光对测量的影响。

图 10.21 输出功率测量光路实物图

5. 固体激光倍频效应观测

如图 10.22 所示,在调整好的 1064 nm 固体激光谐振腔内插入倍频晶体及其调整架,微调平移旋钮、俯仰旋钮、面内旋转五维旋钮,观察出射的 532 nm 绿光亮度的变化,当亮度最亮时,记录匹配角度。

图 10.22　腔内倍频光路实物图

6. 固体激光被动调 Q 测量

（1）如图 10.23 所示,在谐振腔中加入调 Q 晶体,将半导体泵浦光源的电源旋钮调节到 1 A 左右,微调晶体平移、俯仰四维旋钮直至在激光器中输出 532 nm 的激光。测量 532 nm 固体激光的调 Q 输出功率与泵浦源电流及功率关系。

（2）将快速探测器固定于激光输出镜前,接收调 Q 输出光脉冲,从示波器读取调 Q 脉冲信号的脉宽及重复频率。

图 10.23　调 Q 输出功率测量实物光路图

7. 半导体泵浦固体激光器和频实验（选做）

（1）在完成固体激光腔内倍频和调 Q 基础上完成和频实验。

（2）安装聚焦透镜($f=60$ mm)。

（3）安装 LBO 和频晶体,使聚焦之后的光斑打进晶体内部。

（4）安装反射镜(透射 532 nm、1064 nm,反射 355 nm),在第二个反射镜上可以看到 355 nm 的紫光。

【注意事项】

1. 半导体激光器泵浦固体激光器对环境有较高要求,实验系统需放置于洁净实验室内。实验完成后,应及时盖上仪器箱盖,以免激光晶体、输出镜的光学器件沾染灰尘。

2. LD 对静电非常敏感,所以严禁随意拆装 LD 和用手直接触摸 LD 外壳。如果确实需要拆装,请带上静电环操作,并将拆下的 LD 两个电极立即短接。

3. 准直好光路后需用遮挡物(如功率计或硬纸片)挡住准直器,避免准直器被输出的红外激光打坏。

4. 因为激光的功率较大,且 1064 nm 激光是不可见光波,一定要避免光线进入眼睛和身体其他部位。在整个实验调节光路过程中都要避免双眼直视激光光路,人眼不要与光路处与同一高度。

【参考文献】

[1] 吕百达.固体激光器件[M].北京:北京邮电大学出版社,2002.

[2] 蓝信钜.激光技术[M].北京:科学出版社,2000.

[3] 罗遵度,黄艺东.固体激光材料物理学[M].北京:科学出版社,2015.

[4] 崔小虹,张海洋,王庆.激光原理与技术实验[M].北京:北京理工大学出版社,2007.

[5] 周广宽,葛国库,赵亚辉,等.激光器件[M].西安:西安电子科技大学出版社,2018.

[6] 耿爱丛.固体激光器及其应用[M].北京:国防工业出版社,2014.

[7] 钱士雄,王恭明.非线性光学原理与进展[M].上海:复旦大学出版社,2001.

【附录】

附表　Nd：YAG 的主要室温跃迁

波长/μm		峰值有效截面/($\times 10^{-9}$ cm^2)	相对连续激光工作阈值
$^4F_{3/2} \rightarrow {}^4I_{9/2}$	0.939	0.81	
	0.946	1.34	
$^4F_{3/2} \rightarrow {}^4I_{11/2}$	1.0520	3.1	2.08
	1.0551	0.20	
	1.0615	6.65	1.15
	1.0641	8.80	1.00
	1.0682	1.10	
	1.0738	4.00	1.22
	1.0779	1.55	
	1.1055	0.32	
	1.1122	0.79	2.17
	1.1161	0.77	2.26
	1.1225	0.72	2.36
$^4F_{3/2} \rightarrow {}^4I_{13/2}$	1.319	1.50	1.60
	1.335	0.92	
	1.338	1.50	2.17
	1.342	0.63	
	1.353	0.35	
	1.357	0.88	

（陈　宏）

实验 **11** 激光拉曼散射

拉曼效应是光与物质相互作用,由于非弹性散射而使光的频率发生变化的一种物理现象,由印度科学家拉曼(C. V. Raman)于 1928 年发现,因此拉曼在 1930 年荣获诺贝尔物理学奖。由拉曼散射形成的光谱即为拉曼光谱,由于拉曼频移仅和物质性质相关,不随入射光频率变化,且相对于瑞利散射谱线呈对称分布,因此拉曼光谱在物性分析方面具有独特的指纹特征,已经成为研究物质结构,特别是表征和研究低维纳米结构和性能的一种重要分析工具,在科学、技术和生产领域有非常广泛的应用。本实验学习的重点是了解和掌握拉曼散射的物理原理,熟悉拉曼测量的基本实验技术,理解拉曼光谱的偏振特性与分子对称性的关系,了解拉曼光谱在科学研究中的作用和实际应用方法。

【思考题】

1. 什么是拉曼效应,其产生的物理机制是什么?

2. 拉曼光谱具有哪些特征?

3. 为什么斯托克斯线要比反斯托克斯线强? 如何通过拉曼光谱获得光谱测量点的原位温度信息?

4. 如何理解拉曼散射半经典量子能级模型中的虚能级? 当激发光能量恰好使虚能级接近真实电子能级时,会产生什么现象?

5. 退偏度是如何定义的,和散射空间配置有什么关系? 尝试分析入射光从 z 轴方向入射的空间配置下各退偏度的计算方式。

6. 测量退偏度的物理意义是什么?

7. 偏振拉曼谱的选择定则与哪些因素有关? 选择一种空间配置,尝试分析 CCl_4 分子所有振动模式的拉曼选择定则,计算其理论退偏度,并和实验结果对比。

8. 尝试用含时微扰理论来解释拉曼散射的量子机制。

9. 拉曼散射在实验测量技术上需要注意哪些因素? 光路调节上如何保证得到最佳的谱信号?

10. 为什么在光谱仪前面必须添加拉曼滤光片?

11. 使用激光器、光谱仪、光电倍增管和 CCD 时需要注意哪些事项?

12. 拉曼频移和激光频率无关,实际进行分析测量时,可以完全不加选择地使用任意波长和功率的激光器吗? 为什么?

【引言】

当光通过介质时,光与物质相互作用,会产生吸收、反射、透射以及散射等现象,通过记录这些光的强度相对于光子能量的关系，即得到各种光谱，分析光谱信息可以得到物质的很多特征信息。这些光学现象中，散射主要是由于物质的元激发或存在的某些不均匀性（如电场、相位、粒子密度、声速等）而引起的。相对入射光，散射光的传播方向、强度、能量（频率）和偏振状态将会发生变化，根据散射光能量的变化，一般把散射现象分为三类，见表 11.1。

表 11.1　可见光散射按能量变化的分类

波数变化范围	散射分类名称	散射性质
$<10^{-5}$ cm^{-1}	瑞利散射	弹性
$10^{-5}\sim1$ cm^{-1}	布里渊散射	非弹性
>1 cm^{-1}	拉曼散射	非弹性

其中，瑞利散射强度最大，一般为入射光强的 10^{-3} 左右，而拉曼散射则要弱很多，一般为入射光强的 $10^{-12}\sim10^{-6}$。

拉曼散射由印度科学家拉曼（C. V. Raman）和克雷施南（K. S. Krishnan）于 1928 年发现（图 11.1），同年，苏联科学家兰斯贝尔格（G. Landsberg）与曼杰斯达姆（Mandelstam）也发现了拉曼散射。拉曼散射光谱对应于散射分子中的能级跃迁，它为研究分子结构提供了重要手段，因此拉曼荣获了 1930 年的诺贝尔物理学奖。早期拉曼光谱以汞灯为光源，由于拉曼信号很弱，因此主要局限于化学分子振动谱的研究。20 世纪 60 年代激光器出现后，由于激光具有单色性好、方向性强、功率密度高、偏振特性明确等优异特点，因此它是进行拉曼研究的理想光源。在激光被作为激发光源后，拉曼光谱的研究得到了飞速发展，由传统拉曼光谱学进入激光拉曼光谱学时期。在研究对象上，由原来对化学分子振动的单一研究扩展到物体中所有可以与光相互作用的对象；在研究类型和方法上，出现了多声子拉曼散射、共振拉曼散射、时间分辨（瞬态）拉曼散射、空间分辨（显微、近场）拉曼散射、表面增强拉曼散射、受激拉曼散射、相干反斯托克斯拉曼散射等多种新类型的拉曼光谱；此外还出现了在高温、高压、外电场和强磁场等非常规条件下的极端条件拉曼光谱学以及拉曼光谱成像学。

(a)　　　　　　　　　　(b)
图 11.1　拉曼和他测量到的由汞灯激发的 CCl$_4$ 拉曼散射谱
(a) 拉曼；(b) CCl$_4$ 拉曼散射光谱

中国物理学家在拉曼光谱的发展中做出了重大贡献，最具有代表性的著作是黄昆先生和德国科学家波恩合著的《晶格动力学理论》以及吴大猷先生的《多原子分子的振动谱和结构》。在激光拉曼时代，黄昆先生和朱邦芬先生提出的黄-朱模型，又为低维体系的拉曼散射理论打下了基础。中国在低维半导体和表面增强拉曼光谱学研究方面也处于世界前沿。

拉曼光谱可以提供简单、快速、可重复和无损伤的定性或定量分析，具有覆盖波数范围宽、谱峰清晰尖锐、适用小面积样品等优点，是研究物质结构的一种重要工具，在材料、化工、石油、高分子、生物、环保、地质、考古和文物保护等领域都有很广泛的应用。特别是在固体材料研究中,它不仅可以用来研究材料的晶体微观结构和晶格振动性质,还可以用来研究材料的能带结构、电子态密度和电声子相互作用等。由于对样品无损伤、所需样品极少,并可以利用显微共焦系统对样品进行微区检测,拉曼光谱日益受到物理工作者的重视。拉曼散射能以极高的实验精度观察固体中各种元激发的一阶谱线的频移,因此拉曼光谱还是研究外界对材料体系扰动的理想技术。

　　本实验通过自行搭建基本的拉曼光路并测量 CCl_4、酒精等典型分子的振动拉曼谱,了解拉曼散射的基本物理原理和实验技术。通过测量偏振拉曼光谱,了解拉曼光谱的偏振特性及退偏度和分子对称性的关系,掌握退偏度测量的实验技术。以贵金属金或银构成的纳米结构作为基底测量表面增强光谱,了解和学习表面增强拉曼光谱的物理机制及实验技术。通过显微共焦光路测量单晶硅和低维材料的拉曼光谱,学习显微拉曼技术在固体材料分析中的应用。

【实验原理】

1. 拉曼散射

　　一束频率为 ω_0 的单色光入射到介质上,发生散射,其中,频率基本不发生变化的为瑞利(Rayleigh)散射,频率发生明显变化的为拉曼(Raman)散射,其中,散射光频率 $\omega_S = \omega_0 - |\Delta\omega|$ 称为斯托克斯(Stokes)线或红伴线,而 $\omega_{AS} = \omega_0 + |\Delta\omega|$ 称为反斯托克斯(anti-Stokes)线或紫伴线,斯托克斯线一般要强于反斯托克斯线。图 11.2 为 CCl_4 的实验拉曼光谱,在拉曼光谱图中,一般用波数(cm^{-1})作为能量单位。

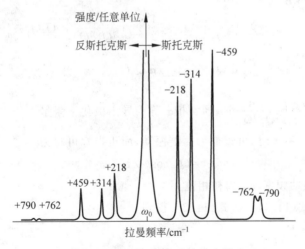

图 11.2　CCl_4 的实验拉曼光谱

拉曼散射光谱具有以下几个基本特征:

　　(1)拉曼频移 $\Delta\omega$ 仅与样品性质相关,改变入射光频率 ω_0 时,$\Delta\omega$ 不变。所以拉曼光谱图一般以 ω_0 为频率坐标零点;

　　(2)斯托克斯线和反斯托克斯线相对于频率零点是对称的,即斯托克斯和反斯托克斯的频移相同;

（3）拉曼散射强度极弱，一般只有入射光的 $10^{-12} \sim 10^{-6}$，其中斯托克斯强度 I_S 比反斯托克斯强度 I_{AS} 大许多，二者比值为 $\dfrac{I_S}{I_{AS}} \sim e^{\frac{\hbar\omega}{k_B T}} \gg 1$；

（4）拉曼光谱是偏振光谱，其偏振特征与入射光的偏振状态有关。

2. 拉曼散射的经典理论

经典理论中光是电磁辐射场，当光入射到含带电粒子的体系时，带电粒子在入射光的作用下将感生出电偶极矩。设入射光的频率为 ω_0，入射光电场可写为

$$\boldsymbol{E} = \boldsymbol{E}_0 \cos\omega_0 t \tag{11.1}$$

在电场 $\boldsymbol{E}$ 的作用下，带电粒子会出现感生电偶极矩 $\boldsymbol{P}$，在一般情形下，二者之间的关系可以写为

$$\boldsymbol{P} = \hat{\boldsymbol{\alpha}} \cdot \boldsymbol{E} \tag{11.2}$$

式中 $\hat{\alpha}$ 为极化率，是一个二阶张量，是反映散射介质自身的性质的物理量，可以写成如下形式：

$$\hat{\boldsymbol{\alpha}} \equiv \begin{bmatrix} \alpha_{xx} & \alpha_{xy} & \alpha_{xz} \\ \alpha_{yx} & \alpha_{yy} & \alpha_{yz} \\ \alpha_{zx} & \alpha_{zy} & \alpha_{zz} \end{bmatrix} \tag{11.3}$$

当组成分子的所有原子在平衡位置附近振动时，分子极化张量 $\hat{\boldsymbol{\alpha}}$ 将随之变化，是分子振动简正坐标的函数，$\hat{\boldsymbol{\alpha}} = \hat{\boldsymbol{\alpha}}(Q_1, Q_2, \cdots)$

简单将 $\hat{\boldsymbol{\alpha}}$ 对 Q 做泰勒展开，则有

$$\hat{\boldsymbol{\alpha}} = \hat{\boldsymbol{\alpha}}_0 + \sum_i \left(\frac{\partial \hat{\boldsymbol{\alpha}}}{\partial Q_i}\right)_0 Q_i + \frac{1}{2}\sum_{i,j} \left(\frac{\partial^2 \hat{\boldsymbol{\alpha}}}{\partial Q_i \partial Q_j}\right)_0 Q_i Q_j + \cdots$$

$$= \hat{\boldsymbol{\alpha}}_0 + \sum_i \hat{\boldsymbol{\alpha}}' Q_i + \frac{1}{2}\sum_{i,j} \hat{\boldsymbol{\alpha}}'' Q_i Q_j + \cdots \tag{11.4}$$

式中 $\hat{\boldsymbol{\alpha}}' = \left(\dfrac{\partial \hat{\boldsymbol{\alpha}}}{\partial Q_i}\right)_0$，$\hat{\boldsymbol{\alpha}}'' = \left(\dfrac{\partial^2 \hat{\boldsymbol{\alpha}}}{\partial Q_i \partial Q_j}\right)_0$，通常把 $\hat{\boldsymbol{\alpha}}'$ 称为导出极化率张量。

当原子振动幅度不大时，可近似为简谐振动，简正坐标可写为

$$Q_i = Q_{i0}\cos(\omega_i t + \varphi_i) \tag{11.5}$$

Q_{i0} 为振幅，ω_i 为振动频率，φ_i 为初相位。

将式（11.1）和式（11.4）代入式（11.2），得到

$$\begin{aligned}
\boldsymbol{P} &= \hat{\boldsymbol{\alpha}} \cdot \boldsymbol{E} \\
&= \left(\hat{\boldsymbol{\alpha}}_0 + \sum_i \hat{\boldsymbol{\alpha}}' Q_i + \frac{1}{2}\sum_{i,j} \hat{\boldsymbol{\alpha}}'' Q_i Q_j + \cdots\right) \cdot \boldsymbol{E}_0 \cos\omega_0 t \\
&= \hat{\boldsymbol{\alpha}}_0 \cdot \boldsymbol{E}_0 \cos\omega_0 t + \sum_{i,j} Q_{i0} \hat{\boldsymbol{\alpha}}' \cdot \boldsymbol{E}_0 \cos\omega_0 t \cos(\omega_i t + \varphi_i) + \\
&\quad \frac{1}{2}\sum_{i,j} Q_{i0} Q_{j0} \hat{\boldsymbol{\alpha}}'' \cdot \boldsymbol{E}_0 \cos\omega_0 t \cos(\omega_i t + \varphi_i)\cos(\omega_j t + \varphi_j) + \cdots
\end{aligned} \tag{11.6}$$

对于原子仅偏离平衡位置做很小的振动可以做一级近似，将上式保留到一阶项，得到

$$P = \hat{\pmb{a}}_0 \cdot \pmb{E}_0 \cos\omega_0 t + \frac{1}{2}\sum_i Q_{i0}\hat{\pmb{a}}' \cdot \pmb{E}_0 \{\cos[(\omega_0 - \omega_i)t - \varphi_i] + \cos[(\omega_0 + \omega_i)t + \varphi_i]\}$$

$$(11.7)$$

引入符号

$$\pmb{P}_0(\omega_0) = \hat{\pmb{a}}_0 \cdot \pmb{E}_0 \cos\omega_0 t$$

$$\pmb{P}_0(\omega_0 \pm \omega_i) = \frac{1}{2}\sum_i Q_{i0}\hat{\pmb{a}}' \cdot \pmb{E}_0 \{\cos[(\omega_0 \pm \omega_i)t \pm \varphi_i]\} \qquad (11.8)$$

则式(11.7)可写为

$$\pmb{P} = \pmb{P}_0(\omega_0) + \pmb{P}_0(\omega_0 - \omega_i) + \pmb{P}_0(\omega_0 + \omega_i) \qquad (11.9)$$

在经典理论中,电偶极矩产生电磁波,所以从上式可以看到,第一项即为和入射光同频率的瑞利散射光,第二项和第三项为频率发生移动的散射光,即拉曼散射,其中频率红移的为斯托克斯线,频率蓝移的为反斯托克斯线。

3. 拉曼散射的量子模型

按照量子力学理论,系统体系用波函数描述,从一个状态跃迁到另外一个状态的概率可以根据含时薛定谔方程和微扰理论表示为:$\langle \Psi_f | H' | \Psi_i \rangle$,其中 H' 是入射光带来的微扰,根据费米黄金法则,它可以表示为偶极跃迁 $e_0 \cdot P$,其中 e_0 是光的电矢量,P 是偶极算符。因此,拉曼过程的跃迁概率可以表示为

$$\left| \sum_n \frac{\langle \Psi_f | \hat{e}_0 \cdot P | \Psi_n \rangle \langle \Psi_n | \hat{e}_0 \cdot P | \Psi_i \rangle}{\omega_{ni} + \omega_r} + \frac{\langle \Psi_f | \hat{e}_0 \cdot P | \Psi_n \rangle \langle \Psi_n | \hat{e}_0 \cdot P | \Psi_i \rangle}{\omega_{ni} - \omega_0} \right|$$

$$(11.10)$$

系统所处能量状态通常为一系列分立的能级,光的吸收与辐射可以导致体系状态在不同能级间跃迁,散射的严格理论需要通过含时微扰理论求解薛定谔方程得到跃迁概率,进而计算微分散射截面来解释拉曼散射的量子机制。下面用一个半经典的量子能级模型来对拉曼散射做简单的定性解释。

当频率为 ω_0 的光子入射时,被照射粒子吸收一个光子后跃迁到一个虚能级上(图 11.3 中虚线),并立即从虚能级返回,如果返回到原来的能级,则辐射出一个同频率的光子,即为瑞利散射,若返回到的末态比初态的能级高,则辐射出能量为 $\hbar(\omega_0 - \omega)$ 的光子,产生斯托克斯拉曼散射,若末态比初态能级低,则辐射能量为 $\hbar(\omega_0 + \omega)$ 的光子,即反斯托克斯拉曼散

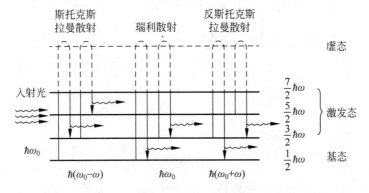

图 11.3 光散射半经典量子模型

射。由于处在较高振动能级的粒子的布局数一定比基态低,所以,反斯托克斯线一般要比斯托克斯线更弱。系统之所以没有回到初态,而是到达另外的末态,主要是因为声子的参与。光子在散射过程中发射或吸收一个(或多个)声子,就产生斯托克斯或反斯托克斯位移。后来的研究表明,参与散射的不光是声子,也可能是别的能量,例如电子态的微小差别,就造成电子拉曼光谱。

如果入射光激发能量刚好与某个电子跃迁的能量相等或相近时,电子跃迁和分子振动耦合,会使某些拉曼谱线的强度大大增强,产生共振拉曼散射。共振拉曼散射比一般拉曼散射要强几个数量级。

4. 分子的振动状态

一个由 N 个原子组成的分子体系,具有 $3N$ 个自由度,对于非线性分子,3 个为平移自由度,3 个为转动自由度,另外 $3N-6$ 个为振动自由度。分子中原子的振动通常为分子键的伸缩和摆动,对于多原子分子,其振动情况非常复杂,为了分析方便,根据运动的叠加原理把振动分解为 $3N-6$ 种独立的简正振动。下面以四氯化碳分子为例来进行说明。

四氯化碳(CCl_4)分子是一个正四面体结构,C 原子位于正四面体中心,四个 Cl 原子处于正四面体的四个顶点,共五个原子,应当有 $3\times5-6=9$ 个振动自由度,其 9 种简正振动如图 11.4 所示,这九种振动描述如下:

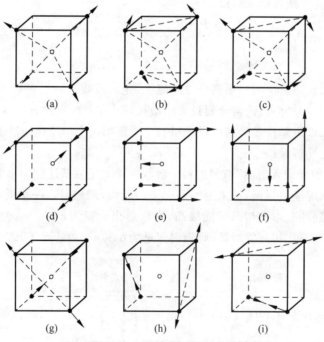

图 11.4　CCl_4 分子的简正振动模式

○ 为 C 原子;● 为 Cl 原子

(1) 四个 Cl 原子沿各自与 C 的连线同时向外或向内运动(图 11.4(a)),振动频率相当于波数 $\bar{\nu}_1=459\ \mathrm{cm}^{-1}$。

(2) 四个 Cl 原子沿垂直于各自与 C 的连线的方向运动并且保持重心不变,这种振动又分两种,一种是两个 Cl 原子在它们与 C 形成的平面内运动(图 11.4(b)),另一种是两个 Cl 原子垂直于它们与 C 形成的平面运动(图 11.4(c)),这两种振动情形中力学常数相同,振动频率是简并的,对应的振动频率波数为 $\bar{\nu}_2 = 218\ \mathrm{cm}^{-1}$。

(3) C 原子平行于正方形的一边运动,四个 Cl 原子同时平行于该边反向运动,分子重心保持不变(图 11.4(d)、(e)、(f)),频率相当于 $\bar{\nu}_3 = 776\ \mathrm{cm}^{-1}$,为三重简并态。

(4) 两个 Cl 原子沿立方体一面的对角线作伸缩运动,另两个在对面作位相相反的运动(图 11.4(g)、(h)、(i)),频率相当于 $\bar{\nu}_4 = 314\ \mathrm{cm}^{-1}$,同样为三重简并态。

振动 $\bar{\nu}_1$ 的强度最大,其次为 $\bar{\nu}_4$ 和 $\bar{\nu}_2$,最弱的为 $\bar{\nu}_3$。由于 CCl_4 分子具有很高的对称性和惰性,可以认为在液体中每个分子都保留着它自己的振动特征,因此由液态 CCl_4 拉曼谱中斯托克斯和反斯托克斯线的 $\Delta\omega$,便可从实验中测出 CCl_4 的固有振动频率。

5. 拉曼散射的偏振态和退偏度

拉曼散射线的偏振状态和入射光的偏振状态、散射系统取向以及观察方向都有关系。以经典理论来分析,由式(11.7)可以看出,散射光和入射光的偏振关系由微商极化率 $\hat{\alpha}'$ 决定,在拉曼散射中,通常用散射组态来描述入射光和散射光的传播方向和偏振状态,国际上通常用四个 G 矢量定义符号为

$$G_1(G_2 G_3)G_4$$

其中,G_1 为入射光的传播方向;G_4 为对散射光的观察方向,G_1 和 G_4 构成的平面为散射平面,是拉曼测量的基准平面;G_2 表示入射光的偏振方向;G_3 表示观察散射光时的偏振方向。测量时,用下面的符号表示散射光光强:

$$^i I_s(\theta)$$

其中,i 和 s 表示入射光和散射光的偏振方向相对于散射平面的取向,如果垂直散射面则记做 $\perp$,平行散射面记做 $/\!/$,自然光入射记做 n,θ 是观察方向和入射方向的夹角。图 11.5 画出了两种拉曼散射的空间配置图,入射光从 y 方向入射,观测方向为 x 方向,散射面为 xOy 平面。

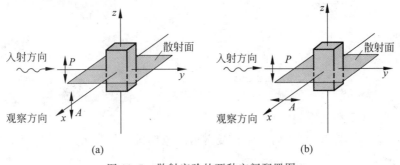

图 11.5　散射实验的两种空间配置图

(a) $y(zz)x$: $^\perp I_\perp\left(\dfrac{\pi}{2}\right)$; (b) $y(zy)x$: $^\perp I_{/\!/}\left(\dfrac{\pi}{2}\right)$

退偏度 ρ 的定义为垂直于入射光电矢量 E 偏振的散射强度与平行于入射光电矢量 E 偏振的散射强度之比,即

$$\rho_s(\theta) = \frac{^{/\!/} I_\perp(\theta)}{^\perp I_\perp(\theta)}, \quad \rho_\perp(\theta) = \frac{^\perp I_{/\!/}(\theta)}{^\perp I_\perp(\theta)}, \quad \rho_n(\theta) = \frac{^n I_{/\!/}(\theta)}{^n I_\perp(\theta)} \tag{11.11}$$

式中 ρ 的下标表示入射光的偏振状态。

从式(11.7)可以看出,只有导出极化率张量 $\hat{\alpha}' \neq 0$,才能得到拉曼散射项,将 $\hat{\alpha}'$ 写作两项之和

$$\hat{\alpha}' = \hat{\alpha}'_{iso} + \hat{\alpha}'_{aniso} \tag{11.12}$$

其中

$$\hat{\alpha}'_{iso} = \begin{bmatrix} \dfrac{1}{3}(\alpha'_{xx} + \alpha'_{yy} + \alpha'_{zz}) & 0 & 0 \\ 0 & \dfrac{1}{3}(\alpha'_{xx} + \alpha'_{yy} + \alpha'_{zz}) & 0 \\ 0 & 0 & \dfrac{1}{3}(\alpha'_{xx} + \alpha'_{yy} + \alpha'_{zz}) \end{bmatrix}$$

$$\hat{\alpha}'_{aniso} = \begin{bmatrix} \dfrac{1}{3}(\alpha'_{xx} - \alpha'_{yy}) + \dfrac{1}{3}(\alpha'_{xx} - \alpha'_{zz}) & \alpha'_{xy} & \alpha'_{xz} \\ \alpha'_{yx} & \dfrac{1}{3}(\alpha'_{yy} - \alpha'_{zz}) + \dfrac{1}{3}(\alpha'_{yy} - \alpha'_{xx}) & \alpha'_{yz} \\ \alpha'_{zx} & \alpha'_{zy} & \dfrac{1}{3}(\alpha'_{zz} - \alpha'_{xx}) + \dfrac{1}{3}(\alpha'_{zz} - \alpha'_{yy}) \end{bmatrix}$$

可以看出,张量 $\hat{\alpha}'_{iso}$ 的三个对角分量相同,其他分量为零,为各向同性张量;$\hat{\alpha}'_{aniso}$ 的三个对角分量之和为零,将其对角化时,三个对角线分量一般不相等,称之为各向异性张量。

定义

$$\alpha = \frac{1}{3}(\alpha'_{xx} + \alpha'_{yy} + \alpha'_{zz})$$

$$\gamma^2 = \frac{1}{2}\left[(\alpha'_{xx} - \alpha'_{yy})^2 + (\alpha'_{yy} - \alpha'_{zz})^2 + (\alpha'_{zz} - \alpha'_{xx})^2 + 6((\alpha'_{xy})^2 + (\alpha'_{yz})^2 + (\alpha'_{zx})^2) \right]$$

α 称为平均极化率,γ 为各向异性极化率。若系统中分子的取向为随机的,则对分子空间取向求平均可以得到

$$\overline{(\alpha'_{xx})^2} = \overline{(\alpha'_{yy})^2} = \overline{(\alpha'_{zz})^2} = \frac{1}{45}(45\alpha^2 + 4\gamma^2)$$

$$\overline{(\alpha'_{xy})^2} = \overline{(\alpha'_{yz})^2} = \overline{(\alpha'_{zx})^2} = \frac{1}{15}\gamma^2$$

$$\overline{(\alpha'_{xx}\alpha'_{yy})} = \overline{(\alpha'_{yy}\alpha'_{zz})} = \overline{(\alpha'_{zz}\alpha'_{xx})} = \frac{1}{45}(45\alpha^2 - 2\gamma^2)$$

$\hat{\alpha}'$ 其他分量的二次乘积的空间平均值为零。

根据式(11.7)的定义,可以将产生拉曼散射的电偶极矩项写为

$$P_x^i(\omega_0 \pm \omega_i) = \frac{1}{2}Q_{i0}\{\alpha'_{xx}E_{x0} + \alpha'_{xy}E_{y0} + \alpha'_{xz}E_{z0}\}\cos[(\omega_0 \pm \omega_i)t \pm \varphi_i]$$

$$P_y^i(\omega_0 \pm \omega_i) = \frac{1}{2}Q_{i0}\{\alpha'_{yx}E_{x0} + \alpha'_{yy}E_{y0} + \alpha'_{yz}E_{z0}\}\cos[(\omega_0 \pm \omega_i)t \pm \varphi_i]$$

$$P_z^i(\omega_0 \pm \omega_i) = \frac{1}{2}Q_{i0}\{\alpha'_{zx}E_{x0} + \alpha'_{zy}E_{y0} + \alpha'_{zz}E_{z0}\}\cos[(\omega_0 \pm \omega_i)t \pm \varphi_i]$$

对应图 11.5 中的散射组态,当入射光偏振方向平行于散射面时,$E_{x0} \neq 0$,$E_{y0} = E_{z0} = 0$;垂直于散射面时,$E_{z0} \neq 0$,$E_{x0} = E_{y0} = 0$;为自然光时,$E_{x0} \neq 0$,$E_{z0} \neq 0$,$E_{y0} = 0$。可以看出,

当取 x 轴方向为观察方向时,沿 x 轴方向振动的电偶极矩 P_x^i 对散射光无贡献,只有 P_y^i 和 P_z^i 分别沿 y 轴和 z 轴振动,并分别产生垂直和平行 x 轴的散射光;而观测偏振方向为平行(垂直于入射电矢量)时,只有 P_z^i 有贡献;最后当观测偏振方向为垂直(平行于入射电矢量)时,只有 P_y^i 有贡献,得到退偏度分别为

$$\rho_s\left(\frac{\pi}{2}\right) = \frac{\overline{(\alpha'_{zx})^2}}{\overline{(\alpha'_{zz})^2}} = \frac{3\gamma^2}{45\alpha^2 + 4\gamma^2}$$

$$\rho_\perp\left(\frac{\pi}{2}\right) = \frac{\overline{(\alpha'_{yz})^2}}{\overline{(\alpha'_{zz})^2}} = \frac{3\gamma^2}{45\alpha^2 + 4\gamma^2}$$

$$\rho_n\left(\frac{\pi}{2}\right) = \frac{\overline{(\alpha'_{yx})^2} + \overline{(\alpha'_{yz})^2}}{\overline{(\alpha'_{zx})^2} + \overline{(\alpha'_{zz})^2}} = \frac{6\gamma^2}{45\alpha^2 + 7\gamma^2}$$

通过退偏度的测量可以判断散射光的偏振状态和振动的对称性,当 γ 为 0 时,所有退偏度值为 0,散射光为完全偏振的,当 α 为 0 时,$\rho_s\left(\frac{\pi}{2}\right) = \rho_\perp\left(\frac{\pi}{2}\right) = \frac{3}{4}$,$\rho_n\left(\frac{\pi}{2}\right) = \frac{6}{7}$,散射光为完全退偏的,线偏振光入射退偏度介于 0 和 3/4 之间,自然光入射退偏度介于 0 和 6/7 之间时,散射光为部分偏振的。分子及其振动的对称性决定了导出极化率张量的具体形式,通过退偏度测量推测导出极化率,进而可推断分子和振动的对称性。

6. 拉曼活性和选择定则

分子的某个振动模,在入射光激发下可以产生拉曼散射,则称该振动模是拉曼活性的。从式(11.7)可以看到,只有当 $\hat{\alpha}' \neq 0$,即导出极化率张量至少有一个分量不为零时,才有拉曼散射出现,所以拉曼活性的条件是,极化率张量至少有一个分量,其相对简正坐标曲线在平衡位置具有非零的梯度。极化率张量 $\hat{\alpha}$ 的矩阵结构是由散射体系的对称性决定的,因此振动模的拉曼活性是由体系的空间对称性决定的。从前面的分析可以看到,对于 CCl_4 分子,它的 9 种振动模式都是拉曼活性的。在偏振谱测量中,拉曼活性导致了与空间对称性相关的拉曼选择定则,由于极化率张量结构 $\hat{\alpha}$ 不同而导致偶极矩 P 不同,因此在不同空间配置模型下,由于选择定则的限制,具有拉曼活性的不同振动模式,有的会产生拉曼散射,有的则不会产生。

一般来讲,对于简单的分子结构,根据其极化率张量形式比较容易判断振动模式的拉曼活性,但随着分子复杂性的增加,由于极化率具有张量特性,拉曼活性和选择定则应用会越来越困难。

【实验装置】

拉曼散射光强度正比于入射光强,但又比入射光和瑞利散射光弱 4~6 个数量级,而且拉曼频移相对激光频率而言很小,因此在实验测量中,很弱的拉曼信号必然被淹没在强大的瑞利散射光内。要想得到拉曼光谱,必须尽可能提高拉曼散射光的强度以及降低瑞利光对信号的影响。在实验技术上,激光器的发明,很好地解决了激发光源的问题,降低瑞利散射光强度的技术手段则是通过窄带陷波滤光片(notch filter)或长通滤光片(edge filter)过滤掉瑞利散射线的绝大部分强度,然后通过单级或多级光栅光谱仪增大色散的办法,将瑞利线

屏蔽在有效信号之外。对于信号的接受,传统光谱仪一般采用低噪声光电倍增管,目前更多的是采用半导体制冷的电荷耦合器件(CCD)作为光电信号接收器件。

除了采用高精度的光学器件等技术手段外,实验光路的安排也对拉曼光谱有极其重要的影响,在实验时,必须仔细调节外光路,降低环境光的影响,使有效信号光尽可能多地耦合进入光电接收器。拉曼光谱的实验装置如图所示,图 11.6(a)为测量液体样品的拉曼实验装置,图 11.6(b)为显微拉曼实验装置。

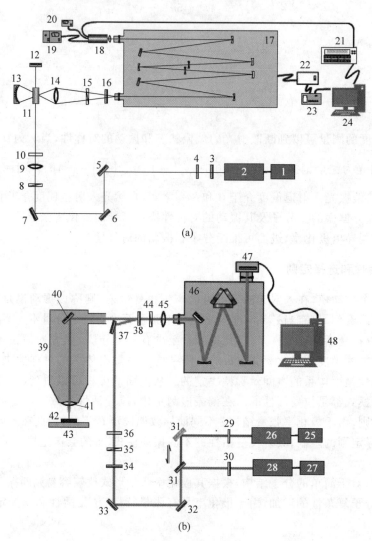

图 11.6 实验装置图

(a) 拉曼实验装置图;(b) 双激发光源显微拉曼实验装置图

1、25、27—激光器电源;2、26、28—激光器;3、29、30—带通滤光片;4、34—衰减片;5、6、7、12、32、33、37、40—反射镜;8、15、35、44—偏振片;9、14、45—聚焦透镜;10、36—半波片;11—样品;13—凹面反射镜;16、38—长通滤波片(edge)或陷波滤光片(notch);17、46—光栅光谱仪;18—光电倍增管;19—光电倍增管高压电源;20—光电倍增管冷却系统电源;21—数字电压表;22—光谱仪电源;23—光谱仪控制盒;24、48—计算机;31—移动反射镜;39—显微镜;41—显微物镜;42—样品;43—二维调节样品台;47—电制冷面阵 CCD

拉曼光谱实验装置主要由光源、外光路、色散系统、信号接收以及数据采集等部分组成，各个部分的主要功能介绍如下：

1. 光源

激光器具有亮度高、单色性好、准直性好以及偏振特性等优点，是拉曼光谱理想的激发光源。本实验采用双激发光源，一个是半导体泵浦的固体激光器，其输出波长为 532 nm，最大功率为 110 mW，另外一个是 He-Ne 激光器，波长为 632.8 nm，功率为 5 mW。双光源通过一个可水平移动的反射镜分别引入实验光路，对样品进行激发。

2. 外光路

激发光经滤光纯化并聚焦后入射到样品表面，样品产生的散射光经收集光路汇聚后经过滤光组件过滤瑞利散射线之后进入光谱仪，这一部分光路构成了实验的外光路，为了研究拉曼光谱的偏振特性，经常会在外光路中加入偏振组件。实验外光路主要功能介绍如下：

1) 滤光组件

滤光组件主要功能是过滤杂散光，由前置滤光片和后置滤光片组成。

前置滤光片根据激光波长选择相应的窄线宽带通滤光片，用以对激光线进行纯化，典型的 532 nm 带通滤光片线宽可以做到 2 nm，通光率达 90% 以上。

根据样品特性和研究目的不同，有时需要适当降低激发光强，所以在入射光路上经常会放置不同透光率的中性密度（ND，neutral density）滤光片，衰减入射光强。

后置滤光片主要目的是过滤瑞利散射线，由于拉曼频移相对激光频率来讲一般很小，且拉曼散射光相对瑞利光要弱很多，所以要求滤光片在激光频率附近有很陡的过滤曲线，对激光频率能很快衰减为 0，激光频率之外的光则能全部通过，目前典型的 532 nm Notch 滤光片能做到带宽为 17 nm，通光率＞93%，Edge 滤光片边缘为 1.1 nm。图 11.7 是 532 nm 的三种滤光片的通光曲线示例。

2) 样品架与聚光组件

拉曼散射的样品可以是固体或液体，一般液体样品装在玻璃样品池内，采用聚光透镜对激光聚焦后照射到样品池中心，散射光则经另外一个透镜聚焦收集。一般入射光和散射光呈 90° 配置（见图 11.6），为了增强散射光收集效果，可以在散射光收集的背向增加一个凹面反射镜以增强散射光收集，在入射方向的对面可以增加一个反射镜来增强散射光。

对于固体样品，目前一般采用光学显微镜作为入射聚光、散射光收集和样品架使用，即显微拉曼光路，图 11.8 和图 11.9 是显微光路图，使用显微镜具有以下突出的优点：

（1）利用高倍物镜，可以将激光光斑聚焦到直径为 $1\sim2\ \mu m$ 的微区，这样既大大提高了激光入射功率密度，同时又提供了非常高的空间分辨性，配合二维移动的样品台，可以精确定位光斑位置，做微区测量，还可以进行扫描成像测量。

（2）通过白光照明配合显微物镜或 CCD 摄像装置，可以在测量拉曼光谱的同时，实时观测测量点的表面形貌信息，对薄膜等低维材料非常有用。

（3）采用显微镜可以方便的配置成共焦光路，大大提高了光谱测量的空间分辨率。

共焦光路指的是透镜光轴上物点和像点互相共轭，这样，对光轴上可以无像差成像，激光为点光源，让样品处于显微物镜的焦平面上，像点位于光谱仪入射狭缝处，借助狭缝达到

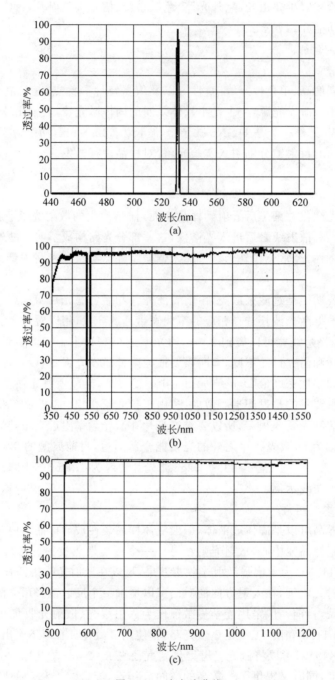

图 11.7　滤光片曲线

(a) 带通滤光片；(b) 陷波滤光片(notch)；(c) 长通滤光片(edge)

空间滤波的目的,保证 CCD 接收到的像即为被聚焦激光照明的物体的像,这样的光路安排可以有效地屏蔽像边缘的杂散光,构成一个无针孔的显微共焦系统(见图 11.8),本实验所有设备的实际显微共焦光路如图 11.9 所示。

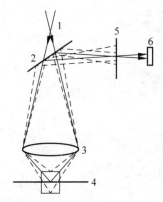

图 11.8　无针孔共焦光路

1—激光束；2—分束片；3—显微物镜；
4—焦平面；5—入射狭缝；6—CCD

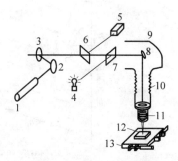

图 11.9　共焦显微光路

1—激光器；2、8—反射镜；3—长通滤波片（edge）或陷波滤
光片（notch）；4—白光照明光源；5—CCD 摄像头；6—分束
片；7—可移动分束片；9—显微镜主体；10—调焦部件；
11—物镜镜头；12—样品；13—二维移动样品台

3）偏振组件

拉曼散射是偏振相关的，通过对退偏度的测量可以反映分子结构和振动的对称性，因此在实验测量时，需要在光路中加入偏振元件，即入射光路的起偏器和散射光路上的检偏器。为了便于退偏度测量，还需要在入射光路上加入和激光波长对应的二分之一波片，从而方便地将入射偏振方向改变 90 度。

3. 色散系统

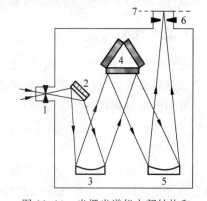

光谱测量，必须对光谱进行色散处理，即让不同频率的光波在空间位置上分开，再通过扫描完成光谱测量。实验中常用的色散装置为光栅光谱仪，是一种利用光栅衍射实现色散的光学仪器，一般由狭缝、准直和聚焦、色散光栅等几部分组成，图 11.10 是本实验用的光栅光谱仪内部结构示意图。

图 11.10　光栅光谱仪内部结构和
光路示意图

1—入射狭缝；2—反射镜；3—准直反射镜；
4—光栅；5—聚焦反射镜；
6—出射狭缝；7—焦平面

光栅是由大量等宽、等间距的平行狭缝（或反射面）构成的光学元件。实际的光栅根据工作原理可分为两种：透射光栅和反射光栅，目前光谱仪中常用的是采用全息相干技术制作的全息平面反射光栅。

为了降低零级光谱的强度，将辐射能集中于所要求的波长范围，近代光栅采用定向闪耀的办法，即将光栅刻痕刻成一定的形状，使每一刻痕的小反射面与光栅平面成一定的角度，从而使衍射光强的主最大从原来与不分光的零级主最大重合的方向转移至由刻痕形状决定的反射方向进而导致反射光方向光谱变强，这种现象称为闪耀，如图 11.11 所示。

辐射能量最大的波长称为闪耀波长。光栅刻痕反射面与光栅平面的夹角，称为闪耀角，描述光栅性能的指标的参数为色散本领和色分辨本领，色散本领又分为线色散和角色散

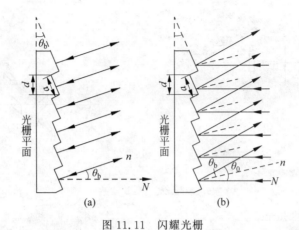

图 11.11 闪耀光栅

(a) 平行光束沿槽面法线入射；(b) 平行光束沿光栅平面法线方向入射

本领。

根据不同的测量需求，光谱仪一般会配多种不同刻线的光栅，安装在光谱仪内部的光栅架上。测量时，根据分辨率和测量范围要求，通过机械装置切换使用不同光栅。为了提高光谱仪的分辨率或提高光通量，还可使用多光栅光谱仪，即光束在光路上经过多块光栅，当多块光栅配置成色散相加模式时，就可以提高光谱分辨率，若多块光栅配置成色散相减模式，则可以抑制杂散光和提高光通量，常见的有双光栅和三光栅光谱仪。

4. 信号接收

光信号经光谱仪色散分光后，进入信号接收系统，由信号系统将光信号转换为电信号再送入数据采集系统进行记录，得到光谱数据。

常用的信号接收设备有光电倍增管和电荷耦合器件（charge coupled devices），简称为 PMT 和 CCD。

光电倍增管是利用光电效应进行测量的仪器装置，一般用于单道探测，它由一个光阴极和多个倍增电极（通常又称为打拿极）以及阳极构成，在阳极与阴极之间加高压，在各个打拿极上由分压电阻给出一级比一级高的电位。图 11.12 显示了光电倍增管的工作原理，当光子打到阴极 K 上，会产生光电子，光电子经电子光学输入系统加速、聚焦后射向第一打拿极，每个光电子在打拿极上击出几个电子，这些电子射向第二打拿极，再经倍增射向第三打拿极，直到最后一个打拿极，最后，倍增出来的大量电子射向阳极，被阳极收集起来，转变成电压脉冲输出，为工作安全起见，光电倍增管常处于负高压工作状态（即阳极端接地，阴极端加负高压）。

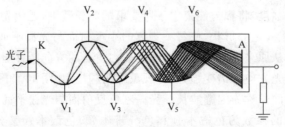

图 11.12 光电倍增管工作原理图

　　CCD 是由美国贝尔实验室的博伊尔(W. S. Boyle)和史密斯(G. E. Smith)于 1970 年提出来的新型半导体器件,其基本结构是由彼此非常靠近的一系列 MOS 电容器组成,它的基本功能是电荷的存储和转移。CCD 具有尺寸小、重量轻、功耗小、线性好、噪声低、动态范围大、光谱响应范围宽、寿命长、实时传输和自扫描等一系列优点。

　　图 11.13 显示了三相 CCD 的电荷转移工作原理,通过在相邻栅极上加形状相同但有一定相位差的脉冲电平信号,可以驱动电荷完成定向转移。

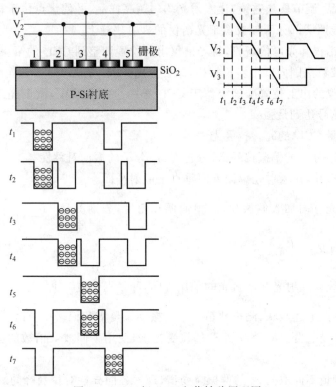

图 11.13　三相 CCD 电荷转移原理图

　　面阵 CCD 是由二维排列的 CCD 的光敏单元及移位寄存器组成,当光学图像照射到光敏区时,通过加偏压将光生电荷收集到电极下方的势阱区,然后再通过电荷转移,将光生电荷转移到存储区,通过读出电路即可以得到一帧图像。在读取第一场图像的同时,第二帧信息又被收集到势阱中,并在第一帧信息被全部读出时,立即传送给寄存器,从而使图像信息连续地读出。为了降低噪声,CCD 一般需要工作在低温条件下。

　　CCD 由于一次能够得到多个像元的信息,常用于多道分析,相对于 PMT 的单道探测,CCD 能够更快捷地获取谱数据,同时显示多条谱线,也更有利于光路调节。但 PMT 的优势则是动态范围宽,信噪比好。

5. 数据采集

　　由 PMT 或 CCD 采集到的电信号,经数据转换模块变成数字信号送入计算机,再由相应的软件系统将数据记录下来,即完成了数据采集。一套拉曼软件主要由仪器控制、数据获取、谱图显示、数据处理、数据分析等模块组成,一些商用的软件还会内置丰富的光谱数据库,便于用户通过比对进行物性分析。

【实验内容】

1. 测量 CCl_4 分子的振动拉曼谱。

(1) 打开激光电源,调节外光路,让入射光水平入射,通过调节辅助反射镜,让入射光和反射光呈 90°,并使反射光平行于平台表面垂直入射到光谱仪狭缝上。

(2) 放上样品,调节聚焦透镜,让入射光均匀照亮样品,并使焦点位于样品中心,调节聚光透镜,让样品被照明部分清晰成像于光谱仪的入射狭缝上。

(3) 打开光谱仪和光电倍增管,将光谱仪出射位置调整到 CCl_4 的第一个拉曼峰的位置附近,在 100 个波数范围内以小步长扫描,结合光路微调,寻找第一个拉曼峰位。

(4) 让光谱仪的出射位置准确定位于 CCl_4 第一个拉曼峰位,微调光路,观察光电倍增管输出,让输出信号达到最强。

(5) 扫描测量 CCl_4 的完整拉曼光谱。

2. 测量 CCl_4 分子的偏振拉曼谱,分析 CCl_4 分子的振动对称性。

(1) 加入偏振片,让入射光偏振方向垂直于散射平面。

(2) 在散射光方向加入偏振片,调整偏振片角度,分别测量 $^\perp I_\perp \left(\dfrac{\pi}{2}\right)$ 和 $^\perp I_{/\!/} \left(\dfrac{\pi}{2}\right)$ 的拉曼光谱,计算退偏度 $\rho_\perp \left(\dfrac{\pi}{2}\right)$。

(3) (选做)改变入射光和散射光的偏振方向,测量退偏度 $\rho_s \left(\dfrac{\pi}{2}\right)$。

3. (选做)按照上述步骤,测量酒精分子的振动拉曼谱和偏振拉曼谱。

4. 在显微拉曼装置上测量单晶 Si 的拉曼光谱,使用不同放大倍数的物镜,观察物镜对拉曼峰强的影响。

5. (选做)测量不同取向 Si 的偏振拉曼谱,观察各向异性对拉曼峰的影响。

6. (选做)通过机械剥离法制备不同层数的石墨烯材料,通过测量并分析对应的拉曼光谱判断石墨烯材料的层数。

7. (选做)测量未知样品的拉曼光谱,然后通过标准谱数据,分析确定未知样品的化学成分。

【注意事项】

1. 开启激光时,要戴上激光防护眼镜,并注意保护不让激光直接入射到眼睛中;

2. 在没有关闭照明灯光或者激光直接照射到光谱仪入射狭缝上时,不得开启光电倍增管的高压;

3. 启动光电倍增管高压之前必须先启动光电倍增管的冷却系统电源,光电倍增管的高压不得超过实验手册中指定的限制数值;

4. 实验过程中,如果需要开启照明光源,则务必先将光电倍增管高压降为最低并关闭后再开启;

5. 操作时注意戴上防静电夹,在操作前,最好让手接触接地装置(暖气片或水管)释放

静电,避免静电损坏激光器等设备;

　　6. 注意保护光学镜片和显微镜头,不得用手接触镜片和镜头表面;

　　7. 注意保护光学元器件和其他部件,轻拿轻放,不得损坏;

　　8. CCD 探测器必须在低温下工作,在开启 CCD 电源之前务必先打开 CCD 制冷装置;

　　9. 使用高倍率显微镜头时,由于焦距很小,调节时务必小心,不得让镜头接触样品表面;

　　10. 不允许随意调节光谱仪狭缝的宽度;

　　11. 不得随意打开或损坏装样品的试剂瓶;

　　12. 务必按照实验手册的规定顺序开启和关闭所有设备。

【参考文献】

[1]　张树霖. 拉曼光谱学与低维纳米半导体[M]. 北京:科学出版社,2008.

[2]　RAMAN C V,KRISHNAN K S. A New Type of Second Radiation[J]. Nature,1928,121:501-502.

[3]　郎 D A. 喇曼光谱学[M]. 顾本源,译. 北京:科学出版社,1983.

[4]　赫兹堡 G. 分子光谱与分子结构:第二卷[M]. 王鼎昌,译. 北京:科学出版社,1986.

[5]　张孔时,丁慎训. 物理实验教程(近代物理实验部分)[M]. 北京:清华大学出版社,1991.

[6]　吴思诚,王祖铨. 近代物理实验[M]. 3 版. 北京:高等教育出版社,2005.

[7]　熊俊. 近代物理实验[M]. 北京:北京师范大学出版社,2007.

[8]　程光煦. 拉曼布里渊散射[M]. 2 版. 北京:科学出版社,2008.

　　　　　　　　　　　　　　　　　　　　　　　　　　　　　　　　　（陈宜保）

实验 **12** 光学信息处理

一个二维图片,从空域的角度看,可以认为它是一个大量空间不同透射率的集合,从频域的角度来看,它则是一个包含着大量不同空间频率的集合。从空域到频域的转换,在数学上是通过傅里叶变换实现的,而在光学上,只需一个会聚透镜就可以将图片的频谱实实在在地展现在我们面前。由于每一个频率成分对于图片成像的作用影响是不同的,因此研究清楚这其中的关联关系,就能根据对图像的一些特殊要求来对频谱进行操作——光学信息处理,而这些处理效果在空域中是不能实现的。

【思考题】

1. 会聚透镜成像,从几何光学和阿贝成像的观点看,分别是怎样的过程?

2. 空间频率的定义是什么? 它是矢量还是标量?

3. 入射光是平行光时,频谱面在什么位置? 入射光是点光源时,频谱面又在什么位置? 光源和频谱面位置的关系是什么?

4. 高通滤波和图像微分的作用是什么? 两者的区别?

5. 为什么说有一定孔径物镜的显微镜、望远镜只能具有有限的分辨本领? 如增大放大倍数能否提高它的分辨本领?

6. 两个条纹方向互相垂直的一维光栅,按下述两种方法放置,它们的频谱各是什么样的? 为什么?

(1) 并排放在物面上,没有重叠;(2) 前后放在物面上,让光线依次通过。

7. 思考题图 1 左图为原图,右边的三幅图像分别是经过滤波处理的,请分析它们分别是用什么滤波器处理的(低通,带通,高通)?

(a)　　　　　　　(b)　　　　　　　(c)

思考题图 1

8. 思考题图 2 是"图像加减"的光路图。在物面上放置相距为 b 的两个物 A 和 B,用一维正弦光栅作为滤波器(频率为 f_0),请分析利用此光路实现图像加减的原理,并推导出 b 应满足的条件。

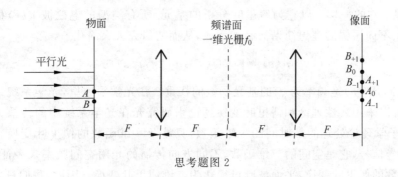

思考题图 2

【引言】

自 20 世纪 60 年代激光出现以来,光学的重要发展之一是形成了一个新的光学分支——傅里叶光学。傅里叶光学是指把数学中的傅里叶分析方法用于波动光学,用傅里叶变换的观点来描述和处理波动光学中波的传播、干涉、衍射等。借助傅里叶变换,建立了空间域 (x, y) 和空间频域 (f_x, f_y) 的关系,使得傅里叶分解和综合的方法成为研究光场传输和成像的基本数学工具,与透镜的傅里叶变换一起构成了光学信息处理的理论框架。

光学信息处理就是用光学方法对光学图像或光波的振幅分布做进一步的处理。广义地说,几何光学也是一种图像的信息处理,如对图像的放大、缩小等,一般来说光学仪器总是希望能把图像变得更易于人们观察。自从阿贝成像理论提出以后,近代光学信息处理通常是在频域中进行的。由于图像的夫琅禾费衍射分布,即图像的空间频谱分布与图像的空间分布规律不同,使得在频谱面上对其进行处理可获得一些特殊的图像处理效果。信息光学是一门新兴学科,1948 年全息术的发明,1955 年光学传递函数的建立以及 1960 年激光的诞生是近代光学发展史上的三件大事,也是光学信息处理的基础。近代光学信息处理主要研究如何对各种光学信息进行综合性的处理,例如各种光学运算(加、减、乘、除、相关、卷积、微分、矩阵相乘、逻辑运算等),光学信息的抽取、编码、存储、增强、去模糊、特征识别,各种光学变换(傅里叶变换、对数变换、梅林变换、拉普拉斯变换)等。有时光学信息处理也称为光学数据处理,它的发展远景是"光计算",具有容量大、速度快、设备简单、可以处理二维图像信息等许多优点,在光学信息存储、遥感、医疗、产品质量检验等方面有着重要的应用,在光学信息安全的图像加密、解密等方面更起到关键性作用。现如今,随着计算机科学的迅猛发展,信息光学也获得了巨大的进展,并逐渐发展成为集光学、计算机和信息科学相结合的高新技术,其主要研究方向大致包括声光信号处理、光通信技术、光电子学、激光超短脉冲与新型激光器件、超快过程与纳米光学等。

通过实验,加强对傅里叶光学中有关空间频率、空间频谱和空间滤波等概念的理解。观察各种光学滤波器产生的滤波效果,掌握光学滤波技术,加深对光学信息处理基本思想的认识。

【实验原理】

1. 二维傅里叶变换和空间频谱

在电子学理论中,要研究线性网络怎样收集和传输电信号,一般采用线性理论和傅里叶频谱分析方法。对于一列理想的单色平面简谐波 $A\sin(2\pi f t)$,只要知道它的振幅 A 和频

率 f,就掌握了它的一切。以它为傅里叶分析的基元,所有类型的电磁波 $u(t)$ 都可以分解为不同频率、不同振幅的理想简谐波叠加而成,从而使研究大大简化。

$$u(t) = \int_0^{+\infty} U(f)\sin(2\pi ft)\mathrm{d}f \tag{12.1}$$

式中,t 为时间,$U(f)$ 是频率为 f 的基元函数的权重。在光学领域里,光学系统是一个线性系统,它也可以采用线性理论和傅里叶变换理论来研究光在光学系统中的传播。两者的区别在于:电子学理论处理的是时间的一维函数,只涉及一维函数的傅里叶变换。在光学领域处理的是光信号,它是空间的三维函数,不同方向传播的光用空间频率来表征时,需用空间的三维函数的傅里叶变换,平面波则可简化为二维傅里叶变换。因此,我们只要将关于时间、时域、时间调制、频率、频谱等概念相应地改为空间、空域、空间调制、空间频率、空间频谱,就可以将傅里叶变换作为研究光学的工具。

在信息光学中(二维),我们是以空间周期函数 $\exp[\mathrm{i}2\pi(f_x x + f_y y)]$(平面波的形式)作为傅里叶变换的基元,设物屏在 x-y 平面上光场的复振幅分布为 $g(x,y)$,根据傅里叶变换特性,可以将这样一个空间分布函数展开成一系列基元函数的线性叠加,即

$$g(x,y) = \iint_{-\infty}^{+\infty} G(f_x,f_y)\exp[\mathrm{i}2\pi(f_x x + f_y y)]\mathrm{d}f_x \mathrm{d}f_y \tag{12.2}$$

式中 f_x、f_y 为 x、y 方向的空间频率,即单位长度内振幅起伏的次数,$G(f_x,f_y)$ 表示原函数 $g(x,y)$ 中相应于空间频率为 f_x、f_y 的基元函数的权重,亦即各种空间频率的成分所占的比例,也称为光场 $g(x,y)$ 的空间频谱。式(12.2)也可以理解为,物函数 $g(x,y)$ 可分解为无穷多个不同振幅、不同方向的平面波叠加的结果,各平面波的权重为 $G(f_x,f_y)\mathrm{d}f_x \mathrm{d}f_y$。$G(f_x,f_y)$ 也可由 $g(x,y)$ 的傅里叶变换求得

$$G(f_x,f_y) = \iint_{-\infty}^{+\infty} g(x,y)\exp[-\mathrm{i}2\pi(f_x x + f_y y)]\mathrm{d}x\mathrm{d}y \tag{12.3}$$

$g(x,y)$ 与 $G(f_x,f_y)$ 是一对傅里叶变换对,$G(f_x,f_y)$ 称为 $g(x,y)$ 的傅里叶变换,$g(x,y)$ 是 $G(f_x,f_y)$ 的逆变换,它们分别描述了光场的空间分布及光场的空间频率分布,这两种描述是等价的。

当 $g(x,y)$ 是空间周期函数时,空间频率的分布是不连续的。例如空间周期为 x_0 的一维光栅的函数 $g(x)$,即 $g(x) = g(x+x_0)$,光栅的振幅分布可展成傅里叶级数

$$g(x) = \sum_n G_n \exp(\mathrm{i}2\pi f_n x) = \sum_n G_n \exp(\mathrm{i}2\pi n f_0 x) \tag{12.4}$$

式中,$n = 0, \pm 1, \pm 2, \cdots$;$f_0 = 1/x_0$,称为基频;$f_n = n f_0$,是基频的整数倍频,称为 n 次谐波的频率。G_n 是 $g(x)$ 中的空间频率为 f_n 的权重因子,可由傅里叶变换求得

$$G_n = \frac{1}{x_0}\int_{-\frac{x_0}{2}}^{\frac{x_0}{2}} g(x)\exp(-\mathrm{i}2\pi n f_0 x)\mathrm{d}x \tag{12.5}$$

2. 正透镜的二维傅里叶变换性质

在光学上,可以证明正透镜(会聚透镜)就是一个傅里叶变换器,它具有二维傅里叶变换的本领。理论表明,若在焦距为 F 的正透镜 L 的前焦面(x-y 面)上放一光场振幅透过率为 $g(x,y)$ 的物屏,并以波长为 λ 的相干平行光垂直照射(见图 12.1(a))则在 L 的后焦面

(x'-y' 面)上就得到 $g(x,y)$ 的傅里叶变换,即 $g(x,y)$ 的频谱,此即夫琅禾费衍射情况。其空间频谱和式(12.3)完全相同:

$$G(f_x,f_y) = \iint_{-\infty}^{+\infty} g(x,y)\exp[-\mathrm{i}2\pi(f_x x + f_y y)]\mathrm{d}x\mathrm{d}y \tag{12.6}$$

其中空间频率 f_x、f_y 与透镜频谱面上的坐标有如下关系:

$$f_x = x'/\lambda F, \quad f_y = y'/\lambda F \tag{12.7}$$

显然,$G(f_x,f_y)$ 就是空间频率为 f_x、f_y 的频谱项的复振幅,是物的复振幅分布的傅里叶变换,这就为函数的傅里叶变换提供了一种光学手段,将抽象的函数演算变成了实实在在的物理过程。由于 f_x、f_y 分别正比于 x'、y',所以当 λ、F 一定时,频谱面上远离坐标原点的点对应于物频谱中的高频部分,中心点 $x'=y'=0$,则 $f_x=f_y=0$ 对应于零频。

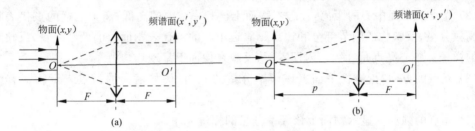

图 12.1　透明物体与透镜的距离不同时,频谱面位置的变化
(a) 前焦面;(b) 非前焦面

当透明物不是放在傅里叶透镜的前焦面上,而是与透镜的距离为 p 时(见图 12-1(b)),可以证明其频谱面仍然在透镜的后焦面上。与物体处于前焦面相比,其傅里叶变换只是多了一个相位因子。

$$G(f_x,f_y) = \exp[\mathrm{i}\pi(F-p)\lambda(f_x^2 + f_y^2)]\iint_{-\infty}^{+\infty} g(x,y)\exp[-\mathrm{i}2\pi(f_x x + f_y y)]\mathrm{d}x\mathrm{d}y \tag{12.8}$$

当入射光不是平行光时,可以证明,正透镜还是会对透明物起到傅里叶变换的作用,但频谱面的位置会有所不同。

3. 阿贝成像和空间滤波

1873 年,德国人阿贝从波动光学的观点提出了一种成像理论。他把物体或图片看成是包含一系列空间频率的衍射屏,在相干平行光照明下,物体通过透镜成像的过程分为两步(见图 12.2)。第一步是透镜对物作空间傅里叶变换,在物镜后焦面(频谱面)上形成一个衍射图样(频谱),即将物的各种空间频率和相应的振幅一一展现出来。一般情况下,物体透过率的分布不一定是简单的空间周期函数,它们具有复杂的空间频谱,故透镜焦平面上的衍射图样也是极其复杂的。第二步是这些衍射图样的子波相干涉,在像平面上相干叠加形成物的像。

现在我们知道,物体可以被看成是一系列不同空间频率信息的集合,通过傅里叶变换,光信息处理所涉及的空间信息的频谱不再是一个抽象的数学概念,而是展现在透镜焦平面上的物理实在。

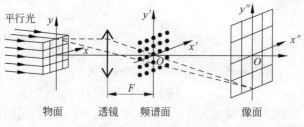

图 12.2　阿贝成像原理图

按频谱分析理论,谱面上的每一点均具有以下四点明确的物理意义:

(1) 谱面上任意一光点对应着物面上的一个空间频率分量。

(2) 光点离谱面中心的距离,标志着物面上该频率成分的高低,离中心远的点代表物面上的高频分量,反映物的细节部分和边界。靠近中心的点代表物面上的低频分量,反映物的大体的样子。中心亮点是 0 级衍射即零频,反映在像面上呈现均匀背景。

(3) 光点的方向,指出物平面上该频率分量的方向,例如横向的谱点表示物面有纵向栅缝。

(4) 光点的强弱则显示物面上该频率分量的幅度大小。

在第二次衍射中,若物体的全部空间频谱都参与相干叠加成像,则像面与物面将完全相似。如果在频谱面上插入某种光学器件(称之为空间滤波器),使某些空间频率分量被滤掉或被改变,则像平面上的像就会被改变,这就是空间滤波和光学信息处理的基本思想。常用的空间滤波器有两类:

(1) 振幅滤波器:只改变各种频率分量的振幅分布,而不对其相位产生影响。图 12.3 给出了几种常用的振幅滤波器:(a)低通滤波;(b)高通滤波;(c)带通滤波:有选择的滤掉某些频率成分;(d)方向滤波:只让某一方向的频率分量通过。

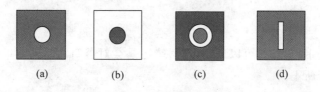

图 12.3　振幅滤波器
(a) 低通;(b) 高通;(c) 带通;(d) 方向

(2) 相位滤波器(如一维光栅、复合光栅等):只改变各种频率分量的相对位相分布,而对其振幅分布不产生影响。这类滤波器通常只在局部面积上使通过的频谱产生相移,如相移 $\pi/2$,π 等,由于不衰减光场的能量,因此具有很高的光学效率。

4. 卷积定理

对于函数 $f(x,y)$ 和 $h(x,y)$,它们的卷积定义为

$$f(x,y) * h(x,y) = \int_{-\infty}^{+\infty} f(\mu,\nu) h(x-\mu, y-\nu) \mathrm{d}\mu \mathrm{d}\nu \qquad (12.9)$$

卷积运算在光信息处理中经常会碰到,但其本身概念比较抽象,直接计算比较复杂。通

过卷积定理,就可以化繁为简。卷积定理:两个函数乘积的傅里叶变换,等于它们各自傅里叶变换的卷积;反之,两个函数卷积的傅里叶变换,等于它们各自傅里叶变换的乘积。这个卷积定理指出:傅里叶变换可以化复杂的卷积运算为简单的乘积运算,从而提供了计算卷积的一种手段,这样就可以利用计算机快速地算出两个函数的卷积结果。

所谓物函数是光振幅透过率的函数,当两个物同时放在物面上,让光线依次通过,此时的物函数是两个单独物函数的相乘。它们通过傅里叶透镜之后,相当于对这个乘积进行了傅里叶变换,利用卷积定理就可以看出,其形成的频谱应该是原来两个频谱的卷积。

为了用实验来验证卷积定理,我们需要知道两个函数的卷积结果,若是两个一般的函数,这个事情是很难做到的。但若其中一个函数为脉冲 δ 函数,卷积运算则变得非常简单。

$$f(x,y) * \delta(x-x_0, y-y_0) = f(x-x_0, y-y_0)$$

$$f(x,y) * \delta(x,y) = f(x,y) \tag{12.10}$$

卷积的结果是把函数 $f(x,y)$ 平移到脉冲所在空间位置 $x-x_0, y-y_0$ 处。

5. 图像微分

光学微分不仅是一种重要的光学—数学运算,在光学图像处理中也是突出图像边缘信息的一种重要方法。对于一张比较模糊的图像,由于突出了其边缘细节而变得易于辨认。为了突出图像的边缘细节,我们可以用振幅滤波的方法,去掉图像中的低频成分而突出图像的高频成分,从而使边缘突出。但由于光能量损失太大,因而使像的能见度大大降低,减弱了信号。利用光学微分法则可以得到较满意的结果。

如图 12.4 所示,设物平面的坐标用 (x,y) 来表示,谱平面的坐标用 (x',y') 来表示,像平面的坐标用 (x'',y'') 来表示。一个物 $g(x,y)$ 到它的频谱 $G(x',y')$ 的变换为

$$G(x',y') = \int_{-\infty}^{+\infty}\!\!\int g(x,y)\exp\left(-\mathrm{i}k\,\frac{x'x+y'y}{F}\right)\mathrm{d}x\,\mathrm{d}y \tag{12.11}$$

其中 $k=2\pi/\lambda$,透镜的焦距为 F。

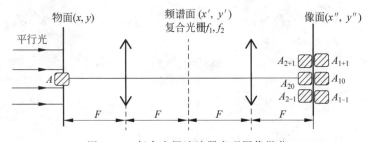

图 12.4 复合光栅滤波器实现图像微分

若以正弦光栅作为滤波器,将其置于频谱面上。正弦光栅的复振幅透过率为

$$H(x',y') = H_0 + H_1\cos(2\pi f_0 x' + \varphi_0)$$

$$= H_0 + \frac{1}{2}H_1[\exp(\mathrm{i}(2\pi f_0 x' + \varphi_0)) + \exp(-\mathrm{i}(2\pi f_0 x' + \varphi_0))] \tag{12.12}$$

式中,f_0 为光栅频率;φ_0 表示光栅的初位相,它取决于光栅相对于坐标原点的位置。对于一个物图像 $g(x,y)$,在 4F 配置的系统中,它的像函数 $u(x'',y'')$ 为 $G(x',y')$ 和 $H(x', y')$ 乘积的傅里叶变换:

$$u(x'',y'') = \int_{-\infty}^{+\infty}\!\!\int G(x',y')H(x',y')\exp\!\left(-ik\,\frac{x'x''+y'y''}{F}\right)\mathrm{d}x'\mathrm{d}y' \tag{12.13}$$

利用卷积定理,两个函数乘积的傅里叶变换,等于它们各自的傅里叶变换的卷积。因此 $u(x'',y'')$ 就等于 $G(x',y')$ 和 $H(x',y')$ 分别傅里叶变换的卷积。

$G(x',y')$ 的傅里叶变换为

$$\int_{-\infty}^{+\infty}\!\!\int G(x',y')\exp\!\left(-ik\,\frac{x'x+y'y}{F}\right)\mathrm{d}x'\mathrm{d}y' = g(-x,-y) \tag{12.14}$$

$H(x',y')$ 的傅里叶变换为

$$\int_{-\infty}^{+\infty}\!\!\int H(x',y')\exp\!\left(-ik\,\frac{x'x+y'y}{F}\right)\mathrm{d}x'\mathrm{d}y'$$

$$=\int_{-\infty}^{+\infty}\!\!\int \left\{ H_0 + \frac{1}{2}H_1\left[\exp(i(2\pi f_0 x' + \varphi_0)) + \right.\right.$$

$$\left.\left.\exp(-i(2\pi f_0 x' + \varphi_0))\right]\right\}\exp\!\left(-ik\,\frac{x'x+y'y}{F}\right)\mathrm{d}x'\mathrm{d}y'$$

$$=\int_{-\infty}^{+\infty}\exp\!\left(-ik\,\frac{y'y}{F}\right)\mathrm{d}y'\int_{-\infty}^{+\infty}\left\{ H_0\exp\!\left(-ik\,\frac{x'x}{F}\right)\mathrm{d}x' + \right.$$

$$\frac{1}{2}H_1\exp(i\varphi_0)\exp\!\left[-i\!\left(-2\pi f_0 + k\,\frac{x}{F}\right)x'\right]\mathrm{d}x' +$$

$$\left.\frac{1}{2}H_1\exp(-i\varphi_0)\exp\!\left[-i\!\left(2\pi f_0 + k\,\frac{x}{F}\right)x'\right]\mathrm{d}x'\right\}$$

$$=\delta(y)\left[H_0\delta(x) + \frac{1}{2}H_1\delta(-\lambda F f_0 + x)\exp(i\varphi_0) + \right.$$

$$\left.\frac{1}{2}H_1\delta(\lambda F f_0 + x)\exp(-i\varphi_0)\right] \tag{12.15}$$

利用 δ 函数的卷积运算得

$$u(x'',y'') = g(-x'',-y'') * \left[H_0\delta(x'',y'') + \frac{1}{2}H_1\delta(-\lambda F f_0 + x'',y'')\exp(i\varphi_0) + \right.$$

$$\left.\frac{1}{2}H_1\delta(\lambda F f_0 + x'',y'')\exp(i\varphi_0)\right]$$

$$=H_0 g(-x'',-y'') + \frac{1}{2}H_1 g(-(x''-\lambda F f_0),-y'')\exp(i\varphi_0) +$$

$$\frac{1}{2}H_1 g(-(x''+\lambda F f_0),-y'')\exp(i\varphi_0) \tag{12.16}$$

即在像面上呈现三个像,分别为 0 级像、-1 级像、$+1$ 级像,它们都是原像的再现,0 级像与 1 级像之间的距离为 $\lambda F f_0$,即与光栅频率 f_0 有关,-1 级像、$+1$ 级的位相分别是 φ_0、$-\varphi_0$。

我们是利用复合光栅来作为空间滤波器实现图像微分的。所谓复合光栅是指在同一块全息干板上制作的两个栅线平行但空间频率稍许不同的一维正弦光栅 f_1, f_2,其初始位置时的振幅透过率函数为(假设两个光栅的初始位相都为零)

$$H(x',y') = H_0 + H_1\cos(2\pi f_1 x') + H_2\cos(2\pi f_2 x') \tag{12.17}$$

将待微分的图像 A 置于输入面的原点位置,微分滤波器置于频谱面上,因此在此系统中 A 通过光栅 f_1 有三个像 A_{10},A_{1-1},A_{1+1},A 通过光栅 f_2 有三个像 A_{20},A_{2-1},A_{2+1},其中 A_{10} 和 A_{20} 完全重合,也可看作是一个像(0 级像),±1 级像中心相对 0 级中心的距离分别为

$$\Delta x_1''=\lambda F f_1,\quad \Delta x_2''=\lambda F f_2 \tag{12.18}$$

由于 f_1、f_2 之间存在差额 $\Delta f=(f_2-f_1)\ll f_1,f_2$,使得 A_{1+1} 像与 A_{2+1} 像之间或 A_{1-1} 像与 A_{2-1} 像之间略有位错,其数值为

$$\Delta x''=\Delta x_2''-\Delta x_1''=\lambda F\Delta f \tag{12.19}$$

这就实现了微分运算的第一步。为实现二者相减,在 x 方向上将复合光栅平移一合适距离 Δs,引起两个图像的相移

$$\varphi=2\pi(f_2-f_1)\Delta s \tag{12.20}$$

在 +1 级像所在处的场为

$$u_{+1}(x'',y'')=\frac{1}{2}H_2 g(x''+\Delta x'')+\frac{1}{2}H_1 g(x'')\mathrm{e}^{\mathrm{i}\varphi}$$

令 $\varphi=\pi$,得 $\Delta s=1/2\Delta f$。若 $H_1=H_2$,则

$$u_{+1}(x'',y'')=\frac{1}{2}H_1 g(x''+\Delta x'')-\frac{1}{2}H_1 g(x'')=\frac{1}{2}H_1\Delta g \tag{12.21}$$

这样就实现了光学微分运算(同理,−1 级像也实现了光学微分运算)。

6. θ 调制

θ 调制实验是对阿贝的二步成像理论的一个巧妙应用。将一个物体用不同取向的一维光栅来进行编码,制作成 θ 片(见图 12.5)。将 θ 片置于白光照明中,在频谱面上进行适当的空间滤波处理,便可在输出面上得到一个假彩色的像。

我们知道,如果在一个透镜的前焦面放置一块一维光栅并用一束单色平行光垂直照射它,在透镜的后焦面(即频谱面)上就会形成一串衍射光斑,其方向将垂直于光栅条纹的方向。如果有一个图形,其不同部分由取向不同的一维光栅制成(调制),显而易见,它们的衍射光斑也将有不同的取向,即在透镜的后焦平面上,各部分的频谱分布方向也将有所不同。当用白光照射 θ 片时,在

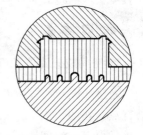

图 12.5　θ 片被调制物示意图

频谱面上就可得到彩色的频谱斑,这是由于光栅的衍射角与光波长有关,波长越长,衍射角越大。如果我们在频谱面上放置一个滤波器,这个滤波器可以让不同方位的光斑串中的不同颜色有选择地通过,则可以得到一幅彩色的像。而实际上物体(θ 片)是无色的,这就实现了假彩色编码。

【实验光路】

实验光路如图 12.6 所示,用一氦氖激光器($\lambda=632.8$ nm)作光源,物面处放置透明的物体,谱面 F 处放置各种滤波器。激光束经 L_1 扩束、L_2 准直后,形成大截面的平行光照在物面上。调节光路时要注意各有关器件的共轴等高。

为了方便观察,选择将物放置在距透镜 L_3(焦距为 F)的距离为 p 处($p \neq F$),平行光垂直照射,此时物的频谱面还是在傅立叶透镜 L_3 的后焦面上,像面与物面是共轭关系。

$$\frac{1}{p} + \frac{1}{q} = \frac{1}{F} \tag{12.22}$$

式中,p、q 分别是物距和像距,F 是透镜的焦距。此时在像面上可以得到放大 $M = -q/p$ 倍的实像。

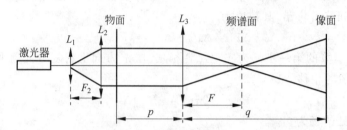

图 12.6   空间滤波实验光路

L_1—扩束镜;L_2—准直镜;L_3—傅里叶变换透镜($F = 15$ cm)

调节平行光是利用平晶来判断的。所谓平晶是一块前后表面平行度很高的厚光学玻璃板,如果平行光束照射在平晶上,经前、后表面反射出来的两束光仍然是平行光,在它们重叠区不产生干涉条纹。反之,如果照射的光束不是平行光束,在重叠区则要产生干涉条纹。条纹的平行度越差,干涉条纹越密。调节光路时,使平晶与光束成一倾角,用接收屏接收平晶的反射光束,一般能观察到干涉条纹,细调准直镜前后位置,使干涉条纹尽可能稀疏,约几毫米宽(由于光学玻璃的材料不是绝对均匀或前后表面不严格平行,不可能一点干涉条纹也没有),这样就得到了准直的平行光束。

【实验内容】

1. 空间成分滤波

光路如图 12.6,物面上放置一维光栅(12 线/mm),光栅条纹沿竖直方向,观察其频谱特点。在频谱面上用纸扎孔自制滤波器,按下列情况分别通过一定的空间频率成分,测量像面上条纹间距变化的情况并记录成像的特点,对每组图像变化情况做出适当的分析解释。

A:(① 0,±1;② 0,±2 级;③ 全部),分析空间频率对条纹周期的影响。

B:(① 0,±1;② 0,±1,±2;③ 全部),分析低频、高频成分对条纹形貌的影响。

C:(① 0 级;② 除 0 级外;③ 全部),分析零频对图像的影响。

2. 方向滤波

在物面上放置正交光栅(光字屏),观察其频谱图样。在频谱面上加方向滤波器,使频谱全部通过及分别在竖直、水平、−45°斜方向、45°斜方向上通过,观察图像的变化情况,并对其做出适当的分析解释。

测算水平与 45°斜方向条纹的空间周期之比,并分析解释。

3. 验证卷积定理

在物面上分别放置卷积件 1 和卷积件 2，观察它们各自的频谱。再在物面上同时放置卷积件 1 和卷积件 2，观察并记录其频谱特点。分别转动两卷积件，频谱有何变化？

通过以上实验现象，说明此实验是如何验证卷积定理的？并说明利用卷积定理，如何将两个函数的卷积计算转换成傅里叶变换的计算？

4. 光学微分

在物面上放置微分图片，频谱面放置复合光栅（$f_1 = 100$ 线 /mm，$f_{2B} = 102$ 线 /mm）作为滤波器，垂直光轴平移光栅，使 ± 1 级像突出图片的边缘，记录实验结果并分析讨论。

5. θ 调制

实验光路采用 4F 系统，以白光为光源（为保证足够的光强，不要用扩束镜），使白光经准直透镜变为平行光。在物面上放置 θ 片，在频谱面上用纸扎孔的办法自制滤波器，使得像面上的图形显示为彩色图形，分析并解释实验结果。

6.（选做）利用图 12.7 所示光路，自制 θ 片

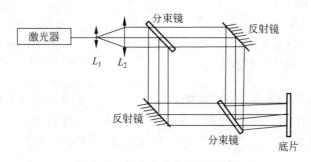

图 12.7　制作全息光栅的光路图

【参考文献】

［1］　林木欣. 近代物理实验教程［M］. 北京：科学出版社，1999.
［2］　杨瑞生，吕晓旭. 信息光学［M］. 北京：电子工业出版社，2008.
［3］　马喆存. 光学信息处理［J］. 信息与控制，1978(3).
［4］　车会生. 光计算的现状与展望［J］. 光电子技术与信息，2001，14(3)：39-41.
［5］　孙洪辉，侯素霞，张清华. 图像的微分处理与相关识别［J］. 光学技术，2007，33(s1)：112-113.
［6］　杨慧茜. 信息光学理论及其应用现状［J］. 科技致富向导，2012，11：42.

【附录】

1. 零频对一维光栅图像的影响

按频谱分析理论，我们知道：在频谱面上中心亮点是零频，反映在像面上呈现均匀背景。若将零频滤除，对一维光栅图像的影响分为以下两种情况。设光栅透光部分的宽度为

a,光栅周期为 d,透光部分振幅为 1,不透光部分振幅为 0,则有

（1）当一维光栅的缝宽大于缝的间隙时（$a>d/2$）,傅里叶变换后,直流分量（0 级）大于 1/2,去掉 0 级后像的复振幅分布如图 12.8(c),光强分布则如图 12.8(d),像面上对应物体上亮的部分变暗,暗的部分变亮,实现了对比度反转。

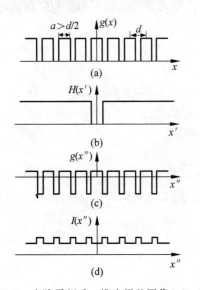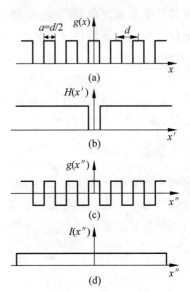

图 12.8　去除零频后一维光栅的图像（$a>d/2$）
　　（a）物函数；（b）滤波函数；
（c）像的复振幅分布；（d）像的光强分布

图 12.9　去除零频后一维光栅的图像（$a=d/2$）
　　（a）物函数；（b）滤波函数；
（c）像的复振幅分布；（d）像的光强分布

（2）当一维光栅的缝宽等于缝的间隙时（$a=d/2$）,直流分量（0 级）等于 1/2,去掉 0 级后像的复振幅分布如图 12.9(c),光强分布则如图 12.9(d),像面上的复振幅分布仍为光栅结构,并且周期与物相同,但强度分布是均匀的,即实际上看不见条纹。

2. 正透镜的傅里叶变换性质

（1）透镜的位相调制作用

透镜对透射的光波具有位相调制的功能,这是因为透镜本身的厚度的变化,使得入射光波在通过透镜的不同部位时,经过的光程不同,即所受时间延迟不同,从而使得光波的等相位面发生弯曲。

对于一个焦距为 F 的透镜 L：①考虑薄透镜的情况（忽略折射效应）；②忽略透镜对于入射波前大小范围的限制；③忽略光在透镜表面的反射以及透镜内部吸收造成的损耗,即认为通过透镜的光波振幅分布不发生变化,只是产生一个大小正比于透镜各点厚度的位相变化。在傍轴条件近似下,透镜的位相调制函数可以表示为

$$t_{\mathrm{L}}(x_{\mathrm{L}},y_{\mathrm{L}})=A\exp\left(-\mathrm{i}k\frac{x_{\mathrm{L}}^2+y_{\mathrm{L}}^2}{2F}\right) \tag{12.23}$$

这就是透镜的复振幅透过率函数。波数 $k=2\pi/\lambda$,A 为复常数。可以认为透镜只是改变了光波整体的位相分布,并不影响平面上位相的相对空间分布。

(2) 透镜的傅里叶变换性质

在距正透镜 L(焦距为 F)(x_L, y_L 面)距离为 p 的平面(x, y 面)上放一光场振幅透过率为 $t(x, y)$ 的物屏,并以波长为 λ 的相干平行光垂直照射(图 12.10),则物函数 $g(x, y)=ct(x, y)$,c 是与光源有关的复常数,平行光正入射时为实常数。

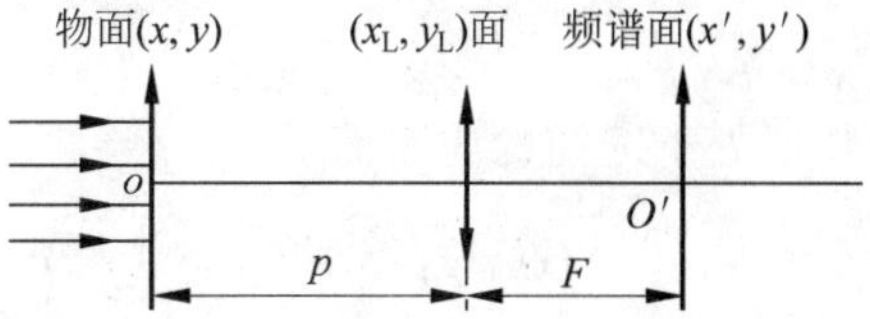

图 12.10　透镜的傅里叶变换性质

物光作菲涅耳衍射传到透镜前,利用菲涅耳衍射公式,其波函数 $u_L(x_L, y_L)$ 为

$$u_L(x_L, y_L)=\frac{1}{\lambda p}\int_{-\infty}^{+\infty}\int_{-\infty}^{+\infty} g(x, y)\exp\left[ik\frac{(x_L-x)^2+(y_L-y)^2}{2p}\right]dx\,dy \tag{12.24}$$

透镜仅起位相变换作用,u_L 透过透镜后的波函数 $U_L(x_L, y_L)$ 为

$$U_L(x_L, y_L)=u_L(x_L, y_L)\cdot t_L(x_L, y_L)=u_L(x_L, y_L)\exp\left(-ik\frac{x_L^2+y_L^2}{2F}\right) \tag{12.25}$$

从透镜后端到后焦面光的传播属于菲涅耳衍射,再次利用菲涅耳衍射公式,在后焦面上的光场 $G(x', y')$ 为

$$G(x', y')=\frac{1}{\lambda F}\int_{-\infty}^{+\infty}\int_{-\infty}^{+\infty} U_L(x_L, y_L)\exp\left[ik\frac{(x'-x_L)^2+(y'-y_L)^2}{2F}\right]dx_L\,dy_L \tag{12.26}$$

把上述各式代入可得

$$\begin{aligned}G(x', y')=&\frac{1}{\lambda^2 Fp}\\&\int_{-\infty}^{+\infty}\int_{-\infty}^{+\infty}\exp\left(-ik\frac{x_L^2+y_L^2}{2F}\right)\exp\left[ik\frac{(x'-x_L)^2+(y'-y_L)^2}{2F}\right]\\&\left\{\int_{-\infty}^{+\infty}\int_{-\infty}^{+\infty} g(x, y)\exp\left[ik\frac{(x_L-x)^2+(y_L-y)^2}{2p}\right]dx\,dy\right\}dx_L\,dy_L\end{aligned} \tag{12.27}$$

将指数式中平方项展开并进行合并:

$$\begin{aligned}&\frac{[(x_L-x)^2+(y_L-y)^2]}{2p}-\frac{x_L^2+y_L^2}{2F}+\frac{[(x'-x_L)^2+(y'-y_L)^2]}{2F}\\=&\frac{1}{2p}x_L^2-\left(\frac{x}{p}+\frac{x'}{F}\right)x_L+\frac{x^2}{2p}+\frac{x'^2}{2F}+\frac{1}{2p}y_L^2-\left(\frac{y}{p}+\frac{y'}{F}\right)y_L+\frac{y^2}{2p}+\frac{y'^2}{2F}\\=&\frac{1}{2p}\left[x_L-\left(x+\frac{p}{F}x'\right)\right]^2-\frac{xx'}{F}+\frac{F-p}{2F^2}x'^2+\frac{1}{2p}\left[y_L-\left(y+\frac{p}{F}y'\right)\right]^2-\frac{yy'}{F}+\frac{F-p}{2F^2}y'^2\end{aligned} \tag{12.28}$$

用 C 表示积分号前的常量并忽略,可得

$$G(x', y')=\exp\left[ik\frac{F-p}{2F^2}(x'^2+y'^2)\right]\int_{-\infty}^{+\infty}\int_{-\infty}^{+\infty} g(x, y)\exp\left[-ik\left(\frac{xx'+yy'}{F}\right)\right]dx\,dy \tag{12.29}$$

做变量替换:

$$f_x=x'/\lambda F,\quad f_y=y'/\lambda F \tag{12.30}$$

则式(12.29)可写成

$$G(f_x,f_y)=\exp[\mathrm{i}\pi(F-p)\lambda(f_x^2+f_y^2)]\int_{-\infty}^{+\infty}\int_{-\infty}^{+\infty}g(x,y)\exp[-\mathrm{i}2\pi(f_xx+f_yy)]\mathrm{d}x\,\mathrm{d}y$$

$$(12.31)$$

若物屏处于透镜的前焦面上,即 $p=F$,上式可写成

$$G(f_x,f_y)=\int_{-\infty}^{+\infty}\int_{-\infty}^{+\infty}g(x,y)\exp[-\mathrm{i}2\pi(f_xx+f_yy)]\mathrm{d}x\,\mathrm{d}y \qquad (12.32)$$

这就是傅里叶变换公式。从上面的分析就可以看出,正透镜对光场具有二维傅里叶变换的本领。平行光垂直入射,透镜的后焦面即是傅里叶变换面(称为频谱面)。当透明物体置于透镜的前焦面上,透明物体的物函数与衍射场的复振幅分布存在准确的傅里叶变换关系,见式(12.32)。若透明物体位于透镜前方 p 处时,透镜的后焦面仍然是变换平面,不过此时存在二次相位因子,见式(12.31)。

还可以证明,若非平行光入射,此时光源 S 的共轭面为傅里叶变换面。当透明物体置于透镜前焦面上时,存在着严格的傅里叶变换关系,其他情况都存在二次位相因子。

（张慧云）

实验 **13** 傅里叶变换全息资料存储

提起全息照相，首先反应在脑海中的是"三维立体成像"，不过那只是种类繁多的全息照相中最具代表性的一种。本实验"傅里叶变换全息资料存储"是非常具有实用性的一种全息术，它是将物光波的波前信息转化为频谱分布并通过全息干涉的方法记录下来的。它能将一个页面的文字图像存储在一个直径约 2 mm 的斑点上，其优点是不言自明的。若想成为一名高超的全息照相师，不仅需要对全息照相的原理和傅里叶变换的原理有深刻的理解，要有"细心""耐心"的光路调节本领，还需要根据实验原理对拍照条件进行摸索、控制、优化。心灵才能手巧，二者缺一不可。

【思考题】

1. 全息照相和一般的照相有哪些不同？

2. 两束光相干必须满足的条件是什么？

3. 一般认为激光是单色光（波长为 λ），但任何光谱线都会存在一定的展宽（$\Delta\lambda$），所以激光器都会有相干长度的限制，为什么？请推导出相干长度与 λ、$\Delta\lambda$ 的关系。

4. 什么是空间频率？傅里叶逆变换在光学上应如何实现？

5. 什么是傅里叶变换全息照相？要记录准确的傅里叶变换全息图，透明资料片应置于什么位置？

6. 记录傅里叶变换全息图时为什么要有一定的离焦量？

7. 记录准确的傅里叶变换全息图后，用平行光直接对傅里叶变换全息图再现时（见思考题图 1(a)），再现像在何处？若全息底片置于透镜的前焦面上再现时（见思考题图 1(b)），再现像应在何处？

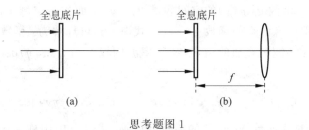

思考题图 1

8. 傅里叶全息照片可否用白光再现？为什么？

【引言】

全息术是利用光的衍射和干涉原理，将物波的全部信息（振幅和位相）以干涉条纹的形式记录在全息底片上，所记录的干涉条纹图样称为全息图。当用光波照明全息图时，由于衍射而再现出原物的全部信息。

全息术是英籍匈牙利物理学家丹尼斯·盖伯在 1947 年为了提高电子显微镜的分辨率，在布拉格和泽尼克工作的启发下发明的。1948 年盖伯和助手首次用实验实现了全息图的记录和再现，他因此而获得 1971 年的诺贝尔物理学奖。早期的全息图是用水银灯记录的同轴全息图，由于缺少高相干性和高强度的光源，直到 20 世纪 50 年代中期全息术的研究还一直处于萌芽时期。1960 年激光器的出现以及 1962 年美国科学家利思和乌帕特尼克斯将通信理论中的载频概念推广到空域中，实现了离轴全息图，解决了原始像和共轭像不能分离的问题，使濒临光学古董边缘的全息术大放异彩并获得迅速发展，相继出现多种全息方法，并在光学信息处理、全息干涉计量、全息显示、全息光学元件等方面得到应用。

随着计算机技术的发展，人们不再仅仅用光学干涉的方法记录全息图，而且可以用计算机和绘图设备绘制全息图，使很多光学现象都可以用计算机进行仿真，形成了计算全息。全息术不仅可以用于光波波段，也可以用于电子波、X 射线、声波和微波波段。

傅里叶变换全息图记录物光波的频谱分布，即物光波的傅里叶变换。傅里叶变换全息术在信息存储、光学空间滤波、特征识别和图像处理等方面都得到了广泛应用。

通过实验，了解光学成像中的傅里叶分解和综合的方法，以及光场的频谱分析概念，了解全息术思想，掌握全息图的记录和再现的原理及方法。

【实验原理】

1. 光学傅里叶变换

一个二维的空间分布函数，可以看作是由无穷多个不同振幅、不同方向的平面波叠加的结果，即空间频率分布函数，这是从空间振幅和空间频率两个不同的角度描述同一个事物，因而是等价的，在数学上是通过傅里叶变换来实现此目的的。

1.1 傅里叶变换

一个空间二维函数 $g(x,y)$ 可以展开为

$$g(x,y) = \int_{-\infty}^{+\infty} \int_{-\infty}^{+\infty} G(\xi,\eta) \exp[i2\pi(x\xi + y\eta)] d\xi d\eta \tag{13.1}$$

式中的 ξ、η 分别表示 x、y 方向的空间频率，空间频率指单位长度内空间信号变化的周期数。$G(\xi,\eta)$ 称为空间函数 $g(x,y)$ 的空间频谱，(x,y) 平面称为空域平面，(ξ,η) 平面称为频域平面。对于一般图像的空间函数 $g(x,y)$，式(13.1)可理解为：函数 $g(x,y)$ 可分解为无穷多个不同空间频率波的叠加的结果，各频率波的权重为 $G(\xi,\eta) d\xi d\eta$。与式(13.1)相对应的逆变换为

$$G(\xi,\eta) = \int_{-\infty}^{+\infty} \int_{-\infty}^{+\infty} g(x,y) \exp[-i2\pi(\xi x + \eta y)] dx dy \tag{13.2}$$

通常，式(13.2)称为函数 $g(x,y)$ 的傅里叶变换，式(13.1)则称为函数 $G(\xi,\eta)$ 的傅里叶逆变换，式(13.1)和式(13.2)合称为傅里叶变换对。傅里叶变换对表明：对一个函数的傅里叶变换再作一次逆变换，就得到了原来的函数。

1.2 会聚透镜的傅里叶变换性质

可以证明：在光学上，会聚透镜(焦距为 f)就是一个傅里叶变换器，它具有二维傅里叶变换的本领。

当平行光(波长为 λ)垂直入射,将透明物体放置于透镜的前焦面上,如图 13.1(a)所示。设透明物体的透射系数为 $t(x,y)$,其物函数 $g(x,y)=ct(x,y)$,这里 c 是与光源有关的复常数,当平行光正入射时 c 为实常数。可推得在透镜的后焦面上的光场的复振幅分布 $G(x',y')$ 为

$$G(x',y')=\int_{-\infty}^{+\infty}\int_{-\infty}^{+\infty}g(x,y)\exp\left(-ik\frac{x'x+y'y}{f}\right)\mathrm{d}x\mathrm{d}y \tag{13.3}$$

式中 k 为波数, $k=2\pi/\lambda$。若令 $\xi=x'/\lambda f,\eta=y'/\lambda f$ 则上式改写成

$$G(\xi,\eta)=\int_{-\infty}^{+\infty}\int_{-\infty}^{+\infty}g(x,y)\exp[-i2\pi(\xi x+\eta y)]\mathrm{d}x\mathrm{d}y \tag{13.4}$$

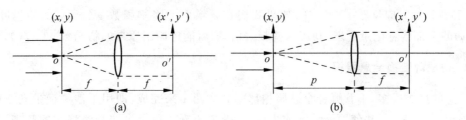

图 13.1　平行光垂直入射
(a) 透明物体放置于透镜前焦面; (b) 透明物体放置于透镜非前焦面

与式(13.2)对比可以发现:在这种情况下,物体的物函数与衍射场的复振幅分布存在着准确的傅里叶变换关系, $G(\xi,\eta)$ 是 $g(x,y)$ 的傅里叶变换,透镜的后焦面就是变换平面(称为频谱面或傅氏面)。如果透明物体处在与透镜距离为 p 的任意位置,如图 13.1(b)所示,此时透镜的后焦面仍然是变换平面,不过存在二次位相因子。

$$G(\xi,\eta)=\exp[i\pi(f-p)\lambda(\xi^2+\eta^2)]\int_{-\infty}^{+\infty}\int_{-\infty}^{+\infty}g(x,y)\exp[-i2\pi(\xi x+\eta y)]\mathrm{d}x\mathrm{d}y \tag{13.5}$$

我们还可以推导出,光源为点光源时,当透明物体放置于透镜前焦面上时,依然存在着严格的傅里叶变换关系,频谱面的位置与光源成共轭关系,其他情况都存在二次位相因子。二次位相因子的存在只会对再现像的位置有影响,不会影响我们得到傅里叶变换全息图。

1.3　傅里叶变换的光学模拟

数学上傅里叶变换对的运算在光学上可通过图 13.2 所示的 $4f$ 系统来实现。物函数为 $g(x,y)$ 的透明物体置于焦距为 f 的透镜 L_1 的前焦面上,透镜 L_2(焦距为 f) 的前焦面位于频谱面上,平行光垂直入射。在 L_1 的后焦面上得到 $g(x,y)$ 的傅里叶变换 $G(\xi,\eta)$,如式(13.4)所示。透镜 L_2 对 $G(\xi,\eta)$ 再作一次傅里叶变换,则在 L_2 的后焦面上得到的光场分布为

$$u(x'',y'')=\int_{-\infty}^{+\infty}\int_{-\infty}^{+\infty}G(\xi,\eta)\exp[-i2\pi(x''\xi+y''\eta)]\mathrm{d}\xi\mathrm{d}\eta \tag{13.6}$$

如果令 $x''=-x,y''=-y$,则式(13.6)改写成:

$$u(x,y)=\int_{-\infty}^{+\infty}\int_{-\infty}^{+\infty}G(\xi,\eta)\exp[i2\pi(x\xi+y\eta)]\mathrm{d}\xi\mathrm{d}\eta \tag{13.7}$$

式(13.7)就是傅里叶逆变换式。与式(13.1)相比,可以发现 $u(x,y)$ 与 $g(x,y)$ 完全相同。可见,只要对 L_2 的后焦面取反射坐标,就可以实现傅里叶逆变换,所以图 13.2 的光学系统

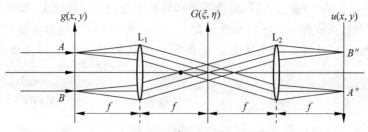

图 13.2　傅里叶变换对的光学模拟

模拟了傅里叶变换对的运算关系。一个物体经过 $4f$ 系统变换后,在像面所成的像与原物完全相同,只是方向反转了。这样,如果我们在频谱面上将物函数 $g(x,y)$ 的傅里叶变换 $G(\xi,\eta)$ 的全部信息记录下来,利用这些频谱信息,就能还原出原来的物函数 $g(x,y)$。

2. 傅里叶变换全息照相

全息的种类很多,不管哪种全息照相都要分成两步来完成,即用干涉法记录光波信息,称波前记录。用衍射法使原光波波前再现,称波前再现。用全息照相法将物的频谱记录下来,就称为傅里叶变换全息图。

2.1　物频谱的记录

傅里叶变换全息图的记录和再现的光学系统有多种,图 13.3 是其中的一种记录方法。将物体置于透镜的前焦面,用平行光垂直照射,利用透镜的傅里叶变换性质,在其后焦面位置就得到物光波 $g(x,y)$ 的傅里叶频谱 $G(\xi,\eta)$,其振幅记为 $G_0(\xi,\eta)$,位相记为 $\Phi_G(\xi,\eta)$,因此频谱函数也可记为 $G_0(\xi,\eta)\exp[\mathrm{i}\Phi_G(\xi,\eta)]$。再引入一相干光作为参考光 R(平行光),参考光在透镜面上与光轴的距离为 b,坐标为 $(-b,0)$,则:

$$R(\xi,\eta) = R_0\exp(\mathrm{i}2\pi b\xi) \tag{13.8}$$

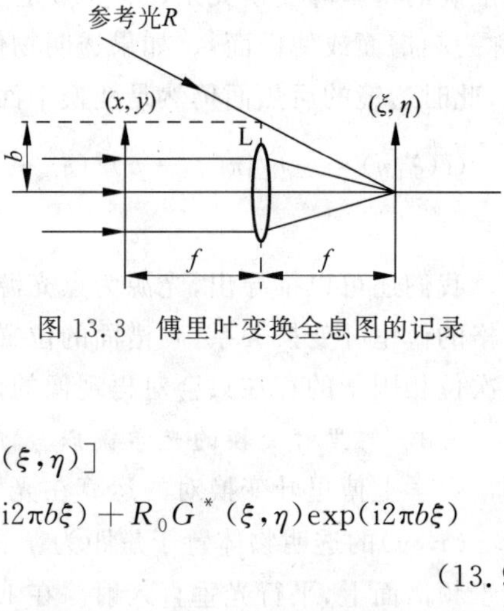

图 13.3　傅里叶变换全息图的记录

这样,频谱面上的光强分布为

$$I(\xi,\eta) = [G(\xi,\eta) + R(\xi,\eta)][G^*(\xi,\eta) + R^*(\xi,\eta)]$$
$$= R_0^2 + |G(\xi,\eta)|^2 + R_0 G(\xi,\eta)\exp(-\mathrm{i}2\pi b\xi) + R_0 G^*(\xi,\eta)\exp(\mathrm{i}2\pi b\xi)$$
$$= R_0^2 + G_0^2 + 2R_0 G_0\cos(\Phi_G - \Phi_R) \tag{13.9}$$

式中 R_0^2,G_0^2 分别是参考光波与物频谱各自独立照射底板时的光强。第三项为物频谱与参考光之间的相干项,它们把物频谱的振幅和位相信息转化成不同光强的干涉条纹。若在此处放置一全息干板,则可在照相底板上记录下来物频谱的全部信息:包括振幅和位相。

2.2　全息图

曝光过的全息底板经过冲洗,其上每点的振幅透射率 τ 与此处的曝光量 H 有关(H 等于光强 I 与曝光时间 t 的乘积),其关系曲线可用图 13.4 来表示。在 τ-H 曲线上,只有中间一段近似为直线,所以为了实现线性记录,拍照时要取

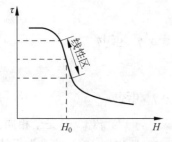

图 13.4　全息干板的特性

曝光量在 H_0 附近,这可以通过选择适当的参考光与物光光强比来实现。在线性记录的条件下有

$$\tau = \alpha + \beta H = \alpha + \beta t I \tag{13.10}$$

式中,α 和 β 为常数,β 为图 13.4 中线性区的斜率。将光强公式(13.9)代入式(13.10)中,便可得到拍好的全息图的复振幅透射率

$$\tau = \alpha + \beta t [R_0^2 + |G(\xi, \eta)|^2 + R_0 G(\xi, \eta) \exp(-i2\pi b\xi) + R_0 G^*(\xi, \eta) \exp(i2\pi b\xi)] \tag{13.11}$$

这样冲洗后的全息底板即是全息图。如果全息图的记录未能满足线性记录条件,将会影响再现光波的质量。

2.3 波前的再现

用与记录时相同波长、振幅为 A 的平行光垂直照射全息底板,此再现光波经过全息图后衍射波的复振幅分布为

$$u(\xi, \eta) = A\tau = (A\alpha + A\beta t R_0^2) + A\beta t |G(\xi, \eta)|^2 +$$
$$A\beta t R_0 G(\xi, \eta) \exp(-i2\pi b\xi) + A\beta t R_0 G^*(\xi, \eta) \exp(i2\pi b\xi) \tag{13.12}$$

再现时,若将全息底板置于焦距为 f 的透镜的前焦面上,后焦面上的像即是对 $u(\xi, \eta)$ 作一次傅里叶变换得到的。式(13.12)中的常数项 $(A\alpha + A\beta t R_0^2)$ 的傅里叶变换为 δ 函数,对应焦点上的亮点。第二项的傅里叶变换为物分布的自相关函数,形成焦点附近的晕轮光。第三项的傅里叶变换为

$$\int_{-\infty}^{+\infty} \int_{-\infty}^{+\infty} A\beta t R_0 G(\xi, \eta) \exp(-i2\pi b\xi) \exp[-i2\pi(x''\xi + y''\eta)] d\xi d\eta$$
$$= \int_{-\infty}^{+\infty} \int_{-\infty}^{+\infty} A\beta t R_0 G(\xi, \eta) \exp\{i2\pi[(-x'' - b)\xi - y''\eta]\} d\xi d\eta$$
$$= A\beta t R_0 g[-(x'' + b), -y''] \tag{13.13}$$

由此看出,除相差一个常数因子外,与物分布 $g(x, y)$ 完全一样,只是坐标反转了,像的中心位置在 $(-b, 0)$ 处,即在 x'' 方向移动了 $(-b)$,这就是再现得到的原始图像。

用同样的方法可以得到第四项的傅里叶变换为 $A\beta t R_0 g^*[(x'' - b), y'']$,这是物分布的共轭像,像中心位于 $(b, 0)$ 处,即在 x'' 方向移动了 b。原始像为倒立实像,共轭像为正立实像。

实验中,不用透镜也可以再现原始图像(理论上应在无穷远处)。用原参考光照射冲洗后的全息图,在全息图后适当方向用接收屏接收,可以得到再现的原始图像。

对于一般光学图像特别是文字信息,在它的空间频谱中,通常低频成分远大于高频成分,低频成分反映物的轮廓,高频反映细节,因此只要记录了必要的低频信息,就可以基本上体现物的特征。而且低频成分衍射角小,频谱非常集中,直径仅 1 mm 左右,记录时只要用细光束作为参考光,可使全息图的面积小于 $2\ \mathrm{mm}^2$,所以这种全息图特别适用于密度全息存储。

【实验光路】

整个光学系统安置在光学防振平台上。图 13.5 是实验光路图,物光束经扩束镜和准直镜后成为平行光束,透明资料片置于傅里叶变换透镜的前焦面上。为了减轻由于物频

谱中的低频成分太强而产生的非线性噪声,使全息底片上的光强分布均匀些以提高全息图的衍射效率,全息底片的安置采用离焦法,即让全息底片(记录面)安置在离频谱面的距离 ε(称离焦量)为傅氏透镜焦距的 5% 左右的位置上,使记录面上物光的光斑大小为 1～2 mm,参考光斑的大小为 2 mm 左右。两光斑中心应在记录面上重合,全息底片稍向参考光方向倾斜。为了实现全息底板线性记录、提高衍射效率,要让参考光光强大于物光光强,并选择合适的光强比(参考光和物光的光强比及曝光时间是影响全息图的衍射效率的主要因素)。如果物光太强,会由于散斑效应而降低衍射效率,光强比过大也会降低衍射效率。参考光与物光的光程尽可能相等,参考光光束与物光光束之间的夹角也不要太大。

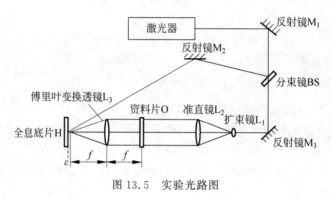

图 13.5　实验光路图

【实验内容】

1. 根据图 13.5 的光路图和要求安排光路并调节光路等高共轴。

2. 透明资料片置于傅里叶变换透镜的前焦面上进行记录。全息片的感光面迎着光束,选择适当的光强比,改变曝光时间在底片的不同位置进行多次记录。

3. 原位再现：将冲洗后的底片放回原位,直接用原参考光作为再现光照明全息底片,观察再现像的大小和位置情况。

4. 再现光垂直照射全息底片,观察再现像的情况,分清原始像和共轭像。

5. (选做)研究不同光强比,离焦量,光程差,曝光时间等条件对全息成像的影响。

【参考文献】

[1]　张孔时,丁慎训. 物理实验教程(近代物理实验部分)[M]. 北京：清华大学出版社,1991.

[2]　于美文. 光全息学及其应用[M]. 北京：北京理工大学出版社,1996.

[3]　宋菲君. 近代光学信息处理[M]. 北京：北京大学出版社,1998.

【附录】

1. 傅里叶变换的基本公式

傅里叶变换：

$$G(\xi,\eta) = \int_{-\infty}^{+\infty}\int_{-\infty}^{+\infty} g(x,y)\exp[-\mathrm{i}2\pi(\xi x + \eta y)]\mathrm{d}x\mathrm{d}y \tag{13.14}$$

其中，ξ、η 分别表示 x、y 方向的空间频率。

傅里叶逆变换：

$$g(x,y) = \int_{-\infty}^{+\infty} \int_{-\infty}^{+\infty} G(\xi,\eta) \exp[\mathrm{i}2\pi(x\xi + y\eta)] \mathrm{d}\xi \mathrm{d}\eta \tag{13.15}$$

（1）相移定理

$$\int_{-\infty}^{+\infty} \int_{-\infty}^{+\infty} g(x-a, y-b) \exp[-\mathrm{i}2\pi(\xi x + \eta y)] \mathrm{d}x \mathrm{d}y = G(\xi,\eta) \exp[-\mathrm{i}2\pi(\xi a + \eta b)]$$
$$\tag{13.16}$$

即函数在空域的平移，带来频域中的一个线性相移。

（2）函数的复数共轭傅里叶变换

$$\int_{-\infty}^{+\infty} \int_{-\infty}^{+\infty} g^*(x,y) \exp[-\mathrm{i}2\pi(\xi x + \eta y)] \mathrm{d}x \mathrm{d}y = G^*(-\xi, -\eta) \tag{13.17}$$

（3）δ 函数的傅里叶变换

$$\int_{-\infty}^{+\infty} \delta(x) \exp(-\mathrm{i}2\pi\xi x) \mathrm{d}x = 1 \tag{13.18}$$

$$\int_{-\infty}^{+\infty} 1 \cdot \exp(-\mathrm{i}2\pi\xi x) \mathrm{d}x = \delta(\xi) \tag{13.19}$$

$$\int_{-\infty}^{+\infty} \delta(x-a) \exp(-\mathrm{i}2\pi\xi x) \mathrm{d}x = \exp(-\mathrm{i}2\pi\xi a) \tag{13.20}$$

$$\int_{-\infty}^{+\infty} \exp(-\mathrm{i}2\pi\xi a) \exp(-\mathrm{i}2\pi\xi x) \mathrm{d}x = \delta(\xi + a) \tag{13.21}$$

$$\int_{-\infty}^{+\infty} \exp(-\mathrm{i}2\pi\xi a) \exp(\mathrm{i}2\pi x\xi) \mathrm{d}\xi = \delta(x - a) \tag{13.22}$$

2. 光学全息

普通照相是根据几何光学成像原理，将空间物体成像在一个平面上，只记录下光波的振幅信息。由于丢失了光波的相位信息，因而失去了物体的三维信息。全息照相是基于物光与参考光干涉，用干板记录下干涉条纹图像，并在一定条件下再现，则可看到包含物体全部信息的三维像。全息照相的原理可用八个字来概述：干涉记录，衍射再现。

1）全息照相的基本特点

（1）可以形成三维图像

一张全息图看上去很像一扇窗子，当通过它观看时，物体的三维图像就在眼前，让人感觉到图像就要破窗而出。如果观察者的头部上下、左右移动时，可以看到物体的不同侧面。

（2）具有弥漫性

一张全息图即使被打碎成若干小碎片，用其中任何一个小碎片仍可再现所拍摄物体的完整的图像。这是因为全息底片上的每一点都受到被拍摄物体各部位发出的光的作用，所以其上每一点都记录了整个物体的全部信息。不过，当碎片太小时，再现像的亮度和分辨率将降低。

（3）可进行多重记录

对于一张全息相片，记录时的物光和参考光以及再现时的再现光，三者应该是一一对应的。这里包含着两层意思：一是指记录时用什么物，则再现时也就得到它的像；二是指再现光应与原参考光相同。如果再现光与原参考光有区别（例如波长、波面或入射角不同），就得不到与原物体完全相同的像。当入射角不同时，则像的亮度和清晰度会大大降低，入射角改变稍大时，像将完全消失。利用这一特点，就可在同一张全息底片上对不同的物体记录多个全息图像，只须每记录一次后改变一下参考光相对于全息底片的入射角即可。如果再现光与原参考光的波长不同，则再现像的尺寸就会改变，得到放大或缩小的像。如果再现光波面形状相对于原参考光发生了变化，则有可能获得畸变的像。

2）全息图的类型

全息图的类型可以根据其主要特征从不同的观点来分类。

（1）按参考光与物光是否同轴：同轴全息和离轴全息

同轴全息：记录时物体中心和参考光源位于通过全息底片中心的同一条直线上。它的优点是光路简单，对激光器模式要求较低。缺点是在再现时，原始像和共轭像在同一光轴上不能分离，两个像互相重叠，产生所谓的"孪生像"。

（2）按全息图结构与观察方式：透射全息与反射全息

透射全息图是指拍摄时物光与参考光从全息底片的同一侧射来，再现时，观察者与照明光源分别在全息图的两侧。其优点是影像三维效果好、景深大、幅面宽，形象极其逼真。

反射全息图是指在拍摄时物光与参考光分别从全息图两侧射来，再现时，观察者与照明光源则在同一侧（见图13.6）。

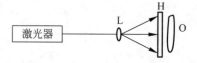

图 13.6　反射全息光路图

（3）按全息图的复振幅透过率：振幅型全息图和相位全息图

振幅型全息图是指乳胶介质经感光处理后，其吸收率被干涉场所调制，干涉条纹以浓淡不同的黑白条纹被记录在全息干板上。再现时，黑色部分吸收光而造成损失，未被吸收的部分衍射成像，故这种全息图又称为吸收型全息图。

相位型全息图又分为折射率型和表面浮雕型两种，前者是以乳胶折射率被调制的形式记录下干涉图形的，再现时，光经过折射率变化的乳胶而产生相位差。后者则是使记录介质的厚度随曝光量改变，折射率不变。再现光通过位相全息图时，仅仅其相位被调制，而无显著吸收，故一般得到的再现像较为明亮。

（4）按全息底片与物的远近关系：菲涅耳全息图、像面全息图和傅里叶变换全息图

菲涅耳全息图是指物体与全息底片的距离较近（菲涅耳衍射区内）时所拍摄的全息图（见图13.7）。傅里叶变换全息图是指把物体进行傅里叶变换后，在其频谱面上拍摄其空间频谱的全息图。

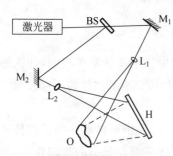

图 13.7　菲涅耳全息光路图

像面全息是指用透镜将物的像呈现在全息底片上所拍摄的全息图（见图13.8）。因为种种原因，有时物体无法靠近记录介质时，就可以利用成像系统使物成像在记录介质附近，

或者使一个全息图再现的实像靠近记录介质,都可以得到像全息图。像面全息的主要特点是可以用扩展的白光光源照明再现,因此广泛地用于图像的全息显示中。

(5) 按所用再现光源:激光再现与白光再现

早期的全息图需要用激光再现,而许多新型的全息图都可以用白光再现,例如反射全息图、像面全息图、彩虹全息图、真彩色全息图等。

彩虹全息是利用记录时在光路的适当位置加狭缝,再现时同时再现狭缝像(见图 13.9),观察再现像时将受到狭缝再现像的限制。当用白光照明再现时,对不同颜色的光,狭缝和物体的再现像位置都不同,在不同位置将看到不同颜色的像,颜色的排列顺序与波长顺序相同,犹如彩虹一样,因此这种全息技术称为彩虹全息。

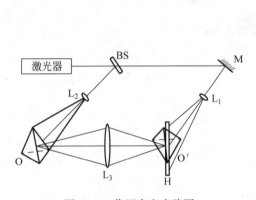

图 13.8 像面全息光路图

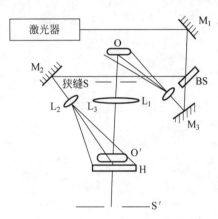

图 13.9 一步彩虹全息光路图

(6) 按记录介质乳胶的厚度:平面全息和体积全息图

所谓平面全息图指二维全息图,只需考虑乳胶平面上的振幅透过率分布,而无需考虑乳胶的厚度。体积全息图则需要考虑乳胶的厚度。

以上 6 类实际上又是相互穿插、相互渗透的。另外,我们还可以利用全息的原理来制造全息光学元件:全息光栅和全息透镜。

(1) 全息光栅:由两平面波相干叠加而得到的全息图(见图 13.10)。目前不仅制出了平面光栅而且还制出了凹光栅和集光光栅。全息光栅也可以用两球面波来制得,这样得到的光栅还具有自聚集能力,用它来制造单色仪可以省去准直镜和会聚镜。

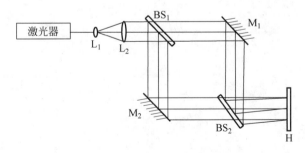

图 13.10 全息光栅光路图

（2）全息透镜：一般是用两球面波或一平面波与一球面波相干叠加而制得的全息图（见图 13.11）。全息透镜也有同轴与离轴两种类型，能起到透镜的作用，实际上是菲涅耳波带片或变形了的菲涅耳波带片。有像差，产生的原因是记录媒质处理前后的形变、再现时的波长的改变及复位精度等。

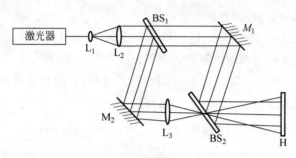

图 13.11　全息透镜光路图

（张慧云）

实验 **14** 激光干涉测量振子速度

激光具有高度的单色性和方向性,在科学技术和国民经济的许多领域都获得了广泛的应用。激光精密测量是激光应用的一个很重要的方面。本实验以激光为光源,利用迈克耳孙干涉仪的光学系统和延时采样技术,对线性振子的振动速度进行即时测量。

【思考题】

1. 干涉条纹是圆的还是直线?
2. 干涉条纹为什么会微振?

【引 言】

光的干涉现象和理论是大学物理中的重要内容,其中迈克耳孙干涉仪是最基本的光学系统。激光自 20 世纪 60 年代发明以来,由于它高度的单色性和方向性以及高亮度的特性,在科学技术和国民经济的许多领域获得了广泛的应用,成为当代最重要的单色光源。激光精密测量是激光应用的一个很重要的方面。本实验以激光为光源,利用迈克耳孙干涉仪的光学系统和延时采样技术,对线性振子的振动速率进行即时测量。通过本实验,加深理解光的干涉理论和测量速度的原理,熟悉迈克耳孙光学系统和调节方法,了解延时采样技术,进一步学习示波器的使用。

【实验原理】

图 14.1 为激光干涉测量振子速度实验系统原理图。从图中可以看出,激光器发出的激光,经分束镜分成两束光强大致相等的激光束,一束射到运动反射镜上(动镜),另一束射到固定反射镜上(静镜)。当动镜静止不动时,从动镜和固定反射镜反射回来的两束激光在接收器(光电二极管)处形成明暗相间的干涉条纹。当动镜运动时,在接收器处的干涉条纹会随之发生移动,形成脉冲电信号,经仪器处理后变为移动过的干涉条纹数。设动镜的速率为 v,在时间间隔 Δt 内,接收器测量到的移动条纹数目为 N,则两相干光的相位差 $\Delta\phi$ 与 v 和 N 有如下关系:

$$\begin{cases} \Delta\phi = \dfrac{4\pi}{\lambda}v\Delta t \\ \Delta\phi = 2\pi N \\ v = \dfrac{\lambda N}{2\Delta t} \end{cases} \tag{14.1}$$

在本实验中,运动反射镜由一个线性振子驱动,其速率随时间改变。如果时间间隔 Δt

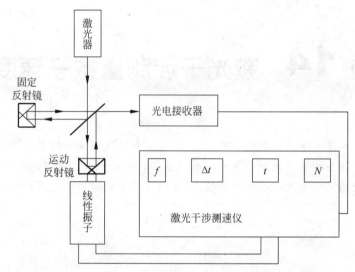

图 14.1　激光干涉测量振子速度原理和装置示意图

足够小,也就是说在此时间间隔内,动镜移动的距离可近似为 $v\Delta t$,则由式(14.1)算得的速率可近似为振子的瞬时速率。本实验的时间间隔 Δt(即采样门宽)可调。时刻 t、门宽 Δt 以及接收器感受到的在 Δt 内移过的干涉条纹数 N,随时在仪器的显示窗口显示。该实验装置由迈克耳孙干涉仪光学系统、线性振子驱动系统、激光干涉测速仪、光电接收器和防震台构成。

1. 迈克耳孙干涉光学系统

迈克耳孙干涉光学系统包括激光器、分束镜、固定反射镜、运动反射镜。本实验采用的光源为氦氖激光器,其波长为 632.8 nm,功率为 2 mW。固定反射镜和运动反射镜均采用直角立方棱镜(又称角隅棱镜或四面体),它像从一块立方体的玻璃上切下来的一个角,如图 14.2(a)所示。$\angle AOB$、$\angle BOC$、$\angle COA$ 都是直角。它利用全反射原理,能将任意角入射的光束都沿平行于入射光束的方向反射回去,而且反射光束与入射光束之间的距离随入射位置而变,如图 14.2(b)所示。因此,调节两相干光束使之重叠的操作变得简单易行。当两束光重叠时,在远处就可看见明暗相间的干涉条纹。运动反射镜和线性振子连成一体,可随振子一起振动。

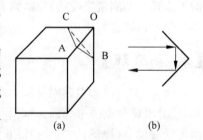

图 14.2　直角立方棱镜的
形状及工作原理
(a) 直角立方棱镜;
(b) 入射光线和反射光线

2. 线性振子和驱动器

实验测量的对象为线性振子的振动速度。为使振子速度可调,将振子设计成如图 14.3 所示的结构。在铝质外壳内安装两套环形永久磁体。每套磁路间隙处各有一组线圈并都固定在同一轴杆上,其中一个作为驱动线圈,另一个作为检测线圈。当驱动线圈通入电流时,即加上驱动信号,该线圈受到磁场力作用而带动轴杆沿轴向运动,这时在检测线圈两端将产生与速度成正比的电压信号,即反馈信号,以此信号作为速度检测的输出。只要配以适当的驱动电路,就可以对振子的振动模式加以控制,使振子按需要的速度变化而运动。如图 14.4 所示,来自函数发生器的参考信号由减法器将它与振子的速度检测输出信号进行比较,得到差分信号后经过伺服放大器放大后驱动振子。振子的振动速度信号将与参考信号保持一致。为了提高速度检测信号的幅度,在电路中加了一个前置放大器。

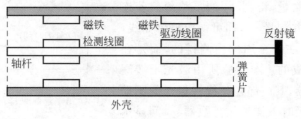

图 14.3　线性振子结构

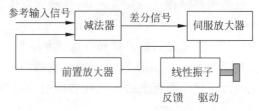

图 14.4　驱动电路

3. 光电接收电路

光电接收电路的性能将直接影响到装置的测量范围和信噪比。本实验采用 PIN 集成光电二极管(型号 8—GJ4 系列),其内部带有宽带低噪声前置放大,集接收、放大于一体,它的性能稳定,体积小,抗干扰能力强,比分立元件响应速度快、灵敏度高、线性好。接收器光窗的直径为 3 mm,光敏面积直径约为 0.5 mm,故光路中不加光栏,仍有较好的输出。光电接收放大器的电源为+5 V,由激光干涉测速仪提供。

4. 激光干涉测速仪

激光干涉测速仪包含了本实验所用的测量电路。其中的延时采样条纹计数器设计,采用延迟时间取样技术,此项技术是测量随时间变化的物理量常用的方法。配以信号转换、高速取样及存储技术,可以完成对多种物理量的测量。对于周期性变化的物理量,如果将延迟时间取样技术与模拟积分或数字平均技术相结合,更可以大大减少噪声及随机干扰信号对测量的影响,提高检测的灵敏度和精度。

如图 14.5 所示,要测量物体随时间变化的速度,就需要测量各时刻物体的瞬时速度,即可得出 v-t 曲线,这就要求测量时间 t 和瞬时速度 v_t,一般只要测量出 t 时刻物体在一个很小的时间间隔 Δt 内的平均速度,即可以看成物体在 t 时刻的瞬时速度,但要求 Δt 应远小于物体速度变化的特征时间。实验中,我们要测量在 t 时刻,在间隔 Δt 内移动的干涉条纹数 N,则瞬时速度 $v_t = (\lambda/2)(N/\Delta t)$($\lambda$ 为激光波长)。对于无规律变化的速度必须连续地测量 t 及 v_t。当速度变化较快时,就必须借助于快速记录和存储手段来测量。如果被测速度做周期性变化,则可以利用与速度信号有同样周期和相位的同步信号作为时间的零点,并产生一个可以调节的延迟时间 t,在 t 时刻触发取样门,门宽 Δt 可以按需要选择,振子每振动一个周期可以完成一次 t 时刻 v_t 的测量。也可以在几个周期内在 t 不改变的情况下多次测量,得到 v_t 的平均值。若连续改变延迟时间 t,并测量 v_t,即可得出整个曲线,此时,v_t-t 曲线不是在一个周期内测得的,而是在很多周期内测量完成的。本实验所用激光干涉测速仪是一个组合仪器,其内部包括线性振子的驱动电路、函数发生器、延时采样条纹计数器、时间显示器和图形显示器(内置双踪示波器)。

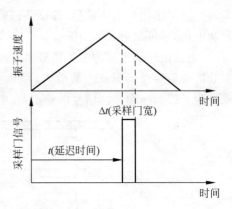

图 14.5　延时采样门计数器取样原理图

延时采样干涉条纹计数器采样速率为 50~100 ms。函数发生器可输出正弦波和三角波,本实验采用三角波。函数发生器输出的同步信号(此信号与振子驱动器的参考输入信号的周期和相位相同)作为时间零点,经延时触发器和门宽触发器产生一个延迟时间 t 和门宽 Δt。延时采样门信号与速度信号的关系如图 14.5 所示。仪器内的示波器可用于各种信号波形的观察。关于激光干涉测速仪前面板上的各线柱和旋钮等的功能和使用,请参阅使用说明书。

【实验内容】

1. 开通氦氖激光器电源,出光后调好激光束的水平,使激光束与防震台面大致平行。按图 14.1 布置好光学系统,使固定反射镜和运动反射镜大致互相垂直,并使它们到分束镜镀膜面的距离大致相等。分别调节固定反射镜和运动反射镜的方向和位置,使两相干光束重合,在重合处可以看到明暗相间的干涉条纹。

2. 函数发生器选用三角波作线性振子的参考信号,用示波器观察振子的参考信号、振子速度反馈信号、振子驱动信号波形,测量这些信号的峰-峰值和周期。观察这些信号波形时,也可以用内置示波器,首先要用电缆线将这些信号的输出插座与内置示波器的 Y_1 输入插座相连接,比如观察参考信号时将参考波形插座与 Y_1 输入插座相连接,并使 A 测量/Y_1 测量按键抬起。

3. 将光电接收器对准两路重合的光束,输出的光电信号接入激光干涉测速仪的测量 A 插座,此时 A 测量/Y_1 测量按键按下。此键按下,表示光电信号已接入内置示波器的 Y_1 输入端。调节光电接收器的方位使示波器显示的光电信号完好,此时示波器上会显示两条直线,N 计数窗会显示移动过的干涉条纹数,并且记数稳定。振子的振动频率调到 12~15 Hz(可调范围 10~20 Hz),振子的参考输入信号峰-峰值调至 5 V 范围内,门宽约 200 μs,改变延时采样时间 t,找到振子的最大振动速度。在振子的最大振动速度下,改变门宽(调节采样门旋钮)Δt,使条纹数目达到 40~50。通过改变 t,测量振子的 v-t 曲线。

测量时 A/Y_1 测量按键按下,在已选择好的振子的振动频率和门宽下改变延时时间 t(调节延时旋钮),测量一个完整的振动周期内的振子的振动曲线(v-t 曲线)。一个周期内的实验点选取 20~50 个。数据处理时,作 v-t 曲线,并标出振子的最大速度。根据 v-t 曲线,计算振子的加速度和振子的振幅 A。$A = \dfrac{1}{2} v_{\max} (t_2 - t_1)$,其中 $v_{\max}$ 为图 v-t 曲线求出的振子的最大速率,t_2 为振子达到最大速率时的时刻,t_1 为振子速率为零时的时刻。

【参考文献】

[1]　张孔时,丁慎训. 物理实验教程[M]. 北京:清华大学出版社,1991.

[2]　母国光,战元龄. 光学[M]. 北京:人民教育出版社,1978.

(侯清润)

第 3 部分
凝聚态物理与实验技术

实验 **15** 磁光效应

磁光效应,最早在 1845 年由法拉第发现。1877 年,克尔发现了光在磁介质表面被反射时的磁光克尔效应。目前,磁光克尔效应不仅被广泛应用于表面物理和非线性光学的研究之中,还被应用于高密度计算机存储器。利用法拉第磁光效应制成的磁光隔离器和单通器,在光学技术之中得到了广泛应用。各种以磁光效应为理论基础的新型磁光器件层出不穷。本实验主要研究光穿过在磁场中的磁光材料介质时,在介质表面或内部产生的磁光克尔效应和法拉第效应;测量磁光玻璃材料样品的费尔德常数,观察磁场电流与旋光方向的关系;测量磁性薄膜材料表面磁光克尔效应的偏振面的旋转角度(克尔转角)和克尔椭偏率;掌握光路的调节方法,加深对电磁理论、量子理论的认识。

【思考题】

1. 如何理解法拉第磁光效应和表面磁光克尔效应?
2. 法拉第磁光效应与自然旋光效应有何不同?
3. 利用霍尔片测量磁场应注意什么?
4. 格兰-汤姆孙棱镜消光原理是什么?
5. 实验中调节光路的准直有何技巧?
6. 如何利用表面磁光克尔效应测量材料的磁滞回线?
7. 如何尽量减小实验的测量误差?

【引言】

一束入射平面偏振光进入具有固有磁矩的物质内部传输或者在物质界面反射时,光波的传播特性,例如偏振面、相位或者散射特性会发生变化,这个物理现象称为磁光效应(magneto-optic effect)。一般情况下,磁光效应随物质的磁化强度 M 增大而增大。磁光效应包括法拉第效应、克尔效应和科顿-莫顿效应等。磁光效应是光与具有磁矩的物质相互作用的结果。有些介质处于磁场中时会产生磁矩,即原子周围的电子在磁场方向有不为零的角动量。例如当线偏振光经过介质时可以分为两个角动量方向相反的圆偏振光与原子周围的电子作用引起光角动量的改变。从而在宏观上表现出介质对不同方向的光有不同的折射率,并引起光在介质中传播速度的改变以及介质对光的吸收和反射。由于不同方向偏振光的速度不同,从而引起穿过介质后有不同的相位,即合成光与入射光相比有一个偏转角称为法拉第旋转角。

从微观量子理论出发,磁介质在磁场中,通过自旋-轨道相互作用使光的电场和电子的自旋发生耦合作用产生磁光效应。磁性介质在磁场的作用下,其时间反演对称性破坏,从而产生磁光效应。磁光效应的宏观理论解释应用介电张量理论和麦克斯韦方程描述,磁光效应是由介质的介电张量的非对称性、非对角元所产生的。光波从具有磁矩(包括固有磁矩和感应磁矩)的物质反射或透射后,光的偏振状态会发生变化,其变化与材料的介电张量、电导率张量和磁导率张量密切相关。

法拉第效应在现代技术中有许多应用,它可以作为物质结构研究的手段,如根据结构不同的碳氢化合物其法拉第效应的表现不同来分析碳氢化合物;在半导体物理的研究中,它可以用来测量载流子的有效质量和提供能带结构的知识;在电工测量中,它还被用来测量电路中的电流和磁场;特别是在激光技术中,利用法拉第效应,制成了光波隔离器或单通器,这在激光多极放大技术和高分辨激光光谱技术中都是不可缺少的器件。此外在激光通信、激光雷达等技术中,也应用了基于法拉第效应的光频环形器、调制器等。本实验研究法拉第效应和表面磁光克尔效应。

【实验原理】

1. 法拉第效应

1845 年,法拉第(Faraday)(如图 15.1 所示)在探索电磁现象和光学现象之间的联系时,发现了一种现象:当一束平面偏振光穿过介质时,如果在介质中沿光的传播方向加上磁场,就会观察到光经过样品后偏振面转过 α 角度(如图 15.2 所示),即磁场使介质具有了旋光性,这种现象后来就称为法拉第效应,亦称磁光效应。

图 15.1 法拉第

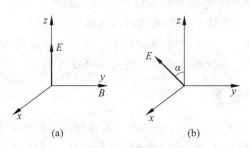

图 15.2 法拉第效应示意图

(a) 入射前; (b) 入射后

实验表明,在磁场不是非常强时,偏振面旋转的角度 α 与光波在介质中走过的路程 D 及介质中的磁感应强度在光的传播方向的分量 B 成正比,即

$$\alpha = VBD \tag{15.1}$$

比例系数 V 由物质和工作波长决定,表征物质的磁光特性,这个系数称为费尔德常数。几乎所有的物质(包括气体、液体、固体)都存在法拉第效应,不过一般都不显著。不同的物质,偏振面旋转的方向也可能不同。习惯上规定,旋转方向与产生磁场的螺线管中电流方向一致,称为正旋($V>0$);反之称为负旋($V<0$)。表 15.1 给出若干种物质的费尔德常数 V 的数据。

表 15.1　若干种物质的费尔德常数

物　　质	$T/℃$	λ/nm	$V/[(')\cdot T^{-1}\cdot cm^{-1}]$
空气	0	580	6.27×10^{-2}
一氧化氮	0	580	5.8×10^{-2}
水	20	580	1.3×10^{2}
甲醇	20	589	0.9×10^{2}
水晶	20	589	$1.7\times10^{2}(垂直 c 轴)$
重火石玻璃	20	589	$(0.8\sim1.0)\times10^{3}$

法拉第效应与自然旋光不同,在法拉第效应中对于给定的物质,偏振面的旋转方向只由磁场的方向决定,而与光的传播方向无关,即它是一个不可逆的光学过程,光线往返一周,旋光角将倍增。而自然旋光则是可逆的,光线往返一周,积累旋光角为零。

1) 法拉第效应的经典理论

法拉第效应来源于电磁场与物质的相互作用。一束平面偏振光可以分解为两个同频率等振幅的左旋和右旋(相对于磁场)圆偏振光,当它沿着磁场方向通过磁场中的介质时,磁场与电子轨道平面垂直,则电子受到径向洛伦兹力作用,由于光具有左旋和右旋两个电矢量,电子所受的总径向力(洛伦兹力和束缚力)有两个不同的取值,因此电子的轨道半径不同($r_L\neq r_R$),磁场的作用使左旋圆偏振的折射率 n_L 和右旋圆偏振光 n_R 不相等,通过厚度为 D 的磁光介质后致使两个圆偏振光产生一定的位相差,从而引起电矢量偏振面的旋转。设平面偏振光的电矢量为 E,频率为 ω,右旋圆偏振光为 E_R,左旋圆偏振光为 E_L,在进入磁场中的介质前,E_L、E_R 没有位相差(如图 15.3 所示)。当一束线偏振光通过磁场中的介质时,由于 E_L、E_R 在介质中的传播速度不同,介电常数不同,折射率不同,通过长度为 D 的介质后,产生不同的相位滞后:

$$\varphi_R=\frac{2\pi}{\lambda}n_R D \tag{15.2}$$

$$\varphi_L=\frac{2\pi}{\lambda}n_L D \tag{15.3}$$

其中 λ 为光在真空中的波长。因此光在经过介质出射后,合成的电矢量 E 的振动方向相对于入射前电矢量 E 旋转了一个角度 α(法拉第转角)为

$$\alpha=\frac{1}{2}(\varphi_R-\varphi_L)$$

$$=\frac{\omega D}{2C}(n_R-n_L) \tag{15.4}$$

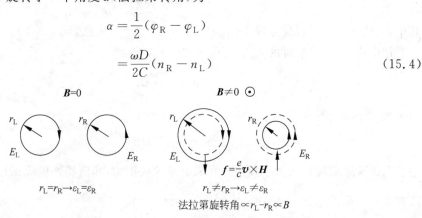

图 15.3　法拉第效应的经典理论

所以

$$\alpha = \frac{\pi}{\lambda}(n_R - n_L)D \tag{15.5}$$

2）法拉第旋转角的计算

从微观的角度看，光作为电磁波，其电场会同原子中的电荷发生相互作用。磁光效应必须有介质存在才可以发生。一束平面线偏振光沿磁场 B 方向通过介质后偏振面的旋转如图 15.4 所示。由量子理论知道，样品介质中原子的轨道电子具有磁偶极矩

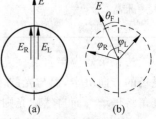

图 15.4 法拉第效应偏振面的转动

$$\boldsymbol{\mu} = -\frac{e}{2m}L \tag{15.6}$$

其中，e 为电子电荷；m 为电子的质量；L 为轨道角动量。在磁场 B 作用下，一个电子磁矩具有势能 V：

$$V = -\boldsymbol{\mu} \cdot \boldsymbol{B} = \frac{e}{2m}L \cdot \boldsymbol{B} = \frac{eB}{2m}L_z \tag{15.7}$$

其中 L_z 为电子的轨道角动量沿磁场方向的分量。

当平面偏振光在磁场 B 作用下通过样品介质时，光量子与轨道电子发生相互作用，光量子使轨道电子由基态激发到高能态，处于激发态的轨道电子吸收了光量子的角动量 $\pm\hbar$，电子的动能和以前一样没有改变，而势能则增加了 ΔV，其值为

$$\Delta V = \frac{eB}{2m}\Delta L_z = \frac{eB}{2m}(\pm\hbar) = \pm\frac{eB}{2m}\hbar \tag{15.8}$$

其中正号对应于左旋圆偏振光量子，负号对应于右旋圆偏振光量子。与此同时光量子失去了 ΔV 的能量。根据量子理论我们知道，光量子具有的能量为 $\hbar\omega$，样品介质对光量子的折射率 n 是 $\hbar\omega$ 的函数，即 $n = n(\hbar\omega)$。当光量子与电子相互作用失去 ΔV 能量后，n 依赖于光量子能量（$\hbar\omega - \Delta V$）的函数形式是不会改变的，因此，对于 n 可在 ω 附近展开有

$$n = n\left(\omega - \frac{\Delta V}{\hbar}\right) \approx n(\omega) \pm \frac{dn}{d\omega}\frac{\Delta V}{\hbar} \tag{15.9}$$

将式（15.9）的 ΔV 代入上式则有

$$n = n(\omega) \mp \frac{eB}{2m}\frac{dn}{d\omega} \tag{15.10}$$

其中，"+"号对应于右旋光量子（n_R），"−"号对应于左旋光量子（n_L）。

把由式（15.10）求得的 n_R、n_L 代入式（15.5）得到：

$$\alpha = \frac{DBe}{2mc}\omega\frac{dn}{d\omega} \tag{15.11}$$

由于 $\omega = 2\pi c/\lambda$，则有

$$\alpha = -\frac{e}{2mc}DB\lambda\frac{dn}{d\lambda} \tag{15.12}$$

它表明法拉第旋转角的大小和样品介质的厚度成正比，和磁场强度成正比，并且和入射光的波长 λ 及样品的色散 $\dfrac{dn}{d\lambda}$ 有关。

2. 表面磁光克尔效应

1877 年 John Kerr 在观测偏振光通过抛光过的电磁铁磁极反射时,发现了偏振面旋转的现象,此现象称为磁光克尔效应。1985 年,Moog 和 Bader 进行铁磁超薄膜的磁光克尔效应测量,首次成功地测得了 1 个原子层磁性薄膜的磁滞回线,并提议将该技术称为磁光克尔效应(surface magneto-optic kerr effect,SMOKE)。从此这种探测薄膜磁性的先进技术开始在科研中得到大量的应用。材料表面磁性以及由数个原子层所构成的超薄膜和多层不同材料膜磁性,是当今凝聚态物理领域中的较为重要的研究热点。SMOKE 的磁性灵敏度达到 1 个原子层厚度,并可配置于超高真空系统中进行超薄膜磁性的原位测量,从而成为表面磁学的重要研究方法,已被广泛应用于纳米磁性材料、磁光器件、巨磁阻、磁传感器元件等磁性参量测量。

利用表面磁光克尔效应测量铁磁性薄膜的磁滞回线,并求得克尔旋转角和克尔椭偏率。由于 SMOKE 测量的灵敏度可以达到单原子层,其作为表面磁学的重要实验手段,已被广泛应用于磁有序、磁各向异性、多层膜中层间耦合以及磁性超薄膜间的相变行为等问题的研究。

当一束线性偏振光入射到不透明样品表面时,如果样品是各向异性的,反射光将变成椭圆偏振光且偏振方向会发生偏转。而如果此时样品为铁磁状态,还会导致反射光偏振面相对于入射光的偏振面额外再转过一小角度,这个小角度称为克尔旋转角 θ_K,即椭圆长轴和参考轴间的夹角,如图 15.5 所示。同时,由于样品对 p 偏振光和 s 偏振光的吸收率不同,反射光的椭偏率也要发生变化,这个变化称为克尔椭偏率 ε_K,即椭圆长短轴之比。按照磁场相对入射面的配置状态不同,表面磁光克尔效应可以分为以下 3 种:

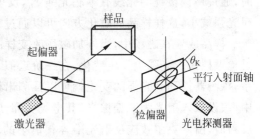

图 15.5　表面磁光克尔效应原理

(1) 极向克尔效应,其磁化方向垂直于样品表面并且平行于入射面。

(2) 纵向克尔效应,其磁化方向在样品膜面内,并且平行于入射面。

(3) 横向克尔效应,其磁化方向在样品膜面内,并且垂直于入射面。

磁光效应的起源可由宏观介电效应和微观量子理论来描述。宏观上磁光效应是由介质的介电张量的非对称性、非对角元所产生的。从微观上看,磁介质在磁场中时,通过自旋-轨道相互作用使光的电场和电子的自旋发生耦合作用产生磁光效应。磁性介质在磁场的作用下,其时间反演对称性破坏,从而产生磁光效应。

当线性偏振光在各向同性介质中传播时,可以分解成两个圆偏振光的叠加,在磁场的作用下左旋圆偏振光和右旋圆偏振光的传播速度不同时,这两种圆偏振光模式产生不同的相移,结果使光的偏振面产生一个很小角度的转动,即为磁光效应。另外介质对左旋圆偏振光和右旋圆偏振光的吸收的不同将影响克尔椭偏率。介质的性质用一个 3×3 的张量 ε_{ij} 来表示,其中 $i,j=1,2,3$,即

$$\tilde{\varepsilon} = \varepsilon \begin{pmatrix} 1 & iQ_z & -iQ_y \\ -iQ_z & 1 & iQ_x \\ iQ_y & -iQ_x & 1 \end{pmatrix} \tag{15.13}$$

左旋圆偏振光表示为 $\varepsilon_L = \varepsilon(1 - \boldsymbol{Q} \cdot \hat{\boldsymbol{k}})$，右旋圆偏振光表示为 $\varepsilon_R = \varepsilon(1 + \boldsymbol{Q} \cdot \hat{\boldsymbol{k}})$，这里介电张量的非对称元素 $\boldsymbol{Q} = (Q_x, Q_y, Q_z)$，为 Voigt 矢量，$\hat{\boldsymbol{k}}$ 是沿着光传播方向的单位矢量。介电张量的非对称元素使左旋圆偏振光和右旋圆偏振光的反射指数不同，产生了表面磁光效应。偏振面经过磁性介质反射后的复转角的实部为克尔转角，其虚部即为克尔椭偏率。

在研究金属磁性薄膜时，材料对光的吸收很强，因此测量反射的磁光效应比透射更为有效。利用麦克斯韦方程并在界面上满足边界条件就能够计算克尔转角和克尔椭偏率。

下面以纵向克尔效应为例讨论 SMOKE 系统，原则上完全适用于极向克尔效应和横向克尔效应。激光器发射的激光束通过起偏棱镜后变为线偏振光，然后从样品表面反射，经过检偏棱镜进入探测器。检偏棱镜的偏振方向要与起偏棱镜设置成偏离消光位置很小的角度 δ（如图 15.6 所示），这主要是为了区分正负克尔旋转角。若检偏棱镜方向设置在消光位置，无论反射光偏振面是顺时针还是逆时针旋转，反映在光强的变化上都是强度增大。这样就无法区分偏振面的正负旋转方向，也就无法判断样品的磁化方向。当 2 个偏振方向之间有小角度 δ

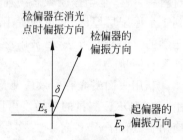

图 15.6　偏振器件配置方位

时，通过检偏棱镜的光线有本底光强 I_0，反射光偏振面旋转方向和 δ 同向时光强增大，反向时光强减小，这样样品的磁化方向可以通过光强的变化来区分。

样品放置在磁场中，当外加磁场改变样品磁化强度时，反射光的偏振状态发生改变。通过检偏棱镜的光强也发生变化，在一阶近似下光强的变化和被测材料磁感应强度成线性关系，探测器探测到光强的变化就可以推测出样品的磁化状态和磁性参量。在图 15.5 的光路中，假设取入射光为 p 偏振光，其电场矢量 E_p 平行于入射面，当光线从磁化了的样品表面反射时，由于克尔效应反射光中含有很小的垂直于 E_p 的电场分量 E_s，如图 15.6 所示，通常 $E_s \ll E_p$。

在一阶近似下有

$$E_s / E_p = \theta_K + i\varepsilon_K \tag{15.14}$$

通过检偏棱镜的光强为

$$I = \mid E_p \sin\delta + E_s \cos\delta \mid^2 \tag{15.15}$$

将式（15.14）代入式（15.15）即得到下式：

$$I = \mid E_p \mid^2 \mid \sin\delta + (\theta_K + i\varepsilon_K)\cos\delta \mid^2 \tag{15.16}$$

通常 δ 较小，可取 $\sin\delta \approx \delta, \cos\delta \approx 1$，得到：

$$I = \mid E_p \mid^2 \mid \delta + (\theta_K + i\varepsilon_K) \mid^2 \tag{15.17}$$

一般情况下，δ 虽然很小，但 $\delta \gg \theta_K$，而 θ_K 和 ε_K 在同一数量级上，略去二阶小项以后，考虑到探测器测到的是式（15.17）实数部分，式（15.17）变为

$$I = \mid E_p \mid^2 (\delta^2 + 2\delta\theta_K) \tag{15.18}$$

在无外加磁场的情况下，

$$I_0 = \mid E_p \mid^2 \delta^2 \tag{15.19}$$

所以有

$$I = I_0 (1 + 2\theta_K / \delta) \tag{15.20}$$

由式(15.20)得在样品达磁饱和状态下 θ_K 为

$$\theta_K = \frac{\delta}{2}\frac{I-I_0}{I_0} \tag{15.21}$$

实际测量时最好测量磁滞回线中正向饱和时的克尔旋转角 θ_K^+ 和反向饱和时的克尔旋转角 θ_K^-，则

$$\theta_K = \frac{1}{2}(\theta_K^+ - \theta_K^-) = \frac{\delta}{4}\frac{I(+B_s)-I(-B_s)}{I_0} = \frac{\delta}{4}\frac{\Delta I}{I_0} \tag{15.22}$$

式中，$I(+B_s)$ 和 $I(-B_s)$ 分别是正负磁饱和状态下的光强。由式(15.22)可以看出，光强的变化 ΔI 只与 θ_K 有关，而与 ε_K 无关。说明在图 15.5 光路中探测到的克尔信号只是克尔旋转角。当要测量克尔椭偏率 ε_K 时，在检偏器前另加 1/4 波片，它可以产生 $\pi/2$ 的相位差，此时检偏器看到的是 $i(\theta_K - i\varepsilon_K) = -\varepsilon_K + i\theta_K$，而不是 $\theta_K + i\varepsilon_K$，因此测量到的信号为克尔椭偏率。经过推导可得在磁饱和情况下 ε_K 为

$$\varepsilon_K = \frac{1}{2}(\varepsilon_K^- - \varepsilon_K^+) = \frac{\delta}{4}\frac{I(-B_s)-I(+B_s)}{I_0} = -\frac{\delta}{4}\frac{\Delta I}{I_0} \tag{15.23}$$

式中，ε_K^+ 表示正向饱和磁场时测得的椭偏率；ε_K^- 表示负向饱和磁场时测得的椭偏率。

【实验装置】

本实验系统主要由光路、励磁电源及电磁铁、样品架、探测、数据采集等几大部分组成。图 15.7 是法拉第效应和克尔效应的实验光路图。

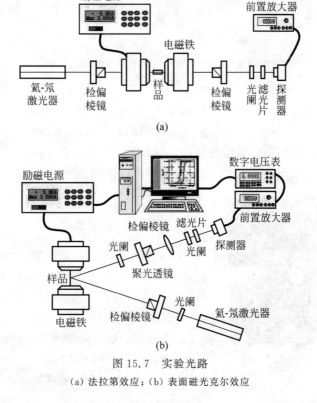

图 15.7　实验光路

(a) 法拉第效应；(b) 表面磁光克尔效应

1. 光路系统

光路系统由输入光路和接收光路组成,光源为一线偏振的氦-氖激光器,功率为 5 mW,激光经光阑后通过起偏棱镜入射到样品表面。

图 15.8 是氦-氖激光器及电源,通过钥匙启动或关闭激光器,实验时,请先打开激光器预热 1 个小时,以保证激光输出的稳定。

实验所使用的起偏和检偏棱镜为格兰-汤姆孙棱镜,格兰-汤姆孙棱镜由两块方解石胶合而成,胶合剂的折射率大于并接近 e 光的折射率,但小于 o 光折射率,棱镜斜面与直角面的夹角大于 o 光在胶合面上的临界角,如图 15.9 所示,当光从棱镜端面

图 15.8　氦-氖激光器

垂直入射时,o 光和 e 光均不发生偏折,透过第一个斜面入射到第二个斜面上,此时入射角等于棱镜斜面与直角面的夹角,这样,o 光在胶合面上将发生全反射,并被棱镜直角面上的涂层吸收,而 e 光由于折射率几乎不变而无偏折地从棱镜出射。本实验所用的棱镜消光比为 10^{-5},偏振方向平行于胶合斜面。

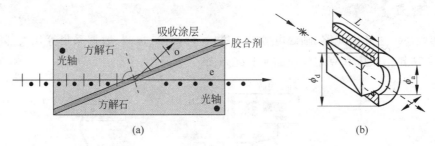

（a）　　　　　　　　　　（b）

图 15.9　格兰-汤姆孙棱镜的消光原理及光轴

（a）消光原理；（b）光轴示意图

偏振棱镜安装在可 360°调节的偏光镜架上,通过螺旋测微头可以对棱镜的偏振方向进行微调,螺旋测微头每旋转 1 个刻度,对应镜片的偏振方向旋转 1.2′。如图 15.10 所示,使用时,旋松顶部的锁定螺钉,让棱镜的旋转和螺旋测微头的调节解锁,直接转动棱镜,对棱镜的偏振方向进行粗调,接近消光位置时,再拧紧锁定螺钉,用螺旋测微头对棱镜的偏振方向进行微调。

图 15.10　偏光镜架

2. 励磁电源及电磁铁

实验的磁场由 U 形电磁铁提供,电磁铁配套使用的励磁电源为 YL2401 型亥姆霍兹线圈稳流电源,输出电流为 $-5 \sim +5$ A,可以通过面板手动设置或者利用计算机控制进行步进扫描,最小扫描步长为 1 mA,图 15.11 是电磁铁及励磁电源前面板图。

电源前面板按键功能说明:

Ent:确认键。确认对某项参数的修改,或者使仪

图 15.11　电磁铁及励磁电源

器由标准显示状态进入电流设置状态。

Esc：取消键。取消对某项参数的修改、将其恢复修改前的设置值并恢复标准显示状态。标准显示状态下，包括键盘为接口命令封锁后，按住 Esc 键 5 秒后，仪器恢复出厂设置状态。保护状态下用于解除保护。扫描过程中用于取消扫描。

▲▼：上、下方向键。标准显示状态下用于以 1 mA 步进调整当前输出电流，电流设置状态下用于调整每位数值，参数设置状态下用于选择参数。

◀▶：左、右方向键。电流设置状态下用于选定各数字位，左为高一位，右为第一位。

Scan：依据 Max 和 Rate 的设置值开始电流扫描。

Pause：暂停电流扫描。

Rev：输出电流由正向切换至反向，或由反向切换至正向，电流绝对值不变。

Max：进入电流扫描最大值设置状态。

Rate：进入电流扫描时间常数设置状态。

Baud：设置波特率。

前面板显示如图 15.12 所示：

			符号 +/-		当前电流值			单位 A		
			+	0	.	0	0	0	A	
		M	A	X	5	.	0	0	0	A

第2行显示当前电流扫描最大值或者各种特殊信息

图 15.12　励磁电源前面板显示

电源输出电流可以通过手动和计算机自动控制两种方法进行设置，如手动设置输出电流有两种操作方法：输入数值法和微调步进法。

1）输入数值法

输入数值时需首先按 Ent 由标准显示状态进入电流设置：

			+	0	.	0	0	0	A	
		M	A	X	5	.	0	0	0	A

图 15.13　输入数值法设置励磁电源输出电流

显示器第 1 行 0.1 A 位数字下方出现下划线，标示出 0.1 A 位为当前位，如图 15.13 所示。而后使用 ◀▶ 方向键在各个数字位之间切换选择，并使用 ▲▼ 设置各位数值。数字输入完毕，按 Ent 确认，或按 Esc 取消，仪器返回标准显示状态。

在某一数字位的数值达到 9 后，再按 ▲ 时，当前位数值清零，并在高位进位。同样当前位数值为 0 再按 ▼ 时，当前位数值变化至 9，并在高位借位。如果当前位和所有高位均为 0

再按▼时,所有低位数值清零,即电流设置值回零。输入数值时,按住▲▼方向键1秒后,当前位数值连续递增或递减步进,并在高位进位或借位。

数值输入过程中,输出电流保持上一次的设置值,按 Ent 确认后,YL2401 以设定的时间常数将输出电流渐进至设定值。时间常数为输出电流由 0 增大至 5 A 所需时间。在此渐进过程中按 Esc 键取消电流设置,并将电流保持于设置前的电流值。

进入电流设置状态后 5 秒钟内如无任何操作,仪器将认为超时并将显示恢复至标准显示状态。

2) 微调步进法

测量过程中需要对输出电流进行小范围调整时,微调步进是简单易行的方法。微调步进不需要使仪器进入电流设置状态,只需在标准显示状态下,使用▲▼方向键进行 1 mA 步进操作。在微调步进操作中,输出电流变化与步进操作同步。按下▲▼方向键一次,输出电流立即以 1 mA 的步进值增大或者减小一次。按住▲▼方向键 1 秒后,输出电流将以 1 mA 的步进值连续递增或递减步进。

3. 样品架

本实验系统使用两种样品架(如图 15.14 所示),法拉第效应样品架为一维调节,使用时,请拧紧样品架头部的螺钉,将样品压住,但注意不要用力过度,损坏样品。克尔效应样品架为多维调节架,样品用双面胶粘贴在样品架头部,通过前后、上下、左右的螺旋测微头对样品位置进行细微调节,利用俯仰调节旋钮可以调整反射光的方向。

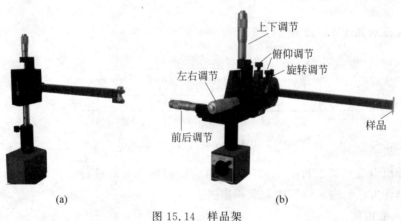

上下调节

俯仰调节

旋转调节

左右调节

样品

前后调节

(a) (b)

图 15.14 样品架

(a) 法拉第效应样品架;(b) 克尔效应样品架

4. 探测系统

本实验光强的探测采用高灵敏度光电探测器(New Focus Inc. 公司制作的 Model 2307 光电探测器),如图 15.15 所示。探测器采用硅半导体材料,波长测量范围为 400~1070 nm。探测器由 9 V 的碱性电池供电。红色按钮为电源开关;黑色按钮为调节增益的开关。使用探测器时的步骤及注意事项如下:

(1)首先将红色电源开光打到 BATT CHK 位置检查电源供电,如果 LED 绿色灯亮了,说明供电良好,可以使用;如果 LED 灯不亮,说明电池的电压不够,需要更换电池。

(2)将红色电源开关打到 ON 的位置,将需要测量的光调节准直进入探测器的光阑孔即可以得到与光功率成正比的电压输出。为了减小其他波长光的影响,本探测器内加入了与激光器波长匹配的干涉滤光片。

（3）根据实验中探测光光功率大小的需要,对探测器的增益进行调节。增益大小分为三挡,低（Low）、中（Medium）和高（High）。当入射光很强时,将黑色增益开关打到低挡;当入射光很弱时,将黑色增益开关打到高挡。探测器的饱和输出电压为 4.1 V。注意：探测器的最大阈值功率为 10 mW/mm^2,实验中要求入射光功率最大不得超过 4 mW,否则将损坏探测器。

（4）测量完成后一定要将红色电源开关打到 OFF 的位置;否则电池的电量会很快用完。

（5）更换电池的注意事项：更换电池前需要先将红色电源开关打到 OFF 的位置;以防止损坏探测器。

图 15.15　高灵敏度光电探测器

5. 数据采集系统

探测器输出电压信号通过后面板输出至 UT805 数字型万用表,再通过万用表将模拟信号转换为数字信号,送入计算机,计算机通过串口和励磁电源连接,控制磁场电流的扫描。

图 15.16 是数据采集软件的主界面,在信噪比较差的情况下,可以设置多次扫描,改善信号质量。

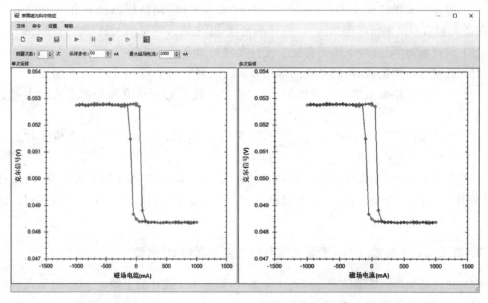

图 15.16　扫描软件

【实验内容】

1. 磁场标定

（1）根据待测样品的大小调整电磁铁的磁极位置，保证磁场空间能够容纳待测样品，本实验一般将磁极间距设置 35 mm 左右；

（2）将数字式特斯拉计的探测头放在电磁铁磁极中心位置，在不加磁场电流的情况下，调整特斯拉计零点；

（3）手动改变励磁电源输出电流大小，利用特斯拉计测量磁感应强度大小，电流增加步长根据后面的实验内容需要确定，一般设置为 50～100 mA，测量范围为 -1.0 ～ $+1.0$ A；

（4）绘制 B-I 曲线。

2. 法拉第效应——测量旋光材料的费尔德常数

（1）开激光器，按图 15.7(a) 安排光路，放入长度为 11.6 mm 的 MR-3 旋光晶体样品，拿走检偏棱镜，调节起偏棱镜，使得在磁场为零的情况下，探测器接收到的光强最大；

（2）放入检偏棱镜，调节检偏棱镜至完全消光位置，记录检偏棱镜的初始角度，注意随着棱镜偏振方向的调节，光强不断减小，需要调整探测器的量程范围；

（3）手动调节励磁电源的输出电流，调整检偏棱镜再次至消光位置，记录检偏棱镜转过的角度；

（4）选择不同的磁场大小，重复第（3）步测量，画出偏转角和磁场的关系曲线，计算样品的费尔德常数；

（5）按上述步骤分别测量 2 号和 3 号样品的费尔德常数，比较测量结果。

3. 表面磁光克尔效应——测量薄膜材料的克尔转角

（1）将样品放置磁场正中心，按图 15.7(b) 安排光路，调整样品位置和激光的入射角度，保证入射角和出射角尽可能大，调整样品角度，让光线入射平面和磁场方向平行；

（2）调整各光学元件，保证所有光学元件光轴的重合；

（3）调整起偏棱镜，让入射光线的偏振方向与入射平面平行（平行于水平面）；

（4）调整检偏棱镜至完全消光位置，记录检偏棱镜的初始角度和探测系统放大器的输出信号；

（5）使检偏棱镜转过 0.5°～1.5° 之间，让探测器输出信号强度达到消光位置时信号的 N 倍，并判断光路是否稳定；

（6）测量样品（坡莫合金薄膜）的磁滞回线：启动计算机桌面数据采集软件，测量样品的磁滞回线，根据初步测量结果，调整光路和相关测量参数，再次细致测量，以得到最好测量结果；计算样品的纵向克尔转角。

4. 表面磁光克尔效应——测量薄膜材料的克尔椭偏率（选做）

（1）在光路中检偏棱镜的前面加入 1/4 波片，调整 1/4 波片的主轴，使其平行入射面；

（2）按照测量克尔转角的方法测量磁滞回线；

（3）根据测量结果计算样品的克尔椭偏率；

【注意事项】

1. 不要让激光直接射入眼睛；

2. 有磁场输出时，请注意不要碰到磁铁的接线柱；

3. 各种光学元件请注意轻拿轻放，以防摔坏，注意不要用手或其他物品接触其光学表面；

4. 磁场最大电流不要超过 3 A，如果因特殊原因需要加大磁场，请和老师联系；

5. 不使用磁场时，请将磁场电流调整为 0；

6. 为保证克尔信号的稳定，在激光器预热半个小时后开始采集数据；

7. 使用探测器接收光信号时，请先将探测器的量程调到低放大挡，再根据实际光强的大小逐步调节到高灵敏量程；

8. 请保持样品表面的清洁，粘贴样品时，请不要手碰样品表面，如果样品表面被弄脏，请用酒精清洗，然后用洗耳球吹干。

【参考文献】

［1］　QIU Z Q,BADER S D. Surface magneto-optic Kerreffect[J]. Journal of Magnetism and Magnetic Materials,1999,200：664-678.

［2］　赵凯华. 新概念物理教程（光学）[M]. 北京：高等教育出版社,2004.

［3］　刘公强,乐志强,沈德芳. 磁光学[M]. 上海：上海科学技术出版社,2002.

［4］　廖延彪. 偏振光学[M]. 北京：科学出版社,2005.

［5］　吴思诚,王祖铨. 近代物理实验[M]. 北京：高等教育出版社,2005.

（陈　宏）

实验 **16** 巨磁电阻效应及其应用

巨磁电阻效应是物理学的重大发现之一,两位物理学家因各自独立发现它而共同获得 2007 年诺贝尔物理学奖。通过本实验,学生应重点理解磁性对电子散射的影响、双电流模型、RKKY 理论和巨磁电阻效应产生的物理机理,并了解巨磁电阻效应的实际应用领域和应用时所采用的技术设计。

【思考题】

1. 巨磁电阻效应的发现对物理学和技术应用有什么重要贡献?
2. 如何理解铁磁材料中电子的散射与电子自旋状态有关(s-d 散射)?
3. 用 RKKY 理论解释非磁性层的厚度对巨磁电阻效应大小的影响。
4. 如何用双电流模型解释磁性多层膜的巨磁电阻效应? 该模型除解释巨磁电阻效应外还有哪些应用?
5. 磁性多层膜与自旋阀磁电阻在薄膜结构、性能与应用方面有什么不同?
6. 为什么巨磁电阻的应用能大大提高磁记录的密度和读写速度?
7. 本实验中有一些技术设计值得学习,你从中学习到哪些设计思想?
8. 如果你自己要制备一个有巨磁电阻效应的磁性多层膜,薄膜结构应满足哪些条件?

【引言】

2007 年 12 月 10 日,法国物理学家费尔(A. Fert)和德国物理学家格伦贝格(P. Crünberg)因各自独立发现巨磁阻效应(giant magneto-resistance,GMR)而共同获得了诺贝尔物理学奖。

早在一百多年前,人们对铁磁金属的输运特性受磁场影响的现象,就做过相当仔细的观测。莫特的双电流理论,把电子自旋引入对磁电阻的解释,而巨磁电阻恰恰是基于对具有自旋的电子在磁介质中的散射机制的巧妙利用。

目前巨磁电阻传感器已应用于测量位移、角度等传感器、数控机床、汽车测速、非接触开关、旋转编码器等诸多领域,与光电等传感器相比,它具有功耗小,可靠性高,体积小,能工作于恶劣的工作条件等优点。利用巨磁电阻效应在不同的磁化状态具有不同电阻值的特点,可以制成随机存储器(MRAM),其优点是在无电源的情况下可继续保留信息。巨磁电阻效应在高技术领域应用的另一个重要方面是微弱磁场探测器。巨磁电阻薄膜材料的广泛应用,也是纳米材料的第一项实际应用,它使得人们对磁性尤其是纳米尺寸的磁性薄膜介质的输运特性的研究有了突飞猛进的发展,由此带来了计算机存储技术的革命性变化,从而深刻地改变了整个世界。

本实验的目的是通过纳米结构层状磁性薄膜的巨磁电阻效应及不同结构的 GMR 传感

器特性测量和自旋阀磁电阻测量,了解磁性多层薄膜材料和自旋电子学的有关知识,并由磁电阻和巨磁电阻的历史发展中解决问题的思想方法,认识诺贝尔物理奖项目中巨磁电阻的原理、技术和对科学技术发展的重要贡献。体会实验的设计与实施,理解其原理和方法,体验科学发现的精髓与快乐,促进学生逐步形成系统的物理思想,期望由此激发学生对物理科学和高新技术的浓厚兴趣。

【实验原理】

1. 磁电阻与巨磁电阻效应

磁电阻(magneto-resistance,MR)效应是指物质在磁场的作用下电阻发生变化的物理现象。磁电阻效应按磁电阻值的大小和产生机理的不同可分为:正常磁电阻效应(ordinary MR,OMR)、各向异性磁电阻效应(anisotropic MR,AMR)、巨磁电阻效应(giant MR,GMR)和庞磁电阻效应(colossal MR,CMR)等。

表征磁电阻效应大小的物理量为 MR,其定义有两种,分别为

$$\begin{cases} \text{MR}_1 = \dfrac{R(0) - R(H)}{R(0)} \times 100\% \\ \text{MR}_2 = \dfrac{R(H) - R(H_s)}{R(H_s)} \times 100\% \end{cases} \tag{16.1}$$

式中 $R(0)$ 为外加磁场为零时样品电阻,$R(H)$ 为不同外加磁场下样品电阻,$R(H_s)$ 为外加磁场使薄膜磁化饱和时样品的电阻。第一种定义的磁电阻比率低于 100%,认为电阻的变化起源于反铁磁性的电阻,它的缺点是 $H=0$ 时并不总是完全反铁磁耦合态。第二种定义认为电阻的变化起源于铁磁态电阻,更常用于计算。

巨磁电阻效应是指在一定的磁场下材料电阻急剧减小,一般减小的幅度比通常磁性金属与合金材料的磁电阻数值约高 10 余倍。为了强调磁电阻的显著变化,在"磁电阻"之前加上"巨(giant)",称为"巨磁电阻(GMR)"。

巨磁电阻效应是在 1988 年由费尔(A. Fert)研究团队的拜比什(M. N. Baibich)等人和格伦伯格(P. Grunberg)团队的比纳什(G. Binash)等人同时发现。图 16.1 和图 16.2 分别给出两个团队利用分子束外延生长 Fe/Cr 超晶格和 Fe/Cr/Fe 三层膜系统的薄膜结构示意图和其磁电阻随磁场的变化关系。可以看到随磁场的增加电阻值下降非常明显,所以被称为巨磁电阻效应。之后人们在 Fe/Cu,Fe/Ag,Fe/Al,Fe/Au,Co/Cu,Co/Ag 和 Co/Au 等很多纳米结构的磁性多层薄膜中都观察到显著的巨磁阻效应。

可以注意到,图 16.1 中非磁性层的厚度对巨磁电阻效应有明显的影响。帕金(S. S. P. Parkin)等人在 1990 年观察到 Fe/Cr 多层膜中,MR 值随相邻磁性层的交换耦合而变化。交换耦合是指两种不同的磁性材料彼此密切接触,或被一个足够薄的层(一般小于 6 nm)分隔,自旋信息可以在两种磁性材料间传递,使它们的磁矩有一优先的相对取向。若它们的自旋方向相同,为铁磁性耦合,若其自旋方向相反,则为反铁磁性耦合。在磁性多层膜中,只有当 Cr 层厚度使零磁场时相邻磁性层成反铁磁性耦合,磁电阻达最大值。如果非磁性隔层的厚度比平均电子自由程大得多时,GMR 效应会消失。之后帕金等系统研究了以 3d 金属 Fe,Co,Ni 及其合金作为铁磁层(FM)层的 FM/NM/FM 结构(其中 NM 为非磁性层)多层

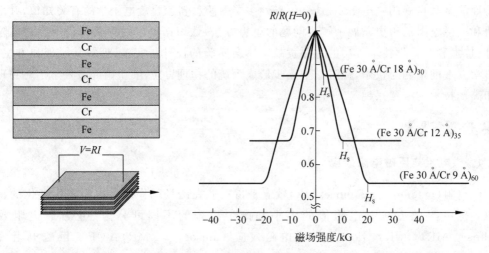

图 16.1　费尔小组制备的 3 个 Fe/Cr 超晶格在温度为 4.2 K 时的磁电阻曲线

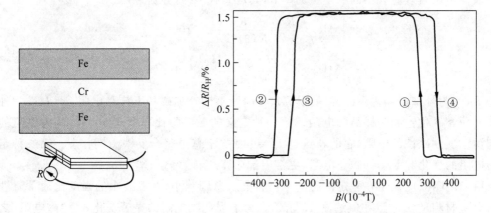

图 16.2　格伦伯格团队制备的 Fe/Cr/Fe 三明治结构的薄膜磁电阻随磁场的变化关系

膜中非磁性层厚度对巨磁电阻效应的影响。他发现当改变非磁性层厚度时，相邻铁磁层间交换耦合存在长程振荡效应，而且这种经过非磁性 NM 层的交换耦合随 NM 层厚度的变化而振荡的现象被证明是普遍的。图 16.3 为不同温度制备的三种 Fe/Cr 结构系统中 GMR 比率（$\Delta R/R$）随着铬层厚度的变化曲线。

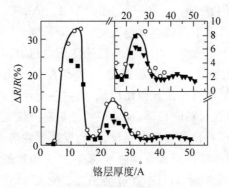

图 16.3　不同温度制备的三种 Fe/Cr 结构系统中 GMR 比率(4.5 K)随铬层厚度的变化

为什么被非磁性材料隔开的磁性多层膜系统具有巨磁电阻效应？为什么非磁性层的厚度会影响磁性层之间的交换耦合？要理解这些现象，就需要了解铁磁材料中与电子自旋相关的散射、莫特的双电流模型理论和 RKKY 交换作用。

2. 巨磁电阻效应的物理起源及理论解释

2.1　物质磁性对电阻的影响

电阻的本质是电子在物体中运动时受到散射。导电材料电阻率的大小是由其中自由电子的平均自由程决定的。材料中自由电子的平均自由程越短，其电阻率越大；反之，自由电子的平均自由程越长，材料的电阻率越小。

要讨论铁磁性对电阻的影响，必须引入电子自旋的概念。作为费米子，电子可以取 $\pm\dfrac{1}{2}$ 两种自旋。典型的铁磁物质为过渡族元素，例如铁、钴、镍等。这些元素的 3d 电子壳层都未填满，它们的自旋取向服从洪德定则，即总自旋值（所有电子自旋之和）在泡利原理允许的条件下取最大值。例如铁的原子序数为 26，其核外电子排布为 $1s^2 2s^2 2p^6 3s^2 3p^6 3d^6 4s^2$，其中 4s 轨道有 2 个自旋反向的电子占据，3d 壳层的电子填充情况根据洪德规则为

$$3d^6\quad \boxed{\uparrow\downarrow}\ \boxed{\uparrow}\ \boxed{\uparrow}\ \boxed{\uparrow}\ \boxed{\uparrow}$$

2 个自旋反平行的电子填充其中一个轨道，其余 4 个电子则选择自旋平行排列，分别填充 d 壳层的 4 个轨道。假设这 4 个电子的自旋取向为 $+\dfrac{1}{2}$，则铁原子的 3d 轨道中就会空出 4 个 $-\dfrac{1}{2}$ 自旋的电子态。注意所谓正负取向，是针对一个参照体系而言。在有外加磁场时，这个磁场就是参照方向。铁磁材料的磁化就是其中未满 3d 轨道电子的自旋沿磁场取向。

铁磁金属晶体的原子磁矩来自其未满 d 壳层电子的自旋磁矩，4s 价电子为传导电子，均匀分布于晶体中，并可以在整个晶体中传播。d 电子把材料磁性与电子的输运性质联系起来，空 d 态可被与 d 轨道上电子自旋方向相反的 4s 传导电子暂时占据，导致一个与电子自旋相关和轨道角动量相关的散射过程。铁磁材料中承担输运的 4s 电子 $+\dfrac{1}{2}$、$-\dfrac{1}{2}$ 自旋各占一半，因为泡利不相容原理和洪特规则，只有某些特定自旋的传导电子有很大的概率弛豫到 3d 壳层的 $-\dfrac{1}{2}$、$+\dfrac{1}{2}$ 自旋态，而 3d 电子被束缚于原子处，不参与导电，所以这个弛豫过程，使自由电子变成了束缚电子，就成为磁性材料中一种重要的散射机制而影响电阻率。铁磁材料中 4s 传导电子向 3d 局域态的弛豫，称为磁散射或 s-d 散射。s-d 散射是巨磁电阻效应的主要散射机制。

在铁磁材料中，电阻率 ρ 有三部分的贡献，分别源于杂质缺陷 ρ_r、晶格振动 $\rho_L(T)$ 和磁散射 $\rho_M(T)$，表示为

$$\rho(T) = \rho_r + \rho_L(T) + \rho_M(T) \tag{16.2}$$

其中前两项不随磁场变化，第三项随磁场大小和方向改变而改变，是巨磁电阻的主要贡献者。

2.2　莫特理论和磁性多层膜巨磁电阻的理论解释

巨磁电阻效应是由于不同自旋极化电子具有不同电传输行为所产生的，这种不同性首

次在 1936 年被莫特(N. F. Mott)观察到。在一般非磁性材料中,不同自旋方向的传导电子在传输过程中是无法分辨的。铁磁性金属材料在足够低温下,电子自旋弛豫长度(移动中电子自旋方向保持不变的距离)远远大于平均自由程,因此在讨论电子输运过程时,假定散射过程中移动的电子自旋方向保持不变是合理的。于是将铁磁金属材料中电子按自旋取向分成两类处理,与本体材料磁化方向平行与反平行的自旋电子在传输过程是可以分辨的,且平行与反平行自旋通道以并联方式贡献电导率,此效应称为双电流模型(the two-current model)。总电流是两类自旋电流之和;总电阻是两类自旋电流的并联电阻,如图 16.4 所示。

莫特提出由于铁磁性材料中自旋能带的分裂,导致不同自旋的电子有不同的传导行为。过渡金属中的电导率 $\sigma_\nu = n_\nu e^2 \tau_\nu / m_\nu$,其中 $\nu = \pm \dfrac{1}{2}$ 表示自旋向上或向下,n_ν 为费米能级上电子态密度,τ_ν 为自旋弛豫时间,m_ν 为有效质量。σ_ν 与费米能级上电子状态有关。费米能级上有两类电子:一类是巡游性强的 s 电子,它的能带宽,有效质量接近自由电子;另一类是比较局域的 d 电子,其能带窄,有效质量大于自由电子,所以,电流主要由 s 电子传递。但是,s 电子态密度远小于 d 电子。铁磁材料的电子能带结构示意图如图 16.5 所示。因此,s-s 电子间散射可以忽略;s-d 电子间散射过程才是主导的机制。因为铁磁金属 d 电子的两种自旋取向的电子数目不等,散射过程必须保证自旋守恒,所以 s-d 电子散射过程就与电子间自旋的相对取向有关,这个过程称为自旋极化的电子输运过程。这就是 1936 年莫特提出的过渡金属电子输运的物理模型。

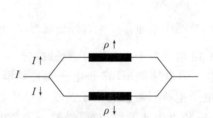

图 16.4 双电流模型的等效电阻示意图

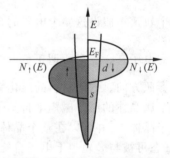

图 16.5 铁磁材料中电子能带结构示意图

在莫特与琼斯(H. Jones)合著的名著"*The Theory of the properties of Metals and Alloys*"中,即用上述物理模型解释过渡金属的电导率:"我们对过渡金属的电导率有了如下认识:电流由 s 电子传递,其有效质量近于自由电子。然而电阻则取决于电子从 s 带跃迁到 d 带的散射过程。因为跃迁概率与终态态密度成正比,而局域性的 d 带在费米面上态密度是很大的,这就是过渡金属电阻率高的原因。""这种 s-d 散射率取决于 s 电子与 d 电子自旋的相对取向。"费尔在发现 GMR 效应的论文中引述了莫特的上述理论来解释他所观察到的巨磁电阻效应,之后莫特理论成为巨磁电阻和相关效应的物理基础。

按照莫特的双电流模型,传导电子分为自旋向上和自旋向下的电子,多层膜中非磁性层对这两种状态的传导电子的影响是相同的,而磁性层的影响却完全不同。当相邻铁磁层反平行时,如果 s 电子的自旋与第一铁磁层中局域 d 电子的自旋平行,则几乎不受散射,在该层中的电阻表现为低电阻,用等效电阻 r 表示;当该 s 电子运动到相邻磁性层时,它的自旋与相邻铁磁层中局域 d 电子的自旋反平行,就有很大的概率填充到 d 壳层空置的与自己自旋相同的态,即受到强烈的散射,该层的电阻表现为高电阻,用等效电阻 R 表示。所以两相邻磁层的磁矩方向相反时,两种自旋状态的传导电子,或者在第一个磁层因磁矩与之相反而受到强烈散射,或者在穿过磁矩与其自旋方向相同的磁层后,必然在下一个磁层处遇到与其方向相反的磁矩,并受到强烈的散射作用,这样两种自旋态的 s 电子分别在某一层受到强散射,宏观上表现为高电阻状态(见图 16.6);如果施加足够大的外场,使得磁层的磁矩都沿外场方向排列(见图 16.7),则自旋与其磁矩方向相同的电子受到的散射小,只有方向相反的电子受到的散射作用强,宏观上表现出低电阻状态。图 16.6(b)和图 16.7(b)分别表示对应高阻态和低阻态的等效电路图。

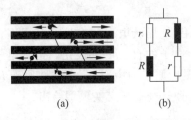

图 16.6　无磁场时磁性多层膜的状态
(a) 传导电子的运动状态;(b) 等效电阻

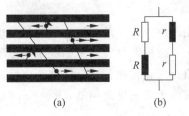

图 16.7　磁场对磁性层的影响
(a) 传导电子的运动状态;(b) 等效电阻

　　巨磁电阻的机制是建立在电子自旋保持不变(不发生反转)的前提下,若存在自旋反转,巨磁电阻效应将很大减弱。因而,磁电子学或自旋电子学的器件的特征长度应该小于自旋扩散长度,才能保证有效工作。自旋扩散长度通常在几十到几百纳米范围,因具体材料而不同。半导体的自旋扩散长度比金属的要长,磁性杂质和与磁有关的元激发容易导致自旋反转和自旋扩散长度减小,由此可以理解自旋输运和巨磁电阻的概念与纳米结构是紧密相关的,因此巨磁电阻效应不但被认为是自旋电子学的发端,也被认为是纳米科技付诸实际应用的发端。

　　2.3　RKKY 交换作用

　　人们早就知道过渡金属铁、钴、镍能够出现铁磁性有序状态。量子力学出现后,德国科学家海森伯(W. Heisenberg,1932 年诺贝尔物理学奖得主)明确提出铁磁性有序状态源于铁磁性原子磁矩之间的量子力学交换作用,其来源是相邻原子波函数存在着电子交换而引起的能量,称为交换能。由量子力学知交换能可表示为

$$E_{ex} = -2J\boldsymbol{S}_1 \cdot \boldsymbol{S}_2 = -2JS_1S_2\cos\phi \tag{16.3}$$

式中,S_1、S_2 为两个电子的自旋量子数;ϕ 为两个电子的自旋磁矩方向之间的夹角;J 称为交换积分(常数),其数值大小及其正负取决于近邻原子未充满的电子壳层互相接近的程度。若 $J>0$,当 $\phi=0°$,即两个电子的自旋磁矩平行排列时交换能最小,表现为铁磁性。若 $J<0$,则当 $\phi=180°$时交换能最小,即两个电子的自旋反平行排列时系统能量低,表现为反铁磁性。只有当两原子靠近,电子云有交叠时才有不等于零的交换积分 J,因此这个交换作用是短程的,称为直接交换作用。一般只能发生在固体中的最近邻原子之间,直接交换作用的特征长度为 0.1~0.3 nm。

　　后来发现很多过渡金属和稀土金属的化合物具有反铁磁有序状态,即在有序排列的磁材料中,相邻原子因受负的交换作用,自旋为反平行排列,如图 16.8 所示。磁矩虽处于有序状态,但总的净磁矩在不受外场作用时仍为零。这种磁有序状态

图 16.8　反铁磁有序

称为反铁磁性。法国科学家奈尔(L. E. F. Neel)因为系统地研究反铁磁性而获 1970 年诺贝尔奖。他在解释反铁磁性时认为，化合物中的氧离子(或其他非金属离子)作为中介，将最近的磁性原子的磁矩耦合起来，这是间接交换作用。

另外，在稀土金属中也发现了磁有序，其中原子的固有磁矩来自 $4f$ 电子壳层。相邻稀土原子的距离远大于 $4f$ 电子壳层直径，所以稀土金属中的传导电子担当了中介，将相邻的稀土原子磁矩耦合起来。局域电子之间通过传导电子作媒介产生间接交换作用的机制由 Ruderman，Kittel，Kasuya 和 Yosida 各自独立建立的模型来描述，通常被称为 RKKY 模型。

由于磁性原子的局域电子与传导电子的交换作用，使局域电子所在处及其周围自旋向上的电子密度与自旋向下的电子密度不同，导致传导电子的自旋产生极化。传导电子在空间的自旋极化由两种自旋的电子密度差决定。若以磁性原子为中心，距离磁性原子 R 处两种自旋电子的密度差用 $\Delta\rho(R)=\rho_{\uparrow}(R)-\rho_{\downarrow}(R)$ 表示。RKKY 交换模型给出：

$$\Delta\rho(R)=n^{\uparrow\downarrow}\left[1\pm\frac{9n^{\uparrow\downarrow}}{E_F}\pi JS^ZF(2K_FR)\right] \tag{16.4}$$

其中 $n^{\uparrow\downarrow}$ 为自旋向上和向下的电子浓度，

$$F(x)=\frac{\sin x-x\cos x}{x^4} \tag{16.5}$$

这个方程描述了传导电子自旋密度从源点随距离变化的阻尼振荡。在距离较大时可近似为

$$\Delta\rho\approx\frac{n^2}{E_F}J\langle S^2\rangle\frac{\cos(2k_FR)}{(k_FR)^3} \tag{16.6}$$

图 16.9 给出两种自旋的密度差随离开中心局域电子距离 R 的变化。由此可见，如果以局域电子为中心，传导电子的自旋极化随距离的变化振荡式衰减，这是一种长程振荡过程。产生这种振荡自旋极化的势能是中心磁性粒子定域化的磁矩，它与传导电子自旋相关的交换作用 J 对自旋向上和向下电子有不同影响。中心磁性原子的局域电子使其周围的传导电子产生自旋极化，自旋极化的传导电子又会和邻近磁性原子中的局域电子发生波函数重叠，产生直接交换作用。这种直接交换积分为一正值，所以参与直接交换作用的两个电子的自旋应平行取向。于是第二个磁性原子中局域电子自旋的方向便由其所在位置决定：当它的位置在 $\Delta\rho$ 为正的范围内时，它的自旋向上，与第一个磁性原子中的局域电子的自

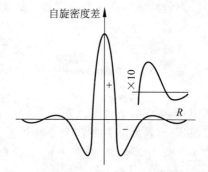

图 16.9　RKKY 交换作用示意图：两种自旋的密度差随离开中心局域电子距离 R 的变化

旋方向相同，表现为铁磁性；反之，当它的位置在 $\Delta\rho$ 为负的范围内时，它的自旋方向向下，与第一个磁性原子中的局域电子自旋的方向相反，表现为反铁磁性。这就是 RKKY 交换作用的基本物理过程。

RKKY 交换作用有两个最重要的特点：(1)交换耦合作用是长程的。耦合长度远大于直接交换作用要求的波函数直接叠交的原子间距；(2)原子间距相对于传导电子自旋密度

周期分布的微小变化可能使间接交换强度发生大的变化甚至改变符号。因此 RKKY 相互作用随原子间距变化可以产生铁磁性、反铁磁性的自旋有序极化。

从 RKKY 交换作用和双电流模型分析呈现巨磁电阻效应的纳米磁性多层膜，很容易理解非磁性层的厚度对巨磁电阻效应的影响。磁性层间的交换耦合作用随层间间距即非磁性层厚度而出现震荡衰减，导致巨磁电阻效应随非磁性层厚度出现震荡衰减现象。

2.4　自旋阀磁电阻

多层膜 GMR 结构简单，工作可靠，磁阻随外磁场线性变化的范围大，在制作模拟传感器方面得到广泛应用。在数字记录与读出领域，为了使 GMR 材料的饱和磁场(H_s)降低，人们除了采用降低耦合强度及选用优质软磁作为铁磁层等途径外，还提出了非耦合型夹层结构。1991 年，B. Dieny 利用反铁磁层交换耦合，提出了自旋阀结构，并首先在(NiFe/Cu/NiFe/FeMn)自旋阀中发现了一种低饱和场巨磁电阻效应。

自旋阀是 GMR 效应的一个具体应用。它由一个非磁性导体分隔两个磁性层。与 Fe/Cr 一类多层膜系统中通常很强的反铁磁交换作用相比，自旋阀的磁性层不耦合或弱耦合。因此，可以使磁电阻在几十奥斯特而不是几千奥斯特的磁场中发生变化。

自旋阀结构的 SV-GMR(spin valve GMR)由钉扎层、被钉扎层、中间导电层和自由层构成，如图 16.10 所示。其中，钉扎层使用反铁磁材料，被钉扎层使用硬铁磁材料，铁磁和反铁磁材料在交换耦合作用下形成一个偏转场，此偏转场将被钉扎层的磁化方向固定，不随外磁场改变。自由层使用软铁磁材料，它的磁化方向易随外磁场转动。这样，很弱的外磁场就会改变自由层与被钉扎层磁场的相对取向，对应于很高的灵敏度。制造时，使自由层的初始磁化方向与被钉扎层垂直，磁记录材料的磁化方向与被钉扎层的方向相同或相反(对应于 0或 1)，当感应到磁记录材料的磁场时，自由层的磁化方向就向与被钉扎层磁化方向相同(低电阻)或相反(高电阻)的方向偏转，检测出电阻的变化，就可确定记录材料所记录的信息，硬盘所用的 GMR 磁头就采用这种结构。

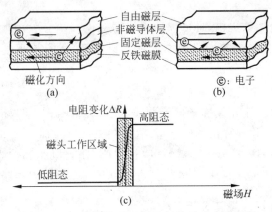

图 16.10　自旋阀 SV-GMR 结构及磁电阻变化

(a) 外磁场平行于固定磁层的磁化方向；(b) 外磁场反平行于固定磁层的磁化方向；(c) ΔR-H 曲线

这种自旋阀具有如下优点：磁电阻变化率 $\Delta R/R$ 对外磁场的响应呈线性关系，具有频率特性好、饱和场低、灵敏度高的特点。

【实验仪器】

实验仪器包括 GMR 传感器、巨磁电阻实验仪、稳压电源、恒流源、螺线管、电压表、电流表、基本特性测量组件、电流测量组件、角位移组件、磁卡读写组件。巨磁电阻实验仪包括稳压电源、恒流源、电压表、电流表。稳压电源提供测量所需要的电压,恒流源为螺线管供电提供测量所需的磁场,电压表和电流表分别用于测量 GMR 的电压或电流。

在将 GMR 构成传感器时,为了消除温度变化等环境因素对输出的影响,一般采用桥式结构,图 16.11 是某型号传感器的结构。

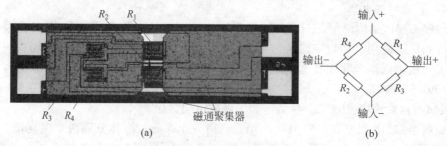

图 16.11　GMR 模拟传感器结构图

(a) 几何结构;(b) 电路连接

对于电桥结构,如果 4 个 GMR 电阻对磁场的响应完全同步,就不会有信号输出。图 16.11 中,将处在电桥对角位置的两个电阻 R_3,R_4 覆盖一层高磁导率的材料如坡莫合金,以屏蔽外磁场对它们的影响,而 R_1,R_2 阻值随外磁场改变。设无外磁场时 4 个 GMR 电阻的阻值均为 R,R_1,R_2 在外磁场作用下电阻减小 ΔR,简单分析表明,输出电压:

$$U_{\text{OUT}} = U_{\text{IN}} \Delta R / (2R - \Delta R) \tag{16.7}$$

屏蔽层同时设计为磁通聚集器,它的高导磁率将磁力线聚集在 R_1,R_2 电阻所在的空间,进一步提高了 R_1,R_2 的磁灵敏度。从图 16.11 的几何结构还可看出,巨磁电阻被光刻成微米宽度迂回状的电阻条,以增大其电阻至千欧数量级,使其在较小工作电流下得到合适的电压输出。

所用磁场可以用电磁铁提供,也可以用螺线管提供。本实验用螺线管线圈提供变化磁场。GMR 传感器置于螺线管的中央。由理论分析可知,无限长直螺线管内部轴线上任一点的磁感应强度为

$$B = \mu_0 n I \tag{16.8}$$

式中,n 为线圈密度;I 为流经线圈的电流强度;$\mu_0 = 4\pi \times 10^{-7}$ H/m 为真空中的磁导率。采用国际单位制时,由上式计算出的磁感应强度单位为 T(1 T = 10000 Gs)。

基本特性组件由 GMR 模拟传感器、螺线管线圈、比较电路和输入输出插孔组成,用以对 GMR 的磁阻特性和磁电转换特性进行测量。测量时 GMR 传感器置于螺线管的中央。

1. MR 磁阻特性曲线测量与分析

为加深对巨磁电阻效应的理解,我们对构成 GMR 模拟传感器的磁阻进行测量。将基本特性组件的功能切换按钮切换为"巨磁阻测量",此时被磁屏蔽的两个电桥电阻 R_3,R_4 被短路,而 R_1,R_2 并联。将电流表串联进电路中,测量不同磁场时回路中电流的大小,就可计算磁阻。测量原理如图 16.12 所示。

由于巨磁阻传感器具有磁滞现象,在实验中应注意恒流源只能单方向调节,不可回调,否则测得的实验数据将不准确。测量磁电阻特性曲线时注意测出零磁场附近电流或电阻转

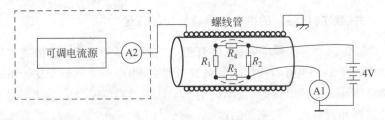

图 16.12 磁电阻特性测量原理图

折点的数值。根据螺线管上标明的线圈密度,由式(16.8)计算出螺线管内的磁感应强度 B。由欧姆定律 $R = U/I$ 计算不同磁场下的电阻。

以磁感应强度 B 作横坐标,电阻为纵坐标作出磁阻特性曲线。根据磁电阻定义计算其GMR 的值。观察曲线特点,用物理原理解释其变化规律。应该注意,由于模拟传感器的两个磁阻是位于磁通聚集器中,使磁阻灵敏度大大提高。

2. GMR 模拟传感器的磁电转换特性测量

图 16.13 是磁电转换特性的测量原理图。理论上讲,外磁场为零时,GMR 传感器的输出应为零,但由于半导体工艺的限制,4 个桥臂电阻值不一定完全相同,导致外磁场为零时输出不一定为零,在有的传感器中可以观察到这一现象。

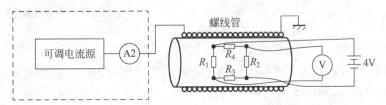

图 16.13 模拟传感器磁电转换特性实验原理

根据螺线管上标明的线圈密度,由式(16.8)计算出螺线管内的磁感应强度 B。

以磁感应强度 B 作横坐标,电压表的读数为纵坐标作出磁电转换特性曲线。图 16.14是某 GMR 模拟传感器的磁电转换特性曲线。同一外磁场强度下输出电压的差值反映了材料的磁滞特性。

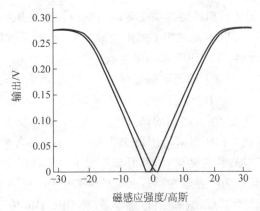

图 16.14 GMR 模拟传感器的磁电转换特性

3. GMR 开关(数字)传感器的磁电转换特性曲线测量

将 GMR 模拟传感器与比较电路、晶体管放大电路集成在一起,就构成 GMR 开关(数字)传感器,结构如图 16.15 所示。比较电路的功能是,当电桥电压低于比较电压时,输出低电平。当电桥电压高于比较电压时,输出高电平。选择适当的 GMR 电桥并调节比较电压,可调节开关传感器开关点对应的磁场强度。

图 16.16 是某种 GMR 开关传感器的磁电转换特性曲线。当磁场强度的绝对值从低增加到 12 高斯时,开关打开(输出高电平),当磁场强度的绝对值从高减小到 10 Gs 时,开关关闭(输出低电平)。

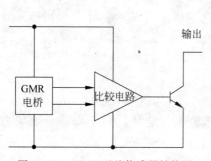

图 16.15　GMR 开关传感器结构图

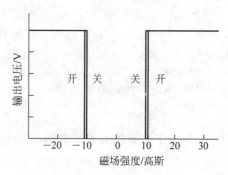

图 16.16　GMR 开关传感器磁电转换特性

测量所采用的实验装置为巨磁阻实验仪和基本特性组件。

将 GMR 模拟传感器置于螺线管磁场中,功能切换按钮切换为"传感器测量"。按实验说明书接好电路,测量输出电压与磁场电流的关系。以磁感应强度 B 作横坐标,电压读数为纵坐标作开关传感器的磁电转换特性曲线并进行分析。

利用 GMR 开关传感器的开关特性已制成各种接近开关,当磁性物体(可在非磁性物体上贴上磁条)接近传感器时就会输出开关信号。GMR 开关传感器广泛应用在工业生产及汽车,家电等日常生活用品中,控制精度高,恶劣环境(如高低温,振动等)下仍能正常工作。

4. 用 GMR 模拟传感器测量电流

从图 16.14 可见,GMR 模拟传感器在一定的范围内输出电压与磁场强度成线性关系,且灵敏度高,线性范围大,可以方便地将 GMR 制成磁场计,测量磁场强度或其他与磁场相关的物理量。作为应用示例,我们用它来测量电流。

由理论分析可知,通有电流 I 的无限长直导线,与导线距离为 r 的一点的磁感应强度为

$$B = \mu_0 I / 2\pi r = 2I \times 10^{-7}/r \tag{16.9}$$

因此,磁场强度与电流成正比,在 r 已知的条件下,测得 B,就可知 I。

在实际应用中,为了使 GMR 模拟传感器工作在线性区,提高测量精度,还常常预先给传感器施加一固定已知磁场,称为磁偏置,其原理类似于电子电路中的直流偏置。

测量所采用的实验装置为巨磁阻实验仪和电流测量组件。

电流测量组件将导线置于 GMR 模拟传感器近旁,用 GMR 传感器测量导线通过不同大小电流时导线周围的磁场变化,就可确定电流大小。与一般测量电流需将电流表接入电

路相比,这种非接触测量不干扰原电路的工作,具有特殊的优点。按实验说明书接好电路(见图 16.17),分别测不同偏置磁场下(低磁偏置和适当磁偏置)待测电流与输出电压的关系。以电流读数为横坐标,电压表的读数为纵坐标作图,分析不同磁偏置对灵敏度和磁滞的影响。

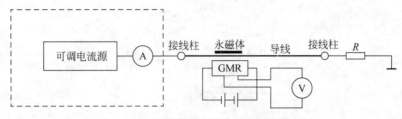

图 16.17　模拟传感器测量电流实验原理图

用 GMR 传感器测量电流不用将测量仪器接入电路,不会对电路工作产生干扰,既可测量直流,也可测量交流,具有广阔的应用前景。

5. GMR 梯度传感器的特性及应用

将 GMR 电桥两对对角电阻分别置于集成电路两端,4 个电阻都不加磁屏蔽,即构成梯度传感器,如图 16.18 所示。

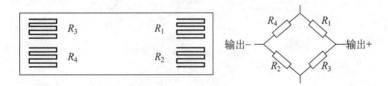

图 16.18　GMR 梯度传感器结构图

这种传感器若置于均匀磁场中,由于 4 个桥臂电阻阻值变化相同,电桥输出为零。如果磁场存在一定的梯度,各 GMR 电阻感受到的磁场不同,磁阻变化不一样,就会有信号输出。图 16.19 以检测齿轮的角位移为例,说明其应用原理。

将永磁体放置于传感器上方,若齿轮是铁磁材料,永磁体产生的空间磁场在相对于齿牙不同位置时,产生不同的梯度磁场。在 a 位置时,输出为零。在 b 位置时,R_1,R_2 感受到的磁场强度大于 R_3,R_4,输出正电压。在 c 位置时,输出回归零。在 d 位置时,R_1,R_2 感受到的磁场强度小于 R_3,R_4,输出负电压。于是,在齿轮转动过程中,每转过一个齿牙便产生一个完整的波形输出。这一原理已普遍应用于转速(速度)与位移监控,在汽车及其他工业领域得到广泛应用。

实验装置:巨磁阻实验仪、角位移测量组件。

将实验仪 4 V 电压源连接角位移测量组件"巨磁电阻供电",角位移测量组件"信号输出"连接实验仪电压表。测量齿轮转动输出电压变化两个周期时齿轮转动度数与输出电压值,并作图分析。角位移测量组件用巨磁阻梯度传感器做传感元件,铁磁性齿轮转动时,齿牙干扰了梯度传感器上偏置磁场的分布,使梯度传感器输出发生变化,每转过一齿,就输出类似正弦波一个周期的波形。利用该原理可以测量角位移(转速,速度)。汽车上的转速与速度测量仪,就是利用该原理制成的。

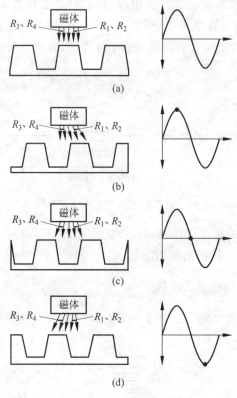

图 16.19 用 GMR 梯度传感器检测齿轮位移

6. 磁记录与读出

磁记录是当今数码产品记录与储存信息的最主要方式,由于巨磁阻的出现,存储密度有了成百上千倍的提高。

在当今的磁记录领域,为了提高记录密度,读写磁头是分离的。写磁头是绕线的磁芯,线圈中通过电流时产生磁场,在磁性记录材料上记录信息。巨磁阻读磁头利用磁记录材料上不同磁场时电阻的变化读出信息。磁读写组件用磁卡做记录介质,磁卡通过写磁头时可写入数据,通过读磁头时将写入的数据读出来。

同学可自行设计一个二进制码,按二进制码写入数据,然后将读出的结果记录下来。

所需要的实验装置为巨磁阻实验仪、磁读写组件、磁卡。

将实验仪的 4 V 电压源连接磁读写组件"巨磁电阻供电","电路供电"接口连接至基本特性组件对应的"电路供电"输入插孔,磁读写组件"读出数据"连接至实验仪电压表。

将磁卡插入,设置好写入区域的"0"或"1",按"写确认"键。为保证均匀磁化,写确认时间可稍微长一些,并在区域内缓慢移动磁卡。移动磁卡至读磁头处,根据刻度区域在电压表上读出电压,记录二进制数字与读出电压的关系,了解磁记录的原理。

7. 自旋阀磁电阻的测量装置与方法

对于一般阻值较高的电阻的测量,原则上可以采用两端法,即给样品通一电流,测量该电阻两端的电压,电压除以电流即为电阻。两端法中,只需两根导线与样品连接。虽然在整个测量回路中存在导线电阻和接触电阻,因为样品的阻值较高,对电阻测量的影响可以忽略。如果待测样品电阻率较低,导线电阻和接触电阻的影响变得突出,甚至比样品电阻本身还要大,此时两端法不再适用,应采用四端法。

四端法的测量方式如图 16.20 所示,电压表 V 测量的电压只是由待测样品本身的电阻产生的,恒流 I_i 在导线电阻和接触电阻上产生的电压降没有加到测量电压表上,对测量不产生影响。虽然在电压测量的回路中也存在导线电阻和接触电阻,但一般电压表的输入阻抗相当

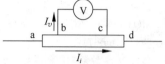

图 16.20 四端法测量电阻原理图

高,电流 I_v 很小,在导线电阻和接触电阻上引起的电压降很小,可以认为加在电压表上的电压 V 全部由样品电阻产生。电压 V 除以恒流 I_i 即为样品的电阻。

由于铁磁金属磁性薄膜的电阻很低,所以,它的电阻率测量也需要采用四端接线法。

将自旋阀样品固定在磁场中间的样品台上,按四端法接线,与测量磁性多层膜样品的磁电阻曲线方法相同,分别测量样品和磁场两种不同取向时自旋阀样品的磁电阻曲线。比较自旋阀样品的磁阻曲线和磁性多层膜样品的磁阻曲线的异同点,用双电流模型解释。

【实验内容】

1. 了解 GMR 效应的原理;根据磁阻变化设计表格,测量 GMR 的磁阻特性曲线;观察曲线特点,理解磁阻曲线所反映的物理原理。

2. 分别测量 GMR 模拟传感器和 GMR 数字开关传感器的磁电转换特性曲线;比较两种磁电转换曲线的异同,了解 GMR 做不同传感器应用时技术处理和电路结构特点,体会从物理原理到技术应用的实验设计思想。

3. 用 GMR 模拟传感器测量电流,分析偏置磁场对传感器应用的影响及原因。

4. 用 GMR 梯度传感器测量齿轮的角位移,了解 GMR 转速(速度)传感器的结构和原理。

5. 通过实验了解磁记录与读出的原理。

6. 测量自旋阀的磁电阻曲线,与多层膜磁电阻曲线比较,分析其异同及原因。

【注意事项】

1. 磁性样品测量数据时先将样品磁化到饱和再进行测量,且测量过程中磁场只能单向调节,注意转折点数据的准确测量。

2. 磁记录组件不能长期处于"写"状态。实验过程中,实验环境不得处于强磁场中。

3. 自旋阀磁电阻和各向异性磁电阻达到磁饱和的磁场比较小,测量时不必将磁场线圈电流调至最大,因为大电流会导致线圈发热,注意不能在大电流状态长时间测量。

【参考文献】

[1] BAIBICH M N,BROTO J M,FERT A F,et al. Giant Magnetoresistance of (001)Fe/(001)Cr Magnetic Superlattices[J]. Phys. Rev. Lett.,1988,61(21):2472-2475.

[2] GRUNBERG P,SCHREIBER R,PANG Y,et al. Layered magnetic structures:Evidence for

antiferromagnetic coupling of Fe layers across Cr interlayers[J]. J. Appl. Phys. ,1987,61(8): 3750-3752.

[3] PARKIN S S P,MORE N,ROCHE K P. Oscillations in exchange coupling and magnetoresistance in metallic superlattice structures: Co/Ru,Co/Cr,and Fe/Cr[J]. Phys. Rev. Lett. ,1990,64(19): 2304-2307.

[4] MOTT N F. Electrical conductivity of transition metals[J]. P. Roy. Soc. Lond. A. Mat. ,1936,153 (880): 669-717.

[5] 莫特 N F,琼斯 H. 金属与合金性质的理论[M]. 付正元,马元德,译. 北京：科学出版社,1958.

[6] 奥汉德利 R C. 现代磁性材料原理和应用[M]. 周永洽,等译. 北京：化学工业出版社,2002.

[7] 姜寿亭,李卫. 凝聚态磁性物理[M]. 北京：科学出版社,2003.

[8] DIENY B,SPERIOSU V S,PARKIN S S P,et al. Giant magnetoresistive in soft ferromagnetic multilayers[J]. Phys. Rev. B,1991,43(1): 1297-1300.

（王合英   葛惟昆）

实验 **17** 反常霍尔效应

> 反常霍尔效应是铁磁材料中一种特别的磁电效应,它是探究和表征铁磁材料中巡游电子输运特性的重要手段和工具之一。本实验通过测量稀磁半导体薄膜中的反常霍尔效应,了解在铁磁性材料中反常霍尔效应的实验现象及其机制研究的历史;学习有关反常霍尔效应的理论研究进展,尤其是反常霍尔效应内禀机制的基本理论,即动量空间中布洛赫态的贝里曲率(规范场)特性决定了霍尔电导率;同时了解建立系统地解释反常霍尔效应机制的理论目前仍然是一个挑战性的任务。

【思考题】

1. 反常霍尔效应有什么特点?
2. 如何理解反常霍尔效应的内禀机制和外在机制?
3. 如何理解贝里相位与贝里曲率在物理上的意义?

【引言】

霍尔效应作为一种磁电效应,是美国物理学家霍尔(E. H. Hall)在 1879 年研究金属的导电机制时发现的。由于半导体材料的霍尔效应比较明显,用半导体材料制成的各种霍尔元器件在电子技术、测量技术、自动控制技术等许多科技领域都有着广泛的应用。1880 年霍尔进一步发现铁、钴、镍等铁磁性材料的霍尔效应与非铁磁性材料不同,因为铁磁性金属中存在自发的磁性长程有序,使得它们不加外磁场也能观测到霍尔效应。为了区分这两种现象,人们把不需要加外磁场的霍尔效应叫做反常霍尔效应。之后,许多研究者在这方面做了大量的实验和理论研究工作。例如,孔特(Kundt)发现霍尔电阻近似与磁化强度成线性关系;史密特(Smit)和西尔斯(Sears)于 1929 年列出了霍尔电阻与磁化强度的经验关系式等。反常霍尔效应在现代科学技术研究中有着至关重要的应用,它是探究和表征铁磁材料中巡游电子输运特性的重要手段和工具之一,其测量技术被广泛应用于许多领域,其中最重要的应用是在新兴的自旋电子学方面,促进了稀磁半导体材料学的诞生等。

从霍尔效应发现至今已有一百多年的历史,期间对霍尔效应及反常霍尔效应的理论和应用研究从来没有停止过,但反常霍尔效应至今还没有完善的理论机制。特别是半导体材料科学的兴起和技术的进步,使霍尔效应得到广泛应用,也促进了凝聚态物理、自旋电子学等一批新兴学科和稀磁材料、自旋电子学材料等一批新兴材料的蓬勃发展。近年来,由于新型半导体材料和低维物理的发展、超低温度和超强磁场等的应用,使得对低维凝聚态体系中的霍尔效应的研究取得了许多突破性的进展。例如,德国物理学家冯·克利青(K. von Klitzing)在研究硅场效应管的霍尔电阻时发现了量子霍尔效应;美籍华裔物理学家崔琦

(Daniel Chee Tsui)等在研究二维电子系统时发现了分数量子霍尔效应；薛其坤及其团队于 2013 年 3 月首次从实验上观测到量子反常霍尔效应,这些辉煌的成就进一步激发起人们对该领域开展更深入、更广泛的研究工作。霍尔效应及反常霍尔效应后续的理论与应用研究仍将是凝聚态物理的研究重点和热点。

　　本实验通过测量稀磁半导体薄膜中的反常霍尔效应,了解反常霍尔效应的有关现象、原理及其应用,学习物性综合测量系统的磁电测量技术和低温技术。

【实验原理】

1. 霍尔效应和反常霍尔效应实验现象

　　如图 17.1 所示,一个非磁性的金属或半导体薄片放置在 xOy 平面内,外加电场 E 沿 x 方向,外加磁场 B 垂直于薄片平面而沿 z 方向。如果电流 I_x 沿 x 方向,材料中的载流子受到磁场的洛伦兹力作用而在 y 方向产生横向运动,造成薄片两侧电荷积累,从而沿 y 方向产生一横向霍尔电压 V_H。横向霍尔电阻 ρ_{xy} 定义为霍尔电压 V_H 与电流 I_x 的比值,其大小依赖于外加磁场的大小,即

$$\rho_{xy} = \frac{V_H}{I_x} = R_0 B = \frac{B}{nq} \tag{17.1}$$

其中 R_0 称为常规霍尔系数,它的大小与载流子浓度 n 成反比,符号取决于载流子的类型。这种现象称为常规霍尔效应(ordinary Hall effect)。这一效应现在被广泛地应用于确定半导体的导电类型、载流子浓度和迁移率的测量以及磁场强度的测量中。

　　1880 年,霍尔(E. Hall)发现在铁磁性金属中,霍尔效应会比在非磁导体中更强。他在测量铁、钴、镍等铁磁性材料的霍尔效应时发现了三个新的特点:①它们的霍尔系数比早期测量过的金和铜的霍尔系数大 10 倍;②随着温度升高,霍尔系数迅速增大;③霍尔电压与外加磁场不再有线性关系,而且,当磁化强度达到饱和时,它就变成常数。横向霍尔电阻 ρ_{xy} 与磁场大小 B 的关系曲线如图 17.2 所示。ρ_{xy} 先随 B 迅速线性增加,经过一个拐点后缓慢线性增加,直至饱和。这种变化显然不能简单地用磁场的洛伦兹力来解释。进一步研究发现,在铁磁性金属中,即使没有外加磁场 B,仅有 x 方向的电场 E 时,也会出现横向霍尔电压 V_H。为了区分这两种现象,人们把不需要外磁场的霍尔效应称为反常霍尔效应(anomalous Hall effect)或异常霍尔效应(extraordinary Hall effect)。

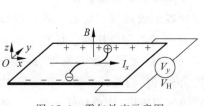

图 17.1　霍尔效应示意图

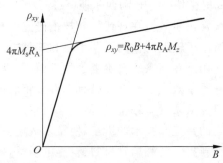

图 17.2　铁磁材料中霍尔电阻 ρ_{xy} 随外磁场 B 的变化曲线

为了证实和解释反常霍尔效应,在接下来的将近 80 年的时间内,许多研究者在这方面做了大量的实验研究工作。例如,昆特(A. Kundt)发现霍尔电阻近似与磁化强度成线性关系;史密斯(A. W. Smith)和西尔斯(R. W. Sears)于 1929 年根据大量的实验事实,提出铁磁性材料的霍尔电阻率 ρ_{xy} 与磁感应强度 B 和磁化强度 M 满足如下经验关系式:

$$\rho_{xy} = R_0 B_z + 4\pi R_A M_z \tag{17.2}$$

式中 R_A 称为反常霍尔系数,通常大于常规霍尔系数 R_0 至少一个量级以上,且强烈地依赖于温度。式(17.2)中除了包括式(17.1)中的常规项 $R_0 B_z$,另外增加了与样品的磁化强度 M 大小有关的反常项 $4\pi R_A M_z$,当样品达到饱和磁化强度 M_s 时,它就变成了常数。

虽然霍尔效应和反常霍尔效应非常相似,但是它们的物理本质完全不同。反常霍尔效应是因为体系存在因自发磁化产生的有效磁场 M_z 使得上下自旋电子的占据数不相等。由于自旋-轨道耦合作用使得自旋指向相反的电子获得方向相反的反常速度,造成横向边界上聚集的电子数不相等,形成非零的霍尔电压 V_H,如图 17.3 所示。实际上,为了让此现象明显,常用一弱的磁场 B_z 使样品内的磁畴都沿 z 方向平行取向。

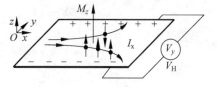

图 17.3 反常霍尔效应示意图

目前在很多铁磁材料和铁磁半导体中都观测到反常霍尔效应。反常霍尔效应是探究和表征铁磁材料中巡游电子输运特性的重要手段和工具之一。稀磁半导体材料就是通过在低温和高温范围内测量样品的反常霍尔效应发现的,反常霍尔效应在稀磁半导体材料整个应用过程中的性能表征都有着不可替代的作用。

2. 反常霍尔效应的相关理论

反常霍尔效应的物理机制在被发现后的一百多年里一直困扰着物理学家,鲁丁格(Luttinger)和卡普拉斯(Karplus)最早从理论上提出铁磁性金属产生反常霍尔效应的原因是材料的内禀机制,斯密特(Smit)和伯杰(Berger)认为它是和材料中的杂质、声子等散射有关的外在机制。直到近十多年,人们才逐渐认识到反常霍尔效应与电子自旋-轨道耦合及电子结构的贝里(Berry)相位有关,并提出反常霍尔效应的内禀机制或本征机制。在具有自旋-轨道耦合并破坏时间反演对称性的材料中,特殊电子结构会导致动量空间中非零贝里相位的出现,改变了电子的运动方程,导致反常霍尔效应的出现。

1954 年,鲁丁格(Luttinger)和卡普拉斯(Karplus)从理论上详细研究了自旋-轨道耦合作用对自旋极化巡游电子的输运影响,第一次提出了反常霍尔效应的内禀机制及其量子力学起源。他们不考虑杂质、声子等散射,把外加电场作为微扰展开,推导出在包含自旋-轨道耦合相互作用的理想晶体能带中运动的载流子,存在一个反常速度,这个速度不是与电场平行,而是与电场垂直,后来发现它正比于贝里曲率。因为这个反常速度的存在,在外加电场下,同时考虑到上自旋与下自旋的电子占据数不相等,导致电子将会有个净的横向电流,产生反常霍尔效应。这个理论说明反常霍尔效应是自旋-轨道耦合的必然结果,仅和材料的固有能带结构相关,是材料的内禀特性,和散射无关。按照这个理论,反常霍尔系数 R_s 与总电阻率的平方 ρ^2 成正比。这与当时几种过渡金属(如铁)的实验观测结果是一致的。

然而,这个结论很快受到斯密特(Smit)的质疑,他批驳了鲁丁格和卡普拉斯的观点,认为在真实的材料中总是存在缺陷或者杂质,电子的运动将会受到散射。对于理想周期性晶格,内禀的反常霍尔系数 R_s 将会消失为零。进一步,他提出了螺旋散射(skew scattering)机制,认为对于固定自旋方向的电子,由于自旋-轨道耦合相互作用,电子受到杂质的散射是不对称的,结果定向运动的电子偏离原来的方向,形成横向的电荷积累,它的直观物理图像如图 17.4(a)所示。螺旋散射主要由被散射的载流子偏离原来路径方向的角度 δ(也称为自发霍尔角)来表征:

$$\delta = \frac{\rho_{xy}}{\rho} \tag{17.3}$$

因此,根据螺旋散射霍尔电阻率 ρ_{xy} 与 ρ 成正比,即

$$\rho_{xy} \propto \rho \tag{17.4}$$

而且霍尔电阻率 ρ_{xy} 还依赖于散射势的类型和作用距离。

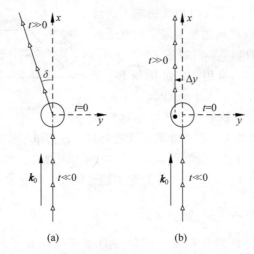

图 17.4 反常霍尔效应

(a) 螺旋散射(skew scattering);(b) 边跳(side jump)机制示意图

图中分别给出一个电子被中心势散射前后的运动情况。电子自旋 S 平行于 z 轴,入射方向 k_0 平行于 x 轴

以鲁丁格和斯密特为代表的两种观点一直争论着,始终没有得到调和。到了 1970 年,伯杰提出了反常霍尔效应的边跳(sidejump)机制,边跳散射机制模型如图 17.4(b)所示。根据量子力学,一个自由电子(一个波包)以平均速度沿直线运动,电子被一个中心势散射后,平均的电子轨迹将还是一直线。当自旋-轨道相互作用存在时,它取决于自旋角动量 S 和轨道角动量 L 的矢量积,且与二者之间的夹角有关。对于铁磁材料,自旋角动量有优先的取向,使系统的对称性降低,致使散射微分截面左右不对称,导致散射后电子可获得一向左或向右的平均速度。效果相当于具有固定自旋方向的电子因被散射使其运动轨迹完成了一次横向跳跃 Δy,不断的横向跳跃相当于使载流子获得一横向平均速度,导致横向电荷积累和霍尔电压的额外贡献。按照这种模型,载流子波包的横向跳跃距离 Δy 与螺旋散射参数 δ 和平均自由程 λ 有关:

$$\tan\delta \approx \delta \approx \frac{\Delta y}{\lambda} \approx \rho \Delta y \tag{17.5}$$

因此,根据边跳机制可以得到霍尔电阻率 ρ_{xy} 与 ρ 成二次方关系,即

$$\rho_{xy} \propto \rho^2 \tag{17.6}$$

这可以解释在铁、镍和铁镍合金中实验观察到的 ρ_{xy} 与总电阻率平方 ρ^2 成线性关系的现象。边跳机制模型与具体散射势的形式无关。螺旋散射和边跳散射机制都属于外在机制，是由于杂质或声子散射造成的。但在实际材料中，人们很难对杂质的散射势建立准确定量的模型，外在机制预测的结果很难与实验定量地比较，因此主要由外在机制导致反常霍尔效应的结论也不能十分令人信服。

通过分析上述关于反常霍尔效应的物理机制的争论可以发现，虽然它们的结论不同，但基本出发点是相同的，都采用了以下的基本模型：考虑磁极化电子（自旋取向一致的电子）在外场影响下的运动，并将其根源归结为自旋-轨道的相互作用。差别在于对自旋-轨道相互作用影响的具体分析。鲁丁格等认为对于反常霍尔效应，电流算符的矩阵元是基本的，起源于内禀机制。外在机制的理论将其归结为自旋-轨道相互作用修改了的杂质散射，即螺旋散射或边跃散射。这些理论都能得到式(17.2)的结果。螺旋散射和边跃散射分别对霍尔电阻率给出正比于电阻率 ρ 和 ρ^2 的贡献，它们与不同材料的实验结果相符合，后一过程倾向于合金材料为主。这两种机制实质上也都是基于量子力学的理论。

近年来，由于自旋电子学的兴起和量子反常霍尔效应的发现，迫使人们对反常霍尔效应产生的理论机制进行深入探索。最新研究工作的进展从贝里相位角度出发重新审视最早由鲁丁格提出的内禀机制，通过对 $SrRuO_3$ 和 Fe 的第一性原理计算结果和实验数据相比较，表明内禀机制引起的反常霍尔效应占据了主要贡献。

下面我们简单介绍一下反常霍尔效应内禀机制的最新研究进展。在理想晶体中，按照布洛赫定理，波函数为

$$\psi_n(\boldsymbol{k}, \boldsymbol{r}) = e^{i\boldsymbol{k}\cdot\boldsymbol{r}} u_n(\boldsymbol{k}, \boldsymbol{r}) \tag{17.7}$$

其中 n 是能带指标，$\boldsymbol{k}$ 是波矢，$\boldsymbol{r}$ 是实空间坐标，$u_n(\boldsymbol{k}, \boldsymbol{r})$ 是晶格的周期函数。晶体中载流子在外加电磁场中的准经典运动可以用布洛赫波函数组成的波包来描述，在引入贝里相位之后，它满足下面运动方程：

$$\dot{\boldsymbol{r}} = \frac{\partial \boldsymbol{E}_n(k)}{\hbar \partial k} - \dot{\boldsymbol{k}} \times \boldsymbol{\Omega}_n(k) \tag{17.8}$$

$$\dot{\boldsymbol{k}} = -\frac{e}{\hbar}(\boldsymbol{E} + \dot{\boldsymbol{r}} \times \boldsymbol{B}) \tag{17.9}$$

其中 $\boldsymbol{\Omega}_n$ 为贝里曲率，是一个由贝里相位导致的矢量。它的定义为

$$\boldsymbol{\Omega}_n(k) = -\mathrm{Im}\langle \nabla_k u_n \,|\times|\, \nabla_k u_n \rangle \tag{17.10}$$

其中，u_n 是第 n 个能带的布洛赫波函数的周期性函数部分。在运动方程式(17.8)中，第二项就是前面提到的反常速度，它与外磁场 $\boldsymbol{B}$ 无关，方向垂直于外电场 $\boldsymbol{E}$。这个反常速度正是给出横向电导率（霍尔电导率）的内禀根源。利用玻耳兹曼输运理论，积分整个布里渊区(BZ)内所有占据能带的贝里曲率，就能给出晶体的霍尔电导率

$$\sigma_{xy} = -\frac{e^2}{\hbar} \int_{BZ} \frac{\mathrm{d}^3 \boldsymbol{k}}{(2\pi)^3} \boldsymbol{\Omega}^z(\boldsymbol{k}) \tag{17.11}$$

其中 $\boldsymbol{\Omega}^z(k)$ 为所有占据能带的贝里曲率之和，即

$$\boldsymbol{\Omega}^z(k) = \sum_n f_n \boldsymbol{\Omega}_n^z(k) \tag{17.12}$$

为了更好地理解贝里曲率，我们先了解一下贝里相位。贝里相位是贝里在 1984 年提出的。贝里在研究中发现，当一个系统的哈密顿量依赖于一个随时间周期变化的参量时，在绝

热近似条件下,系统的波函数在演化一个时间周期后,除了一个固有的动力学相位外,还多出一个几何相位。这个几何相位与哈密顿量在参量空间的运动路径有关。在量子力学中已经熟知哈密顿算子本征函数有一不确定相位,它不能由本征方程给出。

考虑一个绝热过程,哈密顿量 H 依赖的外参量 $\lambda(t)$ 缓慢地变化,经过周期 T 后,λ 取回初始数值

$$i\hbar\frac{\partial}{\partial t}\psi(t) = H(\lambda(t))\psi(t) \tag{17.13}$$

$$\lambda(t_0 + T) = \lambda(t_0) \tag{17.14}$$

$$H(\lambda(t_0 + T)) = H(\lambda(t_0)) \tag{17.15}$$

外参数表征物理系统外部环境的变化,当变化足够缓慢时,称为绝热过程。如果 t_0 时系统处在此时刻的瞬时本征态,则绝热过程中每一时刻,系统都处在瞬时本征态中,那么在一周期后,表征环境的参数变回初始值时,系统的波函数(设 $t_0 = 0$,$E_n(0) = 0$)为

$$\psi_n(T) = \exp\left(-\frac{i}{\hbar}\int_0^T E_n(t)dt\right)\psi_n(0) \tag{17.16}$$

这就是量子力学中的绝热定理。在绝热条件下,式(17.16)是瞬时薛定谔方程(17.13)的解。1984 年,贝里发现,绝热定理的表达式(17.16)并不完全,对于 H 的本征函数,除了其中的动力学相位 $\exp\left(-\frac{i}{\hbar}\int_0^T E_n(t)dt\right)$,还可以有一个几何相位因子 $\exp(i\gamma_n(t))$,即波函数可以写为

$$\psi_n(T) = \exp\left(-\frac{i}{\hbar}\int_0^T E_n(t)dt\right)\exp[i\gamma_n(t)]\psi_n(0) \tag{17.17}$$

它也是绝热过程的薛定谔方程的解。贝里将式(17.17)代入式(17.13),证明几何相位 γ_n 是不依赖时间的量,它依赖于系统演化的路径 C。

$$\gamma(C) = i\oint_C \langle\psi_n(\lambda,r) \mid \nabla_\lambda \mid \psi_n(\lambda,r)\rangle d\lambda = \oint_C \mathbf{A}_n(\lambda)d\lambda \tag{17.18}$$

式中,$\gamma(C)$ 就是贝里相位,式(17.18)积分是在参数空间的环路积分,∇_λ 是参数空间的梯度算符。$\mathbf{A}_n(\lambda) = i\langle\psi_n(\lambda,r) \mid \nabla_\lambda \mid \psi_n(\lambda,r)\rangle$ 称为贝里联络。根据斯托克斯(Stokes)定理,环路积分可以变成面积分,即

$$\gamma(C) = \oint_C \mathbf{A}_n(\lambda)d\lambda = \iint dS\ \nabla\times\mathbf{A}_n(\lambda) = \iint dS\mathbf{\Omega}_n(\lambda) \tag{17.19}$$

其中 S 是回路 C 包围的曲面面积,这里对环路 C 所包围的任意曲面做面积分。$\mathbf{\Omega}_n(\lambda) = \nabla\times\mathbf{A}_n(\lambda)$ 即为贝里曲率。式(17.19)为贝里相位和贝里曲率的关系式。从数学形式上,$\mathbf{A}_n(\lambda)$ 是电磁场的矢量势,$\mathbf{\Omega}_n(\lambda)$ 是磁感应强度,而贝里相位 $\gamma(C)$ 就是通过以闭曲线 C 为边界的曲面 S 的磁通量。贝里相位也称为几何相位,是一种基于拓扑效应的相位。如果外参量取为布里渊区的波矢 $\mathbf{k}$,则霍尔电导中的积分就跟这个贝里相位在布里渊区边界的环路上的值即 $\gamma(BZ)$ 关联起来。晶体的哈密顿量 H 经过一个幺正变换得到:

$$H(k) = e^{-i\mathbf{k}\cdot\mathbf{r}}He^{i\mathbf{k}\cdot\mathbf{r}} \tag{17.20}$$

$$H(k)u_k(r) = E_k u_k(r) \tag{17.21}$$

波矢 $\mathbf{k}$ 成为外参量。波矢改变带来的贝里联络为

$$\mathbf{A}(k) = i\langle u_k(r) \mid \nabla_k \mid u_k(r)\rangle \tag{17.22}$$

贝里曲率为

$$\Omega(k) = \nabla \times A_n(k) = \mathrm{i}\langle \nabla_k u_k \mid \times \mid \nabla_k u_k \rangle$$

$$= -I_m\langle \nabla_k u_k \mid \times \mid \nabla_k u_k \rangle \tag{17.23}$$

这就是式(17.10)贝里曲率的定义。对它在布里渊区边界上积分就得到了霍尔电导的表达式(17.11)。这说明动量空间布洛赫波函数的贝里曲率决定了霍尔电导率。动量空间内规范场的特性决定了霍尔电导率的特性，也就是反常霍尔效应是由磁性材料能带所决定的，是材料的内禀特性。

值得一提的是，贝里相位虽然是在研究特殊问题时发现的，但后来的研究表明，它是量子理论中一个普遍存在的重要概念，深刻反映了量子系统乃至经典动力学过程的整体性质，已成为量子力学发展的最重要的方面之一。贝里相位的研究已涉及原子分子物理、凝聚态物理、核物理和粒子物理、量子场论等物理领域。在凝聚态物理领域，贝里相位已应用到铁电极化、固体中布洛赫电子的运动、量子霍尔效应、拓扑绝缘体等研究中。

对于这个理论结果(式(17.11))，琼沃斯(T. Jungwirth)等首先把这个理论运用到第Ⅲ-Ⅴ族半导体掺锰的稀磁材料，成功地得到与(Ga,Mn)As 和(In,Mn)As 实验结果定量一致的数据。在随后的研究中，最大的进展是结合第一性原理计算来定量地研究真实铁磁材料的反常霍尔效应，并成功地用于解释一些相关实验。这些理论计算的成功都强有力地表明了反常霍尔效应内禀机制的存在，这和过去外在机制在反常霍尔效应中占主导地位的观点相矛盾，促使人们重新思考反常霍尔效应的起源问题。

为了解决内外机制的争论，人们需要建立一个可同时处理内外机制的普适理论。考虑到实际材料里，杂质和缺陷等无序总是存在的，普适理论必须有处理由这些无序引起的散射问题的能力。然而系统解释所有的实验结果的理论(特别是结合第一性原理计算的理论)到目前尚未建立，还有很多困惑需要解决。因此，反常霍尔效应机制的研究还有待于取得进一步突破，完善的理论(特别是结合第一性原理计算的理论)的建立在目前还是一个具有挑战性的任务。

3. 稀磁半导体

稀磁半导体(diluted magnetic semiconductors，DMS)是指在半导体化合物中掺入磁性离子，形成具有磁性的三元或更多元的半导体材料，这种材料兼具有半导体和磁性的性质，但因其中掺入的磁性杂质浓度较低，其磁性较弱，因此称稀磁半导体。这种半导体材料中可同时应用电子电荷和自旋两种自由度，因而引起科研工作者的广泛关注，20 世纪 60 年代开始，科研人员开始了对稀磁半导体材料的制备及物理性质的研究，目前已发展出Ⅲ-Ⅴ、Ⅱ-Ⅳ、Ⅳ和Ⅳ-Ⅵ族化合物稀磁半导体以及基于铁基超导体系掺杂调控的多种新型稀磁半导体材料。

20 世纪 90 年代，科研工作者利用低温分子束外延技术(LT-MBE)生长出掺 Mn 的Ⅲ-Ⅴ族稀磁半导体，其中以(Ga,Mn)As 为代表形成了第三代稀磁半导体，这类材料可以方便地和Ⅲ-Ⅴ族非磁性半导体形成异质结构，方便自旋注入，对未来可能的器件应用意义重大。

图 17.5 是(Ga,Mn)As 的晶格结构示意图,Mn 原子可以替代 Ga 原子,也可以进入晶格间隙形成间隙缺陷,低温外延生长过程中还会引入大量 As 反位缺陷。Mn 原子形成离子化合物时,失去最外层的两个 4s 电子,形成 Mn^{2+},其磁矩主要来自于 3d 电子的自旋磁矩,磁性离子 Mn^{2+} 在(Ga,Mn)As 中形成代位和间隙缺陷,且由于磁性 d 电子与半导体中 sp 带电子存在 sp-d 交换作用,使得(Ga,Mn)As 形成稀磁半导体。

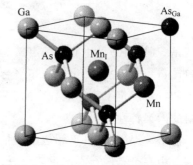

图 17.5 (Ga,Mn)As 晶格结构示意图

(Ga,Mn)As 材料在低温下呈铁磁性,当温度高于居里温度 Tc 时,表现为顺磁性,磁化率遵循居里-外斯定律。研究表明(Ga,Mn)As 材料的居里温度与 Mn 的掺杂浓度有关,Mn 浓度过低,观察不到居里温度,浓度不超过 5% 时,居里温度随 Mn 浓度的增加而上升;超过 5% 之后,随着 Mn 浓度的增加,居里温度反而呈下降趋势。

(Ga,Mn)As 材料中存在明显的反常霍尔效应,其霍尔电阻率同样用经验公式(17.2)描述,从该经验公式可以看到,反常霍尔电阻率与磁化强度成正比,由于电输运容易测量而且精度高,所以经常通过测量反常霍尔效应来表征材料的磁特性。根据前面对反常霍尔效应的物理机制讨论,常通过对比霍尔电阻率 ρ_{xy} 与纵向电阻 ρ_{xx} 的函数关系来确定反常霍尔效应的物理机制,实验上一般采用变温或改变 Mn 的掺杂浓度来实现。但是由于(Ga,Mn)As 材料的居里温度较低,在低温下,材料自旋极化程度等内禀性质会随温度变化,无法完全通过变温来确定霍尔电阻率 ρ_{xy} 与纵向电阻 ρ_{xx} 的真实函数关系,因此对于(Ga,Mn)As 材料的反常霍尔效应内在物理机理仍没有明确的结论,目前的实验工作倾向于其主要来源为内禀机制。

【实验仪器】

1. 实验样品

本研究中所用的测试样品为用分子束外延(MBE)技术生长的 $Ga_{0.95}Mn_{0.05}As$ 薄膜材料,其样品结构如图 17.6 所示。其中 GaAs 缓冲层用于平滑样品表面,而 $In_{0.2}Ga_{0.8}As$ 缓冲层用于提供面内张应力,从而使 $Ga_{0.95}Mn_{0.05}As$ 薄膜的易磁化轴垂直于样品表面。

$Ga_{0.95}Mn_{0.05}As(20 \text{ nm})$
$In_{0.2}Ga_{0.8}As(500 \text{ nm})$
GaAs buffer(100 nm)
SI GaAs(001)

图 17.6 $Ga_{0.95}Mn_{0.05}As$ 薄膜外延结构示意图

样品通过低温胶粘接在样品托上(见图 17.7),在 x 方向通直流电流,采用四点法测量样品的纵向电阻,垂直方向测量样品的霍尔电阻。在 PPMS 测量系统中,使用通道 1 测量纵向电阻,通道 2 测量霍尔电阻。

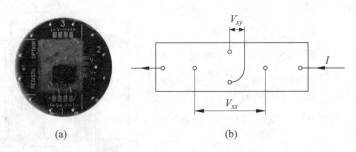

图 17.7　$Ga_{0.95}Mn_{0.05}As$ 样品测量接线图

(a) 样品；(b) 测试接线图

2. PPMS 综合物性测量系统

PPMS 系统(综合物理测量系统)是一个集热、电、磁等多种物性测量能力于一身的综合测试平台,该平台提供了一个完美控制的低温($1.9 \sim 400$ K)和强磁场($0 \sim 9$ T)基础平台,在这个平台上通过不同选件可以完成材料和器件的电阻率、磁电阻、微分电阻、霍尔系数、伏安特性、临界电流、交流磁化率、磁滞回线、热磁曲线、比热、热电效应、塞贝克系数、热导率等几乎所有的电学、磁学、热学、光学性能的高精度测量。更重要的是,该系统预留了完善的软硬件接口,用户可以利用 PPMS 系统的低温强磁场环境自己设计实验,开拓新的功能,非常适合开展各种探究性实验。PPMS 以其卓越的性能和可靠的数据结果,已经广泛应用于物理、化学、材料、电子等诸多研究领域,服务于全世界各个顶尖的科研小组。关于 PPMS Dynacool 系统的详细使用说明参见附录的相关内容。图 17.8 为 PPMS Dynacool 系统总体结构示意图。

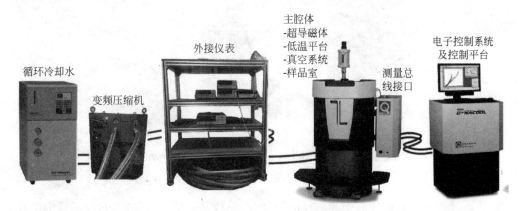

图 17.8　PPMS Dynacool 系统总体结构示意图

2.1　温度控制系统

PPMS Dynacool 系统采用脉冲管式制冷机冷却超导磁体并进行低温控制,是一个无液氦变温系统。脉冲管制冷机(pulse tube refrigerator)由吉福德(W. E. Gifford)和朗斯沃斯(R. C. Longsworth)于 1963 年提出,属于回热式气体制冷机,其工作原理是利用高压气体被绝热抽空而达到制冷的目的。脉管制冷机采用的气体通常为 He,其结构简单,低温下没有机械运动部件,因此脉管制冷机振动极小,能保证仪器有一个非常低振动的测试环境。PPMS采用二级制冷系统,图17.9是PPMS Dynacool的制冷系统示意图,冷却介质被脉管制冷机冷头冷却,然后通过循环泵在包围样品室的管道内循环流动,为样品室降温,配合加热器实现样品室温度的精确控制。

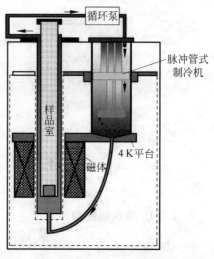

图17.9　PPMS Dynacool 低温循环控制

2.2　磁体系统

PPMS DynaCool 系统采用传导制冷式超导磁体,为系统提供 9 T 或 14 T 的超导磁场,该磁体具有 switch-less 性质,大大加快了励磁速度。系统采用数字模拟混合式磁体控制模式,以达到在控场的同时具有高精确性和低噪声。磁体由双极性电源驱动,能够使电流平滑过零。

2.3　测量选件系统

PPMS DynaCool 的样品室是一个内径为 26 mm,底部带有 12 个针脚的圆柱形空腔(见图17.10),系统通过针脚来读取样品上的信号以及系统温度等信息。样品安装采用了专门设计的样品托,样品安装在样品托上,样品托底部的 12 个针脚孔与样品室底部的 12 个针脚镶合,进行无干扰的数据传递,从而达到高精度测量的要求。不同测量使用不同的样品托,既方便了样品的安装,同时也减少了外界环境对样品的影响(漏热更少),让样品的温度更稳定。

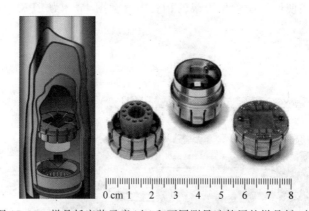

图17.10　样品托安装示意(左)和不同测量选件用的样品托(右)

系统通过各种测量选件与配套的样品托结合,将样品安装在样品腔内,样品腔的引线通过线缆和基于 CAN 总线的测量插件相连,所有测量插件安装在一个测量机箱内,根据测量需要,选择不同插件与样品腔连接,然后使用控制软件 MultiVu 来完成各类物理量的测量。

2.4　控制系统 MultiVu

MultiVu 是 PPMS DynaCool 的专用控制软件,对于仪器系统的所有操作控制均通过该软件完成,软件的主界面见图17.11。

通过该软件可以手动设置系统温度、磁场等物理量,实时监控系统的状态参数变化。所有测量选件通过软件提供的激活(Activate)命令接入系统,根据所选用的选件不同,系统会

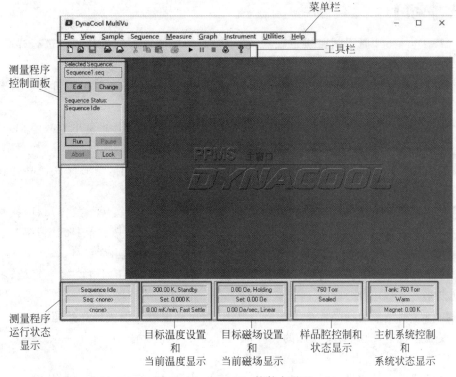

图 17.11　MultiVu 软件主界面

弹出相应的使用向导,进行样品的检测和手动测试。

　　MultiVu 软件提供了强大的序列(Sequence)测量功能,通过序列(Sequence)可以编制自动化的测量流程,仪器按照流程设定的逻辑顺序自动进行测量和数据记录,整个测量过程可以在无人值守的情况下长时间运行。

【实验内容】

　　1. 熟悉 PPMS DynaCool 系统的工作原理和使用方法。

　　2. 通过样品测试台检查样品的接线状态,确保样品各个电极接线正常。

　　3. 系统温度为室温,磁场为 0 的条件下,稳定 20 min 后,按照操作指南打开样品腔,用样品杆将样品托安装到样品腔内,然后将直流电阻测量插件的测量线缆和主机系统连接。

　　4. 通过 MultiVu 软件激活直流电阻测量选件,并根据向导检查样品接线以及对应的测量通道是否正常。注意,设置测量参数时,电流不得超过 10 μA,电压不超过 1 mV。

　　5. 编写 Sequence 测量样品的纵向电阻随温度的变化,根据电阻的变化曲线判断样品的居里温度点。

　　6. 分别在样品居里温度点左右以及居里温度点附近取多个温度测量点,测量不同温度下样品霍尔电阻随磁场的变化曲线,分析样品中的反常霍尔效应特征。

　　7. 测量完成,将系统升至室温,磁场变为 0,稳定 20 min 以后,从 MultiVu 软件中退激活直流电阻测量选件,然后取出样品,将样品腔密封。

【注意事项】

PPMS Dynacool 属于精密贵重仪器,使用时必须按照仪器的操作规范进行样品测试,防止损坏仪器。实验中,需重点注意以下事项:

1. 系统必须在室温(298~300 K)和零磁场下,并稳定 20 min 以上方可进行打开样品腔的操作。

2. 使用过程中,必须随时关注冷却水和压缩机是否正常工作,一旦出现故障,必须首先将系统磁场降为 0,然后及时报告授课教师。

3. 电阻样品托通过专用样品杆向样品腔传递并安装,使用时,务必保证样品托在样品杆上安装稳固并锁紧,防止在传递过程中掉落损坏样品腔。

4. 在样品腔安装样品托时,提前预判样品托定位销的位置,缓慢下放样品杆,接触到样品腔底部时,轻轻旋转样品杆,找到正确的定位位置,再稍用力下压样品杆,让样品托和样品腔底座接触并锁紧。取样品时,同样务必保证锁紧样品托后再拔出样品杆。

5. 样品杆前部安装样品托的锁扣部件属精密机械结构,使用时务必轻拿轻放,不得磕碰,以防变形。

6. 执行序列测量前样品腔应处于真空状态,否则降温时可能损坏样品腔。

7. 仪器运行中,随时观察气瓶的气压,必须保证气压值大于 100 psi。

8. 安放样品时,不得将杂物带入样品腔。

9. 尽量减少样品腔暴露在大气中的时间,不使用时,让样品腔处于密封状态。

10. 不得用手接触样品表面,样品的电极引线为微米级的金属丝,极易损坏,使用时,对样品务必轻拿轻放,防止拉断电极引线。

11. 测量电流不得超过 10 μA,以防止烧坏样品。

【参考文献】

[1] CHIEN C L,WESTGATE C R. The Hall Effect and Its Application[M]. New York:Spring US,1980.

[2] SMITH A W,SEARS R W. Smith A W,Sears R W. The Hall Effect in Permalloy[J]. Phys. Rev.,1929,34(11):1466-1473.

[3] OHNO H,MUNEKATA H,PENNEY T,et al. Magnetotransport properties of P-type (In,Mn) as diluted magnetic Ⅲ-Ⅴ semiconductors[J]. Phys. Rev. Lett.,1992,68(17):2664-2667.

[4] OHNO H. Making no nmagnetic semiconductors ferromagnetic[J]. Science,1998,281(5379):951-956.

[5] KLITZING K V,DORDA G,PEPPER M. New Method for High-Accuracy Determination of the Fine-Structure Constant Based on Quantized Hall Resistance[J]. Phys. Rev. Lett.,1980,45(6):494-497.

[6] TSUI D C,STORMER H L. Two-Dimensional Magnetotransport in the Extreme Quantum Limit[J]. Phys. Rev. Lett.,1982,48(22):1559-1562.

[7] CHANG C Z,ZHANG J S,LIU M H,et al. Thin Films of Magnetically Doped Topological Insulator with Carrier-Independent Long-Range Ferromagnetic Order[J]. Adv. Mater.,2013,25(7):1065-1070.

[8] KARPLUS R,LUTTINGER J M. Hall effect in ferromagnetics[J]. Phys. Rev.,1954,95(5):1154-

1160.

[9] LUTTINGER J. Theory of the Hall Effect in Ferromagnetic substances[J]. Phys. Rev. ,1958,112(3): 739-751.

[10] BERRY M V. Quantal Phase-Factors Accompanying Adiabatic Changes[J]. P. Roy. Soc. A. Mat. ,1984,392(1802): 45-57.

[11] SMIT J. The spontaneous hall effect in ferromagnetics Ⅱ[J]. Physica,1955,24(1): 39-51.

[12] BERGER L. Side-jump Mechanism for the Hall Effect of Ferromagnets[J]. Phys. Rev. B,1970,2(11): 4959-4963.

[13] NAGAOSA N,SINOVA J,ONODA S,et al. Anomalous Hall effect[J]. Rev. Mod. Phys. 2010,82(2): 1539-1592.

[14] 梁拥成,张英,郭万林,等. 反常霍尔效应理论的研究进展[J]. 物理,2007,36 (5): 385-390.

[15] FANG Z, NAGAOSA N, TAKAHASHI K S, et al. The anomalous Hall effect and magnetic monopoles in momentum space[J]. Science,2003,302(5642): 92-95.

[16] THOULESS D J,KOHMOTO M,NIGHTINGALE M P,et al. Quantized Hall Conductance in a Two-Dimensional Periodic Potential[J]. Phys. Rev. Lett. ,1982,49(6): 405-408.

[17] CHANG M C, NIU Q. Berry phase, hyperorbits, and the Hofstadter spectrum: Semiclassical dynamics in magnetic Bloch bands[J]. Phys. Rev. B,1996,53(11): 7010-7023.

[18] SUNDARAM G,NIU Q. Wave-packet dynamics in slowly perturbed crystals: Gradient corrections and Berry-phase effects[J]. Phys. Rev. B,1999,59(23): 14915-14925.

[19] YAO Y G,KLEINMAN L,MACDONLD A H,et al. First Principles Calculation of Anomalous Hall Conductivity in Ferromagnetic bcc Fe[J]. Phys. Rev. Lett. ,2004,92(3): 037204.

[20] 李华钟. 量子几何相位概论——简单物理系统的整体性[M]. 北京:科学出版社,2013.

[21] JUNGWIRTH T, LIU Q, MACDONALD A H. Anomalous Hall Effect in Ferromagnetic Semiconductors[J]. Phys. Rev. Lett. ,2002,88(20): 207208.

[22] JUNGWIRTH T,SINOVA J,WANG K Y,et al. Dc-transport properties of ferromagnetic (Ga,Mn)As semiconductors[J]. Appl. Phys. Lett. ,2003,83(2): 320.

[23] INOUE J I,KATO T,I SHIKAWA Y,et al. Vertex Corrections to the Anomalous Hall Effect in Spin-Polarized Two-Dimensional Electron Gases with a Rashba Spin-Orbit Interaction[J]. Phys. Rev. Lett. ,2006,97(4): 046604.

[24] ONODA S,SUGIMOTO N,NAGAOSA N. Intrinsic Versus Extrinsic Anomalous Hall Effect in Ferromagnets[J]. Phys. Rev. Lett. ,2006,97(12): 126602.

（王合英　陈宜保　葛惟昆）

实验 **18** 石榴石材料中的磁晶各向异性及磁畴的观测

相邻原子之间的交换作用导致铁磁性材料内自发磁化的产生,进而形成了千姿百态的磁畴形态。磁畴的结构是由磁性材料中诸多参量综合决定的,因此对它的研究有助于了解材料的物理性能。通过磁光效应,可以将磁畴的形貌直观地呈现在我们眼前,并且实时地再现磁畴在磁场中的运动,这样就使得实验结果更加直观、感性,寓教于乐。

【思考题】

1. 什么是原子的本征磁矩? 什么样的原子本征磁矩为零? 这样的原子组成的材料是什么磁性?

2. 为什么在研究材料的磁性时,通常都不考虑电子的轨道磁矩?

3. 两个原子之间的交换积分常数不为零的条件是什么?

4. 什么是自发磁化? 自发磁化的起源是什么?

5. 思考题图 1 分别为铁、镍、钴单晶不同晶向的磁化曲线图,指出它们的易磁化轴和难磁化轴。本实验所用的石榴石单晶磁性薄膜的易磁化轴是什么?

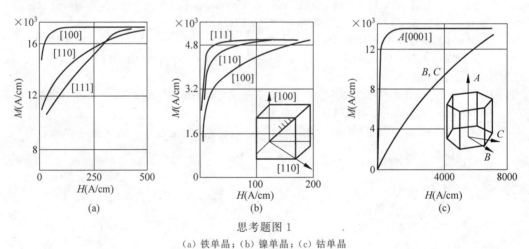

思考题图 1
(a) 铁单晶;(b) 镍单晶;(c) 钴单晶

6. 磁畴壁能包含哪些? 它们对畴壁厚度的贡献各是什么?

7. 可以用法拉第显微镜观测磁畴的材料应具有什么特点?

【引言】

磁畴是铁磁性物质中特有的一种微小区域,在这些微小区域中,原子的磁矩由于交换作用呈平行排列,即原子磁矩的排列是有序的,但相邻的不同区域之间原子磁矩排列的方向不同。在晶态磁性物质中,原子排成有规则的几何图形,在这样的结构中,各晶列方向的原子排列的状况是不相同的。例如在某一方向排列得紧密,另一方向排列得稀疏。又例如在两种以上原子构成的晶体中,在某一方向排列成直线的是同一种原子,在另一方向排列成直线的是两种或两种以上的原子,这就是说在结构上各晶向的状况有所不同。由于结构上的各向异性,晶体在其物理性质上(力学、电学等性质)也表现出各向异性,磁性各向异性是其中的一种。

在一定的条件下,磁性薄膜内可形成圆柱形的稳定磁畴(磁泡),其磁化方向垂直于膜面,石榴石单晶磁性薄膜就是典型的例子。这种材料的一个突出特点是其磁畴可以在偏光显微镜下看得十分清楚。本实验利用法拉第效应,借助透射偏光显微镜,研究石榴石单晶磁性薄膜样品的磁晶各向异性,并通过观察样品中磁畴的基本现象、成因和结构,以及在外加偏磁场与脉冲磁场单独或共同作用下的磁畴结构的运动和变化,来研究磁化过程中的磁畴行为,了解磁畴的一些基本知识。

通过实验,理解磁畴的概念、特性及相关理论,掌握有关磁晶各向异性的基本知识,了解使用偏光显微镜观察磁畴的原理——法拉第效应。

【实验原理】

1. 磁性的起源

物质是由原子组成的,原子又是由原子核和围绕原子核运动的电子组成。正像电流能够产生磁场一样,原子内部带电粒子的运动也会产生磁矩。原子的磁性来源于原子中电子及原子核的磁矩,但原子核的磁矩很小,与电子磁矩相比通常可以忽略(相差三个数量级),而电子磁矩则包含了电子轨道磁矩和电子自旋磁矩。

1.1　电子轨道磁矩

从经典轨道模型考虑:当一个电子绕原子核运动时,犹如一环形电流,此环流在其运动中心处产生磁矩,称为电子轨道磁矩。设电子绕原子核作圆周运动的周期为 T,这样运动的电子相当于一闭合圆形电流 i,则

$$i = -\frac{e}{T} = -\frac{\omega e}{2\pi} \tag{18.1}$$

其中,ω 为电子绕核运动的角速度;e 为电子电量,此电流产生了一个磁矩 μ_l(轨道磁矩):

$$\mu_l = iA = -\frac{\omega e}{2\pi}\pi r^2 = -\frac{1}{2}\omega e r^2 \tag{18.2}$$

式中,r 为电子运动的轨道半径;A 为环形电流环绕的面积。从量子力学理论考虑:

$$\mu_l = -\sqrt{l(l+1)}\,\frac{e}{2m}\,\hbar = -\sqrt{l(l+1)}\,\mu_{\rm B} \tag{18.3}$$

其中,l 为电子运动的轨道量子数,$l=0,1,2,\cdots,n-1$,(n 为主量子数);$\hbar=\dfrac{h}{2\pi}$,h 为普朗克常数;m 为电子质量;$\mu_{\rm B}=\dfrac{e}{2m}\hbar$为玻尔磁子,是电子磁矩的最小单位。

1.2　电子自旋磁矩

由电子的自旋运动所产生的磁矩就称为电子自旋磁矩。设电子自旋量子数为 s,则自旋磁矩为

$$\mu_s = -\sqrt{s(s+1)}\,\frac{e}{m}\,\hbar = -2\sqrt{s(s+1)}\,\mu_B \tag{18.4}$$

1.3 原子磁矩

原子中电子的轨道磁矩和自旋磁矩构成了原子固有磁矩,也称本征磁矩。对于满壳层电子的原子,因为电子呈对称分布,使得原子的本征磁矩为零。若原子的本征磁矩不为零,原子总磁矩 $\boldsymbol{\mu}_J$ 是总轨道磁矩 $\boldsymbol{\mu}_L$ 与总自旋磁矩 $\boldsymbol{\mu}_S$ 的矢量和,即

$$\boldsymbol{\mu}_J = \boldsymbol{\mu}_L + \boldsymbol{\mu}_S \tag{18.5}$$

对于 LS 耦合,总角量子数:$J = L+S, L+S-1, \cdots, |L-S|$。$L,S$ 分别是原子的总轨道量子数和总自旋量子数。

$$\mu_J = -g\sqrt{J(J+1)}\,\mu_B \tag{18.6}$$

式中,g 为朗德因子。

$$g = 1 + \frac{J(J+1) - L(L+1) + S(S+1)}{2J(J+1)} \tag{18.7}$$

朗德因子 g 的物理意义为①当 $L=0$ 时,$J=S$,$g=2$,磁矩均来源于电子自旋运动;②当 $S=0$ 时,$J=L$,$g=1$,磁矩均来源于电子轨道运动;③当 $1<g<2$,原子磁矩由轨道磁矩与自旋磁矩共同贡献。故 g 的数值反映了在原子中轨道磁矩与自旋磁矩对总磁矩贡献的大小。

2. 交换作用

组成分子或宏观物体的原子的平均磁矩一般不等于孤立原子的磁矩,这说明原子组成物质后,原子之间的相互作用引起了磁矩的变化。因此计算宏观物质的原子磁矩时,必须考虑相互作用引起的变化。

在很多磁性材料中,电子自旋磁矩要比电子轨道磁矩大得多。这是因为在晶体中,电子的轨道磁矩要受晶格场的作用,不能形成一个联合磁矩,所以对外不显示磁矩,这就是一般所谓的轨道动量矩和轨道磁矩的"淬灭"或"冻结"。所以很多固态物质的磁性主要不是由电子轨道磁矩引起的,而来源于电子自旋磁矩。

原子之间相互接近形成分子时,电子云会相互重叠产生相互作用。由邻近原子的电子相互交换位置所引起的静电作用称为交换作用。电子的这种交换作用是会影响电子自旋磁矩以致影响物质宏观磁性的。具体来说,当两个原子临近时,除考虑电子 1 在核 1 周围运动,以及电子 2 在核 2 周围运动外,由于电子是不可区分的,还必须考虑两个电子交换位置的可能性,即电子 1 出现在核 2 周围运动,电子 2 出现在核 1 周围运动。由这种交换作用所产生的能量变化就叫做交换能,记作 E_{ex}。由量子力学可以得到:

$$E_{\text{ex}} = -2J_e \boldsymbol{S}_1 \cdot \boldsymbol{S}_2 = -2J_e S_1 S_2 \cos\phi \tag{18.8}$$

式中 S_1、S_2 为两个电子的自旋量子数;ϕ 为两个电子的自旋磁矩方向之间的夹角;J_e 一般称为交换积分常数,它的数值大小及其正负取决于近邻原子未充满的电子壳层互相接近的程度。从式(18.8)进一步分析可知:

(1)当 $J_e>0$ 时,若要使 E_{ex} 最小,则必须 $\phi=0°$,表明两个电子的自旋磁矩方向相同,也就是说电子的自旋磁矩按平行排列。

(2)当 $J_e<0$ 时,若要使 E_{ex} 最小,则必须 $\phi=180°$,表明两个电子的自旋磁矩方向相

反,也就是说电子的自旋磁矩按反平行排列。

（3）当$|J_e|$很小时,即相邻原子的交换作用很弱,交换能 E_{ex} 很小,与其他能量相比可以忽略不计,也就是说总能量与 ϕ 值基本无关,因此磁矩的方向是混乱的。

综上所述,物质磁性的具体性质取决于 J_e,也即取决于近邻原子未充满的电子壳层互相接近的程度。所以物质的磁性是由原子内电子排布和物质晶体结构共同决定的,通常可以分为抗磁性、顺磁性、铁磁性、反铁磁性和亚铁磁性。

2.1　抗磁性

当原子的电子壳层被充满,此时原子的本征磁矩为 0,或者有些分子的总磁矩为零,不表现宏观磁性。但在外磁场作用下,电子的轨道运动将产生一个附加运动,出现一个与外磁场方向相反但数值很小的感应磁矩,这种现象就被称为抗磁性。

2.2　顺磁性

原子有未被抵消的磁矩,即原子具有总磁矩,但是由于交换作用很弱,原子磁矩方向是混乱的,对外作用互相抵消,也不表现出宏观磁性,见图 18.1(a)。在外加磁场的作用下,每个原子磁矩处于顺着外加磁场方向的时间较多,而处于与外磁场方向相反的时间较少,宏观上能显示出很弱的磁性,事实上,这样物质也就被磁化了。

2.3　铁磁性

原子内具有未被填满的电子,邻近原子的交换积分常数为正值,而且较大,使得相邻原子的磁矩平行取向(相应于稳定状态),见图 18.1(b)。一般铁磁性物质即使在较弱的磁场下也可得到很高的磁化强度,且与外磁场呈非线性关系。

2.4　反铁磁性

由于交换积分常数为负,使得相邻原子的磁矩作反向平行排列,见图 18.1(d)。在同一子晶格中有自发磁化强度,电子磁矩是同向排列的。在不同子晶格中,电子磁矩反向排列。两个子晶格中自发磁化强度大小相同,方向相反,磁矩相互抵消,在宏观上类似于顺磁性而并不显示磁性。

2.5　亚铁磁性

亚铁磁性实质上是两种子晶格上的反向磁矩不能完全抵消的反铁磁性。相邻的原子磁矩虽然排列的方向相反,但由于它们的大小不同,不能相互抵消,结果在某一方向仍显示了原子磁矩同向排列的效果,这种现象称为亚铁磁性,见图 18.1(c)。它与铁磁性相同之处在于具有强磁性。

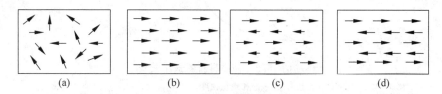

图 18.1　原子磁矩的不同排列方式

(a) 顺磁性；(b) 铁磁性；(c) 亚铁磁性；(d) 反铁磁性

3. 铁磁性和亚铁磁性物质的特点

铁磁性材料和亚铁磁性材料统称为强磁性材料,是磁性材料的主要发展方向。原子内具有未被填满的电子,邻近原子由于交换作用,在没有外加磁场的作用下,已经以某种方式整齐排列达到一定程度的磁化,这也就是所谓的自发磁化。在铁磁性物质、亚铁磁性物质和反铁磁性物质的内部,都存在着自发磁化,只不过相邻原子的磁矩排列方式不同罢了。这种自发磁化是分为很多小区域的,这些小区域就被称为磁畴。

在铁磁性物质中,每个磁畴内相邻原子的磁矩是平行排列的,但各个磁畴的自发磁化取向是各不相同的,对外效果互相抵消,所以整个物质对外不呈现出磁性。也即相当于铁磁性物质是由一个个小的"磁铁"按不规则的方式组成的,在统计规律下对外不呈现磁性。但当有一个外力(外磁场)将每个"小磁铁"的极性摆到相同的方向时,就对外表现出强磁性。因此自发磁化是铁磁物质的基本特征,也是铁磁物质和顺磁物质的区别所在。

铁磁材料磁化过程大致分为如下四个阶段:第一阶段是畴壁的可逆位移:在外磁场较小时,通过畴壁的移动,使某些磁畴的体积扩大,造成样品的磁化。畴壁在这个阶段的移动是可逆的。第二阶段是不可逆的磁化:随着外磁场的增大,磁化曲线上升很快,即样品的磁化强度急剧增加。这是因为畴壁的移动是跳跃式的,或者因为磁畴结构突然改变了,前者称为巴克豪森跳跃,后者称为磁畴结构的突变,这两个过程都是不可逆的。第三阶段是磁畴磁矩的转动:随着外磁场的进一步增加,样品内的磁畴移动已经基本完毕,这时只有靠磁畴磁矩的转动才能使磁化强度增加。磁畴磁矩的转动,既可以是可逆的,也可以是不可逆的。第四阶段是趋近饱和阶段:在这一阶段,尽管外磁场的增加很大,磁化强度的增加却很小,磁化强度的增加都是由于磁畴磁矩的可逆转动造成的。

铁磁和亚铁磁材料有下述特点:

(1) 在外磁场中的磁化过程是不可逆的,称之为磁滞现象。图18.2表示磁化过程中磁化强度随磁场的变化关系,该闭合曲线称为磁滞回线。

(2) 很容易磁化,在较小的磁场下就可以磁化到饱和,并得到很大的磁化强度。

根据材料矫顽力(H_c)的大小,又可将材料分为硬磁材料和软磁材料,它们的应用范围不一样。本实验所用的样品矫顽力非常小,是一种软磁材料。

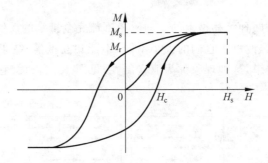

图 18.2 铁磁材料的磁滞回线

M_r—剩余磁化强度;M_s—饱和磁化强度;H_c—矫顽力;H_s—磁畴消失场

4. 磁畴结构

每个磁畴都包含有大量的原子,磁畴的形状、大小及它们之间的搭配方式,统称为磁畴结构。磁性材料的技术性能都是由磁畴结构的变化决定的。因此,从理论上研究磁畴结构的形式和变化,对材料磁性的改善起着指导性的作用。

导致磁畴结构出现的原因,是由能量最小化原理所决定的。在磁性材料中,与磁基本现象有关的能量有静磁能,退磁能,磁晶各向异性能,交换能,磁畴壁能。

4.1　静磁能 E_H

铁磁体在外加磁场中的能量称为静磁能。一个磁畴(磁矩为 M),处在外磁场中(H),会受到外磁场的作用而产生一个力矩 T,即

$$T = M \times H \tag{18.9}$$

因而具有一定的能量,单位体积中的静磁能为

$$E_H = -M \cdot H \tag{18.10}$$

当 M 沿着 H 的方向时 E_H 最小,正是这个能量使得磁针向外磁场方向偏转,从而达到能量最低状态。

4.2　退磁场能 E_M

铁磁体在自身退磁场中的能量称为退磁场能。当铁磁体磁化后,其表面出现磁极,除在铁磁体周围空间产生磁场外,在铁磁体内部也产生磁场,这一磁场与铁磁体的磁化方向相反,起到退磁作用,称为退磁场。单位体积中的退磁场能 E_M 为

$$E_M = \frac{1}{2} N_d M^2 \tag{18.11}$$

式中,N_d 为退磁因子。关于退磁场能的计算很复杂,不仅磁畴表面上的磁极在磁畴中产生退磁场,而且磁畴周围区域的表面磁极也会对磁畴有作用。

4.3　磁晶各向异性能

在晶态磁性物质中,由于材料在结构上的各向异性,当施加相同的磁场于不同的晶向时,得到的磁化强度不同,这说明某些方向易磁化,另一些方向难磁化。这种现象存在于任何铁磁晶体中,故称为磁晶各向异性。我们把沿某方向磁化所需要的能量同沿最易磁化方向所需要的能量之差定义为磁晶各向异性能,这种能量的存在意味着自旋磁矩的取向与晶体结构有关。

在晶体中标记方向的方法:按照布喇菲的点阵学说,晶体的内部结构可以概括为是由一些相同的点子(称为格点)在空间作有规则的周期性的无限分布。通过这些格点可以作许多平行的直线系和平面系,从而把晶体分成一些网格,这些直线系称为晶列。每一个晶列定义一个方向,称为晶向。这些网格称为晶格,一个晶格中最小的周期单元称为晶格的原胞,它的三个棱可选为描述晶格的基本矢量,用 a_1, a_2, a_3 表示。取某一格点为原点,则晶格中的其他任一格点 A 的位矢 R_L 可表示为 $R_L = l_1 a_1 + l_2 a_2 + l_3 a_3$,把 l_1, l_2, l_3 化为互质整数,直接用来表征晶列的方向。这样的三个互质整数称为晶列指数,记为 $[l_1 \quad l_2 \quad l_3]$。例如对于立方体晶格(见图 18.3),其晶列可表示为:沿坐标轴及其反方向分别为 $[100]$,$[010]$,$[001]$,$[\bar{1}00]$,$[0\bar{1}0]$,$[00\bar{1}]$ 这样六个方向,有时用符号 $\langle 100 \rangle$ 作概括表示,数字上方的短线代表负号;沿各面对角线及其反方向用 $\langle 110 \rangle$ 概括,沿各体对角线及其反方向用 $\langle 111 \rangle$ 概括。

磁晶各向异性现象产生的原因为:在单晶材料中,原子排成有规则的几何图形,在这样的结构中,各晶向的原子排列的状况是不相同的。在不同晶向上原子排列得疏密程度不同,排列的原子种类也不尽相同,即晶体在结构上是各向异性的,从而造成材料磁性表现出各向

异性,即磁晶各向异性。用能量观点可以推测,有些方向磁化所需能量是最低的,即易磁化方向,所以自发磁化形成的磁畴的磁矩容易取这些方向。在这个方向加外磁场,除在这个方向原有不少磁矩外,也容易把一些不在这个方向的磁矩转到这个方向来。所以在较弱的磁场下,磁化就可以很强甚至饱和。如果在易磁化方向以外的方向加外磁场使材料磁化,那就需要把很多原来处在能量最低的易磁化方向的磁矩拉到能量较高的方向去,这就需要较多的能量。

从微观角度考虑,晶体中原子或离子的有规则排列造成空间周期变化的不均匀静电场。原子中的电子一方面受这个不均匀静电场的作用,同时邻近原子间电子轨道还有互相作用,电子轨道运动是同它的自旋耦合着的,而自旋是磁矩的来源。这就是说,磁矩的取向牵连着电子的轨道运动,而轨道运动又受晶格静电场的作用以及邻近原子的轨道运动之间的交换作用。这种作用还随着轨道运动在晶体中取向的不同而有差异,因而磁矩在晶体中不同方向具有不同能量,这就是磁晶各向异性的成因。

基特尔曾用一幅简单的图表示上面所说的情况。图 18.4 表示排列在一条线上的原子在两种不同磁化方向的情况。图 18.4(a)代表磁化方向垂直于原子排成的直线,邻近原子的电子运动区有重叠,因而彼此的交换作用强。图 18.4(b)代表磁化方向平行于原子排成的直线,由于磁矩的取向与图 18.4(a)不同,牵连着电子运动区的方向也不同,邻近原子间电子运动区重叠极少,因而交换作用很弱,这样就发生了磁晶各向异性现象。

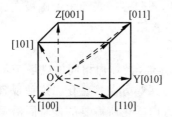 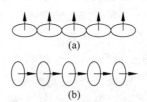

图 18.3　立方晶体的晶列表示　　　　图 18.4　磁晶各向异性的成因示意图

(a) 磁化方向垂直于原子;(b) 磁化方向平行于原子

4.4　交换能 E_{ex}

海森堡注意到多电子体系的能量中有一项依赖于电子的自旋取向,这部分能量称为交换能,它在铁磁物质中起着极为重要的作用。单位体积中的交换能可以表达如下:

$$E_{ex} = -2J_e \boldsymbol{S}_1 \cdot \boldsymbol{S}_2 \tag{18.12}$$

交换能倾向于产生单畴结构,产生单畴结构之后,其端面处会产生磁极,从而增加退磁场能。交换能与退磁场能这两个不同的竞争机制,使单畴分割成小磁畴。

4.5　磁畴壁能 E_w

布洛赫认为,当一个磁畴过渡到另一个磁畴时,原子自旋方向并不是突然转变,而是经过一个逐渐过渡的区域,即磁畴壁。磁畴壁是一个磁矩方向转换过渡区,有一定厚度。在整个磁畴壁中,若原子磁矩均平行于畴壁平面,因而在畴壁面上无自由磁极,这样的畴壁称为布洛赫壁(见图 18.5)。在畴壁内,原子磁矩之间有一定相互取向,即交换能相对于磁畴内部

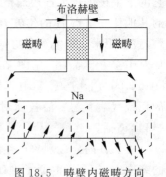

图 18.5　畴壁内磁畴方向
转变示意图

升高。设相邻两个磁畴的磁化方向的夹角为 θ，它是通过 N 个原子逐渐过渡的，原子间距为 a，由式(18.12)可推得，在磁畴壁中增加的交换能是

$$E_{\text{ex}} = \frac{1}{N} J_e S^2 \theta^2 \tag{18.13}$$

可见 N 越大(畴壁越厚)交换能的增量越小。然而原子磁矩的逐渐转向，使原子磁矩偏离易磁化方向，磁畴壁太厚，沿非最优方向排列的自旋数目增多，使磁晶各向异性能增加了，所以磁晶各向异性能倾向于使畴壁变薄。为了使总能量取最小值，二者得失需全面考虑。磁畴壁能不是一项独立的能量，而是在磁畴壁区域中交换能与各向异性能之和。设磁畴壁厚度是均匀的，磁畴壁单位面积的能量为

$$\sigma_W = \sigma_{\text{交换}} + \sigma_{\text{各向异性}} \tag{18.14}$$

5. 磁泡

所谓磁泡就是在磁性薄膜中形成的一种圆柱畴。磁泡薄膜中，生长感生的单轴各向异性使垂直于膜面的方向成为易磁化方向。在不施加垂直于膜面的外加磁场时，磁性膜中呈现的是"迷宫"状的等宽的条状磁畴，如图 18.6 所示。

如果在垂直于膜面的方向上，加上直流外磁场 H，则磁化方向平行于外磁场的畴面积就要扩大，反平行于外磁场的畴面积就要缩小。在适当的直流磁场作用下，再给样品施加以脉冲磁场 H_p，就可以将蜿蜒曲折的条状磁畴"切割"成段畴，如图 18.7 所示。

如果继续增加 H，段畴进一步变形、缩短，最后缩成圆柱状畴，好像水面上浮着的水泡，所以称为磁泡，如图 18.8 所示。继续增加 H，磁泡会逐渐缩小，直至最后缩灭。磁泡的最大直径由材料性质和膜厚决定，通常在 $0.5 \sim 10 \ \mu\text{m}$ 范围内。

图 18.6　迷宫畴

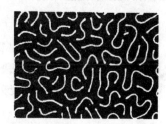

图 18.7　段畴

设在膜厚为 h、饱和磁化强度为 M_s 的膜面内，有一个半径为 r 的圆柱状磁泡(见图 18.9)，在磁场 H 作用下，其总能量为

$$E = E_W + E_H + E_M = 2\pi r h \sigma_W + 2\pi r^2 h M_s H + E_M \tag{18.15}$$

图 18.8　圆柱状泡畴

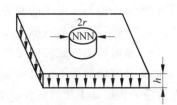

图 18.9　磁泡内外磁化方向示意图

式中第一项是畴壁能,第二项是静磁能,第三项是退磁能。前两项能量形成一个使磁泡缩小的力,第三项能量形成一个使磁泡增大的力。退磁能的计算是非常复杂的,此处我们利用了近似表达式

$$\frac{\partial E_M}{\partial r} = -(2\pi h^2)(4\pi M_S^2) \cdot \frac{\frac{d}{h}}{1+\frac{3d}{4h}} \tag{18.16}$$

d 为磁泡直径。在热力学平衡时,磁泡能量应取最小值($dE/dr=0$),据此,可推得磁泡静态方程的一般形式为

$$\frac{l}{h} + \frac{d}{h} \cdot \left(\frac{H}{4\pi M_s}\right) = \frac{\frac{d}{h}}{1+\frac{3d}{4h}} \tag{18.17}$$

其中 $l = \sigma_W/4\pi M_s^2$ 称为特征长度。式(18.17)给出的磁泡直径与磁场的关系,进一步整理可得磁泡缩灭场 H_0 和缩灭直径 d_0 的近似解析式为

$$H_0 = 4\pi M_s \left[1 + \frac{3l}{4h} - \left(\frac{3l}{h}\right)^{\frac{1}{2}}\right]$$

$$d_0 = \frac{2h}{\left(\frac{3h}{l}\right)^{\frac{1}{2}} - \frac{3}{2}} \tag{18.18}$$

6. 法拉第透射偏光显微镜

由于磁性材料的宏观性能决定于材料磁畴结构和变化方式,对磁畴结构和变化方式的观测成为铁磁学、信息科学和磁性材料与器件等学科领域的基础性研究之一,因此物理学家们也在磁畴的观测的实验技术和手段方面不断地探索着。目前的磁畴观测方法大致有粉纹法、X 射线衍射法、电子全息法、磁光效应法、磁性液体法、磁力显微镜法和电子射线技术,每种手段优缺点不一,一般会根据实际情况而作不同的选择。磁光效应法由于可以与现代摄像成像技术相结合从而能够观察到 μs 级的磁畴动态变化过程,所以成为目前观测磁畴的一种重要手段。

磁光效应是利用平面偏振光透过磁性材料或由材料表面反射后,偏振面要发生旋转的原理来显示磁畴结构的,其中反射的效应称为克尔效应,透射的效应称为法拉第效应。由于各个磁畴的磁化方向不同,各磁畴透射光线后,偏振面的旋转角也不同。因此如果样品中存在两个不同方向的磁畴,透过样品前的一个偏振面,就会在通过样品后变成两个偏振面。通过检偏器后,使一个偏振面对应的光处于消光状态,而另一个偏振面不处于消光状态,因此它们的光强就有所不同,因而各磁畴显出的明暗程度就有差别。如果给样品加外磁场使之达到饱和磁化(这时样品中磁畴的磁化方向与外磁场方向完全一致),磁畴的明暗差别也就消失了,这时的外磁场称为磁畴消失场。

磁光效应的优点是不受材料性能的限制,能在高、低温下观察磁畴结构,如果配以高速摄影装置,则能观察磁畴结构的运动变化全貌,甚至数量级 1 μs 的磁化反转过程也能显示出来,并且也能研究畴壁内磁矩的方向改变。

【实验装置】

主要实验仪器有：偏光显微镜、脉冲信号发生器、直流稳压电源、直流电磁线圈、脉冲小线圈、光源等。实验装置连接图如图 18.10 所示。电磁线圈由直流稳流电源供电，脉冲线圈由一个脉冲信号发生器供电，脉冲信号的幅度及脉冲宽度由示波器显示。

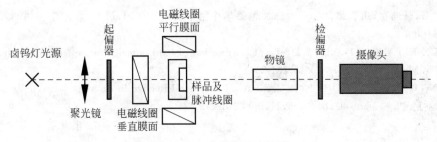

图 18.10　实验装置连接图

本实验所用的材料为石榴石单晶磁性薄膜，即在无磁性的单晶钆镓石榴石($Gd_3Ga_5O_{12}$)〈111〉基片上用液相外延方法生长的厚度为几微米的亚铁磁性薄膜，其典型的标称成分为$(YSmCa)_3(FeGe)_5O_{12}$。除 O 外，其他成分可作适当替换和增减，所得材料的性能有所差别。由于磁泡薄膜具有生长感生的垂直各向异性，所以薄膜中存在磁化垂直膜面向上和向下的两类磁畴，用透射偏光显微镜就可把它们区分开来。磁性薄膜及基片的缺陷很少，十分完美，加之薄膜的矫顽力极小，只有约 0.5 Oe，所以美丽的条状畴或磁泡能在梯度磁场中"自由"地可控运动。总之，上述特性使磁性薄膜成为铁磁畴观测的最佳对象。

【实验内容】

1. 微调光路及偏振片，在计算机屏幕上看到清晰的磁畴图像。外加直流磁场方向垂直于样品膜面，改变直流磁场的大小和方向，观察磁畴随直流磁场 H 的变化情况。

2. 以磁畴图像的灰度值来表示材料磁化强度的方向及大小，按照测量磁滞回线的方式测量样品磁畴灰度值随外加磁场的变化情况，作图并分析讨论。

3. 观察脉冲磁场对磁畴形态的影响：在垂直膜表面的方向加脉冲磁场，与直流磁场共同作用，通过复杂的动态非平衡过程产生形态更丰富的磁畴。选择不同大小的脉冲信号 H_p，对紧贴于磁泡薄膜的扁平脉冲小线圈施加脉冲，改变直流磁场 H 的大小和方向，观察所产生磁畴的不同，并采集一些不同形貌的磁畴图像。

4. 磁泡的形成和缩灭：在迷宫畴的基础上，当 H 增大到一定值时再施以适当的脉冲偏磁场 H_p，就可以将蜿蜒曲折的条状磁畴"切割"成段畴。关闭脉冲磁场，增大直流磁场，可以看到磁泡的出现。改变直流磁场，观察磁泡的变化情况。测量磁泡的直径与磁场大小的关系及磁泡缩灭场 H_0、缩灭直径 d_0。

5. 磁晶各向异性的观测：外加磁场方向平行于样品的膜面，此时样品的某一晶向平行于磁场方向。旋转样品（每 10° 一个点），测量样品在不同晶向的磁畴消失场并进行分析讨论。

【参考文献】

[1]　唐贵德,马长山,杨连祥,等.近代物理实验[M].石家庄:河北科学技术出版社,2003.

[2]　磁泡编写组.磁泡[M].北京:科学出版社,1986.

[3]　聂向富,唐贵德,凌吉武,等.系列脉冲偏磁场作用下硬磁泡的形成[J].物理学报,1986,35(3):338-345.

[4]　韩宝善,聂向富,唐贵德,等.一次脉冲偏磁场作用下硬磁泡的形成[J].物理学报,1985,34(11):1396-1406.

[5]　NIE X F,TANG G D,NIU X D,et al. Classification of hard domains in garnet bubble films[J]. *J. Magn. Magn. Mater.* ,1991,95:231-236.

[6]　TANG G D,LIU Y,HU H N,et al. Study on Additive Effective Interaction Between Vertical Bloch Lines[J]. Phys. stat. sol. (b),2003,240(1):201-212.

（张慧云　茅卫红）

实验 **19** 超磁致伸缩材料性能测量

> 　　磁致伸缩效应最早是由焦耳(J. P. Joule)于 1842 年发现的。磁致伸缩材料在磁场的作用下,其长度会发生变化而做功或在交变磁场作用下发生周期性伸长和缩短,从而产生振动或声波,因此这种材料可将电磁能转换成机械能。反之,它也可以将机械能转换成电磁能。它是重要的能量与信息转换功能材料。超磁致伸缩材料是一种新型稀土功能材料,在常温下对磁场的变化有较为显著的响应,因此在许多领域得到应用。本实验中使用共振法测量样品的磁机械耦合系数,即测量样品的阻抗频率曲线,利用共振频率和反共振频率来得到样品的磁机械耦合系数。测量不同磁场下电阻应变片的电阻值,利用其变化得到样品的磁致伸缩系数。

【思考题】

1. 什么是磁致伸缩效应和磁机械耦合系数?
2. 什么是磁晶各向异性?
3. 稀土超磁致伸缩材料的性能与其他磁性材料有哪些不同?
4. 共振法(阻抗法)测量磁机械耦合系数与参数法测量磁机械耦合系数相比较有哪些特点?
5. 稀土超磁致伸缩材料有哪些应用?
6. 锁相放大器在测量中有哪些作用?
7. 稀土超磁致伸缩换能器的原理是什么?
8. 共振法测量阻抗频率曲线的等效电路图是什么?

【引言】

　　稀土超磁致伸缩材料是引起广泛瞩目的一种新型稀土材料,具有磁致伸缩值大、机械响应快、功率密度高等诸多特点,可以广泛应用于工业、军事、航空航天等诸多领域,因此稀土超磁致伸缩材料的研究已经成为了一个重要的研究领域。

　　1842 年,焦耳发现当磁性体(如金属 Ni、Fe 等)的磁化状态改变时,其外形尺寸或体积会发生微小的变化,这就是磁致伸缩效应,又称焦耳效应。1963 年,莱格沃尔德(S. Legvold)等人发现稀土金属铽(Tb)和镝(Dy)在低温下的磁致伸缩是传统磁致伸缩材料的 $100\sim$ 1000 倍,1972 年美国科学家克拉克(A. Clark)把具有超磁致伸缩性能的镧(La)系稀土元素铽 (Tb)和镝(Dy)与过渡金属 Ni、Co 和 Fe 相结合发现在室温下 Tb-Fe 合金(TbFe$_2$)具有特大的磁致伸缩,人们开始研究可在室温下工作的超磁致伸缩材料,并成功研制了磁晶各向异性补偿合金 Terfenol-D(Tb$_{0.27}$Dy$_{0.73}$Fe$_{1.9}$),其常温下应变量可以达到 $2000\sim2400$ ppm。

这种新型稀土磁性功能材料 Terfenol-D 在工业、军事、航空航天甚至日常生活中都有很重要的应用。稀土超磁致伸缩材料一经发现，立即受到各国科技界、工业界和军事部门的高度关注。基于超磁致伸缩材料的微位移致动器具有大位移、强力、响应快、可靠性高、漂移量小、驱动电压低等优点，因而在流体机械、超精密加工、微马达以及振动控制等工程领域均显示出良好的应用前景。用超磁致伸缩材料制造的大功率超声换能器，在清洗、除垢、分离、乳化、破碎、机加工、塑料焊接、探伤和医疗器械等方面具有广泛的应用前景。

为了有效利用超磁致伸缩材料的特性，对其各项特性参数的精确测量便是该研究领域一个极其重要的方面。本实验了解稀土超磁致伸缩材料的物理性质，利用共振法测量其磁机械耦合系数，使用高精度万用表直接测量材料的磁致伸缩系数。了解并掌握磁致伸缩材料的性能及测量原理和实验技术。

【实验原理】

1. 磁致伸缩效应

（1）磁致伸缩现象的产生

磁致伸缩效应是指铁磁材料的几何尺寸随外加磁场变化的现象。铁磁体的磁致伸缩可分为以下两种：一种为线磁致伸缩，表现为铁磁体在磁化过程中长度的伸长或缩短；另一种为体磁致伸缩，表现为铁磁体在磁化过程中发生体积的膨胀或收缩。磁致伸缩效应于1842年被焦耳发现，但因为应变太小（约 10^{-6}）一直未能像压电效应一样得到实际应用。1972年 Clark 发现稀土-铁化合物具有巨大的磁致伸缩，应变达到 10^{-3} 量级，达到了在工业和军事的应用要求。造成磁致伸缩现象的原因比较复杂，有很多宏观和微观物理图像能解释在磁场作用下材料的形变。普通的铁磁材料一般具有磁畴结构，外加磁场时磁畴壁会移动、磁畴会转动，这些因素会影响材料的尺寸和形状。在某些材料中，较强的自旋轨道耦合和特殊的晶体结构造成很强的磁晶各向异性，在外磁场存在时材料倾向于改变晶格常数来获得更大的交换能，造成较强的磁致伸缩效应。

（2）磁致伸缩的机制

从本质上讲，材料的磁性是一种量子效应。自发磁化是磁致伸缩效应产生的条件。从电子之间的交换作用和磁畴的自发磁化理论出发，分析磁化的原因。从自由能极小的观点来看，磁性材料的磁化状态发生变化时，为保证系统的总能量最小，材料自身的体积与形状都要改变。磁致伸缩的机制有以下几点：

① 自发磁致伸缩。一个单畴的晶体，它在居里温度以上是球形的，当它自居里温度上冷却下来后，交换作用力使晶体自发磁化，同时，晶体的形状发生改变。自发磁化磁致伸缩的机理可以从交换作用和原子间距离的关系得到解释。交换积分为

$$J = A \sum_{<i,j>} \boldsymbol{S}_i \cdot \boldsymbol{S}_j \tag{19.1}$$

其中 A 为交换能积分常数；$\boldsymbol{S}_i$，$\boldsymbol{S}_j$ 分别为两个电子的自旋角动量矢量。

交换积分 J 与 d/r_n 的关系称为 Slater-Bethe 曲线，如图 19.1 所示，其中 d 为相邻原子间的距离，r_n 为原子中未满壳层的半径。设晶体在居里温度以上时原子间的距离为 d_1（即图 19.1 中的点 1），则交换积分为 J_1，若距离增加至 d_2，则交换积分为 J_2。可以知道交换积分越大交换能越小，由于系统在变化过程中总有使系统总能量减小的趋势，所以球形晶体

在从顺磁状态变到铁磁状态时,原子间的距离将会增加到 d_2(即图 19.1 中的点 2),因此晶体的尺寸就增大了。

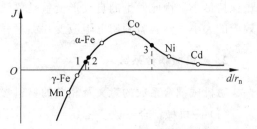

图 19.1　交换积分与晶格原子结构的关系(Slater-Bethe 曲线)

同理,如果铁磁体的交换积分落在下降一段上(即图 19.1 中的点 3),那么该铁磁体从顺磁状态转变到铁磁状态时就会发生尺寸收缩。晶格常数的变化引起磁致伸缩现象。

金属中的电子不仅和晶格中离子有交互作用(即晶场效应),而且电子和电子之间也具有很强的交换作用。具体地说,3d 金属中的自发磁化来源于相邻原子的 3d 电子存在的交换作用。稀土金属的自发磁化来源于局域化的 4f 电子和巡游 6s 电子发生的交换作用,这种交换作用使 6s 电子自旋发生极化,而极化了 6s 电子自旋又使 4f 电子自旋和相邻原子的 4f 电子自旋间接地耦合在一起,从而产生自发磁化。

② 原子磁矩的存在是产生磁致伸缩效应的基础。磁致伸缩效应与材料成分中存在具有未填满的 3d 和 4f 电子层的过渡族元素和稀土族元素有关。超磁致伸缩效应主要来源于稀土原子中的 4f 层电子。稀土元素的原子磁矩大于 Fe 族过渡族元素,该层电子受外层电子壳层屏蔽,因此轨道与自旋耦合效应很大。其 4f 电子的轨道具有强烈的各向异性,在某些方向上伸展的很远,在另一些方向上是收缩的。当其自发磁化时,4f 电子云在某些特定方向上的能量达到最低,这就是晶体的易磁化方向。稀土离子的 4f 轨道因此将会被锁定在几个特定的方向上,引起晶格在这几个方向有比较大的畸变,当施加外磁场时,就产生了较大的磁致伸缩。

③ 外加磁场诱发的磁致伸缩。在外磁场的作用下,铁磁材料的磁畴要发生磁畴壁移动和磁畴的转动(如图 19.2 所示),导致材料的长度发生变化,如图 19.3 所示。

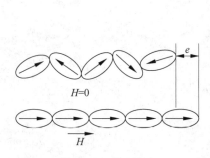

图 19.2　磁畴转动

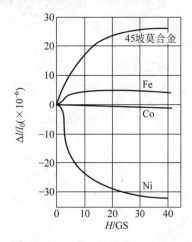

图 19.3　几种常见合金的磁致伸缩的实验结果

总的来说,交换作用、晶格场作用、磁矩相互作用等与磁晶各向异性有关的能量都与原子间距离有关。磁化方向改变时,通过自旋——轨道耦合作用,这些能量也受到影响。通过改变原子之间的距离可以减小这些能量,同时材料的弹性能增加。通过适当的变形,使总能

量保持最小。由此发生的自发形变就是磁致伸缩。测量材料的磁致伸缩系数表征磁致伸缩
效应的大小。本实验利用电阻应变片测量样品的磁致伸缩系数。

2. 磁机械耦合系数

磁机械耦合系数的意义及相关的材料参数如下所示：

（1）磁机械耦合系数

磁机械耦合系数是超磁致伸缩材料的重要性能指标，将其定义为：磁致伸缩材料的输
出机械能与输入的磁场能的比值。对于系统输入等量的功率，具有较高磁机械耦合系数的
系统将输出较大的功率。

在一个磁致伸缩样品中施加外磁场时，样品将产生形变。由于样品的形变而在样品中
存储一定的机械能。样品的形变所产生的机械能为

$$E_{\mathrm{mech}} = \int \sigma \mathrm{d}\varepsilon = \frac{\varepsilon^2}{2S_H} = \frac{(dH)^2}{2S_H} \tag{19.2}$$

式中 σ 为样品所受的应力；ε 为样品的应变；d 为样品的压磁系数；S_H 为样品的柔顺系
数；H 为磁场强度。

同时当应力为常数时，输入的磁场能为

$$E_{\mathrm{magn}} = \frac{1}{2} BH = \frac{1}{2} \mu_T H^2 \tag{19.3}$$

式中，B 和 H 分别为磁感应强度与磁场强度；μ_T 为材料的磁导率。那么样品的磁机械耦
合系数可以表示为

$$k^2 = \frac{E_{\mathrm{mech}}}{E_{\mathrm{magn}}} = \frac{d^2}{S_H \mu_T} \tag{19.4}$$

对于在磁感应强度为 B 的磁场中的材料，由压磁方程可得

$$\varepsilon = S_H \sigma + dH \tag{19.5}$$

$$B = d\sigma + \mu_T H \tag{19.6}$$

其中，H 为磁场强度。

式（19.5）消去 H，式（19.6）中消去 σ，得到如下式：

$$\varepsilon = S_H \left(1 - \frac{d^2}{S_H \mu_T}\right) \sigma + \frac{dB}{\mu_T} \tag{19.7}$$

$$B = \frac{d\varepsilon}{S_H} + \mu_T S_H \left(1 - \frac{d^2}{S_H \mu_T}\right) H \tag{19.8}$$

定义增量磁导率 μ_σ 与磁场中材料的柔顺系数 S_B 为

$$\mu_\sigma = \mu_T \left(1 - \frac{d^2}{S_H \mu_T}\right) \tag{19.9}$$

$$S_B = S_H \left(1 - \frac{d^2}{S_H \mu_T}\right) \tag{19.10}$$

将柔顺系数 S_B 用杨氏模量表示（柔顺系数为杨氏模量的倒数），定义 c_H 是磁场强度 H 恒
定时材料的杨氏模量，c_B 是磁感应强度 B 恒定时材料的杨氏模量，可以得到：

$$c_H = c_B \left(1 - \frac{d^2}{S_H \mu_T}\right) \tag{19.11}$$

上式说明,在恒定应变下,磁能与机械能在外磁场的作用下发生转化,可被转化为弹性能的最大磁场能量与原磁场能量之比值为

$$\frac{\frac{1}{2}\mu_T H^2 - \frac{1}{2}\mu_\sigma H^2}{\frac{1}{2}\mu_T H^2} = \frac{\mu_T - \mu_\sigma}{\mu_T} = \frac{d^2}{S_H \mu_T} = k^2 \tag{19.12}$$

同理,可被转化为磁场能的最大机械能与原机械能的比值为

$$\frac{\frac{1}{2}c_B \varepsilon^2 - \frac{1}{2}c_H \varepsilon^2}{\frac{1}{2}c_B \varepsilon^2} = \frac{c_B - c_H}{c_B} = \frac{d^2}{S_H \mu_T} = k^2 \tag{19.13}$$

由以上的推导可以得到,当系统的能量由磁场能转化为弹性能时,磁导率从 μ_T 下降为 μ_σ。当系统的能量由弹性能转化为磁场能时,材料的本征杨氏模量从 c_B 下降为 c_H。这就是材料在能量转换过程中的变化过程。

一般情况下,测量压磁系数(也称动态磁致伸缩系数,即磁致伸缩系数随磁场的变化率)、应力为常量时材料的增量磁导率和柔顺系数(杨氏模量的倒数),可利用式(19.4)的关系来计算磁机械耦合系数,即参数法测量磁机械耦合系数。参数法在物理上很直观,可以了解电磁能与机械能转换过程中相关的材料的磁性和弹性物理参数对能量转化的影响。

(2)利用共振法(阻抗频率特性曲线)测量磁机械耦合系数

共振法测量磁机械耦合系数,即通过测量磁致伸缩材料的阻抗频率曲线,得到材料的共振和反共振频率,进一步计算出材料的磁机械耦合系数。这种方法在测量上更简便。共振法测量磁机械耦合系数是通过测量材料长棒上缠绕线圈的复数阻抗得到的。对于置于一定直流磁场中的棒状 RFe_2 铁磁体材料,如果再外加一个偏置磁场,样品在该偏置场下的共振频率和反共振频率与样品的磁机械耦合系数存在相关性。当样品处于共振频率时(此时样品阻抗达到最大),共振频率由下式表示:

$$f_H = \frac{v_H}{\lambda} = \frac{\left(\frac{c_H}{\rho}\right)^{\frac{1}{2}}}{\lambda} \tag{19.14}$$

当样品处于反共振频率时(此时样品阻抗达到最小),反共振频率为

$$f_B = \frac{v_B}{\lambda} = \frac{\left(\frac{c_B}{\rho}\right)^{\frac{1}{2}}}{\lambda} \tag{19.15}$$

其中,v_H、v_B 分别为共振时、反共振时样品中的机械波速度;c_H、c_B 分别为磁场为 H、B 时样品的杨式模量。因此结合前面参数法的推导过程可以得到:

$$k^2 = 1 - \left(\frac{f_H}{f_B}\right)^2 \tag{19.16}$$

磁机械耦合系数是一个三阶张量,但是在实际的应用中,对于长棒状的材料,我们只需要考虑其长度方向的耦合系数。可以知道,对于长棒状的超磁致伸缩材料,长度方向的磁机械耦

合系数 $k_{33} = \dfrac{\pi}{\sqrt{8}} k$。最终，我们得到了共振法测量长棒的磁机械耦合系数的关系式：

$$k_{33} = \sqrt{\dfrac{\pi^2}{8}\left(1 - \left(\dfrac{f_H}{f_B}\right)^2\right)} \tag{19.17}$$

式中，f_H 是共振频率，f_B 为反共振频率。

对于一个长柱状材料的磁机械耦合系数也可以表达为

$$k_{33} = \sqrt{\dfrac{\pi^2}{8}\left(1 - \left(\dfrac{f_r^2}{f_a^2}\right)\right)} \tag{19.18}$$

式中，f_r 为共振频率，f_a 为反共振频率。

【实验装置】

本实验主要测量 Terfenol-D 的圆柱状样品的磁致伸缩系数和纵向伸缩磁机械耦合系数这两个磁致伸缩材料的重要性能参数。

磁致伸缩系数反映的是材料在磁场作用下长度和体积变化，本实验主要测量 Terfenol-D 的线磁致伸缩，其磁致伸缩系数常用应变 $\lambda = \Delta l / l_0$ 表示，如图 19.4 所示，其中 l_0 为材料的长度，Δl 为材料长度方向上的伸长量。

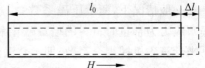

实验系统中采用电阻应变法进行测量，将电阻应变片直接粘贴到样品表面，电阻应变片是一种将应变变化转变为电阻变化的传感器，当样品在磁场中发生

图 19.4　铁磁体的线磁致伸缩示意图

应变时，贴在样品表面的应变片随之发生应变，引起应变片的电阻变化，通过测量电阻的变化即可得到材料的应变量。应变片电阻变化为

$$\Delta R / R = \eta \Delta l / l_0 = \eta \lambda \tag{19.19}$$

其中，R 为应变片的电阻值；η 为应变片的灵敏系数。

本实验使用 BX120-3AA 型电阻应变片，其阻值为 $(119.8 \pm 0.1)\ \Omega$，灵敏系数为 $2.08 \pm 1\%$，实验样品为 $\phi 10\ \mathrm{mm} \times 50\ \mathrm{mm}$ 的棒状 Terfenol-D（$\mathrm{Tb_{0.27}Dy_{0.73}Fe_{1.9}}$）材料。利用高精度万用表测量得到的结果如图 19.5 所示：

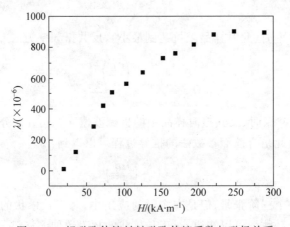

图 19.5　超磁致伸缩材料磁致伸缩系数与磁场关系

　　磁机械耦合系数是磁致伸缩材料的一个动态性能参数,它的定义是输出机械能和输入磁场能的比值:

$$k_{33} = \frac{U_{\text{em-mech}}}{\sqrt{U_{\text{em}} U_{\text{mech}}}} \tag{19.20}$$

其中,U_{em} 为电磁场能,U_{mech} 为机械能,$U_{\text{em-mech}}$ 为磁机械能,也称磁弹性能。

　　本实验采用共振法测量样品 Terfenol-D 的磁机械耦合系数。通过测量样品的阻抗频率曲线,利用共振频率和反共振频率得到样品的磁机械耦合系数,其数学表达式为

$$k_{33} = \sqrt{\frac{\pi^2}{8}\left(1 - \frac{f_r^2}{f_a^2}\right)} \tag{19.21}$$

其中,f_r 为共振频率,f_a 为反共振频率。阻抗值最大时对应的频率为共振频率,阻抗值最小时对应的频率为反共振频率。

　　共振法测量磁机械耦合系数的实验装置见图 19.6,样品上缠绕 200 匝左右的线圈,使用锁相放大器的振荡输出作为振荡功率源,输出端串联一个 10 kΩ 左右的大阻值电阻,以保证线路中电流恒定,输出电压为 1 V,通过锁相放大器测量线圈两端的电压即可确定线圈的阻抗。锁相振荡输出信号为

$$\nu_{\text{out}} = V_{\text{m}}\cos(2\pi f t) \tag{19.22}$$

线圈阻抗记为

$$Z = r + \text{i}s = |Z| \, \text{e}^{\text{i}\arctan\left(\frac{s}{r}\right)} \tag{19.23}$$

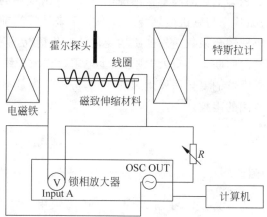

图 19.6　共振法测量磁机械耦合系数

　　锁相测量得到线圈电压信号的 X 和 Y 分量分别为: $X = \dfrac{V_{\text{m}}}{R}r$,$Y = \dfrac{V_{\text{m}}}{R}s$,测量过程中,改变锁相振荡输出的频率,根据测量得到的 X 和 Y 分量即可得到线圈的阻抗频率曲线,通过阻抗频率曲线找到共振频率和反共振频率,即可得到样品在对应外磁场下的磁机械耦合系数。表 19.1 和图 19.7 是在不同磁场下样品的磁机械耦合系数和相应的阻抗频率曲线。

表 19.1　不同磁场下超磁致伸缩材料磁机械耦合系数

磁场/(kA·m^{-1})	38.0	65.2	102.6	158.8	194.6	259.0	304.6	356.2
k_{33}	0.477	0.415	0.394	0.373	0.342	0.276	0.254	0.219

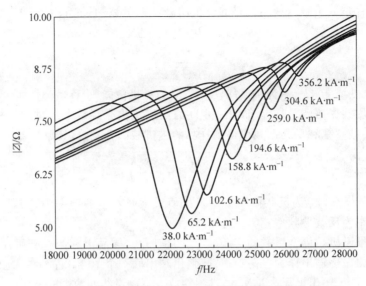

图 19.7　不同磁场下超磁致伸缩材料的阻抗频率曲线

　　磁机械耦合系数使用共振法来测量,用到的主要仪器为锁相放大器。在样品材料上加上线圈,锁相放大器的振荡输出作为振荡功率源,输出端串联一个大阻值电阻,以至于线圈这一块的阻抗变化几乎不会影响线路中电流,即电路恒流,则通过测量线圈两端的电压即可确定线圈的阻抗。在一定磁场下逐渐调整输出源的频率,找出线圈的共振频率和反共振频率,利用共振频率和反共振频率与磁机械耦合系数的关系来计算当前磁场下的磁机械耦合系数。进一步能得出磁机械耦合系数随外加磁场变化的变化情况。

　　由于锁相放大器的输出串联了一个大电阻,这个电阻远远大于线圈的阻抗,因此在线圈中的电流并不会因为线圈阻抗的变化而发生大的变化,可以认为是不变的,这样我们就可以用线圈两端的电压代替线圈的阻抗。

【实验内容】

1. 磁机械耦合系数测量

　　(1) 阅读锁相放大器使用说明书,了解 Model 7265 型锁相放大器的使用方法。

　　(2) 按图 19.6 所示连接测量电路,用万用表测量串联可变电阻 R 的阻值,将可变电阻 R 的阻值调节到 10 kΩ 左右,并记录其电阻值。

　　(3) 接通锁相放大器的电源,设置锁相放大器的 OSC 输出为 1 V,输入信号为交流电压,设置锁相模式为内部自动跟踪模式(设置方式为选择锁相放大器的 REFERENCE CHANNEL 菜单,选择锁相模式为 INT)。

　　(4) 将特斯拉计的探头(霍尔片)置于磁场中部和样品材料接近的位置,探头扁平面和磁场的方向垂直,开特斯拉计。

　　(5) 将电磁铁的电流调整为零。打开冷却水,接通电磁铁电源。

　　(6) 设置锁相放大器的显示模式,可以同时以数字的方式测量输入信号的幅度 R、X 分量、Y 分量以及 X 和 Y 分量的相位 θ,选择合适的测量灵敏度。

（7）调节电磁铁电源的旋钮，控制电磁铁的电流从小到大变化，以达到实验设定的磁场大小（磁场在 20～450 Gs 之间选取实验点）。

（8）打开计算机数据采集软件，在设定的磁场下利用数据采集程序自动记录数据测量阻抗频率特性曲线，同时检验电路接触是否正常。曲线正常进行下一步，否则分析和排除故障直到测量到与理论一致的曲线。

（9）调节电磁铁电源的旋钮，改变外加偏置磁场的大小，重复（8）的测量，采用数据采集程序自动记录数据，要求至少能测量 6 组不同偏置磁场条件的数据。

（10）在某一设定的磁场下，手动记录样品的共振峰和反共振峰。改变 OSC 的输出频率，在 10～30 kHz 之间，以 100 Hz 为步长，测量线圈两端的电压信号。手动记录全部数据，找到相应的共振频率和反共振频率，然后在共振频率和反共振频率附近以 10 Hz 为测量步长进行精细测量，得到准确的共振频率和反共振频率，同时记录复数阻抗的相位角，计算阻抗值。计算材料在该偏置磁场条件下的磁机械耦合系数。同时画出相位频率曲线和阻抗频率曲线。

（11）实验完毕，将电磁铁电源的旋钮调制最小，关闭电磁铁电源和冷却水，关闭锁相放大器。

2. 磁致伸缩系数测量

（1）磁场处于关闭状态，将测量样品放置到磁场中，其柱状样品的轴向与磁场的方向平行。电阻应变片两端与电压表上右边从上往下的第 1 和第 3 接线柱连接。

（2）打开电压表电源，调节电压表为电阻测量，测量得到未加磁场下的样品电阻 R_0。

（3）电磁铁的电流应调整为零。打开冷却水，接通电磁铁电源，从小到大调整电磁铁的电流，用直接法测量样品电阻值。

（4）改变磁场大小，以 50 mT 左右为步长，测量 0～450 mT 范围内样品的电阻变化，重复测量 3 次。

（5）实验完毕，将电磁铁电源的旋钮调制最小，关闭电磁铁电源和冷却水，关闭电源和电压表，拆除连线。

（6）利用公式计算样品的磁致伸缩系数（应变片灵敏系数为 $2.08 \pm 1\%$），画出样品的磁致伸缩系数和磁场的关系曲线 $\lambda = \dfrac{\Delta l}{l_0} \sim B$。

3. 7265 锁相放大器控制软件使用说明

本实验锁相放大器与计算机相连接，可由锁相放大器自动控制程序控制锁相放大器进行数据的采集和存储。控制软件的操作主界面如图 19.8 所示。

在主界面下选择控制模式为"手动控制"或"自动控制"。

（1）手动控制

手动控制操作说明如图 19.9 所示。

① 打开锁相放大器的电源。

② GPIB 卡初始化：点击板卡初始化按钮，板卡初始化则自动完成。

③ 锁相放大器初始化：输入初始化参数，包括输出电压，输入信号以及锁相模式。应

图 19.8　锁相放大器自动控制程序主界面

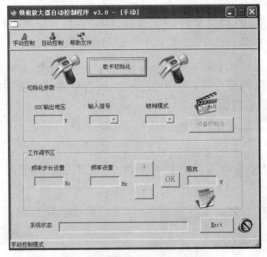

图 19.9　手动控制的操作界面

根据实际情况选择初始化参数。在本实验中,输出电压设置为 1 V,输入信号为 AC,锁相模式为 INT。设置完成后点击设备初始化。

④ 设置频率并记录数据:设置频率值及其变化步长,点击 OK 或者"＋""－"按钮控制频率,同时记录阻抗值。

⑤ 实验完毕,点击退出按钮。

注意:应同时观察锁相放大器上显示的数据是否与软件采集的一致,如果发现不一致,应当重新初始化再做测量。

(2) 自动控制

自动控制的操作界面如图 19.10 所示。它的主要操作说明如下:

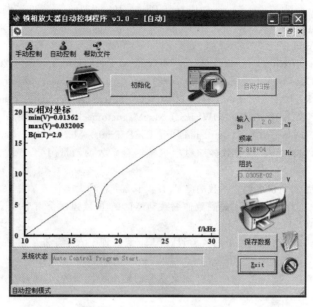

图 19.10　自动控制的操作界面

① 打开锁相放大器的电源。

② GPIB 卡以及锁相放大器初始化：点击初始化按钮，初始化工作自动完成。

③ 输入磁感应强度 B(mT)，点击自动扫描，开始自动扫描数据。用户可根据实际情况随时点击保存数据按钮保存已扫描过的点的数据。在绘图区内得到当前图像，注意纵坐标为阻抗的相对值，用户可根据图上显示的 min(V) 值和 max(V) 值自行进行线形换算，也可直接在已保存的文件中看到实际的数据。

④ 实验完毕，点击退出按钮。

【注意事项】

1. 打开电磁铁电源前务必打开冷却水，电磁铁电源旋钮置于最小，关闭电磁铁电源之前，不得关闭冷却水。

2. 磁致伸缩系数和磁机械耦合系数测量分别采用不同的样品，更换样品时务必小心放置，以免摔坏样品(样品属于易碎物品)。

3. 接线时，注意样品的接头不要和磁铁的金属部分有接触而形成短路，磁铁加电后，由于磁铁对金属的接头有吸引作用，注意放置接头时不与磁铁接触。

4. 锁相放大器属贵重仪器，使用前请仔细阅读说明书，严格按照操作规程使用，避免损坏仪器。

【参考文献】

[1]　Clark A E. Magnetoristrictive rare earth-Fe2 compounds [A]. Wohlfarth E P. Ferromagnetic Materials Vol 1[C]. Amsterdam：North-Holland Publishing Company，1980(1)：531-598.

[2]　王博文. 超磁致伸缩材料制备与器件设计[M].北京：冶金工业出版社，2003.

[3]　DHILSHA K R，RAO K V. Investigation of magnetic，magnetomechanical，and electrical properties

of the $Tb_{0.27}Dy_{0.73}Fe_{2-x}Co_x$ System. J. Appl. Phys. ,1993，73(3)：1380-1385.

[4] DONG S X, LI J F, VIEHLAND D. A longitudinal-longitudinal mode Terfenol-D/PMN-PT laminate composite[J]. Appl. Phys. Lett,. 2004,85：5305-5306.

[5] ASHLEY S. Magnetostrictive actuator[J]. Mechanical Engineering, 1998，120(6)：68-70.

[6] QUANDT E，Claeyssen F. Magnetostrictive Actuators and Linear Motor[A]//Proceedings of Actuator 2000，7th Conference on New Actuator[C]//Bremen，Germany，June，2000，102-105.

[7] SAVAGE H T，CLARK A E，POWERS J M. Magnetomechanical coupling and Eeffect in highly magnetostrictive rare earth-Fe2 compounds[J]. IEEE Trans. Magn. ，1975，11(5)：1355-1358.

[8] 王博文,张智祥,翁玲,等. 巨磁致伸缩材料机械耦合系数的测量[J]. 河北工业大学学报，2002，31(4)：1-4.

[9] 张磊. 超磁致伸缩材料机电耦合系数的测量[D]. 长春：吉林大学物理学院，2009.

[10] 闫荣格，王博文，曹淑瑛，等. 超磁致伸缩致动器的磁-机械强耦合模型[J]. 中国电机工程学报，2003，23(7)：107-111.

[11] 高峰. 超磁致伸缩材料特性测量的实验设计[J]. 武汉理工大学学报：信息与管理工程版，2010，32(3)：393-395.

[12] 马增峰，李东伟，张磊，等. 超磁致伸缩驱动器的输出特性研究[J]. 新技术新工艺，2012（11）：34-37.

[13] 陈宜保，王文翰，杨翔，等. 超磁致伸缩材料性能测量实验[J]. 物理实验，2009，28(12)：13-15.

（陈　宏　陈宜保）

实验 20　高温超导导线的临界电流及磁场的影响

在超导物理学发展中，有多项研究成果获得诺贝尔物理学奖。本实验介绍超导材料的基本电磁特性、超导体的分类、磁场对超导临界电流的作用等，重点介绍第Ⅱ类超导体混合态的临界电流和磁场对临界电流的影响。

【思考题】

1. 超导体的临界电流和临界磁场有什么关系？
2. 穿透深度和相干长度与超导体的临界电流和临界磁场之间有什么联系？
3. 为什么第Ⅱ类超导体的临界电流比第Ⅰ类大？

【引言】

1911 年，清华学堂成立。同年，荷兰物理学家昂纳斯(H. K. Onnes)在研究材料在液氦温区的电阻特性时，由其助手偶然间发现了金属汞在 4.2 K 时电阻突然消失的现象。这个现象很奇特且不符合当时人们对材料电阻特性的认知和推测。昂纳斯在其发表的文章中将这种电阻在特定温度以下消失的现象命名为"超导电性(superconductivity)"，简称"超导"，并由此获得 1913 年诺贝尔物理学奖。超导现象一经发现，便引起了物理学界的广泛关注和研究。超导的微观机制 BCS 理论、超导隧道效应、高温超导等这些具有开创性的研究成果，为推动超导物理学发展和超导的应用起到了巨大的作用。

1933 年，迈斯纳(W. Meissner)和奥森菲尔德(R. Ochsenfeld)共同发现了超导体的完全抗磁性，即无论磁化路径如何，超导体处于超导态时都会将磁通线完全排出体外。这个效应后来被称为迈斯纳效应。零电阻特性和完全抗磁性是超导体的两大基本特征，缺一不可。

1935 年，伦敦兄弟(F. London 和 H. London)提出伦敦方程，给出了超导电动力学的初步结果。伦敦方程预言了磁场在超导体表面有穿透深度，即磁场在超导体表面并不是突变，而是在超导体内部逐步衰减到零。1950 年皮帕尔德(A. J. S. pippard)提出了相干长度的概念，表明超导载流子是相干的，超导载流子相关联的距离即为相干长度。

物理学家为探索超导电性的物理本质做了很多尝试。1957 年，巴丁(J. Bardeen)、库珀(L. V. Cooper)、施威孚(J. R. Schrieffer)三人共同提出 BCS 理论，从微观角度解释了超导电性。库珀在此过程中提出了库珀对的概念。不同于 BCS 理论，数学功底很强的俄国人朗道(L. D. Landau)和金茨堡(V. L. Ginzburg)于 1950 年在朗道二级相变理论的基础上建立了超导电性的唯象理论——金茨堡-朗道理论，简称 G-L 理论。G-L 理论并不能说明超导电性的微观机制，但在预言超导体的现象和行为时却比 BCS 理论更加有用、直观。其中一个最主要的贡献是预言了第二类超导体的存在,这是由阿布里科索夫(A. Abrikosov)于 1957 年发现的。简单来说,第一类超导体中相干长度大于穿透深度,而第二类超导体穿透深度大于相干长度。这引起了界面能的不同,从而导致两类超导体在磁场下行为的不同。第二类超导体不仅比第一类超导体具有更加丰富的物理现象,而且也具有更高的实际应用价值。

直到 1985 年,超导体的临界温度的最高纪录仍是 Nb_3Ge(23.2 K)。传统超导体的临界温度都较低,为使超导器件能正常工作所需的液氦制冷系统非常昂贵,从而限制了超导材料的实际应用。科学家们一直在不断地寻找临界温度更高的超导材料。

1986 年,IBM 苏黎世实验室的柏诺兹(J. Bednorz)和其博士期间的导师缪勒(K. Muller)发现了镧钡铜氧化物(LaBaCuO)体系具有大于 30 K 的转变温度。这一发现具有重大的意义,掀起了一个高温超导研究的热潮。在之后的短短两三年时间之内,钇钡铜氧($Y_1Ba_2Cu_3O_x$,临界温度约 92 K)和铋锶钙铜氧($Bi_2Sr_2Ca_2Cu_3O_x$,临界温度约 110 K)相继被发现,世界正式进入了高温超导的时代。目前高温超导体临界温度的最高纪录是汞钡钙铜氧的某种化合物,在某种极端的制备条件下可以得到 164 K 的临界温度。

进入 20 世纪 90 年代之后,高温超导的应用前景逐渐被科技界和工业界所重视,大部分超导材料研究者的注意力从探索新材料转移到实现高温超导材料的产业化方面,并且由于突破了液氮温区,使得制冷成本大大降低,超导器件的研究和应用也逐渐兴盛起来。超导电机、超导电缆、超导限流器、超导磁储能器等都逐渐进入人们的视野,并且开始从实验室走向实际应用。

但人们仍未停止探索新超导材料的脚步,从铁基超导体到 MgB_2,新的超导材料仍然不断地涌现,尽管这些材料的临界温度仍然较低。此外,BCS 理论已经无法解释高温超导材料的机理,超导理论的完善仍需大量的工作。室温超导体存在吗?这是个悬而未决的问题,等待着时间去给出答案。

本实验的目的是学习超导材料的有关基本知识,测量不同的外加磁场对高温超导导线的临界电流的影响。

【实验原理】

1. 超导材料的主要性质

超导体的主要性质表现为四个方面:①零电阻现象和临界温度;②完全抗磁性;③临界磁场及穿透深度;④超导临界电流。

1.1 零电阻现象和临界温度

人们最早发现的超导态的特性就是零电阻现象。超导体进入超导态时,其电阻率实际上等于零。从电阻不为零的正常态转变为超导态的温度称为超导转变温度或超导临界温度,用 T_c 表示。图 20.1 是 1911 年荷兰著名低温物理学家昂纳斯采用“四引线电阻测量法”测量的水银(Hg)样品的电阻 R-温度 T 关系。温度低于 4.2 K 时,其电阻变为零。实际上,超导体的电阻由正常态转变为超导体是在一定的温度间隔 ΔT 内完成的,如图 20.2 所示。测量样品的电阻是确定该样品是否进入超导态及其临界温度的常用方法之一。这种方法简称为“电阻法”或“四引线法”。

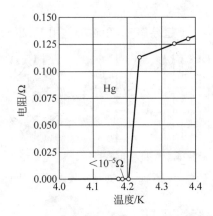

图 20.1　金属 Hg 在 4.2 K 以下的零电阻态

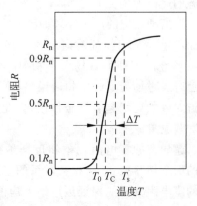

图 20.2　超导材料的 R-T 关系曲线

超导态的电阻等于零,根据欧姆定律,稳恒情形下的理想导电性要求超导态中

$$E = 0 \tag{20.1}$$

即超导态中没有电场($E=0$)也能够维持稳恒的电流密度。式(20.1)是超导体的状态方程。

BCS 理论把超导现象看作一种宏观量子效应,认为在费米面附近,电子和晶格振动的相互作用使两个自旋和动量都相反的电子在一定条件下通过交换虚声子组成动量为零的束缚态——库珀对($k\uparrow,-k\downarrow$)。由量子力学理论计算出库珀对的能量 $E<0$,说明电子对形成束缚态的能量比费米面上一对自由电子的能量低。所以,当存在吸引相互作用时,费米球不再稳定,超导基态应由大量库珀对凝聚组成。在施加外场时,外场作用使费米球移动 δk,库珀对由($k\uparrow,-k\downarrow$)变为($k+\delta k\uparrow,-k+\delta k\downarrow$)。散射作用仅使库珀对($k+\delta k\downarrow,-k+\delta k\uparrow$)变为($k'+\delta k\uparrow,-k'+\delta k\downarrow$),总动量 $2\hbar\delta k$ 保持不变。即使撤去外场,库珀对仍保持同样的组态,因此库珀对可以在晶格中无损耗地运动,所载的电流不衰减,形成无阻电流,即超导电流。

1.2　完全抗磁性

按照麦克斯韦方程 $\nabla\times E=-\partial B/\partial t$,既然超导态 E 恒为零,势必磁感应强度 B 不随时间变化,即 $\partial B/\partial t=0$,超导体的磁感应强度应由初始条件决定。1933 年,迈斯纳(W. Meissner)和奥森菲尔德(R. Ochsenfeld)通过实验证明,不论开始时有无外磁场,当温度 $T<T_c$,超导体变为超导态后,体内的磁感应强度恒为零,超导体能把磁力线全部排斥到体外,即 $B=B_0+\mu_0 M=0$,因此超导态的磁导率 $\mu=0$,磁化率为 $\chi=\dfrac{\mu_0 M}{B_0}=-1$,其中 B_0 是外加磁场 H 在真空中的磁感应强度。由于 $\mu<\mu_0$(或 $\chi<0$)的磁介质称为逆磁体或抗磁体,故处于超导态的超导体是一个完全的逆磁体,或者说它具有完全的抗磁性。超导体的完全抗磁性称为迈斯纳效应,这种完全排斥磁通的态称为迈斯纳态。超导体的磁性质可以由状态方程(或磁化曲线)描述:

$$\begin{cases} B=0, & H\leqslant H_c \\ B=\mu_0 H, & H>H_c \end{cases} \tag{20.2}$$

式中 H_c 为临界磁场。迈斯纳效应指明了超导态是一个热力学平衡的状态,与如何进入超导态的途径无关。

迈斯纳效应的产生原理如图 20.3 所示,当超导体处于超导态时,在磁场作用下,超导体表面产生一个无损耗感应电流。这个电流产生的磁场恰恰与外加磁场大小相等、方向相反,因而总合成磁场为零。换句话说,这个无损耗感应电流对外加磁场起着屏蔽作用,因此称它为抗磁性屏蔽电流。

超导态的零电阻现象和迈斯纳效应是超导态的两个相互独立、又相互联系的基本属性。单纯的零电阻并不能保证迈斯纳效应的存在,但零

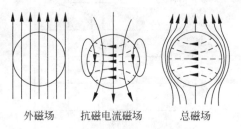

外磁场　　抗磁电流磁场　　总磁场

图 20.3　迈斯纳效应

电阻效应是迈斯纳效应的必要条件。因此,衡量一种材料是否是超导体,必须看是否同时具备零电阻和迈斯纳效应。

超导磁悬浮就是迈斯纳效应的体现。由于超导体"不允许"其内部有任何磁场,如果外界有一个磁场要通过超导体内部,那么超导体必然会产生一个与之相反的磁场,保证内部磁场强度为零,这就形成了一个斥力。当在一个超导体正下方放置一个磁体,并使磁感线垂直通过超导体的时候,超导体将获得垂直的上浮力。当这个力的大小刚好等于超导体的重力的时候,超导体就可以悬浮在空中,这就是超导磁悬浮现象。

1.3　临界磁场及穿透深度

当 $T<T_c$ 时,超导体的自由能低于正常态的自由能,必须外加磁场 H_c 才能破坏超导性,使材料恢复电阻,回到正常态。因为迈斯纳效应,弱磁场不能透入宏观样品内部,只有当外加磁场小于某一阈值 H_c 时才能维持超导电性,否则超导态将转变为正常态,H_c 称为临界磁场强度。临界磁场因物质而异,对特定物质而言,H_c 又是温度的函数。实验发现,H_c 与温度的关系为

$$H_c(T) = H_c(0)\left[1 - \left(\frac{T}{T_c}\right)^2\right] \tag{20.3}$$

式中 $H_c(0)$ 是由该抛物线外推到 $T=0\ \text{K}$ 时的临界磁场强度。习惯上把它称为热力学临界场。

对超导体的磁学性质研究表明,置于外磁场 H 中的超导体,并非经过表面无限薄到体内突然有 $\boldsymbol{B}=0$,而是从表面开始逐步降到零。图 20.4 给出了一种简单的几何情形:$x>0$ 的右半空间是超导体,而 $x<0$ 处为真空,外磁场 H 平行于表面。在超导体中($x>0$),磁感应强度以指数形式趋于零:

$$B(x) = \mu_0 H \mathrm{e}^{-x/\lambda} \tag{20.4}$$

式中,λ 为磁场的"穿透深度",它的值与材料的种类、温度、杂质含量等有关。

按照麦克斯韦方程,磁场与电流密度 $\boldsymbol{J}$ 的关系为 $\nabla \times \boldsymbol{B} = \mu_0 \boldsymbol{J}$。在图 20.4 中,$J_y = -\frac{1}{\mu_0}\frac{\mathrm{d}B}{\mathrm{d}x}$,使磁感应强度 B 变化的电流 J_y 在垂直于纸面向里的 y 方向流动,其大小为

$$J_y = -\frac{1}{\mu_0}\frac{\mathrm{d}\boldsymbol{B}}{\mathrm{d}x} = \frac{H}{\lambda}\mathrm{e}^{-x/\lambda} \tag{20.5}$$

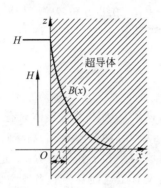

图 20.4　磁场在超导体表面的穿透

图 20.5　圆柱形超导体在外磁场中的
表面屏蔽电流

上式表示电流只存在于样品表面附近约 λ 厚的一层内，在表层中的分布不均匀，沿 Ox 轴指数衰减。正是这层表面电流 J_y 产生的磁场在 $x>\lambda$ 区域沿负 Oz 轴方向，以抵消沿着 Oz 轴方向的外磁场，使得体内磁感应强度等于零。所以，由于在表层流动的超导电流对外磁场起屏蔽作用，才使超导体内 B 为零，呈现完全的逆磁性，故称表层的超导电流为屏蔽电流。图 20.5 是长圆柱超导样品在平行于轴线的匀强磁场中屏蔽电流的示意图。若按电磁学，超导态的逆磁矩 $M=(-H)$ 也是它引起的，又称为"磁化电流"。

　　一个超导样品放进匀强磁场中，因排斥磁通，其周围的磁场也要变化。具体而言，就是"极地"减弱，"赤道"附近增强，参见图 20.3。

1.4　超导临界电流

　　当超导体中的电流超过某一阈值 I_c 时，超导态转变为正常态。这是由于超导体内通过的电流在其表面产生磁场，当电流较大，使得表面磁场超过超导临界磁场 H_c，超导体即转变为正常导体。此 I_c 即称为超导体的临界电流(superconductor critical current)，它是破坏超导态的最小电流。若同时还有外磁场时，则临界电流将降低，而且临界电流的大小与物质种类和温度有关。对某种超导体，其 I_c 与温度关系为

$$I_c(T)=I_c(0)\left[1-\left(\frac{T}{T_c}\right)^2\right] \tag{20.6}$$

$I_c(0)$ 是外推到 $T=0$ K 时的临界电流。若有外加磁场，则 I_c 与外磁场大小及其方向有关。对第二类超导体，特别是非理想的第二类超导体，则还与晶体缺陷、范性形变、应力和位错等有关，且在其进入混合态后，对磁通线钉扎力越强的超导体，则其 I_c 越高，具有好的实用价值。这部分内容将在后面详细讨论。

　　综上所述，临界温度 T_c、临界磁场 H_c 和临界电流 I_c 是约束超导态的三个临界条件。当温度高于临界温度时，超导态消失；当超导体处于超导临界温度以下，外加磁场超过临界磁场或传输电流超过临界电流，均会导致超导态转变为正常态；只有同时满足三个临界条件时才出现超导现象。图 20.6 画出超导体的 T-H-J 临

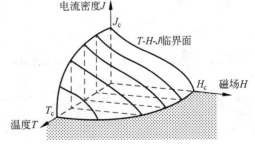

图 20.6　超导状态的 T-H-J 临界面

界面。临界面内为超导态,临界面外面是正常态。由图 20.6 可知,从 J-T 平面看出临界电流随临界温度的升高而降低;从 J-H 平面看出临界电流随临界磁场的升高而降低;从 H-T 平面看出临界磁场随临界温度的升高而降低。

2. 两类超导体和磁通量子化

超导体按其在磁场中磁化曲线的差异,可分成两类。第Ⅰ类超导体只有一个临界磁场 H_c,磁化曲线随磁场线性变化。外磁场低于临界磁场 H_c 时为超导态,高于临界磁场 H_c 时为正常态。第Ⅱ类超导体有两个临界磁场,下临界场 H_{c1} 和上临界场 H_{c2},如图 20.7 所示。当外磁场低于 H_{c1} 时,超导体处于迈斯纳态,体内没有磁通线穿过;当外磁场介于 H_{c1} 和 H_{c2} 之间时,第Ⅱ类超导体处于混合态,这时体内有磁通线穿过,磁通线的中心是一个半径约为相干长度 ξ 的圆柱形正常区,它外面存在一半径约为穿透深度 λ 的磁场和超导电流区域,如图 20.8 所示。相干长度 ξ 是描述电子运动相互关联的空间尺寸,$\xi = \hbar v_F / \pi \Delta(0)$,其中 v_F 是费米面处正常电子的速度,$\Delta(0)$ 是绝对零度(0 K)时超导体的能隙。相干长度与库珀对的尺寸相当,代表电子有序化的延伸尺度,对超导体的电磁性能有重要影响。它随温度而变化,且与上临界磁场 H_{c2} 有关。当 $H_{c1} < H < H_{c2}$ 时,整个样品的周界仍有逆磁电流,这样,第Ⅱ类超导体在混合态既有逆磁性(但 $B \neq 0$),又没有电阻。当外磁场继续增加时,每个圆柱形的正常区并不扩大,而是增加正常区的数目。伦敦通过计算得到圆柱形正常区的磁通为

$$\phi_0 = \frac{h}{e^*} = \frac{h}{2e} = 2.07 \times 10^{-15} \, (\text{Wb}) \tag{20.7}$$

式中,h 为普朗克常数;e 为电子电荷;$e^* = 2e$ 为库珀对的电量。整个超导体的磁通是

$$\Phi = N\phi_0, \quad N = 0, 1, 2, \cdots \tag{20.8}$$

伦敦称 $N\phi_0$ 为"全磁通",ϕ_0 为"磁通量子",说明超导体内的全磁通量是量子化的。微观现

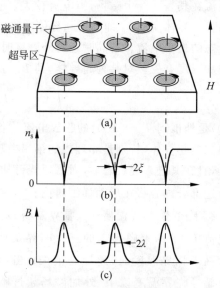

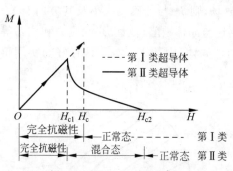

图 20.7　两类超导体的磁化曲线比较

图 20.8　第Ⅱ类超导体的混合态

(a) 正常区及涡旋电流;(b) 超导电子密度随位置的变化;

(c) 磁感应强度随位置的变化

象在宏观尺度内表现出来,被称为宏观量子效应。当外磁场达到上临界场 H_{c2} 时,相邻的圆柱体彼此接触,超导区消失,整个材料都变成正常态。

在已发现的超导元素中,只有钒、铌和钽属于第Ⅱ类,其他元素均属第Ⅰ类,然而大多数超导合金和化合物则属于第Ⅱ类。由于第Ⅱ类超导体的某些性质(如磁化行为、临界电流等)对诸如位错、脱溶相等各种晶体缺陷十分敏感,因此只有体内组分均匀分布,不存在各种晶体缺陷,其磁化行为才呈现完全可逆,称为理想第Ⅱ类超导体。非理想第Ⅱ类超导体是不纯的或有缺陷第Ⅱ类超导体,又称为硬超导体(hard superconductor)。

3. 第Ⅱ类超导体混合态的临界电流和磁通钉扎

当外磁场加传输电流 I 产生的磁场在样品表面的值超过 H_{c1},即 $I_c \geqslant I'_c$ 时,样品进入混合态。I'_c 在样品表面而 $I-I'_c$ 将在样品体内流动,体内的传输电流将对磁通量子(也称磁通线)产生一个作用力。对磁通密度不均匀的系统,例如图 20.4 中在 x 方向有磁通密度梯度的情况,此时任意磁通量子的受力不再是对称的,因此,作用于磁通量子的合力将不为零,并且力的方向将从密的区域指向疏的区域。设单位体积磁通量子受到的作用力为 F_L,则

$$F_L = J \times B \tag{20.9}$$

F_L 称为洛伦兹力,是磁通量子的不均匀分布产生的推动磁通量子的力。F_L 和电磁学中磁场对电流的作用力相似,但这里的 F_L 是作用于磁通量子上的力。对单个磁通量子受的力 f_L,可由式(20.8)和式(20.9)得到:

$$f_L = \frac{1}{N}F_L = \frac{1}{N}(J \times B) \tag{20.10}$$

磁通量子在 F_L 的作用下将运动,除非晶体内有其他的力作用于磁通量子上以抵抗 F_L,使合力为零。这样的力在有晶体缺陷的样品中确实存在,称为"钉扎力",缺陷成为钉扎中心。超导体的磁通量子被晶体缺陷或其他各种势阱所束缚的状态称为磁通钉扎(magnetic flux pinning)。设单位体积内的钉扎力为 F_P,无缺陷的理想第Ⅱ类超导体的 $F_P = 0$,有晶体缺陷的非理想第Ⅱ类超导体的 $F_P \neq 0$。

当传输电流在与外磁场相垂直的方向上通过处于混合态的超导体时,每个磁通量子既受到钉扎力 F_P 的钉扎作用,又受到电磁力(洛伦兹力)的驱动作用。当传输电流密度 J 超过临界电流密度 J'_c(即 $I > I'_c$)时,体内的电流密度 $J - J'_c$ 产生的洛伦兹力为:

$$F_L = (J - J'_c) \times B \tag{20.11}$$

F_L 作用在磁通量子上,使磁通量子在同时垂直于电流和磁场的方向上运动,如图 20.9 所示。设磁通量子的平均漂移速度为 v_f,因磁通量子切割导体,按电磁感应定律,沿电流方向的电场 E_f 为

$$E_f = -v_f \times B \tag{20.12}$$

相应的功率消耗转变为焦耳热,其密度为 $E_f \times (J - J'_c)$。当 $F_L > F_P$ 时,磁通量子会发生较快地横过导体的运动,这就是磁通流动。它会在导体纵向感生电压,相应地"电阻"称为磁通流动电阻,简称为流阻(率),以区别于正常材料的电阻(率)。流阻率 ρ_f 的大小为

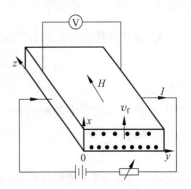

图 20.9　磁通量子运动产生电场

$$\rho_f = \frac{E_f}{J - J'_c} \tag{20.13}$$

实验上确实能观察到 E_f 和 ρ_f。

　　理想第Ⅱ类超导体在样品中电流密度 J 达到 J'_c 后开始有流阻,所以临界电流密度就是 J'_c。因为理想第Ⅱ类超导体内部没有缺陷,磁通线的运动没有阻碍,电流稍大时,电流产生的磁场便会大量地穿透到超导体内,使超导体很快失超。

　　在非理想第Ⅱ类超导体中,传输电流密度 J 超过 J'_c 后,$J - J'_c$ 在样品内流动,产生的洛伦兹力 $F_L = (J - J'_c)B$,在钉扎力 $F_P > (J - J'_c)B$ 时磁通量子仍未运动。若再增加电流,当 $F_P = (J - J'_c)B$ 时,就要出现流阻。当 $F_P < (J - J'_c)B$ 时有阻态。所以在

$$F_P = F_L = (J - J'_c)B \tag{20.14}$$

时是临界态,表示非理想第Ⅱ类超导体从无电阻态向有电阻态转变的临界情况。通常称这时的洛伦兹力为"临界洛伦兹力"F_c,临界态时传输的电流密度就是临界电流密度 J_c。所以

$$J_c = J'_c + \frac{F_P}{B} \tag{20.15}$$

在式(20.15)中等号右边第一项 J'_c 分布在样品表面厚度为 λ 的区域,其决定于第Ⅱ类超导体的参数如 H_{c1} 等及样品的几何因子,第二项 $J_{cb} = \dfrac{F_P}{B}$ 在样品内部流动,它是由钉扎力决定的,称为钉扎电流密度。

　　由此可见,非理想第Ⅱ类超导体处于混合态时,在很高的横向磁场下,由于钉扎作用的存在,磁通线不能在超导体内部自由地运动,由电流产生的磁场仍然不能很快地穿透到超导体内部,因此超导体在传输很大电流的时候仍然能够保持超导电性。这就使非理想第Ⅱ类超导体有潜在的应用价值,可以传输很高的电流。可以用非理想超导体制成的导线实现无损耗输电,或者绕制成磁体以实现稳定的高磁场。

　　在非理想第二类超导体的特性被发现之后,人们陆续找到了数种可以制成超导导线的材料,其中典型的是 NbTi(临界温度 11 K)、Nb_3Sn(临界温度 18 K)和 V_3Ga 化合物等,成为发展强磁场超导磁体技术的基础。它们已经应用于固体物理、高能物理、受控聚变反应、磁流体发电、医疗设备等一系列现代科学技术部门,显示了巨大的优越性。为与后来发现的高温超导体加以区别,把临界温度低于 30 K 的超导体统称为低温超导体。

4. 超导导线临界电流的测量方法及外磁场对临界电流的影响

　　由式(20.13)知道,电压-电流曲线的斜率与流阻有关,而临界电流取决于开始测到电压的电流强度。在实验测量中,仪器对电压或电阻的探测精度是有限的,不能探测到无限小的电压或电阻。所以,常把被测样品中出现恒定电场 E_0 时的电流定义为临界电流。这时电压大小为

$$V_0 = lE_0 \tag{20.16}$$

式中,V_0 是电压;l 是引线接点间距离;E_0 的大小一般为 $0.1\ \mathrm{mV/m}$,被称为实验临界电流的电场判据,而 V_0 称为电压判据。

　　超导临界电流的基本测量原理是四引线法测量,如图 20.10 所示。将超导导线样品置于直流匀强磁场中,在样品中通入直流电,测量超导导线样品中某一段的电势差。具体说来,将超导导线样品与直流稳压电源的电流引线连接起来,在超导导线样品表面通过焊接的方式接出两根电压引线,电压引线要在两个电流引线之间。匀场区范围包含电压引线的焊点以确保所测电势差的准确性。测量时采取基于式(20.16)公认的超导失超判据作为判定临界电流值的依据,判据为若样品上某相距 1 cm 的两点之间的电势差为 1 μV 时,则此时的电流值即为超导导线样品的临界电流值。实际测量时,超导导线样品由超导态到正常态的转变并不是突然发生的,而是一个渐变的过程,如图 20.11 所示,其 U-I 曲线近似为指数关系,即近似为 $U = U_0(I/I_c)^n$,当电流接近或超过 I_c 之后,超导导线样品上的电压降落迅速增大。式中的 n 值大小与样品的好坏有关,样品质量越好,n 值越大,曲线越陡峭。

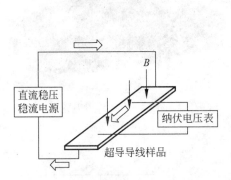

图 20.10　四引线法测量临界电流原理图

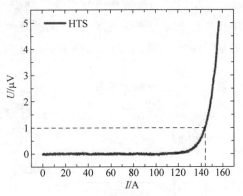

图 20.11　超导导线样品的伏安特性曲线

　　在实际应用场合,高温超导导线会处于一个非常复杂的电磁环境中,而超导导线的临界电流值与所处环境的磁场的大小和方向都有密切的关系。

　　由上面第三部分的原理知道,高温超导导线(以下简称 HTS 导线,high-temperature superconductor)处于外磁场下,当外磁场(applied field,以下简称 $\boldsymbol{B}_{app}$)超过下临界场之后会有磁通穿透的过程。$\boldsymbol{B}_{app}$ 越大,穿透到超导体内部的磁通线(磁通量子)越多。磁通线的"驱动力"不仅仅是传输电流与磁通线相互作用产生的,磁通线之间也会有相互排斥作用,这也会产生"驱动力"。传输同样大小的电流时,有外磁场情况下磁通线受到的"驱动力"比没有外磁场情况下要大,所以能够使得磁通线开始运动的临界电流值减小。所以在外磁场情况下 HTS 导线的 I_c 会比没有外磁场的情况下要有所下降,$\boldsymbol{B}_{app}$ 越大,下降的幅度越大。这便是 HTS 材料的临界电流对磁场大小的依赖性。

　　本实验中所用的 HTS 导线呈扁带状,虽然所加外磁场垂直于电流方向,临界电流对磁场的依赖性因导线的几何形状也会呈现各向异性。当 HTS 导线的宽平面垂直于磁力线时,HTS 导线的临界电流值随着 $\boldsymbol{B}_{app}$ 的增大下降得很快。当 HTS 导线的宽平面平行于磁力线时,其 I_c 随着 $\boldsymbol{B}_{app}$ 的增大下降的幅度要慢得多。直观上的理解是当宽平面垂直于磁力线时,HTS 导线中穿透的磁通线数量很多,I_c 就小,而宽平面平行于磁力线时,HTS 导线中穿透的磁通线数量较少，I_c 就相对较大。这便是高温超导导线临界电流值对磁场方向的依赖性。

本实验的内容是测量 Bi 系高温超导导线的临界电流值的磁场依赖性，包括对磁场大小的依赖性和磁场方向的依赖性。

【实验仪器】

实验装置主要有直流磁体、测量架、杜瓦箱、大电流电源、磁体电源及纳伏电压表组成。磁体的作用是为超导导线样品提供直流匀强磁场，测量架为样品提供支撑和通流的作用，杜瓦箱用于承装液氮，为样品提供低温环境，大电流电源用于为超导导线样品通入大电流，纳伏电压表用于测量样品上的电压降，另有一小型的直流电源用于为磁体供电。

1. 磁体采用有磁路的结构，其基本结构如图 20.12 所示。通过常规铜导线绕组励磁，在气隙中产生较强的匀强磁场，匀场区的宽度可以覆盖测量样品的范围，如图 20.13 所示，且匀强磁场的大小可以使得 HTS 导线样品的 I_c 出现明显的变化。磁体气隙中的场强大小与磁体绕组中电流的关系由标定确定。磁体实际标定的结果如图 20.14 所示。

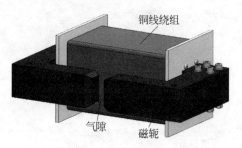

图 20.12　磁体结构示意图

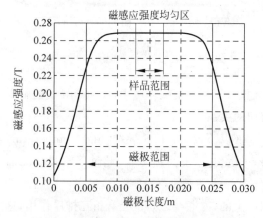

图 20.13　匀场区范围与样品宽度的比较

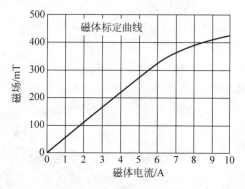

图 20.14　磁体标定曲线

2. 测量架底部结构的示意图如图 20.15 所示。测量架要实现两个功能，一是为 HTS 导线样品提供支撑，这个支撑不仅要保证 HTS 导线样品在气隙中的位置相对固定，还要能够改变 HTS 导线样品与磁力线的夹角；二是能够为 HTS 导线通入大电流。如前所述，HTS 导线能够通入 100 A 以上的电流，由于气隙大小的限制和可旋转性的要求，测量架自身同时要承担电流引线的任务。因此测量架的设计是整套测量装置的关键。为减小热传导，测量架的主体支架采用非金属杆制成。在测量杆电极的延伸部分加装了绝缘板，以保证超导导线与电极延伸部分的绝缘性，以防短路。电压引线直接焊接在超导导线上，两个电压引线焊点之间保持 1 cm 的距离。在测量架的顶部设置了旋转平台，可以任意改变样品与气隙磁场的夹角。

3. 为 HTS 导线样品通电的电源为直流稳压电源(以下简称 LDC 电源,Large Direct Current),其最大输出电压为 10 V,最大输出电流为 150 A。该 LDC 电源既可以实现稳恒电流输出的功能,也可以实现以一定的速率自动增加电流。该电源的面板如图 20.16 所示。该电源可由程序远程控制,程序界面如图 20.17 所示。

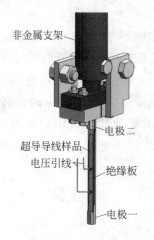

图 20.15　测量架底部结构示意图

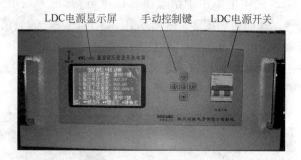

图 20.16　LDC 电源前面板

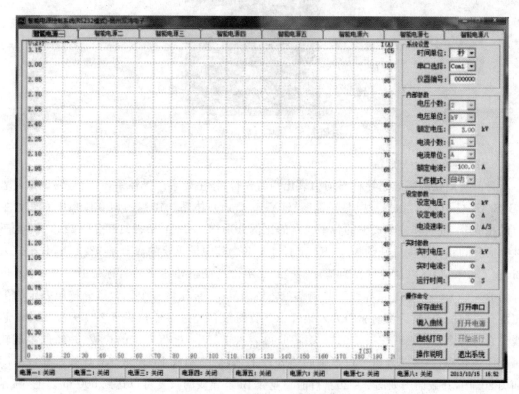

图 20.17　LDC 电源控制程序

在电源控制程序中,需要手工设定的参数有"串口选择""设定电压""设定电流""电流速率"四个选项。"串口选择"选项是选择 LDC 电源与计算机通信的接口,"设定电压"是设定 LDC 电源的输出电压,一般设定为 10 V 即可。"设定电流"是设定 LDC 电源的输出电流,即决定 HTS 导线样品上所传输的电流大小。"电流速率"是设定从当前电流值升到设定的电流值的升流速率(但降流时不遵循这个速率),该设定值要不低于 1 A/s,具体数值根据实验进度而定。

4. 纳伏电压表采用的是 Keithley 2182A 型(以下简称 2182A 表),该电压表可以测量纳伏级的微弱电压信号,灵敏度高,能够满足测量样品处于临界态时电压信号的要求。

5. 磁体电源用于给直流磁体供电,其最大输出电压和最大输出电流分别为 30 V 和 10 A。其面板如图 20.18 所示。显示屏的左上的数值代表当前输出电压,左下的数值代表当前的输出电流,右上的数值代表设定的输出电压,右下的数值代表设定的输出电流。"Stop/Run"按钮可以停止或启动电源输出。实际实验中,设定输出电压保持为 30 V 即可,需要不断调节的是设定输出电流。

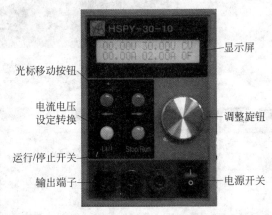

图 20.18　磁体电源面板示意图

6. 高温超导导线简介

目前实用化的高温超导材料均为氧化物陶瓷材料,主要有两类体系,一类是铋锶钙铜氧(Bi-Sr-Ca-Cu-O)体系,另一类是钇钡铜氧(Y-Ba-Cu-O)体系。铋锶钙铜氧体系中有三种主要的相成分,按照其分子式中的各个元素的比例分别称为 2201 相、2212 相和 2223 相,这三种相成分的临界温度分别约为 20 K、87 K、110 K。其中最重要的成分是 2223 相,分子式为 $Bi_2Sr_2Ca_2Cu_3O_x$,以这种材料为基础制成的商用化高温超导导线的名称是 Bi-2223/Ag,也称为 BSCCO 导线或 Bi 系导线。其制备工艺较为复杂,首先将各个元素组分按照一定的配比混合成前驱粉,然后将前驱粉装入银管中。装粉银管经过多道拉拔工艺变为较细的单芯线。之后将多根单芯线按一定的方式排列,再装入银管中,进行再次的拉拔,并经过多道轧制轧成多芯扁带,多芯扁带经过复杂的热处理工艺,最终制成 Bi-2223/Ag 导线。其成品图如图 20.19,其截面图如图 20.20。目前工业级 Bi 系导线的长度可以达到 500 m 以上,临界电流可以达到 100 A 以上,但其截面只有 4 mm×0.2 mm,比铜导线的通电流能力要高一两个数量级,并且没有焦耳热损耗。

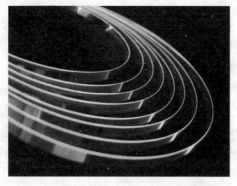

图 20.19　Bi-2223/Ag 高温超导导线成品

图 20.20　Bi-2223/Ag 高温超导导线截面

【实验内容】

1. 准备工作

(1) 检查仪器是否齐全,各仪器是否处于关闭的状态,检查各仪器接线是否正常。此时测量架应处于最底端,检查杜瓦箱内部是否有水。

(2) 打开纳伏电压表,观察纳伏表的示数,若示数较稳定,小于 0.001 mV,则表示超导导线上电压引线的焊点仍然正常,没有断开。

(3) 戴上防液氮手套,用液氮罐向杜瓦箱中灌注液氮。不要灌太猛,一开始稍微倒一点液氮,过一会儿再继续向杜瓦箱中灌液氮。在倒液氮的过程中,液氮会较为剧烈的沸腾,注意不要让液氮溅到皮肤上。在冷却的过程中,杜瓦箱会出现噼里啪啦的声音,这是由于保温材料因为收冷收缩,处于自适应的过程,对于杜瓦箱没有什么影响。

(4) 待沸腾没那么剧烈,处于较为平静的冒泡阶段后,观察纳伏表的示数,若示数基本稳定在 0.0000××× mV,则表明电压引线的焊接点仍然连通。此时打开计算机,打开大电流直流电源,打开磁体电源,打开大电流直流电源控制程序。尝试旋转测量架,保证其能顺畅地转动,将其定位后开始实验。

2. 超导导线的伏安特性测量

为 HTS 导线样品通电的直流稳压电源的输出电流通过控制程序调节,在计算机打开电源控制程序界面后,点击"打开电源"按钮,在"设定电压"一栏设定输出电压为 10 V,在"电流速率"一栏设定电流的升流速率为 2 A/s。记录零电流情况下超导带材上的电压降落。在"设定电流"一栏将输出电流设定为 10 A,单击"开始运行"按钮,待纳伏表示数近似稳定后记录其电压值。然后将输出电流依次递增 10 A,顺次记录纳伏表的电压值。通常 HTS 导线的临界电流判据为 $1\ \mu V/cm$。随着输入电流值的增大,纳伏表显示电压值也在不断地增大。当电压值达到 $3\ \mu V/cm$ 时,单击"停止运行"按钮停止测量。将所记录的数据点绘制成超导导线的伏安特性曲线,根据判据得到临界电流值,将 $V\text{-}I$ 曲线与普通导电材料的伏安特性曲线相比较,分析其差异。

3. 超导导线的临界电流与磁场大小的关系

（1）测量 HTS 导线平面与磁力线垂直时导线的临界电流与磁场大小的关系

将测量架的角度调整为 52°，此时 HTS 导线平面与磁力线的夹角约为 90°。调整磁体电源的输出电流，将其调整为 0.1 A，测量此时 HTS 导线的临界电流。之后将磁体电流逐步增大，测量不同磁场下的 HTS 导线的 I_c 值的大小。需要注意的是，HTS 导线的 I_c 会随着磁场值的增大而减小，注意在预设电流时不要让 HTS 导线处于失超状态，如果加载电流过大，HTS 导线可能会烧毁。当磁体电流加到 10 A 时，垂直场下 HTS 导线的 I_c 会降到 10 A 以下。

（2）测量 HTS 导线平面与磁力线平行时导线的临界电流与磁场大小的关系

将测量架的角度调整为 142°，此时 HTS 导线的平面与磁力线方向平行。平行场的测量手段与垂直场情况基本相同。超导导线在平行场情况下电流的衰减情况幅度较小，可以适当增加测量点的间距。测量完后按下磁体电源上的"Stop/Run"按钮，停止磁体电源的输出。

将测得的垂直场和平行场的数据绘制在一张图上，分析两种情况下磁场大小对临界电流的影响。

4. 超导导线的临界电流在磁场下的角度依赖性

将测量架重新调整回 52°，将磁体电源调整到一个合适的电流值，固定磁场大小，转动超导导线，测量磁场方向与超导导线宽面成不同夹角时临界电流大小的变化。若有余力，则可以调整磁体电流，测量在不同磁场下 HTS 导线的角度依赖性。将测量的数据点画在图表上，对结果进行分析。

【注意事项】

1. 液氮是低温液体，其沸点约为 77 K（-196℃）。在灌液氮的时候一定要戴防冻手套，并且要注意不要让液氮溅到皮肤上。其实少量液氮飞溅到皮肤上并不会造成大的伤害，因为液氮在接触到皮肤时会迅速气化，在剩余的液氮和皮肤之间形成一层气体层。这层气体层保护了皮肤不与液氮直接接触，之后液氮迅速蒸发，变为常温气体，使得皮肤免于冻伤。这时皮肤上会有感觉，但并不会留下什么痕迹。

但若身上或手上穿戴的是可吸水的纺织物，液氮溅上去反而容易造成冻伤。因为可吸水的纺织物同样也可使液氮迅速吸到纺织物中，这样会产生两个效果，一是扩大了液氮与皮肤的接触面积，二是减少了液氮与空气的接触，减缓了液氮的蒸发。使得冻伤的概率大大增加。因此，在穿着吸附性好的衣物操作液氮时要注意。

2. 为 HTS 导线样品通电的直流稳压电源的电流输出采用程序控制。在电源控制程序中，"仪器编号"为 112015。在"串口选择"中选择一个串口号，单击"打开串口"，若串口不对，则会提示串口错误，那么继续试其他的串口编号。

3. 当测量导线电压的纳伏表显示的输出电压值开始变大时，要注意在转变点附近数据点记录得详细一些，由此找到 HTS 导线的 I_c。

4. 实验过程中，若手旋转测量架发现转不动，则表明杜瓦箱底部有水，并且已冻成冰将测量架冻住。此时不可强行转动,否则会损坏测量架。出现这种情况,应及时报告负责老师,取消这次实验。

5.不要触摸测量架上的电极,很危险。实验过程中要注意人身安全和仪器安全。

【参考文献】

[1]　冯端.金属物理学 第四卷:超导电性和磁性[M].北京:科学出版社,1998.
[2]　方俊鑫,陆栋.固体物理学:下册[M].上海:上海科学技术出版社,1981.

（王合英　王秀凤）

实验 **21** 半导体 **p-n** 结电容-电压的测量

在半导体器件的设计和制造过程中,如何控制半导体内部的杂质浓度含量,从而达到对器件电学性能的要求,是半导体技术中的一个重要问题,因此对杂质浓度的测量,也就成为半导体材料和器件的基本测量之一。本实验是用电容-电压法测量半导体 p-n 结轻掺杂一侧的杂质浓度,具有简单快速,又不破坏样品的特点,是较常用的测量方法之一。

【思考题】

1. 对于标准电容,不同直流偏压下测量到的 V_i 是一样的吗?
2. p-n 结两端的交流信号是小信号,它的取值如何确定?
3. p-n 结的电阻对交流信号 V_i 的相位有何影响?

【引言】

半导体 p-n 结是由 p 型和 n 型半导体"接触"形成的,交界之处的杂质浓度分布可以是突变的,称为突变结;也可以是缓慢变化的,称为缓变结。在结的界面处形成势垒区,也称空间电荷区,如图 21.1 所示。p-n 结外加电压时,势垒区的空间电荷数量将随外加电压变化,与电容的作用相同。这种由势垒区电荷变化引起的电容称为势垒电容。

$$C_T = dQ_T/dV \qquad (21.1)$$

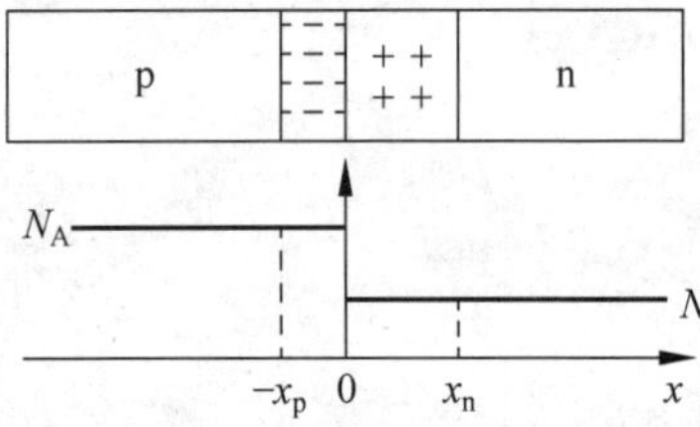

另外,p-n 结加正向偏压时,p 区和 n 区的空穴和电子各自向对方扩散,并能在对方(扩散区)形成一定的电荷积累,积累电荷的多少也随外加电压而变化,称为扩散电容。

图 21.1 半导体突变 p-n 结

$$C_D = dQ_D/dV \qquad (21.2)$$

所以,p-n 结的电容与一般电容不同,不是恒定不变的,而是随外加电压的变化而变化。

利用 p-n 结势垒电容随外加电压变化这一特性,可以制作变容二极管。并且,利用 p-n 结电容随外加电压的变化规律,可以非破坏性地测定 p-n 结轻掺杂一侧的杂质浓度,例如图 21.1 中的 N_D。本实验用锁相放大器测量 p-n 结电容-电压(C-V)特性曲线,再根据 $1/C^2$-V 直线的斜率,确定轻掺杂一侧的杂质浓度,直线的截距则为内建电压 V_D。还可以研究 p-n 结的电阻对交流信号相位的影响。

【实验原理】

p-n 结交界面势垒区的空间电荷在平衡时,正、负电荷总量相等,势垒宽度 $W = x_n + x_p$ 是恒定的,有一内建电场,内建电压为 V_D。内建电场引起的漂移电流与 p-n 结两侧不同的载流子浓度导致的扩散电流相抵消,形成平衡态。当外加正向电压 V_F 时,势垒区的电压降为 $V_D - V_F$,势垒宽度变窄,空间电荷总量减少。当外加反向偏压 V_R 时,因外场与内建电场同向,势垒区总电压升高为 $V_D + V_R$,势垒宽度 W 增大。图 21.2(a) 和 (b) 分别为在平衡状态和反向偏压状态下的 p-n 结空间电荷区和势垒电压的示意图。一般说来,在反向偏压下,p-n 结以势垒电容为主,而在大的正向偏压时,p-n 结以扩散电容为主。

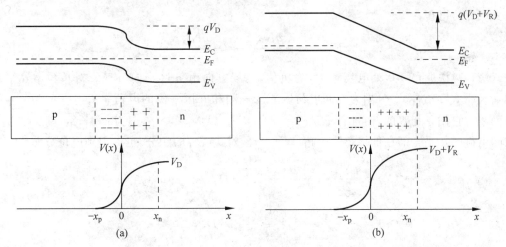

图 21.2　半导体 p-n 结的能带、空间电荷区和势垒示意图
(a) 平衡状态；(b) 反向偏压状态

本实验主要研究反向偏压时,p-n 结的电容-电压(C-V)变化规律,故只研究势垒电容随电压的变化。要推导出外加电压与势垒宽度 W 及 p-n 结电容的关系,需要在空间电荷区 $-x_p$ 到 x_n 范围内解泊松方程。

一维情形下的泊松方程为

$$\frac{\mathrm{d}^2 V}{\mathrm{d}x^2} = -\frac{\rho(x)}{\varepsilon\varepsilon_0} \tag{21.3}$$

式中,$\varepsilon_0 = 8.854 \times 10^{-14}$ F/cm,为真空介电常数,ε 为半导体介电常数,对于硅,$\varepsilon = 11.8$。假定空间电荷区电子和空穴全部是耗尽的,则 $\rho(x)$ 直接由杂质浓度决定。

1. 突变结

半导体突变 p-n 结是指 p 型和 n 型半导体在紧密接触的交界之处杂质浓度分布是突变的,如图 21.1 所示。杂质浓度 $\rho(x)$ 表示为：

$$\rho(x) = \begin{cases} -qN_A, & -x_p < x < 0 \\ qN_D, & 0 < x < x_n \end{cases} \tag{21.4}$$

代入式(21.3),积分一次得

$$
\begin{cases}
\dfrac{dV}{dx} = \dfrac{qN_Ax}{\varepsilon\varepsilon_0} + C_1, & -x_p < x < 0 \\[3mm]
\dfrac{dV}{dx} = -\dfrac{qN_Dx}{\varepsilon\varepsilon_0} + C_2, & 0 < x < x_n
\end{cases}
\tag{21.5}
$$

由边界条件①$x=0$ 处，电场 $\dfrac{dV}{dx}$ 是连续的，可得 $C_1=C_2$；由边界条件②电场集中在空间电荷区，即 $E(-x_p)=E(x_n)=0$，可得电场分布为

$$
\begin{cases}
E(x) = -dV/dx = -(qN_A/\varepsilon\varepsilon_0)(x+x_p), & -x_p < x < 0 \\[3mm]
E(x) = -dV/dx = -(qN_D/\varepsilon\varepsilon_0)(x_n-x), & 0 < x < x_n
\end{cases}
\tag{21.6}
$$

由式(21.6)可得

$$
E(0) = -\frac{qN_Ax_p}{\varepsilon\varepsilon_0} = -\frac{qN_Dx_n}{\varepsilon\varepsilon_0}
\tag{21.7}
$$

上式(21.7)说明，$x=0$ 处电场最大，为负值，电场方向由 n 区指向 p 区。对单位 p-n 结面积，qN_Ax_p 与 qN_Dx_n 分别为空间电荷区 p 区一侧和 n 区一侧的电荷量 Q/A（A 为 p-n 结的面积），它们是相等的，而且有 $x_p/x_n=N_D/N_A$。设 $N_A \gg N_D$，记为 p^+-n 结，则 $x_n \gg x_p$，空间电荷区几乎全部在低掺杂区一边，$W \approx x_n$。对式(21.6)积分，可以得到电位分布为

$$
\begin{cases}
V(x) = \dfrac{qN_Ax^2}{2\varepsilon\varepsilon_0} + \dfrac{qN_Ax_p}{\varepsilon\varepsilon_0}x + D_1, & -x_p < x < 0 \\[3mm]
V(x) = -\dfrac{qN_Dx^2}{2\varepsilon\varepsilon_0} + \dfrac{qN_Dx_n}{\varepsilon\varepsilon_0}x + D_2, & 0 < x < x_n
\end{cases}
\tag{21.8}
$$

同样，考虑到边界条件①$x=0$ 时，电位连续，可得 $D_1=D_2$；根据边界条件②电位降集中在空间电荷区，可得

$$
V(x_n) - V(-x_p) = -\frac{q}{2\varepsilon\varepsilon_0}(N_Dx_n^2 + N_Ax_p^2) + \frac{Q}{\varepsilon\varepsilon_0 A}(x_p+x_n) = \frac{QW}{2\varepsilon\varepsilon_0 A}
$$

因此，正向偏压时，

$$
V_D - V_F = QW/2A\varepsilon\varepsilon_0
\tag{21.9a}
$$

反向偏压时，

$$
V_D + V_R = QW/2A\varepsilon\varepsilon_0
\tag{21.9b}
$$

因为

$$
W = x_p + x_n = \frac{Q}{qA}\left(\frac{N_D+N_A}{N_DN_A}\right)
\tag{20.10}
$$

因此结合式(21.9)、式(21.10)可得

$$
W = \left[\frac{2\varepsilon\varepsilon_0}{q}(V_D+V_R)\frac{N_D+N_A}{N_DN_A}\right]^{\frac{1}{2}}
\tag{21.11}
$$

由式(21.11)可得势垒电容 C_T 为

$$
C_T = \frac{dQ}{dV_R} = A\left(\frac{q\varepsilon\varepsilon_0}{2}\frac{N_AN_D}{N_A+N_D}\frac{1}{V_D+V_R}\right)^{\frac{1}{2}}
\tag{21.12}
$$

假设 $N_A \gg N_D$，则有

$$C_T = A \left(\frac{q\varepsilon\varepsilon_0}{2} \frac{N_D}{V_D + V_R} \right)^{\frac{1}{2}} \tag{21.13}$$

$$W = \left(\frac{2\varepsilon\varepsilon_0}{q} \frac{V_D + V_R}{N_D} \right)^{\frac{1}{2}} \tag{21.14}$$

式(21.13)是在反向偏压时,或正向偏压较小时,$V_D - V_F > 0$,突变结 p^+-n 结电容-电压关系式。

$$C_T = \frac{A\varepsilon\varepsilon_0}{W} \tag{21.15}$$

与平行板电容器的电容计算公式完全相同。在已知 p-n 结面积 A 时,测出 C_T 便可以计算对应的势垒宽度 W。将式(21.13)两边平方得

$$C_T^2 = \frac{A^2 q N_D \varepsilon\varepsilon_0}{2(V_D + V_R)} \tag{21.16}$$

作 $1/C_T^2$-V_R 曲线,它应为一条直线。由此直线的斜率可以计算出施主杂质浓度 N_D,由直线的截距,可以求得接触电势差 V_D。

2. 缓变结

对于一个未知杂质浓度分布的 p-n 结来说,当空间电荷区宽度变化 dW 时,相应的空间电荷变化量为

$$dQ = AqN(W)dW \tag{21.17}$$

其中 $N(W)$ 是空间电荷区宽度 W 边界处的杂质浓度,增加的电荷 dQ 将引起电场改变 dE,由泊松方程得

$$dE = \frac{dQ}{A\varepsilon_0\varepsilon} \tag{21.18}$$

相应的电势改变量为

$$dV = WdE \tag{21.19}$$

由上两式可得

$$\frac{dQ}{dV} = A\varepsilon\varepsilon_0/W = C_T \tag{21.21}$$

经整理可得

$$N_D(W) = \frac{2}{A^2 q\varepsilon\varepsilon_0} \frac{1}{\dfrac{d(1/C_T^2)}{dV_R}} \tag{21.21}$$

也可写为 (方程两边都取正值)

$$N_D(W) = \frac{C_T^3}{A^2 q\varepsilon\varepsilon_0} \left(\frac{dC_T}{dV_R} \right)^{-1} \tag{21.22}$$

C_T 可直接测出,测出 C_T-V_R 曲线,就可计算出不同 C_T 时的 W,再根据式(21.21)或式(21.22),计算出离界面不同深度 W 处的杂质浓度 $N(W)$。

【实验仪器】

图 21.3 是 EG&G 128 A 型锁相放大器面板图,它的主要性能参数如下:

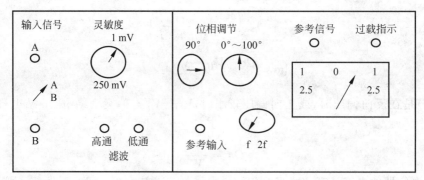

图 21.3　EG & G 128 A 型锁相放大器前面板示意图

1. 输入信号通道。仪器的输入端有 A、B 两个。单输入时，单独接 A 或接 B 都可以，此时输入端右边的开关应置于相应的位置 A 或 B。双输入（或称差分输入）时，同时接 A 和 B 两端，此时开关应置于 A－B 位置。

2. 灵敏度（量程）。输入信号的灵敏度（sensitivity）范围为 1 μV～250 mV，共分 12 挡。输入信号最大不能超过 250 mV。使用时应先置于较大挡，一般置于 100 mV。根据电表指示，逐渐调到合适的灵敏度，输入信号的工作频率范围为 0.5 Hz～100 kHz，信号端输入阻抗大于 100 MΩ。

3. 高、低通滤波器。信号通道内设置有低通滤波器和高通滤波器。根据输入信号的频率，选择滤波器的通频带范围。若输入信号的频率是 1 kHz，可以选择高通（Hi-Pass）50 Hz，低通（Lo-Pass）10 kHz。

4. 参考信号通道。参考信号可以是正弦波，其幅值应大于 100 mV、小于 5 V。本实验用的参考信号，其有效值为 1 V。参考输入端右侧的开关，一般放在基波"f"位置（FUND）。当放在"2f"位置（HARMONIC）时，仪器测量的是输入信号的二次谐波分量。电表左侧上部的参考（REF）指示灯，在刚开机时一般是亮着的，这表示参考通道还未正常工作，此时还不能开始测量。通常在加入参考信号后两三分钟左右，参考指示灯才熄灭，表示参考通道进入正常工作状态。参考通道内有两个位相调节旋钮，左边一个旋钮分四挡，每一挡可改变位相 90°，右边一个通过旋转，可以从 0° 到 100° 连续改变位相，位相改变的总值为两旋钮读数相加。

5. 时间常数旋钮（TIME CONSTANT）。从 1 ms 到 100 s，共分十挡。使用中时间常数若选得小，则抑制噪声能力差，若选得太大，则输出指示变化缓慢从而影响测量信号变化速度。实验时可以先选用 1 s 挡或 3 s 挡，然后再根据测量情况适当改变。

6. 电压显示值。用指针式电压表显示被测信号大小，若灵敏度置于 100 mV 挡，则指针满偏时，被测信号电压有效值即为 100 mV。对其他挡，以此类推。电压表右侧上部有一过载（OVER LOAD）指示灯，灯亮时表示信号过大或噪声过大，此时应将灵敏度调大。只有在过载指示灯熄灭情况下测量才是正确的。

7. 电压表右侧有零点补偿（ZERO OFFSET）旋钮。如果被测信号是一个在较大的定值附近有微小变化，而又希望将此微小变化量测准，此时可调节补偿旋钮。利用仪器内的可变电源，将信号中的定值部分抵消掉，使电表在某一时刻显示为零，然后再选用更灵敏的挡测量微小变化的部分，从而提高测量的灵敏度和准确度；要进行零点补偿时，将补偿旋钮下面的开关放在"＋"或"－"位置,不需要进行补偿时,则将开关放在"OFF"位置。

8. 直流前置滤波器(dc PREFILTER)。面板右下角有此滤波器的使用开关。一般情况下,将此开关置于"OUT"位置。当噪声过大时,可置于"100 ms"挡,甚至"1 s"挡。

9. 低频信号发生器。它可以输出正弦信号,其输出电压和频率分别调为 1 V 和 1 kHz。

10. 直流电源。用来提供测量盒直流电压,输出显示 4 V,经电位器调节,可选择所需大小的直流电压加在 p-n 结上。

11. 数字电压表。测量锁相放大器的直流输出电压,此直流电压是经过放大的被测信号。在某一灵敏度 S 时,当锁相放大器的指示电压表满偏时,锁相放大器的直流输出电压为 1000 mV。不同的灵敏度,放大倍数不一样,放大倍数 $\beta = 1000$ mV$/S$。例如,$S = 1$ mV,放大倍数为 1000。

12. 测量盒。为测量 p-n 结势垒电容 C_x 随外加偏压的变化,要在 p-n 结上加一定的反向直流偏压 V_R,再在 V_R 上叠加一个微小的交流电压信号 $V(t)$,并将待测的 p-n 结电容 C_x 串接 C_0,如图 21.4 所示。当 $C_0 \gg C_x$ 时,C_0 两端的电压为

$$V_i = \frac{V(t)}{\dfrac{1}{j\omega C_x} + \dfrac{1}{j\omega C_0}} \frac{1}{j\omega C_0} \approx \frac{C_x}{C_0} V(t) \tag{21.23}$$

因此,电容 C_0 上的交变电压与待测 p-n 结的电容 C_x 成正比。由于 $V(t)$ 不能是很大的量,且 $C_0 \gg C_x$,$C_0 \approx 4750$ pF,所以 V_i 是一个很小的交变电压。由于 V_i 是一个很小的交流信号,测量线路中还将有各种交流噪声,实验中要采用 Model 128A 锁相放大器作为检测仪器。锁相放大器(lock-in Amplifier)是一种交流电压表,它能精确测量深埋在噪声之中的交流信号的幅度与相位。

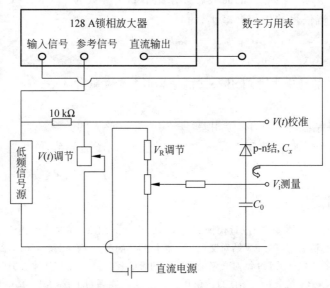

图 21.4 半导体 p-n 结电容-电压测量电路示意图

【实验方法与内容】

1. 首先了解 EG&G 128 A 锁相放大器面板上各通道主要旋钮的使用,按规定置于正

确位置,在未检查以前,切勿接通电源。

2. 熟悉电容-电压法的实验原理图,弄清"测量"与"校准"两挡的区别。"测量"挡测的是 C_0 两端的电压,该电压很小。"校准"挡测的是 C_0 与 C_x 串联后两端的电压,$V(t) \approx 47$ mV。

3. 给定低频信号源的工作频率 $f = 1$ kHz,输出电压 $U_R \approx 1$ V,置"校准"挡时,调节电位器,使得 $V(t) \approx 47$ mV。

4. 由于分布电容的存在,若直接应用式(21.23)求电容会产生一定的误差。为了减小这种误差,可将式(21.23)修正为

$$V_i = aC_x + b \tag{21.24}$$

而参数 a、b 则可以通过测量 5 个不同的标准电容下,C_0 两端的 V_i 来确定。测量过程中,还要求测量 V_i 的位相 ϕ_1,值得注意的是,整个测量过程中,不能调节 $V(t)$ 和 f 的大小。

5. 测量不同反向偏压下(0~3 V),C_0 两端的电压 V_i 与位相 ϕ_2。利用式(21.24)来计算不同偏压时 p-n 结的电容 C_x 值。

6. 根据 $1/C_x^2 \sim V_R$ 图及相应公式,计算出 p-n 结低掺杂一边的掺杂浓度 N_D 及内建电场电压 V_D。V_D 的理论计算公式为

$$V_D = (k_B T/q)\ln(N_A N_D/n_i^2) \tag{21.25}$$

其中,k_B 为玻耳兹曼常数,T 为室温,q 为电子电荷,N_A 为 p 型半导体的掺杂浓度,$N_A \approx 10^{19}$ cm^{-3},n_i 为半导体硅的室温本征载流子浓度,$n_i \approx 1.5 \times 10^{10}$ cm^{-3}。

7. 作出标准电容 $C_x \sim \phi_1$ 和 p-n 结 $C_x \sim \phi_2$ 曲线,解释为什么 ϕ_2 小于 ϕ_1。

8. 在零偏压下,测量不同 p-n 结的 V_i 和 ϕ_2,用万用表的 21 MΩ 欧姆挡测量 p-n 结的正向电阻 R,作出 $\phi_2 - \phi_1$ 与 R 的曲线。如果把 p-n 结等效为一个电容 C_x 和电阻 R 并联,理论计算表明,交流信号的位相会减小,而且

$$\tan(\phi_2 - \phi_1) = -\omega R C_0/(1 + \omega^2 R^2 C_0 C_x) \tag{21.26}$$

$$\omega = 2\pi f \tag{21.27}$$

作出 $\phi_2 - \phi_1$ 与 R 的理论曲线,上述公式的推导可参考文献[2-4]。

9. 选做内容。

(1) 研究 p-n 结在零偏压下,位相差 $\phi_2 - \phi_1$ 与频率 f 的关系。

(2) 研究 p-n 结在正向偏压下,p-n 结电容与正向偏压的关系,位相差 $\phi_2 - \phi_1$ 与正向偏压的关系。

【参考文献】

[1] 张孔时,丁慎训. 物理实验教程(近代物理实验部分)[M]. 北京:清华大学出版社,1991.

[2] 茅卫红,侯清润,陈宜保,等. PN 结对交流信号相位的影响[J]. 物理实验,2013,23(8):6-8.

[3] 侯清润,张慧云,王波,等. PN 结对交流信号相位的影响(续)[J]. 物理实验,2015,25(11):35-37.

[4] 樊启勇,侯清润. PN 结电容与正向直流偏压的关系[J]. 物理与工程,2019,19(1):13-16.

(侯清润)

实验 22　半导体 Si（硅）少数载流子寿命测量

少数载流子寿命是反映半导体材料性能和质量的一个重要参数,它与半导体材料中的杂质缺陷,特别是过渡金属等引入的深能级、晶体结构的完整性等有直接的关系,对半导体器件的性能,尤其是太阳能电池的光电转换效率有很重要的影响。少数载流子寿命不仅可以表征材料质量,还可以评价半导体器件制造过程中的质量控制。本实验采用微波反射光电导衰减法测量半导体 Si 材料的少数载流子寿命,重点内容是学习能带理论、半导体材料的导电机理和少数载流子寿命等知识,了解半导体少数载流子产生和复合的基本理论,掌握微波反射法测量少数载流子寿命的实验方法以及在半导体工艺中的实际应用。

【思考题】

1. 固体材料的能带是如何形成的,材料的导电性和能带有什么关系?

2. 什么是半导体的载流子,有几种类型?

3. 什么是多子,什么是少子,半导体材料中影响导电性能的主要是哪种载流子?

4. 非平衡载流子的复合机制有哪几种?

5. 什么是 S-R-H 模型? 如何通过实验验证 S-R-H 模型?

6. 哪些因素决定少子寿命? 为什么少子寿命对太阳能电池的性能有重要影响?

7. 估计一下直接带隙和间接带隙半导体,在晶体质量完美的情况下,哪一种少子寿命可能会更长一些?

8. 为什么微波信号的反射会与少子浓度有关?

9. 微波信号衰减曲线初段和末端可能的噪声信号来源有哪些?

【引言】

半导体少数载流子寿命,简称少子寿命,是反映半导体材料性能和质量的一个重要参数,它与半导体材料中的杂质缺陷,特别是过渡金属等引入的深能级和晶体结构的完整性等有直接的关系,对半导体器件的性能、太阳能电池的光电转换效率有很重要的影响。太阳能电池的基本原理,是把光生载流子(电子和空穴)通过 p-n 结中电场的驱动作用,输运到结两端的电极,产生光伏效应,因此载流子需要有较高的寿命。光伏效应是一个与载流子复合互相竞争的过程。一般来讲,少子寿命高,太阳能电池的效率也相应较高。因此,少子寿命的检测,对半导体器件,尤其是太阳能电池产业具有十分重要的意义。简而言之,少子寿命不仅可以表征材料质量,还可以评价半导体器件制造过程中的质量控制。

20 世纪 50 年代,肖克利(W. Shockley)和霍尔(R. N. Hall)等开始研究少数载流子的复合理论。随着半导体科技的发展,各种测量少子寿命的实验技术也不断被发明并用于实际的检测工艺中。目前,常用的检测方法有:基于光电导测量的微波反射光电导衰减法(MW-PCD)、高频光电导、瞬态光电导衰减、稳态光电导衰减、准稳态光电导衰减(QSSPC)等,以及基于光电压测量的表面光电压法(SPV);还有其他的一些测试方法,如调制自由载流子吸收(MFCA)、IR(红外)载流子浓度成像(CDI)、光束诱导电流(LBLC)、电子束诱导电流(EBLC)等。

本实验采用微波反射光电导衰减法测量半导体 Si(硅)材料的少子寿命,这是一种非接触式的瞬态测量方法,具有不损坏样品、快速测量等优点,因而被广泛应用。通过本实验可以了解半导体材料的导电机理和少数载流子寿命的基本概念,学习半导体少数载流子产生和复合的基本理论,掌握微波反射光电导衰减法测量半导体 Si 材料的少子寿命的测试原理和实验方法。

【实验原理】

1. 半导体材料和能带

固体材料根据导电能力不同,分为绝缘体、半导体和导体。室温下,半导体材料的电阻率介于 10^{-9} $\Omega \cdot cm$ 和 10^{-4} $\Omega \cdot cm$ 之间,其电学性能和掺杂类型、浓度、温度、晶体缺陷等因素有密切关系。Si 是目前最常见、应用最为广泛的元素半导体材料,Ge(锗)是另外一种常用的元素半导体材料,此外还有化合物半导体材料如 GaAs(砷化镓)、GaN(氮化镓)、SiC(碳化硅)、CdS(硫化镉)等,以及三元以上混晶半导体,如 AlGaAs(铝镓砷)等。

固体材料由分立的原子凝聚而成,其电子态由能带理论解释。当大量的原子聚集成固体材料时,原来分立的原子能级发生分裂,分裂出来的子能级十分密集,形成一系列能量准连续的能带,如图 22.1 所示,这些能带被称为允许能带,能带与能带之间被称为禁带。导电性能取决于材料的能带结构。

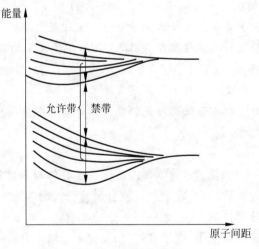

图 22.1 能带的形成

电子按照泡利不相容原理依次由下向上(对应于在原子中由内向外)填充各个能带,被电子填满的能带称为满带。图 22.1 是空间中由能级过渡到能带的示意图。图 22.2 则是在动量空间中的能带图,表示电子能量与动量(以波矢 k 代表)的关系。由于能带的对称性,处在 k 空间对称位置(即 k 和 $-k$)上的两个电子的速度大小相等,方向相反,在无外场的情况下,满带中电子产生的电流总和显然为零;同时又由于晶体的平移对称性,图 22.2 的动量范围(从 A' 到 A,物理上称为第一布里渊区,这里是一维示意图)已经涵盖了电子所有可能的动量。当外加电场使满带电子整体向 k 空间或左或右的方向移动时,被"挤出"的电子只能从另一端再"填进"满带,总的合成动量或者说电流,仍然为零,即无论有无外电场,满带中电子对材料的导电性都没有贡献,如图 22.2(a)所示。相反,在被电子部分地占据的能带中,没有外电场时,电子对称地占据能量较低状态,总电流为零,如图 22.2(b)所示;而有外电场时,会形成电子在能带中的不对称分布,从而在电场方向上出现电流,即部分填充的能带具有导电性,如图 22.2(c)所示。

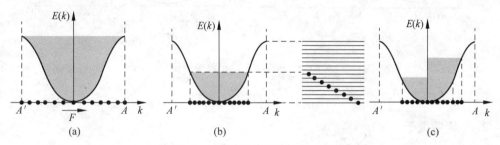

图 22.2　导带中电子对导电性的贡献

(a) 完全充满能带中的电子;(b) 没有外电场时,部分填充能带中的电子;(c) 有外电场时,部分填充能带中的电子

　　由此可见,固体材料的导电性取决于电子填充能带的情况,一般把绝对零度下能被电子占满的最高能带称为价带,价带上面的能带称为导带。导体、半导体、绝缘体的能带结构示意图如图 22.3 所示,导体由于导带部分填满,或者导带价带交叠,没有带隙,从而表现出良好的导电性;绝缘体由于价带全满,导带为空,带隙很大,价带中的电子很难跃迁到导带,从而几乎没有导电性;半导体则由于有较小的带隙,在热激发等一些因素的作用下,价带中的电子比较容易跃迁到导带,特别是带隙中存在的杂质缺陷态,更容易被激发而贡献电子或空穴(即价带中因失去个别电子而形成的准粒子,带正电荷)从而表现出导电性。

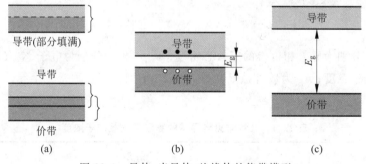

图 22.3　导体、半导体、绝缘体的能带模型

(a) 导体;(b) 半导体;(c) 绝缘体

　　图 22.4 是 Si 和 GaAs 的能带结构图,涵盖了 k 空间中各个不同方向第一布里渊区内的电子能级分布。GaAs 的导带底和价带顶在 k 空间同一位置,被称为直接带隙半导体,Si 的导带底和价带顶在 k 空间的不同位置,被称为间接带隙半导体。电子跃迁时,能量和动量都守恒(实际上总角动量也守恒,但在不计及自旋时可以不考虑)。对于间接带隙的半导体,如 Si,电子在导带和价带间的跃迁,除了能量变化,还需要改变动量。

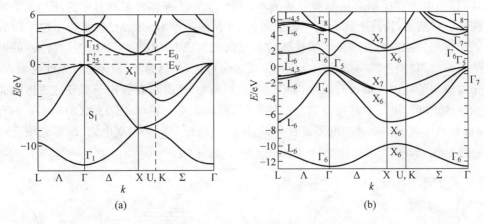

图 22.4　Si 和 GaAs 的能带结构

(a) Si；(b) GaAs

2. 平衡载流子

半导体的电导率直接依赖于导带中电子和价带中空穴的多少,电子和空穴统称为载流子。热平衡状态下,电子通过热激发产生电子空穴对,同时电子又不断弛豫回价带,和空穴产生复合,这两个过程形成一个动态平衡,电子和空穴的分布从而满足一定的统计规律,热平衡下的载流子被称为平衡载流子。热平衡态是指在一定温度下,与外界没有能量交换的状态。

2.1　本征半导体

对于理想完整和纯净的半导体,载流子只能通过本征激发即从价带到导带的激发产生,载流子的数量由晶体自身的性质和温度决定。这种半导体称为本征半导体,本征激发产生的电子与空穴数目显然相等。根据统计规律,本征载流子的浓度分布为

$$n = p = n_i = (N_C N_V)^{\frac{1}{2}} \exp\left(-\frac{E_g}{2k_B T}\right) \tag{22.1}$$

其中,N_C、N_V 分别为导带和价带的等效态密度;n、p 和 n_i 分别为电子、空穴和本征载流子浓度;E_g 为禁带宽度;k_B 为玻耳兹曼常数。表 22.1 列出了几种常见半导体的室温本征载流子浓度。

表 22.1　几种常见半导体的室温本征载流子浓度

材料	GaP	InP	CdTe	GaAs	Si	Ge	InAs	InSb
n_i/cm^{-3}	2.7	8.2×10^6	2.7×10^7	1.8×10^6	1.5×10^{10}	2.4×10^{13}	8.6×10^{14}	1.6×10^{16}

对于特定的一种半导体,本征载流子浓度只是温度的函数,图 22.5 显示了 Ge、Si、GaAs 本征载流子浓度随温度的变化关系。

实际的半导体一般都含有少量杂质,杂质激发远比本征激发有效。低温下,本征激发较弱,只有在较高温度下,本征激发才可能占据一定优势,这个温度范围被称为本征区。

2.2 杂质半导体

半导体材料中引入杂质,可以明显地影响半导体的导电性能。通过掺杂,可以使 Si 的电阻率在 $10^{-3} \sim 10^5 \ \Omega \cdot cm$ 范围内变化。根据掺杂类型的不同,一般把杂质半导体分为 n 型半导体和 p 型半导体。

如果在晶体中掺入能提供电子,而自身变为带正电离子的施主杂质,例如,在 Si 中掺入五价元素:P、Sb、As 等,半导体中电子浓度就会明显增加,这种主要依靠电子导电的半导体称为 n 型半导体。其中,电子被称为多数载流子,简称多子,其浓度由掺杂浓度 N_D 决定,空穴则被称为少数载流子,简称少子。由于施主的电离能很小,在一般的温度范围内可以认为施主全部电离,根据统计规律,多子和少子的浓度分布分别为:

$$N = N_D$$

$$p = n_i \exp\left(\frac{E_i - E_F}{k_B T}\right) \tag{22.2}$$

式中,E_F 是费米能级;E_i 是本征状态下的费米能级(注意,这里和本征情况下一样,采用的是玻耳兹曼分布函数。当费米能级接近带边时,会出现能级简并,要采用费米-狄拉克分布函数)。

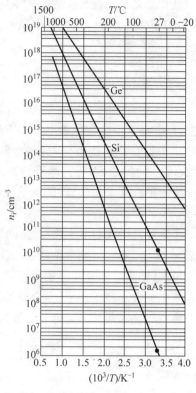

图 22.5 本征载流浓度子随温度的变化

如果掺入能接受电子,使自身带负电,从而向价带提供空穴的受主杂质,如 Si 中掺入三价元素:B、Al、In、Ga 等,则半导体中的载流子以空穴为主,主要依靠空穴导电,被称为 p 型半导体。此时,空穴为多子,电子为少子,其浓度分别为:

$$P = N_A$$

$$n = n_i \exp\left(\frac{E_F - E_i}{k_B T}\right) \tag{22.3}$$

目前,半导体工艺中可以做到非常精准的掺杂控制,比如可以控制在 $10^6 \sim 10^{10}$ 个 Si 原子中掺入 1 个杂质原子。掺杂技术正是半导体产业得以快速发展和广泛应用的一个重要因素。

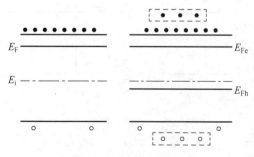

图 22.6 多余载流子的产生

3. 多余载流子的产生与复合

当存在光注入、电注入等外界激励时,可以将价带电子激发至导带,从而使电子和空穴的浓度偏离平衡分布,如图 22.6 所示。超过平衡分布的载流子被称为多余载流子,这时平衡态下定义的费米能级不复存在,需要用电子和空穴的准费米能级来计算各自的浓度。

以光激发为例,此时,载流子浓度分别为 $n=n_0+\Delta n$,$p=p_0+\Delta p$,其中 $\Delta n=\Delta p$,为多余载流子浓度,n_0 和 p_0 为平衡载流子浓度。用准费米能级描述电子和空穴的浓度分布为

$$\begin{cases} n=n_i\exp\left(\dfrac{E_{Fe}-E_i}{k_BT}\right)=N_C\exp\left(-\dfrac{E_C-E_{Fe}}{k_BT}\right) \\ p=n_i\exp\left(\dfrac{E_{Fh}-E_i}{k_BT}\right)=N_V\exp\left(-\dfrac{E_{Fh}-E_V}{k_BT}\right) \end{cases} \tag{22.4}$$

式中,E_{Fe} 和 E_{Fh} 分别代表电子和空穴的准费米能级。可以看到,由于多子的浓度很大,多余载流子不会对其产生很大影响,但是对少子而言,则影响十分显著,例如,对掺杂浓度为 10^{15} cm^{-3} 的 n 型 Si,空穴浓度约为 10^5 cm^{-3},如果产生 10^{10} cm^{-3} 的多余载流子,则空穴浓度增加了好几个数量级,而电子浓度基本没有变化。所以,后面讨论多余载流子一般都指多余少子。

多余载流子是在非平衡状态下产生的,当外界激励因素撤销后,它们会通过复合机制逐步消失,最终,系统回到平衡状态。实际上,载流子的产生和复合是一个动态过程,在平衡状态或稳态(即半导体处在恒定激发状态)下,两个过程速率相等。当激发停止后,多余载流子复合速率会大于产生速率,多余载流子不断减少,直到回到平衡态。

在 Δn,$\Delta p\ll n_0+p_0$ 的小信号情况下,多余载流子的衰减满足指数规律:

$$\Delta n(t)=(\Delta n)_0\exp\left(-\frac{t}{\tau_{eff}}\right) \tag{22.5}$$

其中,$(\Delta n)_0$ 为 $t=0$ 时(即激发停止时刻)的载流子浓度,τ_{eff} 为衰减时间常量,反映了多余载流子的平均存在时间,被称为少子有效复合寿命,它主要包含两部分:

$$\frac{1}{\tau_{eff}}=\frac{1}{\tau_b}+\frac{1}{\tau_S} \tag{22.6}$$

其中,τ_b 为体复合寿命,τ_S 为表面复合寿命。在光伏器件中,输运过程主要发生在体内,所以半导体测量中真正关心的是体复合寿命值 τ_b,由体复合机制决定,包括直接复合(本征复合)和间接复合两种。

3.1 体复合寿命

(1) 直接复合

直接复合主要是导带电子直接弛豫至价带,和空穴复合,同时释放能量,根据其释放能量形式的不同,又可分为辐射复合和俄歇复合,如图 22.7 所示。

直接复合也分辐射复合和非辐射复合两种,辐射复合伴随着复合发光,寿命为:

$$\tau=\frac{1}{r(n_0+p_0+\Delta p)} \tag{22.7}$$

式中,r 为直接辐射复合系数,r 越大,τ 越小,即相应的速率越快,直接辐射复合在复合中所占比重就越大。该参数对发光器件至关重要,一般可以由本征光吸收的实验数据导出。

最主要的非辐射直接复合,是俄歇复合,即电子空穴在复合时,通过碰撞把能量和动量传递

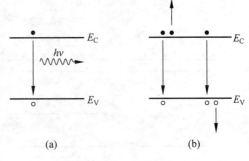

图 22.7 直接复合

(a) 辐射复合;(b) 俄歇复合

给另外一个电子。由于俄歇复合是一个三体过程,一般概率较低,其寿命为:

$$\tau = \frac{1}{(C_n n + C_p p)(n_0 + p_0 + \Delta p)} \tag{22.8}$$

式中,C_n 和 C_p 为俄歇系数,不同材料差别比较大。一般在窄禁带半导体中,带间俄歇复合比较严重。

(2) 间接复合

过剩载流子通过杂质或缺陷中心完成复合的过程称为间接复合,能有效地起复合作用的杂质或缺陷称为复合中心。间接复合中主要有四个过程,分别为:电子俘获、电子激发、空穴俘获、空穴激发,如图 22.8 所示。激发过程为俘获过程的逆过程,对复合有阻碍作用,所以,电子和空穴复合的净速率为

$$R_n = C_n - E_n$$

$$R_p = C_p - E_p$$

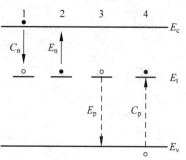

图 22.8　间接复合
1—电子俘获;2—电子激发;
3—空穴俘获;4—空穴激发

式中,C_n、E_n 分别为电子俘获速率与激发速率,C_p、E_p 分别为空穴俘获速率与激发速率(注意这里的 C_n、C_p 和式(22.8)中的 C_n、C_p 物理意义不同)。

间接复合由 Shockley-Read-Hall(S-R-H)模型描述,当半导体的掺杂浓度不太高,即非简并情形,且缺陷中心浓度与多数载流子浓度相比很小时,多余载流子浓度 $\Delta n = \Delta p$,此时,复合寿命可以通过细致平衡原理计算出来,表示为

$$\tau = \frac{\tau_{p0}(n_0 + n_1 + \Delta n) + \tau_{n0}(p_0 + p_1 + \Delta p)}{n_0 + p_0 + \Delta n} \tag{22.9}$$

其中 $n_1 = N_C \exp\left(-\dfrac{E_C - E_t}{k_B T}\right)$,$p_1 = N_C \exp\left(-\dfrac{E_t - E_V}{k_B T}\right)$,数值上等于费米能级位于复合中心能级 E_t 时的电子和空穴浓度,$\tau_{p0} \equiv \dfrac{1}{C_p} = \dfrac{1}{\sigma_p \nu_{th} N_T}$,为重掺杂 n 型半导体材料中空穴寿命,$\tau_{n0} \equiv \dfrac{1}{C_n} = \dfrac{1}{\sigma_n \nu_{th} N_T}$,为重掺杂 p 型半导体材料中电子寿命。

对于小注入情况,有 $\Delta n = \Delta p \ll (n_0 + p_0)$,式(22.9)可写为:

$$\tau_0 = \frac{\tau_{p0}(n_0 + n_1) + \tau_{n0}(p_0 + p_1)}{n_0 + p_0} \tag{22.10}$$

可见,小注入情况下,少子寿命和注入水平无关。

一般地,复合中心能级 E_t 越深,少子寿命越小,所以深能级杂质对少子寿命影响极大,即使少量深能级杂质也能大大降低少子寿命。过渡金属杂质往往是深能级杂质,如 Fe、Cr、Mo 等杂质,这些杂质能级是非常有效的复合中心,会使器件的性能和可靠性降低。Fe 是硅中最常见、最主要的重金属杂质,在掺 B 的 p 型硅片中,Fe 与 B 还会形成铁硼对。杂质分别为元素铁和铁硼对时,这两种状态对应的复合寿命与注入水平的关系有着显著的不同,如图 22.9 所示。

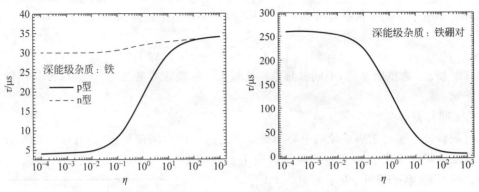

图 22.9　含有深能级杂质的少子寿命和注入水平的关系

3.2　表面复合寿命

表面复合寿命主要受扩散与表面复合速率的影响,即

$$\tau_{S} = \tau_{\text{diff}} + \tau_{\text{sr}} \tag{22.11}$$

其中,扩散寿命 $\tau_{\text{diff}} = \dfrac{1}{D_{\text{n(p)}}} \left(\dfrac{d}{\pi}\right)^2$,$D_{\text{n(p)}}$ 为电子或空穴的扩散系数,d 为样品厚度。表面复合寿命 $\tau_{\text{sr}} = \dfrac{d}{S_{\text{front}} + S_{\text{back}}} = \dfrac{d}{2S}$(在正反表面相同的条件下),$S$ 为表面复合速率,其大小取决于表面状态,一般研磨面的表面复合速度较稳定,约为 10^7 cm/s,而抛光片的表面复合速度在 $0.25 \sim 10^5$ cm/s 之间变化,且不稳定。通过各种表面钝化处理,可以使 S 小于 10 cm/s。图 22.10 是不同厚度 Si 片表面复合寿命与复合速率之间的关系。

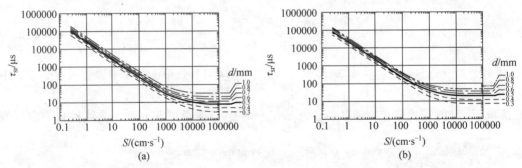

图 22.10　扩散系数一定,不同厚度 Si 片表面复合寿命与表面复合速率关系
(a) 电子表面复合寿命($D_{\text{n}} = 33.5$ cm^2/s); (b) 空穴表面复合寿命($D_{\text{p}} = 12.4$ cm^2/s)

从宏观上看,少子寿命显然会受到样品电阻率、温度等各种因素的影响,因为电阻率与掺杂有关,而温度会激活非辐射复合。

太阳能电池正是利用光激发产生非平衡(即多余)载流子,在 p-n 结作用下向两端电极流动而产生光电流。载流子的复合会使光电流减少,因此少子寿命对太阳能电池是一个非常重要的性能参数。一般,少子寿命越小(即复合速率越高),太阳能电池的光电流越小,电池效率越低,同时也会增加漏电流、使开路电压降低。

4. 微波反射法测量少子寿命

微波信号在半导体表面反射,当样品电导率变化时,其反射信号会随之改变。由于微波信号在空气中传播损失极小,可以认为微波信号的反射率即反映了样品电导率的变化。当样品电导率从 σ_0 变为 $\sigma_0 + \Delta\sigma$ 时,反射的微波信号功率变化为 ΔP,有

$$
\frac{\Delta P}{P(\sigma_0)} = \frac{P(\sigma_0 + \Delta\sigma) - P(\sigma_0)}{P(\sigma_0)}
$$

$$
= \frac{P(\sigma_0) + \left(\frac{\partial P}{\partial \sigma}\right)_{\sigma_0} \Delta\sigma - P(\sigma_0)}{P(\sigma_0)}
$$

$$
= \frac{1}{P(\sigma_0)}\left(\frac{\partial P}{\partial \sigma}\right)_{\sigma_0} \Delta\sigma \tag{22.12}
$$

这里假定了电导率变化很小,即满足 $\Delta\sigma \ll \sigma_0$ 时,利用了泰勒级数展开。

半导体材料的电导率为 $\sigma = e(\mu_n n + \mu_p p)$,其中 e 为电子电荷,μ_n、μ_p 为电子和空穴迁移率,n、p 为电子和空穴的浓度。用激光激发产生多余载流子,此时

$$
\Delta\sigma = e(\mu_n \Delta n + \mu_p \Delta p) = e(\mu_n + \mu_p)\Delta n \tag{22.13}
$$

结合式(22.12)、式(22.13),可以得到:$\Delta P \propto \Delta n$,即微波信号的变化正比于多余少子浓度的变化。通过测量微波反射信号随时间的变化,即可得到过剩少子浓度随时间的衰减变化,进而通过分析少子浓度随时间的衰减曲线,得到少子寿命 τ_{eff}(见式(22.5))。

5. 钝化

以上方法测量的少子寿命,包括了体寿命和表面寿命两部分。表面状态会严重影响少子寿命的测量结果,尤其当硅晶体的表面损伤严重甚至出现微裂纹以及受到沾污时,少子的表面复合速率很大,这时测量的寿命值就可能远远偏离硅晶体的真实体寿命值。由式(22.6)可知,τ_{eff} 实际上主要取决于 τ_b 和 τ_s 两者中较小的一个,如果体寿命 τ_b 大于表面复合寿命 τ_s 的 1/10,那么为了准确得到样品的体寿命值,需要对样品表面进行钝化处理。

常见的单晶硅表面钝化的方法有:干氧钝化、PECVD 沉积 SiN_x:H 钝化、湿化学钝化、酸性溶液钝化、碱性溶液钝化和碘酒钝化等。本实验的选做部分,采用碘酒钝化处理。

【实验装置】

本实验所需要用到的实验系统构成如图 22.11 所示。

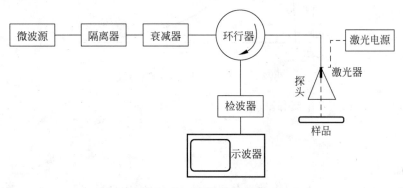

图 22.11　实验系统构成

微波源产生连续的微波信号,通过探头发射到样品表面,探头同时收集样品表面的微波反射信号,经环行器传输到检波器,检波器将检测到的反射信号强度转换为电信号输入给示波器。环行器既可以让通过衰减器后的微波信号通过它而达至探头,也可以把探头收集的反射微波信号输送到检波器。

脉冲激光器按一定时序和脉冲宽度发射激光脉冲,照射到样品表面。激发产生多余载流子,当脉冲结束时,多余载流子不断复合,测量脉冲结束后反射微波信号强度随时间的衰减曲线,即可得到样品的少子寿命。工作时序如图 22.12 所示。

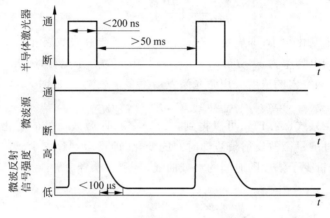

图 22.12 实验系统工作时序

示波器测量得到的微波反射信号随时间的衰减曲线如图 22.13 所示:光照开始后,光激发产生多余载流子,微波反射信号迅速增大并达到饱和;光脉冲结束后,产生的多余载流子开始复合,微波反射信号按指数规律随时间衰减。根据测试规范,为避免衰减初期和末期的噪声干扰,一般取峰值信号 5%～45% 之间的衰减曲线做拟合,计算少子寿命。

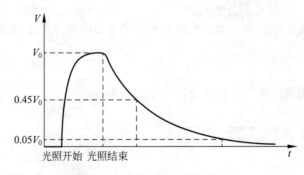

图 22.13 微波反射信号衰减曲线

实验系统主要由以下几部分组成:

1. 微波组件

(1) 微波源

微波源可用于产生微波信号,本设备采用耿氏效应管作为振荡器,可产生微波的频率范围为 8.6～9.6 GHz,输出功率大于 20 mW。

（2）隔离器

隔离器位于磁场中的某些铁氧体材料对于来自不同方向的电磁波有着不同的吸收，经过适当调节，可使其对微波具有单方向传播的特性。隔离器常用于振荡器与负载之间，起隔离和单向传输作用。

（3）衰减器

把一片能吸收微波能量的介质片，从垂直于矩形波导的宽边纵向插入波导管即可制成衰减器，用以部分衰减传输功率；沿着宽边移动吸收片可改变衰减量的大小。衰减器起调节系统中微波功率以及去耦合的作用。

（4）环行器

环行器是使微波能量按一定顺序传输的铁氧体器件。它的主要结构为波导 Y 形接头（图 22.14），在接头中心放置一铁氧体圆柱（或三角形铁氧体块），在接头外面有 U 形永磁铁，它提供恒定磁场 H_0。当能量从端口 1 输入时，只能从端口 2 输出，端口 3 被隔离；同样，当能量从端口 2 输入时，只有端口 3 输出，1 端口无输出；以此类推即得能量传输方向为 1→2→3→1 的单向环行。

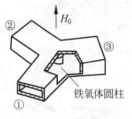

图 22.14　Y 形环行器

（5）晶体检波器

晶体检波器的工作原理为从其波导管宽壁中点，耦合出宽壁两界面间的感应电压，经微波二极管进行检波。调节其短路活塞位置，可使检波管处于微波的波腹点，以获得最高的检波效率。

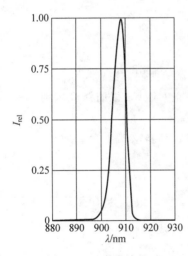

图 22.15　激光波长

（6）波导管

波导管能够引导电磁波沿一定方向传输能量的传输线，本实验用到直波导和弯波导两种波导管。

2. 激光组件

室温下 Si 的带隙为 1.12 eV，因此激发光的波长必须小于 1.1 μm。但另一方面，随着波长变短，激光在样品中的透射深度会变小。为了保证在样品体内能激发出足够的多余载流子，要求激光波长尽量靠近 Si 的吸收波长。一般采用 0.9～1.1 μm 的激光。本实验系统发射的脉冲激光波长为 905 nm，其发光峰的形状如图 22.15 所示。激光的输出功率可调，以控制激光脉冲在样片表面产生的光子密度的大小。

3. 示波器

用于记录检波器输出的微波反射信号强度，测试样品的寿命最短可能在几百纳秒量级，激光脉冲宽度一般要求小于 200 ns，因此要求示波器有一定的带宽，本实验使用的示波器是带宽为 200 MHz 的数字存储示波器。

【实验内容】

1. 按照实验系统构成图(图 22.11)连接好测试系统;

2. 将 Si 片平放在样品台上,让探头平面和 Si 片平行,打开微波源电源,调整微波频率为 9.6 GHz,使输出信号强度最大,通过示波器观察反射信号的强度,调整样品台的位置,使反射信号强度最大;

3. 打开脉冲激光器电源,设置激光器脉冲宽度小于 200 ns,脉冲周期为 1 s,选择小注入水平的输出功率,微调激光器的位置,在示波器上观察到微波反射信号在激光脉冲产生的时间范围内强度最大;

4. 调整示波器的扫描参数,在屏幕上观察到完整的微波反射信号衰减时间曲线,记录实验数据;

5. 对实验数据进行拟合分析,计算出所测样品的少子寿命;

6. 改变不同电阻率的样品,重复上述测试,计算出不同样品的少子寿命,分析少子寿命和样品电阻率的关系;

7. 选择一个样品,改变激光功率,测量不同注入水平下的少子寿命;

8. 测试完毕,将样品放回样品盒,关闭实验系统;

9. 选做实验:对样品表面进行钝化处理,比较处理前后的测量结果,并分别推算出体寿命与表面寿命;

10. 选做实验:移动样品,测量不同位置处样品的少子寿命,画出样品少子寿命的平面分布图。

【注意事项】

1. 实验前请仔细阅读各仪器的使用说明书,了解各仪器的使用方法;

2. 脉冲激光为不可见的红外光,特别要注意勿使探头正对眼睛,以防激光入射到眼睛造成伤害;

3. Si 片容易损伤,请轻拿轻放,为保持样品表面的清洁,请务必戴上手套取放样品,注意防止有尖锐物体划伤样品表面;

4. 注意探头必须完全覆盖样品表面;

5. 钝化实验使用的化学药品具有很强的腐蚀性,请务必保证戴手套、眼镜等防护装置,在通风柜中进行操作。

【参考文献】

[1] KUNST M, BECK G. The Study of charge carrier kinetics in semiconductors by microwave conductivity measurements[J]. J. Appl. Phys. 1986,60(10):3558-3566.

[2] KUNST M, BECK G. The Study of charge carrier kinetics in semiconductors by microwave conductivity measurements. Ⅱ.[J]. J. Appl. Phys. 1988,63(4):1093-1098.

[3] 万振华,崔容强,徐林,等. 半导体材料少子寿命测试仪的研制开发[J]. 中国测试技术. 2005,32(2):118-120+126.

[4] 周春兰,王文静. 晶体硅太阳能电池少子寿命测试方法[J]. 中国测试技术. 2007,33(6):25-31.

[5] HALL R N. Electron-Hole Recombination in Germanium[J]. Physical Review. 1952,87(2):387.

［6］　SHOCKLEY W，READ J W T. Statistics of the Recombination of Holes and Electrons［J］. Physical Review，1952，87(5)：835-842.

［7］　叶良修. 半导体物理学：上册［M］. 2 版. 北京：高等教育出版社，2007.

［8］　LAUER K，LAADES A，ÜBENSEE H，et al，Detailed analysis of the microwave-detected photoconductance decay in crystalline silicon［J］. J. Appl. Phys. 2008，104(10)：104503.

［9］　杨德仁. 半导体材料测试与分析［M］. 北京：科学出版社，2010.

［10］　VLADIMIROV V M，KONNOV V G，MARKOV V V，et al. Automatic Device for Measuring Minority Carrier Lifetime in Multicrystalline and Monocrystalline Silicon Using Noncontact Microwave Method ［J］. INTERNATIONAL JOURNAL OF SYSTEMS APPLICATIONS, ENGINEERING & DEVELOPMENT, 2011，4(5)：553-560.

［11］　SEMI MF1535-1104，TEST METHOD FOR CARRIER RECOMBINATION LIFETIME IN SILICON WAFERS BY NON-CONTACT MEASUREMENT OF PHOTOCONDUCTIVITY DECAY BY MICROWAVE REFLECTANCE［S］. 2004.

［12］　GB/T 26068—2010.硅片载流子复合寿命的无接触微波反射光电导衰减测试方法［S］. 北京：中国标准出版社，2011.

（陈宜保　葛惟昆）

实验 **23** 液晶综合实验

　　液晶是一种介于液体和晶体之间的中间态,属于凝聚态物质,同时具有液体的流动性和晶体的各向异性。当光通过液晶时,会产生偏振面旋转、双折射等效应。当对液晶施加外加电场时,液晶分子的排列方式会发生变化,从而引起液晶的光学性质也相应改变,这就是液晶的电光效应。

　　光学双稳态是一种非线性光学现象,根据其原理制成的光学双稳器件在高速光通信、光学图像处理、光存储、光学限幅器以及光学逻辑元件等方面有很广泛的应用。

　　液晶分子具有很强的光学非线性效应,和常用的电光晶体比,其具有工作电压低、光学质量高等优点,非常适合做光电混合型光学双稳态的工作介质。本实验通过对液晶盒电光特性的测试,了解液晶的电光效应,采用液晶光电混合型光学双稳系统,研究液晶的光学双稳现象。本实验旨在学习和了解液晶材料的基本物理特性,掌握光学双稳态的物理原理和液晶光电混合光学双稳系统的工作原理。

【思考题】

　　1. 什么是液晶,液晶相有哪些类别?

　　2. 什么是液晶的电光效应,常见的电光效应有哪些?

　　3. 为什么液晶分子具有双折射效应,电控双折射的原理是什么?

　　4. 液晶光开关的工作原理是什么?

　　5. 表征液晶光开关的物理参量有哪些,分别如何测量?

　　6. 什么是光学双稳态?

　　7. 基于液晶的混合型光学双稳态系统的工作原理是什么? 实现双稳态的两个必要条件分别是什么?

　　8. 如果将光学双稳装置中的线性反馈电路改变成非线性反馈电路,双稳态曲线会更接近理想状况,为什么?

【引 言】

　　物体在不同条件下可处于气相、液相和固相三种不同状态,这三种状态可以相互转换。处于不同相的物体具有不同的物理特性,一般液相物体流动性高,各向同性;固体分为晶体和非晶体,对晶体材料,具有固定的点阵结构,是各向异性的。液晶则是一种介于液体和晶体之间的中间态,同时具有液体的流动性和晶体的各向异性。当光通过液晶时,会产生偏振面旋转、双折射等效应。液晶分子是含有极性基团的极性分子,在电场作用下,偶极子会按电场方向取向,导致分子原有的排列方式发生变化,从而液晶的光学性质也随之发生改变,这种因外电场引起的液晶光学性质的改变称为液晶的电光效应。液晶于 1888 年被发现,20世纪 50 年代开始建立起液晶的初步理论,60 年代发现了液晶中的动态散射现象,从而推动了液晶在显示器件方面的广泛应用,此外,液晶还可以用于制作可调谐滤波器、液晶激光器、液晶温度计等各类器件。

光学双稳态(optical bistability)概念最早(1969 年)是在可饱和吸收介质的系统中提出的,并于 1976 年首次在钠蒸气介质中观察到。光学双稳态引起人们极大注意的主要原因是光学双稳器件有可能应用在高速光通信、光学图像处理、光存储、光学限幅器以及光学逻辑元件等方面。尤其是用半导体材料制成的光学双稳器件尺寸小、功率低、开关时间短,有可能发展成为未来光计算机的逻辑元件。

本实验通过对液晶盒电光特性的测试,了解液晶的电光效应,采用液晶光电混合型光学双稳系统研究液晶的光学双稳现象。本实验旨在学习和了解液晶材料的基本物理特性,掌握光学双稳态的物理原理和液晶光电混合光学双稳系统的工作原理。

【实验原理】

1. 液晶的一般知识

1.1　液晶的类型

液晶(Liquid Crystal,LC)是介于液态与结晶态之间的一种物质状态,由奥地利植物生理学家莱尼泽(F. Reinitzer)和德国物理学家雷曼(O. Lehmann)共同发现。这种相态既拥有液体的易流动性,又保留了部分晶态物质分子的各向异性有序排列,是一种兼有晶体和液体的部分性质的中间态、属于凝聚态物质,具有特殊的理化与光电特性,又对电磁场敏感,极具实用价值,20 世纪中叶开始被广泛应用在轻薄型的显示技术上。

根据液晶分子排列的平移和取向有序性,可以将液晶划分为三大类(见图 23.1):近晶相(smectic)、向列相(mematic)和胆甾相(cholesteric)液晶,其中向列相和胆甾相液晶应用最多。

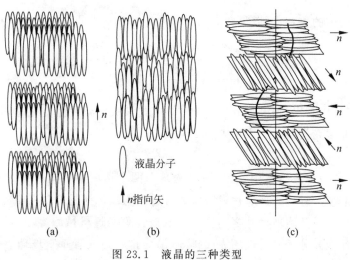

液晶分子

$\uparrow n$ 指向矢

(a)　　　　　　(b)　　　　　　(c)

图 23.1　液晶的三种类型

(a)近晶相;(b)向列相;(c)胆甾相

近晶相液晶分子排列呈二维有序性,分子长轴彼此平行,在垂直于层的方向上规则排列,分子层相互堆砌,同一层的分子之间间距呈无规则分布。

向列相液晶分子排列为一维有序,分子长轴倾向彼此平行排列,但重心分布无序。

胆甾相液晶分子呈扁平状,排列成层,分子长轴在同一平面内相互平行,不同层的分子长轴方向稍有变化,从一个平面到另一个平面,指向矢逐渐扭曲,沿层的法线方向排列成螺旋状结构,扭曲螺距与可见光波长相当,当可见光照射时,会由于布拉格散射而呈现各种颜色,且由于螺距会随外界温度、电场条件不同而改变,因此可用调节螺距的方法对外界光进行调制。

液晶可分为热致液晶与溶致液晶。热致液晶在一定的温度范围内呈现液晶的光学各向异性,溶致液晶是溶质溶于溶剂中形成的液晶。目前用于显示器件的都是热致液晶,它的特性随温度的改变而有一定变化。

1.2 液晶的各向异性

液晶分子是非对称性结构,因此是各向异性的。以向列相液晶为例,取 z 轴与指向矢平行,其介电张量可表示为:

$$\hat{\varepsilon} = \begin{bmatrix} \varepsilon_\perp & 0 & 0 \\ 0 & \varepsilon_\perp & 0 \\ 0 & 0 & \varepsilon_{/\!/} \end{bmatrix} \tag{23.1}$$

其中,$\varepsilon_{/\!/}$ 为平行于指向矢的介电常数,$\varepsilon_\perp$ 为垂直于指向矢的介电常数。用 $\Delta\varepsilon = \varepsilon_{/\!/} - \varepsilon_\perp$ 表示液晶材料各向异性大小,若 $\Delta\varepsilon > 0$ 则称为正性或 P(positive)型液晶,通常 $\Delta\varepsilon$ 为 $10\sim20$,$\Delta\varepsilon < 0$ 则称为负性或 N(negative)型液晶,通常 $\Delta\varepsilon$ 为 $-2\sim-1$。

液晶的折射率与介电张量相关,以折射率椭球表示。低频时,在光频阶段,折射率为介电常数的平方根,与介电常数有关的极化只有电子极化,有 $\varepsilon_{/\!/} > \varepsilon_\perp$,因此对液晶 $n_e > n_o$。如图 23.2 所示,光的波矢 k 与 z 轴的夹角为 θ,垂直于波矢过中心点的平面在椭球上切痕为一个椭圆,位于 zk 平面内的椭圆轴为寻常光(o 光)折射率,椭圆上与 zk 面垂直的轴为非常光(e 光)折射率。

根据图 23.2 中的关系,可以得到液晶中寻常光和非常光的折射率为:

$$\begin{cases} n_o = n_\perp \\ \dfrac{1}{n_e^2} = \dfrac{\cos^2\theta}{n_\perp^2} + \dfrac{\sin^2\theta}{n_{/\!/}^2} \end{cases} \tag{23.2}$$

从式(23.2)可以看出,当液晶分子指向矢与光的波矢夹角发生变化时,寻常光折射率始终保持不变,但非常光折射率的大小则会发生变化。

1.3 液晶盒

液晶通常被封装在液晶盒中使用,液晶盒是由两个透明的玻璃片组成的,中间间隔为 $10\sim100\ \mu m$(见图 23.3)。在玻璃片内表面镀有透明的氧化铟锡(ITO)或氧化铟(In_2O_3)导电薄膜作为电极,液晶从两玻璃片之间注入。电极薄膜经过机械摩擦、镀膜、刻蚀等适当方法的处理,可以使液晶分子平行玻璃表面排列(沿面排列),或者垂直玻璃表面排列(垂面排列),又或者成一定的倾斜角。

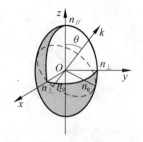

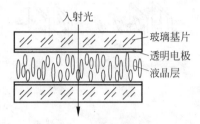

图 23.2　液晶折射率椭球　　　　　　　　图 23.3　液晶盒示意图

液晶盒的这种结构要求两玻璃基板之间具有均匀的间隙。由此,要在基板表面均匀地散布玻璃纤维或玻璃微粒。同时,为了防止潮气和氧气与液晶发生作用,玻璃板四周应进行气密封接。密封材料可以用环氧树脂之类的有机材料,也可用低熔点玻璃粉之类的无机密封材料。

1.4　液晶的电光效应

液晶分子是极性分子,而且是光学各向异性的;当光通过液晶分子时,会产生旋光、双折射等光学效应;当对液晶施加外加电场时,液晶分子的排列方式会发生变化,从而引起液晶的光学性质也相应改变,这就是液晶的电光效应。

（1）电控双折射

由于液晶分子的折射率存在各向异性,当光入射时,会发生双折射效应。同时当外加电场时,正性液晶分子长轴趋向于平行外场方向排列,负性液晶分子长轴趋向于垂直外场方向排列,由于电场的作用,使得液晶分子指向矢发生转动,根据前面的讨论,其非常光的折射率也会随之发生改变,从而导致液晶中的双折射效应发生变化,这就是液晶的电控双折射效应。

根据连续弹性体理论,可得到液晶分子指向矢倾斜角与外加电场强度的关系为:

$$E = E_{\text{th}}\left(1 + \frac{1}{4}\sin^2\theta_{\text{m}} + \cdots\right)$$

其中 E_{th} 为阈值电场:

$$E_{\text{th}} = \sqrt{-\frac{k}{\Delta\varepsilon}} \cdot \frac{\pi}{d}$$

阈值电场表明只有外加电压大于特定的值时,液晶分子才会开始转动,对应于使液晶分子指向矢倾斜角发生改变的阈值电压为

$$V_{\text{th}} = \pi\sqrt{-\frac{k}{\Delta\varepsilon}}$$

将上下基片为平行取向处理的液晶盒放置于两个正交的偏振片 P、A 之间,光束自左方射入,通过起偏器 P 产生线偏振光,垂直于液晶光轴入射,然后在液晶分子层中传播,最后通过检偏器 A 出射(见图 23.4)。在液晶盒施加电场时,液晶分子轴随着电场发生转动,和液晶盒表面产生一定的倾角。由于液晶的双折射作用,入射的线偏振光变成椭圆偏振光,部分光能通过检偏器出射。电场变化时,光轴倾角会随着电场变化,从而引起 n_{e} 变化,使得出射光强发生变化,即通过电场对输出光强进行调制。对于向列相液晶,透射光强可以用如下

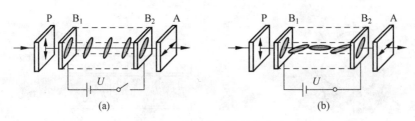

图 23.4 电控双折射效应

(a) 不加电场；(b) 施加电场

公式表述：

$$T = \cos^2(2\alpha)\sin^2\left(\frac{\pi}{\lambda}\delta\right) \tag{23.3}$$

其中，α 为液晶光轴与起偏器的夹角；$\delta = (n_e - n_o)d$，为液晶的双折射效应；d 为液晶盒厚度。当电场强度进一步增大到一定程度时，由于动态散射效应，会导致光线全部不能通过，透明的液晶盒变成不透明状态。

（2）旋光效应

让液晶盒上下玻璃基片的取向互相垂直，充入向列相液晶，由于分子间范德瓦尔斯力的作用，基片表面的液晶分子长轴取向和基片取向一致，液晶盒内部分子的长轴会逐步均匀地扭曲排列，形成一个具有扭曲排列的液晶盒，整个扭曲角度为 90°。在这样的液晶盒上下放置与上下基片取向一致的偏振片，即上下偏振片的偏振方向相互正交，通过上偏振片入射的光的偏振方向经过液晶盒后，偏振方向会旋转 90°，这就是液晶的旋光效应，也是扭曲向列型（twisted nematic）液晶，简称 TN 型液晶的工作原理。

（3）动态散射

当向列相液晶分子中存在带电荷的杂质离子，在施加一定的电场时，离子在电场中移动，导致液晶中出现一些周期性的条纹，即产生威廉姆斯畴，当电压继续增加，液晶中会形成紊流和搅动，从而导致液晶层对光产生强烈的散射作用，使得液晶由透明变成不透明状态，这种现象称为动态散射。

（4）液晶光栅

液晶分子在外加电场的作用下重新排列，在一定的电场范围内，液晶分子的周期性排布相当于一个光学光栅，激光垂直入射到液晶盒上时，会产生光栅衍射现象。

2. 液晶光开关

2.1 液晶光开关的工作原理

图 23.5 是 TN 型光开关的结构，当未加电压驱动时，自然光线通过起偏器（偏振片 P1）后变成平行于液晶透光轴的线偏振光，再由于旋光作用，线偏振光在到达下表面时，偏振面旋转 90°，正好与检偏器（偏振片 P2）的偏振方向一致，光线通过，液晶盒为透光状态。当施加电场时，液晶分子在电场作用下光轴发生转动，当电压足够时，液晶分子原来的扭曲结构被完全破坏，入射光线的偏振方向不再旋转，方向与检偏器正交，光线无法通过，液晶盒为全黑状态。这样通过电场的交变，实现了光开关。

上述的光开关在不加电场时，光为透过状态，称为常通型光开关或常白模式。若让检偏

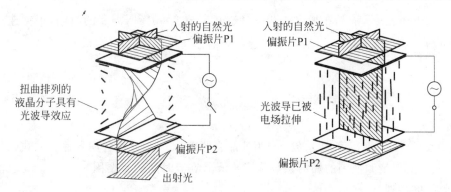

图 23.5　TN 型液晶光开关的工作原理

器偏振方向和起偏器方向一致,则为常闭型光开关或常黑模式。

2.2　液晶光开关的电光特性

液晶的透过特性和所加电场有关,图 23.6 是光线垂直入射一个常白模式液晶时的通光曲线。没有外加电场时,液晶为不透光状态,随着所加电场的增加,透过的光强逐渐减弱,直至最后趋近于 0。将透过率为 90% 时的驱动电压定义为 U_{90},在工业上也常把这个电压称为液晶的阈值电压,它一般比前面定义的驱动液晶分子开始转向的阈值电压要高,透过率为10% 时的驱动电压定义为 U_{10},在工业上常称为关断电压。对于常黑模式液晶,则 U_{10} 为工业上的阈值电压,U_{90} 为关断电压。U_{10} 和 U_{90} 的差值反映了液晶电光特性曲线的陡峭程度,定义为锐度,它表征了液晶的多路驱动能力,差值越小,允许驱动的路数就越多。

2.3　液晶光开关的响应时间

给液晶加电压导致液晶分子状态的变化,这种变化需要一定时间,这就是液晶分子的弛豫过程,这个弛豫过程包含介电极化弛豫过程和转向弛豫过程。当电场加到电极上时,引起液晶分子的介电极化,然后是电场加到液晶上引起分子转向,这两个过程均需要一定时间。通常,液晶的弛豫时间要达到 10～200 ms。反映在液晶对电场响应的时间曲线上,工业上常用上升时间 τ_r 和下降时间 τ_f 来反映液晶加电和断电时液晶透光率变化的响应特性,上升时间是指给液晶加电时,透光率由 90% 变为 10%(常白模式)或由 10% 变为 90%(常黑模式)所需的时间,下降时间是指液晶断电时,透光率由 10% 变为 90%(常白模式)或由 90%变为 10%(常黑模式)所需的时间,如图 23.7 所示。

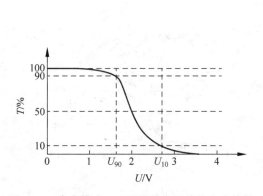

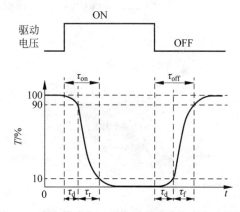

图 23.6　常白模式 TN 型液晶光开关的电光特性　　图 23.7　常白模式 TN 型液晶光开关的响应时间特性

用 τ_{on} 和 τ_{off} 表示液晶在加电或断电时透光率改变 90% 所需要的时间,根据连续体理论,可以得到:

$$\tau_{\text{on}} = \tau_{\text{d}} + \tau_{\text{r}} = \frac{\eta d^2}{\Delta \varepsilon V^2 - \pi^2 k}$$

$$\tau_{\text{off}} = \tau_{\text{d}} + \tau_{\text{f}} = \frac{\eta d^2}{\pi^2 k} \tag{23.4}$$

其中,η 为黏滞系数;k 为弹性系数;d 为液晶盒厚度;$\Delta \varepsilon$ 为介电各向异性。从式(23.4)可以看出,液晶盒厚度和液晶的黏滞系数是影响液晶响应时间的重要因素。τ_{d} 为反映液晶极化弛豫时间的物理量:

$$\tau_{\text{d}} = \frac{4\pi \eta a^3}{k_{\text{B}} T} \tag{23.5}$$

其中,k_{B} 为玻耳兹曼常数;T 为热力学温度;a 为液晶分子半径。

液晶的响应时间是表征液晶显示特性的一个重要指标,响应时间越短,显示动态图像的效果越好。

2.4　液晶光开关的视角特性

液晶显示的对比度为光开关打开和关断时透射光强度之比,取决于透光轴相互正交的偏振片的消光比和液晶的有序度。一般对比度大于 5 时,图像可正常显示,如果小于 2,就模糊不清了。正常情况下,液晶正面的对比度可以达到 300:1 以上,但偏离垂直方向,对比度就显著降低。液晶对比度与视角有密切的关系,常用液晶的视角特性来描述,引起对比度随视角变化的主要原因是液晶双折射和视角的相关性,偏离光轴斜入射的线偏振光由于双折射效应变成椭圆偏振光,且随着视角增加,双折射变大,从而漏光迅速增加,导致对比度变差。

液晶对比度视角与极角和方位角有关,常用极坐标表示视角特性,半径方向表示极角 θ,圆周方向表示方位角 ϕ,曲线为等对比度曲线,常呈现为非对称特性。对液晶显示来讲,其视角特性范围一般指对比度不小于 5,且不引起阶调反转的区域,阶调(tone)是一个亮度均匀的面积的光学表现,用阶调值来描述,在液晶显示中,指的是一个液晶像素点的灰度值或颜色深浅。液晶的透过率会随所加驱动电压的大小发生变化。在正常视角,透过率变化随电压单调变化,即液晶显示的亮度正常变化。超出视角范围,则有可能出现驱动电压不再影响透过率的变化,甚至出现相反关系,这就是阶调反转区域。图 23.8 是 TN-LCD 分别在

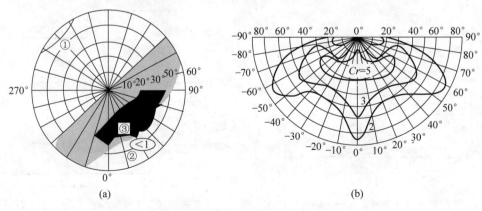

(a)　　　　　　　　　　　(b)

图 23.8　液晶的视角特性

(a) 静态驱动下液晶视角,摩擦方向 0°;(b) 动态驱动下液晶视角,摩擦方向 45°

静态和动态驱动下不同的视角特性,其中摩擦方向是指通过机械摩擦方式处理液晶盒电极薄膜来确定液晶分子取向的加工方向。静态视角特性图中,区域①为阶调反转区,区域②对比度小于 5,区域③对比度大于 5,为正常视角区域。从图 23.8(a)可以看出,在方位角 ϕ 与初始方向成 $-45°\sim135°$ 的角度范围内,视角 θ 最宽,为 $60°$。实际应用中,为增大左右视角,常把摩擦方向转向 $45°$。另外可看到,相同对比度下,动态驱动方式的视角更窄。

3. 光学双稳态

光学双稳态是一种非线性光学现象,指在入射光 I_{i} 通过某一光学系统时,会出现两个稳定的透射光强 I_{o}。光学双稳态是一种远离平衡态的开放系统,在外界参量变化时,可观察到自脉冲和混沌现象,因此在协同学和耗散结构的理论物理研究中很受重视,为研究非平衡统计物理提供了一种重要实验手段。根据光学双稳态原理制成的光学双稳器件在高速光通信、光学图像处理、光存储、光学限幅器、光计算以及光学逻辑元件等方面有很广泛的应用。

按照光学双稳态实现的原理不同,可以分为纯光学型双稳态和混合型光学双稳态。1969 年,索克(A. Szoke)首先提出在法布里-珀罗腔内实现光学双稳态的设想,1975 年麦考尔(S. L. McCall)等人首次观察到了法布里-珀罗腔内中的光学双稳态效应。这种效应是由法布里-珀罗腔内非线性介质的吸收、色散或吸收与色散同时存在的作用而导致的光学双稳,被称为纯光学型双稳态,需要在强光下工作,介质的非线性是由光场本身引起的。

1977 年,英国的史密斯(A. M. Smith)利用电光效应,在置有电光晶体的法布里-珀罗腔内实现了光学双稳态,这种双稳态是光学效应与电光效应的结合,利用透射光信号经放大反馈到非线性介质上而实现的,用非相干弱光即可实现,被称为光电混合型光学双稳态。

除此之外,还有声光混合型和磁光混合型光学双稳态,分别利用声光效应和磁光效应来实现非线性变换。

液晶分子具有很强的光学非线性效应,和常用的电光晶体比,具有工作电压低、光学质量高等优点,非常适合作为光电混合型光学双稳态的工作介质。

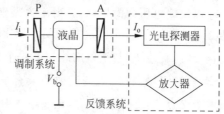

图 23.9 是液晶光电双稳装置的原理图,由电光调制系统和输出反馈系统两部分组成。P 为起偏器,A 为检偏器,P 和 A 以及液晶构成正交光路,液晶的分子轴在起偏器 P 上的投影与 P 的透光轴夹角为 $45°$。I_{i} 为输入光强,I_{o} 为输出光强,在液晶上加直流偏压 V_{b},调整偏压,改变液晶的透光率。

图 23.9　光电混合型光学双稳装置原理图

液晶分子轴在起偏器 P 上的投影与 P 的透光轴成 $45°$,是为了保证通过液晶系统的透射光强最大,P、A 和液晶构成正交光路。液晶上加一直流偏压 V_{b},液晶的透光率为工作偏压的非线性函数,通过调整偏压值,使液晶处在适当的工作状态。I_{o} 经光电探测器变换成电信号,通过放大后加到液晶上,构成光电混合反馈回路,控制输出关系,实现 I_{i}-I_{o} 之间的双稳关系。系统透光率为

$$T = \frac{I_o}{I_i} = \frac{1}{2}(1 - \cos\delta) \tag{23.6}$$

其中,δ 为与分子轴分别平行和垂直的两个振动分量产生的相位差

$$\delta = \frac{2\pi}{\lambda_0}d(n_e - n_o) \tag{23.7}$$

式中,λ_0 为入射光波长,d 是液晶盒厚度。根据液晶的一次电光效应理论有

$$\delta = \frac{2\pi}{\lambda_0}n_o^3 r_{63}U = \frac{\pi}{V_\pi}U \tag{23.8}$$

式中,U 是外加电场电压,r_{63} 为液晶的线性电光系数,$V_\pi = \frac{\lambda_0}{2n_o^3 r_{63}}$ 为半波电压,它产生的相位差为 π,只与液晶本身的性质有关。可见,δ 与加在液晶两端的电压 U 成线性关系。在液晶混合光电系统中,加在液晶两端的电压是初始偏压 V_b、反馈电压 V、附加电压 V_s(液晶剩余应力引起)的总和,因此,式(23.6)可以写成如下形式

$$\frac{I_o}{I_i} = \frac{1}{2}\left\{1 - \cos\left[\frac{\pi}{V_\pi}(V + V_b + V_s)\right]\right\} \tag{23.9}$$

如果将输出光强 I_o 通过光电转换器件线性地转换成电信号 V,反馈加在液晶的控制电极上,则反馈电压 V 正比于输出光强

$$V = kI_o \tag{23.10}$$

其中,k 为包括光电探测器和放大器在内的光电转换系数。现将式(23.10)变换为如下形式

$$\frac{I_o}{I_i} = \frac{V}{kI_i} \tag{23.11}$$

方程(23.9)是一条正弦平方曲线,呈周期性的峰结构,方程(23.11)是一条直线,直线的斜率与入射光强成反比,即入射光强越大,直线斜率越小。联立方程(23.9)和(23.11)求解可得到表征器件工作状态的解。

以反馈电压为横坐标,透射率为纵坐标,作出方程(23.9)和(23.11)的曲线,曲线交点是两方程的共同解,如图 23.10 所示。入射光强按照 $I_i^1 \rightarrow I_i^2 \rightarrow I_i^3 \rightarrow I_i^4 \rightarrow I_i^5$ 从小到大变化,光强很小时,直线 I_i^1 与透射曲线只有一个交点,入射光强增大到 I_i^2 时,与透射曲线相切,有两个交点,继续增大到 I_i^3,与透射曲线有三个交点,再增大到 I_i^4 时,再次与透射曲线相切,变成两个交点,对更大光强 I_i^5,直线与透射曲线的交点又变成只有一个。

当输入光强由小到大变化时,输出光强从曲线上的点 1 开始向右移动,依次经过点 2、3、4,当到达点 4 时,输出光强急剧增大,由点 4 跳跃到点 5,再继续增大,输出光强沿上面曲线增加,工作点路径为 $1 \rightarrow 2 \rightarrow 3 \rightarrow 4 \rightarrow 5 \rightarrow 6$。

反过来,当光强减小,按照 $I_i^5 \rightarrow I_i^4 \rightarrow I_i^3 \rightarrow I_i^2 \rightarrow I_i^1$ 变化时,输出光强从点 6 回到点 5,这时不会立即回到点 4,而是沿上面的曲线平滑减小,达到点 8 时,输出光强再次发生突变,由点 8 跃变到点 2,工作点沿 $6 \rightarrow 5 \rightarrow 7 \rightarrow 8 \rightarrow 2 \rightarrow 1$ 变化。

系统的 $I_i \sim I_o$ 关系成为如图 23.11 所示的滞后回线,即为双稳曲线,若方程组的解是单值的,则无双稳态。要达到双稳状态,系统必须工作在方程组(23.9)和(23.11)有双解的临界范围之内,图 23.11 中 2、4、5、8 所包围的区域即为临界范围。临界范围和初始偏压 V_b 为一一对应关系,在 V_b、V_s、V 等反馈参数均固定的情况下,临界范围是确定的。

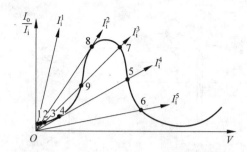

图 23.10　当入射光强变化时系统的状态点

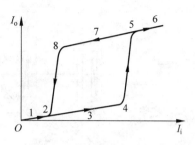

图 23.11　光学双稳曲线

4. 混沌态

光学双稳态是一种准平衡态,当外加电场超过一定限制后,准平衡态就会转变为不稳定状态,出现自脉冲、分叉等现象,更极端的情况是会有可能发展为混沌状态。

混沌(chaos)是指在确定性的动力学系统中的无规则行为或内在随机性,是一种对初始条件极其敏感的非周期性的有序运动。

光学双稳态在具有一定的延时反馈条件下可以呈现出不稳定性,这种不稳定性可以通过倍周期分岔发展到混沌状态。当混沌发生时,双稳曲线的上、下支都发生不规则振荡。在本实验中,把输出光强 I_o 加上一定的时间延迟 t_R 后再正反馈到液晶上,可以观察到混沌现象。

【实验装置】

光电混合型光学双稳实验装置如图 23.12 所示。半导体激光器发出的单色光,经过光强调节器(由旋转的偏振片 R_1 和 1/2 波片 R_2 组成)后,强度由小到大,再到小连续变化两次。两个正交的线偏振片 P 和 A 及液晶 LC 组成了一个电光调制器,输出光强由光电池 D_1 接收。将 D_1 输出信号经放大器 1 放大后,分成 1 和 1′两路,1 路加在液晶上作为反馈电压,1′路接在示波器上,实时观察输出信号的变化。为了监测输入光强,在光路中加了一片分束镜 BS,通过光电池 D_2 接收,信号经放大器 2 放大后作为液晶上的入射光的参考信号。

【实验内容】

实验内容分为两大部分:①观察液晶盒对偏振光的影响,测量液晶的扭曲角、对比度,了解液晶的工作机理和工作条件,测量液晶响应的时间及速度;②研究液晶的光学双稳和混沌运动。掌握光学双稳和混沌的基本原理,以及液晶光电混合光学双稳系统的工作原理,学会通过观察实验现象来分析光学双稳和混沌运动的一般规律。

1. 液晶扭曲角的测量

(1) 将激光器、起偏器、液晶盒、检偏器、功率计探头在导轨上按顺序摆好,连接导线,选择直流驱动方式。

(2) 打开激光器,调整光路等高共轴。

(3) 根据功率计指示调节起偏器方向,使通过起偏器的激光最强。

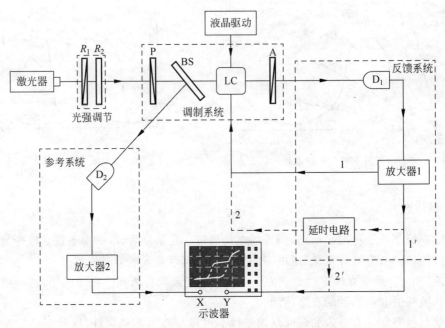

图 23.12　光电混合型光学双稳系统工作原理图

(4) 打开液晶驱动电源,驱动电压调整到最大。

(5) 旋转检偏器和液晶盒,找到系统输出功率最小时检偏器的角度。

(6) 调整液晶驱动电压到最小,再次调整检偏器位置,找到系统通光功率最小的角度。

(7) 两次角度位置的差值,就是该液晶盒在该波长下的扭曲角。

2. 对比度测量

(1) 和扭曲角测量方式相同,在驱动电压最大时,记下最小功率值 $T_{\min}$。

(2) 将液晶的驱动电压调整到最小,记下系统输出功率 $T_{\max}$。

(3) 计算对比度 $C = T_{\min}/T_{\max}$,动态范围 DR $= 10\lg C(\mathrm{dB})$。

3. 液晶时间响应的测量

(1) 按照测量对比度的步骤,找到系统输出功率最小时检偏器的位置。

(2) 选择方波驱动方式,用光电二极管探头换下功率计探头。

(3) 将测量光放大调节旋钮调到最大。

(4) 将光电二极管探头输出连接到测量光输入。

(5) 用示波器分别观察驱动波形和测量光输出,了解液晶驱动电源的工作条件。

(6) 根据定义,在示波器上测量上升时间和下降时间。估计液晶的响应速度。

4. 通过测量衍射角推算特定条件下液晶的结构尺寸

(1) 取下 1 中的检偏器和功率计探头,选择直流驱动。

(2) 打开液晶驱动电源,缓慢增加驱动电压,用白屏观察液晶盒后光斑的变化情况,等待几分钟后应可观察到类似光栅衍射的现象。

（3）仔细调整驱动电压和液晶盒角度，使衍射效果最佳。

（4）用尺子量出衍射角，用光栅公式求出这个液晶"光栅"的光栅常数。

5. 观察测量衍射斑的偏振状态

（1）重复 4 中的步骤（1）、（2）、（3）。

（2）紧靠液晶盒放置检偏器。

（3）用白屏观察检偏器后衍射斑。

（4）旋转检偏器，观察各衍射斑的变化情况，指出其变化规律。

6. 调制曲线，测量半波电压 V_π

（1）取下液晶盒，选择直流驱动，调节起偏器和检偏器，让光路处于完全消光状态。

（2）加上液晶盒并给液晶的驱动电压施加三角波，得到调制曲线，设加在晶体上的电压值为 V_H 时，系统具有最大输出光强；加在晶体上的电压值为 V_L 时，系统具有最小输出光强，则 $V_\pi = |V_H - V_L|$。

7. 观察双稳态

（1）首先调节起偏器和检偏器正交，即让光路处于完全消光状态。

（2）接入步进电机，按照双稳态方案放置光路和连线。

（3）接通步进电机电源，通过电机带动偏振片旋转使得输入光强连续变化。

（4）示波器工作在李萨如图形（XY 模式）下，X 轴为参考光信号，Y 轴为测量光信号，因为系统为负反馈，Y 通道为反相模式，通过调节液晶的驱动电压旋钮、参考光与测量光的放大旋钮即可调节到液晶双稳的适合工作点，观察无延迟条件下液晶的双稳曲线。

（5）从小到大调节延迟时间，观察有延迟条件下液晶的双稳曲线变化。

8. 观察混沌态

（1）功能选择旋钮选择混沌挡。

（2）在双稳实验的基础上关掉步进电机的驱动，固定入射光强，将延时信号加到液晶电极上作为反馈电压。

（3）通过调节液晶的驱动电压旋钮与时间旋钮即可调节到液晶的混沌状态适合的工作点。调节过程中应保持在同一个驱动电压的情况下调节时间旋钮。在适合的工作点可以得到随着时间的增加，系统由周期振荡到周期分叉到准混沌状态到混沌状态的变化过程。

（4）将时间测量接入示波器通道 1，测量光输出接入示波器通道 2，使用白屏遮挡住二极管，使得光路中没有反馈信号，然后快速抬起白屏，通过示波器比较两路信号的上升沿，得到输入信号与输出信号的时间差，测量出延迟时间。

【参考文献】

[1]　熊俊. 近代物理实验[M]. 北京：北京师范大学出版社，2007.

[2]　孙萍，尤秉信. 光学双稳与混沌实验[J]. 物理实验，2010，30(9)：1-6.

[3]　张洪钧，戴建华，杨君慧，等. 双稳液晶电光调制器[J]. 物理学报，1981，30(6)：810-819.

[4]　沈柯. 量子光学[M]. 北京：北京理工大学出版社，1995.

[5]　钱士雄，王恭明. 非线性光学——原理与进展[M]. 上海：复旦大学出版社，2001.

[6]　廖延彪. 偏振光学[M]. 北京：科学出版社，2003.

[7]　王新久. 液晶光学和液晶显示[M]. 北京：科学出版社，2006.

[8]　黄子强. 液晶显示原理[M]. 北京：国防工业出版社，2008.

[9]　谢毓章. 液晶物理学[M]. 北京：科学出版社，2017.

（陈宜保）

实验 **24**　太阳能电池和燃料电池综合实验

　　本实验主要研究两种绿色能源——太阳能电池和氢氧燃料电池。本实验的目的包括：了解太阳能电池和燃料电池的基本结构和工作原理；掌握太阳能电池基本特性参数测试原理与方法，并探究各种影响因素(温度、光强、波长)对太阳能电池性能的影响；研究太阳能电池的暗特性和光特性；探究电解池的电解规律并通过电解水验证法拉第电解定律；探究氢氧燃料电池并对燃料电池的输出特性进行测量；观察和分析能量转换过程：光能→太阳能电池→电能、电能→电解池→氢能(能量储存)→燃料电池→电能。

【思考题】

　　1. 太阳能电池的工作原理是什么?

　　2. 为了得到较高的光电转化效率，太阳能电池在高温下工作有利还是低温下工作有利?

　　3. 为了尽可能提高太阳能电池的光电转换效率，太阳能电池表面应该怎样处理?

　　4. 在不同波长的单色光下太阳能电池的光照特性有什么变化?

　　5. 如何提高太阳能电池的效率?

　　6. 如何理解法拉第电解定律?

　　7. 如何理解燃料电池的输出特性曲线?

【引言】

　　能源是人类社会生存的重要物质基础，太阳能电池和燃料电池作为两种新型的绿色能源，应用日益广泛。在未来的能源系统中，太阳能将作为主要的一次能源替代目前的煤、石油和天然气，而燃料电池将成为取代汽油、柴油和化学电池的清洁能源。本实验包含太阳能电池发电(光能-电能转换)、电解水制取氢气(电能-化学能转换)、燃料电池发电(化学能-电能转换)几个环节，形成了完整的能量转换、储存、使用的过程。

　　太阳能一般指太阳光的辐射能量，太阳热核反应可以持续百亿年左右，能量辐射功率高达 3.8×10^{23} kW。考虑到地球大气层对太阳辐射的反射和吸收等因素，实际到达地球表面的太阳辐照功率为 1.74×10^{14} kW，也就是说太阳每秒钟照射到地球上的能量相当于燃烧 500 万 t 煤释放的热量。

　　太阳能电池的原理是二极管的光生伏特效应。早在 1839 年，法国物理学家 A. E. Becquerel 就第一次发现了光生伏特效应，但直到 1883 年，第一块太阳能电池才由 Charles Fritts 制备成功。根据材料种类和状态的不同，太阳能电池主要有以下几种：单晶硅太阳能电池、多晶硅太阳能电池、非晶硅太阳能电池、化合物半导体太阳能电池，薄膜太阳能电池、有机太阳能电池和染料敏化纳米晶体太阳能电池等。薄膜太阳能电池的出现有利于缩短光生载流子在器件中的扩散距离，降低复合及湮灭的概率，因此在吸收光程度大致相当的前提下能够提高太阳能电池的效率。柔性太阳能电池可以用在平板太阳能电池难以胜任的许多领域。燃料敏化太阳能电池是一种新型的陶瓷基光化学太阳能电池。本实验中的太阳能电池综合性实验部分主要探究太阳能电池的暗特性、光特性及光谱特性。

燃料电池是一种将存在于燃料与氧化剂中的化学能直接转化为电能的发电装置。燃料电池的基本原理是通过化学反应产生电能。与碱性干电池、汽车中的铅蓄电池相比，燃料电池使用的是更为清洁的原料（氢气和氧气）。1839 年，英国科学家格罗夫（W. R. Grove）首次发明了燃料电池，并用这种以铂为电极催化剂的简单的氢氧燃料电池点亮了伦敦讲演厅的照明灯。燃料电池相对于太阳能电池有较高效率，且燃料易获取。目前，燃料电池已经发展出多种类型，包括碱性燃料电池、质子交换膜燃料电池、固体氧化物燃料电池等。本实验中的燃料电池综合性实验部分主要内容包括：研究质子交换膜燃料电池，测量燃料电池输出特性；研究电解池的电解过程以及测量电解产生气体体积与电量的关系，验证法拉第电解定律。

通过本实验了解太阳能电池组件的基本结构及工作原理，掌握 p-n 结的 I-V 特性（整流特性）及其对温度的依赖关系，掌握太阳能电池基本特性测试原理与方法，了解光强、温度和光源光谱分布等因素对太阳能电池输出特性的影响。同时探究氢氧燃料电池和电解池的工作原理，通过电解水验证法拉第电解定律，并对燃料电池的输出特性进行测量。

【实验原理】

1. 太阳能电池原理

1.1 光生伏特效应

半导体材料的电学性质介于导体和绝缘体之间，且随外界环境（如温度、光照等）发生变化。从材料能带结构分析，这类材料导带底 E_c 和价带顶 E_v 之间的禁带宽度 E_g 一般小于 3 eV。温度、光照等因素可以使价带电子跃迁到导带，在半导体中形成电子-空穴对，从而改变材料的电学性质。半导体材料在通常使用的温度范围内具有负的电阻温度系数，即随温度的升高，其电阻减小。通常情况下，半导体材料都需要进行掺杂处理，调整其电学特性，以便制作出性能更稳定、灵敏度更高、功耗更低的电子器件。半导体电子器件的核心结构通常是 p-n 结。

太阳能电池，本质上就是一种浅结深、大面积的 p-n 结，其工作原理是光生伏特效应。达到平衡态的 p-n 结，其空间电荷区存在一个内建电场。当光照射到一块非均匀半导体上时，由于内建电场的作用，在半导体材料内部会产生电动势。如果构成适当的回路就会产生电流。这种电流称为光生电流，由内建电场引起的光电效应就是光生伏特效应。

根据半导体基本理论，处于热平衡态的 p-n 结是由 p 区、n 区和两者交界区域构成的，如图 24.1 所示。刚接触时，电子由费米能级 E_F 高的地方向费米能级低的地方流动，空穴则相反。为了达到统一的费米能级，n 区内电子向 p 区扩散，p 区内空穴向 n 区扩散。载流子的定向运动导致原来的电中性条件被破坏，p 区积累带负电且不可移动的电离受主，n 区积累带正电且不可移动的电离施主。载流子扩散运动导致在界面附近区域形成由 n 区指向

p 区的内建电场 E_i 和相应的空间电荷区。显然,p 型和 n 型两种半导体原先费米能级的不统一是导致电子空穴扩散的原因,而为了建立统一的费米能级(平衡态的要求),电子、空穴扩散又导致出现空间电荷区和内建电场。内建电场的强度取决于空间电荷区的电荷分布,具有阻止扩散运动进一步发生的作用。当两者具有统一费米能级后,扩散电流与内建电场导致的漂移电流相平衡,此时在 p 区和 n 区两端会产生一个高度为 qV_D 的势垒(如图 24.2(a)所示)。在理想 p-n 结模型下,处于热平衡的 p-n 结空间电荷区没有载流子,也没有载流子的产生与复合作用。

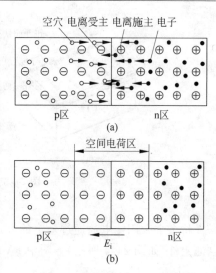

图 24.1　p-n 结的形成及空间电荷区
(a) p-n 结的扩散;(b) p-n 结的空间电荷区

　　当有入射光垂直入射到 p-n 结,只要 p-n 结结深比较浅,入射光子会透过 p-n 结结区甚至能深入半导体内部。如果入射光子能量大于半导体的禁带宽度,即满足关系 $h\nu \geqslant E_g$(E_g 为半导体材料的禁带宽度),这些光子会被材料吸收,在 p-n 结中产生电子-空穴对。光照条件下,半导体材料内部产生电子-空穴对是典型的非平衡载流子光注入作用。光生载流子对 p 区空穴和 n 区电子这种多数载流子的浓度影响是很小的,可忽略不计。但是对少数载流子将产生显著影响,例如 p 区电子和 n 区空穴。在均匀半导体中,光照射也会产生电子-空穴对,但它们很快又会通过各种复合机制复合。在 p-n 结中情况有所不同,主要原因是 p-n 结存在内建电场。在内建电场的驱动下,p 区光生少子电子向 n 区运动,n 区光生少子空穴向 p 区运动。这种作用有两方面的体现:①光生少子在内建电场驱动下定向运动产生电流,这就是光生电流,它由电子电流和空穴电流组成,方向都是由 n 区指向 p 区,与内建电场方向一致;②光生少子的定向运动与扩散运动方向相反,减弱了扩散运动的强度,p-n 结势垒高度降低,甚至会完全消失(如图 24.2(b)所示)。宏观的效果是在 p-n 结两极之间,或者说在光照面和暗面之间产生电动势,即光生电动势,这种效应称为光生伏特效应。如果构成回路就会产生电流,即光生电流 I_L。太阳能电池的结构如图 24.3 所示。

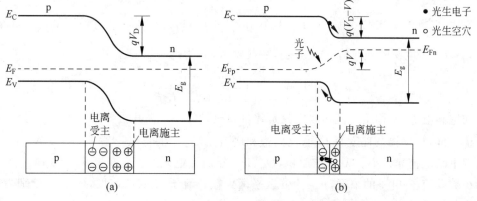

图 24.2　热平衡及光照条件下的 p-n 结

(a) 热平衡;(b) 光照

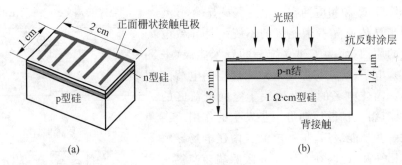

图 24.3　太阳能电池结构示意图

(a) 外观；(b) 剖面图

将多个太阳能电池通过一定的方式进行串并联，并封装好，就形成了能防风雨的太阳能电池组件（如图 24.4 所示）。图中 EVA 为乙烯-醋酸乙烯共聚树脂胶膜。

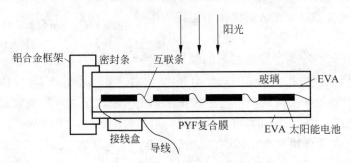

图 24.4　太阳能电池组件结构示意图

若在 p-n 结的 p 区和 n 区之间再加一层杂质浓度很低可近似看作本征半导体（用 i 表示）的半导体，即形成了 p-i-n 结构，简称 pin 结。pin 结具有较宽的空间电荷区、很大的结电阻和很小的结电容，这些特点使得 pin 结在光电转换效率和高频响应特性等方面与普通的p-n 结相比均得到了很大的改善。

1.2　太阳能电池无光照时的电流-电压关系——暗特性

通常把无光照情况下太阳能电池的电流-电压特性叫作暗特性。近似地，可以把无光照情况下的太阳能电池等价于一个理想 p-n 结。其电流与电压的关系满足肖克莱方程：

$$I = I_s \left[\exp\left(\frac{qV}{k_0 T}\right) - 1 \right] \tag{24.1}$$

其中，q 为电子电荷的绝对值，k_0 为玻耳兹曼常数，T 为绝对温度。

$$I_s = J_s A = Aq\left(\frac{D_n n_{p0}}{L_n} + \frac{D_p p_{n0}}{L_p}\right)$$

为反向饱和电流，又称暗电流。暗电流是评价二极管的一个极其重要的参量。J_s 为反向饱和电流密度，根据掺杂程度的不同，反向饱和电流密度 J_s 的量级一般为 10^{-12} A/m^2，即一般情况下暗电流非常小。A 为结面积，D_n、D_p 分别为电子和空穴的扩散系数，n_{p0} 为 p 区平衡少数载流子-电子的浓度，p_{n0} 为 n 区平衡少数载流子-空穴的浓度，L_n、L_p 分别为电子和空穴的扩散长度。

当 $T = 300$ K 时，$k_0 T = 0.0259$ eV。在正向偏置条件下，硅材料 p-n 结的正向偏压 V

约为零点几伏,故 $\exp\left(\dfrac{qV}{k_0 T}\right)\gg 1$,所以正向 I-V 关系可表示为

$$I = I_s \exp\left(\frac{qV}{k_0 T}\right) \tag{24.2}$$

对于反向偏置,V 取负值,$\exp\left(\dfrac{qV}{k_0 T}\right)\ll 1$,此时理想 p-n 结的电压指数项可以忽略不计,即

$$I \longrightarrow -I_s \tag{24.3}$$

　　根据肖克莱方程可知,在反向电压不超过击穿电压 V_B 的情况下,电流接近于暗电流 I_s,此时的电流非常小、几乎为零;在正向电压下,电流随电压指数增长,如图 24.5 所示,因此,太阳能电池的 I-V 特性曲线不对称,这就是 p-n 结的单向导电特性或整流特性。对于特定的太阳能电池,其掺杂类型、浓度和器件结构都是确定的,对伏安特性有影响的因素就是温度。温度对半导体器件的影响是这类器件的通性。根据半导体物理理论可知,温度对扩散系数 D、扩散长度 L、载流子浓度 n 都有影响。以 p 型半导体为例,综合考虑上述影响,则反向饱和电流密度近似为

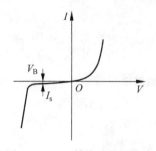

图 24.5　p-n 结的暗特性曲线

$$J_s \approx q\left(\frac{D_n}{\tau_n}\right)^{\frac{1}{2}}\frac{n_i^2}{N_A} \propto T^{3+\frac{\gamma}{2}}\exp\left(-\frac{E_g}{k_0 T}\right) \tag{24.4}$$

式中,τ_n 为电子寿命,n_i 是本征半导体浓度,N_A 是掺入的受主浓度,γ 为常数。由此可见,随着温度升高,反向饱和电流随着指数因子 $\left(-\dfrac{E_g}{k_0 T}\right)$ 迅速增大,且带隙越宽的半导体材料,这种变化越剧烈。

　　半导体材料的禁带宽度是温度的函数,有 $E_g = E_g(0)-\beta T$,其中 $E_g(0)$ 为绝对零度时的禁带宽度。把禁带宽度改写成 $E_g(0)=qV_{g0}$,V_{g0} 是绝对零度时导带底到价带顶的电势差,则可得含有温度参数的正向 I-V 关系为:

$$I = AJ \propto T^{3+\frac{\gamma}{2}}\exp\left[\frac{q(V-V_{g0})}{k_0 T}\right] \tag{24.5}$$

显然,正向电流在固定外加电压下也是随着温度升高而增大的。

　　1.3　太阳能电池光照时的电流电压关系——光照特性

　　太阳能电池的光照特性是指太阳能电池在光照条件下的输出伏安特性。太阳能电池的性能参数主要有:开路电压 V_{oc}、短路电流 I_{sc}、最大输出功率 P_m、转换效率 η 和填充因子 FF。

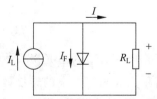

图 24.6　理想情况下太阳能电池
负载等效电路图

　　光生少子在内建电场的驱动下定向运动,会在 p-n 结内产生由 n 区指向 p 区的光生电流 I_L,光生电动势等价于加载在 p-n 结上的正向电压 V,它使得 p-n 结势垒高度降至 qV_D-qV。理想情况下,太阳能电池负载等效电路如图 24.6 所示,光照下的 p-n 结可看作一个理想二极管和恒流源并联,恒流源的电流即为光生电流 I_L,I_F 为通过二极管的结电流,R_L 为外加负载。该等效电路的物理意义是:太阳能

电池光照后产生一定的光电流 I_L，其中一部分用来抵消结电流 I_F，另一部分为负载的电流 I。由等效电路图可知：

$$I = I_L - I_F = I_L - I_s\left[\exp\left(\frac{qV}{k_0 T}\right) - 1\right] \tag{24.6}$$

一般情况下，对一个半导体二极管加正向偏压，空间电荷区的电场将变弱，但不可能变为零或反偏。光电流是少子形成的反向电流，即电子从 p 区流向 n 区，空穴由 n 区流向 p 区（见图 24.2(b)），因此太阳能电池的电流总是反向的。以下两种情况在太阳能电池光照特性分析中必须考虑。

① 负载电阻 $R_L = 0$，即加载在负载电阻上的电压也为零，p-n 结处于短路状态，此时光电池输出电流称为短路电流 I_{sc}，其满足

$$I_{sc} = I_L \tag{24.7}$$

即短路电流等于光生电流，它与入射光的光强 E_e 及器件的有效面积 A 成正比。

② 负载电阻 $R_L \to \infty$，即外电路处于开路状态，此时流过负载的电流为 $I = 0$。根据等效电路图 24.6 可知，光电流正好被正向结电流抵消，光电池两端电压 V_{oc} 就是所谓的开路电压，显然有

$$I = I_L - I_s\left[\exp\left(\frac{qV_{oc}}{k_0 T}\right) - 1\right] = 0 \tag{24.8}$$

因此，开路电压 V_{oc} 为

$$V_{oc} = \frac{k_0 T}{q}\ln\left(\frac{I_L}{I_s} + 1\right) \tag{24.9}$$

从上式可以看出，开路电压 V_{oc} 与入射光的光强的对数成正比，与器件的面积无关，与电池片串联的级数有关。

开路电压 V_{oc} 和短路电流 I_{sc} 是光电池的两个重要参数，实验中这两个参数分别为稳定光照下太阳能电池 I-V 特性曲线在电压、电流轴上的截距。在温度一定的情况下，随着光照强度 E_e 的增大，太阳能电池的短路电流 I_{sc} 和开路电压 V_{oc} 都会增大，但是随光强变化的规律不同：短路电流 I_{sc} 正比于入射光强度 E_e，而开路电压 V_{oc} 随着入射光强度 E_e 对数线性增加。基于太阳能电池的工作原理，开路电压 V_{oc} 不会随入射光强度增大而无限增大，它的最大值是使得 p-n 结势垒高度为零时的电压值，即太阳能电池的最大光生电压为 p-n 结的势垒对应的电势差 V_D，它是一个与材料带隙、掺杂水平等有关的值。实际情况下，最大开路电压值 V_{oc} 与 $\frac{E_g}{q}$ 相当。

太阳能电池是将光能转化为电能的能量转换器件。太阳能电池的转换效率 η 定义为最大输出功率 P_m 和入射光的总功率 P_{in} 的比值，即

$$\eta = \frac{P_m}{P_{in}} \times 100\% = \frac{I_m V_m}{E_e A} \times 100\% \tag{24.10}$$

其中，I_m、V_m 分别为最大功率点对应的最大工作电流、最大工作电压，E_e 为由光探头测得的光照强度（单位：W/m^2），A 为太阳能电池片的有效受光面积。太阳能电池的转换效率是非常最重要的参数。造成太阳能电池效率损失的原因主要有：电池表面的反射、电子和空穴在光敏感层之外由于复合而造成的损失，以及光敏层的厚度不够等因素。综合来看，单

晶硅太阳能电池的最大转换效率的理论值大约是40％。实际上,大规模生产的太阳能电池的效率还达不到理论极限的一半,只有百分之十几。

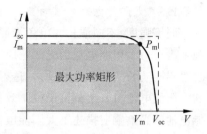

图 24.7　太阳能电池输出伏安曲线

太阳能电池的输出伏安特性曲线如图 24.7 所示,其中 I_m、V_m 在 I-V 关系中构成一个矩形,称为最大功率矩形。最大功率矩形取值点 P_m 的物理含义是太阳能电池最大输出功率点,即 I-V 曲线上横纵坐标乘积的最大值点。短路电流和开路电压也形成一个矩形,面积为 $I_{sc}V_{oc}$。填充因子 FF 定义为:

$$FF = \frac{I_m V_m}{I_{sc} V_{oc}} \tag{24.11}$$

即伏安曲线图形中两个矩形面积的比值。填充因子反映了太阳能电池可实现功率的度量,通常填充因子在 $0.5 \sim 0.8$,也可以用百分数表示。

1.4　温度对太阳能电池特性的影响

温度对半导体材料的性能有很大的影响,例如,温度会影响载流子的浓度、迁移率以及禁带宽度,因此温度对太阳能电池特性(包括开路电压 V_{oc}、短路电流 I_{sc} 及最大输出功率 P_m、填充因子以及工作效率)都有影响。温度特性是太阳能电池的一个重要指标。对于大多数太阳能电池,在入射光强不变的情况下,随着温度 T 上升,短路电流 I_{sc} 略有上升,开路电压 V_{oc} 则明显减小,转换效率降低。温度对短路电流的影响主要由于电子的跃迁:一方面,温度的升高减小了禁带宽度 E_g,使得更多光子激发电子跃迁;另一方面,温度的上升提供了更多的声子能量,在声子的参与下,增强材料对光子的二次吸收。随着温度的上升,光生电流增加,而暗电流的提高则使开路电压降低。不同厂家生产的电池片的温度系数(温度升高 $1^{\circ}\!C$ 对应参数的变化情况,单位为:$\%/^{\circ}\!C$)不同。非晶硅太阳能电池片输出伏安特性随温度变化如图 24.8 所示。

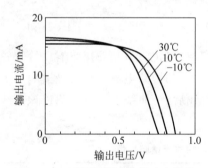

图 24.8　不同温度时非晶硅太阳能电池片的伏安特性

表 24.1 给出了太阳能标准光强($1000\ W/m^2$)下测得的单晶硅、多晶硅、非晶硅太阳能电池输出特性的温度系数。从表中可以看出,单晶硅与多晶硅转换效率的温度系数几乎相同,而非晶硅因为其禁带宽度较大,导致它的温度系数较低。

表 24.1　太阳能电池输出特性温度系数

温度升高 1℃各参数的变化情况(％/℃)				
种　　类	开路电压 V_{oc}	短路电流 I_{sc}	填充因子 FF	转换效率 η
单晶硅太阳能电池	-0.32	0.09	-0.10	-0.33
多晶硅太阳能电池	-0.30	0.07	-0.10	-0.33
非晶硅太阳能电池	-0.36	0.10	0.03	-0.23

1.5 太阳能电池光谱响应

同等强度、不同波长的单色光照射到太阳能电池板上,产生电子-空穴对的效率不同,宏观上表现为太阳能电池的光谱响应不同。不同波长光子的能量不同,同时太阳能电池板材料对不同波长的单色光的反射、透射、吸收系数皆有差异,以及由于载流子复合等因素造成的太阳能电池对光生载流子收集效率的不同等复杂原因,造成了这种光谱响应效应。太阳能电池的光谱响应描述了太阳能电池对不同波长的入射光的敏感程度,又称为光谱灵敏度,可分为绝对光谱响应和相对光谱响应。只有能量大于半导体材料禁带宽度的光子才能激发出光生电子-空穴对。一般来说,太阳能电池的光生电流 I_L 正比于光源的辐射功率 $\Phi(\lambda)$。太阳能电池的绝对光谱响应 $R(\lambda)$ 定义为:

$$R(\lambda) = \frac{I(\lambda)}{\Phi(\lambda)} \tag{24.12}$$

式中,$I(\lambda)$、$\Phi(\lambda)$ 分别是在入射光波长为 λ 时太阳能电池输出的短路电流和入射到太阳能电池上的辐射功率。

如果光探测器(经过标定)在某一特定波长 λ 处的光谱响应是 $R'(\lambda)$、短路电流为 $I'(\lambda)$,那么在相同的辐射功率 $\Phi(\lambda)$ 下测量太阳能电池输出电流 $I(\lambda)$,则有

$$\Phi(\lambda) = \frac{I'(\lambda)}{R'(\lambda)} = \frac{I(\lambda)}{R(\lambda)} \tag{24.13}$$

因此,太阳能电池的绝对光谱响应可以表达为

$$R(\lambda) = \frac{I(\lambda)}{I'(\lambda)} R'(\lambda) \tag{24.14}$$

其中,$R'(\lambda)$ 为标准光强探测器的相对光谱响应(见表 24.2),$I'(\lambda)$ 为光强探测器在给定辐照度下的短路电流,$I(\lambda)$ 为待测太阳电池片在相同辐照度下的短路电流。相对光谱响应等于绝对光谱响应除以其最大值。在得到绝对光谱响应曲线后,将曲线上的点都除以该曲线的最大值,就得到对应的相对光谱响应曲线。

表 24.2 标准光强探测器对应不同波长的相对光谱响应值

波长/nm	395	490	570	665	760	865	950	1035
相对光谱响应值	0.044	0.222	0.419	0.613	0.795	0.962	0.982	0.563

2. 燃料电池及电解池的基本结构和原理

2.1 燃料电池

质子交换膜(proton exchange membrane,PEM)燃料电池在常温下工作,具有启动快速、结构紧凑的优点,最适宜用作汽车或其他可移动设备的电源,其结构如图 24.9 所示。目前广泛采用以全氟璜酸质子交换膜为固体聚合物薄膜,其厚度为 0.05～0.1 mm,可以提供氢离子(质子)从阳极到达阴极的通道,而电子或气体不能通过。催化层是将纳米量级的铂粒子用化学或物理的方法附着在质子交换膜表面,厚度约 0.03 mm,对阳极氢的氧化和阴极氧的还原起催化作用。膜两边的阳极和阴极是由石墨化的碳纸或碳布做成的,厚度为 0.2～0.5 mm,导电性能良好,其上的微孔提供气体进入催化层的通道,又称为扩散层。燃

料电池为了提供足够的输出电压和功率,需将若干单体电池串联或并联在一起,流场板一般由导电良好的石墨或金属做成,与单体电池的阳极和阴极形成良好的电接触,也称为双极板,其上加工有可供气体通过的通道。进入阳极的氢气通过电极上的扩散层到达质子交换膜。氢分子在阳极催化剂的作用下电离为 2 个氢离子,即质子,并释放出 2 个电子,阳极反应为

$$H_2 = 2H^+ + 2e^-$$

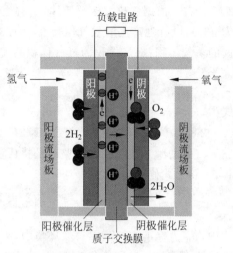

图 24.9　质子交换膜燃料电池结构示意图

氢离子以水合质子 $H^+(nH_2O)$ 的形式,在质子交换膜中从一个璜酸基转移到另一个璜酸基,最后到达阴极,实现质子导电。质子的这种转移导致阳极带负电。在电池的另一端,氧气或空气通过阴极扩散层到达阴极催化层,在阴极催化层的作用下,氧与氢离子和电子反应生成水,阴极反应为

$$O_2 + 4H^+ + 4e^- = 2H_2O$$

阴极反应使阴极缺少电子而带正电,结果在阴、阳极间产生电压。在阴、阳极间接通外电路,就可以向负载输出电能。总的化学反应如下:

$$2H_2 + O_2 = 2H_2O$$

在电化学中,失去电子的反应称为氧化反应,得到电子的反应称为还原反应。发生氧化反应的电极是阳极,发生还原反应的电极是阴极。对电池而言,阴极是电的正极,阳极是电的负极。

2.2　水的电解

在电解池中将水电解产生氢气和氧气,与燃料电池中氢气和氧气反应生成水互为逆过程。水电解装置同样因电解质的不同而各异,碱性溶液和质子交换膜是目前最好的电解质。若以质子交换膜为电解质,可在图 24.9 右边电极接电源正极形成电解的阳极,在其上发生氧化反应 $2H_2O = O_2 + 4H^+ + 4e^-$。左边电极接电源负极形成电解的阴极,阳极产生的氢离子通过质子交换膜到达阴极后,发生还原反应 $2H^+ + 2e^- = H_2$。即在右边电极析出氧,左边电极析出氢。燃料电池和电解池的电极在制造上有差别,燃料电池的电极应有利于气体吸纳,而电解池的电极需要尽快排出气体。燃料电池阴极产生的水应随时排出,以免阻塞气体通道,而电解池的阳极必须被水淹没。

理论分析表明,若不考虑电解池的能量损失,在电解池上加 1.48 V 的电压就可使水分解为氢气和氧气,实际由于各种损失,输入电压高于 1.6 V 电解池才开始工作。电解池的效率为

$$\eta_{电解} = \frac{1.48}{U_{输入}} \times 100\% \tag{24.15}$$

输入电压较低时能量利用率较高,但电流小,电解的速率低。通常,电解池输入电压在

2 V 左右。根据法拉第电解定律,电解生成物的量与输入电量成正比。在标准状态下(温度为 0℃),电解池产生的氢气保持在 101.325 kPa(1 atm),设电解电流为 I,则经过时间 t 生产的氢气体积(氧气体积为氢气体积的一半)的理论值为

$$V_{氢气} = \left(\frac{It}{2F} \times 22.4\right) \text{L} \tag{24.16}$$

式中,$F = eN = 9.65 \times 10^4$ C/mol,为法拉第常数,$e = 1.602 \times 10^{-19}$ C 为电子电荷量,$N = 6.022 \times 10^{23}$ 为阿伏伽德罗常数,$It/2F$ 为产生氢分子的摩尔(克分子)数,22.4 L 为标准状态下气体的摩尔体积。若实验时的摄氏温度为 T,所在地区气压为 p,根据理想气体状态方程,可将上式修正为

$$V_{氢气} = \left(\frac{273.16 + T}{273.16} \frac{p_0}{p} \frac{It}{2F} \times 22.4\right) \text{L} \tag{24.17}$$

式中,p_0 为标准大气压。自然环境中,大气压受各种因素的影响,如温度和海拔高度等,其中海拔对大气压的影响最为明显. 由国家标准 GB/T 4797.2—2017《环境条件分类　自然环境条件　气压》可知,海拔每升高 1000 m,大气压下降约 10%。

由于水的分子量为 18,且每克水的体积为 1 cm³,故电解池消耗的水的体积为

$$V_{水} = \left(\frac{It}{2F} \times 18\right) \text{cm}^3 = (9.33It \times 10^{-5}) \text{ cm}^3 \tag{24.18}$$

上式对燃料电池同样适用,只是其中的 I 代表燃料电池输出电流,$V_{氢气}$ 代表燃料消耗量,$V_{水}$ 代表电池中水的生成量。

2.3　燃料电池的输出特性

在一定的温度与气体压力下,改变负载电阻的大小,测量燃料电池的输出电压与输出电流之间的关系,可得如图 24.10 所示的曲线。电化学家将其称为极化特性曲线,可用电压作纵坐标,电流作横坐标。

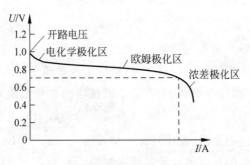

图 24.10　燃料电池的极化特性曲线

理论分析表明,如果燃料的所有能量都被转换成电能,则理想电动势为 1.48 V。实际燃料的能量不可能全部转换成电能,例如总有一部分能量转换成热能,少量的燃料分子或电子穿过质子交换膜形成内部短路电流等,故燃料电池的开路电压低于理想电动势。

随着电流从零增大,输出电压有一段下降较快,主要是因为电极表面的反应速度有限,当有电流输出时,电极表面的带电状态改变,驱动电子输出阳极或输入阴极,产生的部分电压会被损耗掉,这一段被称为电化学极化区。当输出电流继续增大时,输出电压开始线性下降,这主要是由电子通过电极材料及各种连接部件和离子通过电解质的阻力引起的,这种电

压降与电流成比例,被称为欧姆极化区。当输出电流过大时,燃料供应不足,电极表面的反应物浓度下降,使输出电压迅速降低,而输出电流基本不再增加,这一段被称为浓差极化区。

　　综合考虑燃料的利用率(燃料电池电流与电解电流之比)及输出电压与理想电动势的差异,可得燃料电池的效率为

$$\eta_{电池}=\frac{I_{电池}}{I_{电解}}\frac{U_{输出}}{1.48}\times100\%=\frac{P_{输出}}{1.48\times I_{电解}}\times100\%\tag{24.19}$$

　　在使用燃料电池时,应根据伏安特性曲线,选择适当的负载匹配,使效率与输出功率达到最大。燃料电池的输出功率相当于图 24.10 中虚线围出的矩形区。

【实验仪器】

1. 太阳能电池测量实验装置

　　太阳能测量实验系统主要包括氙灯电源、光源、测试主机、配套软件、USB 集成器及通信线、电池片试件和滤光片组,如图 24.11 所示。实验操作和显示由计算机软件完成。测量光路由氙灯光源、凸透镜、滤光片及温度可控的样品室构成,如图 24.12 所示。

图 24.11　太阳能电池测量实验装置系统图

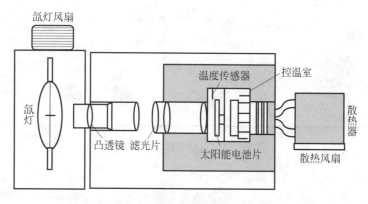

图 24.12　太阳能测量仪器构成示意图

　　测量主机面板如图 24.13 所示,电路部分包括温度控制电路和测试电路两个部分。温控电路控制太阳能电池样品室的温度(温度控制范围在 $-10℃\sim40℃$ 之间,温控间隔 5℃)。

测试电路用于测试太阳能电池样品的各种性能和参数,并将测量数据传送给计算机,由计算机进行数据的处理和显示。

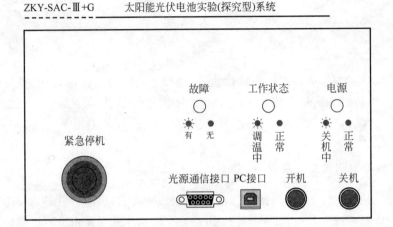

图 24.13　测试主机面板示意图

1.1　氙灯电源与氙灯光源

氙灯电源控制面板如图 24.14 所示。氙灯电源用于氙灯的点燃、风冷以及光源腔体内除湿。高压氙灯具有与太阳光相近的光谱分布特征,其光源功率为 750 W,出射光孔径为 50 mm。氙灯启动过程中要进行 3 min 的腔体除湿,防止因空气湿度过大氙灯不能正常启动。启动过程中,光强挡位必须放置在第 6 挡才能正常启动,否则仪器将发出报警声。

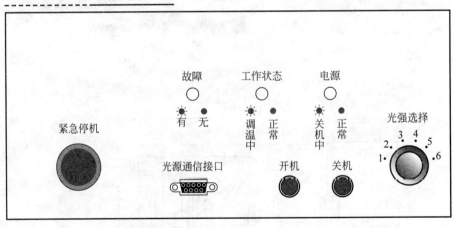

图 24.14　氙灯电源面板示意图

1.2　滤光片组及太阳能电池片组

滤光片用于研究在近似单色光作用下的太阳能电池的光谱响应特性。滤光片共 8 种,中心波长分别为 395 nm、490 nm、570 nm、665 nm、760 nm、865 nm、950 nm、1035 nm。

太阳能电池片组件包括单晶硅、多晶硅和非晶硅,均采用普通商用硅太阳能电池片,且为 5 级串联。单晶硅和多晶硅太阳能电池样品,有效受光面积均为 30 mm×30 mm,为 p-n

结构。非晶硅太阳能电池样品有效受光面积约为 30 mm×25 mm(注意:软件帮助信息中提到非晶硅的有效面积为 681 mm^2,实验过程中应该以操作说明书为准),为 PIN 结构。在光照特性实验中,光强探测器用于测定入射光强度,已通过标准光功率计进行校准,光强探测器的表面积为 7.5 mm^2。

1.3　微机软件

参见实验室软件操作说明书。

2. 燃料电池和电解池实验装置

质子交换膜电解池及燃料电池输出特性的测量装置如图 24.15 所示。质子交换膜必须含有足够的水分,才能保证质子的传导。但水含量又不能过高,否则电极被水淹没,阻塞气体通道,使得燃料不能传导到质子交换膜。为保持水平衡,电池正常工作时排水口打开。气水塔为电解池提供纯水(蒸馏水或去离子水),同时还可以储存电解池产生的氢气和氧气,为燃料电池提供燃料气体。每个气水塔都是上下两层结构,上下层之间通过插入下层的连通管连接,下层顶部有一个输气管连接到燃料电池。电解池工作时,产生的气体将汇聚在气水塔的下层顶部,通过输气管输出。若关闭输气管开关,气体产生的压力会使水从下层进入上层,而将气体储存在下层的顶部,通过管壁上的刻度可读出储存气体的体积。两个气水塔之间还有一个连通管,加水时打开连通管使两塔水位平衡,实验时切记关闭该连通管。

可变负载　　风扇　　燃料电池　　电解池

图 24.15　燃料电池及电解池综合实验仪

燃料电池及电解池实验的测试仪前面板图如图 24.16 所示,可测量电流、电压。测试仪恒流输出端口可向电解池提供恒定电流。

(1)区域 1—电流表部分:可作为一个独立的电流表使用。共有两个挡位: 2 A 挡和 200 mA 挡,可通过电流挡位切换开关选择合适的电流挡位测量电流。

(2)区域 2—电压表部分:可作为一个独立的电压表使用。共有两个挡位: 20 V 挡和 2 V 挡。

(3)区域 3—恒流源部分:为燃料电池的电解池提供一个从 0～350 mA 的可变恒流源。

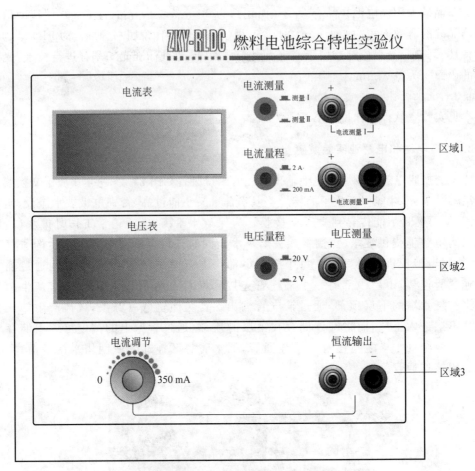

图 24.16　燃料电池及电解池测试仪前面板示意图

【实验内容】

1. 太阳能电池性能的测量

1.1　太阳能电池暗特性测量

实验在避光条件下进行,分别测量太阳能电池片在不同温度下(35℃、15℃和−5℃)的正向和反向伏安特性。测量原理图如图 24.17 所示,实验步骤如下。

① 打开测试主机,镜筒加遮光罩,将单晶硅电池片放入插槽,调节控温箱温度,将温度控制在 35℃,按图 24.17(a)连接电路,在太阳能电池片两端加 0~4 V 的电压,测量并记录太阳能电池两端的电流。

② 按图 24.17(b)连接电路,在太阳能电池片两端加 0~4 V 的电压,测量并记录流过太阳能电池的反向电流。

③ 观察单晶硅电池片在三个不同温度下的暗特性曲线,并说明 p-n 结的 I-V 曲线随温度如何变化,拟合正向偏压曲线,了解太阳能电池与理想 p-n 结的差异。

1.2　太阳能电池的光照特性测试

打开氙灯光源,取掉遮光盖,进行光照特性测量。

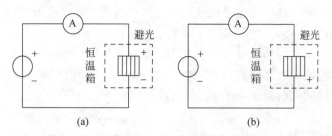

图 24.17 太阳能电池片正向和反向伏安特性测试原理图

(a) 正向；(b) 反向

(1) 单晶硅太阳能电池温度特性测试

① 将光强挡位固定在 5 挡(该挡位接近标准光强：1000 W/m²)，温度控制在 35℃，待温控箱的温度稳定 5 min 左右后测量单晶硅电池片的输出 I-V 特性。

② 将温度分别设置为 25℃、15℃、5℃ 和 −5℃，重复以上实验步骤。

③ 做出单晶硅在不同温度下的 I-V 特性曲线，并根据不同温度下测量的 I-V 特性曲线得到单晶硅电池片的短路电流 I_{sc} 及开路电压 V_{oc}。

④ 研究开路电压、短路电流和最大输出功率随温度的变化趋势。

(2) 单晶硅太阳能电池光强特性测试

① 将温度控制在 25℃，氙灯光源置于 1 挡，使用光强探测器测量此时的光强，测试成功后取出光强探测器，放入单晶硅电池片，记录单晶硅电池的 I-V 特性、开路电压、短路电流和最大输出功率，计算填充因子和转换效率。

② 依次调节光强挡位至 2～6 挡，重复以上步骤。

③ 根据不同光强 E_e 下测量的单晶硅电池片的开路电压 V_{oc}、短路电流 I_{sc} 和最大输出功率 P_m，绘制 V_{oc}-E_e、I_{sc}-E_e、P_m-E_e 关系曲线，并说明这些参数与光强之间的关系。

注：每次换挡过后需等光源稳定 5 min 以后再进行实验。

(3) 单晶硅太阳能电池光谱灵敏度测试

① 将温度控制在 25℃，氙灯光源置于 5 挡。插入光强探测器，加载 395 nm 滤光片，记录此时的光强探测器产生的电流 $I'(\lambda)$，将光强探测器换成单晶硅片，记录对应的短路电流 $I(\lambda)$。

② 将滤光片换成 490 nm、570 nm、665 nm、760 nm、865 nm、950 nm、1035 nm，重复以上步骤。

③ 计算单晶硅电池片的绝对光谱响应，再计算各自的相对光谱响应。

1.3 不同太阳能电池片的输出特性测试

温度控制在 25℃，氙灯光源置于 5 挡，测量单晶硅、多晶硅和非晶硅三种太阳能电池片的输出 I-V 特性，并比较三种电池片输出特性的异同。

2. 燃料电池和电解池的特性测试

2.1 测量质子交换膜电解池特性并验证法拉第定律

加入去离子水的水位应在气水塔的水位上限与下限之间。将恒流源输出端串联电流表后接入电解池，将电压表并联到电解池两端。关闭气水塔输气管止水夹，调节恒流源输出到最大(旋钮顺时针旋转),让电解池迅速地产生气体。当气水塔下层的气体达到一定量时,打开气水塔的输气管止水夹,排出气水塔下层的空气。如此反复 2~3 次后,气水塔下层的空气基本排尽,剩下的就是纯净的氢气和氧气了。根据表 24.3 中的电流大小,调节恒流源的输出电流,待电解池输出气体稳定后,关闭气水塔输气管。此时测量输入的电流、电压及产生一定体积的气体的时间,并记录于表 24.3 中。

表 24.3　电解池的特性测量

输入电流 I/A	输入电压/V	时间 t/s	电量 It/C	氢气产生量 测量值/L	氢气产生量 理论值/L
0.10					
0.20					
0.30					

计算氢气产生量的理论,与氢气产生量的测量值比较。当氢气产生量只与电量成正比,且测量值与理论值接近,而与输入电压与电流大小无关时,即验证了法拉第电解定律。

2.2　燃料电池的输出特性测试

使电解池输入电流保持在 300 mA,关闭风扇,打开燃料电池与气水塔之间的氢气氧气连接开关,让电池中的燃料浓度达到平衡值,将电压测量端接到燃料电池输出端,当电压稳定后记录开路电压值。将电流量程按钮切换到最大,可变负载调至最大,电流测量端与可变负载串联后接入燃料电池输出端,改变负载电阻的大小,记录输出电压及电流。所测得的数据记录于表 24.4 所示。

表 24.4　燃料电池输出特性的测量　　电解电流＝_____ mA

输出电压 U/V		0.90	0.85	0.80	0.75	0.70
输出电流 I/mA	0				
功率 $P=U×I$/mW	0				

当负载调小而电流增加时需要调节测量挡位。负载电阻突然调得很低时,电流会猛然升到很高,甚至超过电解电流值,在这种状态下燃料电池不稳定,重新恢复稳定需较长时间。为避免出现这种情况,输出电流高于 210 mA 后,每次调节减小电阻 0.5 Ω,输出电流高于 250 mA 后,每次调节减小电阻 0.2 Ω,待电流稳定以后记录电压、电流值。

实验完毕,关闭燃料电池与气水塔之间的氢气氧气连接开关,切断电解池输入电源。

【注意事项】

1. 氙灯光源机箱内有高压,非专业人员请勿打开,否则易造成触电危险。

2. 氙灯光源机箱表面温度较高,请勿触摸,避免烫伤。

3. 请勿遮挡氙灯光源机箱上下进出风口,否则可能造成仪器损坏。

4. 氙灯工作时,请勿直视氙灯,避免伤害眼睛。

5. 氙灯启动时,氙灯光强选择旋钮必须放到第 6 挡,否则可能无法点亮氙灯。

6. 若关机时,按下关机按钮 15 s 后,氙灯仍未熄灭,说明仪器出现故障,应按下紧急开关按钮。

7. 实验时请关闭主机顶盖,关闭顶盖时应注意安全,不要夹到手指。

8. 请勿遮挡主机机箱风扇进出风口,否则可能造成仪器损坏。

9. 主机温控开启后,若发现制冷腔散热器风扇未转动,应按下紧急开关按钮。

10. 太阳能电池板组件为易损部件,应避免挤压和跌落。

11. 光学镜头要注意防尘,注意不要刮伤表面;滤光片在强光下连续工作应小于30 min,否则将损坏。

【参考文献】

[1] 唐纳德 A N. 半导体物理与器件[M]. 赵毅强,姚素英,解晓东,译. 北京:电子工业出版社,2005.

[2] 施敏. 半导体器件物理与工艺[M]. 赵鹤鸣,钱敏,黄秋萍,译. 苏州:苏州大学出版社,2002.

[3] 刘恩科,朱秉升,罗晋生. 半导体物理学[M]. 6 版. 北京:电子工业出版社,2003.

[4] 张天喆,董有尔. 近代物理实验[M]. 北京:科学出版社,2004.

[5] 沙振舜,黄润生. 新编近代物理实验[M]. 南京:南京大学出版社,2002.

(陈　宏)

实验 **25** 多晶 X 射线衍射的物相分析及其应用

多晶 X 射线衍射分析是一种重要的物理化学实验方法,其技术应用已渗透到物理学、化学、生物学、医学、材料科学、天文学、工程技术等各个领域。本实验主要学习掌握多晶 X 射线衍射仪的原理和物相定性分析方法;熟悉 PDF 数据库的使用方法,了解物相分析及在实际生产和研究中的技术应用。

【思考题】

1. 为什么多晶 X 射线衍射物相分析中所用的 X 光是单色光?实现 X 射线的单色有哪些方法?

2. 对一定波长的 X 射线,哪些晶面的衍射对测量的 X 射线衍射谱有贡献?从衍射原理说明单晶材料的衍射谱和多晶材料的衍射谱有什么不同?

3. 物相分析的本质是什么?从 X 射线衍射谱能确定物质化学成分吗?

4. 如果实验测量出的衍射峰位置比理论值都偏大或偏小,说明测量时存在什么问题?

【引言】

多晶 X 射线衍射分析是一种重要的物理化学实验方法,有着广泛的应用:物相分析(根据晶体结构数据进行固态物质的物相组成分析,即物相定性分析及物相定量分析);测定晶态物质的晶体结构参数以及与之有关的物理常数或物理量(如晶体的密度、热膨胀系数、金属材料中的宏观应力等);精确测量物质微观结构的微小变化(研究薄膜的结构与性能的关系,催化剂的结构与催化性能的关系,研究亚微观晶粒的大小及其分布或晶粒中的缺陷等);材料结构分析;因此多晶 X 射线衍射分析在地质、矿产、冶金、陶瓷、建材、机械、化学、石油、化工、土壤、环保、药物、医学、考古以及罪证分析等领域都有应用。

本实验的目的是学习掌握多晶 X 射线衍射仪的原理和物相定性分析方法;熟悉 PDF 数据库的使用方法,了解物相分析及其在实际生产和研究中的技术应用。有关 X 射线的产生与 X 射线谱的相关知识,请参考本书"实验30 X 射线技术系列教学实验"。

【实验原理】

1. 布拉格方程

由于 X 射线的波长与一般物体中原子的间距同数量级,因此 X 射线成为研究物质微观结构的有力工具。当 X 射线照射到原子有序排列的晶体时,将被晶体内各原子中的电子所散射,发生类似于可见光入射到光栅时的衍射现象。由于晶体具有周期性结构,散射波中与原 X 射线波长相同的相干散射波互相干涉，在一些特定的方向上将互相加强，产生衍射线。晶体产生的衍射方向决定于晶体微观结构的类型（晶胞类型）及其基本尺寸（晶面间距，晶胞参数等）；衍射线的强度决定于晶胞中各组成原子的元素种类及其分布排列的坐标。

晶体的空间点阵可划分为一族平行而等间距的平面点阵 (hkl)，或称晶面。同一晶体不同指标的晶面在空间的取向不同，晶面间距 d_{hkl} 也不同。设有一组晶面族，间距为 d_{hkl}，一束 X 射线入射到此晶面族上，与晶面的夹角为 θ，如图 25.1 所示。图 25.1 中的晶面 1，2，3，…，间距为 d_{hkl}，相邻两个晶面上的入射 X 射线和反射线的光程差为：MB＋BN，而

$$MB = BN = d_{hkl} \sin\theta$$

即光程差为 $2d_{hkl} \sin\theta$。根据衍射条件，只有光程差为波长 λ 的整数倍时，相干散射波才能互相加强而产生衍射。由此得晶面族产生衍射的条件为：

$$2d_{hkl} \sin\theta_n = n\lambda \tag{25.1}$$

式（25.1）称为布拉格方程，式中 n 为 1、2、3 等整数，θ_n 为对应某一 n 值的衍射角，n 称衍射级数。布拉格方程是晶体学中最基本的方程之一，只有符合布拉格方程的条件才能发生衍射。关于布拉格方程，有以下两点说明：

① 由于 $\sin\theta \leqslant 1$，只有 $2d \geqslant \lambda$ 时才可能发生衍射，即在 $d < \lambda/2$ 的晶面族上不可能产生衍射线。

② 对 n 级衍射，布拉格方程可写成 $2(d/n)\sin\theta = \lambda$，即第 n 级衍射也可以在形式上看作某一晶面族的一级衍射，晶面族与原来的 (hkl) 晶面平行而间距为 d/n。按晶面指数的规定，这些晶面应该是 $(nhnknl)$。例如，(120) 晶面的 $n=2$ 的衍射可以看作是 (240) 晶面的 $n=1$ 的衍射。利用这种表示法，可将布拉格方程简化成 $2d\sin\theta = \lambda$。

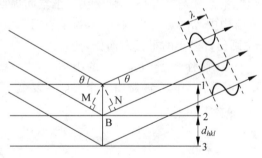

图 25.1　X 射线在晶面族上的衍射

2. X 射线衍射的强度

X 射线衍射的强度一般是指其"积分强度"，在理论上能够计算而实验上也能进行测量。在晶体衍射的记录图上，衍射仪记录图的强度曲线下面的面积，应该和检测点处衍射线功率成正比。在理论上将检测点处通过单位截面积上衍射线的功率定义为某衍射线的强度（绝对积分强度）。物质衍射线强度的表达式简单表示为

$$I = I_0 K \mid F \mid^2 \tag{25.2}$$

式中，I_0 为单位截面上入射单色 X 射线的功率；$\mid F \mid$ 称为结构因子，取决于晶体的结构以及单个晶胞内所含的原子的性质。在固体物理学中，晶体的结构因子表示为

$$F_{hkl} = \sum f_n \exp[2\pi i(hx_n + ky_n + lz_n)] \tag{25.3}$$

式中，f_n 是单胞中第 n 个原子的原子散射因子，(x_n, y_n, z_n) 是第 n 个原子的坐标，h、k、l 是所观测的衍射线的衍射指标，公式求和计算时需对单胞内所有的原子求和；K 是一个综合因子，对于指定的衍射线，它与实验时的衍射几何条件，试样的形状、吸收性质，温度以及一些物理常数有关。

由式(25.2)、式(25.3)可知，晶胞中原子的元素种类及其位置的分布排列影响晶体衍射的强度。在不同的晶体结构中，由于晶胞中原子分布不同，X 射线多晶衍射将呈现不同的消光规律，表 25.1 列出了几种常见晶体点阵的消光规律。

表 25.1   几种常见晶体结构的消光规律

点阵类型	出现的衍射	不出现的衍射
简单点阵	全部出现	无
面心点阵	h, k, l 为全奇或全偶	h, k, l 为奇偶混杂
体心点阵	$(h+k+l)$ 为偶数	$(h+k+l)$ 为奇数

如果仅考察试样在同一张衍射图样中各条衍射线之间的强度，则只需考察衍射线之间的相对强度，由于同一试样各个常数项对各条衍射线都相同，因此相对强度为

$$I_{相对} = \frac{1 + \cos^2 2\theta}{\sin^2 \theta \cos \theta} \mid F \mid^2 P \tag{25.4}$$

由此可以看出，物质对 X 射线的散射强度主要由散射角 θ，结构因子 F 和重复因数 P 决定。

3. 晶体结构的基本知识

固体分为三大类：晶体、准晶体与非晶体。原子在三维空间周期性地排列构成的固体是晶体。晶体点阵是晶体结构中等同点的排列阵式，为了表明点阵的排列方式，在点阵中画出许多小的平行六面体，使它的八个顶角各位于点阵中的一个点(简称阵点)上，这样的小平行六面体称为晶胞。整个点阵可以看作是同一晶胞沿三个方向重复排列而成，晶胞的形状用它的三个相交边的边长 a, b, c 和它们之间的夹角 $\alpha \langle b, c \rangle$，$\beta \langle c, a \rangle$，$\gamma \langle a, b \rangle$ 来表示，如图 25.2 所示。对立方晶系，$a = b = c$，$\alpha = \beta = \gamma = 90°$。

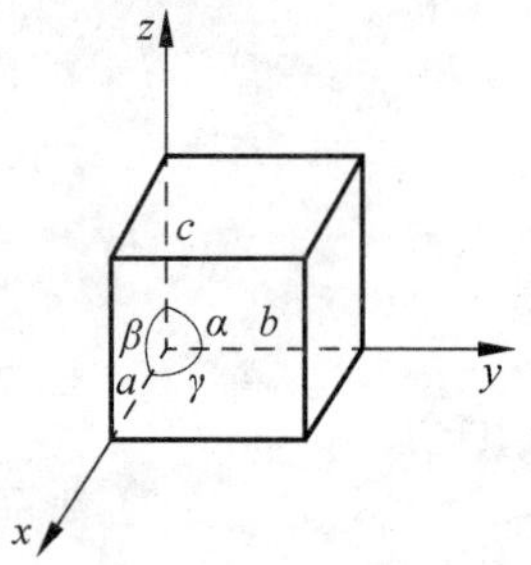

X 射线在晶体中散射时，处于同一平面上的原子(或分子)起着特殊的作用。不在同一直线上的任意三个阵点所决定的平

图 25.2   晶胞表示示意图

面称为晶面。每个晶面上都有大量的规则排列的阵点，并且把任何一个晶面等距、平行地重复排列，就可以得出全部点阵。这些彼此相同、等距平行的晶面称为晶面族。因此可以说一个点阵是由一个晶面族组成的。与晶胞相类似，在同一点阵中可以用许多不同的方式来确定晶面和晶面族。通常晶面用晶面指数或称密勒(Miller)指数来表示。取晶胞的一个顶点为原点，以它的三个通过原点的边 a, b, c 为坐标轴。晶面族中必有一个晶面通过原点，设与此晶面紧邻的另一晶面在三个坐标轴上的截点依次为 $a/h, b/k, c/l$。通常就按与 a, b, c 三边的相同顺序写成 (hkl)，用以表示这个晶面族，h, k, l 必定是三个整数，即为晶面指数。图 25.3 给出立方晶系几种常见的晶面。

晶面指数不仅可以表示出晶面取向，还可以用来计算相邻晶面间的垂直距离——晶面

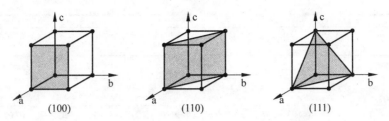

图 25.3　立方晶系中几种不同的晶面

间距。对于立方晶系，由于 $a=b=c$，

$$a=\sqrt{h^2+k^2+l^2}\,d \tag{25.5}$$

由此可知，当测出与 $(h\,k\,l)$ 晶面相应的晶面间距 d 以后，即可求出这种立方晶体的点阵常数 a。

4. 衍射谱的标定——定性物相分析

衍射谱标定就是要从衍射谱判断出试样所属的晶系、点阵晶胞类型、各衍射面指数并计算出晶胞参数，这就是定性物相分析。X 射线物相分析给出的结果，不是试样的化学成分，而是由各种元素组成的具有固定结构的物相，是区分物质同素异构体的有效方法。衍射谱的标定是晶体结构分析和晶胞常数测定的基础。每种晶体结构中可能出现的 d 值是由晶胞参数 $a,b,c,\alpha,\beta,\gamma$ 决定的，即晶胞参数决定了衍射的方向；$|F|^2$ 是晶胞内原子坐标的函数，由晶体结构决定；$|F|^2$ 决定了衍射的强度。因此晶体结构决定衍射线的 d 和 $|F|^2$，每种晶体结构与其 X 射线衍射图之间有着一一对应的关系，任何一种晶体都有自己独立的 X 射线衍射图，不会因与其他物质混聚在一起而产生变化。混合物的衍射图是其各组成物相衍射图的简单叠加，在混合物中某一物相的衍射线的强度与此物相的含量有关。这是用 X 射线衍射进行定性物相分析和定量测量的依据。

由国际组织"粉末衍射标准联合会"收集并整理出版世界各国所发表的各种有机、无机物质的粉末衍射卡片，简称 PDF 卡片（粉末泻射文件），专门用于晶体的物相分析。物相分析就是与这些衍射卡片比较，定性地确定待测物质的相组成。一般 X 射线衍射仪的计算机中都配有 PDF 卡片数据库，可用计算机检索，利用分析软件采用全谱比对，从 PDF 卡片中选出匹配待测样品图谱的卡片，使 X 射线物相分析更加方便、快捷、准确。

图 25.4 是从数据库中检索出来的 NaCl 样品的 X 射线粉末衍射卡。卡片中分别列出卡片号、该物质的分子式及矿物质名、物质的晶体学参数（晶系、点阵常数、晶轴夹角等）、该物质的全部衍射峰的晶面间距 d 值、相对强度以及对应的晶面指数 (hkl)。

定性物相分析实际上就是如何从 PDF 卡片数据库中找出与试样图谱的 d 值和强度的比值相符的卡片。定性物相分析的基本方法是：将试样的衍射图样与 PDF 卡片数据库中各种已知的衍射图样进行对比，样品的粉末衍射图与已知化合物的衍射图一一对应，即可确定物相组成：

（1）三强峰检索：首先从试样衍射图上 $2\theta<90°$ 的范围内，选出三个衍射强度最大的衍射峰，然后在计算机上用相应的软件程序对数据库进行检索，将检索结果中列出的卡片与实际衍射图谱进行一一比对，如果晶面间距 d 值和衍射峰相对强度都相符，便可确定样品的物相成分。

卡片号:5-628																			*

Na Cl
Sodium Chloride
Halite, syn

晶系: 等轴			S.G: Fm3m(225)		I/Icor		4.40
a: 5.6402	b:	c:	α:	β:	γ:		z: 4
晶胞体积: 179.43	分子量: 58.44	Dx: 2.163	Dm: 2.168				

颜色: Colorless

d(A)	I/Io	h	k	l	d(A)	I/Io	h	k	l	d(A)	I/Io	h	k	l	d(A)	I/Io	h	k	l
3.26000	13	1	1	1															
2.82100	100	2	0	0															
1.99400	55	2	2	0															
1.70100	2	3	1	1															
1.62800	15	2	2	2															
1.41000	6	4	0	0															
1.29400	1	3	3	1															
1.26100	11	4	2	0															
1.15150	7	4	2	2															
1.08550	1	5	1	1															
.996900	2	4	4	0															
.953300	1	5	3	1															
.940100	3	6	0	0															
.891700	4	6	2	0															
.860100	1	5	3	3															
.850300	3	6	2	2															
.814100	2	4	4	4															

图 25.4　粉末衍射卡示例(以 NaCl 为例)

（2）比对原则：试样衍射线的 d 值和相对强度与标准卡一致。一般而言，晶面间距 d 值比相对强度重要。较早的 PDF/JCPDS 卡片的实验数据有许多是用照相法测得的，相对强度随实验条件而异，目测估计误差也较大。待测物相的衍射数据与卡片上的衍射数据进行比较时，至少 d 值在实验误差范围内是一致的；各衍射线相对强度顺序与标准卡片上的强度顺序原则上保持一致。但当所用样品是薄膜或由于制备方法不同导致样品中晶粒有择优取向时，衍射峰的相对强度顺序会有所变化。

（3）当混合物中某相的含量很少时，或某相各晶面反射能力很弱时，它的衍射峰可能难于显现，因此，X 射线衍射分析只能肯定某相的存在，而不能确定某相的不存在。

常用的 X 射线物相分析软件为 Jade 分析软件，用它可以方便地对衍射谱图进行处理和分析，自动解释样品的粉末衍射数据。有关 Jade 分析软件的使用方法见实验室仪器使用说明书。需要说明的是，计算机分析软件的应用并不意味着可以降低对分析者工作水平的要求，它只能帮助人们节省查对 PDF 卡片的时间，给人们提供一些可供考虑的答案，正式的结论必须由分析者根据各种资料数据加以核定才能得出。用计算机解释衍射图时，对 $d\sim I$ 数据质量的要求更为严格。在进行物相鉴定的时候，有关样品的成分、来源、处理过程及其物理、化学性质的资料与数据对于分析结论的确定是十分重要的；高准确度的多晶衍射 $d\sim I$ 数据，也有助于准确确定物相，在解释一个未知样品的衍射图时，判断某物质的"标准"衍射数据能否与之"符合"的依据，有时并不是单纯根据数据的实验误差范围，考虑到被检出物相的结构化学特点，有时可以允许有较大的偏离。如果已知试样材料的化学组成，在测量出其衍射谱之后，可以很方便地利用计算机软件对衍射数据进行分析和处理。但对完全未知试样的衍射谱的标定是很困难和烦琐的。

图 25.4 中 NaCl 粉末衍射卡中晶面指数 (hkl) 要么全奇，要么全偶，这是由面心立方结构的原子消光规律决定的。根据立方晶系晶体结构的特点，利用布拉格衍射和晶面间距公式，即使没有粉末衍射卡，也可以对立方晶系的衍射谱根据有关理论知识进行人工标定。

标定步骤和方法是对衍射谱上各衍射峰按 θ 角从小到大的顺序，写出 $\sin^2\theta$ 的比值数列，然后根据数列特点来判断其晶体结构。根据布拉格方程和立方晶系晶面间距表达式，可

以写出

$$\sin^2\theta = \frac{\lambda^2}{4a^2}(h^2 + k^2 + l^2) \tag{25.6}$$

去掉常数项,可写出数列为

$$\sin^2\theta_1 : \sin^2\theta_2 : \cdots = (h_1^2 + k_1^2 + l_1^2) : (h_2^2 + k_2^2 + l_2^2) : \cdots \tag{25.7}$$

式中,$\sin^2\theta$ 的角下标 $1,2\cdots\cdots$就是实验数据中衍射峰角度从小到大的顺序编号。

从式(25.6)可以看出立方晶系数列特点:由于 h、k、l 均为整数,它们的平方和也必定为整数,即 $\sin^2\theta$ 的比值数列必定是整数比值数列,这就是判断试样是否为立方晶系的充要条件。在实际标定工作中,先测量衍射谱,计算 $\sin^2\theta$,写成比例数列形式,如果能找到一个公因数,乘以或除以此公因数,数列中各项能够得到整数比,则为立方晶系;反之,为非立方晶系。

再进一步判断,根据整数列的比值不同,可判断其是简单、面心或体心结构。简单立方由于不存在结构因子的消光,因此,全部衍射面的衍射峰都出现。$\sin^2\theta$ 比值数列应可化成

$$\sin^2\theta_1 : \sin^2\theta_2 : \cdots = 1:2:3:4:5:6:8:9:10:11:12:13:14:16:\cdots \tag{25.8}$$

按 θ 角从小到大,各衍射峰对应的衍射面指数依次为(100),(110),(111),(200),(210),(211),(220),(300),(310),(311),$\cdots\cdots$

体心立方中,$h+k+l$ 为奇数的衍射面不出现,因此,比值数列应可化成:

$$\sin^2\theta_1 : \sin^2\theta_2 : \cdots = 2:4:6:8:10:12:14:\cdots \tag{25.9}$$

对应的衍射面指数分别为(110),(200),(211),(220),(310),(222),(321),$\cdots$。

面心立方结构因为不出现 h,k,l 奇偶混杂的衍射面,因此比值数列应为

$$\sin^2\theta_1 : \sin^2\theta_2 : \cdots = 3:4:8:11:12:16:19:\cdots \tag{25.10}$$

相应的衍射面指数依次为(111),(200),(220),(311),(222),(400),(331),$\cdots$。

实验时这些衍射峰不一定全部出现,因为某个峰衍射强度较弱测不出来,标定时视具体情况而定。此外,任何方法都有局限性,有时 X 射线衍射分析时往往要与其他方法配合才能得出正确结论。例如,合金钢中常常碰到的 TiC、VC、ZrC、NbC 及 TiN 都具有 NaCl 结构,点阵常数也比较接近,同时它们的点阵常数又因固溶其他合金元素而变化。在此情况下,单纯用 X 射线分析可能得出错误的结论,应与化学分析、电子探针分析等相配合。

5. 定量物相分析

衍射强度与物相含量有一定的关系,可以用 X 射线进行物相的定量分析。X 射线定量物相分析是在已知物相类别的情况下,通过测量这些物相的积分衍射强度,来测量它们各自的含量。常用的定量分析方法有内标法、外标法、参比强度法等。不管用哪种方法进行定量分析都有一定的难度,因为它需要利用制定好的各种标准及多次重复安放样品,对仪器进行反复校准。

定量分析与定性分析不同,它所关心的不是整个衍射图样的形状,而是试样所包含的各个物相的某条衍射线的强度。选择物相中的衍射线时,应使它的强度尽量高,与其他衍射线的分离情况尽量好。同时,做定量分析时要注意两点:一是试样制作要极仔细,要使各相的颗粒足够细,混合足够均匀,以使所测数据能代表整个试样的情况;二是强度测量要极为精确,因为这是计算的依据。定量物相分析的方法很多,本实验介绍内标法和参考比强度法。

有兴趣的同学可以自己查阅文献资料做进一步的了解。

5.1 内标法

内标法是在试样中加进一定重量的标准物之后,根据待测相与标准物的衍射强度比,来确定两者的含量比。它是定量物相分析中一种常用的方法。

对于平板样品,设试样中的待测相为 α 相,其含量为 w_a。在试样中加进标准物后,α 相的含量降低为 w_a',而标准物的含量为 w_s,可按试样与标准物的配比计算得出,是已知量。

通过推导,有下列关系式成立

$$\frac{I_\alpha}{I_s} = K\frac{w_a'}{w_s} \tag{25.11}$$

式中,I_α、I_s 分别为 α 相和标准物的衍射线强度,可由实验测出。w_s 为已知量,只要知道 K 值,就能由实验结果计算出 w_a' 值。

K 值的获得方法有两种,一是利用任何已知物相成分的试样测出二相强度比以后,根据式(25.11)计算出 K 值;二是利用粉末衍射卡片库查询到 α 相和 s 相的参考强度比分别为 I_α/I_{cor} 和 I_s/I_{cor},则 K 值为

$$K = \frac{I_\alpha/I_{cor}}{I_s/I_{cor}} \tag{25.12}$$

如果设定试样的重量与标准物的重量之和为 1,则实际 α 相的含量 w_a 与 w_a' 之间的换算关系为

$$w_a = \frac{w_a'}{1-w_s} \tag{25.13}$$

内标法可以借用标准物来——测定试样中各个晶态相的含量。在测定某一物相的含量时只涉及该相的衍射线强度,而与其他相的衍射图样无关。即使试样中含有非晶态物质,也不妨碍内标法对试样中各个晶态的测量。

5.2 参考强度比 I/I_{cor}

从内标方程的应用可以看到,有可能也有必要建立一种标准化的比强度数据库以便随时都能够利用 X 射线衍射仪的强度数据进行物相的定量测定。现在 PDF 卡片已规定以刚玉(α-Al_2O_3)为参考物质,以各物相的最强线与刚玉的最强线的强度比 I/I_{cor} 为"参考强度比"(RIR),并将 RIR 列为物质的多晶衍射的基本数据收入 PDF 卡片中。虽然目前收集的 RIR 还不够丰富,但是 RIR 数据库的建立对广泛地应用多晶衍射进行物相定量分析是有很大意义的。根据 RIR 的定义,显然它可以由理论计算或通过实验直接测定得到。目前除刚玉外其他物质如红锌矿(ZnO),金红石(TiO_2),Cr_2O_3 和 CeO_3 也可以作为参考物质以供选择。对于不同参考物质的 RIR,均可换算成对刚玉的 RIR,因为这些参考物对刚玉的 RIR 都是已知的。X 射线衍射物相定量方法能对样品中各组成物相进行直接测定。

6. 晶胞参数的精确测定

晶体的点阵参数随晶体的成分和外界物理化学因素(如温度、压力等)的变化而变化。所以在很多研究工作中,例如测定固溶体类型与成分、相图中相界、热膨胀系数、密度、金属材料中应力的测定等,都需要精确测定点阵参数。

点阵参数的测量是间接测量,即直接测量衍射角 θ,由 θ 计算面间距 d,再由 d 计算点

阵参数。在 $\Delta\lambda$ 为 0 时,从布拉格方程的微分可以得到衍射角的测量误差 $\Delta\theta$ 与 d 值误差 Δd 的关系

$$\frac{\Delta d}{d} = -\Delta\theta\cot\theta \tag{25.14}$$

可以看出,$\Delta\theta$ 一定时,θ 角越大,Δd 越小,当 θ 接近 $90°$ 时,由 $\Delta\theta$ 产生的 Δd 也趋于零,即选用大角度衍射线,有利于晶胞参数的测量。在实际进行测定时,应当选择适当的 X 射线波长,使得样品能在背散射区域内有强度较高的线条可供测量。

衍射角测定中的系统误差有几方面的来源:一是物理因素带来的,如 X 射线折射的影响、波长色散的影响等;二是测量方法的几何因素产生的。系统误差可用如下方法进行校正。

(1) 用标准物质进行校正

利用晶胞参数已十分精确地测定过的"标准"物质做参考,将标准参考物质掺入被测样品中制成试片,应用它的精确已知的衍射角数据和实验数据进行比较,便可求得扫描范围内不同衍射角区域中的 2θ 校正值。

(2) 精确的实验测量辅以适当的数据处理方法

使用衍射仪时,应对样品台的偏心、测角仪 2θ 分度值等进行测量,确定其校正值;对测角仪要进行精细的校准;样品框的平面度(特别是金属框片)要严格检查;精心制备极薄的平样品;采用两侧扫描;实验在恒温条件下进行等。这样得到的实验数据可以避免较大误差的引入。在此基础上辅以适当的数据处理方法,可以进一步提高数据的准确性。修正晶胞参数的方法是图解外推法。

实际能利用的衍射线,其 θ 角与 $90°$ 总是有距离的,可通过外推法接近理想状况。例如,先测出同一物质的多根衍射线,并按每根衍射线的 θ 计算出相应的 a 值,再以 θ 为横坐标,以 a 为纵坐标,将各个点连接成一条光滑的曲线,再将此曲线延伸使其与 $\theta=90°$ 处的纵轴相截,截点即为精确的点阵参数值。

用曲线外推难免有主观因素掺入,故最好寻找另一个量(θ 的函数)作为横坐标,以使所画的各个点之间以直线关系连结。不过在不同的几何条件下,外推函数是不同的。尼尔森(J. B. Nelson)等用尝试法找到了外推函数

$$f(\theta) = \frac{1}{2}\left(\frac{\cos^2\theta}{\sin\theta} + \frac{\cos^2\theta}{\theta}\right) \tag{25.15}$$

它在很广的 θ 角范围内有较好的直线性。后来泰勒(A. Talor)等又从理论上证实了这一函数。通过解析或作图的方法外推将实验的每个晶面间距数据求得的晶胞参数值用最小二乘法回归成直线,求出相当于 $90°$ 处的 θ 数据计算得到的晶胞参数值(当 θ 为 $90°$ 时,误差趋近于零)。

另外,还可以用 X 射线衍射谱做材料的应力分析、织构分析、薄膜厚度测量、晶粒尺寸测量等,有兴趣的同学自己查阅资料,自主拓展学习。

【实验仪器】

物相分析的实验仪器为科研通用的 X 射线衍射仪。它由 X 射线发生器、测角仪及控制、衍射数据采集和处理分析软件、循环冷却水、微机等部分组成,其结构示意图如图 25.5 所示。

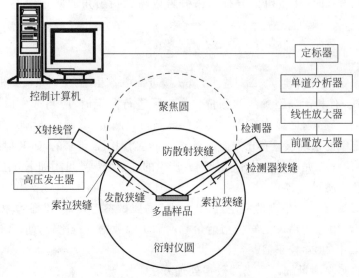

图 25.5　X 射线衍射仪结构示意图

1. X 射线发生器

X 射线发生器由 X 射线管、高压发生器、管压管流稳定电路、光闸控制、低压电源和各种保护电路等部分组成。X 射线管提供测量所用的 X 射线,其强度可调节。

X 射线管常用的阳极材料元素有 Mo、Cu、Fe、Co、Cr 五种,这些元素的特征射线波长正好在晶体衍射适用的范围内:0.071 nm(Mo K_α)至 0.228 nm(Cr K_α),其中以 Cu 和 Mo 为靶材的 X 射线管可以实现的功率最大(密封式最大功率≤2.5 kW)。本实验仪器使用 Cu 靶 X 射线管,其最大电流和电压分别为:30 mA 和 40 kV。Cu 的特征谱线波长为 $\lambda_{k\alpha_1} = 0.15405$ nm;$\lambda_{k\alpha_2} = 0.15444$ nm;$\lambda_{k\beta_1} = 0.13922$ nm。

一般选择 X 射线管的靶材原则是其 K_α 线不会被样品强烈地吸收,否则会使样品激发出很强的荧光辐射。根据样品的组成,所用的 X 光管阳极靶的原子序数比样品中最轻元素(钙以及比钙轻的元素除外)的序数小或相等,最多不能超过 1。例如 Fe 对铜靶 X 光管产生的特征 X 射线有强烈的吸收,分析含 Fe 样品时不能用铜靶 X 光管。

为保证实验的安全,一般 X 射线仪都配有安全保护电路,如辐射保护电路,只有当防辐射门关好时,X 射线管的高压电源才能启动,避免操作不当对实验者的辐射伤害。测量时,光闸门打开,同时点亮仪器上方的指示灯。冷却系统保护电路:当冷却系统工作不正常时,仪器将自动切断 X 射线管的高压。

2. 测角仪及其控制

测角仪是衍射仪的核心部件,是衍射仪最精密的机械部件,用来精确测量衍射角,由测角仪主体、光路系统和各种附件组成。测角仪常用的工作模式有两种:一是 $2\theta/\theta$ 耦合工作方式,即试样转 θ 角,探测器转 2θ 角;二是 θ/θ 耦合工作方式,即试样不动,X 光管转 θ 角,探测器转 θ 角。本实验仪器用 θ/θ 耦合工作方式。测角仪主体采用轴承转动结构,中心轴为样品轴,外层为带动计数器管架旋转的外套,它们是保证测角仪几何精度的重要组成单元。测角仪主体结构的设计原理是聚焦圆原理,其示意图如图 25.6 所示。

当一束 X 射线从 S 照射到试样上的 A、O、B 三点,它们的同一晶面族(hkl)的衍射线都聚焦到探测器 F,这样不管 X 射线所照射的试样面积有多大,其同指数的衍射线都汇聚于探测器,实现衍射线的聚焦,从而提高测量的灵敏度;同时因为测角仪圆的半径较大,因此它能分辨角度间隔很接近的衍射线,例如 K_{α_1} 和 K_{α_2} 在同一衍射面的双重衍射线,从而提高测量的分辨率。若入射 X 射线与样品平面的夹角为 θ,则圆周角 $\angle SAF = \angle SOF = \angle SBF = \pi - 2\theta$。设测角仪圆的半径为 R,聚焦圆半径为 r,根据图 25.6 中的衍射几何关系,可以求得聚焦圆半径 r 与测角仪圆的半径 R 的关系:

$$r = \frac{R}{2\sin\theta} \tag{25.16}$$

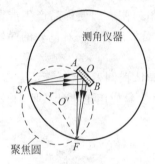

图 25.6　聚焦圆原理示意图

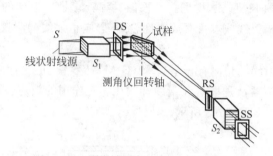

图 25.7　测角仪光路狭缝系统

S_1、S_2—索拉光栏;DS—发散狭缝光栏;RS—接收狭缝光栏;SS—防散射光栏

若测角仪圆的半径 R 固定不变,则聚焦圆半径 r 随 θ 的改变而变化。根据聚焦原理,测角仪应满足下列条件才能工作:X 射线管的焦点、样品表面、接收狭缝必须在同一衍射聚焦圆上,样品表面必须与测角仪主轴中心线共面;探测器、X 射线源同样品表面严格地保持 $1:1$ 的转动关系;样品表面应是平面,转动时始终保持与聚焦圆相切。因此放置测试样品时,保持样品的上表面平整并且与样品架的上表面在同一平面内是制样的关键,否则会造成测量角度的偏移。

测角仪的光路系统对 X 射线衍射谱的峰背比有比较大的影响。一般测角仪光路系统配有一套狭缝系统,分别设在射线源与样品和样品与检测器之间,如图 25.7 所示。X 射线经线状焦点 S 发出,为了限制 X 射线的发散,在照射路径中加入 S_1 索拉光栏限制 X 射线在高度方向的发散,加入 DS 发散狭缝光栏限制 X 射线的照射宽度。试样产生的衍射线也会发散,同样在试样到探测器的光路中也设置防散射光栏 SS、索拉光栏 S_2 和接收狭缝光栏 RS,这样限制后仅让聚焦照向探测器的衍射线进入探测器,其余杂散射线均被光栏遮挡。常规测量一般选择发散狭缝 1°、散射狭缝 1°、接收狭缝 0.2 mm 或 0.3 mm。如果增大发散狭缝或接收狭缝,X 射线衍射强度变大,分辨率降低,背景增加,峰背比降低。

测角仪的角度扫描范围、实验条件选择等通过计算机软件设置和控制。衍射仪采用“耦合扫描方式”连续地或逐点步进地对不同角度位置上 X 射线强度依次进行测量,得到 X 射线衍射谱。测角仪的角度测量准确度依仪器不同有所差别,其扫描速度也可以在一定范围内变动。

3. X射线的单色化及检测

粉末X射线衍射仪要求采用单色X射线进行工作,避免多色光产生复杂的多余衍射线,给物相分析带来困难。因为X光管产生的X射线带有"白色"的成分,波长有很宽的分布。

最简便的X射线单色化方法是滤波片法,其原理是选择滤波片的材料的K吸收边刚好位于X光管靶材的特征谱线之间,滤掉大部分K_β射线,保留K_α线,达到单色的目的。

本实验仪器用石墨单色器代替滤波片。石墨单色器被安装在接收狭缝的后面,对来自样品的衍射线进行单色化。其原理是用高度取向的石墨晶体作为分光晶体,经样品衍射的X射线照射到石墨晶体上会发生布拉格衍射,探测器的位置按布拉格衍射原理设计,获得严格单色的K_α射线,得到背底很低、峰高/背景比极佳的X射线衍射图。即使样品产生严重的荧光辐射线或本身具放射性,都不影响衍射线的测量,因此石墨单色器是一种高效的晶体单色器。

X射线的检测有盖革-米勒(G-M)计数管、正比计数管、半导体探测器、闪烁探测器等,这些探测器都是根据X射线和物质相互作用的效应设计的。本实验使用正比计数器,其原理示意图如图25.8所示。

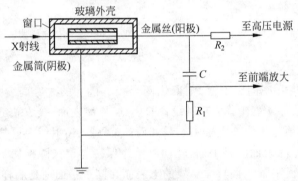

图25.8　正比计数器原理示意图

正比计数管由金属圆筒(阴极)与位于圆筒轴线的金属丝(阳极)组成。金属圆筒外用玻璃壳封装,内抽真空后再充稀薄的惰性气体,一端由对X射线高度透明的材料如铍或云母等做窗口接收X射线。当阴阳极间加上稳定的直流高压,没有X射线进入窗口时,输出端没有电压;当X射线从窗口进入,X射线使惰性气体电离,带正电的气体离子向金属圆筒运动,电子则向金属阳极丝运动,电子在运动过程中不断使气体分子电离,圆筒中将产生多次电离的"气体放大"现象,大量的电子涌向阳极,输出端有电流输出。阳极金属丝上电流通过负载电阻时,形成电压脉冲信号,脉冲信号经耦合电容输入到前置放大器进行放大。X射线强度越高,输出电流越大,脉冲峰值与X射线光子能量成正比,所以正比计数器可以可靠地测定X射线强度。

4. 数据采集和数据处理

衍射仪中X射线的强度用脉冲计数率表示,单位为每秒脉冲数(cps)。检测器在单位时间接收的光子数决定了检测器在单位时间输出的平均脉冲数,如果检测器的量子效率为

100％,而系统(放大器和脉冲幅度分析器等)又没有计数损失(漏计),那么 cps 数便是每秒光子数。计数率表的电路是一种频率-电压线性变换电路,它能把随机输入的脉冲平均计数率转换成与之成正比的直流电压模拟值,再通过计算机接收到 X 射线强度的变化,就得到了多晶样品 X 射线衍射图。

X 射线衍射仪的运行控制及衍射数据的采集和分析都是通过计算机软件以在线方式完成。计算机主机通过一个串口控制前级控制机,前级控制机根据主机的命令去执行操作衍射仪的各种功能程序,主机能以联机在线方式控制衍射仪的运行。当以在线方式工作时,操作者可在主机上输入各种衍射仪操作命令,屏幕实时地显示采集的数据和图谱。软件操作和使用详见实验室操作说明。

5. 测试样品要求

衍射仪的测试样品试样可以是金属,非金属的块、片或粉末样品。如果测量过程中试样不动,则样品可以是液体。因为测角仪的样品台与测角仪主轴连接,配备的样品板开有凹槽或通孔便于放置不同的测试样品。样品板的上表面在测角仪的样品台上与测角仪共面,保证工作时衍射的聚焦条件。因此,放置测试样品时,保持样品的上表面平整并且与样品架的上表面在同一平面内是制样的关键,否则会造成测量角度的偏移。试样对晶粒大小、试样厚度、择优取向、应力状态和试样表面平整度等都有一定要求。

粉末样品的颗粒度对 X 射线的衍射强度以及重现性有很大的影响。颗粒越大,则参与衍射的晶粒数就越少,还会产生初级消光效应,使得强度重现性较差。衍射仪用试样颗粒大小要适宜,一般 $1\sim5\ \mu m$ 最佳。粉末粒度也要在这个范围内,一般要求能通过 325 目的筛子为合适。由于 X 射线的吸收与其质量密度有关,要求样品制备均匀,否则严重影响定量结果的重现性。

【实验内容】

1. 制作测量样品:试样制备良好是获得正确衍射信息的必要条件。作为衍射仪的试样,只有其中晶粒的(hkl)面平行于试样表面时,才对测得的(hkl)衍射线强度有贡献。同时,X 射线仅能穿透试样的表面层,所以制作试样时主要注意的问题是晶粒大小(约 $2\ \mu m$)、试样厚度、避免择优取向和加工应变、表面平整等。

2. 测量 Si 的 X 射线衍射谱,先用 Jade 软件寻峰保存,将实验测量数据与数据库中卡片数据对比,判断仪器测量数据正确。再用 Jade 软件做物相分析,学习多晶 X 射线衍射仪的基本原理和实验操作。

3. 分别测量 NaCl 单晶和 NaCl 多晶的 X 射线衍射谱图,并对测量的衍射谱进行标定分析,比较两者异同并解释其原因,计算 NaCl 的晶格常数。

4. 测量 Cu,Mo 等金属样品的衍射谱,根据原理对其衍射峰的晶面指数进行人工标定,分析面心立方晶体和体心立方晶体在 X 射线衍射时的指数特征和消光规律。再利用软件分析结果及卡片数据进行比较。

5. 分别测量石墨烯、石墨、金刚石粉的 X 射线衍射图谱,先用软件对它们做物相分析,再寻峰标定晶面指数,分析它们晶体结构的异同,了解物相分析的本质。

6. 掌握定性物相分析方法,测量混合物(实验室给定的两种白色粉末)的 X 射线衍射谱,对混合物的成分进行定性物相分析。

7.（选做）测量不同晶粒度的多晶金刚石粉末的衍射谱,计算其晶粒大小,并分析衍射峰形状与晶粒尺度的关系。

8.（选做）设计实验,测量薄膜样品的晶粒大小、取向、厚度及应力。

9.（选做）设计实验,测量纳米材料和介孔材料的 X 射线衍射谱,分析其特点和应用。

10.（选做）设计实验,对混合物的物相成分做定量分析。

【注意事项】

1. 开机顺序：先开循环冷却水（Run）,再开衍射仪,最后开计算机控制软件。若不开冷却水,会烧毁 X 射线管。

2. 本实验仪器中,X 射线管的最大电压为 40 kV,最大电流为 30 mA；但在软件中设置测量参数界面中所给管电压和电流的范围远大于该管的额定值,因此在参数设置时务必注意 X 射线管的电压和电流不能超过 40 kV 和 30 mA,否则会损坏 X 射线管。

3. 一般物相分析设置测量起始角大于或等于 10°,终止角度不超过 120°。

4. 测量样品表面平整且与仪器基准面在同一平面内,否则会造成测量误差。

5. 测量时将仪器门锁好,防止 X 射线辐射。X 射线出射窗闸门在测量时自动打开,测量结束闸门自动关闭。更换样品时关掉高压。

6. 关机：关高压,退出程序,关衍射仪,关高压 10 min 后关冷却水。

【参考文献】

[1] 何元金,马兴坤. 近代物理实验[M]. 北京：清华大学出版社,2003.

[2] 范雄. X 射线金属学[M]. 北京：机械工业出版社,1980.

[3] 王英华. X 光衍射技术基础[M]. 北京：原子能出版社,1993.

[4] 马世良. 金属 X 射线衍射学[M]. 西安：西北工业大学出版社,1997.

[5] 熊俊. 近代物理实验[M]. 北京：北京师范大学出版社,2007.

（王合英　孙文博）

第4部分
等离子体物理

实验 26　直流辉光等离子体气体放电

低压气体一旦被电离,变成等离子体,它的性质就会发生质的突变,最明显的外部特征的改变就是具有了发光和导电能力。这是由于自由电子从电场中获得了足够多的能量,以至于与气体分子、原子碰撞时有可能使其激发、电离造成的,电子也因此具有很高的温度。测量电子温度并研究不同实验条件对它的影响,可以加深对等离子体气体放电理论的理解。

【思考题】

1. 高温等离子与低温等离子的激发方式有什么不同?
2. 热平衡态等离子与非热平衡态等离子的区别是什么?
3. 辉光放电后,整个放电管中各放电区是否都是电中性的?
4. 电子从电场中获得能量的多少与什么因素有关? 它们的关系是什么?
5. 什么是二次电子发射? 阴极材料的不同对直流辉光气体放电有无影响?
6. 击穿电压与 pd 的关系曲线大致是什么样的? 为什么?
7. 同一放电管内,不同气体在相同压强下的击穿电压是否一样? 为什么?
8. 磁场对电子温度有无影响? 为什么?

【引言】

等离子体是由电离的导电气体组成,其中包括六种典型的粒子:电子、正离子、负离子、激发态的原子或分子、基态的原子或分子以及光子。事实上等离子体就是由上述大量正负带电粒子和中性粒子组成的,并表现出集体行为的一种准中性气体,也就是高度电离的气体。无论是部分电离还是完全电离,其中的负电荷总数等于正电荷总数,所以叫等离子体。等离子体是继固体、液体、气体之后物质的第四种聚集状态,在宇宙中,99%的物质是以等离子体状态存在的。等离子体有别于其他物态的主要特点是其中长程的电磁相互作用起支配作用,等离子体中粒子与电磁场耦合会产生丰富的集体现象。等离子体技术是一个关系国家能源、环境、国防安全的重要技术,气体放电是产生等离子体的一种常见形式,在低温等离子体材料表面改性、刻蚀、化学气相沉积、等离子体发光等方面有广泛的应用,同时也是实验室等离子体物态特性研究的重要对象。

本实验的目的是通过对辉光等离子体在不同实验条件下的伏安曲线的测量,理解直流辉光等离子体的放电机理,学习朗缪尔双探针测量等离子体参数的原理及使用方法。

【实验原理】

1. 等离子体的基础知识

等离子体被定义为包含大量正负带电粒子,而又不出现净空间电荷的电离气体。等离子体的分类方法有很多,具体分类方法如下。

(1) 按等离子体的产生可分为:①自然等离子体;②实验室等离子体。

(2) 按等离子体电离程度分为:①强电离等离子体;②部分电离等离子体;③弱电离等离子体。

(3) 按等离子体焰温度分为:①高温等离子体,它是指温度相当于 $10^8 \sim 10^9$ K 完全电离的等离子体,如太阳、受控热核聚变等离子体。高温等离子体的激发方式是依靠高能粒子之间发生的碰撞导致粒子电离,如图 26.1(a)所示;②低温等离子体,它又包含热等离子体和冷等离子体两种。①热等离子体的特点是具有稠密高压(101.325 kPa(1 atm)以上)、温度为 $10^3 \sim 10^5$ K,如电弧、高频和燃烧等离子体。②冷等离子体的特点是电子温度高($10^3 \sim 10^4$ K,注意电子温度与气体温度是不同的概念)、气体温度低,如稀薄低压辉光放电等离子体、电晕放电等离子体、介质阻挡放电等离子体、索梯放电等离子体等。低温等离子体的激发方式是依靠高能电子与低能的中性粒子碰撞使其电离,如图 26.1(b)所示。

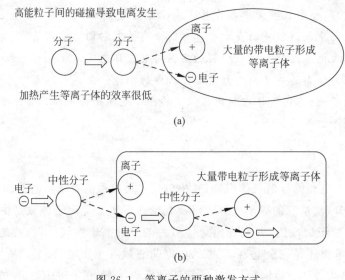

图 26.1　等离子的两种激发方式
(a) 加热气体到高温；(b) 气体放电

(4) 按等离子体所处的状态分为:①热平衡态等离子体,它具有气体压力较高,电子温度与气体温度大致相等的特点,如常压下的电弧放电等离子体和高频感应等离子体;②非热平衡态等离子体,它具有在低气压下或常压下,电子温度远远大于气体温度的特点,如低气压下直流辉光放电和高频感应辉光放电、大气压下介质阻挡放电等。

等离子体有一系列不同于普通气体的特性。

(1) 高度电离,是电和热的良导体,具有比普通气体大几百倍的比热容。

(2) 带正电的和带负电的粒子密度几乎相等。

（3）宏观上是电中性的。

描述等离子体的主要参量有：

（1）等离子体温度：温度是各种粒子热运动的平均量度，对于低温非平衡等离子体，电子、离子可以达到各自的平衡态，故要用双温模型予以描述。一般用 T_i 表示离子温度，T_e 表示电子温度，电子温度比离子温度高得多。

（2）等离子体密度：单位体积内某带电粒子的数目。n_i 表示离子浓度，n_e 表示电子密度。在等离子体中 $n_e \approx n_i$。

2. 气体放电的基本物理过程

电流通过气体的现象称为气体放电，气体放电可以采用多种能量激励形式，其中直流放电是常用的一种。气体放电的总过程是由一些基本过程如激发、电离、消电离、迁移、扩散等构成的，这些基本过程的相互制约决定了放电的具体形式和状态。

2.1　激发

有一定动能的电子碰撞气体分子时，有时能导致原子外壳层电子由原来能级跃迁到较高能级，这个现象被称为激发，被激发的原子称为受激原子。要激发一个原子，使其从能级为 E_1 的正常状态跃迁到能级为 E_m 的状态，电子就必须给予（$E_m - E_1$）的能量，这个能量所相应的电位差设为 V_e，则有

$$eV_e = E_m - E_1 \tag{26.1}$$

电位 V_e 称为激发电位。实际上，即使电子能量等于或高于激发能量，碰撞也未必都能引起激发，而是仅有一部分能引起激发，引起激发的碰撞数与碰撞总数之比称为激发概率。受激发后的原子停留在激发状态的时间很短暂（约为 10^{-6} s），便从能量为 E_m 的状态回复到能量为 E_1 的正常状态，并辐射出能量为 $h\nu$（h 为普朗克常数，ν 为辐射频率）的光量子。气体放电时伴随有发光现象，主要就是由于这个原因。

2.2　电离

电子与原子碰撞时，若电子能量足够高，还会导致原子外壳层电子的脱落，使原子成为带正电荷的离子。与激发的情况类似，电子的动能必须达到或大于某一数值 eV_s，碰撞才能导致电离。V_s 称为电离电位，其大小视气体种类而定。同样，即使电子能量高于电离能，碰撞也仅有一部分能引起电离。引起电离的碰撞次数与总碰撞次数之比，称为电离概率。气体分子或原子 G^0 的电离过程如下：

$$e^- + G^0 \longrightarrow G^+ + 2e^-$$

电离过程中产生的气体离子 G^+ 成为等离子体的一部分，产生的新的电子再被电场加速获得能量，进一步电离气体中的原子、分子产生更多的带电粒子，这个过程称为电子的增殖过程。

2.3　消电离

已电离的气体，还是有逐渐恢复为中性气体的趋势，这称为消电离。消电离的方式有三种：①电子先与中性原子结合成为负离子，然后负离子与正离子碰撞，复合成为两个中性原子；②电子和正离子分别向器壁扩散并附于其上，复合后变为中性原子离去；③电子与正离子直接复合。

2.4 迁移

在电场作用下,带电粒子在气体中运动时,一方面沿电力线方向运动,不断获得能量;另一方面与气体分子碰撞,作无规则的热运动,不断损失能量。经若干次加速碰撞后,它们便达到等速运动状态,这时其平均速度 u 与电场强度 E 成正比

$$u = KE \tag{26.2}$$

式中,系数 K 称为迁移率。对于离子, K 是一个常数;对于电子,它并不是一个常数,但与电场强度 E 有关。

2.5 扩散

当带电粒子在气体中的分布不均匀时,就会出现沿浓度递减方向的运动,这称为扩散。带电粒子的扩散类似于气体的扩散,也有自扩散和互扩散两种。

3. 稀薄气体产生的辉光放电

在放电管两电极之间施加电压时,逐步增加电压到某个值时就会发现气体导电并发光了,形成了直流辉光放电等离子体。典型的气体放电伏安特性曲线如图 26.2 所示。

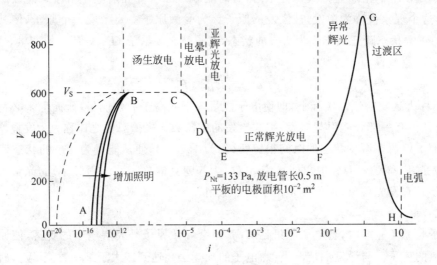

图 26.2　气体放电伏安特性曲线

在放电管中,由于宇宙射线辐射引起的自然电离,气体中总会存在着少量自由电子,它们的速度符合统计分布规律。这些自由电子在电场中被加速从而获得能量,所获能量 E_e 为

$$E_e = e\lambda E \propto V/(pd) \tag{26.3}$$

其中, E 为电场强度; λ 为气体分子平均自由程; p 为气体压强; V 为外加电压; d 为两电极间距。获得动能的电子在运动中与气体中的原子、分子发生碰撞。当施加的电压较小时,电子从电场中获得的能量很小,几乎不可能激发或电离气体分子、原子,也就不会产生新的离子。在外加电场的作用下,这些自由电子的定向运动形成电流,因此电流数值非常小。

继续提高电压,已有部分电子的动能达到了气体分子的电离能,因此碰撞可导致气体部分被电离,并造成电子数呈现雪崩式的增加,此时电流会呈指数关系上升,电压较高但电流不大。汤生放电不仅包括发生在空间的气体电离过程,而且包括发生在电极表面的过程:被电场加速的离子撞击阴极引起阴极的二次电子发射,二次电子接着碰撞电离气体中的中

性原子而产生更多的电子和离子。这样电离出的电子和离子分别被向着阳极和阴极加速，通过碰撞产生更多的电子和离子。产生的电子和离子可能在空间复合，或在器壁和电极表面上复合而从等离子体中消失。但此时电子和离子增加数小于等离子体中消失的电子和离子数，因此是非自持放电，放电管中也无明显的电光。

再继续提高电压，更多的电子从电场中获得的能量可以达到气体的电离能，发生电离碰撞的概率更大。当电压足够高时，二次电子发射产生的电子数量足以补偿损失的电子，气体进入了自持放电过程（电子和离子增加数等于等离子体中消失的电子和离子数）。此时电压不但不增高反而下降，气体因电离而电阻减小，通过放电管的电流增加很快。这时，气体被电击穿，变成了导电流体，同时发出耀眼的电光，放电转为辉光放电。产生辉光放电所需的最小电压阈值称为击穿电压（V_b）。在放电功率较低时，放电只覆盖阴极边缘部分。随着功率的升高，电流增大，放电扩展到整个阴极表面，但放电电流密度是一个常数，因此管压不变（正常辉光放电）。此过程非常短暂，在实验中无法观察到。当整个阴极表面都用于发射电子以后（即 F 点以后），如还继续加大电流的话，阴极电流密度就必须增加，会造成管压升高，此时就进入异常辉光放电阶段（即 FG 段）。

当管压升高到 G 点，放电电流继续增大，由于阴极温度升高而转入热电子发射。此时管内自由电子数目大大增加，这样就造成管压大幅降低，电流迅速增加。在一般情况下，放电管呈现负阻效应，此时放电将转入较强的弧光放电区域，即 GH 段。

经典的直流低气压放电在正常辉光放电区的放电特性如图 26.3 所示。辉光放电时，从阴极到阳极，辉光的光强度分布是不均匀的，基本上可以划分为八个区域，即阿斯顿暗区、阴极辉光区、阴极暗区、负极辉光区、法拉第暗区、正柱区、阳极暗区和阳极辉光区。

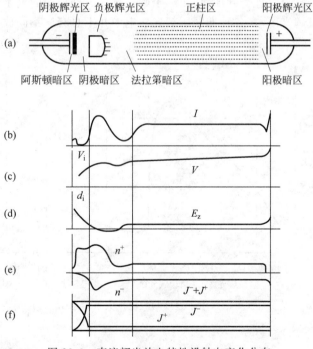

图 26.3　直流辉光放电特性沿轴向变化分布

（a）放电管中的放电区示意图；（b）光强；（c）电位分布；（d）电场强度；（e）净空间电荷；（f）电流密度

阿斯顿暗区是紧靠阴极的极薄区域,电子刚从阴极发出,能量很小,不能使气体分子电离和激发,因而没有发光。电子经过阿斯顿暗区被电场加速,具有了较大的能量,当部分电子遇到气体分子时会激发气体分子使其辐射发光,形成阴极辉光区。其他电子经过阴极辉光区时没有和气体分子碰撞,因此积累了较大的能量,但过高能量的电子激发气体分子发光的概率反而减小,因此形成阴极暗区。这三个区总称为阴极位降区。阴极位降区较暗,不发光,其区域宽度之和称为阴极位降区长度,阴极位降区是维持辉光放电不可缺少的条件。辉光放电时阴阳两极之间各区的电压降并不均匀,大部分源电压是在阴极位降区陡降,电场强度很大,而其他区电压降比较平稳。正是由于这个原因,辉光放电后,降电压时,即使当放电管所加电压低于 V_b,从阴极发射出来的电子在阴极位降区被加速,也有可能获得大于气体分子电离能的动能,从而维持放电。

电子在阴极位降区被加速,与负极辉光区中的原子或分子发生碰撞,使其激发或电离,在负极辉光区产生强爆发。负极辉光区是整个放电管中最亮的区域,其中电场相当低,几乎全部电流由电子运载。经过负极辉光区后,电子的能量变得较低,以至没有足够的能量再去激发原子或分子,因此形成法拉第暗区。在这个区域里,电子能量很低。净空间电荷很低,轴向电场也很小。

在正柱区,电场基本上是均匀的,且电子的密度与离子的密度近似相等,因此也称为等离子体区,其作用就是传导电流。正柱区的场强比阴极区小几个数量级,这种电场的大小刚好足以在它的阴极端保持所需的电离度。因此在该区域中带电粒子主要是无规则的随机运动,发生大量的电离碰撞。空气中正电柱等离子体是粉红色至蓝色。在不变的压强下,随着放电管长度的增加,正电柱变长。正电柱是一个长的、均匀的辉光,除非触发了自发不动的或运动的辉纹,或产生了因扰动引发的电离波。

接近阳极,电子被吸引且受到加速,而离子则被排斥。被加速的电子仍能激发原子或分子,形成发光的阳极辉光区,在各种低气压辉光放电中并不总有。不同放电区电子速度大小的示意图如图 26.4 所示。

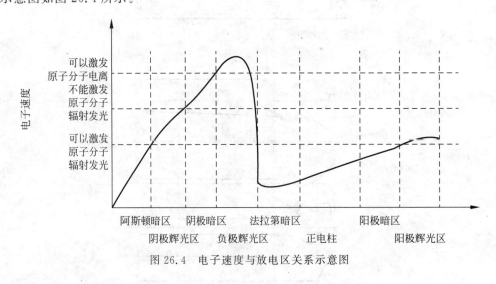

图 26.4 电子速度与放电区关系示意图

4. 帕邢定律

气体放电击穿电压 V_b 是指放电开始击穿所需的最低电压。气体放电击穿是一复杂过程,通常都是由电子雪崩开始,从初级电子电离相继在串级电离过程中增值。一旦放电电压足够大时,电流就从非自持达到了自持过程,也就是发生了电击穿。帕邢在汤生提出气体放电击穿理论之前便在实验中发现了在一定的放电气压范围内,气体放电击穿电压 V_b 与气压 p 和极间距离 d 的关系,即

$$V_b = f(pd) \tag{26.4}$$

上式表明,在其他实验条件(如磁场等)不变的情况下,某一特定气体的击穿电压仅仅依赖于气压 p 和极间距离 d 的乘积,这一现象被称为帕邢定律。并且还可证明:存在一个 pd 值,此时气体放电的击穿电压最小,当 pd 值增加或减小,都会使得击穿电压增大。从定性分析的角度来说,当压强过低或电极间距很小时,阴极发射的二次电子与气体分子没有发生碰撞就到达阳极,电离效率较低,因而击穿电压较高。如果压强过高,电子和气体分子频繁碰撞而损失了能量,电子在两次碰撞之间难以积累起足够的能使气体分子电离的能量,因此,击穿电压增大。只有在适当的 pd 乘积之下,电子既能够与分子碰撞,又能积累起足够的能量使得气体分子发生电离,此时击穿电压会出现最小值。

5. 等离子体诊断

测试等离子体的方法被称为诊断,它是等离子体物理实验的重要部分,有探针法、霍尔效应法、微波法、光谱法等。静电探针也称朗缪尔探针,是一种最早用来测试等离子体特性的工具之一。由于它的结构简单,用途广泛,至今仍被人们所使用。实际上,探针就是一根金属丝,除了顶端外,其余部分是用绝缘材料包起来的。由于电子的热运动速度远大于离子的热运动速度,因此当探针插入到等离子体中时,电子首先到达探针的表面,这样,探针的表面电位是负的。当接上外界电源之后,探针上面就有电流通过。通过测量探针的伏安曲线(V-I),即可以确定出等离子体的密度 n_0 和电子温度 T_e。

探针法主要有单探针法和双探针法,本实验中用的是双探针法(见图 26.5)。在与放电管电场方向垂直的横截面内,有两个金属探针,因此在探针两端施加一个小的电场,不会对等离子的状态产生影响。双探针法有一个重要的优点,即流到系统的总电流绝不可能大于饱和离子电流。这是因为流到系统的电子电流总是与相等的离子电流平衡,从而探针对等离子体的干扰大为减小。

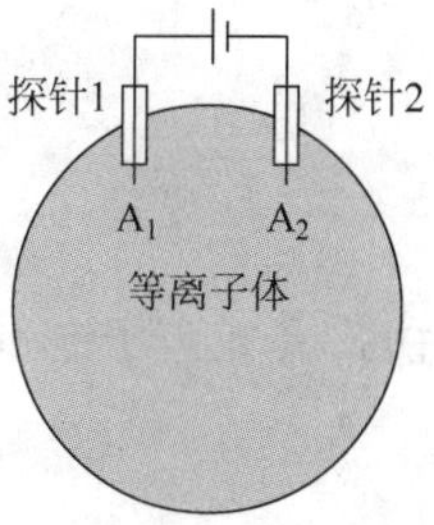

图 26.5　双探针法 V-I 测量原理图

双探针法的工作原理如下:

设探针 1 和 2 的面积分别为 A_1, A_2,电位为 V_1, V_2,电压 $V = V_1 - V_2 \geqslant 0$。流过探针 1,2 的离子和电子电流分别为:$i_{1+}$, i_{1-}, i_{2+}, i_{2-}。

对于双探针有:

$$i_{1+} + i_{1-} + i_{2+} + i_{2-} = 0 \tag{26.5}$$

则从 2 流入 1 的电流为:

$$i_{2,1} = i_{2+} + i_{2-} - (i_{1+} + i_{1-}) = I, \quad \frac{I}{2} = i_{2+} + i_{2-} = -(i_{1+} + i_{1-}) \tag{26.6}$$

对于电位为 V_p 的探针,等离子体电空间电位为 V_s,电子会受到减速电位 $(V_p - V_s)$ 的作用,只有能量比 $e(V_p - V_s)$ 大的那部分电子能够到达探针。假定等离子区内电子的速度

服从麦克斯韦分布,则减速电场中靠近探针表面处的电子密度 n_e 按玻耳兹曼分布

$$n_e = n_0 \exp\left[\frac{e(V_p - V_s)}{kT_e}\right] \tag{26.7}$$

式中,n_0 为等离子区中的电子密度,T_e 为等离子区中的电子温度,k 为玻耳兹曼常数。在电子平均速度为 v_e 时,在单位时间内落到表面积为 A 的探针上的电子数为

$$N_e = \frac{1}{4} n_e v_e A \tag{26.8}$$

探针上的电子电流为

$$I = -N_e e = -\frac{1}{4} n_e v_e A e = -A J_r \exp\left[\frac{e(V_p - V_s)}{kT_e}\right] \tag{26.9}$$

其中 J_r 是电子随机电流密度。所以对于探针 1 和 2,有

$$i_{1+} + \frac{I}{2} = i_{1-} = -A_1 J_r \exp\left(e\frac{V_1 - V_s}{kT_e}\right)$$

$$i_{2+} - \frac{I}{2} = i_{2-} = -A_2 J_r \exp\left(e\frac{V_2 - V_s}{kT_e}\right)$$

$$\Rightarrow \frac{i_{1+} + \dfrac{I}{2}}{i_{2+} - \dfrac{I}{2}} = \frac{A_1}{A_2} \exp\left(\frac{eV}{kT_e}\right) \tag{26.10}$$

当两个探针参数一致时,$i_{1+} = i_{2+} = i_+$,$A_1 = A_2$。故:

$$I = 2i_+ \frac{\exp\left(\dfrac{eV}{2kT_e}\right) - \exp\left(-\dfrac{eV}{2kT_e}\right)}{\exp\left(\dfrac{eV}{2kT_e}\right) + \exp\left(-\dfrac{eV}{2kT_e}\right)} = 2i_+ \tanh\left(\frac{eV}{2kT_e}\right)$$

$$\Rightarrow \frac{dI}{dV}_{(I=0, V=0)} = \frac{eI_s}{2kT_e} \tag{26.11}$$

其中 I_s 是正离子饱和电流。由此可知电子温度

$$T_e = \frac{eI_s}{2k\dfrac{dI}{dV}_{(I=0, V=0)}} \tag{26.12}$$

式中,$e = 1.6 \times 10^{-19}$ C,$k = 1.38 \times 10^{-23}$ J·K^{-1},1 eV = 11600 K。

双探针法的伏安特性曲线如图 26.6 所示。在坐标原点,两根探针之间没有电位差,但由于两个探针所在的等离子体电位稍有不同,所以外加电压为零时,电流不一定是零。

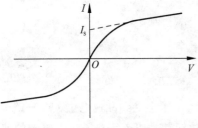

图 26.6　双探针 V-I 曲线

理论上,探针电压增大到一定程度时,电流应达到饱和,此时伏安曲线的斜率为零,但在实际中,电流还是随着电压的增加而增加。这是因为在理论计算中,认为离子鞘层厚度不变,当电压达到饱和值后,所有电子均已进入鞘层,再增加电压,电流也不会有变化。而在实际中,随着电压的增加,鞘层厚度会增大,包含电荷数增多,所以电流会继续增大。饱

和电流 I_s 的计算方法是对双探针的伏安曲线高电压部分取斜率,反向延长至 $V=0$ 时所对应的电流值。

虽然静电探针在等离子体诊断技术中已被广泛地使用,但会对等离子体的平衡状态造成扰动。特别是对于高频放电,静电探针会产生很大的干扰。

【实验装置】

实验装置(见图 26.7)包括可拆卸的气体放电管、测量系统、真空系统、进气系统和水冷系统。

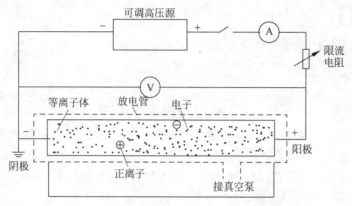

图 26.7　直流辉光等离子体实验装置示意图

(1) 气体放电管:采用玻璃烧结而成,内附两组钨丝朗缪尔双探针,管两端是接有直流高压电源的圆形电极,电极两边是采用不锈钢材料制成的水冷套及放电管固定托架。

(2) 测量系统:包括辉光电压表、辉光电流表、探针电压表、探针电流表等。

(3) 真空系统:采用旋片真空泵,对密封容器抽除气体而获得真空,真空的测量采用热偶真空计,用于测量本底真空和工作时的工作气压。真空的密封采用金属和橡胶密封,抽气速率的大小利用隔膜阀调节。

(4) 进气系统:进气通过金属管路连接,可通入不同的工作气体,通过气体流量计控制气体的流量,同时配合真空隔膜阀的调节,达到控制放电管中的工作压强。

(5) 水冷系统:装置自带循环冷却水,通过水泵对整个系统的冷却水进行循环,可保证系统正常运行对水温的要求。

直流辉光放电装置的优点是结构较简单,造价较低;缺点是电离度较低,且电极易受到等离子体中的带电粒子的轰击,产生表面原子溅射。这样一来,不仅电极的使用寿命被缩短,同时溅射出来的原子将对等离子体造成污染。

【实验内容】

1. 选用氮气或空气作为工作气体,了解直流辉光放电等离子体装置的工作原理,结合图 26.3,观察直流辉光放电现象。

2. 在某一压强下,测量气体放电的电压与电流的关系曲线(升压和降压),分析其异同,特别是击穿电压的不同。

3. (以下只测升压曲线)。取不同的工作气压,测量气体放电的电压与电流的关系曲线,研究工作气压对击穿电压及放电电流的影响。

4. 研究电极间距对气体放电的影响。改变电极间距,测量气体放电的电压与电流的关系曲线,研究电极间距对击穿电压及气体放电电流的影响。

5. 研究磁场对气体放电的影响。改变磁场,测量气体放电的电压与电流的关系曲线,研究磁场对击穿电压及气体放电电流的影响。

6. 验证帕邢定律。保持 pd 的值不变,测量几组不同压强下的击穿电压。

7. 在电极距离一定的情况下,采用朗缪尔双探针测量 V-I 变化数据,(a)固定放电功率,改变气压;(b)固定气压,改变放电功率。研究气体气压、功率对电子温度的影响。

【参考文献】

[1] 胡希伟. 等离子体理论基础[M]. 北京:北京大学出版社,2006.

【附录】

低温等离子体

冰升温至 0℃ 会变成水,如继续使温度升至 100℃,那么水就会沸腾成为水蒸气。随着温度的上升,物质的存在状态一般会呈现出固态→液态→气态三种物态的转化过程,我们把这三种基本形态称为物质的三态。那么对于气态物质,温度升至几千度时,将会有什么新变化呢?由于物质分子热运动加剧,相互间的碰撞就会使气体分子产生电离,这样物质就变成由自由运动并相互作用的正离子和电子组成的混合物。我们把物质的这种存在状态称为物质的第四态,即等离子体态。因为电离过程中正离子和电子总是成对出现,所以等离子体中正离子和电子的总数大致相等,总体来看为准电中性。

据印度天体物理学家沙哈(1893—1956)的计算,宇宙中的 99.9% 的物质处于等离子体状态。而我们居住的地球倒是例外的温度较低的星球。自然界中的等离子体,有太阳、电离层、极光、雷电等。此外,在人工生成等离子体的方法中,气体放电法比加热的办法更加简便高效,诸如荧光灯、霓虹灯、电弧焊、电晕放电等。这样产生的等离子体通常温度较低,被称为低温等离子体。产生低温等离子体的方法有很多,以下就是常见的几种产生低温等离子体的方法。

1. 辉光放电

辉光放电属于低气压放电,工作压力一般都低于 1000 Pa,其构造是在封闭的容器内放置两个平行的电极板,电源可以为直流电源也可以是交流电源。辉光放电是化学等离子体实验的重要工具,但因其受低气压的限制,工业应用难于连续化生产且应用成本高昂,而无法广泛应用于工业制造中。目前的应用范围仅局限于实验室、灯光照明产品和半导体工业等。

2. 电晕放电

气体介质在不均匀电场中的局部自持放电,是最常见的一种气体放电形式。在曲率半径很大的尖端电极附近,由于局部电场强度超过气体的电离场强,使气体发生电离和激励,因而出现电晕放电。发生电晕时在电极周围可以看到光亮,并伴有咝咝声。电晕放电可以是相对稳定的放电形式,也可以是不均匀电场间隙击穿过程中的早期发展阶段。

利用电晕放电可以进行静电除尘、污水处理、空气净化等。地面上的树木等尖端物体在大地电场作用下的电晕放电是参与大气电平衡的重要环节。海洋表面溅射水滴上出现的电晕放电可促进海洋中有机物的生成,还可能是地球远古大气中生物合成氨基酸的有效放电形式之一。

3. 介质阻挡放电

介质阻挡放电(dielectric barrier discharge,DBD)是有绝缘介质插入放电空间的一种非平衡态气体放电,又称介质阻挡电晕放电或无声放电。介质阻挡放电能够在高气压和很宽的频率范围内工作,通常的工作气压为 $10^4 \sim 10^6$ Pa。电源频率可从 50 Hz～1 MHz,电极结构的设计形式多种多样。在两个放电电极之间充满某种工作气体,并将其中一个或两个电极用绝缘介质覆盖。也可以将介质直接悬挂在放电空间或采用颗粒状的介质填充其中,当两电极间施加足够高的交流电压时,电极间的气体会被击穿而产生放电,即产生了介质阻挡放电。在实际应用中,管线式的电极结构被广泛地应用于各种化学反应器中,而平板式电极结构则被广泛地应用于工业中的高分子和金属薄膜及板材的改性、表面张力的提高、清洗和亲水改性中。

由于 DBD 在放电过程中会产生大量的自由基和准分子,如 OH、O、NO 等,它们的化学性质非常活跃,很容易和其他原子、分子或自由基发生反应而形成稳定的原子或分子。因而可利用这些自由基的特性来处理 VOCs,在环保方面也有很重要的价值。另外,利用 DBD 可制成准分子辐射光源,它们能发射窄带辐射,其波长覆盖红外、紫外和可见光等光谱区,且不产生辐射的自吸收,因此是一种高效率、高强度的单色光源。

4. 射频放电

射频低温等离子体是利用高频高压使电极周围的空气电离而产生的低温等离子体。由于射频低温等离子的放电能量高,放电的范围大,现在已经被应用于材料的表面处理和有毒废物清除和裂解中。

5. 滑动电弧放电

滑动电弧放电等离子体通常应用于材料的表面处理和有毒废物清除和裂解。滑动电弧由一对延伸弧形电极构成,电源在两电极上施加高压引起电极间流动的气体在电极最窄部分电击穿。一旦击穿发生,电源就以中等电压提供足以产生强力电弧的大电流,电弧在电极的半椭圆形表面上向一侧膨胀,不断伸长直到不能维持为止。电弧熄灭后重新起弧,周而复始。滑动电弧放电等离子体看起来就像火焰一般,但其平均温度却比较低,即使将餐巾纸放在等离子体焰上也不会燃烧。

6. 射流放电

几十年来,等离子体炬的工业应用已经众所周知,例如氩弧焊、空气等离子体切割机和等离子体喷涂等。这些设备中的核心部件通常称为等离子体炬,其等离子体中心温度达数千度,是"热"等离子体。

近年来,人们为了进行有机材料的性能优化,例如对橡胶表面进行处理,以改善表面附着力,将等离子体炬的技术低温化和小型化,将"热弧"变为"冷弧",研制成射流低温等离子表面处理设备,喷枪出口温度仅数百度,甚至更低,并且已经开始向家用电器和汽车工业推广应用。

7. 大气压下辉光放电

经过近 20 年的发展,低气压低温等离子体已取得了很大进展。但由于其运行需抽真空、设备投资大、操作复杂、不适于工业化连续生产,限制了它的广泛应用。显然,最适合于工业生产的是大气压下辉光放电(atmospheric pressure glow discharge,APGD)产生的等离子体。大气压下的电晕放电和介质阻挡放电目前虽然被广泛地应用于各种无机材料、金属材料和高分子材料的表面处理中,但却不能对各种化纤纺织品、毛纺织品、纤维和无纺布等材料进行表面处理。低气压下的辉光放电虽然可以处理这些材料,但存在成本、处理效率等问题,目前无法规模化应用于纺织品的表面处理。长期以来人们一直在努力实现大气压下的辉光放电。目前,对 APGD 的研究结果和认识是仁者见仁,智者见智。APGD 的研究方兴未艾,已经受到国内外许多大学和研究机构的广泛重视。

8. 次大气压下辉光放电

由于大气压辉光放电技术目前虽有报道但技术还不成熟,没有见到可用于工业生产的设备,而次大气压辉光放电(hypo atmospheric pressure glow discharge,HAPGD)技术则已经成熟并被应用于工业化的生产中。次大气压辉光放电可以处理各种材料,且成本低、处理的时间短、加入各种气体的气氛含量高、功率密度大、处理效率高,可应用于表面聚合、表面接枝、金属渗氮、冶金、表面催化、化学合成及各种粉、粒、片材料的表面改性和纺织品的表面处理。由于是在次大气压条件下的辉光放电,处理环境的气氛浓度高,电子和离子的能量可达 10 eV 以上。材料批处理的效率要高于低气压辉光放电 10 倍以上,可处理金属、非金属、(碳)纤维、金属纤维、微粒、粉末等。

(张慧云)

实验 **27** 大气压介质阻挡放电特性研究

气体分子在外电场作用下可能发生电离,并进而形成等离子体,而带电粒子的碰撞甚至雪崩式的增殖即致放电。气体放电并不仅是简单的粒子碰撞,而是一个复杂的物理过程,其压强的大小影响了气体放电的形态。随着压强的增高,电子雪崩(称为电子崩)导致的电场畸变不再可以忽略不计,放电也由辉光放电变成流注放电。这种放电发展的速度比碰撞电离快,放电通道是不均匀的且呈折线形状,其击穿过程如下图所示。

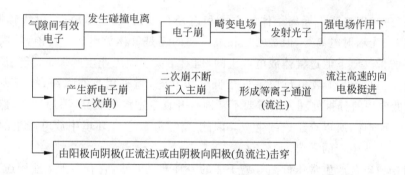

【思考题】

1. 请简要总结绝缘介质在大气压介质阻挡放电过程中所起的作用有哪些?
2. 电场畸变产生的原因是什么?畸变后电场分布的特点是什么?
3. 什么是流注?为何流注放电发展的速度更快?
4. 正流注与负流注的命名的原则是什么?

【引言】

等离子体是由大量带电粒子组成的非束缚态宏观体系,它与固体、液体、气体一样,是物质的一种聚集状态。从聚集态的顺序上说,它排在第四位,所以也叫作物质的第四态。对于常规意义上的等离子体,当中性气体产生了相当程度的电离、带电粒子浓度超过一定数量时,中性粒子的作用开始退居次要位置,整个系统将受带电粒子的运动所支配,从而表现出一系列不同于寻常流体的新性质。由于电离过程中正离子和电子总是成对出现,且二者总数大致相等,所以等离子体呈现宏观电中性。相对固、液、气三态而言,等离子体广泛存在于宇宙空间之中,与其他三种物质状态相比,等离子体的参数空间跨度很大,若以密度和温度这两个基本热力学参数来描述,已知等离子体的密度从 $10^3 \sim 10^{33}$ m^{-3},跨越了 30 个数量级,温度从 $10^2 \sim 10^9$ K,跨越了 7 个数量级,如图 27.1 所示。

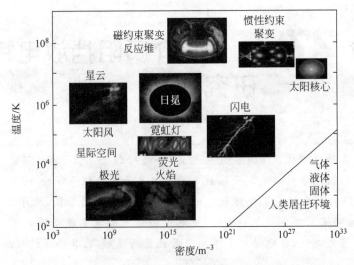

图 27.1　等离子体参数空间跨度

在实验室中,用来产生等离子体的方法和途径有多种,如气体放电、射线辐照、热致电离、光电离和激光辐射电离等,但最常见和最主要的还是气体放电法。目前,等离子体多数是在几百帕的低气压下通过气体放电产生的,但对于大规模工业生产来说,低气压等离子体存在两个重要的缺点:①放电反应室处于低气压状态,需采用真空系统,投资高且操作复杂;②采取低效率的分批处理方法需要不断地打开真空室取出成品,添加试品,然后重新抽真空,充入工作气体,所以难于连续生产。因此,常压开放空气环境中放电产生的低温等离子体更为适合工业生产的需要。

介质阻挡放电是产生常压低温等离子体的一种常见方法,它有多种工业用途,无论在传统的材料制备和改性等应用领域,还是在新兴的生物工程、基因工程、环境工程和等离子体化工领域中都表现出了独特的工艺优势和很好的应用前景,如臭氧合成、紫外光源、气体激光器激励、材料表面改性、灭菌消毒、废水处理及空气净化等。

本实验旨在了解大气压介质阻挡放电的概念、产生方式以及形成机理,研究不同实验参数对平行板介质阻挡放电等离子体放电特性的影响,掌握一些放电关键物理量的测量、计算与估算方法。

【实验原理】

1. 大气压介质阻挡放电等离子体简介

介质阻挡放电(Dielectric Barrier Discharge,DBD)是产生常压低温等离子体的一种常见方法,它是将绝缘介质插入放电空间,并在放电空间内充入某种工作气体的放电模式,其结构如图 27.2 所示。当两电极间施加足够高的交流电压时,电极间的气体会被击穿而产生放电,即产生了介质阻挡放电。其中图 27.2(a)的构型特点是放电发生在两层介质之间,可以防止放电等离子体直接与金属电极接触,对于具有腐蚀性气体或者高纯度等离子体,这种构型具有独特的优点;图 27.2(b)的构型可以在介质两边同时生成两种成分不同的等离子体,在电极间安插介质可以防止在放电空间形成局部火花或弧光放电,进而形成大气压下稳定的气体放电；图 27.2(c)的构型常用以制造臭氧发生器,其特点是结构简单,而且可以通过金属电极把放电产生的热量及时散掉。

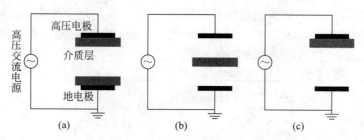

图 27.2　典型的介质阻挡放电等离子体发生器示意图
(a) 介质层在两电极上；(b) 介质层在两电极间；(c) 介质层在变压电极上

介质阻挡放电属于高气压下的非热平衡放电,与低气压直流辉光气体放电比较,介质阻挡放电有着明显不同的特点。

(1) 由于电极间介质层的存在,放电是交流放电,没有直流导电通道。放电能够在很宽的频率范围内工作,电源频率可从 50 Hz～1 MHz。

(2) 放电形态分布于放电空间内,具有弥漫、稳定、无声的特点,不会局限于某个放电通道上,而形成类似于辉光的状态。

(3) 介质阻挡放电在很大的气压范围内都可以发生,其放电空间的气体压强通常可达 10^5 Pa 或更高。辉光放电只是在低气压下发生,高气压下是火花、电晕或电弧状态。

(4) 不会形成火花或者电弧。在介质阻挡放电中,由于电极间介质的存在,当气体被击穿、导电通道建立后,空间电荷在放电间隙中输运,并积累在介质上,这时介质表面电荷将建立起与外电场方向相反的电场,进而削弱了原有电场,限制了放电电流的自由增长,从而阻止了极间火花和电弧的形成。

2. 大气压介质阻挡放电的机理

在外电场作用下,电子从电场中获取能量,通过与周围的原子、分子碰撞,电子把自身的能量转移给它们,使原子、分子激发电离,产生电子雪崩。当气体上施加的电压足够高,超过气体的击穿电压时,电极间的气体会被击穿而产生放电。当 Pd(气压和电极间距的乘积)值较小时,可不考虑电子雪崩引起的空间电荷效应,这种条件下的放电理论称为汤生放电理论,它可以解释诸多气体击穿现象,例如气压、电极间距等对击穿电压的影响等。但是当 Pd 值较大、电场较强,电子雪崩产生的正离子的浓度足够高时,原电场将发生畸变,引起局部电子能量的增加使得电离加速,从而对放电发展产生重要影响。这一放电过程很难用汤生放电理论加以解释,例如放电发展的速度比碰撞电离快,放电通道不均匀且呈折线形状,因此需要寻求其他理论。流注理论就是在总结这些实验现象的基础上形成的。

2.1　电子崩及空间电荷效应

在第一个电子雪崩(称为电子崩)通过放电间隙(电场强度为 E_0)的过程中,会出现相当数量的正离子和电子。但由于电子的迁移速度比正离子的要大两个数量级,电子集中在雪崩的头部,其后直到尾部则是正离子,电子崩的外形好似具有球形头部的锥体。这个锥体将产生自感电场 E',也称本征电场,如图 27.3(a)所示。E' 叠加在外电场 E_0 上,它们同时对电子产生影响,$E=E'+E_0$。当电子崩发展到足够程度后,空间电荷将使外电场明显畸变,大大加强了崩头及崩尾的电场($E\gg E_0$)而削弱了崩头内部正、负电荷区域之间的电场,如图 27.3(b)所示。这样,崩头前后电场的增强,有利于发生分子和离子的激励现象,当它们从激励状态回复到正常状态时,就将放射出光子。崩头内部正、负电荷区域之间电场的削弱,有利于发生复合过程,同时也将发射出光子。

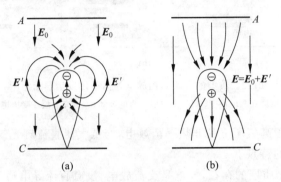

图 27.3 电子崩和空间电荷效应对电场的影响

2.2 流注放电

介质阻挡放电通常是由正弦波形的交流高压电源驱动,随着施加电压的升高,系统中反应气体的状态会由绝缘状态逐渐演变至放电,最后发生击穿。当施加电压比较低时,虽然气体会发生一些电离和游离扩散,但因含量太少、电流太小,不足以使反应区内的气体出现等离子体反应,此时的电流为零。随着施加电压的逐渐提高,反应区域中的电子数目也随之增加,但较低的电场仍无法使得电子数大量增加,达到自持放电的程度,因此,反应气体保持为绝缘状态。此时的电流随着施加的电压提高而略有增加,但仍几乎为零。

当继续升高电压达到某一数值（V_b）时,就可明显观察到反应区内有发光的现象,此时,电流会随着施加电压的提高而迅速增加,其放电过程如图 27.4 所示。

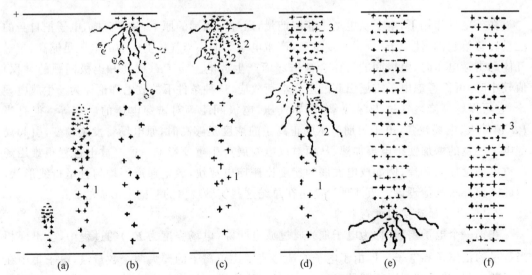

图 27.4 正流注的产生及发展

1—初始电子崩(主电子崩);2—二次电子崩;3—流注

（1）在外加电场作用下，从阴极释放出的电子向阳极运动，形成电子崩（称为主电子崩）。

（2）电子崩由阴极向阳极发展，其头部的电离过程越来越强烈。当电子崩走完整个放电间隙后，头部空间电荷密度已如此之大，以至于尾部的电场大大加强，并向周围发射出大量光子。

（3）这些光子引起了空间光电离，新形成的光电子被主电子崩头部的正空间电荷所吸引，在受到畸变而加强了的电场中，又激烈地造成了新的电子崩，称为二次电子崩。二次电子崩向主电子崩汇合，其头部的电子进入主电子崩头部的正空间电荷区（主电子崩的电子已大部进入阳极了），由于这里电场强度较小，电子大多和原子结合形成负离子。

大量的正、负带电质点构成了等离子体，这个新出现的电离特强的放电区域称为流注，它迅速由阳极向阴极发展，故称为正流注。

（4）流注通道导电性良好，其头部又是二次电子崩形成的正电荷，因此流注头部前方出现了很强的电场。同时，由于很多二次电子崩汇集的结果，流注头部电离过程蓬勃发展，向周围发射出大量光子，继续引起空间光电离。于是在流注前方出现了新的二次电子崩，它们被吸引向流注头部，从而延长了流注通道。这样，流注不断向阴极推进，且随着流注接近阴极，其头部电场越来越强，因而其发展越来越快。

（5）当流注发展到阴极后，整个间隙就被电导良好的等离子通道所贯通，于是间隙的击穿完成，电压 V_b 称为击穿电压。

当施加电压等于击穿电压时，电子崩需经过整个气体间隙才能积聚足够的电子数形成流注。当外加电压比击穿电压还高时，则电子崩不需要经过整个间隙，其头部电离程度就已足以形成流注了（图 27.5）。主电子崩头部的电离很强烈，光子射到主电子崩前方，在前方产生新的二次电子崩，主电子崩头部的电子和二次电子崩尾的正离子形成向阳极推进的流注，称为负流注。在负流注的发展中，由于电子的运动受到电子崩留下的正电荷的牵制，所以其发展速度较正流注的要小。

汤生击穿机理是需要大量的电离次数才能造成击穿，其击穿时间受到电子速度的影响，是比较"慢"的过程。而在流注放电中，二次电子崩的起始电子是由光电

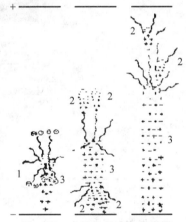

图 27.5　负流注的产生及发展
1—主电子崩；2—二次电子崩；3—流注

离形成的，而光子的速度远比电子的速度大，二次电子崩又是在加强了的电场中，所以流注发展更迅速，击穿时间比由汤生理论推算的小得多。同时，光辐射是指向各个方向的，光电子产生的地点也是随机的，这说明放电通道可能是曲折进行的。

当气体被击穿、导电通道建立后，空间电荷在放电间隙中输运，并积累在介质上，这时介质表面电荷将建立起电场，其方向与外施电场相反，从而削弱了外电场，直至施加在气体间隙上的电场削弱到零，就会中断了放电电流。实验测量和理论计算都表明这一过程是非常短促的。

2.3　丝状放电

在流注中，电荷密度很大，电导很大，但电场强度很小。因此流注出现后，对周围空间内

的电场有屏蔽作用,并且这种屏蔽作用随着其向前发展而更为增强。当某个流注由于偶然原因发展更快时,将抑制其他流注的形成和发展,并且随着流注向前推进而越来越强烈。这使得通过控制气体成分、介质表面性质、放电参数等条件,可以获得不同的介质阻挡放电模式,例如:丝状放电、弥散放电和种类丰富的自组织斑图,丝状放电是其中最常见到的一种。

丝状放电模式是指放电由大量细丝状微放电通道组成,在介质表面微放电通道扩散成直径为毫米或亚微米量级的明亮斑点。丝状放电模式下的电流波形由随机出现的大量细丝状窄脉冲组成(如图 27.6 所示),这些微放电通道在放电空间和时间上均呈无规则分布,具有较高的能量密度。其中单个微放电是在放电气体间隙里某一个位置上发生的,同时在其他位置上也会产生另外的微放电。正是由于介质的绝缘性质,这种微放电能够彼此独立地发生在很多位置上。当微放电两端的电压稍小于气体击穿电压时,电流就会截止。在同一位置上,只有当施加在气隙上的电压重新升高到原来的击穿电压数值时才会发生再击穿,在半个周期内会出现大量时间短促的电流脉冲群,在整个放电时间和空间内大量微放电过程无规律地随机分布着。微放电的主要特征见表 27.1。

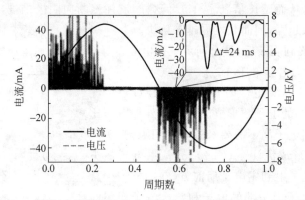

图 27.6　氮气介质阻挡放电在丝状放电模式下的电压电流波形图

表 27.1　介质阻挡放电中微放电的主要特征

气体压强 p	10^5 Pa
电场强度 E	$0.1\sim100$ kV/cm
折合电场强度 E/n	$100\sim200$ Td
微放电寿命 τ	$1\sim10$ ns
微放电电流通道半径 r	$0.1\sim0.2$ mm
每个微放电中输运的电荷量 q	$(100\sim1000)\times10^{-12}$ C
电流密度 j	$100\sim1000$ A/cm^2
电子密度 n_e	$10^{14}\sim10^{15}$ cm^{-3}
电子平均能量 T_e	$1\sim10$ eV
电离度 χ	10^{-4}
周围气体温度 T	300 K

注:n 为气体密度;Td 为折合电场强度单位(汤生),1 Td$=10^{-17}$ V·cm^2

3. 放电电学参量的测量

电源施加交变电压的频率不同,介质阻挡放电的特性也有所不同,通常可分为高频介质阻挡放电：频率为 100 kHz 以上；低频介质阻挡放电：频率范围为 50 Hz 至几十 kHz。本实验所用电源为低频电源，所以只讨论低频介质阻挡放电。放电的电学性质是研究中十分关注的问题，测量方法有以下两种。

3.1　方法 1

本方法通过测量外加电压 $V(t)$（周期为 T）及放电总电流 $i(t)$ 得出放电参量值，其放电的电路结构图见图 27.7。放电电压 $V(t)$ 可用示波器直接测量。在放电回路中串联一个标准电阻 R（阻值很小，对放电的影响忽略不计），利用示波器测量 R 两端的电压 $V_R(t)$ 就得到了放电总电流 $i(t)$。设施加在气体间隙上的电压为 $V_g(t)$，施加在介质层上的电压为 $V_m(t)$，由气体放电引起的放电电流为 $i_g(t)$。在图 27.7 中，C_m 是介质层的等效电容，C_g 是气体间隙的等效电容。

$$C_m = \varepsilon_0 \varepsilon_r \frac{S}{d_m}, \quad C_g = \varepsilon_0 \frac{S}{d_g} \tag{27.1}$$

其中，ε_r 是介质的相对介电常数；$\varepsilon_0 = 8.854 \times 10^{-14}$ F/cm，为真空介电常数；S 为电极面积；d_m 为介质层厚度；d_g 为气体间隙厚度。

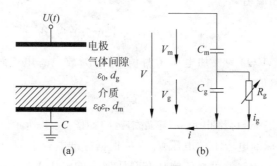

图 27.7　方法 1 测量低频介质阻挡放电的电学性质的原理

(a) 低频介质阻挡放电简化模型；(b) 电路结构

在放电瞬间，C_g 两端相当于并联了一个可变电阻 R_g，由于气体电离度不高，C_g 可认为没有变化。这样就可根据测量到的外加电压 $V(t)$ 和总电流 $i(t)$ 计算出气体间隙上的电压 $V_g(t)$、施加在介质层上的电压 $V_m(t)$ 以及由气体放电引起的放电电流 $i_g(t)$。根据基尔霍夫定律，可得

$$\frac{dV_m(t)}{dt} = \frac{i(t)}{C_m}$$

$$\frac{dV_g(t)}{dt} = \frac{i(t) - i_g(t)}{C_g} \tag{27.2}$$

由此得

$$V_m(t) = \frac{1}{C_m} \int_{t_0}^{t} i(t) dt + V_m(t_0) \tag{27.3}$$

$$i_g(t) = \left(1 + \frac{C_g}{C_m}\right) i(t) - C_g \frac{dV(t)}{dt} \tag{27.4}$$

其中，$V_m(t_0)$ 表征 t_0 之前的放电在介质表面积累电荷的影响，则有

$$V_m\left(t+\frac{T}{2}\right)=\frac{1}{C_m}\int_{t_0}^{t+\frac{T}{2}}i(t)\,\mathrm{d}t+V_m(t_0)=\frac{1}{C_m}\int_{t_0}^{\frac{T}{2}}i(t)\,\mathrm{d}t+\frac{1}{C_m}\int_{\frac{T}{2}}^{t+\frac{T}{2}}i(t)\,\mathrm{d}t+V_m(t_0)$$

$$=\frac{1}{C_m}\int_{t_0}^{\frac{T}{2}}i(t)\,\mathrm{d}t-\frac{1}{C_m}\int_{t_0}^{t}i(t)\,\mathrm{d}t+V_m(t_0) \tag{27.5}$$

而

$$V_m\left(t+\frac{T}{2}\right)=-V_m(t) \tag{27.6}$$

由此可得

$$V_m(t_0)=-\frac{1}{2C_m}\int_{t_0}^{\frac{T}{2}}i(t)\,\mathrm{d}t \tag{27.7}$$

另外有

$$V_g(t)=V(t)-V_m(t) \tag{27.8}$$

放电总功率也是表征等离子体性能的一个重要参量,但由于放电电流曲线的复杂性,使得功率的测算不是一个简单的乘法所能解决的。通过电压、电流曲线,可以得到一个周期内等离子体放电的平均功率为

$$P=\frac{1}{T}\int_0^T p(t)\,\mathrm{d}t=\frac{1}{T}\int_0^T V(t)i(t)\,\mathrm{d}t \tag{27.9}$$

其中,$p(t)$为瞬时功率,$V(t)$为外加电压瞬时值,$i(t)$为放电总电流瞬时值。这样,就得到了等离子体的放电参量值。

3.2 方法2

在放电回路中串联一个标准电容C,电路结构图如图27.8所示。用示波器直接测量出施加的总电压$V(t)$及标准电容上的电压$V_C(t)$,根据标准电容上的电压与介质层上的电压之比$V_C(t)/V_m(t)=C_m/C$,就可得到施加在介质层上的电压$V_m(t)$。再利用

$$V_g(t)=V(t)-V_m(t)-V_C(t)=V(t)-V_C(t)\left(1+\frac{C}{C_m}\right) \tag{27.10}$$

就得到了介质层及气体的放电电压曲线。

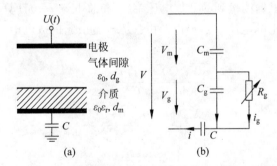

图 27.8 方法2测量低频介质阻挡放电的电学性质的原理

(a) 低频介质阻挡放电简化模型;(b) 电路结构

放电功率的数据就需要采用电压-电荷李萨如图形分析法来获得,其测量原理为:在放电回路中串联一个标准电容C,当发生放电时,流过回路的放电总电流为

$$i(t)=C\frac{\mathrm{d}V_C t}{\mathrm{d}t} \tag{27.11}$$

因此,等离子体放电的功率为

$$P = \frac{1}{T}\int_0^T p(t)\mathrm{d}t = \frac{1}{T}\int_0^T V(t)i(t)\mathrm{d}t = \frac{C}{T}\int_0^T V(t)\frac{\mathrm{d}V_C t}{\mathrm{d}t}\mathrm{d}t$$

$$= fC \oint V(t)\mathrm{d}V_C t \tag{27.12}$$

若把外加电压 $V(t)$ 与标准电容上的电压 $V_C(t)$ 分别在示波器上用 X-Y 轴表示,则可得到一条闭合曲线,如图 27.9 所示。因此,一个周期内等离子体放电的平均功率可表示为

$$P = fCA \tag{27.13}$$

其中,f 为放电电源的频率;A 为闭合曲线内的面积。

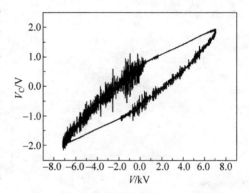

图 27.9 放电时外加电压 $V(t)$ 与标准电容上的电压 $V_C(t)$ 的图形

3.3 电子温度及电子密度的估算

电子温度(T_e)和电子密度(n_e)是描述等离子体性质的重要参数,准确的测量可用探针法、光谱法等。在本实验中,只用测到的数据,近似估算介质阻挡空气放电等离子体中(较均匀放电情况下)的平均电子温度和电子密度。根据爱因斯坦公式,可以得到电子温度(T_e)的近似表达式:

$$\frac{k_B T_e}{e} = \frac{D_e}{\mu_e} \tag{27.14}$$

其中,k_B 为玻耳兹曼常数(1.38×10^{-23} J/K);e 为电子电荷(1.602×10^{-19} C);D_e 为扩散系数(单位:$\mathrm{cm^2 \cdot s^{-1}}$),$\mu_e$ 为迁移率(单位:$\mathrm{cm^2 \cdot V^{-1} \cdot s^{-1}}$)。在式中,$D_e/\mu_e$ 的值可被表达成 E/N 的函数表达式(如图 27.10 所示),其中 N 为粒子密度(标准大气压下,$N = 2.504 \times 10^{19}$ cm^{-3}),E 为气隙内电场强度值,这样就可以估算出放电时电子温度的数值。

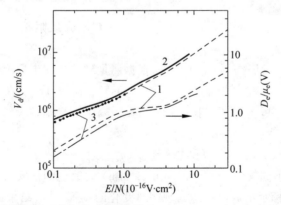

图 27.10 以空气为工作气体,漂移速度($V_d = \mu_e E$)、D_e/μ_e 与 E/N 的关系曲线
1—模拟计算的结果;2、3—实验测得数据

放电区的电子密度(n_e)可以通过下式进行估算得出:

$$n_e = \frac{j_g}{e\mu_e E} \tag{27.15}$$

其中，j_g 表示放电区的电流密度，它可以通过下式得出：

$$j_g = \frac{i_g}{S} \tag{27.16}$$

此处，i_g 表示由气体放电产生的电流；S 表示电极面积。

【实验装置】

介质阻挡放电实验装置的原理如图 27.11 所示。

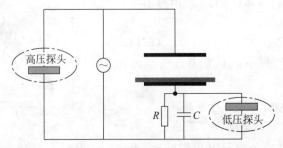

图 27.11　介质阻挡放电实验装置原理图

等离子体发生装置由峰值电压 0～16 kV，频率 0～30 kHz 连续可调的正弦高压电源驱动。电信号的大小由数字示波器测量，外加电压 $V(t)$ 采用高压探头(1000 倍)采集，标准无感电阻 $R(R=50\ \Omega)$ 或标准电容 $C=0.01\ \text{mF}$ 上的电压采用低压探头(10 倍)测量。

阻挡介质片为直径 60 mm，厚度 1～2 mm 的圆形石英玻璃片(介电常数为 3.5～3.7)，阻挡介质片尺寸必须大于电极，以避免放电绕过阻挡介质而形成连通两个电极的电弧放电。

【实验内容】

1. 用空气作为工作气体，在电路中连接标准电阻 R，且保持介质片厚度不变($d_m = 1\ \text{mm}$)：

(1) 选取气隙为 0.5 mm，逐渐增加外加电压，观察介质阻挡放电演化过程及其放电特征。

(2) 在放电情况下，任选一组电压条件，根据测量到的外加电压 $V(t)$ 和总电流 $i(t)$，利用"放电电学参量的测算"中的方法 1，计算 $V_g(t)$，$V_m(t)$，$i_g(t)$。在一幅图中绘制相应的 $V(t)$，$V_g(t)$，$V_m(t)$ 曲线，并进行对比分析；另在一幅图中绘制相应的 $i(t)$ 和 $i_g(t)$ 曲线，并进行对比分析。

(3) 估算此时的电子温度(T_e)和电子密度(n_e)。

(4) 测量并对比不同气隙($d_g=0.5\ \text{mm}$、1 mm)时放电的伏安特性曲线(电压峰峰值-电流峰峰值)，在图中标示出放电状态出现明显变化的位置，并对结果进行分析、讨论。利用示波器直接测量一个周期内等离子体放电的平均功率，绘制外加电压-功率特性曲线，并进行分析。

2. 用空气作为工作气体，在电路中连接电容 C，且保持气隙不变($d_g=1\ \text{mm}$)：

(1) 选择介质厚度 $d_m=1\ \text{mm}$，在放电情况下，任选一组电压条件，根据测量到的外加电压 $V(t)$ 和 $V_c(t)$，利用"放电电学参量的测量"中的方法 2，计算 $V_g(t)$，$V_m(t)$，在一幅图

中绘制相应的 $V(t)$,$V_g(t)$,$V_m(t)$ 曲线,并进行对比分析。

（2）利用李萨如图形法得到一个周期内等离子体放电的平均功率,绘制外加电压-功率特性曲线,并进行分析。

（3）测量不同介质层厚度下（$d_m = 1$ mm、1.5 mm）放电的伏安特性曲线,在图中标示出放电状态出现明显变化的位置,并对结果进行分析与讨论。

3. 在电路中连接电阻 R,给反应区充入氦气,观察其放电演化过程及其放电特征。

4. （选做）发射光谱测量。

【参考文献】

[1] 刘万东. 等离子体物理导论. 中国科学技术大学近代物理系讲义,2002.

[2] CHEN F F. 等离子体物理学导论[M]. 林光海,译. 北京：人民教育出版社,1980.

[3] 赵化侨. 等离子体化学与工艺[M]. 合肥：中国科技大学出版社,1993.

[4] 徐学基,诸定昌. 气体放电物理[M]. 上海：复旦大学出版社,1996.

[5] RAIZER Y P. Gas Discharge Physics[M]. Berlin：Springer Pr. ,1991.

[6] KOGELSCHATZ U. Filamentary,Pattern,and Diffuse Barrier Discharge. IEEE Trans[J]. Plasma Sci. ,2002,30：1400-1408.

[7] KOGELSCHATZ U. Dielectric-barrier Discharges：Their History,Discharge Physics,and Industrial Applications[J]. Plasma Chem. Plasma Process. ,2003,23：1-46.

[8] MASSINES F, RABEHI A, DECOMPS P, et al. Experimental and theoretical study of a glow discharge at atmospheric pressure controlled by dielectric barrier[J]. J. Appl. Phys. ,1998,83：2950-2957.

（张慧云）

第 5 部分

核物理及粒子物理与技术

实验 28 NaI(Tl)单晶γ谱仪

γ射线是能量很高的一种电磁辐射。γ射线谱学在核与粒子物理、天体物理、核工业上都有重要应用。γ射线穿透能力强,在工业上可用于大型装置的无损检测。本实验的学习重点是了解γ谱仪工作原理,学习γ射线和物质的相互作用,掌握调整 NaI(Tl)γ谱仪的实验技术和分析简单γ谱的方法。

【思考题】

1. 从示波器上观察到的脉冲波形与用谱仪测得的脉冲谱有什么联系,怎样用示波器来判断探头工作情况的优劣?

2. 测谱时,为读准峰位,全能峰处的 FWHM 内有几个点合适? 如果不合适,除调节道宽外,还有哪些参数可调节,以满足 FWHM 内有合适的点数?

3. 为什么实验时要考虑"积分计数率(阈值0.1 V)"问题? 如果选择不当,对实验结果有什么影响? 在你所选择的仪器参量条件下,试估计最大允许积分计数率。

4. 反散射峰是怎样形成的? 实验时如何减小这一效应?

5. 测量未知源γ谱时,怎么考虑实验条件?

6. 如果只有^{137}Cs源时,能否大致对谱仪进行能量刻度?

7. 怎样从^{60}Co的两个全能峰得到 1.17 和 1.33 MeV 两条γ射线相应的能量分辨率?

8. 试分析造成全能峰左边部分偏离高斯分布的因素。

9. 试分析用全能峰法确定源的活度实验中可能产生误差的因素。

10. 试比较"总谱法"与"全能峰法"求射线强度的优缺点。为什么实际应用中多用后者?

11. 测量γ射线在铅中的吸收系数时,为什么放射源和探测器之间需要间隔一定距离?

【引言】

γ射线是能量很高的一种电磁辐射,其物理本质和 X 射线、可见光、微波相同,都是电磁波,只不过γ射线光子能量更高,波长更短。不稳定的核素发生衰变的时候,通常会放出γ射线,能量从几千电子伏到几兆电子伏,与核素的核结构有关。不稳定的核素衰变放出的γ射线的能谱通常是能量分立的多条线,通过测量这些分立γ射线的能量,就可以实现对核素的识别。天体物理和粒子物理中的γ射线通常为连续谱,能量可以高达 1 TeV。γ射线和 X 射线的分界线是比较模糊的。通常 X 射线由原子发射,能量和原子的电子结构有关,通常在 100 eV 到 100 keV 左右,而γ射线通常由原子核发射,能量和原子核的核子结构有关,能量通常在 1 MeV 左右,但有些核素发出的γ射线能量有可能低于 10 keV。

　　不稳定核素衰变后产生的子核通常处于核的激发态,用高能粒子轰击原子核,或通过核反应也可以产生处于激发态的原子核。核激发态退激时发出的 γ 射线的能量与核子能级结构有关,每一种核素都对应一套特有的特征 γ 射线,测量 γ 射线能谱可以识别不同的核素,这在地球物理、天体物理、核物理方面都有重要应用。γ 射线穿透能力强,在工业上可用于大型装置的无损检测,例如清华大学研发的集装箱检测系统。

【实验原理】

　　NaI(Tl)闪烁谱仪是用来测量 γ 射线的能量或能谱的重要仪器之一。所谓能谱是 γ 射线强度按能量的分布,闪烁谱仪测得的是脉冲数按幅度的分布,称为脉冲幅度谱。一般讲谱仪所测 γ 谱是指脉冲幅度谱(简称脉冲谱),要经过适当的数据处理才能得到所需能谱。本实验重点在于熟悉谱仪原理以及调试和使用技术,仅涉及简单 γ 谱的分析。

1. 闪烁单晶 γ 谱仪装置

　　闪烁单晶 γ 谱仪装置的测量示意图如图 28.1 所示。γ 射线入射至闪烁体,产生次级电子,使闪烁体中原子电离、激发而产生荧光。这些信号由光电倍增管的光电转换和电子倍增作用而变成电脉冲信号,它的幅度正比于该次电子能量。NaI(Tl)闪烁谱仪对 γ 射线探测效率高、响应时间快,可用来对辐射进行能量和强度分析。NaI(Tl)闪烁晶体由于成本较低,荧光转换效率高,在工业和科研活动得到了广泛的应用。

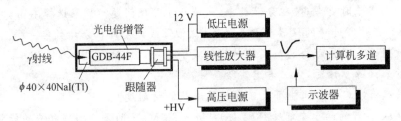

图 28.1　闪烁单晶 γ 谱仪方框图

2. 单能 γ 射线的脉冲谱

　　γ 射线在闪烁体中通过光电效应、康普顿效应及电子对效应产生次级电子,它们能量各不相同,因此即使对单能 γ 射线,所接收到的脉冲的幅度也分布在一个很宽的范围内,如图 28.2 所示。

　　光电效应产生的光电子能量 $E_e = E_\gamma - B_i$,B_i 是原子中第 i 层电子的结合能。由于第 i 层电子被打出后,电子跃迁放出的特征 X 射线一般也受阻于晶体。因此,NaI(Tl)晶体吸收的能量几乎等于 E_γ,故称光电效应得到的峰为全能峰。

　　康普顿散射产生的反冲电子能量 E_e 是由零到 E_{emax} 的连续分布。

$$E_e = E_\gamma - E_{\gamma'} \tag{28.1}$$

$$E_{\gamma'} = \frac{E_\gamma}{1 + \frac{E_\gamma}{m_0 c^2}(1 - \cos\theta)} \tag{28.2}$$

这里,$E_{\gamma'}$ 是散射光子能量,E_γ 是入射光子能量,θ 是散射角,$m_0 c^2 = 0.511$ MeV 是电子的

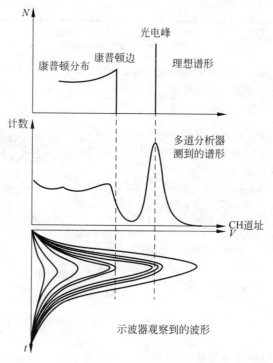

图 28.2 单能 γ 射线的脉冲谱

静止能量,当 $\theta=180°$ 时,反冲电子得到最大能量 E_{emax},相应地在脉冲谱中就有康普顿边。

电子对效应产生的正负电子对能量为

$$E_e + E'_e = E_\gamma - 2m_0 c^2 = E_\gamma - 1.02 \text{ MeV} \qquad (28.3)$$

当 E_γ 小于 1.5 MeV 时,电子对效应截面很小。

在分析脉冲谱形时,还要根据具体实验条件进行具体分析。有关 γ 射线在闪烁体中可能发生的各种事件对脉冲谱的贡献以及周围物质可能产生的对谱形的影响,可参考表 28.1。除表中列出之外还要注意低能部分可能出现的特征 X 射线峰,来自于源的内转换或铅屏蔽物质等。

表 28.1 发生在闪烁体内的事件与周围物质散射而进入闪烁体的 γ 射线对脉冲幅度分布所起的影响

序号	散射示意图	吸收过程	晶体吸收的能量	脉冲幅度
1		光电效应	E_γ	脉冲在全能峰内
2		康普顿效应,散射 γ 射线逃逸	从 0 到 $E_{emax} = \dfrac{E_\gamma}{1 + \dfrac{m_0 c^2}{2E_\gamma}}$	脉冲在康普顿坪分布区内
3		康普顿效应,散射 γ 射线被吸收	E_γ	脉冲在全能峰内

序号	散射示意图	吸收过程	晶体吸收的能量	脉冲幅度
4		电子对效应,产生正电子湮灭,γ 射线逃逸	电子-正电子对动能 = $E_\gamma -$ 1.02 MeV	脉冲幅度正比于 $E_\gamma -$ 1.02 MeV 谱峰,称双逃逸峰
5		电子对效应,产生正电子湮灭,有一个湮灭辐射逃逸	$E_\gamma - 0.51$ MeV	脉冲幅度正比于 $E_\gamma -$ 0.51 MeV 谱峰,称单逃逸峰
6		电子对效应,两个湮灭辐射均被吸收	E_γ	脉冲在全能峰内
7		电子对效应,有一个湮灭辐射产生康普顿电子	康普顿效应贡献 + $E_\gamma -$ 0.51 MeV	脉冲在康普顿连续区内(若散射 γ 射线被吸收,则仍在全能峰内)
8		康普顿反散射	$E_\gamma - E_{\mathrm{emax}}$	由反散射 γ 射线产生的谱峰称反散射峰,它出现在相对于全能峰完全确定的位置
9		在除 π 以外的角度上发生的康普顿散射	能量在 $E_\gamma - E_{\mathrm{emax}}$ 之间	脉冲幅度分布与常规的康普顿分布难以区分
10		周围物质中产生电子对效应,并有一个 γ 射线入射到闪烁体内	0.51 MeV	峰在 0.51 MeV。当源为 β^+ 衰变时,则在 0.51 MeV 能量处也存在一个峰
11	散射光子	闪烁体之外电子吸收体中产生的康普顿散射,小角度的散射光子进入闪烁体,被闪烁体吸收	能量稍小于 E_γ	脉冲幅度分布在全能峰的低能边,使全能峰不对称和降低峰谷比

3. 闪烁谱仪的主要性能指标

闪烁谱仪的主要性能指标是能量分辨率和能量线性,单晶谱仪的能量分辨率定义为

$$\eta = \frac{\Delta E}{E} \tag{28.4}$$

式中,ΔE 为全能峰最大计数处一半的宽度(full width at half maxium,FWHM,半高全宽);E 是与此全能对应的 γ 射线能量。显然,η 的数值越小,分辨本领越高,通常就说成谱仪分辨率高。

如果忽略光电倍增管倍增系数的涨落,理论证明能量分辨率与能量的关系近似表示为

$$\eta \propto \frac{1}{\sqrt{E}} \tag{28.5}$$

通常说的谱仪能量分辨率是以^{137}Cs的0.662 MeV单能 γ 射线为标准的。

图28.3是用计算机多道获取得到的典型^{137}Cs脉冲幅度谱。图中横轴是道址,代表脉冲的幅度。纵轴是计数,代表某个脉冲幅度的出现频度。多道脉冲幅度谱本质是脉冲幅度的统计分布图。多道分析器的总道数由模数变换器(ADC)的位数决定,如10位ADC,总道数为1024道,而13位ADC,总道数为8192道。总道数越多,脉冲幅度测量越精确,但每道的计数就越少,统计涨落就大,所以总道数的选择需要根据探测器的分辨率来设定。计算机多道一般都有一些常用的辅助功能,如设定收集时间,设定感兴趣区,自动寻峰,能量刻度等。

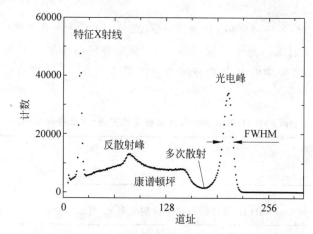

图 28.3   用计算机多道获取得到的^{137}Cs脉冲幅度谱

能量线性是指谱仪的输出脉冲幅度与带电粒子能量之间是否有线性关系。NaI(Tl)单晶的荧光输出在较宽的能量范围内(150 keV～6 MeV)与射线能量成正比。因此,谱仪的能量线性更主要取决于谱仪的工作情况。为检查谱仪的能量线性,通常是利用一组已知能量的标准源,在相同的实验条件下测量其能谱,建立已知能量与对应的全能峰位的关系。这条曲线称为能量刻度曲线。通常为一条不通过原点的直线,数学表示式为:

$$E(x_0) = Gx_0 + E_0 \tag{28.6}$$

x_0为全能峰的峰位,E_0为截距(即零道对应的能量),G为直线斜率,亦称增益(即每道对应的能量间隔),能量刻度可简单地用^{137}Cs和^{60}Co等标准源进行。

除能量分辨率与能量线性外,一般常给出对^{137}Cs源的峰康比这一指标。峰康比是指全能峰峰位处最大计数与康普顿坪内平均计数之比。它的意义在于说明若一个峰落在另一个谱线的康普顿坪上该峰能否清晰地表现出来,即存在高能强峰时探测低能弱峰的能力,显然峰康比越大越有利。

4. 闪烁谱仪应用举例

(1) 辨别未知 γ 源

在对谱仪作出了能量刻度曲线后,在同样的实验条件下测量未知 γ 源的脉冲谱,通过谱形分析,确定所放射 γ 射线的全能峰的峰位,从能量刻度曲线求得 γ 射线的能量,就可从衰变图或核素表查得未知源的成分。

（2）全能峰法确定 γ 放射源的活度

关于谱仪各种探测效率的定义及刻度方法详见实验方法教材。这里简单说明一下：源峰效率 $\varepsilon_{sp} = \dfrac{n_p}{N}$,源探测效率 $\varepsilon_s = \dfrac{n}{N}$,峰总比 $R = \dfrac{n_p}{n}$,其中 n_p 是全能峰内计数率,N 是该能量 γ 射线强度,n 是全谱下总计数率。显然,$\varepsilon_{sp} = \varepsilon_s R$,用全能峰法确定 γ 放射源活度的计算公式为

$$A = \frac{\sum U - \sum U_b}{t} \frac{1}{\varepsilon_{sp} f} = \frac{\sum U - \sum U_b}{t} \frac{1}{R \varepsilon_s f} \tag{28.7}$$

其中,A 为源的活度(衰变数/秒或换算为 μCi);$\sum U_b$ 为全能峰下本底总计数;t 为测量时间(s);f 为该能量 γ 射线的光子产额,即每次核衰变放出该 γ 射线的概率,可由核素表查得,R 可由实验确定,实验结果 R 与源相距变化关系不大,ε_s 由计算给出,部分数据分别见表 28.2、表 28.3。

表 28.2　$\phi40$ mm×40 mm NaI(Tl)晶体的峰总比与能量的关系(点源在晶体轴线上,晶体距源 10 cm)

E/MeV	0.392	0.662	1.25
R	0.603	0.375	0.215

表 28.3　$\phi40$ mm×40 mm NaI(Tl)晶体的点源总探测效率 ε_0 与晶体距源的距离 r 及能量 E 的关系

	E/MeV		
ε_s　　r/cm	0.1	0.15	0.2
10	0.940×10^{-2}	0.892×10^{-2}	0.832×10^{-2}
20	0.244×10^{-2}	0.237×10^{-2}	0.227×10^{-2}
30	0.109×10^{-2}	0.107×10^{-2}	0.104×10^{-2}
ε_s　　r/cm	0.3	0.4	0.5
10	0.705×10^{-2}	0.613×10^{-2}	0.552×10^{-2}
20	0.198×10^{-2}	0.174×10^{-2}	0.158×10^{-2}
30	0.917×10^{-3}	0.811×10^{-3}	0.737×10^{-3}
ε_s　　r/cm	0.6	0.9	1.0
10	0.512×10^{-2}	0.458×10^{-2}	0.420×10^{-2}
20	0.147×10^{-2}	0.132×10^{-2}	0.122×10^{-2}
30	0.637×10^{-3}	0.617×10^{-3}	0.569×10^{-3}

【实验内容】

1. 熟悉线性放大器与多道脉冲幅度分析器的使用,调整一台谱仪至正常工作状态;

2. 测量^{137}Cs 的 γ 全谱和^{60}Co 的全能峰谱,对所测谱形进行分析,并鉴定未知 γ 源成分;

3. 由上面的数据,作图讨论谱仪分辨率与 γ 射线能量的关系;

4. 用全能峰法测定^{137}Cs 源的活度;

5. 测量^{137}Cs 的 γ 射线在铅中的吸收系数。

【实验要求及步骤】

1. 缓慢调节高压电源,给探头加高压 600 V(4 格),同时观察示波器上的信号波形变化。注意尽量不要改变光电倍增管的接线,高压接头带电插拔会损坏探测器和相应电子设备。

2. 用示波器观察记录并分析^{137}Cs 信号波形(上升时间、下降时间、幅值)。图 28.4 是探测器的典型输出信号波形。通道 B(ChB)为光电倍增管的前置放大器的输出,通道 A(ChA)为信号经线性脉冲放大器放大成形后的输出信号。

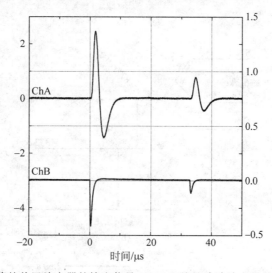

图 28.4   光电倍增管的前置放大器的输出信号(ChB)和线性脉冲放大器的输出信号(ChA)波形

3. 选择合理的实验条件(以能读准峰位为准),用^{137}Cs 和^{60}Co 源做能量刻度,精测并分析^{137}Cs 全谱(全能峰半高宽以上各点的统计误差<2%),给出谱仪对^{137}Cs 的能量分辨率及峰康比和^{60}Co 的分辨率。

4. 测量未知 γ 源的全谱,分析谱形,测定各峰位处的 FWHM,确定未知源成分。

5. 根据以上所测定^{137}Cs 和^{60}Co 源及未知源的各全能峰处的 FWHM,作图分析能量分辨率与能量的关系。

6. 置^{137}Cs 源于晶体表面 10 cm 处,源与晶体同轴,用多道测^{137}Cs 谱全能峰内的计数,要求峰内总计数>20000,扣除本底后求出^{137}Cs 源的活度。

7. 测量^{137}Cs 的 0.662 MeV γ 射线在铅中的吸收系数。

【参考文献】

[1]   复旦大学,清华大学,北京大学. 原子核物理实验方法[M]. 北京:原子能出版社,1997.

[2] 清华大学高等物理实验室讲义. 内部讲义,2005.

【附 录】

^{137}Cs, ^{60}Co 和 ^{22}Na 的衰变核图

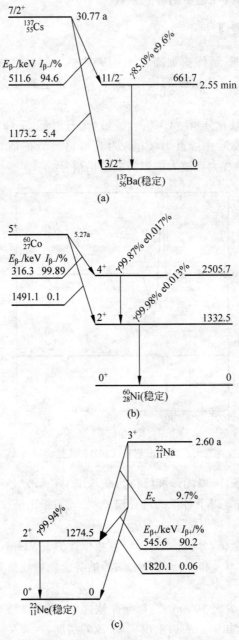

图 28.5 ^{137}Cs、^{60}Co、^{22}Na 核素衰变纲图

(a) ^{137}Cs; (b) ^{60}Co; (c) ^{22}Na

（宁传刚）

实验 **29**　能量色散 X 射线荧光分析

当原子的内层电子被打掉后,外层电子会自发跃迁,填充内层的空位,同时向外发射 X 射线。X 射线的能量携带了原子的内层电子结构信息,可用于元素的识别,因而被称为特征 X 射线。巴克拉(C. G. Barkla)因这一发现获得了 1917 年诺贝尔物理学奖。本实验主要了解 X 射线荧光分析原理及有关影响因素,了解硅漂移 X 射线谱仪的工作原理和使用方法,并利用 X 射线荧光分析做样品成分的定性分析。

【思考题】

1. 特征 X 射线为什么可以用于物质中的元素识别? 不同化学价态是否会影响 X 射线的能量?

2. ^{55}Fe 放射源发射出的 X 射线和 Fe 的特征 X 射线能量相同吗? 为什么?

3. 硅漂移型 X 射线探测器为什么不做成简单的平板结构(见图 29.4)? 阳极做得很小有什么好处?

4. 激发元素的特征 X 射线需要满足什么条件? 能否用 ^{55}Fe 放射源激发铜样品?

5. 测量样品的特征射线时,为什么探测器和激发源放置在样品同一侧(见图 29.3)?

6. 如何确认某一条谱线来自样品,而不是环境本底? 如何扣除本底干扰信号?

7. 你能否利用这套谱仪设计一个实验,测量 X 射线在铝中的衰减系数?

8. 你能否利用这套谱仪设计一个实验验证莫塞莱定律?

【引言】

X 射线的物理本质是能量较高的电磁辐射。通常 X 射线的波长在 0.01~10 nm 之间,相应的光子能量从 100 eV~100 keV。伦琴在 1895 年研究放电管时发现并命名了 X 射线。X 射线波长短,利用 X 射线衍射可以得到物质的结构信息。目前,X 射线衍射谱仪已经发展成为测量物质结构的重要手段之一。X 射线穿透能力强,还被广泛用于医学成像和机场安全检查。不同元素发出的 X 射线能量不同,能量由这种元素的内壳层电子结构决定。当原子的内层电子被打掉后,外层电子会自发跃迁,填充内层的空位,同时向外发射 X 射线。X 射线的能量和元素的原子序数有关,可用于元素的识别,因而被称为特征 X 射线。巴克拉(C. G. Barkla)因这一发现获得了 1917 年诺贝尔物理学奖。X 射线荧光分析是近年来在科研及生产中进行物质成分的定性和定量分析的有力工具,它具有分析速度快、不破坏分析样品、灵敏度高、一次可分析多种成分及费用小等优点,因此在工业、医学、地质、考古、公安侦察等方面得到了广泛的应用。

【实验原理】

1. 特征 X 射线

原子物理中有关原子结构的量子理论中指出：

(1) 原子只能存在一些不连续的稳定状态，这些稳定状态各有一定的能量 E_1，E_2，E_3，…。

(2) 原子从一个能量为 E_n 的稳定状态过渡到另一稳定状态 E_m 时，它发射单色辐射 $h\nu = E_n - E_m$。

根据电子的壳层理论，电子状态是由主量子数 n 及 l、m、m_j 这四个量子数决定的，在原子中具有相同 n 主量子数的电子构成一个壳层。当 $n=1$ 称为 K 壳层，$n=2$ 称为 L 壳层，$n=3$ 称为 M 壳层……。每个壳层内电子总数为 $2n^2$，相应各壳层中的电子称为 K 电子、L 电子……。在一个壳层中由于轨道角动量量子数 l 的不同又分为 n 个不同的次壳层，对 $l=1,2,3,\cdots$，称之为 s、p、d、f、…支壳层，如图 29.1 所示。

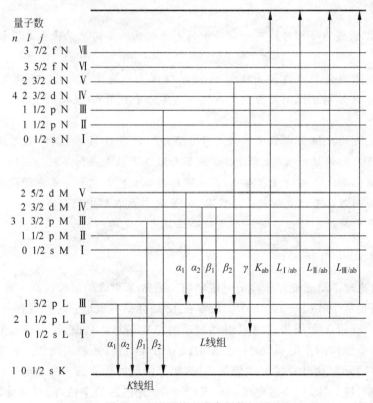

图 29.1 原子的电子壳层能级图

特征 X 射线是由于原子内层电子的跃迁，而内层电子通常是填满的，因此要有跃迁，内层能级上必须有空位。如果用外来的入射粒子（例如加速器上产生的质子或 α 粒子，扫描电子显微镜的电子束、X 光、放射源等）去轰击原子，使原子的内层电子获得足够的能量而脱出，这时内层轨道上就出现了空位。根据电子能量总是处于最低态从而达到最稳定的状态这一原理，处于能量较高轨道上的电子会自发地向这空位跃迁。在这跃迁的过程中按一定的频率放出光子,这种光子所具有的能量即为两个能级的能量之差 $E = E_{始态} - E_{末态}$,这个能量一般为千电子伏量级,属 X 光波段,故称为 X 光。不同的元素,X 射线都具有特定的能量,故称之为元素的特征 X 射线。

特征 X 射线是属于内层电子的跃迁,它须符合跃迁的选择定则:$\Delta l = \pm 1, \Delta j = \pm 1, 0$,这里 j 是总角动量量子数,由轨道角动量量子数 l 和自旋角动量量子数 s 构成。一般把跃向 K 层时发出的 X 射线叫作 K 线,跃向 L 层时发出的 X 射线叫作 L 线,以此类推,还有 M 线、N 线……。为区分是哪个壳层跃迁来的电子,还会加上脚标 α, β, γ 等进行区分,如图 29.1 所示。

不同元素的不同壳层间跃迁发出的特征 X 线的能量可见核素手册,这里举出几种常用元素的特征 X 射线的能量值,见表 29.1。

表 29.1　几种常用元素的特征 X 射线能量值

Z	元素	X 射线能量/keV	Z	元素	X 射线能量/keV
22	Ti	$K_\alpha 4.510, K_\beta 4.931$	30	Zn	$K_\alpha 8.693, K_\beta 9.571$
23	V	$K_\alpha 4.592, K_\beta 5.427$	37	Rb	$K_\alpha 13.394, K_\beta 14.960$
24	Cr	$K_\alpha 5.414, K_\beta 5.946$	42	Mo	$K_\alpha 17.478, K_\beta 19.607$
25	Mn	$K_\alpha 5.898, K_\beta 6.490$	46	Pd	$K_\alpha 21.175, K_\beta 23.816$
26	Fe	$K_\alpha 6.403, K_\beta 7.057$	47	Ag	$K_\alpha 22.162, K_{\beta1} 24.942, K_{\beta2} 25.454$
28	Ni	$K_\alpha 7.477, K_\beta 8.264$	82	Pb	$L_\alpha 10.549, L_{\beta1} 12.611, L_{\beta2} 14.762$
29	Cu	$K_\alpha 8.047, K_\beta 8.904$			

一般特征 X 射线能量范围从几千电子伏到几十千电子伏之间,它等于两个壳层中电子结合能之差,例如 $h\nu = B_K - B_L$,B_K 和 B_L 为第 K 层和第 L 层电子的结合能。

由莫塞莱定律可知,特征 X 射线能量与元素的原子序数之间有一定的关系:

$$h\nu = R_y Z^2 \left(\frac{1}{n_1^2} - \frac{1}{n_2^2} \right) \tag{29.1}$$

式中,R_y 是以能量为单位的里德堡常数,可算得 $R_y = 13.60$ eV,n_1、n_2 是跃迁壳层电子始态和终态所处的主量子数,所以对于不同元素,其发射的特征 X 射线的频率是不同的,因此测定样品中发出的特征 X 射线的能量就可用来区分不同的元素,这就是利用荧光分析做样品成分定性分析的原理。

2. 特征 X 射线的吸收和散射

X 射线经过物质后减弱是由两种过程产生的,一种是由于光电效应被物质所吸收,另一种是被物质所散射。设强度为 I_0 的 X 射线,经过厚度为 d,单位体积中原子数为 n,密度为 ρ 的吸收物质后,其强度减弱为 I,则

$$I = I_0 e^{-\sigma n d} \tag{29.2}$$

其中,σ 为原子的光电截面 τ_a 和原子散射截面 σ_a 之和,即

$$\sigma = \sigma_a + \tau_a \tag{29.3}$$

令

$$\mu = n\sigma \tag{29.4}$$

则式(29.2)可写为

$$I = I_0 e^{-\mu x} \tag{29.5}$$

上式表示 X 射线通过物质层时,它的强度减弱服从指数规律,其中 μ 称为线性吸收系数,单位为 cm^{-1},它表示射线经过单位厚度减弱的百分数中,代表吸收物质减弱作用的大小。实际上用得更多的是质量吸收系数,它被定义为 μ/ρ,其单位为 cm^2/g,ρ 是吸收物质的密度,则式(29.2)中的吸收厚度 d 也要用质量厚度 ρ_d 来表示,其单位为 $\mathrm{g/cm}^2$。

在几十千电子伏能量范围内,X 射线光子在物质中吸收的减弱主要是由于光电效应引起的,用原子光电反应截面 τ_a 表示在一个原子上产生光电效应的概率,τ_a 随光子能量的关系如图 29.2 所示。

由图 29.2 可以看出:①光电吸收截面随能量的增大而降低;②当能量增大到某一数值时,光电反应截面突然增加。在吸收截面突然增加处,称为吸收限(或称吸收边),其又分为 K、L、M 吸收限,吸收限的存在是由于入射 X 射线的能量足以使吸收物质的原子发生电离,例如 K 吸收限表示光子能量足以使一个 $1s$ 电子电离,这个关系对激发源的选择有指导意义。

τ_a 与吸收物质原子序数和光子能量 E 的关系可以从实验上证明有以下关系:

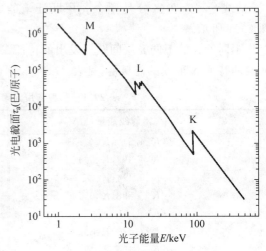

图 29.2　1～500 keV X 射线在铅中的光电效应截面和光子能量的关系(双对数坐标)

$$\tau_a = K \frac{Z^4}{E^3} \tag{29.6}$$

或

$$\ln \tau_a = \ln K + 4\ln Z - 3\ln E \tag{29.7}$$

上式表明在跳变以后的范围内 X 射线吸收系数的对数与 X 射线能量(或波长)的对数成线性关系,与吸收物质的原子序数的对数也成线性关系。

X 射线通过物质时减弱除了由于存在吸收外还由于存在散射。散射又分为相干散射和非相干散射。对低能光子,相干散射是主要的,相干散射又称为弹性散射,散射后的光子能量等于入射光子的能量;而非相干散射又称非弹性散射,散射后的光子能量和方向都发生了变化。实验证明,散射后的能量变化与散射物质的性质无关而与散射角有关,并且随散射角的增大能量变小,而且随散射角的增大,新移动谱线增强,原谱线的强度减弱,当散射物质的原子序数增大时,原谱线的强度增加,移动的新谱线的强度减弱。

3. 能量色散 X 射线荧光分析仪

实验装置如图 29.3 所示。能量色散荧光分析装置包括激发源、信号检测系统和数据处理系统三个部分。

(1) 激发源

在能量色散 X 射线荧光分析中最常用的激发源是小型低功率 X 射线管,使用连续谱激发可以同时激发样品中的多种元素,而多元素的同时测定正是能量色散 X 射线荧光分析的

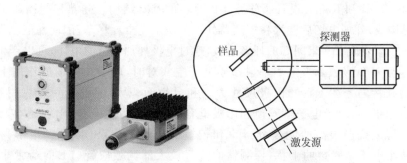

图 29.3　能量色散 X 射线荧光分析仪实物图和测量示意图

特点,另外亦可采用放射性同位素源做激发源,这在要求仪器体积小、重量轻又便于携带的场合下是很有意义的。

本实验采用^{55}Fe、^{238}Pu 和^{241}Am 三种放射源做激发源,常用的放射性激发源特性见表 29.2。

表 29.2　X 射线荧光分析(XRF)激发源

激发源	射线能量/keV	源活度 (μci)	可激发元素	每 100 次衰变光子产额	半衰期	衰变方式
^{55}Fe	5.898　Mn K_α	25~100	Z<23	26%	2.7 年	EC,X
^{57}Co	122　γ 射线	25~100	Z>50	约 89%	约 271 天	EX,γ
^{109}Cd	22.16　Ag K_α	25~50	20<Z<45		453 天	EC,X
^{238}Pu	12-17 U-L　X 射线	25~50	20<Z<37	10%	86.4 年	α,γ
^{241}Am	26.34　γ 射线	25~50	30<Z<60	2%	458 年	α,γ
	59.54　γ 射线			37%		

(2)硅漂移探测器

X 射线荧光分析方法能否进行定量分析,主要取决于谱仪能否将各种元素的谱分解成各个单独的成分并分别测定其强度。在能量色散谱仪中,使用一种分辨率很高的硅漂移探测器(Silicon Drift Detector,SDD),它是依据探测器产生的信号正比于 X 射线光子能量这一特性来完成的,图 29.4 为硅漂移探测器与前置放大器的简图。

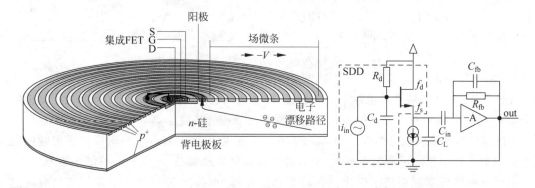

图 29.4　硅漂移探测器工作原理图和前置放大器

　　1983 年，Gatti 和 Rehak 设计了硅漂移探测器的基本结构。硅漂移探测器由电阻率很高的硅材料构成，外加电场后硅漂移探测器处于载流子完全耗尽态，因而漏电流很小。硅漂移探测器的一端表面有多组同心的环形电极，通过电极外加逐增的电压，可以产生平行于表面的电场。当 SDD 吸收外来电离辐射产生电子空穴对时，电子在电场的作用下向阳极漂移。SDD 的独特之处在于它的阳极尺寸大小和灵敏面积大小无关，可以做得很小，因而阳极的电容也很小，由于电子学噪声和阳极电容 C_{in} 的平方成正比，电容越小，噪声越小。极小的阳极可以获得很高的能量分辨率和较短的成形时间，SDD 可以用于高计数率场合。为了减小电子学噪声的干扰，探测器的前置放大器场效应管（FET）通常集成在 SDD 的阳极附近。SDD 的漏电流很小，不需要液氮低温，通过一级帕帖尔（Peltier）制冷器冷却到 −20℃ 就可以得到很好的能量分辨率。对于低能 γ 射线与 X 射线，SDD 探测器产生光电吸收的概率是很高的。在 1～20 keV 的 X 射线能量范围内，硅漂移探测器可以高效率地将 X 射线光子能量转换为电荷，前置放大器将硅漂移探测器内产生的电荷转换为正比于 X 射线光子能量的输出脉冲，经主放大器放大整形后，被计算机多道收集，形成 X 射线能谱图。

　　所以硅漂移探测器主要用于测量低能 γ 射线和 X 射线的能谱，并且具有良好的能量分辨率和线性，以及高的探测效率的优点。例如，对 Mn K_{α} 线（5.898 keV），FWHM 可达150 eV，在 3～20 keV 范围内的峰效率接近 100%，硅漂移探测器在 X 射线能谱研究和 X 荧光分析技术方面是非常有用的。

　　硅漂移谱仪的主要性能有：

　　（1）能量分辨率与线性

　　硅漂移谱仪的能量分辨率通常以 ^{55}Mn 的 K_{α} 线（5.898 keV）的半宽度 FWHM 来表示，如图 29.5 所示。为了说明峰形分布的好坏，有的还给出 1/10 高度处的宽度值（FWTM）。

　　对于性能良好的硅漂移谱仪系统，它的谱线展宽主要由电离统计涨落展宽 Δ_1 和电子学噪声展宽 Δ_2 两种因素产生，总的谱线展宽 Δ 为

$$\Delta = \sqrt{(\Delta_1)^2 + (\Delta_2)^2} \qquad (29.8)$$

其中，$\Delta_1 = 2.35(\omega EF)^{1/2}$，$\omega$ 是硅材料中产生一对载流子平均消耗的能量，$\omega \approx 3.76$ eV（77 ℃）；$F \approx 0.12$，称为法诺因子[4]；E 是入射 X 射线的能量，对于 5.89 keV 的 X 射线，$\Delta_1 \approx 120$ eV，如

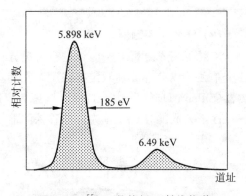

图 29.5　^{55}Mn 的特征 X 射线能谱

果就目前 Δ_2 能达到较高的指标 70 eV 而言，硅移谱仪最好的指标约为 120 eV，为了降低电子学噪声水平，前置放大器的第一级采用低噪声场效应管且置于真空中。

　　硅漂移探测器的能量线性是相当好的，在一定温度下硅中每产生一对载流子消耗的能量 ω 与射线种类和能量的关系不大，而且硅漂移探测器通常是 3～5 mm 厚的平板型结构，灵敏区中电场负责把载流子引出。在硅漂移探测器中，探测 X 射线主要基于光电效应过程，通常以 X 射线谱的全能峰总计数与放射源发射的相应的 X 光子数之比来表示硅漂移的探测效率，亦称峰效率，在 3～20 keV 范围内的探测效率接近 100%。低能端效率的降低，

主要是铍入射窗的吸收效应；高能端效率的降低是由于随着 X 射线能量增高，光电效应截面下降，以及灵敏层厚度不够，有可能部分光子穿透出去而引起的，实际应用中硅漂移谱仪的探测效率，必须通过实验来确定。

硅漂移探测器的铍窗很薄，容易损坏，使用时必须非常小心保护好铍窗，另一方面，为减少探测器与电子学噪声，硅漂移探测器与其相连接的前置放大器需要保持在低温下工作，这个通常利用 Peltier 效应来实现−20℃低温。

（2）数据处理系统

随着现代电子学的集成程度的提高，X 射线荧光谱仪的电子学设备和控制器通常被集成在一起，不再采用分离的高压电源、脉冲成形放大器，以及模数转换器（ADC）。获取到的数据通过标准计算接口，如常用的 USB 接口和计算机相连。计算机多道程序把数字化的脉冲幅度作为统计分析的对象，通常把脉冲幅度对应的数字量称作道址。道址和 X 射线的能量成正比，通过对能量已知的 X 射线进行测量，就可以得到道址和 X 射线能量的定量关系，即对谱仪进行能量刻度。

通常能量色散 X 荧光谱仪还包括一个软件包，可实现能谱的显示和识别（如能量、谱线、元素种类、积分和净计数标识）、谱处理（谱平滑、剥谱、符合损失校正等）、定性分析以及根据操作者选择的方式定量地分析处理所要求的数据。

【实验内容】

1. 用 ^{55}Fe X 射线放射源，测试谱仪的性能指标。

（1）开机，等温度稳定后，测量 Fe 的 X 射线能谱；

（2）采用 ^{55}Fe 发出的 Mn K_α、K_β 射线作两点能量刻度，求出对 Mn K_α 线（5.898 keV）的最大高度一半处的全宽度 FWHM，从而定出谱仪的能量分辨率。

2. 对 ^{238}Pu 与 ^{241}Am 发出的低能 γ 与 X 射线谱进行分析。

（1）使用 ^{55}Fe（5.898 keV，6.49 keV）及 ^{241}Am（26.34 keV，59.54 keV），对谱仪进行精确能量刻度，用最小二乘拟合求出能量刻度方程，并检查谱仪的能量线性；

（2）测量 ^{238}Pu 的直射谱，分析并保存谱数据；

（3）测量 ^{241}Am 的直射谱，分析并保存谱数据。

3. 选择 ^{241}Am 激发源，对未知样品谱进行分析。

（1）对待分析的样品进行 X 荧光激发，测量样品谱，并保存谱数据；

（2）测量受激空白样品发出的 X 射线谱（即散射本底谱），并保存谱数据。所谓"空白"样品，即基体成分与待分析样品相近但无待分析元素的样品。

4. 画出以上各测量谱，标注出峰位，对所测各条谱线进行定性分析，分别求出谱峰所在道址及对应能量（含误差），并与核衰变图表上的 X 射线能量值相比较，指出各谱线所对应元素及线系。分析未知样品的主要成分能量，确定该样品中含有何种元素，并定出该元素所对应的 X 射线的线系，谱分析的列表格式可参考表 29.3。在谱分析中应考虑激发源在样品上的相干散射（弹性散射）和非相干散射（非弹性散射），这些被散射的 X 射线形成了受激样品谱中的散射本底（或背景）。另外，放射源在靶室、准直孔材料及源外壳材料上激发出来的特征 X 射线亦形成了谱分析的一些背景，在谱分析中需要仔细考虑散射本底与一些背景等各种干扰因素。

表 29.3　谱分析的列表格式（参考）

峰编号	①	...	⑦	...
峰道址	276	...	547	...
拟合能量/keV	8.631 ± 0.091	...	17.218 ± 0.153	...
理论能量/keV	8.638	...	17.220	...
元素所在线系	Zn $K_{\alpha1}$	...	U $L_{\beta1}$	...
射线来源	样品成分	...	散射峰	...

【参考文献】

[1] GATTI E, REHAK P. Semiconductor Drift Chamber-An Application of a Novel Charge Transport Scheme[J]. Nucl. Instr. and Meth. A, 1984, 225: 608-614.

[2] PETER L, STEFAN E, ROBERT H, et al. Silicon drift detectors for high resolution room temperature X-ray spectroscopy[J]. Nucl. Instr. and Meth. A, 1996, 377: 346-351.

[3] STRÜDER L, SOLTAU H. High Resolution Silicon Detectors for Photons and Particles[J]. Radiation Protection Dosimetry, 1995, 61(1-3): 39-46.

[4] FANO U. Ionization Yield of Radiations. Ⅱ. The Fluctuations of the Number of Ions[J]. Phys. Rev., 1947, 72(1): 26-29.

[5] 复旦大学,清华大学,北京大学. 原子核物理实验方法[M]. 北京：原子能出版社,1997.

[6] 清华大学高等物理实验室讲义. 内部讲义,2005.

（宁传刚）

实验 30　X 射线技术系列教学实验

X 射线的发现揭开了人类研究微观世界的序幕，X 射线的研究在物理学从经典物理学到量子物理学的发展过程中起到十分重要的作用，其技术应用已渗透到物理学、化学、生物学、医学、材料科学、天文学、工程技术等各个领域。从 1901 年伦琴因发现 X 射线获得历史上第一个诺贝尔物理学奖以来，因 X 射线方面的研究工作而得诺贝尔物理学奖、化学奖、生理学或医学奖的项目达 16 项、科学家达 24 人。有关 X 射线的系列实验内容十分丰富，本实验系列分成 3 大部分：①X 射线的产生与 X 射线谱；②X 射线的散射；③X 射线的衰减与吸收。通过这一系列实验全面学习和了解有关 X 射线的物理原理与实验技术。

【引言】

1895 年德国物理学家伦琴(W. K. Röntgen)发现 X 射线，荣获 1901 年也是首届诺贝尔物理学奖，从此拉开了人类利用 X 射线研究微观世界的序幕。X 射线是指波长在 0.01～10 nm 范围的电磁波，具有普适的波粒二象性。它在物理学、化学、生物学、医学、材料科学、天文学、工程技术等方面的应用十分广泛。从 X 射线发现以来的 100 多年间，有关 X 射线衍射的理论、设备、技术方法及应用发展迅速，借助于 X 射线分析取得重大成就者多达几十人。利用一种实验手段获得如此丰硕的科研成果，这是科学史上史无前例的奇迹。

1897 年，英国的汤姆逊(J. J. Thomson)在关于气体导电性研究中，借助 X 射线最终发现了电子，进一步证明了原子的可分性，由此他荣获 1906 年诺贝尔物理学奖。1912 年，劳厄(M. von Laue)以晶体为光栅发现晶体的 X 射线衍射现象，不仅揭示 X 射线的本质是一种波长很短的电磁波，而且开创了 X 射线晶体结构分析的新纪元，因此他荣获 1914 年诺贝尔物理学奖。在劳厄研究的基础上，英国的布拉格父子(H. Bragg 和 L. Bragg)利用 X 射线测定了金刚石、硫化锌、方解石等晶体的结构，并改进了劳厄方程，提出了著名的布拉格公式，从而奠定了 X 射线摄谱学的基础，大大促进了晶体物理学的发展。布拉格父子还根据晶体密度精确测定了阿伏伽德罗常数。因此，他们荣获 1915 年诺贝尔物理学奖。

英国的巴克拉(C. G. Barkla)由于发现了标识元素的次级 X 射线，成为 X 射线波谱学的奠基者，荣获 1917 年的诺贝尔物理学奖。瑞典物理学家西格班(K. Siegbahn)根据布拉格公式，探明了各种元素的 X 光谱，确立了 X 射线光谱学，荣获 1924 年诺贝尔物理学奖。美国的康普顿(A. H. Compton)受巴克拉启发，与我国物理学家吴有训合作，于 1923 年发现了 X 射线经轻原子量的靶散射后波长移动的现象(康普顿-吴有训效应)，证明了微观粒子碰撞过程中仍然遵守能量和动量守恒定律。康普顿由此获得 1927 年诺贝尔物理学奖。

1934 年，苏联的切连科夫(P. A. Cherekov)发现了 X 射线照射晶体或液态物质时会发

出微弱的蓝光,即切连科夫辐射,获得1958年诺贝尔物理学奖;1958年,美国的霍夫斯塔特
(R. Hofstadter)完成了X射线的无反冲共振吸收等成就而荣获1961年诺贝尔物理学奖;
瑞典的西格巴恩(Kai M. Siegbahn)研制出X光电子能谱仪(XPS),开拓了光电子能谱学的
新领域而荣获1981年诺贝尔物理学奖。另外,数名化学家和生物学家利用X射线衍射技
术获得诺贝尔化学奖和诺贝尔生理学或医学奖。

有关X射线的系列实验内容十分丰富,本实验系列分成3大部分:①X射线的产生与
X射线谱;②X射线的散射;③X射线的衰减与吸收。通过这一系列实验全面学习和了解
有关X射线的物理原理与实验技术。这3部分实验内容用教学用X射线衍射仪完成,注重
实验原理的理解。

【注意事项】

1. X射线对人体组织能造成伤害,实验时操作人员应注意对X射线的防护。X射线衍射
仪有铅玻璃门,又有辐射保护电路和自动保护装置,只有当防辐射铅玻璃门关好时,X射线管
的高压电源才能启动,实验过程中铅玻璃门一旦打开,X光管自动关闭,避免操作不当对实验
者的辐射伤害。因此实验进行时是安全的,但要注意一切实验只能在铅玻璃门关闭下进行。

2. 由于X光管温度很高,寿命有限,当不进行实验或数据处理时,应及时关掉仪器,延
长仪器使用寿命。若用水冷靶衍射仪,实验前先开冷却水。

3. X射线管有一定的额定功率,设置X射线管的电压和电流务必在额定范围内,否则
会烧毁X光管。

4. 实验中使用的NaCl单晶体或LiF单晶体都是价格昂贵而易碎、易潮解的娇嫩材料,
要注意保护:平时要放在干燥器中;使用时要用手套;只接触晶体片的边缘,不碰它的表
面;安放时十分小心地将NaCl或LiF晶体放置在样品台上,固定样品时切忌用力过大,以
防晶片被压碎;更不能掉落地上。

5. 放置衍射样品时,注意将样品表面与仪器基准面保持在同一平面上,否则会造成衍
射角测量误差。

实验 30.1　X射线的产生与X射线谱

【思考题】

1. 从X射线的发现及应用发展,你得到怎样的启迪?

2. 用同步加速器和X射线管产生的X射线在性质和应用上有什么差别?

3. X射线的特征谱与韧致辐射谱的产生机理和应用有什么不同?

4. 当X射线管的电压和电流改变时,其韧致辐射谱和特征谱各有什么变化规律?

5. 不同阳极材料的X射线管所产生的X射线有何区别?在使用时如何选择X射线管
的阳极材料?

【实验原理】

1. X射线的产生

自然界中有四种基本的机制可产生X射线,这些机制与宇宙存在的四种基本作用力有

关。在高能核碰撞实验中可产生各种波长的辐射和亚原子粒子,其中也包括 X 射线,不过其应用价值不大。在中子星、黑洞等物质的形成过程中,万有引力也产生 X 射线,可用于天文距离探测。实验室中使用的 X 射线主要是由库仑力产生的。

1.1　同步加速器辐射

粒子加速器的运行原理是让带电粒子在磁场中环绕一个闭合的回路运动且被连续加速,带电粒子在加速(减速)过程中将产生电磁辐射,当粒子被加速到 GeV 能量范围时,会产生 X 射线辐射。由同步加速器产生的 X 射线强度很高,波长是连续变化的白色 X 射线。

1.2　X 射线管

实验室中产生 X 射线最常用的方法是利用真空管,其构造如图 30.1 所示。X 射线管实质上是一只真空二极管,有两个电极:灯丝(钨丝)作为阴极发射电子,靶作为阳极接受电子轰击产生 X 射线。当灯丝被通电加热至高温(达 2000℃),产生大量的热电子,在两极间几十千伏的高压作用下电子被加速,高速电子轰击到阳极靶面上,运动受到突然的制止,其动能传递给靶面,这些能量的一部分将转变为辐射能,以 X 射线的形式辐射出来。X 射线射出通道通常有两个或四个,选用对 X 射线穿透性好的轻金属铍(Be)作为窗口材料。转变为 X 射线的能量只占轰击到靶面上的电子束的总能量极小的一部分,轰击靶面的电子束的绝大部分能量都转化为热能,因此在工作时 X 射线管的靶必须采用冷却装置(水冷或风冷),大功率的 X 射线管在水冷靶材的同时还旋转靶以免阳极靶受热至熔化而损坏。X 射线管的最大功率也因此受到一定限制,其取决于阳极材料的熔点、导热系数和靶面冷却手段的效果等因素。

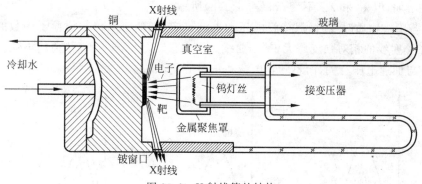

图 30.1　X 射线管的结构

在晶体衍射实验中,常用的 X 射线管按其结构设计的特点可分为三种类型:密封式管、可拆式管和转靶式管。密封式管使用方便,但靶和灯丝不能更换;可拆式管可以随时更换灯丝和不同元素的靶,但需要配真空系统;转靶式管即旋转阳极 X 射线管,是目前最实用的高强度 X 射线发生装置。工作时阳极圆柱高速旋转,这样靶面受电子束轰击的部位不再是一个点或一条线段,从而有效地加强了热量的散发。所以,这种管的功率能远远超过前两种管子。对于铜或钼靶管,密封式管的额定功率,目前只能达到 2 kW 左右,而转靶式管最高可达 90 kW。

2. X 射线谱——连续谱和特征谱

从 X 射线管发出的 X 射线,其波长并不相同。若定义单位时间内垂直通过单位面积上的光子数为 X 射线的强度 I,则 X 射线强度 I 随波长 λ 变化的关系曲线称为 X 射线谱。

对 X 射线谱的系统研究表明,从 X 射线管的阳极靶发射出来的 X 射线由两部分组成:连续光谱和特征光谱。这两部分射线是两种不同的机制产生的。

2.1   连续谱

高速电子到达阳极表面时,电子的运动突然受阻,产生很大的负加速度。根据电磁场理论,这种变速运动的电子使其周围的电磁场发生急剧变化,从而产生轫致辐射,向外发射电磁波。由于大批电子射到阳极上的时间和条件不尽相同,大多数电子须经过多次碰撞,逐步把能量释放为零,因此产生的电磁波的波长也各不相同,形成 X 射线的连续谱。

连续光谱又称为"白色"X 射线,包含了从短波限 λ_0 开始的全部波长,其强度随波长变化连续改变。从短波限开始随着波长的增加其强度迅速达到一个极大值,之后逐渐减弱,趋向于零。图 30.2(a)、(b)、(c) 分别给出连续谱变化的实验规律,它们分别表示改变管电压 U、管电流 i 和靶材料这三个因素之一时连续谱强度的变化。实验表明连续谱的性质为:

(1)连续 X 射线谱有一个短波限 λ_0。随管电压的增加,短波限向短波方向移动;强度最高的射线波长为 λ_m,它也随管电压的增加向短波方向移动;同时随着管电压的增加,所有波长的 X 射线强度有所增加,整个曲线向左上方移动,如图 30.2(a) 所示。电子激发产生的连续谱的最大强度波长约处于 1.5 倍短波限附近,即

$$\lambda_m = 1.5\lambda_0 \qquad\qquad (30.1)$$

(2)若保持管电压不变,改变管电流的大小,则随着管电流的增加,各种波长的 X 射线相对强度增加,但 λ_0 和 λ_m 不变,如图 30.2(b) 所示。

(3)若阳极物质改变时,保持管电压和电流一定,则随着阳极物质原子序数的增加,各种波长的 X 射线的相对强度增大,整个曲线向上方移动,但其 λ_0 和 λ_m 值均不变。λ_0 和 λ_m 的数值只与加速电压有关,而不随管电流和靶材变化,如图 30.2(c) 所示。

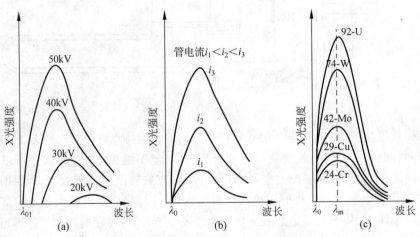

图 30.2   X 射线连续谱随不同因素的变化情况

(a) 电压;(b) 电流;(c) 阳极靶材料

(4)连续谱的强度 $I_连$ 随热电子加速电压 U 的平方而增加,与 X 光管电流 i 和所激发元素的原子序数 Z 近似成正比。

$$I_{连} = K_i i Z U^2 \tag{30.2}$$

1915 年美国物理学家杜安（W. Duane）和洪特（F. K. Hunt）发现最短波长的倒数与所加高压成正比，称为杜安-洪特（Duane-Hunt）关系。这一关系可用电子的能量及量子理论予以解释：能量为 eU 的电子和物质相碰撞产生光量子时，光量子的能量最多等于电子的能量，因此辐射必定有一个频率上限 ν_0，这个上限值应由下列关系决定：

$$h\nu_0 = \frac{hc}{\lambda_0} = eU \tag{30.3}$$

$$\lambda_0 = \frac{hc}{e}\frac{1}{U} \tag{30.4}$$

式中，h 为普朗克常数，c 为光速，电压 U 的单位为千伏（kV），波长单位为埃（Å）。式（30.4）说明短波限与加速电压之间的关系，称为杜安-洪特关系。可以利用式（30.4）通过实验测量普朗克常量。普朗克常量是一个极其重要的物理量，是区别宏观物理与微观物理的重要标志。

2.2　特征（标识）谱

图 30.3 是不同阳极材料的 X 射线管在相同电压下产生的 X 射线谱。Mo 靶的连续光谱上叠着两条强度很高的线光谱，即特征谱线。产生特征谱线的机制是：阴极射线的电子流轰击到靶面上，若能量足够高，可以将靶上一些原子的内层电子轰出，使原子处于高能级的激发态，原子的基态 K 和 L、M、N 等激发态的能级图，如图 30.4 所示。K，L，M，N 相对应于主量子数 $n=1,2,3,4$。K 层电子被击出称为 K 激发态；L 层电子被击出称为 L 激发态。原子的激发态是不稳定的，寿命不超过 10^{-8} s，激发态原子内层轨道上的空位将被离原子核更远的外层轨道上的电子所填充，以使其能级降低，这时，多余的能量便以光量子的形式辐射出来。处于 K 激发态的原子的不同外层（L、M、N…层）电子向 K 层跃迁时发出的能量各不相同的一系列辐射统称为 K 系辐射。

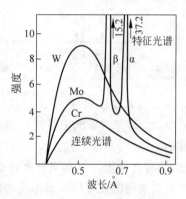

图 30.3　X射线管产生的连续谱和特征谱

其中，电子由 L 层跃迁到 K 层所产生的 X 射线称 K_α 射线，由 M 层跃迁到 K 层的称 K_β 射线。同样，若 L 层电子被击出，原子则处于 L 激发态，也会产生一系列辐射称 L 系辐射，即更外层电子向 L 层的跃迁等。这种机制产生的 X 射线，其波长只与原子不同状态的能级差有关，原子的能级是由原子结构决定的，所以，每种原子有自己特有的 X 射线发射谱，称为特征光谱或标识谱（每条谱线近似为单色）。各个系 X 射线的相对强度与产生该射线相应的向该能级的跃迁概率有关。由于从 L 层跃迁到 K 层的概率最大，所以 K_α 强度大于 K_β 的强度，而 K_α 线又因为角动量量子数的不同而分裂为 $K_{\alpha 1}$ 和 $K_{\alpha 2}$ 线，$K_{\alpha 1}$ 的强度又大于 $K_{\alpha 2}$。$K_{\alpha 2}$、$K_{\alpha 1}$ 和 K_β 三线的强度比约为 50：100：22，如图 30.5 所示。图 30.5 为 Mo 靶产生的 X 射线特征谱。考虑到 $K_{\alpha 1}$ 的强度是 $K_{\alpha 2}$ 强度的两倍，所以，K_α 的平均波长取两者的加权平均值：

$$\lambda_{K\alpha} = (2\lambda_{K\alpha 1} + \lambda_{K\alpha 2})/3 \tag{30.5}$$

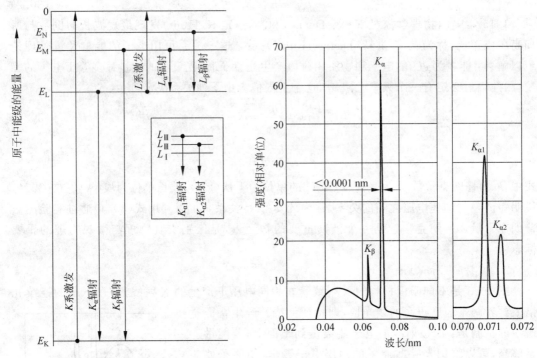

图 30.4　元素特征 X 射线的激发机理　　　　图 30.5　Mo 靶产生的 X 射线特征谱

系列实验证明,特征 X 射线谱有如下实验规律:

(1) 对于一定的阳极靶材料,其特征波长有确定值。改变管电压和管电流只能影响特征谱的强度,不影响其波长。同时,当管电压低于某个特征值 V_k 时,X 射线谱中只有连续谱,没有特征谱。只有当管电压高于 V_k 时,才会伴有特征谱。称此特定电压值 V_k 为特征 X 射线谱的激发电压。对不同的阳极靶材料,激发电压不同,其大小由阳极靶的原子序数 Z 决定。对于钼靶 X 光管,只有电压高于 20 kV 时,才会产生特征谱。

(2) 当管电压超过激发电压进一步升高时,K 系特征 X 射线的波长不变,强度按 n 次方的规律增大:

$$I_{特征} = ci(V - V_k)^n \tag{30.6}$$

式中,i 为管电流;V 为管电压;V_k 为激发电压;n 为常数,为 $1.5 \sim 2$;c 为比例常数,与特征 X 射线谱的波长有关。

(3) 特征 X 射线和连续 X 射线强度的比值,在 X 射线管的工作电压为激发电压的 $3 \sim 5$ 倍时最大。

(4) 阳极靶物质不同,所产生的同系特征 X 射线的波长也不同。莫塞莱(H. G. J. Moseley)发现同系特征 X 射线的波长 λ 随阳极靶的原子序数 Z 的增加而变短,它们之间有如下关系:

$$\sqrt{\frac{1}{\lambda}} = K(Z - \sigma) \tag{30.7}$$

式中,K、σ 对给定的特征射线系均为常数。式(30.7)称为莫塞莱定律。该定律表明特征 X 射线的频率或波长只取决于阳极靶物质的原子能级结构,是 X 射线波谱分析的基本依据。

常用的 X 射线靶有铜、钼、铁等材料,它们的特征谱线波长、吸收限及激发电压见表 30.1。

表 30.1 铜、钼、铁的特征波长、吸收限及激发电压

材料	K_{β}/nm	K_{α}/nm	K 吸收限/nm	激发电压/kV
铜	0.139	0.154	0.138	9
钼	0.0631	0.0711	0.0629	20
铁	0.176	0.194	0.174	7.13

【实验内容】

1. 分别观察和研究 X 射线管的电压、电流对它发出的 X 射线连续谱和特征谱的影响,并从理论上予以解释。

X 射线管发出的 X 射线与阳极电压、阳极电流有关,通过控制加到 X 射线管上的高压和工作电流得到不同的 X 射线谱来进行实验研究。实验中使用的衍射样品为 NaCl 单晶,晶面间距 $d = 0.282$ nm。

2. 设计实验,验证杜安-洪特关系,测量普朗克常量。

利用测角仪测量经 NaCl 单晶反射的 X 射线连续谱的反射率,以确定最小波长,求出杜安-洪特关系比例系数,进而求出普朗克常数 h。准确测量不同电压下的最小波长是本实验的关键,设计实验时应考虑测量误差的来源及解决办法。

【实验仪器】

图 30.6 所示为本实验所使用的教学 X 射线衍射仪。从它的正面看,仪器分三个区。左侧为控制区;中间由小玻璃门罩着的是 X 射线管区,本实验的 X 射线管靶材为 Mo,其 K_{α} 波长为 0.071 nm;右侧用较大玻璃门罩着的是实验工作区。两扇玻璃门的材料为铅玻璃,既能看清仪器内部结构和工作状态,又能保证实验者不受 X 射线的辐射危害。A0 为安全锁,若要打开两扇玻璃门的任何一扇,必须按下 A0,此时 X 射线管的高压会立即断开,同时,如果这两扇门有任何一扇没关好,X 光管的高压就不能接通,由此保证实验者的人身安全。

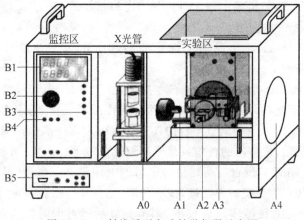

图 30.6 X 射线系列实验教学仪器示意图

实验仪器的核心是右侧的实验工作区,设有样品台和精密测角仪,端窗计数器(读数传感器)安装在精密测角仪上。样品台和精密测角仪由位置传感器控制,由步进电机带动可实现自动角扫描。A1 是 X 射线的出口,出口处装有射线光闸,使出射的 X 射线成为平行的细射线束。A2 是安放样品的靶台,把样品(平板)轻放在靶台上,向前推到底,再将靶台轻轻向上抬起,使样品被固定支架上的凸楞压住,顺时针方向旋转锁定杆,将样品固定在靶台上。A3 是装有 G-M 计数器的传感器,用于探测 X 射线的强度。G-M 计数器是一种用来测量射线(X 射线、β 射线、γ 射线等)强度的探测器,其计数 N 与所测射线的强度成正比。根据放射性的统计规律,射线的强度为 $N + \sqrt{N}$,其相对不确定度为 $\dfrac{\sqrt{N}}{N} = \dfrac{1}{\sqrt{N}}$,故计数 N 越大相对不确定度越小。延长计数管每次测量的持续时间,以增大总强度计数 N,有利于减小计数的相对不确定度。A2 和 A3 都可以转动,并可通过测角器分别测出它们的角度。

做 X 射线衍射系列实验时,首先选择"Bragg"选项,新建一个文件后,设置好仪器扫描参数,在仪器控制区选"COUPLED"耦合扫描模式,按"SCAN"键启动扫描程序,测角仪使传感器与靶台转角按 2∶1 耦合转动,进行测量和数据采集,测量的数据传输到计算机,数据和图谱同时显示在测量界面。耦合工作模式是布拉格衍射原理的实验技术实现,其工作原理如图 30.7 所示。用"Bragg"测量数据后,再根据不同内容分别选用"Planck""Transmission""Moseley"等不同软件处理测量的数据。相关软件操作和使用详见实验室仪器的操作说明。

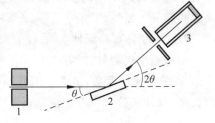

图 30.7　COUPLED 扫描模式
示意图
1—准直器;2—单晶;3—计数器

左侧为控制区,参数选择区 5 个按钮与调整旋钮 B2 配合实现对各工作参数的预置。B1 是液晶显示器,工作时上面一行显示 G-M 计数器的计数率 N,它与 X 射线的强度成正比,下面一行是工作参数。B2 是调节转盘,用于各工作参数的调节。B3 有五个设置按键,由它们确定 B2 所调节和设置的对象。这五个按键从上到下依次是:U—设置 X 射线管上所加的高压值;I—设置 X 射线管内的电流值;Δt—设置每个测量点的持续时间;Δβ—设置自动测量时测角器每步转过的角度,即角步幅;β-LIMIT-在选定扫描模式(coupled)后,设置自动测量时测角器的扫描范围,第一次按键,显示器上出现"↓"符号,此时可转动 B2 设置扫描测量的下限角,第二次按键,显示器上出现"↑"符号,此时利用 B2 设置测量的上限角,由此设置测量衍射谱的角度扫描范围。

B4 有三个扫描模式选择按键和一个归零按键。三个扫描模式按键分别是:SENSOR-传感器扫描模式,按下此键时,可通过 B2 手动设置传感器的位置;TARGET-靶台扫描模式,按下此键时,可通过 B2 手动调节靶台的转角;COUPLED-耦合扫描模式,按下此键时,靶台和测角器耦合联动,传感器的转角自动保持为靶台转角的 2 倍,可利用 B2 手动设置它们的位置,也可用 β-LIMIT 设置自动扫描时靶台的上限角与下限角,显示器的下行此时显示靶台的角位置;ZERO-系统归零按键,按下此键,靶台和传感器同时回到上次实验设置的0 位。如果用已知样品对仪器零点做校准,调节完成后通过同时按 TARGET、CDUPLED和 β-LIMIT 键把这一位置作为测量系统的零点存盘。

B5 有五个操作键。RESET-按下此键,靶台和传感器都回到测量系统的 0 位,所有参数都回到默认值,X 射线管的高压断开;REPLAY-按下此键,仪器会把最后的测量数据在此输出至计算机或记录仪;SCAN(ON/OFF)-此键是整个测量系统的开关键,按下此键,测角仪开始自动扫描,所得数据会储存起来,若开启计算机的相关测量程序,所测数据自动输出到计算机;"喇叭符号"按键是声脉冲开关,本实验中不用此键;HV(ON/OFF)-此键开关 X 射线管的高压,它的指示灯闪烁时表示高压已加上。

实验仪器测量和数据处理软件"X-ray Apparatus"已安装在计算机内,双击计算机桌面上该快捷键的图标,即可出现测量界面。它主要由上面的菜单栏、左边的数据栏和右边的图形栏三部分组成。菜单栏包括"Bragg""Planck""Transmission""Moseley"四个选项,分别进行布拉格衍射测量、普朗克常数的拟合、透射强度曲线的计算、莫塞莱定律的拟合等。

实验 30.2　X 射线的散射

【思考题】

1. X 射线在单晶体上为什么会产生类似于光栅的衍射现象?这种衍射的强度与晶面间距和 X 射线的波长有何关系?这种关系是谁首先发现的?它有哪些主要的应用?

2. 测量材料的 X 射线衍射谱时为什么选用耦合联动方式?可以分别选用样品单转或测角仪单转的模式测量吗?

【实验原理】

X 射线的散射是电磁波迫使原子中电子的运动状态改变而辐射次级 X 射线的过程,它分为相干散射和非相干散射。

1. 相干散射

X 射线是电磁波,当它通过物质时,在入射 X 射线交变电场的作用下,物质原子中的电子将被迫围绕其平衡位置振动,振动频率与入射 X 射线的频率相同。根据经典电动力学理论可知,振动的电子相当于一个振动的偶极子,它必然向四周发射与其振动频率相同的电磁波,即电子将入射 X 射线向其四周散射出去,或者说入射波将其自身的能量传给电子,而电子又将该能量以电磁波的形式转化为与入射 X 射线波长相同的散射 X 射线。这种散射 X 射线的波长、频率均与入射 X 射线相同,各散射线之间有固定的相位差,在相同的传播方向上可以发生干涉现象,故称为相干散射,又称为经典散射。相干散射是 X 射线在晶体中产生衍射的基础。

X 射线入射到单晶上,平行排列的各层晶面都使 X 射线反射,相当于分波阵面反射,这时只有各面反射的光程差为波长的整数倍时,才可得到相长干涉,如图 30.8 所示。若平行平面的间距皆为 d,则在满足布拉格条件时可得到反射强度最大。此即为布拉格方程:

$$n\lambda = 2d\sin\theta \tag{30.8}$$

式中,n 取整数,为衍射级次;λ 为波长;d 为晶面间距。

例如,NaCl 晶体属于面心立方晶胞,晶面与晶体的表面平行时,晶面间距 d 为晶格常

数 a_0 的一半,如图 30.9 所示。在用已知波长 λ 的 X 射线照射时,只要测得掠射角 θ,则可得到晶格常数。同样,已知 NaCl 单晶的晶面间距或晶格常数,只要测得掠射角 θ,也可以得到相应的 X 射线波长。这里

$$d = \frac{a_0}{2} \tag{30.9}$$

于是布拉格公式(30.8)便可写成以下形式:

$$n\lambda = a_0 \sin\theta \tag{30.10}$$

用已知波长 λ 的 X 射线照射 NaCl 晶体,只要测得掠射角 θ,则可计算其晶格常数。

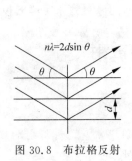

图 30.8 布拉格反射

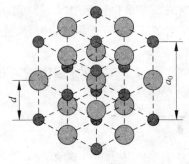

图 30.9 NaCl 晶胞结构示意图

2. 非相干散射(量子散射)——康普顿效应

相干散射是入射 X 射线与原子中束缚较强的电子(原子中的内层电子)相互作用而产生的。当 X 射线与原子中束缚较弱的电子(原子中的价电子)或自由电子相互作用时,被碰撞的电子从入射 X 射线光量子获得一部分能量而改变电子本身的运动状态,这部分电子称为反冲电子。入射 X 射线将一部分能量传递给反冲电子,损失了部分能量,导致其振动频率降低,波长变长,并改变其运动方向。这种波长改变的散射现象是由康普顿(A. H. Compton)及我国物理学家吴有训等首先发现的,符合量子理论的规律,故称之为康普顿-吴有训效应或康普顿效应,也称为量子散射。

通过实验,并从理论上推算,非相干散射波长的变化量为:

$$\Delta\lambda = \lambda' - \lambda = \frac{h}{mc}(1 - \cos 2\theta) \tag{30.11}$$

式中,2θ 为入射线与散射线之间的夹角,h 为普朗克常数,m 为电子质量,c 为光速。由式(30.11)可知,散射线的波长值完全由散射角决定。散射线之间不存在固定的相位关系,因此不能产生干涉和衍射效应,故这种散射也称为非相干散射。

另外,非相干散射的强度也比较低,它分布于各个方向,强度随 $\frac{\sin\theta}{\lambda}$ 的增加而增大,在衍射图上形成连续的背底。特别是对于轻元素,非相干散射十分显著,对衍射工作产生不利影响。

X 射线与物质发生作用时,通常同时存在着相干散射和非相干散射。一般情况下,当入射光子的能量接近或小于壳层电子的结合能时,以相干散射为主;当入射光子的能量大大超过壳层电子的结合能时,则以非相干散射为主。

另外,在光子-电子的相互作用中,如果光子的能量等于或大于电子的束缚能,电子就可能吸收光子的全部能量而被电离成自由电子。电离后的电子具有很高的动能,其动能大小等于入射 X 光子能量与电子的逸出功之差。这些高能电子会继续与物质作用,产生能量较低的二次光子、荧光光子及俄歇电子等,不同物质产生的二次光子和电子通常具有特定的能量,可以用作物相的定量与定性分析。

【实验内容】

1. 设计实验,用已知晶面间距的 NaCl 单晶调校 X 射线实验仪中测角仪的零点,让它处于最佳工作状态。用上述已调好的 X 射线实验仪测量 LiF 单晶或其他晶体样品的晶格常数,分析各个晶面的晶面指数,验证布拉格公式。

X 射线衍射中测角仪的零点和准确度是决定实验结果准确度的关键因素,因此在测量未知物质前,先用已知晶面间距的晶体对仪器的工作状态进行校准,以保证测量数据的可靠性。校准仪器后,启动计算机中测量软件,进行测量和数据采集,并将数据传送到计算机。测量完毕后,对实验数据进行处理,计算其晶面间距。实验用的 X 射线为钼阳极发射的特征谱线,其特征波长见表 30.1。

注意:NaCl 和 LiF 晶体都容易破碎和潮解,使用时必须十分小心。避免用力夹持晶体,接触晶体要戴手套操作,仅接触短边。安放晶体时,应十分小心地将晶体放置在样品台 A3 上(晶体短边接触靶台),小心提升样品台到顶,缓慢拧紧固定螺钉,切忌用力过大,以防晶片被压碎。实验结束后,晶体要存放在干燥罐中。

2.(选做)设计实验,利用该 X 射线实验仪验证康普顿效应。(注意:为保证实验数据的不确定度足够小,应如何选取每个数据的测量时间?)

【实验仪器】

本实验所用实验仪器同"实验 30.1　X 射线的产生与 X 射线谱"。

实验 30.3　X 射线的衰减与吸收

【思考题】

1. X 射线通过物质时,其强度衰减的主要原因是什么? X 射线可用作医学诊断、工业探伤或机场安检的原理是什么?

2. 物质对 X 射线吸收的机理是什么? 这种吸收与物质的原子序数有何关系? 与物质的厚度有何关系? 与 X 射线的波长有何关系?

3. 什么是物质对 X 射线的"吸收边"? K 吸收边和由于激发高能壳层的电子跃迁回 K 壳层而发出的 K_α 线和 K_β 线有什么本质区别? K 吸收边有什么实际应用?

4. 莫塞莱定律有什么应用?

5. 里德堡常量的意义是什么?

【实验原理】

X 射线和可见光一样属于电磁辐射,但其波长比可见光短得多,介于紫外线与 γ 射线之间,为 $10^{-2} \sim 10^2$ Å。X 射线的频率大约是可见光的 10^3 倍,所以它的光子能量比可见光的光子能量大得多,表现出更明显的粒子性。由于 X 射线具有波长短、光子能量大的两个基本特性,X 射线光学(几何光学和物理光学)虽然拥有与普通光学一样的理论基础,但两者的性质却有很大的区别;X 射线与物质相互作用时产生的效应和可见光也迥然不同。X 射线分析是以 X 射线与物质的相互作用原理与效应为基础的。下面分别讨论 X 射线的衰减、吸收、滤波及防护。

1. X 射线的衰减

X 射线穿过物质时,它与物质之间的物理作用分为两类:①入射 X 射线被介质电子散射;②入射 X 射线被原子吸收。物质对 X 射线的吸收和散射使其强度衰减(如图 30.10 所示),其衰减遵循朗伯(Lambert)定律:

$$I = I_0 e^{-\mu x} \tag{30.12}$$

式中,I_0 为入射 X 射线的强度;I 为穿过物质后 X 射线的强度;x 为穿过物质的厚度;μ 为物质的线吸收系数,其与入射 X 射线的波长和物质种类及其状态有关。

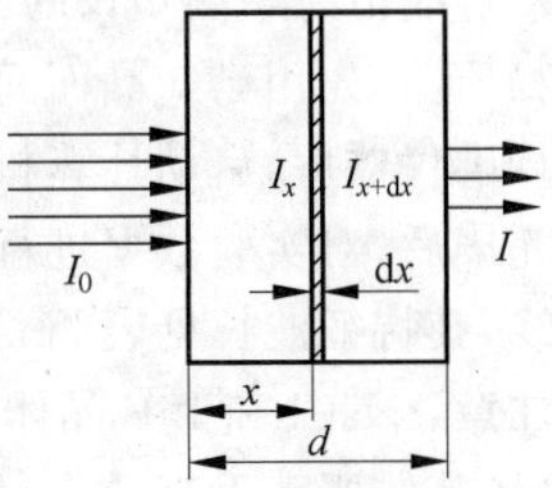

由于吸收和散射都会造成 X 射线的衰减,故 μ 可被认为由以下两部分组成,即

$$\mu = \tau + \sigma \tag{30.13}$$

图 30.10　X 射线的衰减与吸收

式中,τ 为线性吸收系数;σ 为线性散射系数。它们分别与物质质量或密度成正比,故可用质量(衰减)系数来表示

$$\mu_{\mathrm{m}} = \frac{\mu}{\rho}, \quad \tau_{\mathrm{m}} = \frac{\tau}{\rho}, \quad \sigma_{\mathrm{m}} = \frac{\sigma}{\rho} \tag{30.14}$$

其中 ρ 为物质的密度。质量衰减系数 μ_{m} 表示单位质量所引起的 X 射线的相对衰减量,它只与物质的原子特性和波长有关,与物态无关。在一定条件下,μ_{m} 是一个常数,具体数据可在有关手册中查到。

对于纯金属,它们又可用原子(衰减)系数(原子截面)来表示

$$\mu_{\mathrm{a}} = \mu_{\mathrm{m}} \frac{A}{N_{\mathrm{A}}}, \quad \tau_{\mathrm{a}} = \tau_{\mathrm{m}} \frac{A}{N_{\mathrm{A}}}, \quad \sigma_{\mathrm{a}} = \sigma_{\mathrm{m}} \frac{A}{N_{\mathrm{A}}} \tag{30.15}$$

式中,A 为原子量,N_{A} 为阿伏伽德罗系数,$N_{\mathrm{A}} = 6.022 \times 10^{23} \dfrac{1}{\mathrm{mol}}$。

由式(30.13)可知:

$$\mu_{\mathrm{m}} = \tau_{\mathrm{m}} + \sigma_{\mathrm{m}} \tag{30.16}$$

$$\mu_{\mathrm{a}} = \tau_{\mathrm{a}} + \sigma_{\mathrm{a}} \tag{30.17}$$

2. X 射线的吸收

实验发现,质量吸收系数 μ_{m} 是入射线的波长和吸收物质原子序数的函数,如图 30.11 所示。物质对 X 射线的吸收主要是 X 射线使被照射物质的原子电离,使原子内壳层的电子释放出来。当入射 X 射线能量足够高时,可以将被照射物质原子中的 K 层电子打击出来,使原子处于激发状态,当原子恢复稳态时,L 壳层或 M 壳层的电子跃迁到 K 壳层,同时被照射物

质发射出它的标识 X 射线 K_α 或 K_β,称为二次标识射线。这种利用 X 射线的激发作用而产生的新特征辐射称为二次特征辐射,其本质属于光致发光的荧光现象,因此也称为荧光辐射。

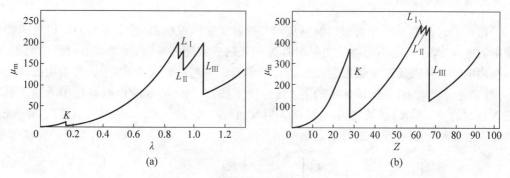

图 30.11　物质的质量吸收系数(μ_m)

(a) Pt($Z=78$)的 μ_m 随入射 X 射线波长的变化;(b) 对 Cu K_α($\lambda=1.54178$ Å)的 μ_m 随原子序数的变化

只有当 X 射线光子的能量大于相应壳层电子的束缚能,才能产生荧光辐射或原子电离。入射光子将自身能量转交给内层电子,使能够穿透物质的光量子数目及能量减少,因而吸收系数突然增大,这就是图 30.11 中质量吸收系数随波长发生一系列突变的原因。如果 X 射线光子的能量稍低于束缚能时,不能使原子电离,吸收必然很低。这一刚刚使原子电离的极限波长 λ_K 称为该物质的吸收限或吸收边。图 30.11(a)中的一系列突变分别对应于 K 吸收限,L_I、L_{II} 和 L_{III} 吸收限等。被入射光子碰撞出的内层电子称为光电子。

1913 年英国科学家莫塞莱(H. Moseley)测量了多种元素的 K 吸收边,总结出如下关系式

$$\sqrt{\frac{1}{\lambda_K}} = \sqrt{R}(Z - \sigma_K) \tag{30.18}$$

式中,R 为里德伯常数;Z 为吸收物质的原子序数;σ_K 为 K 壳层的电子云屏蔽系数。按玻尔原子模型,$(Z-\sigma_K)e$ 为在 X 射线使 K 壳层电子激发过程中的有效核电荷,σ_K 为由于电子云的屏蔽而出现的量子缺损。他发现用这里得到的 Z 为元素周期表排序比用原子量 A 排序更正确,而根据玻尔模型,Z 正是原子中的电子数,即原子核中的质子数。莫塞莱实验对于玻尔理论是一个有力的支持。莫塞莱实验也第一次提供了精确测量 Z 的方法。

当物质的原子序数 Z 在 $30\sim60$ 之间时,σ_K 基本上与 Z 无关。测量出该范围内不同元素的吸收边,利用式(30.18)直线拟合,可以测量里德伯常数 R 和屏蔽系数。

实验证明,除吸收限之外,μ_m 值与 X 射线波长 λ 的三次方及元素原子序数 Z 的四次方成正比:

$$\mu_m = K\lambda^3 Z^4 \tag{30.19}$$

其中,K 为比例常数,且各段曲线的 K 值不同。

X 射线穿过物质后透射强度 I 与入射强度 I_0 之比称为透射率 T,其表达式为

$$T = \frac{I}{I_0} \tag{30.20}$$

实验测量出材料的透过率,再用 $T=e^{-\mu x}$ 可求出 μ。X 射线的波长 λ,可运用布拉格反射的原理得出,让 X 射线在 NaCl 晶面反射,对第一级反射峰,$\lambda = 2 \cdot d \cdot \sin\theta, d = 0.282$ nm。

由此可验证原子吸收系数与 X 射线波长的关系。

3. X 射线的滤波

物质对 X 射线的吸收有很多实际应用。X 射线无损探伤、X 射线显微分析以及医疗工作中的透视，都是利用不同物质和组织对 X 射线的吸收能力不同，用以鉴定材料的组织、缺陷及病象等。特别是在 X 射线物质结构分析中要用单色特征 X 射线，为此常采用滤波片将 K_β 线和连续谱滤去，只保留最强的 K_α 线。选定滤波片的 K 吸收限刚好位于所使用的特征 X 射线的 K_α 或 K_β 波长之间，从而使入射线通过滤波片时，K_β 光子被大量吸收，K_α 光子被较少地吸收，以达到单色的目的。图 30.12 表示 Ni 滤波片对 Cu 的特征 X 射线的滤波作用。

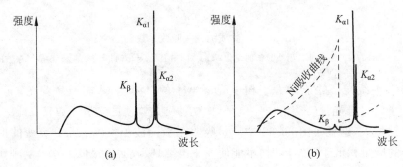

图 30.12　Ni 滤波片对 Cu 的特征 X 射线的滤波作用

（虚线为 Ni 的质量吸收系数曲线）

(a) 通过 Ni 滤波片之前；(b) 通过 Ni 滤波片之后

由于 X 射线特征谱波长随元素的原子序数升高而变小，并且同种元素 $\lambda_K < \lambda_{K_\beta} < \lambda_{K_\alpha}$，因此，滤波片材料的原子序数应小于靶材料的原子序数。参考各元素的 λ_K，λ_{K_β}，λ_{K_α} 值，得出以下规律：

当靶材料的原子序数 $Z_{靶}$ 小于 40 时，应选用($Z_{靶}$－1)的元素做滤波片；当靶原子序数 $Z_{靶}$ 大于 40 时，应选用 ($Z_{靶}$－2)的元素做滤波片。同时滤波片的厚度要合适，太薄，滤波效果不明显，太厚，使入射线强度损失太大。滤波片的厚度可用式(30.12)计算。实际中控制厚度使滤波后 K_α 与 K_β 的强度比约 600：1，而仅使 K_α 减弱 50%左右。

4. X 射线防护

X 射线对人体组织能造成伤害，人体受 X 射线辐射损伤的程度，与受辐射的量(强度和面积)和部位有关，眼睛和头部较易受伤害。衍射分析用的 X 射线("软"X 射线)比医用 X 射线("硬"X 射线)波长长，穿透弱，吸收强，危害更大。实验人员必须对 X 射线"注意防护!"。一定要避免受到直射 X 射线束的直接照射，对散射线也需加以防护。直射 X 射线束的光路必须用重金属板完全屏蔽起来，即使小于 1 mm 的小缝隙，也会有 X 射线漏出。防护 X 射线可以用各种铅的或含铅的制品(如铅板、铅玻璃、铅橡胶板等)或含重金属元素的制品(如高铅含量的防辐射有机玻璃)。实验设备中一般都安装防辐射自动保护装置。

【实验内容】

1. X 射线的透射率与材料厚度有关，设计实验，测量同种材料、不同厚度样品的 X 射线透射率,寻找透射率与材料厚度的关系并解释之。

实验室提供不同厚度的铝片:$0.5/1.0/1.5/2.0/2.5/3.0$ mm。

2. X 射线的吸收系数与原子种类有关,设计实验,测量相同厚度、不同材料样品的 X 射线透射率,寻找吸收系数与材料原子序数的关系并解释之。实验室提供铝、铁、铜、锆和银等一系列吸收片用于研究吸收系数与材料原子序数的关系。

3. 设计实验,研究材料的吸收系数与 X 射线波长的关系,并解释之。

4. 利用材料的选择吸收原理设计实验,使 Mo 靶发出的 X 射线成为"单色光",并测量这种单色光的光谱,分析滤波原理。

5. 设计实验,用莫塞莱定律测定里德伯常数。

【实验仪器】

本实验所用实验仪器同"实验 30.1 X 射线的产生与 X 射线谱"。

【参考文献】

[1] 范雄. X 射线金属学[M]. 北京:机械工业出版社,1980.

[2] 王英华. X 光衍射技术基础[M]. 北京:原子能出版社,1993.

[3] 马世良. 金属 X 射线衍射学[M]. 西安:西北工业大学出版社,1997.

[4] LEYBOLD Physics Leaflets.

(王合英 孙文博)

实验 **31** 缪子寿命和衰变能谱的测量

> 缪子(μ)是自然界的基本粒子之一,属性和电子相似,它带负一价的电荷,自旋为 1/2, 质量约是电子的 207 倍。高能宇宙射线在大气环境中不间断地产生着缪子,因而不依赖大型粒子加速器,在普通教学实验室也可以进行缪子实验。缪子不稳定,会发生衰变。本实验主要目的是了解缪子相关粒子物理基本知识和探测方法,测量缪子寿命以及其衰变产生电子的能谱。

【思考题】

1. 什么是 μ 子,它们是如何在大气中产生的,为什么它们在大气中穿透力很强(相对于电子或质子)?

2. 利用洛伦兹变换方程给出在实验室中测量动能为 K 的不稳定粒子平均寿命的表达式,已知该粒子的静止质量是 m_0,静止平均寿命是 τ_0。假设 μ 子的最可能动量近似为 1 GeV/c,计算 β,γ,和飞过 3 m 路程的时间。

3. 单电荷粒子在物质中以接近光速的速度飞行,由于与物质中原子的库仑相互作用, 其能量损失率近似为 2 MeV/(g/cm^2)(分母叫作面密度,等于体密度乘以厚度)。这个损失率对粒子能量不敏感。一个相对论粒子($v \approx c$)穿过整个大气层损失的能量是多少?

4. 用计数率为 $n_1 = 10^4$/s 和 $n_2 = 2 \times 10^5$/s 的闪烁体计数器测量,1 h 能够观察到多少 "偶然计数"(即无关联粒子产生的脉冲)? 假定测量的时间窗是 80 ns,那么这些偶然计数在"计数-时间"谱图上是如何分布的?

5. 测量 μ 子平均寿命用到的塑料闪烁体圆柱体的重量是 25 kg,估计在圆柱体中的 μ 子的衰变事例率。

6. 图 31.10 中,有时在 7.5 μs 处的异常隆起是光电倍增管的"后脉冲"造成的干扰,有一种方案利用两个光电倍增管可以有效去除"后脉冲"干扰,如何实现这一目的? 在图 31.5 中,为什么要在时幅变换器(TAC)启动输入端接一段延迟线? 在停止端接延迟线可以吗?

7. 图 31.8 中的 μ 子寿命 $\tau_\mu = (2.098 \pm 0.006)$ μs,显著小于真空中的寿命 $\tau_\mu = (2.19703 \pm 0.00004)$ μs。讨论可能的原因。

8. 图 31.8 是用本文所述的探测方案观测到的典型脉冲幅度谱,如何解释这些谱? 测量得到的电子能谱和用大型装置测量得到的电子能谱有较大差异,试从探测器的尺寸、荧光收集效率等方面讨论。图 31.8 中测量得到是脉冲幅度,单位为 mV。设计一个实验方案, 利用带电粒子在介质中的能量损失率 2 MeV/(g/cm^2)进行能量刻度,把横轴变成能量,单位 MeV。从这样的能谱能否判断 μ 子是三体衰变还是二体衰变。如果感兴趣的话,还可以用 GEANT 4 程序进行蒙特卡洛模拟,并和测量得到的电子能谱进行比较。

9. 如图 31.10 所示,如果利用一个旧的光电倍增管测量缪子的寿命分布,光电倍增管的"后脉冲"现象比较严重,在 7 μs 处有一个显著地鼓起。试设计一个实验方案消除光电倍增管的后脉冲的影响。

【引言】

与电子相似,缪子(muon)是基本粒子之一,它带负一价的电荷,自旋为 1/2,符号为 μ^-,质量为 105.658 MeV/c^2,约是电子质量的 207 倍。卡尔·安德森(Carl Anderson)在 1936 年研究宇宙射线时发现了缪子。其反粒子为带正电的 μ^+。在基本粒子分类表中,缪子和电子、τ 子以及相关联的三种中微子一起被称为轻子,如图 31.1 所示。

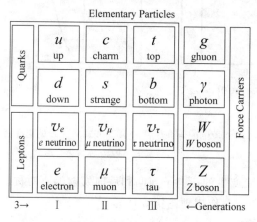

图 31.1　基本粒子分类

缪子是不稳定的,其寿命 $\tau \approx 2.197$ μs,这在粒子物理学中是比较长的寿命,实际上这是目前已知的亚原子尺度粒子中寿命第二长的,最长的是自由中子,其寿命约为 15 min。寿命较长的原因是其衰变过程是弱相互作用过程,它的衰变方式如图 31.2 所示。

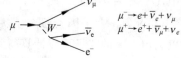

$$\mu^- \to e^- + \bar{\nu}_e + \nu_\mu$$
$$\mu^+ \to e^+ + \bar{\nu}_\mu + \nu_e$$

图 31.2　缪子的衰变方式

在历史上,缪子曾错误地被认为是汤川预言的一个介子,即在 1947 年被确定为 140 MeV 的 π 介子。后来人们研究发现,和其他介子普遍参加核力相互作用不同,缪子不参加核力强相互作用。此外,在夸克模型中,介子由两个夸克组成,而缪子无内部结构。再者,由于轻子数守恒,缪子衰变产物中总有中微子和反中微子,是三体衰变,而介子衰变产物中要么是中微子要么是反中微子,二者取其一。带电的 π 介子衰变方式如下:

$$\pi^- \to \mu^- + \nu_\mu$$

三体衰变和两体衰变,产生的电子能谱有很大的不同,如图 31.3 所示。如果是两体过程,衰变产生的带负电粒子应是单能的,而三体应是一个连续分布。实际上,研究 π 介子衰变的工作导致了人们发现中微子不止存在电子中微子这一种,还有缪子中微子,1988 年诺贝尔物理学奖就与此有关。

π 介子衰变产生的 μ 子极化方向与运动方向相反,在停止时保持其极化方向不变。在飞行方向的前半球发射的衰变电子数目和后半球的数目不同,因此违反了宇称守恒定律。

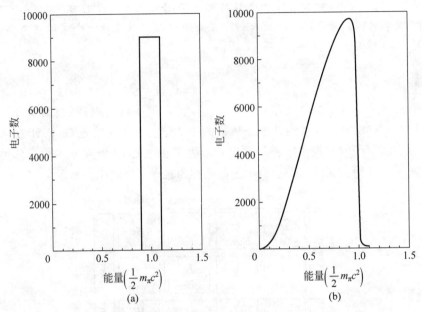

图 31.3　带电的 π 介子两种衰变方式所导致的电子能谱

(a) 两体衰变；(b) 三体衰变

图 31.4 显示的是 μ^+ 衰变产生的正电子前向和后向发射的不对称。

μ 子的衰变可以用弱相互作用理论精确计算，其寿命可以用下面的公式给出

$$\tau = \frac{192\pi^3 \, \hbar^7}{G_F^2 m_\mu^5 c^4}$$

式中，G_F 是一个较小的耦合常数，$G_F = 1.16 \times 10^{-5}(\hbar c)^3/\mathrm{GeV}^2$。因为 G_F 可以从 β 衰变中得到，所以利用上面的式子可以计算得到 μ 子的质量 m_μ。

由于缪子质量较大，在质心系中至少需要 105.7 MeV 能量才能产生，通常的核衰变过程能量不足以产生缪子。缪子可以用高能加速器产生，或

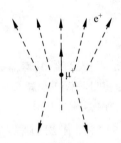

图 31.4　μ^+ 衰变产生的正电子前向和后向发射的不对称（箭头指向表示 μ 子的极化方向）

由高能宇宙射线产生。宇宙射线中的缪子能量分布范围从几兆电子伏到几十吉电子伏，几乎在地球任何一个地方都可以随时免费获得，不依赖大型加速器，因而学生在教室里就可以进行缪子实验。该物理实验内容非常丰富，涉及粒子和核物理、狭义相对论、宇宙射线、核电子学等多个方面。由于缪子来源是宇宙射线，计数率很低，实验累计数据通常需要几天时间。

宇宙射线是来自太空的高能粒子，其能量可以高达 10^{21} eV。其主要成分是由核子构成，其中约 87% 为质子，12% 为 α 粒子，其余为原子核、电子、γ 射线和高能中微子。当宇宙射线进入地球大气层后，高能粒子会与大气层中的原子核相互作用，产生许多新的粒子（次级粒子或次级宇宙射线）。如果新的粒子能量够高，会继续和大气中的原子核相互作用产生更多的次级粒子。直到粒子能量低于某个临界值，才会停止产生新的粒子。这一过程会形成如图 31.5 所示的圆锥形状次级粒子分布，亦称作大气簇射（air shower）。簇射在从高空

向地面传递过程中,入射的粒子和次级强子(核子,介子等)的能量逐渐传递给了和空气相互作用较弱的轻子(缪子,电子,中微子)以及 γ 射线。和电子相比,由于缪子质量大,韧致辐射损失能量小得多,因此穿透力更强。高空探测表明,到达地面的缪子绝大多数产生在海拔 15 km 以上的大气层。高能缪子以非常接近光速的速度穿过 15 km 空气层约需要 50 μs,而缪子的寿命只有 2.2 μs,这个矛盾可以用狭义相对论的钟慢效应或尺缩效应来解释。

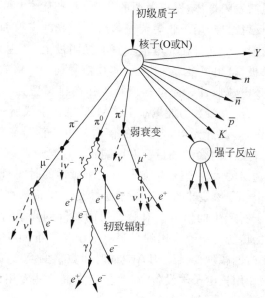

图 31.5　高能宇宙射线的大气簇射。一个高能质子与空气分子发生碰撞,产生 π 介子。带电的 π 介子衰变产生 μ 子。产生的 μ 子以接近光速的速度运动,其中少部分(约 9%)穿过约 15 km 厚的空气层到达地球表面。在海平面附近,缪子的能量主要集中在 1 GeV 左右,其能量分布如图 31.6 所示。1 min 内通过每平方米的缪子数目大约为 5×10^3。

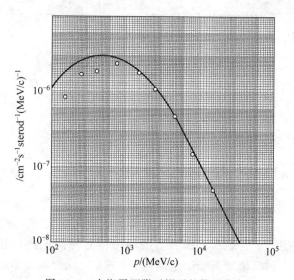

图 31.6　在海平面附近缪子的能量分布

【实验原理】

缪子和物质相互作用和电子相似,主要通过碰撞和辐射损失动能。实验使用的缪子探测器由圆柱形的塑料闪烁体和光电倍增管(PMT)构成。塑料闪烁体的直径为 310 mm,高为 419 mm。塑料闪烁体型号为 NE102,密度约为 1.2 g/cm^3。高能带电粒子穿过塑料闪烁体时,会在经过的路径上激发闪烁体,发出微弱的荧光,发光衰减时间常数约 2 ns。塑料闪烁体表面涂有二氧化锆反射涂层,用于收集荧光。出射荧光的窗口和光电倍增管之间有耦合硅油,以增强荧光的透射。荧光打在光电倍增管的光阴极上,产生光电子,在高压的作用下,光电子轰击后续打拿极,打出更多二次电子,实现信号约 10^7 倍放大。二次电子通过光电倍增管的阳极输出一个电流脉冲。光电倍增管工作高压设置为 -1200 V。为了有效去除大量的非缪子衰变信号(绝大多数为能量小于 1 MeV 的 γ 射线所引起),处理信号的电子学的甄别阈值必须仔细设置,此外光电倍增管的倍增光电子信号后伴随的“后脉冲”(after pulse)也必须仔细剔除,不然对寿命的测量会有影响。

经过阈值比较器筛选出的大幅度脉冲,如果有两个脉冲的时间间隔在 22 μs(10τ) 以内,有很大概率标志这是一个 μ 子衰变事件。第一个脉冲是 μ 子进入探测器产生的信号,第二个脉冲是衰变产生的电子所产生的信号。对脉冲对的时间间隔进行统计就可以得到 μ 子的寿命。测量缪子寿命的传统方案通常用到很多核电子学标准插件,通过自符合方式筛选出缪子衰变信号,再利用时间幅度变换器(TAC)或时间数字变换器(TDC)实现对寿命的测量[10]。这个方案涉及的专用核电子学设备,需要预先掌握这些专用设备的工作原理,成本较高,如图 31.7 所示。

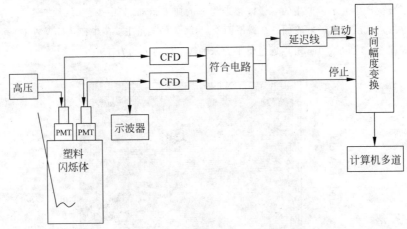

图 31.7　基于标准核电子学插件的传统实验方案。图中 CFD 代表恒比甄别器

本实验采用基于高速存储采样示波器的方案,完全用数字信号处理。这样的实验方案,实验灵活性大,测量是完全透明的,可以测量得到的物理量更多,最重要的是成本低廉。图 31.8 显示了本测量方案的原理。探测器的输出信号经阈值比较器(LM710,响应时间40 ns)进行比较。如果信号幅度大于设定阈值(30 mV),就会触发单稳(74LS221),输出一个窄脉冲(信号 A,宽度 50 ns)。这个脉冲的后沿触发另一个单稳,输出一个宽脉冲,宽度为22 μs(信号 B)。窄脉冲信号 A 和宽脉冲信号 B 进行逻辑与操作,如果在这个 22 μs 有另外

一个脉冲到来,就会输出一个脉冲信号触发数字示波器记录波形,否则示波器不记录。图 31.9 是实现这一功能的电路图。图中发光二极管 D1 指示 μ 子信号,发光二极管 D2 指示 μ 子衰变事件。一个自编程序负责读取示波器中记录的信号波形,用户界面如图 31.10 所示。图中四个窗口分别显示信号波形,寿命统计,μ 子信号幅度统计,电子信号幅度统计。一旦示波器被触发,其将记录时间长度为 40 μs 的信号波形,采样间隔 8 ns,采样精度为 12 位。其中,30 μs 在触发点之后,10 μs 在触发点之前。程序自动测量两个脉冲之间的时间间隔和每个脉冲的幅度,然后更新统计。

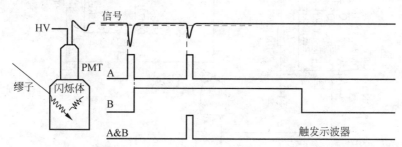

图 31.8 本实验所采用实验方案的原理示意图。图中水平虚线指示的是比较器的阈值。
竖直虚线表示单稳触发器的触发时刻

对于寿命统计谱,用 $N(t)=N_0+A_0\exp(-t/\tau)$ 公式进行拟合就可以得到 μ 子寿命 τ。在本实验中,探测器输出的信号幅度近似和粒子在探测器中损失的能量成正比,因此还可以得到 μ 子在探测器中的能量损失谱,以及衰变产生的电子的能谱。不过由于电子能量比较高,探测器较小,测量得到的能谱和文献中报道的能谱有较大差异。衰变产生的电子最大动能是 52.5 MeV。其在塑料闪烁体中电子直线穿透距离大约为 20 cm,而 ϕ31 cm×35 cm 的探测器不足以把大多数电子完全停止。对于高能 μ 子,在塑料闪烁体中的比动能损失 $dE/dx\approx2$ MeV/cm,因此高能 μ 子竖直穿过探测器时,最大的能量损失约 70 MeV。利用这一特性可以对探测器进行比较粗糙的能量刻度。人们生存环境中的 μ 子平均能量约 4 GeV,竖直通过探测器时,在探测器中损失的能量服从朗道分布。为了选取竖直通过探测器的 μ 子,可以增加两个探测器进行复合。由于电子或 μ 子在探测中径迹不同,其损失的能量也不同,要解释图 31.10 所观测的能谱需要做详细的蒙特卡洛模拟,感兴趣的同学可以用欧洲核子中心的 GEANT4 程序包模拟。

【实验内容】

用示波器观察探测器输出信号的形状和幅度。记录脉冲的上升时间和下降时间。由于测量的信号是快脉冲信号,为了避免在电缆两端产生反射干扰,在探测器的输出端用阻抗为 50 Ω 的电阻匹配,不要断开同轴电缆。由于 μ 子在 25 kg 探测器中衰变事件的发生率约每分钟 5 例,实验需要很长时间,才能累积一个"好看"的寿命谱,建议最小的累积时间为 20 h。如果一周只有一组同学预约这个实验,实验最长可以累积一周。程序会自动记录 μ 子衰变事件中的两个脉冲的峰位 t_1、t_2 和脉冲幅度 A_1、A_2,事件逐一记录在文件中。对这个文件中的数据进行统计,就可以得到图 31.10 那样的寿命谱和能谱。分析数据,得到 μ 子寿命和衰变产生的电子能谱。

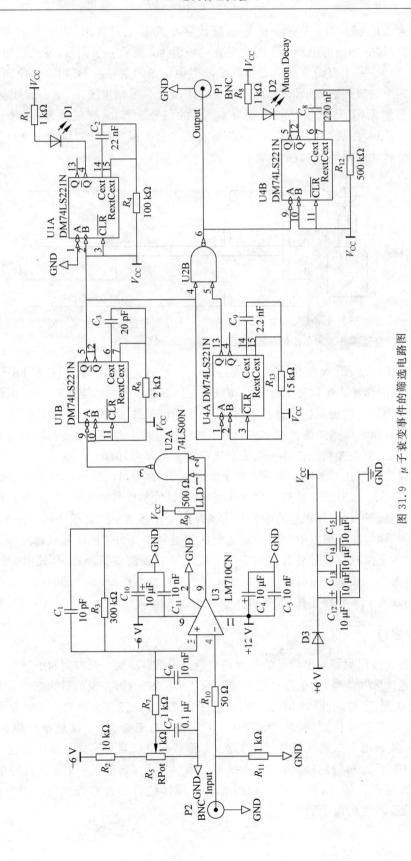

图 31.9 μ子衰变事件的筛选电路图

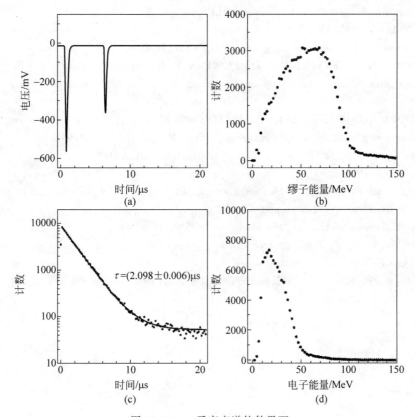

图 31.10 μ 子衰变谱软件界面

（a）μ 子衰变的一个典型信号波形；（b）进入探测器并发生衰变的 μ 子能谱；

（c）μ 子寿命统计分布。图中实线为 $N(t)=N_0+A_0\exp(-t/\tau)$ 拟合曲线；（d）μ 子衰变产生的电子能谱

【参考文献】

［1］ Muon,Wikipedia,http：//en. wikipedia. org/wiki/Muon.

［2］ Particle Data Group,Particle Physics Booklet (Lawrence Berkeley National Lab,Berkeley,CA,1998).

［3］ C. Caso et al. ,Particle Data Group,"Review of Particle Physics," Euro. Phys. J. C3,1 (1998).

［4］ http：//nobelprize. org/physics/laureates/1988/index. html.

［5］ Parity violation in muon decays and the muon lifetime,University of Lund,3 April 2000,www. hep. lu. se/staff/c. jarlskog/nffl_7184. pdf.

［6］ HALL R E, LIND D A, RISTINEN R A. " A simplified muon lifetime experiment for the instructional laboratory," Am. J. Phys. 38,1196 (1970).

［7］ OWENS A,MACGREGOR A E. "Simple technique for determining the mean lifetime of the cosmic ray μ meson," Am. J. Phys. 46,859 (1978).

［8］ LEWIS R J. "Automatic measurement of the mean lifetime of the muon," Am. J. Phys. 50,894 (1982).

［9］ WARD T,BARKER M,BREEDEN J,KOMISARCIK K,PICKAR M,WARK D,WIGGINS J. "Laboratory study of the cosmic-ray muon lifetime," Am. J. Phys. 53,542 (1985).

［10］ The Speed and Decay of Cosmic-Ray Muons：Experiments in the Relativistic Kinematics of the Universal Speed Limit and Time Dilation. MIT Department of Physics,October 17,2014,http：//

web. mit. edu/8. 13/www/JLExperiments/JLExp14. pdf.

[11] COAN T,LIU T K, YE J B. "A compact apparatus for muon lifetime measurement and time dilation demonstration in the undergraduate laboratory," Am. J. Phys. 74,161 (2006).

[12] EHRLICH R D, FRYBERGER D, POWERS R J, SHERWOOD B A, TELEGDI V L. "Measurement of the electron spectrum from muon decay,and its implication," Phys. Rev. Lett. , 16,540 (1966).

[13] REITER R A,ROMANOWSKI T A,SUTTON R B, CHIDLEY B G,"Precisemeasurements of the mean lives of μ^+ and μ^- mesons in carbon," Phys. Rev. Lett. 5,22 (1960).

[14] Atomic and Nuclear Properties of Materials for 292 substances, http://pdg. lbl. gov/AtomicNuclearProperties/.

[15] Stopping-Power and Range Tables for Electrons,Protons, and Helium Ions,http://physics. nist. gov/PhysRefData/Star/Text/contents. html.

[16] D. H. Wilkinson,Nucl. Instr. and Meth. A 383,513 (1996).

[17] Geant4 is a toolkit for the simulation of the passage of particles through matter. https://geant4. web. cern. ch/geant4/.

[18] 胡雨石,王天冶,梅叶峰,等. 测量缪子寿命和衰变能谱的简单测量装置及其蒙特卡洛模拟[J]. 物理与工程,2016,26(5)：27-32.

（宁传刚）

第6部分
实验技术与综合

实验 **32** 扫描隧道显微镜

扫描隧道显微镜(STM)是自 20 世纪以来,人类最伟大的科学技术成就之一。它使人类首次在实空间上直接观察到原子在物质表面的排列状态和与表面电子行为有关的物理和化学性质,甚至能够精确定位和操控单个原子,是人类探索微观世界的一大利器。本实验的重点是掌握扫描隧道显微镜的基本原理和相关技术,了解扫描隧道显微镜的使用方法和应用。

【思考题】

1. 扫描隧道显微镜通过什么原理实现对物质的原子级精度探测,具体精度是多少?

2. 隧道电流与探针-样品之间的距离有何数学关系,这一关系对仪器制造提出什么要求?

3. 压电陶瓷材料在扫描隧道显微镜中有何应用,其优势何在?

4. 扫描隧道显微镜为何对振动十分敏感,有哪些手段被应用于仪器设计之中以降低振动危害?

5. 扫描隧道显微镜的电子学与控制系统所带来的电子学噪声也将对其应用有不良影响,你能说出几种降低电子学噪声的方法吗?

6. 扫描隧道显微镜针尖制备都有哪些方法,针尖的好坏将对实验造成什么影响?

7. 扫描隧道显微镜对被测样品有什么要求,为何有此要求?

8. 扫描隧道显微镜如何清洁样品表面,如何保持样品表面清洁?

9. 扫描隧道显微镜有哪些工作模式,这些模式各有什么优缺点,各在什么情况应用?

10. 目前很多世界顶尖实验室将低温、超高真空、磁场、激光等技术手段与扫描隧道显微镜有机结合,并做出了很多瞩目世界的科研成绩,你能说出一二吗?这些技术被应用于扫描隧道显微镜,能够给微观探测带来哪些好处?

【引言】

扫描隧道显微镜(Scanning Tunneling Microscope,STM)的发明得益于量子力学的发展。量子力学是 20 世纪 20 年代后科学家们在大量的实验基础和旧量子理论上总结出来的。它刻画了微观粒子的运动规律,使人们对物质的微观结构认识有了革命性的进步。不仅如此,量子力学还为新的领域开辟了广阔的途径,它在化学、材料学、生物学和宇宙学等学科领域中得到了广泛的应用。量子力学还为人们指明了观察微观世界的方向,扫描隧道显微镜就是在这种历史背景下诞生的。

世界上第一台扫描隧道显微镜发明于 1981 年,它是扫描探针显微镜(SPM)家族的第一位成员,它的发明人是 IBM 苏黎世研究所的宾尼(G. Binnig)和罗雷尔(H. Rohrer)。

作为一种扫描探针显微术工具,STM 的出现使人类第一次能够在实空间上直接观察到原子在物质表面的排列状态和与表面电子行为有关的物理化学性质,甚至精确定位和操控单个原子。因此它成为表面科学、材料科学、生命科学、微电子技术和纳米科技等领域的重要研究工具,被国际科学界公认为 20 世纪 80 年代世界十大科技成就之一。

为此,STM 的两位发明者与透射电子显微镜的发明者鲁斯卡(E. Ruska)共同分享了1986 年诺贝尔物理学奖。

【实验原理】

1. 量子隧道效应与 STM

STM 具有很高的空间分辨率,它的横向分辨率为 0.1 nm,纵向分辨率为 0.01 nm。不仅如此,STM 还能够实时地得到样品表面的三维图像,可以用来观察单个原子层的表面结构,包括表面缺陷、表面重构和表面吸附体的形态和位置等;另外,STM 也可以在不同的环境下(如真空、大气、低温、溶液)对样品进行无损伤探测;在扫描隧道谱的配合使用下,STM 还可以得到物质表面的电子结构信息;利用 STM 的针尖,人们可根据自己的设计在样品的表面上对原子或分子进行移位操作。

那么 STM 究竟是如何实现这些功能的呢?STM 的核心原理是量子力学中的量子隧道效应,其利用针尖与样品间的隧道电流来探测样品表面上的原子排布。

根据量子力学原理,电子在高于自身能量的区域出现的概率并不为零,因此,虽然从经典的眼光来看样品和针尖中的电子,其能量不足以克服表面势垒的束缚而进入外界真空,但是在量子力学的观点中电子在势垒外仍然有非零的波函数分布,其大小随距样品表面的距离增大而指数衰减,如图 32.1 所示。

根据这一结论,对于 STM 的金属针尖而言,金属针尖上的电子并不完全被约束在金属针尖内部,其电子云密度不会在针尖表面突变至零,而是会向外延伸一段距离。但是,随着距离的增加,电子云密度会呈指数关系衰减,其衰减距离大约为 1 nm。如图 32.2 所示,当两导体非常接近(通常小于 1 nm)时,二者的电子云将发生重叠。若在二者间加电压 U 形成电场,电子就会通过电子云重叠的通道流动,从而穿过势垒,形成电流 I。这就是量子隧道效应。

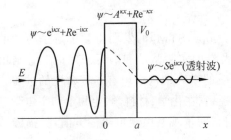

图 32.1　电子可以通过量子隧道效应跨过势垒

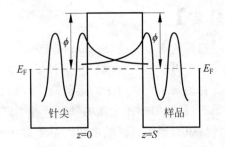

图 32.2　两导体(针尖和样品)间发生电子云重叠

在未击穿的情况下,电子穿越两块导体之间的绝缘层形成电流,这在经典物理理论中无法得到完美的解释,需要用量子理论中的波粒二象性进行诠释。对于两块导体,假设其势函数分别为 $U_A(z)$,$U_B(z)$,从电子波动性角度出发,可推出如下的薛定谔方程:

$$\mathrm{i}\hbar\frac{\partial\Psi}{\partial t}=\left[-\frac{\hbar^2}{2m}\frac{\partial^2}{\partial z^2}+U_A+U_B\right]\Psi \tag{32.1}$$

其中电子波动性用 Ψ 表示,其表达式为:

$$\Psi=\varphi_\mu\mathrm{e}^{-\mathrm{i}E_\mu t/\hbar}+\sum_{\nu=1}^{\infty}c_\nu(t)\chi_\nu\mathrm{e}^{-\mathrm{i}E_\mu t/\hbar} \tag{32.2}$$

当两导体间为真空时,则有

$$\varphi_\mu(z)=\varphi_\mu(0)\mathrm{e}^{-\kappa_\mu z},\quad \chi_\nu(z)=\chi_\nu(0)\mathrm{e}^{-\kappa_\nu(z-s)} \tag{32.3}$$

式中 s 是两导体间的距离。由于电子的波动性,在导体的边界层附近,电子的波动性并不完全为零,而是以指数衰减。故当两块导体之间的距离足够接近时(1 nm 量级),那么其中一块导体的电子就有可能越过势垒进入另一侧的导体。电子从 A 的 μ 态隧穿到 B 的 ν 态的概率为

$$p_{\mu\nu}(t)=\frac{2\pi}{\hbar}\mid M_{\mu\nu}\mid^2\rho_B(E_\mu)t \tag{32.4}$$

假设偏压为 V,通过计算可得到总电流为

$$I=\frac{\mathrm{d}}{\mathrm{d}t}\left[e\sum_{\mu\nu}p_{\mu\nu}(t)\right]=\sum_{\mu\nu}\frac{2\pi e^2}{\hbar}\mid M_{\mu\nu}\mid^2\rho_B(E_F)\rho_A(E_F)V \tag{32.5}$$

我们已经假设 A,B 两个导体的态密度在费米能级附近无明显的变化。其中 $M_{\mu\nu}$ 是跃迁矩阵元,定义如下:

$$M_{\mu\nu}=-\frac{\hbar^2}{2m}\int\left(\chi_\nu^*\frac{\partial^2\varphi_\mu}{\partial z^2}-\varphi_\mu\frac{\partial^2\chi_\nu^*}{\partial z^2}\right)\mathrm{d}^3r \tag{32.6}$$

考虑针尖和样品这一实际情况(A 为针尖,B 为样品),假设针尖尖端为球形势(s-wave tip),可得

$$M_{\mu\nu}\propto\chi_\nu(\boldsymbol{r}) \tag{32.7}$$

由此可知

$$I\propto\sum_\nu\mid\chi_\nu(\boldsymbol{r})\mid^2\rho_S(E_F)V \tag{32.8}$$

其中

$$\mid\chi_\nu(\boldsymbol{r})\mid^2\propto\mathrm{e}^{-2\kappa(R+s)},\quad\kappa=\sqrt{\frac{2m}{\hbar^2}\phi} \tag{32.9}$$

ρ_S 为样品的态密度,ϕ 为样品功函数。因此,可得

$$I\propto\mathrm{e}^{-2\kappa s}V \tag{32.10}$$

由式(32.10)可以看出,隧道电流 I 对针尖与样品间的距离 s 极为敏感,如果 s 减小 0.1 nm,隧道电流就会增加一个数量级,如图 32.3 所示。当针尖在样品表面上方扫描时,即使其表面只有原子尺度的起伏,隧道电流也将发生显著变化。借助于电子仪器和计算机,就可以在屏幕上显示出样品的表面形貌扫描图。

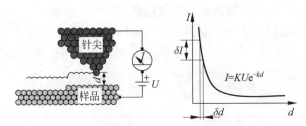

图 32.3　隧道电流随距离指数变化

2. STM 的系统构成

2.1　压电效应与 STM 扫描探头的构造

从隧道电流的原理来看,STM 在扫描成像时,要求样品与针尖之间的距离要小于 1 nm。由于隧道电流和距离呈指数关系,为了维持稳定的隧道结,则需要达到 0.001 nm 的精度。常规的机械装置无法达到如此高的精度要求,只有利用具有压电效应的压电陶瓷材料制成针尖和样品的驱动装置才能满足要求。

在某些晶体材料(如石英或锆钛酸铅)两端施加压力,则会在晶体两端产生电压,称之为正压电效应。相反,在晶体两端加电压,晶体会发生机械形变,称之为逆压电效应,如图 32.4 所示。

在电场中,压电陶瓷所产生的形变量大小与其自身性质和种类相关,但普遍非常小,一般小于其自身尺寸的千万分之一,正是利用这一特点,我们可以制造压电驱动器这一精密控制结构。一般情况下,压电陶瓷的性能通常为 1 nm/V,因此若希望达到较大伸长,通常采取将许多块压电陶瓷成型在一起形成堆垛的方式。如将 1000 片压电陶瓷形成堆垛,则可以具备 1000 nm/V 的性能,如图 32.5 所示。

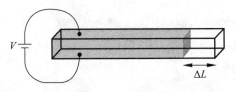

图 32.4　压电效应示意图

图 32.5　压电陶瓷堆垛

为了实现扫描的同时探测隧道电流,最简单的方式就是将 STM 针尖安装在可以三维运动的压电陶瓷支架上,如图 32.6 所示。图 32.6(a)展示了坐标轴式压电陶瓷驱动器结构,x、y、z 三个方向可分别施加电压控制针尖在其方向上的运动。其中 x、y 方向用于表面扫描,z 方向用于响应隧道电流的变化,控制针尖和样品的距离。若再配合数据分析软件,则可以将测得信息反馈给用户。图 32.6(b)展示了另一种常用的压电陶瓷驱动器——管式驱动器,这也是我们实验中所用 STM 所采用的驱动器模式。

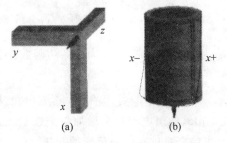

图 32.6　常用的压电陶瓷驱动器
(a)坐标轴式驱动器;(b)管式驱动器

对于管式驱动器,为了可以进行 x、y、z 三个方向的伸缩,需要进行电极镶嵌布局的设计,如图 32.7 所示。在管式压电陶瓷外部,沿轴向均匀镶嵌四个电极,当在任一个电极上加电压后,压电陶瓷管将发生弯曲,从而实现 x 或 y 方向的运动。在管内部电极两端加电压,将导致压电陶瓷管伸缩,产生 z 方向运动。

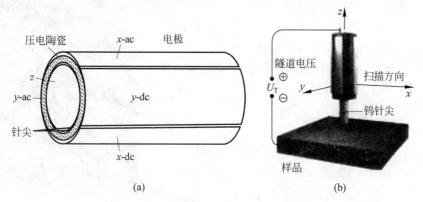

图 32.7　管式压电陶瓷驱动器的电极镶嵌方法
(a) 管式驱动器电极布局;(b) 管式驱动器电极与运动示意图

2.2　STM 针尖趋近系统

STM 在实现扫描成像时,要使针尖与样品足够接近,达到 1 nm 的距离量级,那么要让针尖和样品从宏观几毫米甚至厘米的程度,接近至 1 nm 量级,而不发生撞针而损坏针尖或样品,则必须设计一套针尖向样品的趋近系统。

首先通过机械粗调旋钮小心地进行人工调节,使针尖和样品间距达到 1 mm 之内,这个过程可以通过光学显微镜等手段进行配合,之后启动微调程序。微调程序控制一个机械或压电装置,按照确定而较小的步幅逐步让针尖向样品靠近,并伴随步进实时监测样品和针尖之间的隧道电流。在检测不到隧道电流时,表明针尖和样品之间距离较大,则驱动针尖继续向样品步进。随着样品和针尖距离逐渐缩小,直至检测到微小隧道电流时,由微调程序控制缩小针尖向样品步进的步幅,并继续趋近。我们在微调程序中设定期望电流值,其表明样品与针尖足够接近,隧道电流稳定,可以达到成像要求。在逼近的过程中,当微调程序检测到的隧道电流与期望电流值一致时,微调程序停止反馈逼近过程,等待进行扫描成像。

2.3　STM 振动隔离系统

STM 卓越的空间分辨率需要良好的振动隔离系统。STM 图像的典型起伏大约为 0.01 nm,这就要求外界振动干扰要低于 0.001 nm。在一般的环境下,对于 STM 有很多可能的振动来源,包括地球和建筑物自身带来的振动,变压器和机械马达带来的振动,人的生活振动,以及各种音频噪声振动等。STM 的工作环境多要求远离马达、声音等振动源,所以其减振系统主要考虑削减 1～100 Hz 的振动干扰,这一频率段振动一般来自建筑物自身。为了让传递至 STM 的振动干扰不影响测量精度,振动隔离往往追求提高仪器固有振动频率,并配合阻尼隔振系统。对于 STM 设备本身,最好选择刚性结构,并努力提高其共振频率。这是因为刚性好的结构,其阻尼产生的滞后损失则能够更好地消耗外界振动能量。反之,对于隔振系统,其固有频率越低,隔振效果越好。

我们实验中所采用的振动隔离方法,主要有充气平台隔振、弹簧悬挂隔振、涡流阻尼隔振。充气平台采用光学平台,其固有频率 1 Hz,对于 10 Hz 以上的振动,其传递函数约为 0.1。弹簧悬挂是非常有效的振动隔离方法,如图 32.8 所示。对于刚性好的 STM,悬挂单级弹簧即可,对于刚性稍差的 STM 或者工作在低温或者超高真空条件下的,则可以采用多级弹簧悬挂的方式,以提高减振性能。磁涡流阻尼系统也可以有效耗散振动能量,配合弹簧减振系统,将有效提高 STM 减振系统性能。

2.4　STM 针尖的制备与处理

STM 针尖的性质情况直接影响其原子级空间分辨能力的实现。对于针尖和样品之间的隧道电流起作用的因素很多,其中最核心的因素中包括了针尖的形状、大小、化学纯度,其影响不仅体现在 STM 成像质量上,甚至可以直接影响被测样品表面原子的电子态密度情况。

图 32.8　STM 的弹簧悬挂减振系统

因为隧道电流具有与样品针尖距离呈指数关系的特点,故在成像过程中,针尖最尖端的一个或几个原子将真正具有决定性作用。当针尖最尖端只有一个原子时,将容易获得稳定的隧道电流,并重复实现原子级分辨成像。在一般情况下,我们制备得到的针尖往往具有多个尖端,此时将诱发隧道电流不稳定,难以获得原子级分辨成像,同时也使获得的 STM 图像不易解释。到目前为止,如何有效地重复获得能够实现原子级分辨成像的针尖这一课题,仍未得到完美解决。目前,应用较多的针尖材料包括高纯钨丝、铂铱合金、银丝等,应用较多的针尖制作方法是机械剪切法和电化学腐蚀法。

机械剪切法指直接用剪刀裁剪金属丝,获得特定形状的针尖。实践证明,此法剪切高纯钨丝和铂铱合金均可获得能够达到原子级分辨要求的针尖。不过这种方法重复性较差。后有人提出研磨法制作针尖,这种方法较剪切法更稳定,获得的针尖质量也较好,但实施工艺比较烦琐。

在我们的实验中,通常使用实验室自制的电化学腐蚀设备制作钨针尖,供实验使用。该设备自动化程度较高,操作简单,稳定性强,重复性好,方便获得尖端半径优于 0.1 μm 的钨针尖。电化学腐蚀法也是目前最常用的 STM 针尖制备方法。图 32.9 展示了电化学腐蚀法制备钨丝针尖的原理。

如图 32.9 所示,首先在电解池中加入 1~5 mol/L 的 NaOH 溶液,将针尖置为阳极,以不锈钢材料制作阴极。为使针尖受到均匀腐蚀,可将阴极不锈钢材料制成圆筒状,并将阳极放在圆通中心位置。在腐蚀过程中,阴极会产生气泡扰动液面,可能会对针尖腐蚀造成不良影响,故将阴极至于连通容器中。在钨针尖腐蚀过程中,形成的钨酸根离子较重,向下运动,从而保护了阳极附近液面以下部分,而液面处钨丝被持续腐蚀变细,直至液面下钨丝部分的重力足以拉断钨丝,进而形成锐利的针尖结构。在实验过程中,将针尖装入 STM 主机,在扫描成像前,我们可以通过加瞬间高电压的方法优化针尖尖端,以获得更高质量的针尖。该方法在针尖上加数千伏的瞬间电压,产生 10^6 V/cm 以上的强电场,将针尖表面附着物和第一层原子剥离,以达到使针尖更尖锐的目的。

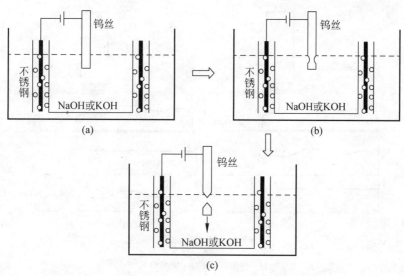

图 32.9　电化学腐蚀法制备针尖示意图

(a) 开始腐蚀；(b) 液面处腐蚀凹陷；(c) 腐蚀完成

在实验过程中,我们可以通过隧道电流的变化情况,判断针尖的好坏。一般而言,针尖和样品之间距离增加 0.3 nm,隧道电流降低一半,则说明此时的 STM 针尖为一高质量针尖；若增加距离不到 1 nm,能够先使隧道电流降低一半,也可以判断此时的针尖可以用于实验中 STM 成像；若需要距离增加超过 2 nm 才能使隧道电流减半,则说明此时的针尖已经无法达到原子成像的基本要求了。

3. STM 的工作模式

3.1　基本模式

STM 扫描成像一般采用恒流模式,对于起伏很小的样品表面也可采用恒高模式,如图 32.10 所示,这两种模式是 STM 工作的最基本模式。

恒流模式是指,在扫描成像过程中,通过计算机和电子学系统控制针尖在样品表面做 x、y 方向扫描,并时刻通过电子学反馈系统控制针尖和样品间的隧道电流保持恒定的工作模式,如图 32.10(a) 所示。在这一模式下,由于保持隧道电流不变,则针尖和样品之间的距离也随之保持恒定,造成针尖随样品表面的起伏而起伏。此时,针尖的 z 方向位置信息,配合 x、y 方向的扫描,就可用来表征样品表面形貌信息。STM 扫描成像所得一般为灰度图,用明亮表示高位置,灰暗表示低位置,同学们通常看到的彩色 STM 图像并非样品表面光学信息,而只是为了美观,用色条代替灰度进行的假彩色处理。

恒流模式的优点在于可以适应起伏较大的被测样品表面,利于获得全面信息,进行高质量扫描成像。但其具有扫描速度较慢,可能出现伪高度信息,抗低频信号干扰能力不强的缺点。恒流模式必须在反馈回路的控制下工作,而反馈回路的逻辑模式是带来这一缺点的根源。从反馈回路的逻辑模式我们看到,当针尖扫描到某点时,则反馈判断探测到的隧道电流值是否与设定值相等。此时,即使相等,也要等到下一个时间周期才能扫描至下一点,从而减慢了扫描速度,但若不相等,当下一个设定的时间周期到来时,也会进行下一个点的扫描,

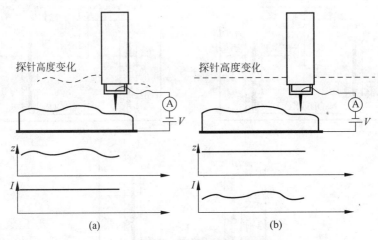

图 32.10　STM 的两种基本工作模式

(a) 恒流模式；(b) 恒高模式

从而带来伪高度信息。

　　后来有研究人员针对此反馈控制逻辑提出改进方案，即不以固定时间周期为基础，而以电流判断结果作为进入下一个点的扫描的依据。即一旦检测到的隧道电流等于设定值则无需等待时间周期，而直接进入下一点扫描；相反若未达到设定值，即便时间周期到来也不进入下一点扫描，而是继续在本点继续反馈，这样有助于缩短时间，并剔除伪数据。但实际上，这样的反馈逻辑必须建立在 STM 高度稳定的基础上，否则可能陷入假死机状态。

　　扫描成像速度慢极大降低了 STM 的时间分辨能力，使 STM 在研究表面动力学等相关领域受到很大限制。过去的 20 年中，人们已经注意到这一问题，并着力于提高 STM 扫描成像速度，取得了较好的成果。这一领域的研究主要集中在提高 STM 探头整体机械共振频率，以防止快扫与探头共振耦合，造成撞针或扫描区不确定或图像扭曲，以及克服电子学系统关键部件带宽给快扫带来的限制。

　　恒高模式是指，在扫描成像过程中，通过计算机和电子学系统控制针尖在样品表面做 x、y 方向扫描，而扫描时保持针尖为某设定高度不变，并随时探测记录隧道电流情况的工作模式，如图 32.10(b) 所示。由于针尖高度不变，而样品表面具有起伏，这将导致针尖和样品间距离在扫描成像过程中时刻发生变化，于是探测到的隧道电流也随之变化。由前述原理部分可知，隧道电流随针尖和样品之间距离呈指数变化规律，故微小的高度变化，即使只有原子级高度变化，也将导致隧道电流的大幅改变，这样就可以通过隧道电流的变化，灵敏地反映出样品表面的高低起伏情况。

　　从恒高模式的工作细节可以看出，在扫描过程中，仅需要对隧道电流进行采集，而不必应用反馈控制回路，这就可以避免恒流模式中难于提高扫描成像速度的缺点，容易实现快速扫描成像。在过去 20 年，针对提高 STM 成像速度的努力中，也多采用恒高模式的一些拓展方式，即所谓的准恒高模式，并取得了较好效果。但恒高模式的缺点也是十分明显的，当样品表面起伏很大时，太远则难以有效探测到隧道电流，过近则有可能发生撞针，而损坏针尖和样品。

　　3.2　衍生模式

　　在 STM 扫描成像的两种基本工作模式中，都以判断或检测隧道电流为核心要素，然而由隧道电流的原理部分可以看到,隧道电流的大小并非只是样品与针尖距离的函数,它也受到其他因素的影响,如被探测点的元素种类、化学性质、电磁性质、电子密度等。对于性质均一的表面进行扫描成像时,由于各处其他因素统一,则隧道电流的变化只体现样品表面形貌信息。对被测样品表面性质不均匀时,情况则有所不同。例如,对于某个高低并无起伏的区域表面,若某点处存在不同化学成分,则该点处的功函数会与其他点不同,从而引起隧道电流的变化,表现在成像图中,则为一个突起或凹坑,但实际情况这个表面的几何结构很平坦,如图 32.11 所示。可以看出,若希望得到摒除以上影响的样品表面形貌图,就必须设法消除非距离因素所带来的隧道电流变化影响。为了实现这样的目标,人们在基础工作模式之上发展出了如功函数成像或电子密度成像等衍生工作模式。

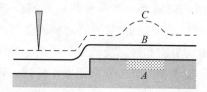

图 32.11 样品表面性质对 STM 成像的影响

在真空环境下,将电子从物体表面移至无穷远所需的最低能量数值,被定义为功函数,也叫做表面逸出功,它是样品材料特有的重要物理参数。对于 STM,功函数对隧穿势垒的高度起决定性作用,即它表征了相同距离情况下,隧道电流的大小情况。对于特定样品材料,都具有特定的功函数,其直接影响隧道电流的大小,所以我们可以通过调制针尖与样品距离的方法,对特定材料的功函数进行测量,并进一步依据功函数测量结果分析样品表面化学性质。

在实验中,我们以恒流模式为基础,在某个扫描位置,给 z 方向针尖驱动器叠加一个高频调制信号电压,进而实现了对针尖和样品间距的高频调制,可以检测到调制电流输出,如图 32.12(a)所示。这一调制电流的幅度值则反映了样品表面被测点功函数的信息,对于调制电流的检测,我们一般采用锁相放大器设备。

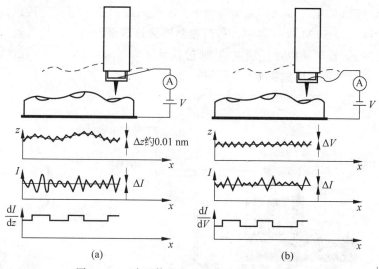

图 32.12 功函数和电子密度成像模式示意图

(a) 功函数模式;(b) 电子密度模式

电子密度成像模式与功函数模式的方法基本相同,也是在恒流模式的基础上叠加高频调制信号,但不是在 z 方向压电驱动器电压上叠加,而是直接叠加在针尖和样品之间的预加载偏压上。在如此条件下检测到的调制电流信号不仅包括样品表面起伏的低频形貌变化,也包括了调制产生的高频信号变化。而此时的高频信号幅度值取决于样品表面物理化学性质,如电子密度性质等,如图 32.12(b)所示。

4. STM 发展展望

STM 是一种具有超高空间分辨能力的科学仪器,为了适应研究的需要,在前述普通 STM 的基础上,又有许多扩展条件的发展。如超高真空扫描隧道显微镜,其优点在于可以避免针尖和样品受到空气中微小尘埃颗粒或水等物质的污染,也可以避免某些特定样品受到空气中的成分影响而发生变化,有助于获得更纯粹的待测样品信息。又如低温扫描隧道显微镜,在低温下,原子的移动和振动都将减弱,这在 STM 设备时间分辨能力有限的情况下,有助于采集到稳定的样品表面信息。

为了研究样品表面一些动力学性质,如表面扩散、分子自组装、相位转变、膜生长、化学反应过程、分子构象等内容,最近有研究团队报告,已开发出高于视频帧率的 STM 组件,这一发展对于提高 STM 的时间分辨能力具有非常积极的意义。

【实验仪器】

本实验采用自制 STM 系统以及相关配套教学套件,包括:①STM 主体测试系统;②STM 进针模拟器教学组件;③STM-PZT 性能测试器教学组件;④STM 针尖制备器和光学显微镜系统。

其中 STM 主体测试系统又包括:STM-Scanner、样品清洁系统、配套真空系统、减振平台、电子学与软件控制器(如图 32.13 所示,给出了 2 个组件的图,控制系统的图和主体结构图,并提供相应说明)。该 STM 系统如图 32.13 所示,其中 STM 放置在超高真空里面,通过引线将控制 STM 的电极以及样品偏压与 STM 控制器相连。隧穿电流经过电流前置放大器的放大后导入到 STM 控制器中。最后控制器将扫描得到的数据传送到电脑上。STM 控制器包括 DSP、数模转换以及反馈电路,通过接受来自电脑的指令,实现 STM 的恒流、恒高等扫描模式以及其他相应的操作。

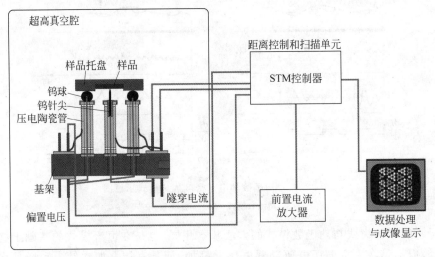

图 32.13　实验中所用 STM 设备构造示意图

【实验内容】

实验内容包括基础和研究型两大部分。

1. 基础部分

（1）利用进针模拟器测量针尖与样品表面的隧道电流，并绘制曲线，分析表面势垒情况。

（2）利用 PZT 性能测试器测试实验中所用 PZT 的压电性能。

（3）利用进针模拟器 1 和 2 模拟进针过程，了解蠕虫式和抛接式进针的工作原理。

（4）用剪切法或腐蚀法制作针尖，并用光学显微镜观察自制针尖。

（5）装备自制针尖，在室温、大气环境下扫描石墨样品表面。

2. 研究型部分

（1）在 STM 控制软件中更改最小预置电流、扫描精度等参数，探索各参数对 STM 成像的影响。

（2）理解并使用恒流模式、恒高模式以及其他衍生模式对相应合适的样品进行测试。

（3）在真空环境下或液氮控温环境下，对其他表面体系进行测试探索。

【注意事项】

1. 给真空腔抽真空时，检查真空腔的每个端口都已密封，打开分子泵前一定要保证机械泵已经运转。

2. 传送样品时确保传送杆的传送长度，确保没有碰到真空腔里面的其他物体，比如样品存储台等。

3. 该 STM 设计需要控制针尖的长度，针尖太长会导致样品放上后就会碰到针尖，太短有可能造成进针无法达到隧穿距离，这两种针尖都无法使用。把针尖放到扫描器上之前，确保针尖的长度在可使用的范围内。

4. 清理样品时，根据不同的样品采取不同的清理方式。

5. 进针或扫描前，保证软件上电流的放大倍数和前置放大器保持一致。

【参考文献】

［1］彭昌盛，宋少先，谷庆宝. 扫描探针显微技术理论与应用［M］. 北京：化学工业出版社，2007.

［2］白春礼. 扫描隧道显微术及其应用［M］. 上海：上海科技出版社，1992.

［3］BINNING G，ROHRER H. Scanning Tunneling Microscopy——From Birth to Adolescence［R］. Nobel Lecture，1986.

［4］YANG D Q，SACHER E. Local surface cleaning and cluster assembly using contact mode atomic force microscopy［J］. Applied Surface Science，2003，210：158.

［5］ESCH F，DRI C，SPESSOT A，et al. The FAST module：An add－on unit for driving commercial scanning probe microscopes at video rate and beyond［J］. Review of Scientific Instruments，2011，82，053702.

（孙文博）

实验 **33** 真空的获得和测量

"真空"并非指系统内真的没有一个气体分子存在,系统内还是存在数量不菲的气体分子,分子数目的多少反映出真空度的低高。要想提高真空度、减少系统内自由运动的气体分子数,就要用到真空泵。每种真空泵的工作原理是不同的,它获得真空的能力及适用的工作条件也不一样。而大范围的测量真空度也不是一个真空计所能涵盖的,必须组合几个不同工作原理的真空计才能完成此项工作。了解清楚这其中的"细枝末节",在应用真空技术时,才能知其然,而且还知其所以然。

【思考题】

1. 热偶真空计中,热偶是用来测量什么参量的? 此参量与气体压强的关系是什么? 热偶真空计所测压强范围是多少?

2. 电离真空计是通过测量什么参量来反映系统的压强? 为何必须在压强小于 1 Pa 的情况下才能开启电离真空计? 其所测压强范围是多少?

3. 电磁阀的功能是什么?

4. 极限真空的定义是什么? 对于机械泵和分子泵来说,为何会有极限真空的存在?

5. 分子泵为何必须在 $p < 10$ Pa 的情况下才能工作?

6. 分子泵和锆铝泵的开启顺序能否颠倒? 为什么?

7. 图 33.12 中的阀门 T7、T10 的作用分别是什么? 应何时开启、关闭?

8. 差压传感器测量压强的原理是什么? 差压传感器如何定标? 两个差压传感器的测量误差各是多少(假定电压表的测量误差为 0.1 mV)?

9. 放电管发射的光谱的波长由什么决定? 是否受环境的影响?

【引言】

真空是指低于一个大气压的气体状态。1643 年托里拆利 (Torricelli) 将一端密封的长管注满水银后倒放在水银槽内时,发现了水银柱顶端的真空。此后,随着科学技术的进步,科技人员不断致力于通过各种技术和手段提高真空度。和正常大气状态相比,在真空状态下,气体具有一些新的特点:

(1)气压低于一个大气压[①],真空容器在地球上就会承受大气压力的作用,压力大小视容器内外压力差而定。

(2)从分子运动论来看,真空状态下,气体稀薄,单位体积内分子数目少,故分子间或分子与其他质点(如电子、离子)之间的碰撞就不那么频繁,分子在一定时间内碰撞在表面(例

---

① 1 atm＝101.325 kPa。

如器壁）上的次数亦相对减少。

由于真空的这些新特点，其被广泛应用于工业生产和科学研究的各个领域内，如材料制备、薄膜技术、电真空技术、高能粒子加速器、表面科学、大规模集成电路制造和空间技术等。真空技术的发展，从一开始就与各式各样的工业应用及科学研究互相促进。

近年来，真空技术在尖端科学领域作为基础工艺和基本设备也起了关键性作用，还常常牵涉到一系列物理现象的研究。真空技术主要包括真空的获得（如真空泵技术、真空系统的设计、真空系统的清洗、检漏技术等），真空的测量以及残余气体分析。

通过实验，学生要了解清楚真空泵的工作机理、获得真空的能力及其适用的工作条件等；明白不同真空计测量压强的原理及适用范围；学会利用真空技术制备放电管，并研究其光谱及放电特性。

【实验原理】

1. 真空物理基础

真空的高低程度用真空度表示。某一空间的真空度通常直接用该空间内气体的压强来表示，压强越低，表示真空度越高。在国际单位制中，压强 p 的单位为帕斯卡（Pa），1 帕斯卡＝1 牛顿/米^2。除压强外，常用的描述真空性质的物理参数还有：

① 分子密度 n：单位体积内的平均分子数。气体压强与密度的关系由公式 $p=nkT$ 描述，其中 k 为玻耳兹曼常数，T 为气体温度。

② 气体分子平均自由程 λ：气体分子连续碰撞两次所通过的距离的统计平均值。压强 p 越低，分子平均自由程越大，甚至会远大于真空容器的几何尺寸（d），气体呈现分子流特征。

③ 单分子层形成时间：在新鲜表面上覆盖一个分子厚度的气体层所需要的时间。一般来说，真空度越高，干净表面吸附一层分子的时间越长。

分子碰撞在壁面的平均吸附时间：气体分子碰撞器壁表面后，大多数情况都会在表面停留一段时间，该时间与器壁表面的组成、结构、状态以及分子种类、运动状态等因素有关。一般要想获得高真空，必须尽可能除去表面吸附的分子和抑制表面吸附的分子返回空间。另外，利用干净表面吸附分子的能力，也是获得真空的一种途径。

真空范围的划分国内外不太完全一致，划分的主要依据是气体分子的物理特性、真空泵和真空计的有效工作范围等，真空理论工作者推荐的划分范围如表 33.1 所示。20 世纪 70 年代以来，在实验室中已经可以获得压强低于 10^{-9} Pa 的极高真空（距地面 10000 km 高处的真空度约为 10^{-11} Pa），1 个标准大气压约为 10^5 Pa。

表 33.1　真空的划分

真空划分	压 强 范 围	物 理 特 性	主要真空泵和真空计
粗真空	$10^3 \sim 10^5$ Pa	$\lambda \ll d$。分子间碰撞为主，粘滞流，分子运动论适用，服从统计规律	往复泵；差压传感器、U 形计、弹性元件真空计等
低真空	$10^{-1} \sim 10^3$ Pa	$\lambda \approx d$，过渡流，分子运动论适用，服从统计规律	旋片泵，罗茨泵等；热偶真空计等
高真空	$10^{-6} \sim 10^{-1}$ Pa	$\lambda \gg d$，气体分子与器壁碰撞为主，分子流，分子运动论适用，服从统计规律，余弦定律为决定物理本质的基本规律	扩散泵，涡轮分子泵；电离真空计等

真空划分	压强范围	物理特性	主要真空泵和真空计
超高真空	$10^{-12} \sim 10^{-6}$ Pa	气体在表面吸附停留为主,表面物理化学为决定物理本质的基本规律,服从统计规律	涡轮分子泵、钛离子泵;改造型电离真空计、磁控式电离真空计
极高真空	低于 10^{-12} Pa	分子数目 n 很小,统计涨落	冷凝泵、冷凝升华钛泵;磁式电离真空计

2. 真空系统

真空系统是由被抽真空的容器、真空泵、测量真空度的仪器、管道和阀门所连成的一个整体系统。

2.1 真空泵

真空泵是利用气体分子的运动特性来获取真空的设备,可分为两类:一类是借助真空泵的特定机构把封闭的真空系统中运动到真空泵口的气体分子排出泵外,同时阻止外部的气体分子逆向通过真空泵进入真空系统,如旋片式机械真空泵、罗茨泵、扩散泵、涡轮分子泵等;另一类是通过吸收、吸附作用使气体分子永远或者暂时留在泵内,如吸附泵、锆铝(钛)泵、离子泵、钛升华泵等。真空泵工作时,真空系统内部由于泵口可自由运动的分子数减少,从而导致分子浓度分布不均匀,气体分子会持续不断地向泵口运动,从而形成了"抽"气过程,使得真空系统内部压强低于外部空间,即获得了真空。

不同的真空泵适用于不同的真空范围,真空系统所能达到的真空程度和真空泵的工作机理、结构设计、真空系统内的压强、被抽气体的种类以及真空泵与被抽系统的连接方式都有很大的关系。真空泵常用的两个重要参量为:①极限真空:在被抽容器的漏气及容器内壁放气可忽略的情况下,真空泵能抽得的最高真空称为极限真空;②抽气速率:在某一给定压强下,单位时间内从泵的进气口抽入泵内的气体体积,称为泵在该压强下的抽气速率,单位一般为 L/s。使用真空泵时还有一个因素需要注意:起始工作压强,即泵开始工作时泵入口处应达到的压强,如果超过则真空泵无法工作。

1) 旋片式机械真空泵

机械真空泵是通常用来获得低真空的设备或充当其他高真空泵的前级泵。图 33.1 是一种常用的旋片式机械真空泵的结构简图。泵壳内有一圆柱形空腔,其中装有一圆柱形转子,可由电动机带动转动,转子的轴心线位置偏上,使转子与泵壳内腔在顶点处密切相合。转子中嵌有两片刮板(旋片),中间用弹簧撑住,使刮板两端紧贴泵壳内壁。机械泵整个泵体需浸在机械泵油中,机油除了起润滑和密封作用外,还可起到充填排气口与顶部之间"死角"的作用。机械泵可以在大气压下启动。

机械真空泵的抽气过程如图 33.2 所示。转子逆时针转动,开始时处于图 33.2(a)的位置,转子和刮板把泵壳内腔分为三个部分(Ⅰ、Ⅱ、Ⅲ)。空腔Ⅰ与排气口相通,腔内气体被压缩;空腔Ⅱ内则隔离了一定量的被抽气体,并向排气口方向输送;空

排气阀
弹簧
转子
旋片
定子

图 33.1　旋片式机械真空泵

腔Ⅲ刚形成,体积将扩大,从被抽容器内吸入气体,起抽气作用。转子继续转动到图 33.2(b)的位置时,空腔Ⅰ内气体继续被压缩,当压强大到足以推开排气阀时,气体被排出泵外;空腔Ⅱ继续传送被隔离的气体;空腔Ⅲ继续抽气。转子转到图 33.2(c)位置时,空腔Ⅰ排气即将完毕,空腔Ⅱ将与排气口相通,开始压缩排气过程;空腔Ⅲ继续抽气。转子到图 33.2(d)位置时,又开始重复上述过程。转子每转动一周,就有两倍的图 33.2(a)空腔Ⅱ中的被隔离气体排出泵外。

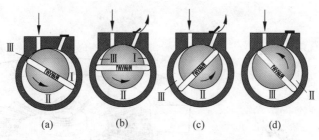

图 33.2　机械真空泵的抽气过程

由于在结构设计上不可能将被封隔的气体压缩到体积为零,即在排气口附近存在一有限的“死角”,如果被抽容器内压强已经很低,以至泵内气体被压缩到“死角”处其压强仍不足以推开排气阀,则气体不能排出泵外,构成极限压强。旋片式机械泵的极限压强可达 10^{-2} Pa,但在一般情况下只能抽到 10^{0} Pa 量级。其抽气速率主要取决于泵的尺寸和转速,

在 $10^{2} \sim 10^{5}$ Pa 的压强范围内,机械泵的抽气速率较大并且变化很小。在 10^{2} Pa 压强以下后,抽气速率迅速下降,到极限真空时降为零。一般旋片式机械真空泵给出的抽气速率是指泵在进气口压强为 1 atm 时的抽气速率。

机械泵的进气口都安装有电磁阀,图 33.3 是电磁阀的原理图。通电时进气口 A 和 B 相通,C 被切断;断电时 A 和 C 相通,B 被切断,这样就使机械泵进气口与大气相通,避免机械泵返油,达到自动保护真空系统的作用。

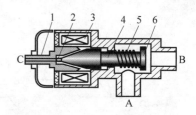

图 33.3　电磁阀原理图
A—机械泵进气口;B—真空系统出气口;C—通大气接口;1—放气孔嘴;2—放气孔阀头;3—线圈;4—衔铁;5—压缩弹簧;6—密封盖

2) 涡轮分子泵

涡轮分子泵的极限压强可达到 10^{-8} Pa 以下,获得清洁的高真空。分子泵是一种获取高真空的常用设备,其工作原理是基于气体分子入射到固体表面上一般不作弹性反射,而是停留一段时间与表面交换能量,然后以与入射方向无关的方向释脱到空间,其发射角度的分布遵守余弦定律。如图 33.4 所示,AB 为入射方向,BC 为某一可能的反射方向,$\mathrm{d}\Omega$ 为该可能反射方向附近的一小立体角元,θ 为 $\mathrm{d}\Omega$ 方向与入射点法线方向的夹角,则入射分子沿该可能反射方向的概率为

$$\mathrm{d}P = \frac{\mathrm{d}\Omega}{\pi}\cos\theta \tag{33.1}$$

反射概率除了与立体元 $\mathrm{d}\Omega$ 大小成正比外,还与 θ 角的余弦成正比,故称为余弦定律。π 为归一化因子,即保证各个可能方向上的概率总和为 1。该规律是克努曾通过大量的实验

总结出来的,而并非由解析理论导出,故称为实验定律。

分子泵是由泵壳、涡轮叶列组件和电动机组成的。涡轮叶列组件由多层的涡轮片状的动轮和静轮相间排列组成(如图33.5所示),其转速很高,一般为16000~42000 r/min,因此叶片有很大的切向速度。所谓的动轮就是指圆盘外缘上的一圈倾斜的叶片,为了便于分析,可以把圆周上分布的叶片展开成一条长形的叶列,当叶列沿着自身方向以 v 高速运动时,其和动轮以 v 的线速度高速旋转的物理状态是相同的。涡轮分子泵的排气过程如图33.6所示。

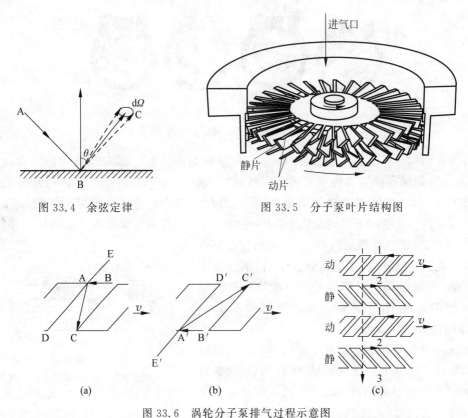

图 33.4　余弦定律　　　　　　图 33.5　分子泵叶片结构图

图 33.6　涡轮分子泵排气过程示意图
(a) 分子从动轮上方入射;(b) 分子从动轮下方入射;(c) 动轮与静轮结构
1—动轮上分子入射方向;2—静轮上分子入射方向;3—分子泵抽气方向

当叶列以很大的速度 v 运动时,根据相对运动的原理,从叶列上观察,则气体分子以近似相反的速度相对叶列运动(先不考虑分子的运动速度)。先观察叶列动轮的上方,如图33.6(a),气体分子可近似认为以速度 v 沿 BA 方向碰撞到叶片的 A 点,根据余弦定律,分子在 A 点可以沿各种可能的方向反射,并具有确定的概率。凡是反射方向落在∠CAD范围内的分子皆能由上方一次通过叶列到达下方,而反射方向落在∠BAE范围内的分子显然不能通过叶列而返回到上方。至于反射方向落在∠BAC范围内的分子必须再次与相邻叶片碰撞,其结果有可能通过,也有可能不通过而返回上方。同样,叶列动轮下方的气体分子以速度 v 沿着 B′A′方向碰撞到叶片的 A′点,如图33.6(b)所示,按余弦定律反射,反射方向落在∠B′A′E′范围内的分子皆不能通过叶列而返回下方,而反射方向落在∠C′A′D′范围

内的分子才能从下方一次通过叶列到达上方。同样,反射方向落在∠B′A′C′范围内的分子
必然再次与相邻叶片碰撞,其结果有可能通过亦有可能返回。根据叶列动轮的具体结构,显
然有∠CAD＞∠C′A′D′,即一次碰撞就可通过叶列的分子从上方到达下方的概率大于从下
方到达上方的概率。同样也有∠B′A′E′＞∠BAE,即一次碰撞不能通过的分子返回下方的
概率大于返回上方的概率。综合来说,就是气体分子从上方到下方的传输概率大于从下方
到上方的传输概率。当然需要说明的是,气体分子在叶片上的反射方向是分布在立体空间
里,此处仅从平面内分析显得不够全面,但还是能反映事物的本质。

与动轮相间排列的静轮,除了倾斜方向与动轮相反,其余完全一样,如图 33.6(c)所示。
从上方通过动轮进入动轮下方的气体分子中,直接无碰撞通过的极少,其余分子起码经过一
次以上的碰撞方可通过,所以通过动轮的分子基本都具有了动轮的定向运动速度 v,这部分
分子相对于静轮,与运动速度为零的气体分子相对于动轮所处的状态是完全一样的,因此静
轮像动轮一样也可以起到抽气的作用。多层叶片效果的叠加可使泵口达到很高的真空。

上述讨论是在假设分子的运动速度为零的情况下进行的,若不忽略分子的热运动,以上
的讨论结果依然成立,但是抽气的效率会有所下降。因此可以看出,涡轮分子泵抽气需满足
两个必要条件:①必须在分子流状态下工作,即气体中分子间碰撞可以忽略,气体分子的平
均自由程长度远大于分子泵叶片之间的间距,为形成气体分子定向运动打下基础,因而通常
来说涡轮分子泵的起始工作压强为几帕,必须用机械泵作为前级泵;②分子泵的转子叶片
必须具有与气体分子速度相近的线速度。叶列运动的速度与分子热运动的平均速度的大小
共同决定了抽气效率的大小,叶列运动的速度越大,抽气能力越大,所以它必须达到分子热
运动的平均速度的量级。

3) 锆铝泵

有些金属如钛、钽、锆、铝等,只要在高温很好地去气后,在较低的温度下材料表面可连
续吸附气体,并向材料内部不断扩散(称作吸气性能)。本实验采用的锆铝泵是将吸气材料
锆铝合金粉碾压在片状的金属基体上,直接通电使其加热,释放出其表面吸附的气体,获得
一个较为清洁的表面。降温时,它的表面就能大量吸附系统中的气体。

2.2　真空的测量

对系统真空度的测量即对系统压强的测量。真空计是用来测量系统真空度的设备,其
基本原理是通过测量与气体压强或密度满足某种已知确定规律或关系的物理量来表征所测
量的气体压强。真空计的种类繁多,不同的真空计测量范围不同,通过把多种真空计组合起
来使用,即可完成大范围真空度的测量。

1) 扩散硅压阻式差压传感器

差压传感器是利用半导体材料(如单晶硅)的压阻效应制成的器件。当外力作用于硅晶
体时,半导体晶体的晶格产生变形,使载流子从一个能谷向另一个能谷散射,引起载流子的
迁移率发生变化,扰动了载流子纵向和横向的平均量。由于载流子浓度和迁移率发生的变化
而导致半导体电阻率改变的现象称为压阻效应,这种变化随晶体的取向不同而不同,其变化大
小主要取决于半导体材料几何尺寸的变化(应变)。差压传感器的结构示意图如图 33.7(a)所
示。传感器的核心部分是传感硅片,传感硅片的上部是与被测系统相连的测量端,其下部则
是与参考压强连通的参考端,在被测压力作用下,传感硅片产生应变。传感硅片一般设计成
周边固定的圆形,直径与厚度比为 20～60。

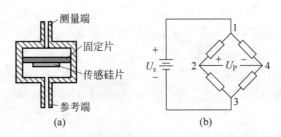

图 33.7　差压传感器的结构及原理图

(a) 内部剖面示意图；(b) 电路接线示意图

传感硅片是一块沿某晶向切割的 n 型圆形硅膜片，在膜片特定方向上利用集成电路工艺方法扩散上四个阻值相等的 p 型电阻，它们相对于膜片中心对称。用导线将其构成平衡电桥，作为力-电变换器的敏感元件，如图 33.7(b)所示。当膜片受到外界压力作用而产生形变时，各电阻值将发生变化，电桥失去平衡。若在电桥 1、3 两端加激励电源(恒压或恒流)，便可在 2、4 两端得到与被测压力(正比于压强差 Δp)成正比的电压 U_p，从而达到测量压力的目的。

$$U_p = U_0 + k_p \Delta p \tag{33.2}$$

式中，U_0 为压强差为零时的电压，系数 k_p 一般为常数。差压传感器在使用时要先通过定标确定 U_0 和 k_p 的数值，再利用上述公式进行测量。

2) 复合真空计

复合真空计一般是用 1~2 个热偶真空计和 1 个电离真空计组合起来的测量设备。

(1) 热偶真空计

热偶真空计的原理如图 33.8 所示。从热偶规管的加热丝(铂丝或钨丝)两端(管脚 1 和管脚 2)通入固定大小的电流，使加热丝发热，加热丝的温度在一定压强范围内随管内气体压强的变化而变化。压强高时，气体导热性好，丝的温度低；压强低时，气体导热性差，丝的温度高。加热丝的温度用热偶来测量，从管脚 3 和管脚 4 测出热偶的温差电动势即可知道加热丝的温度，也就间接知道了管内的压强。热偶真空计的量程一般为 $10^{-1} \sim 10^3$ Pa，它的优点是结构简单，使用方便，缺点是稳定性差，精度不高。

(2) 电离真空计

电离真空计的原理如图 33.9 所示。电离规管的灯丝即阴极灯丝在玻璃管的中央，其外部是用金属丝绕成螺旋状的栅极，最外层的金属片圆筒为收集极。栅极对阴极为正 220 V 直流电压，收集极对阴极为−30 V 直流电压。灯丝通电流加热烧红后发射电子，由于栅极电压的加速作用，电子获得高速度，穿过栅极后则又减速，最后折回栅极，电子在栅极附近往返数次后落在栅极上形成发射电流 I_e，其数值为几毫安。

如果电离规管内有少量气体，当电子在管内运动时，就会与气体分子相碰撞，使分子失去电子而形成正离子。栅极与收集极之间产生的正离子，被电压为负值的收集极所吸引并收集，形成离子电流 I_i，其数值为几十微安到十分之几微安。在发射电流固定不变的条件下，离子电流 I_i 与气体压强 p 成正比。因此，只要测出离子电流就可以知道气体压强。常用的电离真空计的测量范围是 $10^{-5} \sim 10^{-2}$ Pa。

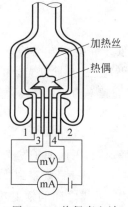

图 33.8 热偶真空计

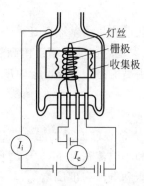

图 33.9 电离真空计

由于阴极灯丝极细,加热的温度很高,在真空度较低的情况下,灯丝很容易氧化烧断,损坏电离规管。若复合真空计设置为"手动启动",只有在压强小于 1 Pa 的情况下才能开启电离计。但若复合真空计设置为"自动启动",则热偶计和电离计之间的切换由单片机自动控制,可规避危险。

2.3 真空阀门

真空阀门在真空系统中起着改变气流方向或气体流量大小的作用,真空阀门的性能直接影响着真空系统所能达到的最高真空度。在金属真空系统中一般都采用金属阀门,图 33.10 是常见的金属角阀、针阀、三通阀和蝶阀的原理结构图。

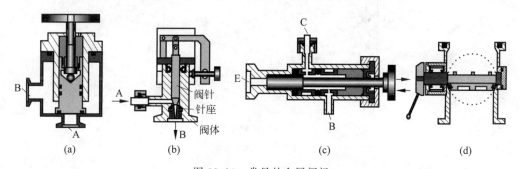

图 33.10 常见的金属阀门

(a) 手动角阀;(b) 手动针阀;(c) 三通阀;(d) GI-100 蝶阀

角阀:旋转旋钮,金属杆带动密封盖上升,A 口与 B 口相通;当反方向旋转旋钮时,金属杆带动密封盖下降,A 口与 B 口的通路被切断。

针阀:利用杠杆控制金属针尖,调整针尖与圆锥形通道的位置,可以精细地控制通气量,达到微调的目的。

三通阀:通过手钮的推拉来控制气体通路,当向内推动手钮到位,C 口与 B 口相通,C 口与 E 口不通,当向外拉动手钮到位,C 口与 E 口相通,C 口与 B 口不通。

蝶阀:通过旋转密封盖来控制通气与关断。

3. 气体放电

放电管两端加上适当电压后,在电场的作用下,管中气体的原子、分子受到加速电子的碰撞会发生激发和电离。

（1）激发

气体原子获得能量由基态跃迁到高能的激发态,而处于高能激发态的原子一般是不稳定的,将发生自发辐射或受激辐射由高能激发态跃迁到低能态,能量以光子的形式放出,形成放电。原子由高能态 E_i 向低能态 E_j 跃迁时,辐射光的频率为

$$\nu_{ij} = \frac{E_i - E_j}{h} \tag{33.3}$$

其中,h 为普朗克常数。原子的能级跃迁要满足跃迁选择定则,因而原子发光的频率是一定的。在低气压和小电流密度下,原子之间的相互作用小到可以忽略,观察到放电光谱是线状光谱。随着气压和电流密度的增加,单根谱线的强度增加,谱线之间的辐射功率重新分配,同时相邻原子间的扰动增强。因此,除线状光谱外,出现自由电子和复合发光相联系的连续背景。对于分子发光,由于分子内的电子跃迁时,分子振动及转动能也发生变化,频率展宽,形成带状光谱。

在本实验中,利用光栅光谱仪对放电管的发射光谱进行测量。光栅光谱仪比较常用的是平面反射光栅,是在金属板或镀金属膜的玻璃上刻划齿状槽面(见图 33.11),当光入射到光栅平面上时,由于光的衍射原理,不同波长的光的主极强将出现在不同方位,光栅公式为:

$$d\sin\theta = k\lambda \tag{33.4}$$

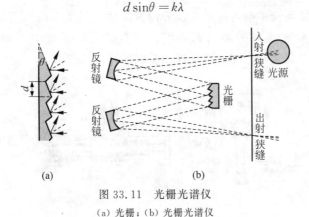

图 33.11　光栅光谱仪

(a) 光栅；(b) 光栅光谱仪

长波衍射角大,短波衍射角小,含不同波长的复合光照射到光栅表面,除 0 级外,不同波长光的其他主极强的位置均不相同,这些主极强亮线就是谱线,这些谱线构成了光谱。

（2）电离

放电管两端加上适当电压后,气体原子、分子受到加速电子的碰撞,其外层电子有可能会被剥离,这样中性的原子、分子会被电离成正、负带电粒子,绝缘的气体变为导电的等离子体。这时气体的电导率与电子密度、电子的迁移率、电子质量、气体分子平均自由程等因素有关。当外界条件发生变化时,电导率数值也要发生变化。因此,气体的放电特性与外界条件,如放电管管径、所加电压、气体压强都有密切关系。

【实验装置】

本实验使用的真空获取系统结构如图 33.12 所示,其中右部为低真空实验系统,左部为高真空实验系统。旋片机械泵为低真空系统和高真空系统的公共前级。关闭角阀 T6、T7,

打开角阀 T1,可使机械泵与低真空系统连通,用于低真空实验。关闭角阀 T1,打开角阀 T6、T7,机械泵则与高真空系统接通。整个系统的控制和显示部分安装在仪器控制柜内。

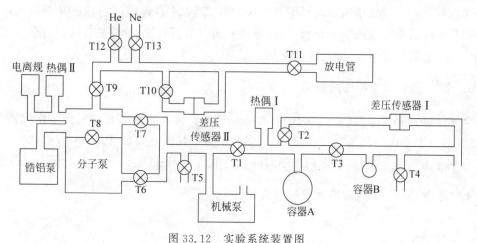

图 33.12　实验系统装置图

T1、T2、T3、T6、T7、T9、T10、T11—角阀;T4、T5—放气阀;

T8—蝶阀;T11—玻璃针阀门;T12、T13—微调针阀

1. 低真空实验系统

低真空通过旋片机械泵获取,复合真空计的热偶 I 用于监测系统真空状态。利用差压传感器 I 测量容器 A 的压强,差压传感器的参考端与大气相通。

2. 高真空实验系统

旋片真空泵起前置真空泵作用,分子泵通过蝶阀 T8 与放电管系统相通。利用分子泵获得高真空,锆铝泵用于进一步提高系统的真空度。复合真空计的热偶计 II 和电离计用于监测高真空系统的真空度。

放电管中的气压是通过差压传感器 II 来测量。关闭 T10,即密闭了储气筒,使其内的压强不再变化,为传感器 II 提供一个大小不变且已知的压强作为参考压强。

充气系统的气瓶中储存高纯氖或氦。通过微调针阀可以有控制地把气体充入放电管中,充气后还可以根据要求通过稍稍打开 T9 来减小放电管内气体的压强。

测量完毕后,关闭整个实验系统,注意必须在关闭分子泵电源 5 min 后,待分子泵完全停止转动,才能停止机械泵。

【实验内容】

1. 低真空实验

（1）差压传感器 I 定标

自己设计定标方法和实验步骤,利用低真空系统定标差压传感器 I 的 U_0 和 k_p。

（2）测量容器 A 和容器 B 的容积比

自己设计实验方法和步骤。根据理想气体方程测算出容器 A、B 的容积比。

2. 高真空实验

用机械泵、分子泵、锆铝泵对放电管系统抽高真空,注意各阀门的状态及开启顺序。观察每一步操作后系统的压强变化情况,作记录并进行分析讨论。(注意:只有当系统压强达到 10^{-3} Pa 量级并基本不变时,才可使用锆铝泵)

3. 充气、气体放电特性的测量

系统压强达到要求后($p < 5 \times 10^{-3}$ Pa),利用微调针阀向放电管内充入工作气体,利用 T9 来调节放电管内的气压,并用差压传感器 Ⅱ 来测量其压强的数值。

分别充氢气和氖气,测量不同压强时的放电电压-电流关系曲线,并进行分析、讨论。

4. (选做)氢气、氖气放电光谱的研究

【参考文献】

[1]　张孔时,丁慎训.物理实验教程(近代物理实验部分)[M].北京:清华大学出版社,1991.
[2]　王欲知.真空技术[M].成都:四川人民出版社,1981.
[3]　杨乃恒.真空获得设备[M].北京:冶金工业出版社,1987.
[4]　张树林.真空技术物理基础[M].沈阳:东北大学出版社,1988.

【附录】

真空泵和真空测量计

真空获得设备即真空泵,按原理划分,基本上可以分为气体输送型和气体捕集型两大类。表 33.2 给出了不同种类的真空泵。

表 33.2　真空泵的类型

真空泵	气体输送泵	变容泵	往复泵	隔膜真空泵、活塞往复泵
			旋转泵	油封泵:旋片泵,定片泵,滑阀泵,余摆线泵
				无油泵:多级罗茨泵,爪式泵,涡旋泵,螺杆泵
				液环泵:水环泵,油环泵
				罗茨泵:普通罗茨泵,气体循环冷却罗茨泵
		动量泵	分子泵:涡轮分子泵,牵引分子泵,复合分子泵,磁悬浮轴承分子泵
			喷射泵:水喷射泵,气体喷射泵,水蒸气喷射泵,油蒸气喷射泵
			扩散泵:油扩散泵,油扩散增压泵,汞扩散泵
	气体捕集泵	分子筛吸附泵,吸气剂泵,钛升华泵,溅射离子泵,低温泵

真空测量就是真空度的测量,而真空度是指低于大气压力的气体稀薄程度。以压力表示真空度是历史上沿用下来的,并不十分合理。压力高意味着真空度低;反之,压力低与真空度高相对应。不同的真空范围,需用不同的真空计来测量。

1. U 形管真空计

U 形管真空计是结构最简单的测量压力的仪器,它通常是用玻璃管制成,其工作液体

有多种,通常为水银。管的一端与待测压力的真空容器相连,另一端是封死的或开口与大气相通,以 U 形管两端的液面差来指示真空度,如图 33.13 和图 33.14 所示。U 形管真空计的测量范围为 $10\sim10^5$ Pa。

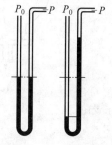

图 33.13　开式 U 形管真空计

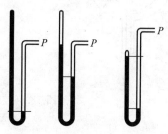

图 33.14　闭式 U 形管真空计

2. 压缩式真空计

压缩式真空计是对 U 形管真空计的重大改进,它是依据理想气体的波意耳定律制成的,其结构如图 33.15 所示。由于它首先是由麦克劳提出的,故此种真空计又称为麦克劳真空计(简称麦氏计)。压缩式真空计是测量压力低于 1 Pa 实用的绝对真空计,并且从 1874 年至今仍作为校准其他真空计的主要仪器。

图 33.15　压缩式真空计

压缩式真空计的特点如下。

(1) 刻度与气体种类无关,这是对永久性气体而言。

(2) 测量范围较宽、精度较高。工作用压缩式真空计的测量范围为 $10^{-3}\sim10^2$ Pa,对其结构尺寸进行改进后可使量程进一步扩大。其测量精度比较高,一般相对误差在 10^{-1} 左右。

(3) 不能连续测量。由于每测量一次需升降水银一次,不能连续读数,操作费时。

(4) 水银蒸气对人体有害。

3. 弹性元件真空计

弹性元件真空计利用弹性元件在压差作用下产生弹性变形的原理制成的真空测量仪表,结构和外形上与工业用压力表类似。弹性元件真空表性能稳定,一般用于粗真空($10^2\sim10^5$ Pa)的测量。根据变形弹性元件分类,这类真空计通常有弹簧管式、膜盒式和膜片式,其结构如图 33.16 所示。

弹性元件真空表的主要特点如下。

(1) 测量结果是气体和蒸气的全压力,并与气体种类、成分及其性质无关。

(2) 测量过程中,仪表的吸气和放气很小,同时仪表内部没有高温部件,不会使油蒸气分解。

(3) 测量精度较高。

(4) 反应速度较快。

(5) 结构牢固,选用适当材料能测量腐蚀性气体。

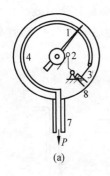 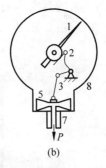 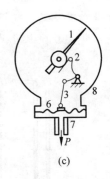

图 33.16　弹性元件真空计结构示意图

(a) 弹簧管式；(b) 膜盒式；(c) 膜片式

(6) 是绝对真空计，0.5 级以上的表可作为标准表。

4. 热传导真空计

热传导真空计是根据在低压力下，气体分子热传导与压力有关的原理制成的。它是在一玻璃管壳中由边杆支撑一根热丝，热丝通以电流加热，使其温度高于周围气体和管壳的温度，于是在热丝和管壳之间产生热传导。当达到热平衡时，热丝的温度取决于气体热传导，因而也就取决于气体压力。如果预先进行了校准则可用热丝的温度或其相关量来指示气体的压力。热丝温度的测量方法有以下三种。

(1) 利用热丝随温度变化的线膨胀性质，根据此种测温方法制成的真空计称为膨胀式真空计。

(2) 利用热电偶直接测量热丝的温度变化，根据此种测温方法制成的真空计称为热偶真空计。

(3) 利用热丝电阻随温度变化的性质，根据此种测温方法制成的真空计称电阻真空计。在电阻真空计中也有用热敏电阻代替金属热丝的，此种真空计称热敏电阻真空计。

热偶真空计和电阻真空计是目前粗真空和低真空测量中用得最多的两种真空计。

5. 热阴极电离真空计

电子在电场中飞行时从电场获得能量，若与气体分子碰撞，将使气体分子以一定概率发生电离，产生正离子和次级电子，其电离概率与电子能量有关。电子在飞行路途中产生的正离子数，正比于气体密度 n，在一定温度下正比于气体的压力 p。因此，可根据离子电流的大小指示真空度。

由灯丝加热提供电子源的电离真空计称为热阴极电离真空计，其型式繁多，各具特色并且适用于不同的压力测量范围。

6. 冷阴极电离真空计

冷阴极电离真空计是一种相对真空计，它的结构如图 33.17 所示。

与热阴极电离真空计一样，冷阴极电离真空计也

图 33.17　冷阴极电离真空计的示意图

是利用低压力下气体分子的电离电流与压力有关的特性,将放电电流作为真空度的量度。所不同的在于电离源,热阴极电离真空计是由热阴极发射电子,而冷阴极电离真空计是靠冷发射(场致发射、光电发射、气体被宇宙射线电离等)所产生的少量初始自由电子,它们在电场的作用下向阳极运动。但由于正交磁场的存在,也将施力于运动的电子,从而改变电子的运动轨迹。在电场、磁场的共同作用下,电子沿螺旋形轨道迂回地飞向阳极(这种运动轨迹实际上是一个在阳极面上具有摆线投影的曲线),这样就大大延长了电子达到阳极的路程,使碰撞气体分子的机会增多。同时又因阳极是一个中空的环,在其中轴线附近运动的电子还可能穿过阳极环凭原有动能继续前进,而后又被带负电位的阴极排斥而折回,这样飞行中的电子可能在两极间往返振荡直到最后被阳极吸收为止,使电子到达阳极的实际路程远大于两极间的几何尺寸,故碰撞概率大大增加。电子碰撞气体分子时,有一部分为电离碰撞,电离后形成的正离子在阴极上打出的二次电子,也受电场和磁场的共同作用而参与这种运动,使电离过程连锁地进行,在很短时间内雪崩式地产生大量的电子和离子,这样就形成了自持气体放电,这种过程一般称为潘宁放电。

7. 电容式薄膜真空计

电容式薄膜真空计是根据弹性薄膜在压差作用下产生应变而引起电容变化的原理制成的真空计。根据测量电容的不同方法,仪器结构有偏位法和零位法两种。零位法是一种补偿法,具有较高的测量精度。目前在计量部门作为低真空副标准真空计的就是采用零位法结构。

8. 放射性电离真空计

放射性电离真空计是利用放射性同位素辐射出来的 α 粒子或 α 粒子对气体分子的电离作用制成的真空计。这种真空计所使用的放射性同位素的强度较弱,对人体为安全剂量。其压力测量范围为 $10^{-1} \sim 10^4$ Pa。它的读数与气体种类有关。

9. 磁悬浮转子真空计

磁悬浮转子真空计是根据磁悬浮转子转速的衰减与其周围气体分子的外摩擦有关的原理制成的真空测量仪表。通过伺服电路控制螺旋线圈电流,使转子悬浮在预定高度。另有一对驱动线圈产生旋转磁场,驱动转子以每秒 $200 \sim 400$ 转的速度自转。停止驱动场,由于气体分子摩擦作用引起转子自转速度衰减,其转速衰减与气体压力 p 有着严格的对应关系。

磁悬浮转子真空计是标准真空计,量程宽($10^{-5} \sim 10^{-1}$ Pa),用它做互校传递标准时,累积误差小,可靠性高,重复性好。

(张慧云)

实验 **34** 四极质谱仪与气体成分分析

四极质谱仪(quadrupole mass spectrometer)是利用四极杆产生的双曲电场使样品离子按质荷比(m/e)分离,从而实现对各种样品进行成分及含量分析的一类仪器。它是目前应用最广泛的小型质谱仪之一。四极质谱仪的核心为四极电场,由德国物理学家保罗(W. Paul)设计发明。他用所设计的射频四极电场把带电粒子囚禁其中,成为以后带电粒子存储技术的先驱。保罗由此与德默尔特(H. G. Dehmelt)分享了1989年诺贝尔物理学奖。本实验的学习重点是掌握四极质谱仪的工作原理和识谱技术,理解质谱仪分辨率、灵敏度的概念及相互关系,了解四极质谱仪在科学研究和实际中的应用。

【思考题】

1. 四极质谱仪如何实现对离子按质荷比分离? 质谱图的意义是什么?
2. 如何从原理上理解四极质谱仪的灵敏度和分辨率要求相互矛盾的关系?
3. 若提高仪器的分辨率,在仪器设计时应从哪些方面考虑? 说明其原因。
4. 查阅资料,了解四极质谱仪在生产和科研中的应用。
5. 使用四极质谱仪时,应该注意哪些问题?

【引言】

质谱仪器是将物质粒子(原子、分子)电离成离子,并通过适当的稳定或变化的电磁场将它们按空间位置、时间先后等方式实现荷质比分离,并检测其强度来做定性定量分析的一类分析仪器。

第一台质谱仪为阿斯顿(F. W. Aston)等发明的磁偏转质谱仪,之后,回旋质谱仪、四极质谱仪、飞行时间质谱仪也相继问世,它们各有优缺点,其中四极质谱仪是不用磁场的气体分析仪中性能最佳的分析仪器。目前,它已在环境监测、化工、冶金、材料、生物、医学、航天等领域中得到广泛应用。

质谱分析技术的主要应用有:原子质量的精确测定、火化源杂质分析、有机质谱分析、同位素分析、稳定同位素标记物质的检测以及真空科学、技术和现代真空工业中用于对真空和超高真空状态下残余气体的分析,同时,在真空技术中,质谱仪还可以作为最灵敏的检漏仪。

和其他类型的质谱仪相比较,四极质谱仪有许多优点:不用磁铁;结构简单;有良好的分辨率和灵敏度;调整和操作简单;工作压强较宽;响应速度快等。其缺点是:因离子源和收集极在一条直线上,离子源中的各种辐射(光线及软X射线等)不可避免地要作用在收集极上,导致产生杂散电流,在超高真空情况下应用时,杂散电流对实验结果有一定的影响。

随着技术的发展,四极质谱技术也不断发展,现在双曲面形四极杆的应用更加广泛。在气相色谱仪和液相色谱仪中,利用四极杆串联技术可以获得高分辨的定量测量。如果在四极杆上只加射频场,可以作为离子阱。有兴趣的同学可以自己查阅相关文献学习。

本实验通过测量不同仪器参数对仪器灵敏度和分辨率的影响,了解四极质谱仪的基本工作原理和仪器设计思想;选择合适的仪器参数,测出真空系统中不同气体和残余气体的全谱,并对结果进行分析,从而掌握简单的识谱技术和测量方法;同时了解用四极质谱仪对高真空系统的检漏技术和同位素丰度测量。

【实验原理】

1. 四极质谱仪结构及工作原理

四极质谱仪结构原理如图 34.1 所示。它由离子源、四极杆分析器、检测器(即收集极)组成。

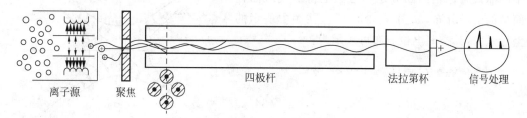

离子源　　　聚焦　　　　　　　　四极杆　　　　　法拉第杯　　　信号处理

图 34.1　四极质谱仪结构原理示意图

离子源由发射电子的灯丝、电子收集极和栅极组成。栅极和电子收集极为灯丝发射的电子提供加速电压,在栅极内形成电离室,电子主要由电位较高的电子收集极收集。在离子源内被分析的气体分子受到热阴极发射的电子轰击,产生正离子。正离子在加速场的作用下进入四极分析系统,能够到达四极场出口的离子被右端的离子收集极收集。离子收集极是一种测量微弱直流电流信号的装置,本身处于负电位,为避免周围环境的电磁干扰,外部设有接地的屏蔽筒。

质量分析系统是本仪器的核心。它由平行对称地排列在同一圆周上的四根相同的双曲柱面或圆柱面电极构成,如图 34.2(a)所示。圆柱半径为 r,长度为 l,相对两杆之间的最小距离为 $2r_0$,并短接成一组。两组杆是相互绝缘的。接通电路后,它们对地的电压分别为 $+\Phi$ 和 $-\Phi$,其形式为:

$$\Phi = U + V\cos\omega t \tag{34.1}$$

即一直流电压 U 和一角频率为 ω 的交流电压 $V\cos\omega t$ 的叠加,在四极杆中间的区域内形成交变电场。这一电场在平行于四极杆的方向(轴向)是同电位的,而在垂直于四级杆的方向(横向)存在交变的电位梯度。当离子从离子源沿轴向进入四极场后,由于轴向不存在电位梯度而保持匀速运动,但横向交变电场的作用使得离子在横向作来回摆动式的运动。四极圆杆供电方式如图 34.2(b)所示。图中,在 x 方向的电极上加的电压为 Φ,在 y 方向的电极上加的电压为 $-\Phi$。

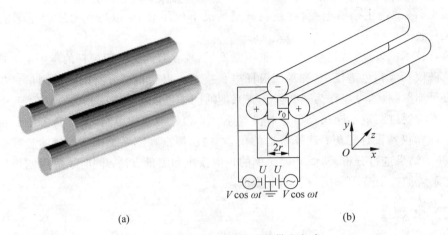

(a)   (b)

图 34.2　四极圆杆的结构及其供电方式

(a) 四极圆杆的结构；(b) 四极圆杆的供电方式

根据电场理论计算，当 $r=1.147r_0$ 时，四极杆中间靠近对称轴约四分之三区域中将形成双曲柱面型的电场分布，如图 34.3 所示。在图中所示的坐标系中，其空间电位分布可表示为：

$$\Phi(x,y,z,t)=(U+V\cos\omega t)\frac{x^2-y^2}{r_0^2}$$

$$(34.2)$$

若质量为 M，电荷为 e 的正离子沿 z 轴射入四极场中，它将受电场作用而做振荡运动，根据牛顿定律，运动的微分方程为

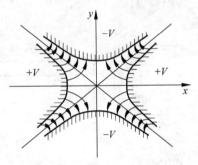

图 34.3　四极圆杆中间空间电位

$$\begin{cases} M\dfrac{\mathrm{d}^2x}{\mathrm{d}t^2}+\dfrac{2e(U+V\cos\omega t)}{r_0^2}x=0 \\[3mm] M\dfrac{\mathrm{d}^2y}{\mathrm{d}t^2}-\dfrac{2e(U+V\cos\omega t)}{r_0^2}y=0 \\[3mm] M\dfrac{\mathrm{d}^2z}{\mathrm{d}t^2}=0 \end{cases} \qquad (34.3)$$

若四极杆只加直流分量 U，由式(34.3)可知在四极杆分析器中，离子在 x、y 方向上受到与位置相关的力的作用而振动，在 z 方向上不受力的作用。当 U 为正值时，离子在 x 方向上所受到的力就是回复力，即离子在 x 方向上的运动是简谐振动，而在 y 方向上所受到的力却随着位移的增加而增加，所以是振幅逐渐增加的振动。U 为负值时，离子在 x 方向上的运动就是振幅逐渐增加的振动，而此时 y 方向上离子的运动则是简谐振动。

当四极杆分析器的驱动电势随时间交替变化时，离子的运动类似于小球在一个马鞍面（图 34.4(a)）上的运动。在一段时间内，y 方向上离子运动可看成在如图 34.4(b)所示的电势阱中做往复运动，而在 x 方向上的离子运动如图 34.4(c)所示，离子只有在顶点处才处于不平衡稳定，否则不论在哪个位置离子都将滑向 x 方向上的两个极杆。若离子在 x 方向正

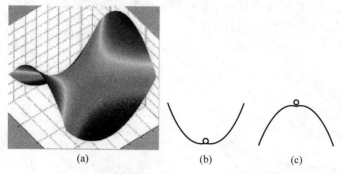

图 34.4　四极杆分析器中的"电势阱"示意图

(a) 空间中离子的运动；(b) y 方向上离子的运动；(c) x 方向上离子的运动

要滑靠极杆时，极杆电势发生变化，于是，x 方向上离子的运动变成了上一时间段内 y 方向上离子的运动，即如图 34.4(b)所示的电势阱中做往复运动，此时 y 方向上离子运动则变成了上一时间段内 x 方向上的离子运动，如图 34.4(c)所示，离子只有在顶点处才处于不平衡稳定，否则不论在哪个位置离子都将滑向 y 方向上的两个极杆。如此周期性的变更，致使离子在 x 方向和 y 方向上不断地变换自己的运动方式，只要控制好 Φ 中交流分量的幅度和频率，使得离子在某一方向上刚好要碰到该方向上的极杆时其运动方式发生改变，使得它向四极场中心运动，那么就能使离子能够有稳定的轨迹通过四极杆，实现质量分析的功能。

为了研究问题方便，引入时间参量 ξ、直流电压参量 a、交流电压参量 q，分别定义如下：

$$\xi = \frac{\omega t}{2} \tag{34.4}$$

$$a = \frac{8eU}{Mr_0^2 \omega^2} \tag{34.5}$$

$$q = \frac{4eV}{Mr_0^2 \omega^2} \tag{34.6}$$

显然，对于给定的 M, e, r_0 和 ω，上述参量分别与 t, U 和 V 成正比。将这些参量代入式(34.3)，则式(34.3)转化为如下形式：

$$\frac{d^2 x}{d\xi^2} + (a + 2q\cos 2\xi)x = 0 \tag{34.7}$$

$$\frac{d^2 y}{d\xi^2} - (a + 2q\cos 2\xi)y = 0 \tag{34.8}$$

$$\frac{d^2 z}{d\xi^2} = 0 \tag{34.9}$$

其中，式(34.7)和式(34.8)被称为马修方程($\acute{E}mile\ L\acute{e}onard\ Mathieu$，法国数学家，研究了鼓的震动，给出了微分方程和解)。马修方程只有数值解，它的解可分为两类，一类是稳定解，一类是发散解，这取决于 a、q 的值。

由于方程解的特性仅仅与 a 和 q 有关，所以可用 a 和 q 为坐标给出方程在 x 方向和 y 方向的稳定解图，如图 34.5 所示。离子需要在 x 方向和 y 方向都稳定才能通过四极杆，图 34.6 为第一象限内马修方程的二维稳定区。它分别以 a 和 q 为纵坐标和横坐标，是一个

以 q 轴为底,以近似于抛物线和近似于直线的曲线为两腰的三角形。对于在三角形稳定区上的任何 (a,q) 值,马修方程均有稳定解。

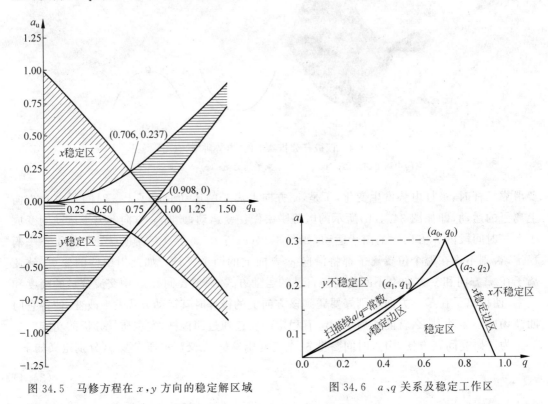

图 34.5　马修方程在 x,y 方向的稳定解区域　　　图 34.6　a、q 关系及稳定工作区

在给定场参数 r_0 和 U、V、ω 的条件下,对应于一定质量 M 和一定电荷 e 的离子有一定的 (a,q) 值,通常称 (a,q) 为该离子的工作点。如果工作点 (a,q) 落在近乎三角形的稳定区内,则这种离子的运动是稳定的,反之是不稳定的。

当 e 一定时,由式(34.5)和式(34.6)得到比值:

$$\frac{a}{q}=\frac{2U}{V} \tag{34.10}$$

它与 M 无关,即当场参数 r_0 和 U、V、ω 一定时,不同质量 M 的离子工作点全部落在了通过原点而斜率为 $2U/V$ 的一条直线上,这条直线被称为质量扫描线。扫描线切割稳定区于两点 (a_1,q_1)、(a_2,q_2),处于这两点之间的直线段上的 a,q 值都是有稳定解的范围。凡质量对应这个范围的离子,都能以有限振幅沿 z 轴通过四极场区到达收集极。凡质量大于该范围的离子,将因振幅增大而碰到 y 方向的电极;凡质量小于此范围的离子,将因振幅增大而碰到 x 方向的电极。这样就实现了质量分离。

从图 34.6 还可以看出,增大 U 或减小 V 以增大扫描线的斜率 $2U/V$,可使 (a_1,q_1) 和 (a_2,q_2) 两个工作点的间距逐渐变小,直到扫描线切割于稳定区顶点 (a_0,q_0) 附近为止。这时只有工作点 (a_0,q_0) 为一稳定的工作点,也就是说,在这种情形下只允许一定质量 M(更确切些,一定 M/e)的离子沿一稳定的轨迹运动,这种离子可以通过四极场区到达收集极形成离子流,可使分析器获得较高的分辨率,达到按质量分离离子的目的。

由马修方程的解可知,阴影区三角形顶点为:

$$a_0 = 0.237, \quad q_0 = 0.706 \tag{34.11}$$

代入式(34.5)和式(34.6)得到

$$M = \frac{4eV}{q_0 r_0^2 \omega^2} = 13.8 \times \frac{V}{r_0^2 f^2} \tag{34.12}$$

上式中 $f = \omega/2\pi$ 为交流电压的频率,其单位为 MHz,M 的单位为 amu(原子质量单位),r_0 的单位为 mm,V 的单位为 V。由式(34.12)可知,当 U/V 及 r_0 值确定后,改变 V 或 f 都可以实现质量扫描。因 V 与 M 有线性关系,通常采用固定 U/V、r_0 及 f 值,改变 V(U 值也在按比例地改变)的方式进行扫描。改变 V 值(U 值),三角形顶点处对应的离子质量也随之改变,即进行质量扫描。通过由计算机控制的数据采集系统便可得到一条随质量数 M 变化的离子电流 I 的曲线。我们称这条 I-M 曲线为质谱图。

从质谱图可以得到一些与被测真空环境有关的信息:从质谱图的谱峰位置便可确定真空环境中残余气体的成分;由谱峰强度 I 便可测定该成分的分压强。这就是四极质谱仪对气体成分进行分析的原理。

2. 四极质谱仪的主要性能指标

反映四极质谱仪性能的主要指标有质量范围、分辨率、灵敏度、最小可检测压强等。

2.1　质量范围

质量范围指气体分析器能有效分析的质量范围,这个范围由其能检测的最轻与最重的单荷离子来表征。由式(34.12)可以看出,增大射频电源电压、减小射频电源频率、减小四极杆电极间的距离均可以提高其质量测量范围。

2.2　分辨率

分辨率是质谱分析器分辨不同质荷比离子能力的一种量度,用仪器所能分辨得最靠近的两个质量来定义。如果在质量 M 处,能够分辨的最靠近的质量为 $M + \Delta M$,则定义 ΔM 为绝对分辨率,$M/\Delta M$ 为相对分辨率。ΔM 越小,分辨能力越高。相对分辨率的值越大,分辨能力越高。

在质谱学领域中,最常用的是 50% 峰高分辨率(半高分辨率)、10% 峰高分辨率和 5% 峰高分辨率这三种定义。设在一质谱图上,质量 M 处有一谱峰,它的峰高的 50% 处的谱峰宽度为 ΔM(横坐标已换算为相应的质量数),则定义 50% 的谱峰高分辨率为 ΔM。这意味着,相邻两等高谱峰中心相距为 ΔM 时,被认为是恰能分辨的。类似地,可以定义 10% 峰高分辨率和 5% 峰高分辨率。图 34.7 中标明了与这三种分辨率的定义相对应的谱峰宽度。相应的相对分辨率分别记为 $R_{50\%}$、$R_{10\%}$ 和 $R_{5\%}$。

从图 34.7 中还可以看出,50% 的峰高分辨率的要求低且不太严格。设有 M 和 $M + \Delta M$ 两个相邻等高的高斯峰,若 $\Delta M_{50\%} = 1$,则两峰叠加后的合成峰中间仅有一个可以勉强分辨的凹陷,如图 34.8(a)所示,显然这样定义的"能够分辨"是临界的。相比之下,10% 的峰高分辨率显然严格得多,如图 34.8(b)所示。5% 峰高分辨率则更加严格,也是目前国际上通用的较严格的定义。

很明显,谱峰的形状对这三种分辨率的定义有很大影响。例如对于具有相同的 50% 峰高分辨率的两个谱峰来说,由于谱峰的形状不同,它们的 10% 峰高分辨率就不一定相同。

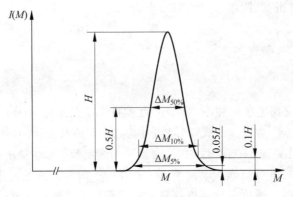

图 34.7　三种分辨率的定义

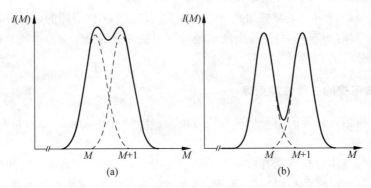

(a)　　　　　　　　　　(b)

图 34.8　相邻两等高高斯峰分辨情形

(a) $\Delta M 50\% = 1$；(b) $\Delta M 10\% = 1$

类似地，5％的峰高分辨率也不一定相同。

当然，随着技术的进步和仪器性能的提高，目前的四极质谱仪的分辨率的精度已大大提高。

2.3　灵敏度

四极质谱仪收集极检测到某种气体(一般取氮气)的离子电流的峰值除以这种气体在离子源中的分压强称为四极质谱仪对该种气体的灵敏度，表示为

$$S = \frac{I}{P} \tag{34.13}$$

其单位为 A/Pa。灵敏度反映了仪器检测某种气体残余量的灵敏程度。值得注意的是同一仪器对不同气体的灵敏度不同，计算灵敏度时必须指明是对哪种气体的灵敏度，如不说明，则默认是对氮气的。

从四极质谱仪的工作原理可知：对分辨率和对灵敏度的要求往往是相互矛盾的，在不同的分辨率下也就有不同的灵敏度。

2.4　最小可检测分压强

四极质谱仪可以测量的某种气体在离子源内的最低压强称为最小可检测压强 $p_{\min}$。所谓可以测量，取决于电流检测系统的测量极限，后者又取决于检测系统的噪声电流 I_N。规定信号电流 I_f 等于噪声电流的两倍即 $2I_N$ 时为最小可检测情形，则最小可检测压强 $p_{\min}$ 为：

$$p_{\min} = \frac{I_f}{S} = \frac{2I_N}{S} \tag{34.14}$$

式中,S 为灵敏度。它反映了仪器灵敏度和仪器噪声的综合水平。

3. 识谱技术

混合气体中各组分按照其分子/原子质量的大小排列成图,由图可以了解该气体的组成及各组分的相对数量,此图称为质谱图。质谱仪的横坐标为质荷比,以单荷离子的质量数表示,纵坐标为离子流强度。峰的高度取决于仪器的灵敏度和气体的分压强,峰的宽度取决于仪器的分辨率。图 34.9 为实验测量的空气质谱图。根据质谱图分析和判断其气体成分,并计算其相对含量,称为识谱。

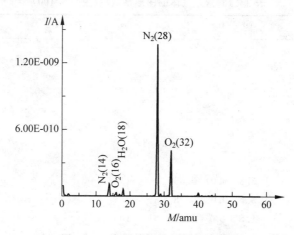

图 34.9　实际检测的空气的质谱图

任何一种纯气体都将有它自己的、由各个峰的位置及相对高度形成的峰谱图像。谱图中与气体分子质量数相同的谱峰,即气体分子的单荷离子峰,称为主峰。除主峰以外还有一系列较小的峰,称为副峰。这是因为电子与气体分子碰撞时,除产生带一个正电荷的离子外,还会产生带多个正电荷的离子,甚至将复杂分子击碎成各种可能的碎片构成的离子。以 N_2 为例,N_2 会产生 N_2^+,在质荷比为 28 处获得分子离子峰(主峰);还会产生 N^+,在质荷比等于 14 处获得谱峰,称为原子离子峰,也称为碎片峰。除此以外,有的气体分子还会产生多电荷离子峰、同位素离子峰等。

如果被检测的气体是混合气体,则扫描的结果一般是各个成分的峰谱图像的叠加,情况比较复杂。要从一复杂的图像中判断各个成分的相对含量,首先应熟悉各种单一气体的峰谱图像,然后将它们一一分辨出来。判别气体成分的原则有以下两条:

3.1　根据主峰判定气体成分

在质谱图较为简单的情况下,可以通过主峰来确定气体成分,如果质量数为 2、4、18、40、44 处有谱峰时,由于这几处没有其他峰的叠加,可直接判定它们分别是 H_2、He、H_2O、Ar、CO_2。

3.2　结合副峰进一步确定气体成分

利用副峰来判别有相同质量数的不同气体。例如,质量数为 28 的 N_2^+、CO^+、$C_2H_4^+$,

如果在质量数 14 处有较大副峰,则可认为气体是 N_2,因为 N_2 电离后会产生 N_2^{2+}、N^+,其质量数均为 14。如果在质量数 12 处有较大副峰,则可认为气体是 CO,因为 CO 电离后会产生较多的 C^+。如果在质量数 26 和 27 处有较大副峰,则可认为气体是 C_2H_4,因为 C_2H_4 电离后会产生 $C_2H_3^+$ 离子和 $C_2H_2^+$ 离子。

为了方便,可以采用列表的方法将每一种气体的谱峰的相对大小列出,根据实验结果一查表便可知道气体成分。一般在仪器参数固定不变时,某种气体的原子离子峰与分子离子峰强度的比值是相对固定的值,称为碎片系数或图形系数。表 34.1 中给出了一些常见气体的图形系数,供气体成分分析时参考。值得说明的是,同一种气体在使用不同质谱仪时,其图形系数可能有差异,这在使用图形系数表时需注意。

表 34.1　常见气体的图形系数(以主峰为 100)

气体	1	2	4	12	13	14	15	16	17	18	19	20	24	25	26
H_2	2.1	100	—	—	—	—	—	—	—	—	—	—	—	—	—
He	—	—	100	—	—	—	—	—	—	—	—	—	—	—	—
Ne	—	—	—	—	—	—	—	—	—	—	—	100	—	—	—
Ar	—	—	—	—	—	—	—	—	—	—	—	14.2	—	—	—
H_2O	—	0.6-1.5	—	—	—	—	—	1.8	23	100	0.1	0.3	—	—	—
N_2	—	—	—	—	—	7.4	0.03	—	—	—	—	—	—	—	—
O_2	—	—	—	—	—	—	—	11.4	—	—	—	—	—	—	—
CO	—	—	—	3.3	0.04	0.55	—	1.3	—	—	—	—	—	—	—
CO_2	—	—	—	3.5	0.03	0.08	—	7.8	—	—	—	—	—	—	—
CH_4	—	—	—	1.8	5.7	12.5	81	100	2.7	—	—	—	—	—	—
C_2H_2	—	—	3.5	1.4	4.0	0.3	0.04	—	—	—	—	—	5.1	19	100
C_2H_4	—	—	—	0.6	1.0	2.3	0.3	0.4	—	—	—	—	2.0	6.8	47
C_3H_6	—	—	—	0.2	0.55	2.0	3.1	0.15	—	—	—	—	0.5	2.7	18.1
C_3H_8	—	—	—	0.18	0.36	1.13	3.8	0.12	—	—	—	—	—	0.7	7.6

气体	27	28	29	30	31	32	36	37	38	39	40	41	43	44
H_2	—	—	—	—	—	—	—	—	—	—	—	—	—	—
He	—	—	—	—	—	—	—	—	—	—	—	—	—	—
Ne														
Ar	—	—	—	—	—	0.38	—	0.06	—	100				
H_2O	—	—	—	—	—	0.13	—	—	—	—	—	—	—	—
N_2	—	100	0.75	—	—	—	—	—	—	—	—	—	—	—
O_2	—	—	—	—	—	100	—	—	—	—	—	—	—	—
CO	—	100	0.88	0.2	—	0.02	—	—	—	—	—	—	—	—
CO_2	—	11.5	0.1	—	—	0.4	—	—	—	—	—	—	—	100
CH_4	—	—	1.5	—	—	—	—	—	—	—	—	—	—	—
C_2H_2	3.2	—	—	—	—	—	—	—	—	—	—	—	—	—
C_2H_4	51.5	100	3.3	—	—	—	—	—	—	—	—	—	—	—
C_3H_6	27.6	100	20.5	25.9	0.54	—	—	—	—	—	—	—	—	—
C_3H_8	37.9	59.1	100	2.1	—	—	3.1	4.9	16.2	2.8	12.4	5.1	22.3	26.2

【实验装置】

实验装置可分为三部分：真空系统和配气系统；四极质谱仪和控制电路；数据采集和处理系统。整个实验装置结构示意图如图 34.10 所示。

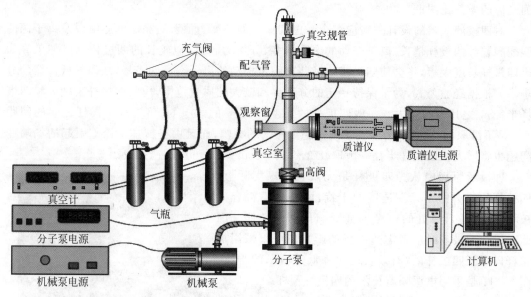

图 34.10　实验仪器结构框图

1. 真空系统和配气系统

实验采用机械泵-分子泵抽真空,配置真空室和配气系统以满足实验的需要。实验真空测量系统采用程控复合真空计测量真空度,它由电阻规管真空计和一个电离规管真空计复合而成,电阻规测量低真空,电离规测量高真空,由单片机控制,测量时自动转换,是完全自动化的仪器。它可以广泛应用于电子、冶金和化工等工业生产部门,做真空测量和生产过程自动控制之用。

配气系统包括多个气瓶,配有不同气体,可以根据不同情况充入所需的气体。调节微调阀可以稳定地控制流入真空室的气流量大小,将它和真空系统配合起来使用可以得到真空室内气体为某种特定成分的具有一定真空度的真空环境。

2. 四极质谱仪和控制电路

四极质谱仪包括离子源与四极杆组成的探头、控制电路组成的电控单元(ECU)、电源转换模块(220VAC/+24VDC 4A)、A 型口到 B 型口 USB 电缆。

2.1　探头

探头由离子源、四极杆滤波器、离子检测器等组成,通过 CF35 法兰盘与无氧铜 O 形圈与待测真空系统密封连接。

离子源是一套电子加速并离化待分析气体分子或原子的电子枪结构。从灯丝发射的自由电子被加速到 70 eV 的能量,在离化区气体分子与电子碰撞使之离化成带电(主要是正电荷)离子,离子在电场作用下垂直进入四极杆过滤系统,作用于四极杆上的交流 RF 信号与直流 DC 信号遵循 Mathieus 方程的约束,同时根据进入四极杆区域的离子质荷比对离子进行选择过滤。置于四极杆尾部的法拉第杯(或电子倍增器 CEM)收集经过滤的离子,离子流经放大后由计算机处理。扫描 Mathieus 方程的约束条件,计算机可以获得扫描范围内待测气体的质荷比图谱。

对四极滤质器的设计一般应综合考虑四极杆的长度、直径、边缘场的影响以及离子源的匹配问题。四极杆越长,离子振动的次数越多,分辨力越好,但较长的四极杆难以加工。如果四极杆长度太短,将会使四极场中某些不稳定振动的离子通过四极场,从而降低仪器的分辨率。根据经验公式,为了保持一定的分辨率和较大的质量范围,应将四极杆长度 l 和四极场半径 r_0 之比取得很大。一般四极杆的长度 l 取 r_0 的 $30\sim60$ 倍。减小极杆之间的间距 $2r_0$ 是不可取的,这是因为限制了离子稳定振荡的振幅,而且由机械加工误差引起的场畸变问题也将增大。四极杆半径一般取 $0.3\sim0.95$ cm。材料可用不锈钢或钼。

四极场原理中认为四极杆是无限长的。实际上,四极杆的两头由于存在透镜的干扰,电场并不符合四极场,尤其是入口处的边缘场会影响仪器的性能。因此在设计四极场时应考虑边缘场的影响。可以采用加预杆以延长四极杆的"有效长度",降低边沿场的干扰。图 34.11 是采用电源隔离技术的四极杆预杆。

离子源的匹配问题对仪器的性能也有直接的影响。从四极场的原理,我们知道,只有在四极场中做稳定振荡的离子才能通过四极场。这就对进入四极场的

图 34.11　四极杆预杆

离子的初始位置和初始速度提出了一定的限制。目前常用的实现离子源和四极场的匹配方法有两种:一种是利用离子透镜和漂移空间的适当组合将离子源提供的离子与 x 方向和 y 方向接收部分相匹配;另一种是在离子源与滤质器之间插入某些随时间变化的器件使离子聚束,实现离子入口处特殊相位的匹配。

法拉第圆筒是所有离子检测器中最简单、便宜的一种,是用金属电极直接收集离子的一种方法。打到法拉第杯金属电极表面的离子电荷由接地的安培计或静电计提供的电子中和。若电子电流为 I,每个离子所带电荷为 e,则接收到的离子数为 I/e。一般被检测的离子流与接收到的离子数和电荷数成正比,且离子信号的大小通常用电流值(安培)表示。

2.2　电控单元

电控单元承担系统全部的电子信号处理、高低频电压发生以及计算机接口电路等。

电控单元前端通过 8 孔插座与探头实现插拔式连接安装,插销式防错位使得安装安全、方便。当需要更换灯丝、清洗探头内部、对探头进行烘烤去气时,可将 ECU 前端的 6 个 M3 螺钉松开,探头直接插拔卸装。

3. 数据采集和控制系统

质谱图由计算机软件测量并显示出来。软件包括单片机的控制和采集数据软件、PC 机的显示数据处理软件及串口通信部分。主要功能为对四极质谱计进行控制,设置其工作

方式和参数,实时采集数据,对数据进行实时处理。

有关仪器的详细说明及使用方法,数据采集和控制软件的使用请参看仪器操作说明书。

【实验内容】

1. 抽真空并校准仪器:按仪器面板上给出的操作规程开启真空系统,待真空度达到要求(高于 5×10^{-2} Pa)后,开启四极质谱仪的电源和测量软件,熟悉软件的使用和操作方法,并对质谱仪的峰位进行校准。

2. 分析真空系统残余气体成分:仪器校准后在真空室气压低于 7×10^{-4} Pa 时,打开灯丝,测量真空系统内残余气体质谱图,并分析其成分。

3. 测量空气成分,将残余气体与空气成分比较,真空室内的残余气体成分与环境中成分一致吗? 为什么?

4. 氖的同位素分析:将气瓶中的氖气通过减压阀、微调阀充入真空系统,通过控制微调阀开关让真空室内气压稳定在 $2 \times 10^{-2} \sim 5 \times 10^{-2}$ Pa 之间的某一气压,此时测量氖气质谱图。氖有三种稳定同位素,通过实验测量氖的同位素质量并根据其峰高计算它们的相对含量。

5. 学习四极质谱的工作原理,了解质谱仪的仪器设计,分析质谱仪的工作参数对其分辨率和灵敏度的影响。

充入氮气和氩气的混合气作为标准气体,改变离子源工作参数(发射电流,电子能量)和 RF 分量,测量不同参数下氮气和氩气主峰的分辨率和灵敏度,分析不同参数对质谱仪分辨率和灵敏度影响的原因。

6. (选做)了解质谱检漏原理,学习真空检漏技术。

【注意事项】

1. 实验开始前有关开关及阀门应处于如下状态:

真空系统:各配气阀门处于关闭,复合真空计关闭,质谱仪电源关闭。

2. 开离子源灯丝前先确认真空室内压强低于 5×10^{-2} Pa。实验过程中注意保护离子源灯丝,每次充气前先关闭离子源灯丝,充入适量的待测气体,气压稳定后再开灯丝进行质谱测量。

3. 对真空室充气采用逐级充的方法:确认充气管道上所有阀门处于关闭状态,先观察减压阀上总压力表是否有读数,如果有读数,不用打开气瓶上阀门,否则打开气瓶阀门将气体充入气瓶与减压阀之间的管道,关紧气瓶阀门;顺时针打开减压阀,观察减压表指针至 $0.1 \sim 0.2$ MPa,逆时针关闭减压阀;逆时针旋转,慢慢打开与真空系统连接的微调阀,同时观察真空计的读数,控制气体压强小于 5×10^{-2} Pa,一般气体成分分析时气压稳定在 1×10^{-2} Pa 左右。

4. 气瓶减压阀的使用:打开气瓶总阀门之前,务必确认减压阀处于关闭。打开减压阀之前务必确认其后面连接质谱仪的微调阀处于关闭。调减压阀的螺杆退出为关闭,拧紧为打开。实验时慢慢旋紧螺杆,减压表指示至 $0.1 \sim 0.2$ MPa,就可关闭气瓶总阀门和减压阀。

5. 关机注意:关分子泵前先关闭灯丝和四极质谱仪电源;关闭分子泵电源后务必等分子泵转速降到 0 时方可关机械泵和仪器总电源。

6. 使用软件测量时,先点击"spectrum mode"按钮软件才能工作。

7. 各种设置界面：Device setup、Spectrum setup、Calculate width，print 等操作通过单击鼠标右键后显示，然后进行参数设置。

8. 改变离子源工作参数时，先停止扫描。

9. 在扫描过程中单击鼠标左键可以看到当前的横、纵坐标值，不要单击左键时移动鼠标过快，以免出现死机。

10. 在用软件计算谱峰半高宽度时，输入所计算峰前后的坐标，一定是整数值，因为宽度是通过实际坐标拟合出来的，可能和实际看到的峰宽有一些误差，但不会太大。另外，确认一下对应峰宽的峰值，以确定所计算出来的峰宽是不是所查峰的值。

【参考文献】

[1] 何元金，马兴坤. 近代物理实验[M]. 北京：清华大学出版社，2003.
[2] 王欲知，陈旭. 真空技术[M]. 北京：北京航空航天大学出版社，2007.
[3] 徐贞林. 质谱仪器[M]. 北京：机械工业出版社，1995.

【附录】

质谱检漏技术简介

一个理想的真空容器，当达到真空状态后，与对其工作的真空泵隔离，该容器内的真空度不应改变。而实际的真空容器内压强会上升，这是由于器壁表面出气、渗透和漏气等因素造成的。任何一个真实的真空系统或容器，漏气是绝对的，不漏是相对的，只要真空系统的压强能满足使用要求，可以认为它是相对不漏的。

真空系统漏气的判断：如果真空系统抽不到预定的极限真空，除了漏气的原因外，还可能是真空系统内材料放气或真空泵工作不正常，可以用静态升压法予以判断。

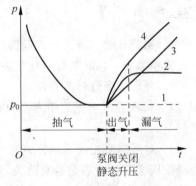

图 34.12　静态系统的压强变化

先将真空系统抽空，到达一定真空度后，将阀门关闭，让系统与泵隔断，此时真空系统处于静止状态，测量系统压强的变化。系统压强的变化方式有四种可能，如图 34.12 所示。

（1）压强保持原值 p_0 不变（直线 1），说明系统既不漏气，也不放气。这条曲线是理想曲线，是不可能得到的。

（2）压强开始上升较快，经较长时间后逐渐呈现饱和状态（曲线 2），说明系统主要是放气，因为材料放气在达到一定压强后有饱和的趋势。

（3）压强直线上升（直线 3），说明系统是漏气。漏气量正比于内外压强差，外部压强是大气压，内部压强是低压，因后者比起前者可忽略不计，所以漏气量正比于大气压，是一个常数，压强呈直线上升，其斜率为泄漏率与真空室体积的比。

（4）压强开始上升很快，后来变得较慢，但不出现饱和迹象（曲线 4）。这是（2）、（3）两种情况的综合，即系统同时存在放气和漏气。曲线的前半部分是两者的效果，后部分是漏气的作用，因为放气已达饱和。

　　判断真空系统确实漏气后,就可以进一步寻找漏点的所在位置。查找漏点的方法,可用氦罩法对可能发生泄漏的位置如可动部位、法兰和密封圈的密封部位、焊接部位等进行逐点排查。氦罩法是用塑料袋将装置罩住,向袋内充入氦气,如果质谱中有氦气谱峰,则说明此部分有漏孔。因为氦气较轻,排查时应由上而下逐步检查,以免误判。

(王合英　陈宜保)

实验 **35** 真空热蒸发镀膜

> 真空镀膜技术广泛应用于生产和科研工作中,在现代高科技中的位置越来越重要。本实验通过利用电阻加热蒸发的方法镀高反射三层介质膜 $ZnS/MgF_2/ZnS$,让学生了解真空热蒸发镀膜的基本原理和方法。

【思考题】

1. 机械泵能抽到的极限真空是多少?
2. 油扩散泵工作时对真空度有要求吗?

【引言】

100 多年前,人们在辉光放电管壁上首先观察到了溅射的金属薄膜。根据这一现象,人们后来逐步发展起一种制备薄膜的方法,即真空镀膜,包括热蒸发镀膜和溅射镀膜。1877 年,人们已把真空溅射镀膜技术用于镜子的生产。1939 年,德国肖特(O. Schott)等人用真空热蒸发方法淀积出第一个窄带 Fabry-perot 型介质薄膜干涉滤光片。目前,真空镀膜技术已经广泛应用于光学、磁学、半导体物理学、微电子学以及激光技术等领域。在光学方面,高反膜、增透膜以及介质薄膜滤光等的研究与应用,已使薄膜光学成为近代光学的一个重要分支;在微电子学方面,电子器件中用的薄膜电阻,特别是平面型晶体管和超大规模集成电路,也有赖于薄膜技术来制造;硬质保护膜可使各种经常磨损的器件表面硬化,大大增强耐磨程度;磁性薄膜在信息存储领域占有重要地位。因此,真空镀膜技术广泛应用于工业生产和科学研究中,在现代高科技中的位置越来越重要。本实验通过利用电阻加热蒸发镀高反射三层介质膜 $ZnS/MgF_2/ZnS$,让学生了解真空镀膜的基本原理和方法。

【实验原理】

真空镀膜中常用的方法是真空热蒸发和离子溅射。真空热蒸发镀膜是在真空度不低于 10^{-2} Pa 的环境中,把要蒸发的材料用电阻加热或电子轰击加热等方法加热到一定温度,使材料中分子或原子的热振动能量有可能超过表面的束缚能,从而使大量分子或原子蒸发或升华,并直接淀积在基片上形成薄膜。离子溅射镀膜是利用气体放电产生的正离子在电场的作用下高速轰击作为阴极的靶,使靶材中的原子或分子逸出而淀积到基片的表面,形成所需要的薄膜。

真空热蒸发镀膜中最常用的是电阻加热法。其优点是加热源的结构简单,造价低廉,操作方便,缺点是不适用于难熔金属和耐高温的介质材料。电子束加热和激光加热则能克服电阻加热的缺点。电子束加热是利用聚焦电子束直接对材料加热,电子束的动能变成热能,使材料蒸发。激光加热是利用大功率的激光作为加热源。由于大功率激光器的造价很高,目前只能在少数研究实验室使用。

溅射技术与真空热蒸发技术有所不同。"溅射"是指带电荷的有一定能量的粒子轰击固体表面(靶),使固体原子或分子从表面射出的现象。射出的粒子大多呈原子状态,常称为溅射原子。用于轰击靶的溅射粒子可以是离子或中性粒子。因为离子在电场下易于加速获得所需动能,因此大都采用离子作为轰击粒子。溅射过程建立在辉光放电的基础之上,即溅射离子都来源于气体放电。不同的溅射技术所采用的辉光放电方式有所不同。直流二极溅射利用的是直流辉光放电;三极溅射是利用热阴极支持的辉光放电;射频溅射是利用射频辉光放电;磁控溅射是利用环状磁场控制下的辉光放电。

溅射镀膜与真空热蒸发镀膜相比,有许多优点。例如,几乎任何固体物质均可以溅射,尤其是高熔点、低蒸气压元素和化合物;溅射膜与基板之间的附着性好;薄膜密度高;膜厚可控性和重复性好等。缺点是设备比较复杂,需要氩气和其他气体装置。此外,将热蒸发法与溅射法相结合,即为离子镀。这种方法的优点是,得到的膜与基板间有极强的附着力,有较高的淀积速率,膜的密度高。有关电子束蒸发、激光加热蒸发及磁控溅射镀膜的原理,可以参考真空科学与技术方面的书籍。

本实验采用真空热蒸发镀膜。在真空热蒸发镀膜中,为了使薄膜有较高的质量,必须考虑如下因素。

1. 真空度对热蒸发的影响

为了使已蒸发分子顺利到达基片表面,必须尽可能减少与气体分子碰撞的机会,即应增大真空室中气体分子的平均自由程 L,其表达式为

$$L = kT/(2^{1/2}\pi\sigma^2 p) \tag{35.1}$$

式中,k 是玻耳兹曼常数;T 为绝对温度;σ 为气体分子的有效直径;p 为气体压强。由此可知,压强 p 越小,气体分子的平均自由程越大。空气分子的有效直径为 3.7 Å,温度为 20℃时,按上式可得

$$L = 5 \times 10^{-3}/p \tag{35.2}$$

式中,p 的单位是 Torr;L 的单位是 cm。当 $p = 10^{-3}$ Torr 时,$L = 5$ cm;当 $p = 10^{-5}$ Torr 时,$L = 500$ cm。图 35.1 表示分子在迁移途中发生碰撞的百分数与实际路程对平均自由程之比的关系曲线。由图可看出,当平均自由程等于蒸发源到基片的距离 h 时,$L = h$,有 63% 的分子在途中发生碰撞;当平均自由程 10 倍于蒸发源到基片的距离时,$L = 10h$,只有 9% 的分子发生了碰撞。一般蒸发源到基片的距离是 30 cm 左右,$h \approx 30$ cm,而常用的蒸发压强为 10^{-5} Torr,$L = 500$ cm,这时平均自由程与蒸发源到基片的距离相比大得多。

2. 蒸发物质和基片的放置

在制备薄膜时,一般要求在基片上形成一个分布均匀的膜层,均匀性不好会造成膜的某些特征随表面位置而变化。在实验中,使用平面钼舟蒸发源,其布置如图 35.2 所示。当载盘绕轴 OO' 旋转时,置于盘上点 P 处的基片上所形成的膜厚,等于静止时的载盘上沿以旋转轴为中心的相应圆环上各处膜层厚度的平均值。当蒸发源离转轴 OO' 的距离 $R = 15.24$ cm,

蒸发源离基片的距离 $h=28.96$ cm 时,在中心 O' 处,$r=0$,相对膜厚 $t/t_0=1$。t 为以 r 为半径的圆上任一点的膜厚,而 t_0 为转盘中心处的膜厚。当 $r=4$ cm 时, $t/t_0=0.98$;当 $r=8$ cm 时, $t/t_0=0.95$;当 $r=12$ cm 时, $t/t_0=0.88$;r 越大,t/t_0 就越小。由此可知,整个载盘中心部分的膜厚分布比较均匀。因此,在实验中同一批试件应尽可能靠近中央,这样试件的均匀性就比较一致。

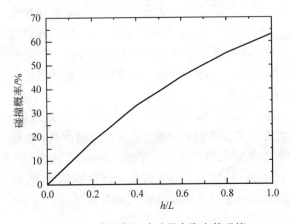

图 35.1　分子在运动过程中发生的碰撞
概率与 h/L 的关系

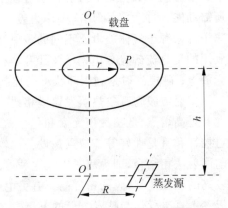

图 35.2　蒸发源与基片的几何位置

3. 蒸发物质的加热

如果蒸发物质的分子在蒸发后立即飞出去,并不回到原来的物质上,那么蒸发的速率 G(单位面积、单位时间飞出去的蒸发物质)可由下式决定

$$G=0.058p\left(\frac{M}{T}\right)^{1/2}(\text{g}\cdot\text{cm}^{-2}\cdot\text{s}^{-1})\tag{35.3}$$

式中,p 为蒸发物质在温度 T 时的气压,单位为 Torr;M 为蒸发物质的克分子量;T 为蒸发物质温度,单位为 K。由上式可知,蒸发物质的温度决定着蒸发速率的大小。虽然蒸发速率对镀膜层晶粒大小的影响不是很显著,但固体物质受热过程中将发生的放气现象会造成镀膜室内的压强上升,并且使膜层粗糙,牢固性差,且含有较多杂质。因此,要把蒸发物质加热的过程分成两段进行,先在一定的真空度下使蒸发物质温度略高于熔点做"预熔释气"。从开始加热至"预熔释气"过程要用挡板将待镀基片与蒸发源隔开,待真空度达到要求后移开挡板,再提高蒸发物质的加热温度,做正式蒸镀。

4. 基片的表面清洁度和温度

这是影响膜层结构和牢固性的重要因素,即使最微量的沾污也可能完全改变薄膜的特性,因此镀膜前的基片必须经过严格的清洗、烘干方能使用。操作过程要戴手套,用不锈钢镊子夹放。基片放入镀膜室以后,在蒸镀之前还要进行离子轰击,进行最后一次清洗。为了提高基片与蒸镀膜之间的结合力,并改善薄膜的结构与性质,一般要将基片加热,使薄膜蒸镀在一定温度的热基片上。

5. 介质膜的光学性质

首先研究一下光在两种介质交界面上反射的特点。如图 35.3 所示，入射光和反射光的电矢量分别为 E 和 E'，表示为 $E = A\cos(\omega t + \delta)$，$E' = A'\cos(\omega + \delta')$。由菲涅尔公式很容易求出光垂直于介质交界面入射时，光的反射率与两种介质折射率的关系。先讨论入射光的电矢量垂直于入射面的情况。根据菲涅尔公式有

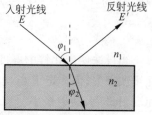

图 35.3　光的反射与折射

$$\frac{A'}{A} = -\frac{\sin(\varphi_1 - \varphi_2)}{\sin(\varphi_1 + \varphi_2)} \qquad (35.4)$$

反射率为

$$R = \left(\frac{A'}{A}\right)^2 = \frac{\sin^2(\varphi_1 - \varphi_2)}{\sin^2(\varphi_1 + \varphi_2)} \qquad (35.5)$$

已知入射光方向垂直于交界面，$\varphi_1 = \varphi_2 = 0$，可考虑 φ_1, φ_2 趋近于零的情况，$\sin(\varphi_1 + \varphi_2) = \varphi_1 + \varphi_2$ 代入式(35.5)，有

$$R = \left(\frac{n_2 - n_1}{n_2 + n_1}\right)^2 \qquad (35.6)$$

式中，n_1、n_2 分别为介质1、介质2的折射率。对于入射光线的电矢量平行于入射面的情况，以及一般自然光的情况，利用菲涅尔公式也可得到与式(35.6)相同的结果。

表 35.1　几种常用介质的折射率 n

介质	空气	玻璃	水	ZnS	MgF_2	SiO_2
n	1	1.5	1.3	2.4	1.35	1.46

如表 35.1 所示，当光从空气射到玻璃上时，$n_1 = 1$，$n_2 = 1.5$，$R = 4\%$；而光在水的表面反射时，$R = 1.7\%$，所以光在玻璃表面反射成像时比在水面上的清晰。由此也可看出，要镀制反射率为 98% 以上的反射镜，只要找到一种 n 很大的材料即可。但是，实际上对非金属材料来说，在可见光范围内折射率没有大于3的，所以单纯利用介质的光学性质，要达到高反射率是不可能的。

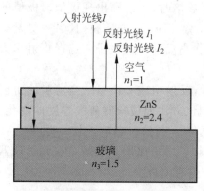

图 35.4　光在镀有 ZnS 薄膜的
玻璃表面上的反射

5.1　单层膜对光的反射和透射

由于不能利用介质本身光学性质获得高反射率，促使人们进一步研究，并发现光的波动性可以改变光在介质表面的反射情况，即选用光的薄膜干涉特点来制作高反射镜。如果在玻璃片上镀一层厚度为 t 的硫化锌薄膜，由于硫化锌对可见光是透明的，当波长为 λ 的光线 I 垂直入射时，将在两个交界面上分别产生反射光 I_1 和 I_2，如图 35.4 所示。由于硫化锌薄膜很薄（一般在几百埃或一千多埃），I_1 和 I_2 之间要发生干涉，即当二者之间相位差 $\Delta a = 2m\pi (m = 0, 1, 2, \cdots)$ 时，总的反射光最强。当相位差 $\Delta a = 2(m+1)\pi (m =$

$0,1,2,\cdots$)时,总的反射光最弱。造成二者之间位相差的因素有两个:一是在交界面上,光由光疏介质进入光密介质时,反射光要产生半波损失。I_1 是在空气($n_1=1$)与硫化锌($n_2=2.4$)交界面上的反射,有半波损失 $\Delta a_1=\pi$;二是光在介质中所走距离不同,造成二者的光程差为 $2n_2t$(t 为薄膜厚度),相应的相位差为

$$\Delta a_2=\frac{2\pi}{\lambda}\times 2n_2t \tag{35.7}$$

当设法使硫化锌的厚度 t 满足 $n_2t=\lambda/4$ 时,因 I_1 在界面上有半波损失,$\Delta a_1=\pi$,而 I_2 无半波损失,但多走了 $2\times\lambda/4$ 的光程,根据式(35.7),$\Delta a_2=\pi$。所以二者正好相位相同,因而反射最大,透射最小。当使硫化锌的厚度 t 满足 $n_2t=\lambda/2$ 时,I_1 有半波损失,而 $\Delta a_2=2\pi$,所以二者的相位差为 π,故反射光最弱,透射光最强。膜层光学厚度从 $\lambda/4$ 变为 $\lambda/2$ 时,反射光强度从最强变为最弱。以上讨论说明:膜层光学厚度不同,反射光(或透射光)的强度也不同。当膜层光学厚度为 $0,\lambda/4,2\lambda/4,3\lambda/4,\cdots$ 时,光强出现极值。

前面讨论的是硫化锌薄膜。实际上这个结论可推广到一般光学薄膜。同时考虑到折射率和位相差的影响,可以画出一组反射率与薄膜光学厚度的关系曲线,如图 35.5 所示。从图中可以看出:

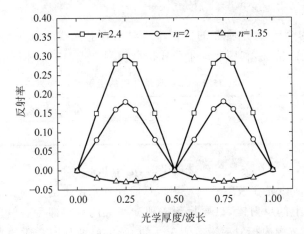

图 35.5　在玻璃衬底上生长的单层薄膜的反射率与薄膜光学厚度的关系

(1)无论折射率 n_2 是多大,当光学厚度是 $\lambda/4$ 的整数倍时,反射率出现极值。极值的大小与折射率有关。对于同样的 n_1 和 n_3,例如在玻璃上镀以 n_2 的介质膜,且另一侧是空气,则 n_2 越大,$\lambda/4$ 厚度时的反射率也越大。所以要制作高反射率的镜子应选择折射率大的介质。

(2)随着 n_2 减小,极值的峰值下降。在 $n_2=1.5$ 时,反射率成一恒量。当薄膜的折射率与玻璃的折射率相近时,例如石英(SiO_2)薄膜,不能用该方法原位检测薄膜厚度的变化。n_2 再减小,则反射率极值由极大变为极小,这就是增透膜。例如在玻璃上镀一层氟化镁($n_2=1.35$,比玻璃的小),则反射率下降,即氟化镁薄膜起了增透作用。增透膜在光学仪器中有广泛应用,例如,在照相机镜头和潜望镜的镜头上都镀有增透膜。

5.2　多层介质膜原理

实验表明,即使利用干涉现象,镀单层介质膜,例如在玻璃上镀一层光学厚度为 $\lambda/4$ 的硫化锌,反射率只能达到30%左右,如图 35.5 所示,仍然满足不了高反射率的要求。为了

实现更高的反射率,可以采用镀多层介质膜的方法。例如,在玻璃基片上先镀上一层硫化锌(n_2),再镀上一层氟化镁(n_3),使它们的光学厚度各为 $\lambda/4$,反复交替地镀,就可以使镜面的反射率达到一定的要求。

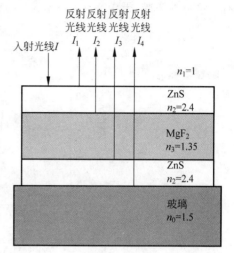

图 35.6　光在镀有 ZnS/MgF$_2$/ZnS 三层薄膜的玻璃表面上的反射

以一个三层膜系来分析多层膜的性质,如图 35.6 所示。设三层膜中每层的光学厚度为 $\lambda/4$,入射光的波长为 λ,在界面 1、2、3、4 上均有反射光,分别设为 I_1、I_2、I_3、I_4。在界面 1 上,由于 $n_1<n_2$,I_1 有半波损失。在界面 2 上,$n_2>n_3$,没有半波损失,但 I_2 比 I_1 多走了 $\lambda/2$ 的光程。在界面 3 上,$n_3<n_2$,有半波损失,同时 I_3 比 I_1 多走了 λ 的光程。在界面 4 上,$n_2>n_4$,没有半波损失,但 I_4 比 I_1 多走了 $3\lambda/2$ 的光程。这样,$I_1\sim I_4$ 都是同相位的,所以它们互相加强,增加了反射率,R 可达到 63.2%。如果是 5 层,则 $R=83\%$,13 层可达 99.6%,这样透射光就极其微弱了。

关于多层介质膜原理,可以归纳为如下几点:

(1) 由于没有 $n>3$ 的介质,可利用光的干涉来增加反射率。用多层膜增加反射率的原理在于制造多个反射面,使每个面反射的光都有相同相位,总反射光因此而加强,透射光也就减弱了。为了简单表示,以 H 代表高折射率层,L 代表低折射率层,一个多层介质膜组合可以用下面的符号代表

$$A/HLHLHLHLHLHLH/G \tag{35.8}$$

此符号代表一个 13 层的多层介质膜,A 代表空气,G 代表玻璃。每层介质膜光学厚度均为 $\lambda/4$。

(2) 根据透射光强弱的变化,可以原位监测镀膜过程中的膜层厚度。例如,要使膜层的光学厚度为 $\lambda/4$,只要使透射光出现第一个极值即可。

(3) 多层介质膜反射率的计算较为复杂,只写出它的近似结果。在式(35.8)表示的多层膜系的情况下,如用 N 表示 HL 的组数,那么 $2N+1$ 层多层介质膜在波长 λ 处的反射率为

$$\begin{cases} R_{2N+1}=\left[(1-X)/(1+X)\right]^2 \\ X=(n_2/n_1)(n_2/n_0)(n_2/n_3)^{2N} \end{cases} \tag{35.9}$$

其中,n_1 为空气折射率;n_2 为高折射率层的折射率;n_3 为低折射率层的折射率;n_0 为基片折射率。注意层数与 HL 的组数 N 之间的关系,如 13 层时,$N=6$。

由式(35.9)可见,N 越大,反射率越大,要得到高反射率,应增加膜层数目。另外,两种介质折射率差值越大,R 也越大。这主要是因为折射率差值大,每个界面的反射率就大,所以总的反射率也增大。目前,用硫化锌、氟化镁多层膜作为氦-氖激光器的全反射镜时,一般是 17 层,也有用 19 层的。

在实际应用中,往往要求膜系在一定的波长范围内具有高反射特性。图 35.7 表示硫化锌/氟化镁多层膜的透射率与波长的关系。样品的总膜层数为 11 层,薄膜的制备是在绿光

（波长 $\lambda = 546$ nm）检测下完成的。由图 35.7 可见，在波长 546 nm 附近的一定波长范围内有一高反射率带，带中心在 546 nm。

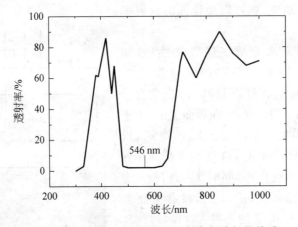

图 35.7　ZnS/MgF$_2$ 多层膜的透射率与波长的关系

5.3　膜厚的监测

准确地控制膜厚是制备多层介质膜的关键。一般膜层厚度的允许误差最好是小于 2%，偶尔允许到 5%。本实验采用极值法进行膜厚监控，监控片（比较片）置于可旋转的基片载盘中央。根据图 35.5 所示，当薄膜的光学厚度依次为 $\lambda/4$ 的整数倍时，薄膜的反射率（或透射率）出现极值，即薄膜的反射率与透射率随膜厚呈周期性变化。利用单色仪将控制波长选定后，将通过比较片的光信号用光电倍增管检测，并用放大器放大，再用微安表显示出来。显然，接收的电信号正比于光强，因而电信号的大小将随膜厚的变化呈正弦规律改变。电信号从每个极大变到极小所对应的光学膜厚变化为 $\lambda/4$，实际薄膜厚度为 $\lambda/4n$，n 为薄膜材料的折射率。反之，电信号从每个极小变到极大所对应的光学膜厚变化也是 $\lambda/4$。

5.4　镀膜材料的性质

在镀介质膜时，常用的材料有硫化锌、氟化镁、冰晶石、二氧化锗、二氧化硅等，这里只介绍前两种。

（1）硫化锌：折射率为 2.35，熔点为 1830℃，升华温度为 1000℃。可用钼舟蒸发，因为金属 Mo 的熔点为 2610℃。硫化锌常被用来镀制多层滤光片，缺点是膜不很牢固。在实际工作中，为了增加硫化锌的硬度及增加与基底的结合力，在镀制时可将基片加热到 150℃，同时用离子轰击清洗基片。

（2）氟化镁：折射率为 1.35，熔点为 1263℃，被广泛用来镀制增透膜。氟化镁可用钼舟蒸发。为了使氟化镁薄膜具有耐久性，蒸发时要将基片加热至 200℃左右。在蒸发氟化镁时，可能遇到的困难是膜料从舟中飞喷出来，所以要选用纯度高的膜料。同时在加热过程中先预热几分钟让钼舟微红，然后再加大电流使膜料开始蒸发，这样可减少氟化镁颗粒爆溅。

【实验仪器】

1. 高真空镀膜机

高真空镀膜机一般由以下几部分组成：高真空镀膜工作室；真空系统；提升机构；光

学测量系统；电气控制与安全保护系统。图 35.8 为一种高真空镀膜机的工作室与高真空系统示意图。

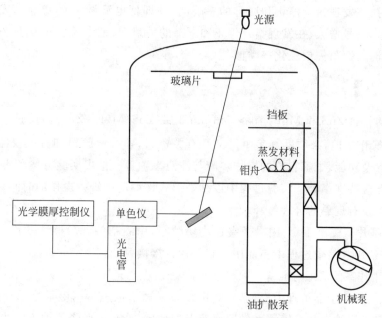

图 35.8　高真空镀膜机示意图

1.1　高真空镀膜工作室

（1）离子轰击电极。当真空度达到 10 Pa 时，要用离子轰击（辉光放电）对基片表面做最后一次清洗，离子轰击的时间为 5～10 min，使基片表面上少许残留污物被轰击去掉，增加膜层与基片表面的附着力，提高膜层的机械强度。

（2）电阻加热电极。可加热蒸发各种非难熔的金属与非金属材料。电极用橡胶圈与真空室底板密封，为了防止在蒸发时电极过热而使密封破坏，对电极通水冷却。电阻加热元件用高熔点的金属钼片制成舟状，蒸发材料 MgF_2 和 ZnS 置于舟内。

（3）转动挡板。当被蒸发的金属或非金属加热预熔时，可将挡板置于蒸发源上方，以防止材料中的杂质淀积到基片表面。另外当薄膜达到所需厚度时，也可使用挡板，以控制膜层厚度。挡板是通过台面上的手轮来操纵的。

（4）旋转工件架。为了获得厚度均匀分布的膜层，工件架可以做 20～80 r/min 的转动，由调压器实现调速。

（5）烘烤热源。用于真空室内的烘烤除气及基片加热。本实验中采用碘钨灯加热，温度由调压器控制，烘烤温度一般控制在 200℃左右。

1.2　提升机构

钟罩的升降采用电动机拖动来实现。钟罩升起后可绕立柱旋转，以方便操作。钟罩与底板的相对位置在立柱与转轴上有刻线指示，钟罩下降前必须将刻线对准，以免钟罩下降时位置不正，与镀膜室零件相碰而损坏机件，甚至钟罩被顶住而脱落，造成重大事故。

2. 膜厚控制仪

蒸镀时薄膜的厚度通过膜厚控制仪用极值法监测，如图 35.8 所示。使用时应注意：

①开机后预热 20 min,然后先开灯泡电源开关,镀膜机顶部灯变亮,再开光电倍增管电源开关。②蒸发开始,先蒸镀第一层硫化锌,当膜层的光学厚度达到四分之一波长时,信号将达到最小。这时,在发现指针停止和回升的一瞬间,立即把电流调至 0,停止蒸发。在蒸发第二层氟化镁时,信号增大,在发现指针停止和下降的一瞬间,把电流调至 0,即停止蒸发。镀第三层硫化锌,与镀第一层硫化锌类似。

【实验方法】

用给定的材料 ZnS 和 MgF$_2$ 制备 546 nm 3 层(ZnS/MgF$_2$/ZnS)高反膜。

1. 动手操作之前,必须反复参照讲义及有关资料,熟悉镀膜机和有关仪器设备的各主要部件的位置及功能,了解它们的操作步骤与注意事项等。拟出实验方案和实验步骤要点,说明哪些地方应特别小心。实验过程中以列表形式详细记录每一操作的时间、操作内容、观察到的现象以及对现象的合理解释。

2. 清洗基片。戴上手套,用镊子夹住小块纱布,用酒精(乙醇)擦洗基片。用洗耳球吹干,盖在皿内备用。整个过程中不能用手和基片直接接触。

3. 镀膜工作室的清理与准备。钟罩内先通大气,注意充气时间必须足够长(大于 2 min)。然后升起钟罩,用吸尘器清理内部,必要时用纱布和酒精擦洗。用镊子将基片放好,放入适量的蒸发材料。用纱布认真擦干净钟罩底座上的橡皮垫圈,然后降下钟罩。注意,凡是真空室内的一切物件,不要用手直接触摸,应该戴上干净手套操作。

4. 开机械泵,分别对油扩散泵和镀膜工作室(钟罩)抽低真空。

5. 接通冷却水,接通油扩散泵加热电源。对油扩散泵加热 40 min 后,开"高真空阀",对镀膜工作室进行高真空抽气。

6. 当真空度达 3×10^{-3} Pa 时,即可对蒸发材料进行预熔。转动挡板移至蒸发源上方。硫化锌和氟化镁用电阻加热蒸发。预熔后继续抽去预熔时放出的气体,待真空回到原来的状态后移开遮板,进行蒸发。膜厚通过膜厚控制仪用极值法监测。每层膜镀完后将电流调回零。

7. 全部镀完后,系统须在高真空下保持 10 min,然后关高真空阀,断开油扩散泵加热电源,维持机械泵对油扩散泵的抽气约 40 min。再对钟罩充气,取出样品薄膜。用机械泵对镀膜工作室抽低真空,最后关机械泵、冷却水及总电源。

8. 对样品的镀膜质量,如表面情况、均匀性、反射光和透射光的颜色等作出定性判断,并联系操作过程进行分析讨论。

9. 估算薄膜的厚度($d = \lambda/4n, \lambda = 546$ nm)。

【参考文献】

[1] 程守洙,江之永. 普通物理学(第 3 册)[M]. 3 版. 北京:人民教育出版社,1979.

[2] 母国光,战元令. 光学[M]. 北京:人民教育出版社,1978.

[3] 普尔克尔 H K. 玻璃镀膜[M]. 仲永安,等译. 北京:科学出版社,1988.

[4] 林木欣,熊予莹,高长连,等. 近代物理实验教程[M]. 北京:科学出版社,1999.

[5] 曲敬信,汪泓宏. 表面工程手册[M]. 北京:化学工业出版社,1998.

【附录】

真空热蒸发镀膜实验操作步骤

不同的真空镀膜机有不同的操作步骤。下面介绍的是北京仪器厂生的 DMD-450 型镀膜机的操作步骤。本仪器的操作步骤可分为 5 大部分,即准备样品、抽真空、热蒸发、膜厚监测、取样品。

1．准备样品

1.1　准备基片

戴上手套,用镊子夹住小块纱布(或棉花),往上面滴几滴酒精(乙醇),擦洗玻璃基片的两面,用干纱布(或棉花)擦干,盖在皿内备用。整个过程中不能用手直接接触基片。

1.2　装样品

开总电源,低阀拉出,充气,钟罩内先通大气,充气时间必须足够长(大于 2 min)。听不到充气声音后钟罩升,用吸尘器清理内部,必要时用纱布酒精擦洗。用镊子将基片放到基片架上。放入适量的蒸发材料,要求分清 ZnS 和 MgF_2 各放在哪一个钼舟内。用纱布酒精认真擦干净钟罩底座上的橡皮垫圈,钟罩降,注意钟罩不能错位,立柱上的刻线务必要对准。

2．抽真空

开机械泵,低阀推进抽油扩散泵 5 min,低阀拉出抽钟罩,开复合真空计电源。当钟罩内真空度为几帕时,低阀再次推进去,抽油扩散泵。开冷却水,开油扩散泵(油扩散泵红灯亮)等待 40 min。40 min 后,开高阀,开光源 1 和光源 2 开关,开光电流放大器电源,此时会有光电流显示。当真空度为 3×10^{-3} Pa 左右时,即可对蒸发材料进行预熔放气,转动挡板至蒸发源上方,共有蒸发电极为 10 V,确定要对哪种蒸发材料去气。对于 MgF_2 去气,调压器缓慢旋至 53 V,此时电流为 200 A,蒸发舟发红。

预熔去气时真空度会变差,待真空回升后,把调压器电压调到 0 V。把挡板移至 ZnS 上方,更换电极,对 ZnS 预熔气,调压器电压旋至 70 V,此时电流为 200 A,蒸发舟发红,待真空变好后,将挡板移开准备蒸发。

3．热蒸发

共有电极为 10 V 挡,电极放在 ZnS 位置。把真空室内 ZnS 上方的挡板移开,逐渐增大调压器的电压,当电流表示显示的电流为 270 A 时,ZnS 开始蒸发出来,放大器电流读数逐渐减小,当 ZnS 光学膜厚达到 $\lambda/4$ 时,信号将达到最小。这时在发现指针停止和回升的一瞬间,把电流降至 0。把电极放在 MgF_2 位置,逐渐增大调压器电压,当电流是 270 A 时,开始蒸发 MgF_2,放大器信号增大,当 MgF_2 光学膜厚达 $\lambda/4$ 时,光电流将达最大。这时在发现指针停止和下降的一瞬间,把电流降至 0。如此反复下去,一直镀到设计的膜层数为止(一般镀 3 层,$ZnS/MgF_2/ZnS$)。

4．膜厚监测

在镀膜机后面有灯泡电源和光电倍增管工作电源,把它们的电源打开后,钟罩上方的灯泡亮。把光电流放大器前面板上的开关打开,电流表指针指示为 90 μA。当基片上镀 ZnS时,电流表指针会减小,当镀上 $\lambda/4$ 光学厚度的 ZnS 时,电流表示数最小。当接着镀上MgF$_2$ 时,电流表指针变大,当镀上 $\lambda/4$ 光学厚度的 MgF$_2$ 时,电流表示数最大。依次镀下去,一直镀到设计的膜层数为止。

5. 取样品与关机

蒸镀结束后,等待 10 min,让钼舟的温度降下来。关油扩散泵(机械泵不能关),关光电流放大器电源,关灯泡电源和光电倍增管电源(光源 1 和光源 2),关高阀,再等待 40 min,让油扩散泵的温度降下来。低阀拉出,关机械泵,关复合真空计电源,再对钟罩充气 2 min,听不到充气声音后钟罩升,取出样品。钟罩降(注意钟罩不能错位),开机械泵抽 5 min,低阀推进,抽油扩散泵 5 min,拉出低阀,关机械泵,关总电源。

(侯清润)

实验 **36** 磁控溅射镀膜

磁控溅射镀膜是科研和工业应用最广泛的镀膜技术之一。它不仅可以实现"高溅射速率"和"低基片温度"溅射，而且几乎可以溅射任何材料。本实验的重点是掌握磁控溅射镀膜的基本原理和相关技术，了解磁控溅射镀膜的方法和应用。

【思考题】

1. 磁控溅射镀膜为什么可以实现低温、高速溅射？
2. 如何设计磁控靶的磁场结构才能提高靶材利用率？
3. 实验装置中靶与基片的相对位置对成膜速率有什么影响？
4. 你了解几种基片加热方式？各有什么优缺点？
5. 哪些实验条件对薄膜的生长速率、结构和性能影响比较大？为什么？
6. 膜厚检测有哪些方法？实验中所用石英晶体振荡器原位监测到薄膜的厚度与基片上薄膜的实际厚度一样吗？为什么？

【引 言】

磁控溅射的基本原理是潘宁(F. M. Penning)在1939年首先提出来的，利用这一原理先后出现了冷阴极电离真空计、溅射离子泵、潘宁离子源、磁控管等。这一原理应用于平面磁控溅射是1972年由切宾(J. S. Chapin)首先提出的。溅射镀膜是在真空室中，利用低气压气体放电现象，使处于等离子状态下的正离子在电场中加速获得足够的能量，当入射离子的能量合适时，靶材表面的原子被碰撞后脱离靶表面被溅射出来。这些被溅射出来的原子带有一定的动能，并沿一定的方向射向基片，在基片上沉积成薄膜。与真空蒸发相比，它具有膜层与基板间附着好、重复性好及可溅射材料比较广泛，尤其能溅射难熔金属等突出优点。因此，在集成电路制造、半导体工业、微电子、光学薄膜和材料科学等领域，溅射技术的应用日趋广泛，市场也越来越大。

早期的溅射技术是利用辉光放电产生的离子轰击靶材实现薄膜沉积，但这种溅射技术的成膜速率较低，工作气压较高(2~10 Pa)。为了提高成膜速率和降低工作气压，在靶材的背面加一磁场，这就是最初的磁控溅射技术。到目前为止，已研究出各式各样的溅射镀膜装置，根据电极的结构、电极的相对位置可以分为二极溅射、三极(包括四极)溅射、磁控溅射、对向靶溅射、离子束溅射等。在上述这些溅射方式中，如果在Ar中混入反应气体，如O_2、N_2、CH_4、C_2H_2等，可制得靶材料的氧化物、氮化物、碳化物等化合物薄膜，这就是反应溅射；在成膜的基片上，若施加一定的负偏压，使离子轰击膜层的同时成膜，可改善薄膜的性能,这就是偏压溅射;在射频电压作用下,利用电子和离子运动特性的不同,在靶的表面上感应出负的直流脉冲,而产生溅射现象,对绝缘体也能进行溅射镀膜,这就是射频溅射。因此,如果按溅射方式的不同,又可分为直流溅射、射频溅射、偏压溅射和反应溅射等。

磁控溅射利用环状磁场控制下的异常辉光放电,是目前应用最为广泛的薄膜制备方法之一。本实验的目的是让学生学习溅射的基本原理和薄膜生长的相关知识,掌握磁控溅射镀膜的基本原理和实验方法,熟悉磁控溅射镀膜设备的结构和操作,了解薄膜制备的实验技术和实际应用。

【实验原理】

溅射镀膜是一个非常复杂的过程,下面将对其物理原理和过程作具体介绍。

1. 气体辉光放电

气体的辉光放电及等离子体的产生是溅射的基础。辉光放电是在真空度为 $0.1\sim10$ Pa 的稀薄气体中,两个电极之间加上电压时产生的一种气体放电现象。被放电击穿后的气体通常由离子、电子、中性原子和原子团共同组成所谓等离子体。等离子体在宏观上呈电中性,但具有一定的导电能力。

气体放电时,两电极间的电压和电流的关系不是简单的直线关系。图 36.1 给出直流辉光放电时两电极之间的电压与电流的变化曲线。

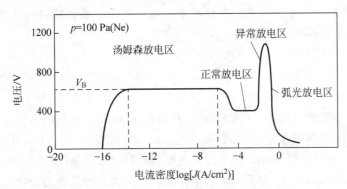

图 36.1　气体直流辉光放电伏安特性曲线

溅射镀膜时先将系统抽到 $10^{-3}\sim10^{-4}$ Pa 的高真空,再充入 $0.1\sim10$ Pa 的惰性气体(通常为 Ar 气),当两电极间加上一个直流电压时,由宇宙射线的激发所产生的游离离子和电子是很有限的,所以开始时 Ar 原子大多处于中性状态,只有极少量的 Ar 原子受到高能宇宙射线的激发产生电离,并在电场作用下形成微弱的电流。随着电压升高,带电离子和电子获得足够的能量,与 Ar 原子碰撞产生电离,使电流逐步升高,这一区域称为"汤姆森放电区"。一旦产生足够多的离子和电子,放电达到自持,气体开始起辉,放电转变为辉光放电,因电离电阻减小,电流开始增大,电压降低。若增加电源功率,两极板间的电压几乎维持不变,电流平稳增加,此时系统中大量的 Ar 原子被电离,两极板间出现明显的辉光,电流的持续增加使辉光区域扩展到整个阴极,随着电源功率的增大,轰击区逐渐扩大,直到阴极面上电流密度几乎均匀为止。这一区域叫"正常辉光放电区"。当离子轰击覆盖整个阴极表面后,继续增加电源功率,可同时提高放电区的电压和电流密度,形成均匀稳定的"异常辉光放电"。电流增大时,放电电极间电压升高,且阴极电压降与电流密度和气体压强有关。这个放电区就是溅射区。溅射电压 U、电流密度 j 和气压 p 有如下关系:

$$U = E + \frac{F}{p}\sqrt{j} \tag{36.1}$$

其中,E 和 F 是取决于电极材料、几何尺寸和气体成分的常数。

　　异常辉光放电区之后,如继续增加电压,一方面因更多的正离子轰击阴极而产生大量电子发射,另一方面因阴极强电场使暗区收缩。当电流密度达到 $0.1\ \mathrm{A/cm^2}$ 时,电压开始急剧降低,出现低压大电流弧光放电,这在溅射中是力求避免的,否则会烧坏靶材。

　　此外,图 36.1 中 V_B 对应的电压为击穿电压,它取决于气压 p 和电极间的距离 d。如果气压太低或距离太小,由于没有足够的气体分子被碰撞产生离子和二次电子会使辉光放电熄灭。如果气压太高,二次电子会因多次被碰撞而得不到加速,也不能产生辉光放电。溅射时如何选择溅射气压和电极间距离可通过帕邢(F. Paschen)定律确定。帕邢定律是指对于某一特定气体,其击穿电压依赖于 pd 的乘积。图 36.2 给出击穿电压 V 与气体压强 p 和靶-基片间距 d 之积的实验曲线,对不同的气体击穿电压随 pd 乘积的变化有一最小值。

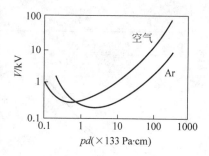

图 36.2　帕邢定律(V 为起辉电压)

　　在实际的气体放电中,放电特性取决于许多因素。如气体的种类和压力、电极材料和形状尺寸、电极表面状态、放电回路中的电源、电压、功率和限流电阻的大小等。在溅射镀膜、离子镀装置的设计、调试以及运行过程中也都要考虑这些因素。

2. 溅射机理及溅射参量

　　在等离子体中,存在各种碰撞过程。电子与其他粒子的碰撞导致电离、原子激发和分子的分解,这是维持气体放电的基础。另外,离子与原子之间也会发生碰撞,不过,离子与靶材表面的碰撞才是溅射形成的主要原因。当一定能量的离子轰击靶材表面时,因入射离子能量的不同会发生诸如碰撞散射、表面原子散射、离子注入、表面活化、表面扩散等一系列物理过程。

　　由于溅射是一个极为复杂的物理过程,涉及的因素很多,长期以来人们对于溅射机理进行了很多研究。目前广泛采用的是动量转移理论或链锁碰撞模型。动量转移理论认为,入射离子与靶原子发生碰撞时,把动量和能量转移给被碰撞的原子,引起晶格点阵上原子的链锁式碰撞。这种碰撞沿晶体点阵的各个方向进行。碰撞因在最紧密排列的方向上最有效,结果晶体表面的原子从近邻原子得到越来越多的能量,当表面原子的能量足以克服结合能时,表面原子就从固体表面逸出成为溅射粒子,其原理示意图如图 36.3 所示。

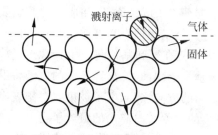

图 36.3　动量转移原理示意图

　　表征溅射的参量主要有溅射率、溅射粒子能量和角分布等。溅射率(又称溅射产额或溅射系数)表示正离子撞击靶材时,平均每个正离子能从靶材上溅射出来的原子数。溅射率与离子的入射能量、入射角度、入射离子的种类和被溅射物质的种类有关。当入射离子的能量低于某一临界值（能量阈值）时，不会发生溅射。金属的能量阈值为 $10\sim30$ eV。当入射离子能量大于溅射阈值时，溅射率随入射离子能量的增加而增大；但当离子能量增加到一定程度（大于几十千电子伏时），将发生离子注入效应，溅射率随之减小。图 36.4 给出 Ar^+ 轰击铜时离子能量与溅射率的关系。溅射率随着离子入射方向与靶面法线间的夹角 θ 的增加而变化，$0°\sim60°$ 之间按 $1/\cos\theta$ 规律增加，$60°\sim80°$ 时，溅射率最大，但当夹角 θ 超过 $80°$ 时，溅射率迅速下降，$90°$ 时，溅射率为零。图 36.5 为 Ar^+ 入射角与几种金属溅射率的关系。可见适当角度的倾斜溅射有利于提高溅射率。

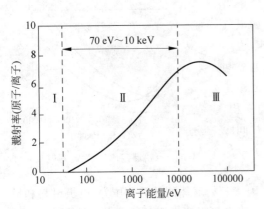

图 36.4　Ar^+ 轰击铜时离子能量与溅射率的关系

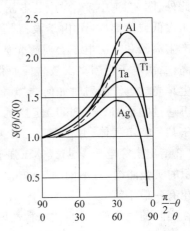

图 36.5　Ar^+ 入射角与几种金属溅射率的关系

　　溅射原子的能量随正离子的种类、加速电压和靶材物质的不同而不同。一般被溅射原子的能量比热蒸发原子的能量大 $1\sim2$ 个数量级。因为电子的质量小，所以，即使用极高能量的电子轰击靶材，也不会产生溅射现象。氩气是惰性气体，化学性质稳定，不会和溅射原子反应，原子质量较大，在适当电场下可获得足够的能量，而且价格较便宜，一般选氩气作为溅射气体。

3．磁控溅射原理

3.1　平面直流磁控溅射

　　平面磁控溅射靶是指溅射靶材的形状是平板。靶材下方用 NdFeB 永磁体（这种结构的磁控靶称为永磁靶）拼接成一个环形的磁场，在靶表面附近形成一个环形的磁场闭环，其结构如图 36.6 所示。

　　图 36.7 为平面直流磁控溅射的工作原理示意图。被溅射的靶（负极）和成膜的基板及其固定架（正极）构成了溅射装置的两个极。工作时，先将真空室预抽至高真空（如 10^{-3} Pa），然后通入氩气使真空室内压力维持在 2 Pa 左右，接通电源使在靶和基片间产生异常辉光放电，并建立起等离子区。当磁场方向平行于靶面且电场垂直于靶面时，离开靶面的电子将沿磁力线以螺旋线形式加速运动，同时沿垂直于 $\boldsymbol{E}\times\boldsymbol{B}$ 平面的方向漂移，电子被束缚在靶表面附近，运动路径大大加长，有效地提高了电子碰撞和电离的效率。电离出的氩离子在电场的作用下加速轰击靶材，溅射出靶材原子，呈中性的靶原子（或分子）沉积在基片上成膜。在典

型条件下,电子的回旋半径在 0.6 mm 量级(磁场作用域的范围在 20～30 mm),而相同速度的 Ar^+ 的回旋半径约在 600 mm 量级(电荷的回旋半径与其质量成正比),这不但远超过磁场作用域,甚至超过大多数真空室尺寸,可以认为磁场对 Ar^+ 没有什么磁控或约束作用。因此,磁控溅射过程主要讨论电子在电磁场中的运动情况。

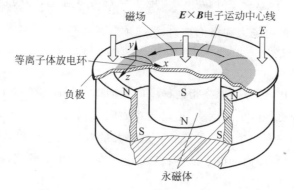

图 36.6 圆形平面磁控溅射靶结构示意图

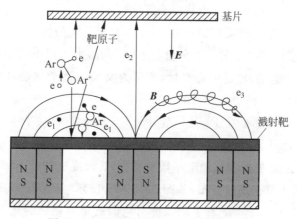

图 36.7 平面磁控溅射工作原理示意图

为便于说明电子在电磁场中的运动轨迹,建立一个三维坐标系并对它做统一约定:磁力线走廊中心线为 z 轴(称为纵向,并规定电子漂移方向即 $E \times B$ 方向为 z 的正向),跑道断面与靶水平的方向为 x 轴(称为横向,指向内侧的为正),垂直靶面的方向为 y 轴(称为竖向,离开靶面朝外的方向为正),如图 36.6 所示。在靶表面附近(不考虑边缘),电场方向总是与 y 轴平行而指向 y 的负方向。磁场只分布于 xy 平面内,在 z 方向没有分量。

在实际的磁控溅射装置里,电场 E 和磁场 B 既不是处处均匀的(都是空间函数),也不是处处正交的。图 36.8 给出平面磁控溅射靶磁场分布示意图。电荷在非均匀磁场中运动除了受到共知的洛伦兹力外,还要受到一个由于

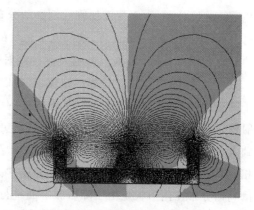

图 36.8 平面磁控溅射靶磁场分布示意图

磁场的空间分布不均匀性而引起的磁阻力(也有资料认为是一种特殊的洛伦兹力)。其牛顿运动方程为:

$$F = ma = qE(x,y,z) + qv \times B(x,y,z) - \mu \nabla B(x,y,z) \tag{36.2}$$

其中 $\mu = \dfrac{mv_\perp^2}{2B}$ 为磁矩,在磁场中守恒($v_\perp$ 为电子与磁场 B 垂直的速度分量)。方程(36.2)右边的前两项为熟知的电场力和洛伦兹力,第三项就是磁阻力:

$$F(x) = -\mu \frac{\partial B(x,y)}{\partial x} \tag{36.3}$$

它与磁场的梯度成正比,但方向始终指向梯度的负向即磁场减弱的方向。该力总是阻碍运动电荷从弱磁场向强磁场区域的运动,正是这个磁阻力构成了磁控的另一重要方面——横向磁约束。横向磁约束有两个宏观效果:一是将大量电子约束在磁场作用域内,形成所谓"跑道",并保证了跑道断面内的电子浓度;二是电子在约束中的螺旋振荡延长了运动轨迹,增加了对 Ar 原子的电离能力。

图 36.9 给出了磁场 B 在 x 方向的梯度曲线示意图。可以看出,$F(x)$ 与 x 近似成线性关系,而方向总是指向原点,该力与弹簧振子所受的胡克力 $F = -kx$ 非常类似,因此可以判断电荷在 x 方向的运动是一种类简谐振动。$F(x)$ 总是使电荷向中心运动,在 $x = \pm a$ 处符合一定条件的电荷(平行于磁场的速度分量在 $F(x)$ 的阻力作用下减小到零)就会被像镜子一样反射回来朝 $x = 0$ 运动,越过中心点后,磁阻力又反向逐渐增强直至再次反射,电荷就如此来回往复振荡,这就是镜像场得名的由来。

能被约束的电子并不都是在 $x = \pm a$ 处才反射,而是在 $0 \sim a$ 的区域内均可发生,因此在 $x = \pm a$ 区域内各处电子的浓度并不相同,显然 $x = 0$ 处是所有受约束的电子运动的必经之路,浓度最大,越往 $\pm a$ 处能到达的电子数目越少,其浓度也就越小(但不能认为该处的浓度为零),可以近似认为符合高斯分布,如图 36.10(a)所示。因为 Ar 离子浓度的高低只与该区域内的电子浓度有关,而 Ar 离子的浓度对应的就是对靶材的溅射程度。所以从跑道的断面看,总是中心线处溅射最强,两边最弱,在临界约束点以外即跑道以外的广大其他区域,由于电子浓度低于临界值 N_c 而基本没有溅射。随着刻蚀的加深,靶面磁场增强,临界约束半径减小即约束区域变窄,于是溅射区域也随之变窄。如此下去,刻蚀跑道的形状自然是宽度连续收缩,中心深度加剧的倒高斯分布,如图 36.10(b)所示。对于固定靶(磁场与靶材之间没有相对运动)而言,这加剧了靶材的低利用率。由于靶材刻蚀不均匀,使磁控溅射的靶材利用率较低(约 30%),这是磁控溅射的缺点。

综上所述,磁控溅射的基本原理,就是以磁场来改变电子的运动方向,并束缚和延长电子的运动轨迹,从而提高电子对工作气体的电离概率和有效利用电子的能量。因此,磁控溅射使正离子对靶材轰击所引起的靶材溅射更加有效。同时,受正交电磁场束缚的电子,轰击到工件的电子浓度和能量相对较低(与二极溅射相比)而且空间分布相对均匀(与靶面附近相比),这就是磁控溅射具有"低基片温度""高溅射速率"两大特点的原因。靶面刻蚀跑道的倒高斯分布几何形状是由于随着溅射的进行,磁约束逐渐增强(溅射宽度或者临界电子浓度的分布宽度逐渐收缩)而中心线处的溅射始终最强所致。

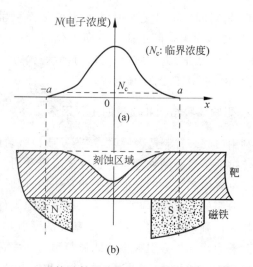

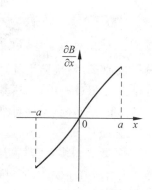

图 36.9 镜像磁场在 x 方向的梯度
变化示意图

图 36.10 磁控溅射过程中的电子浓度变化及溅射区域

(a) 跑道断面的电子浓度分布；(b) 溅射靶刻蚀断面示意图

3.2 平面直流磁控溅射的工作特性

在最佳的磁场强度和磁力线分布条件下,溅射时电流与电压之间的关系基本遵循下面的公式:

$$I = KV^n \tag{36.4}$$

式中,K 和 $n\left(n > \dfrac{3}{2}\right)$ 是与气压、靶材料、磁场和电场有关的常数。气压高,阻抗小,伏安特性曲线较陡,溅射功率的变化可表示成

$$dP = d(IV) = IdV + VdI = IdV + nIdV \tag{36.5}$$

显然,电流引起的功率变化($nIdV$)是电压引起的(IdV)的 n 倍,所以要使溅射速率恒定,不仅要稳压,更重要的是稳流,或者说必须稳定功率。

在气压和靶材料等因素确定之后,如果功率不太大,则溅射速率基本上与功率成线性关系。但是功率如果太大,可能出现饱和现象。

3.3 射频磁控溅射

直流溅射具有设备简单、操作简便等优点,适用于各种导电靶材的溅射。但在溅射导电性能较差的靶材时,正电荷很容易在靶材表面堆积,使放电过程无法持续而停止溅射。为了淀积介质薄膜,发展了射频溅射技术。

射频溅射相当于直流溅射装置中的直流电源部分改由射频发生器、匹配网络和电源所代替,利用射频辉光放电产生溅射所需正离子。射频放电过程中电子能够在两极之间随电场变化振荡运动,增加了与气体分子的碰撞概率,使电离能力显著提高,从而使击穿电压和维持放电的工作电压均降低(其工作电压只有直流辉光放电的 1/10)。另外,由于正离子质量大,运动速度低,跟不上电源极性的改变,所以可以近似认为正离子在空间不动,并形成更强的正空间电荷,对放电起增强作用。

射频电源对绝缘靶之所以能进行溅射镀膜,主要是因为在绝缘靶上建立起负偏压的缘故。当溅射靶施加电压处于正半周时,由于电子的质量比离子的质量小得多,故其迁移率很高,用很短时间就可以飞向靶面,中和其表面积累的正电荷,并且在靶面又迅速积累大量的电子,使其表面因空间电荷呈现负电位,导致在射频电压的正半周时也吸引正离子轰击靶材,从而实现在正、负半周中,均可对绝缘材料产生溅射。为了避免对通信的干扰,通常选用频率为 13.56 MHz 的射频电源。

4. 影响薄膜结构和质量的主要因素

利用镀膜装置制造薄膜时,被蒸发或被溅射的原子(包括分子或原子团)碰撞到基片后都要经过一个短暂的物理化学过程才凝聚并附着在基片上。在薄膜淀积过程中,到达基片的原子一方面和飞来的其他原子相互作用,同时也和基片相互作用,形成有序或无序排列的薄膜。薄膜的形成过程与薄膜结构取决于原子种类、基片种类和工艺条件。

用磁控溅射法制薄膜时,到达基片的溅射粒子的能量比蒸发法的要大得多,使薄膜与基片的附着力增加。溅射粒子的能量与溅射功率、基片与靶的距离、溅射时真空室内的压强即溅射气压等密切相关,因此薄膜的结构和形态也与上述因素有关。另外,薄膜的结构还与基片温度、本底真空、基片表面状态等有关。

基片温度对薄膜结构有较大影响。因为基片温度高,使吸附原子的动能也随之增大,跨越表面势垒的概率增多,容易结晶化,并使薄膜缺陷减少,薄膜内应力也相应减小。基片温度低,薄膜不易结晶,易形成无定形结构的薄膜。但基片温度过高时会出现大颗晶粒,使膜层表面粗糙,也会影响薄膜性能。

溅射气压也是影响薄膜结构和性能的主要因素之一。溅射气压对生长速率的影响要综合考虑分子平均自由程和溅射靶-基片间距的大小。当分子平均自由程大于靶与基片的间距时,增加溅射气压可提高薄膜生长速率;当分子平均自由程小于靶与基片的间距时,增加溅射气压会降低薄膜的生长速率。由气体分子动力学可知气体分子平均自由程 λ 可表示为:

$$\lambda = \frac{1}{\sqrt{2}\,\pi n \delta^2} = \frac{kT}{\sqrt{2}\,\pi \delta^2 p} \tag{36.6}$$

式中,k 为玻耳兹曼常数;n 为气体分子密度;T 为温度;p 为压强;δ 为气体分子有效直径。当压强单位取帕时,λ 的单位为米。在较高的溅射气压下,被溅射出来的粒子平均自由程降低,在到达基片的过程中碰撞次数增多,能够到达基片的粒子的能量降低,不利于形成致密、结晶性好的薄膜。合适的溅射气压可以制备出质量好的薄膜。

基片的种类和表面状态对薄膜的结构和质量也有较大的影响。如果成膜原子与基片的浸润性较差,在薄膜生长过程中,由于原子之间的作用力远高于原子和基片之间的作用,所以原子倾向于自己之间的结合,导致核沿三维方向长大,形成岛,岛逐步扩大相连,形成连续的薄膜。这种模式下生长的薄膜,一般为多晶结构,而且膜与基片的附着力差,易脱落。如果选择的基片与成膜材料浸润性较好,成膜原子开始时更倾向于与基片原子结合,薄膜以二维的扩展方式生长,形成表面平整的连续膜。如果生长条件合适,很可能制备出单晶膜,而且附着力也比较好。另外,如果基片光洁度高,表面清洁,则所制备的膜层结构致密,容易结晶,否则相反,而且附着力也差。

本底真空度的高低也直接影响薄膜的结构和性能,真空度低,镀膜室内残余气体分子多,薄膜受残余气体分子的影响,导致性能变差。即使在高真空的情况下,薄膜中也免不了存在吸附气体分子,提高基片温度有利于气体分子的解吸。

由于薄膜制造方法的特殊性,使得薄膜的结构与缺陷和块体材料有所不同。薄膜的结构强烈地依赖于制备条件,不同的条件下会得到完全不同的结构。另外,对已制备的薄膜,通过热处理等手段也可以使薄膜结构发生变化,从而带来性能上的改变。对于多晶薄膜或单晶薄膜,其晶体的晶格常数也常常不同于块体材料,其主要原因有两点:一是薄膜材料的晶格常数与基片的不匹配,导致在与基片的界面处发生晶格畸变;二是薄膜中有较大的内应力和表面张力。

【实验仪器】

图 36.11 为高真空磁控溅射镀膜机结构示意图。按各部分的功能分类,该设备主要由真空系统、溅射镀膜系统、测量及控制系统三部分组成。

1. 真空系统及其测量

真空系统为溅射镀膜提供一个高真空的薄膜生长环境,系统抽真空采用机械泵-分子泵真空系统。极限真空为 5×10^{-4} Pa。机械泵是利用机械方法使工作室的容积周期性地扩大和压缩来实现抽气的。这是一种低真空泵,单独使用时可获得低真空,在真空机组中用作前级泵。分子泵是靠高速转动的转子携带气体分子而获得高真空、超高真空的一种机械真空泵。分子泵不能直接对大气排气,需要配置机械泵做其前级泵。该设备真空获得使用抽速为 450 L/s 的涡轮分子泵,前级泵为日本真空公司生产的 4 L/s 机械泵,真空室(镀膜室)全部选用不锈钢材料,属于准无油真空系统。

本实验采用程控复合真空计测量真空室的真空度,高、低真空用电离规管和电阻规测量,分别显示于两个窗口。电阻规是目前使用广泛的一种低真空测量管,它利用电热丝的电阻温度特性和温度随压强变化的关系,将压强变换为电阻测量。其具有结构简单,性能稳定,寿命长等优点,量程一般为 $10^{-1} \sim 10^{3}$ Pa。电离规管的原理是阴极发射的电子在栅极电场作用下得到加速和气体分子碰撞,并使它电离,正离子飞向带负电位的收集极,离子流的大小和气体压强成正比。因此,测出离子电流就可以知道真空度,常用的电离真空计的测量范围是 $10^{-5} \sim 10^{-2}$ Pa。有关真空系统的工作和测量原理详见实验 33。

2. 溅射靶及控制、测量系统

溅射镀膜系统主要包括溅射靶、基片架、溅射气体配气等。本实验设备的不锈钢真空镀膜室内配置一个电磁靶和三个永磁靶,倾斜安装于镀膜室底部,并分别配备直流(DC)和射频(RF)电源,可以沉积金属膜、磁性膜、介质膜、多层膜及复合膜。多功能基片架可以加热(最高加热温度 800℃)、旋转、加偏压,以提高镀膜质量。溅射气体配置两路气体质量流量控制器,可对工作气体定量控制。同时配置晶振式膜厚仪,可对生长的膜层厚度在线监测。

2.1　磁控溅射靶:电磁靶和永磁靶

磁控溅射靶是本实验设备中最重要的组成部分之一,它的结构与性能直接影响制备薄膜的过程及质量。按形成磁场的方式,磁控溅射靶分为两大类:电磁型溅射靶和永磁型溅射靶。

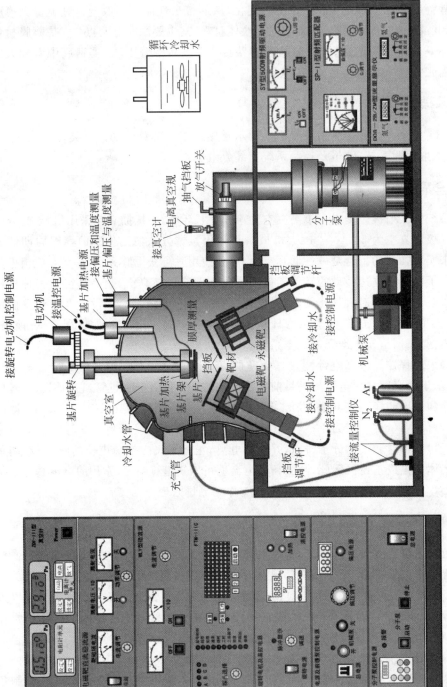

图 36.11　磁控溅射镀膜机结构示意图

平面磁控靶表面的磁场要求一般为：距靶面 3～5 mm 处平行于靶面的场强为 0.02～0.05 T，最大水平场强为 0.04～0.08 T。场强与放电的稳定性有关。一般来说，场强越高，放电工作压强越低；压强越低，二次电子发射系数就越小，到了一定程度后，放电就不能自持而熄灭。此种状态下的压强称为最低工作压强。平面磁控靶的最低工作压强一般为 0.2 Pa 左右。

永磁型平面磁控靶，特别是工业大生产用的长条形平面靶，多数采用小块 NdFeB 永磁体拼接成一个环形的磁场。靶材被溅射的区域与平行于靶面的磁场区域相对应。永磁型的优点是构造简单，造价低，场强分布可以调整，靶的均匀区较大；缺点是场强较弱，不能随时调整。

电磁型溅射靶的优缺点正好与永磁型相反。采用铁磁性靶材时，应选用电磁型的磁控源。通常磁场的两极处于靶面一侧，靶面构成磁回路的通道。如果采用永磁结构，永磁体可以看成是磁恒流源，它的磁阻比较大。若在磁回路中存在软磁材料的靶，即外回路磁阻很小时，绝大部分磁力线都将被屏蔽，而在靶面上方空间不可能形成足够的平行磁场（漏磁很小）。这样就破坏了磁控模式运行的前提条件。所以，在溅射铁磁靶材时，靶材厚度必须严格控制，对于 Ni 不得超过 3 mm，Fe、Co 等靶材只能 2 mm。而采用电磁结构时，电磁铁的磁势可通过增减磁场线圈电流来进行调节。电磁铁的磁阻又比较小，在采用铁磁性靶发生磁短路时，可以使靶材中达到饱和，而在靶材外侧空间形成足够进行磁控运行的漏磁通。这种电磁铁可以看成是一种磁恒压源。所以，电磁型磁控源可以溅射比较厚的铁磁靶材（不超过 5 mm）。

2.2　多功能基片架

多功能基片架可以在制备薄膜时对基片在室温至 500℃ 范围内进行加热，为使薄膜厚度比较均匀，基片架可以旋转，并可以根据实验要求，在基片上施加 0～200 V 的负偏压，改善薄膜质量。

2.3　溅射气压的测量及控制

溅射气压也是影响薄膜结构和性能的主要因素之一。本实验配有两路气体质量流量计，可以根据实验要求对溅射气体流量和压强进行比较精确地测量和控制。国际上通常用标准状态下的体积流量来表示气体质量流量，其单位规定为：SCCM—standard cubic centimeter per minute，mL/min；SLM—standard liter per minute，L/min。标准状态指温度为 0℃、气压为 101325 Pa（760 mmHg）。两路质量流量控制器控制范围：0-100SCCM。

2.4　薄膜厚度的在线监测

薄膜生长速率和膜厚是很重要的参数。监控膜厚的方法有很多，有电阻法、称重法、晶体振荡法和光电法。本实验采用石英晶体振荡法测量薄膜厚度和淀积速率。

晶体振荡法是利用晶体（如石英）振动的固有频率随着在它上面淀积的厚度而变化，在一定厚度范围内具有线性关系。利用这一原理，在石英晶片电极上淀积薄膜，然后测其固有频率的变化就可求出薄膜厚度。由于此法使用简便，精确度高，已在实际中得到广泛应用。此法在本质上也是一种动态称重法。

厚度为 t 的石英晶片的固有振动频率 f_0 为

$$f_0 = \frac{v}{\lambda} = \frac{v}{2t} \qquad (36.7)$$

其中，v 是沿厚度方向的弹性波波速。石英上沉积一层薄膜，质量为 Δm，密度为 ρ_m，只要薄膜足够薄，则膜本身的弹性尚未起作用，其总体性质仍接近于石英晶体本身的弹性。如果 S 为晶体上薄膜覆盖面积，当石英晶体表面沉积一层其他物质时，其固有频率的变化 Δf 为：

$$\Delta f = -\frac{\Delta m}{\rho St} f_0 = -\frac{2d}{v} \frac{\rho_m}{\rho} f_0^2 \tag{36.8}$$

式中，ρ，S 分别为石英晶片的密度和面积；Δm，d，ρ_m 分别为沉积材料的质量、厚度和密度。式中的负号表示当石英晶体上沉积的薄膜厚度增加时其频率下降。此式即为石英晶片振荡频率变化与薄膜膜厚之间关系的基本公式。

这种测膜厚方法的优点是测量简单，能够在制膜过程中连续测量膜厚。而且，由于膜厚的变化是通过频率显示，因此，如果在输出端引入时间的微分电路，就能测量薄膜的生长速度或蒸发速率。其缺点是测量的膜厚始终是在石英晶体振荡片上的薄膜厚度。每当改变晶片位置或蒸发源形状时，都必须重新校正；若在溅射法中应用此法测膜厚，很容易受到电磁干扰。此外，探头（石英晶片）工作温度一般不允许超过 80℃，否则将会带来很大误差。因此实验中测量探头需通冷却水冷却晶振片，并把探头放在放电区外，同时对探头和引线做良好的电屏蔽以减小电噪声。本实验用 FTM-Ⅲ（B）动态膜厚监测仪。膜厚仪测量范围为 1 nm～999.9 μm，分辨率 1 nm。

【实验内容】

1. 熟悉磁控溅射镀膜机的结构和使用方法，用直流磁控电磁靶制备金属薄膜，观察不同溅射条件如溅射功率、溅射气压对薄膜生长速率的影响，并理解磁控溅射的基本原理。

2. （选做）用射频溅射制备 MgO 薄膜，了解射频磁控溅射原理和镀膜方法。

3. 研究性实验（选做）。

（1）自己设计并制备磁性多层膜或磁性隧道结，测量其巨磁电阻效应，研究磁性耦合或生长条件对薄膜结构和巨磁电阻效应的影响。

（2）自己设计并制备磁性薄膜，研究不同生长条件对性能（如各向异性磁电阻效应、磁光克尔效应）的影响。

（3）了解半导体-金属接触的制备工艺，自己设计并制备半导体-金属薄膜（样品如图 36.12 所示），研究不同生长条件对半导体-金属接触 V-I 特性的影响。

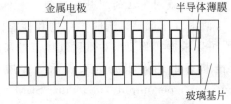

图 36.12　半导体-金属薄膜

【注意事项】

1. 镀膜工作室内操作要戴手套。关真空室前用万用表检查靶面是否与外壳短路，如果短路，需要将靶拆开清理，然后重新安装好。

2. 开机械泵之前先关闭手动放气阀门；开分子泵之前先开循环冷却水。

3. 用质量流量控制器操作充入氩气前务必关闭高真空电离规测量。

4. 使用质量流量控制器气体流量时，注意轻轻搬动开关把手，千万不要过头到"清洗状态"，否则会造成真空系统的损坏。

5. 永磁靶和电磁靶的溅射功率均不得超过 200 W。

6. 基片加热停止后不要即刻给镀膜室"放气",否则会导致薄膜氧化影响质量。

【参考文献】

[1]　赵青,刘述章,童洪辉.等离子体技术及应用[M].北京:国防工业出版社,2009.

[2]　吴自勤,王兵.薄膜生长[M].北京:科学出版社,2003.

[3]　麻蒔立男.薄膜制备技术基础[M].陈国荣,刘晓萌,莫晓亮,译.北京:化学工业出版社,2009.

[4]　赵嘉学,童洪辉.磁控原理的深入探讨[J].真空,2004,41(4):74-79.

（王合英　孙文博）

实验 **37** 微波实验

微者,小也。微波即是指在无线电波领域内波长值很小的电磁波。因为其"微",使得它具有许多独特的性质,利用这些性质发展起来的微波技术已经给我们的生活带来了天翻地覆的变化。但也正因为其"微",无论其产生、传播和检测,在一般无线电波技术中大显身手的仪器、设备都不再适用了。研究设计者们只好另辟蹊径:利用某些半导体材料的负阻特性,依靠直流电产生了频率更高(波长也更短)的电磁波;利用矩形波导管来传输微波,不仅可以防止微波的辐射损失,还能控制管内传输的微波波型,从而使研究大大简化;又独具匠心地设计出了驻波测量线,用来测量、研究微波在空间中电场的分布情况,所有这些使我们能更好地研究微波,认识和了解微波。

【思考题】

1. 什么是负阻效应?耿式二极管具有负阻效应的原因?

2. 耿式二极管为什么能产生高频电磁波——微波?

3. 波导中传输的 TE_{10} 波的波型特点是什么?其下标 1、0 的含义是什么?

4. 什么是截止波长?如何使矩形波导中只传输一种微波波型——TE_{10} 波?

5. 在实验中,驻波节点的位置精确测准不容易,如何才能比较准确地测量?

6. 测量短路负载的驻波曲线时,为什么微波的功率要比较小?

7. 在 $\lg I = K + \alpha \lg \left| \sin \dfrac{2\pi l}{\lambda_g} \right|$ 中,为何 l 必须以某一个驻波节点作为原点?

8. 负载为开路时,为何其驻波比不为 1?喇叭天线的驻波比为什么比开路的小?

9. 驻波测量线和单螺调配器结构相似,都是在矩形波导中插入一个探针。两个探针的功能有何不同?

10. TE_{10} 波具有偏振性,原因是什么?

【引言】

在 20 世纪,作为信息传播的载体,无线电波技术(如电报等)得到了空前的发展,为人们的生活提供了便利。另外,近几十年由于光纤的发明,使得人们可以利用光学波段的电磁波来传播信息。频率处于光波和广播电视所采用的无线电波之间的电磁波即是微波(见图 37.1),它的波长处于 1 mm~1 m 之间,相应的频率为 300 MHz 到 300 GHz。在作为信息传播的载体方面,微波兼有两者的某些性质却又区别于两者,有着自己独特的优势。首先与低频无线电波相比,低频无线电波具有较大的波长,可以进行远距离传播,但是它的频率过低以至于不能承载足够丰富的信息。与光波相比,光波具有较高的频率能够传播足够多的信息,但其波长过短极易在空气中衰减,因此必须依靠光纤传播。而微波通信既具有较高的频率可用来承载丰富的信息,同时又具有良好的抗灾性能,对水灾、风灾以及地震等自然灾害,微波通信一般都不受影响。

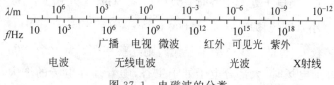

图 37.1　电磁波的分类

除了承载信息,在实际应用中,我们还经常用到微波下述的几个特点。

(1) 波长短,具有直线传播的特性:利用这个特点,就能在微波波段制成方向性极好的天线系统,也可以接收地面和宇宙空间各种物体反射回来的微波信号,从而确定物体的方位和距离,为雷达定位、导航等领域提供广阔的应用。

(2) 量子特性:在微波波段,电磁波每个量子的能量范围是 $10^{-6} \sim 10^{-3}$ eV,许多原子和分子发射和吸收的电磁波的波长正好就处在微波波段内。人们利用这一特点来研究分子和原子的结构,发展出了微波波谱学和量子电子学等尖端学科,并研制出了低噪声的量子放大器和准确的分子钟、原子钟。

(3) 能穿透电离层:微波可以畅通无阻地穿越地球上空的电离层,为卫星通信、宇宙通信和射电天文学的研究及发展提供了广阔的前途。

微波最重要的应用是雷达和通信,微波与其他学科互相渗透而形成若干重要的边缘学科,其中如微波天文学、微波气象学、微波波谱学、量子电动力学、微波半导体电子学、微波超导电子学等,其应用和涉及领域仍在不断扩大。总之,微波具有一些独特的特点,不论在处理问题时运用的概念和方法上,还是在实际应用的微波系统的原理和结构上,都与普通无线电波不同,也有别于光波。通过微波实验,可以学习到微波的基本知识,熟悉基本微波元件的作用,掌握微波基本测量技术,了解微波的偏振及传输特性。

【实验原理】

1. 微波的产生

低频无线电波的产生利用的是普通电子振荡管,电子在管中做周期运动就可以向空间发射低频电波。由于电波频率较低,电子在管中电极间的飞越时间(约 10^{-9} s)与信号的振荡周期相比可以忽略。但到了微波波段,信号的电磁振荡周期($10^{-12} \sim 10^{-9}$ s)很短,已经可以和电子管中电子的飞越时间相比拟,甚至还小,电子的惯性将使电子管的效率降低。同时电子管中的极间电容和电感等也将使微波传输的效率大大降低,因此普通电子管不能再用作微波器件。若要产生高频的微波信号,必须采用原理完全不同的微波器件。

本实验所用的微波源,其核心部分是耿氏二极管,它是基于半导体砷化镓的导带双谷(高能谷和低能谷)结构。1963 年耿氏在实验中观察到,在 N 型砷化镓样品的两端加上直流电压,当电压较小时,样品的电流随电压增高而增大。当电压 V 超过某一临界值 V_T 后,随着电压的增高电流反而减小,这种现象称为负阻效应。电压继续增大至 $V > V_b$ 后,电流又开始缓慢增加(如图 37.2 所示),这说明砷化镓样品具有负阻特性。

砷化镓的负阻特性可用半导体能带理论解释。如图 37.3 所示的砷化镓能带,即动量空间中的色散曲线表明,砷化镓是一种多能谷材料,其中具有最低能量的主谷和能量较高的临近的子谷具有不同的性质。当电子处于主谷时有效质量 m^*($m_1^* = 0.072 m_e$,m_e 为电子质量)较小(色散曲线曲率半径小),则迁移率 μ($\mu_1 = 5000 \ \text{cm}^2 \cdot \text{V} \cdot \text{s}^{-1}$)较高;当电子处于子谷时有效质量($m_2^* = 1.2 m_e$)较大(色散曲线曲率半径大),则迁移率($\mu_2$ 为 $100 \sim 200 \ \text{cm}^2 \cdot \text{V} \cdot \text{s}^{-1}$)较低。在常温且无外加电场时,大部分电子处于主谷,随着外加电场的增大,电子平均漂移速度也增大,电流增大。但是当电压增加使主谷电子的能量增加 0.36 eV 时,部分电子跃迁到子谷,在那里有效质量较大而迁移率低,其结果是随着外加电压的增大,电子的平均漂移速度反而减小,即电流减小。进一步提高外加电场,当所有电子都跃迁至子谷,则电流又开始随电场的增加而增加了。

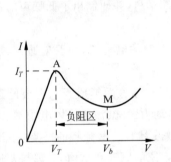

图 37.2　耿氏管的电流-电压特性

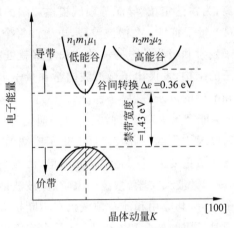

图 37.3　砷化镓的能带结构

图 37.4 为耿氏管工作的示意图,在管两端加直流电压,当管内电场 E 略大于阈值 E_T(E_T 为负阻效应起始电场强度,约为每厘米几千伏时),由于管内电场及电子分布的不均匀性,在不同区域内,电子迁移速度是不同的。一般情况下,在阴极附近的场强先超过阈值,因而在阴极附近电子的迁移速度小,导致在阴极附近电子密度增大,出现空间电荷的局部积累,即电子积累层。而紧邻积累层的右侧区域由于电场较低、电子迁移速度大而形成电子耗尽层,这样就形成了所谓的偶极畴。偶极畴的形成使畴内电场越来越大而畴外电场不断下降,从而进一步使畴内的电子转入到高能谷,偶极畴不断长大。此后,偶极畴作为一个整体在外电场作用下以一定的漂移速度向阳极移动直至消失。而后整个电场重新上升,周而复始地重复着畴的建立、移动和消失的过程。在畴完全形成和渡越的过程中,二极管的输出电流小且稳定,但当畴消失时,电流会突然增大,从而构成电流的周期性振荡(如图 37.5 所示),这就是耿氏二极管的振荡原理。耿氏二极管是一种将直流能量转换成微波能量的装置,在管中电子的运动是从阴极到阳极,而不是像在一般振荡型电子管中是在两极之间往复运动,并且其两端的电极间距可以很小(可达微米量级),这就使得它能产生出普通电子振荡管不能产生的更高频的电磁波。

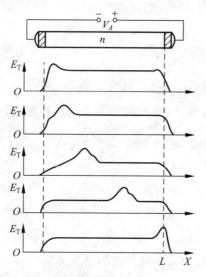

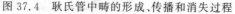

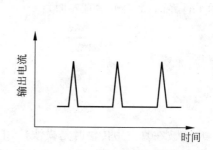

图 37.4 耿氏管中畴的形成、传播和消失过程　　　图 37.5 耿氏二极管输出的振荡电流

耿氏二极管的工作频率(即输出电流的振荡频率)主要由偶极畴的渡越时间决定。实际应用中,一般将耿氏管装在金属谐振腔中做成振荡器,通过改变腔体内的机械调谐装置可在一定范围内改变偶极畴的渡越时间,即耿氏振荡器的工作频率。谐振腔的作用一方面是可以调谐振荡波形使其接近正弦波,另一方面是把高频电磁能量收集在腔内,并通过耦合把高频能量送到负载上。

对于很多微波源来说,随着工作电压的增加,振荡频率会降低,但输出功率增加,因此可以根据对工作频率和输出功率的要求来适当选择工作电压。

2. 微波的传输

在微波波段,因为工作频率很高,导线的趋肤效应和辐射效应增大,使得普通的双导线不能完全传输微波能量,因而必须改用微波传输线。常用的微波传输线有平行双线、同轴线、带状线、微带线、金属波导管及介质波导等多种形式。本实验用的是矩形波导管(横截面的尺寸为 $a \times b$),波导是指能够引导电磁波沿一定方向传输能量的传输线。

微波是电磁波,它的传输满足麦克斯韦方程组:

$$\begin{cases} \nabla \cdot \boldsymbol{D} = \rho \\ \nabla \cdot \boldsymbol{B} = 0 \\ \nabla \times \boldsymbol{E} = -\dfrac{\partial \boldsymbol{B}}{\partial t} \\ \nabla \times \boldsymbol{H} = \boldsymbol{j} + \dfrac{\partial \boldsymbol{D}}{\partial t} \end{cases} \tag{37.1}$$

其中,

$$\begin{cases} \boldsymbol{D} = \varepsilon \boldsymbol{E} \\ \boldsymbol{B} = \mu \boldsymbol{H} \\ \boldsymbol{j} = \gamma \boldsymbol{E} \end{cases} \tag{37.2}$$

方程组(37.2)描述了介质的参数对电场和磁场的影响。当介质为空气时,可近似认为

$$c = \frac{1}{\sqrt{\varepsilon\mu}} \tag{37.3}$$

其中,c 为电磁波在真空中的速度,即为光速。

在理想导体附近,电场必须垂直于导体表面,而磁场则应平行于导体表面。再应用场的连续性原理,就可以得到介质和导体界面处的边界条件(左侧均为介质中的场量,下脚标 t 表示平行界面,n 表示垂直界面):

$$\begin{cases} E_t = 0 \\ E_n = \dfrac{\sigma}{\varepsilon} \\ H_t = j \\ H_n = 0 \end{cases} \tag{37.4}$$

电磁波在真空中传输时是横波,即电场、磁场的方向都与波的传播方向(纵向)垂直,但在波导中传输时,由于波导内表面的作用,电场、磁场可能还会在纵向上有分量。利用方程组(37.1)和(37.2),再加上根据矩形波导的形状得到的边界条件(37.4),可以求解出只有两大类波能够在矩形波导中传播:①横电波,简写为 TE_{mn}(m 和 n 分别代表波沿 x 方向和 y 方向分布的半波个数),磁场可以有纵向和横向的分量,但电场只有横向分量;②横磁波,简写为 TM_{mn},电场可以有纵向和横向的分量,但磁场只有横向分量。在实际应用中,一般让波导中只存在一种波型——TE_{10} 波。

在一个均匀、无限长且无损耗的矩形波导中(波导中的介质为空气),可以解得 TE_{10} 型波沿 z 方向传播时的各个场分量为

$$\begin{cases} H_x = \mathrm{i}\,\dfrac{\beta a}{\pi} H_{10} \sin\dfrac{\pi x}{a} \mathrm{e}^{\mathrm{i}(\omega t - \beta z)} \\ H_y = 0 \\ H_z = H_{10} \cos\dfrac{\pi x}{a} \mathrm{e}^{\mathrm{i}(\omega t - \beta z)} \\ E_x = 0 \\ E_y = -\mathrm{i}\,\dfrac{\omega\mu a}{\pi} H_{10} \sin\dfrac{\pi x}{a} \mathrm{e}^{\mathrm{i}(\omega t - \beta z)} \\ E_z = 0 \end{cases} \tag{37.5}$$

其中,ω 为电磁波的角频率,$\omega = 2\pi f$,f 是微波频率;a 为波导截面宽边(x 方向)的长度;β 为微波沿传输方向的相位常数,$\beta = 2\pi/\lambda_g$,λ_g 为波导波长,其满足

$$\lambda_g = \frac{\lambda}{\sqrt{1 - \left(\dfrac{\lambda}{2a}\right)^2}} \tag{37.6}$$

图 37.6 和方程组(37.5)均表明,TE_{10} 波具有如下特点。

(1) 存在一个截止波长 $\lambda_c = 2a$,只有波长 $\lambda < \lambda_c$ 的电磁波才能在波导管中传播。TE_{10} 波的截止波长只与波导宽边的长度 a 有关,而与 y 方向上的长度 b 无关。

(2) 波导波长 $\lambda_g > \lambda$(自由空间波长)。

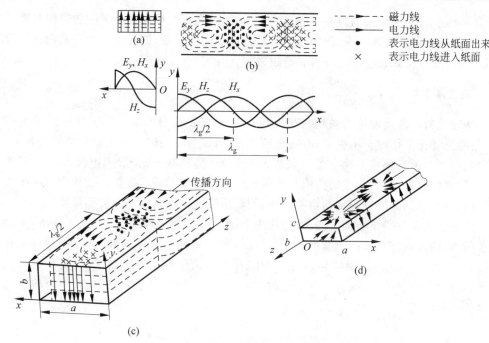

图 37.6　TE$_{10}$ 波的电磁场结构及波导壁电流分布

(a) xy 面电磁场；(b) xz 面电磁场；(c) 波导内电磁场；(d) 波导壁电流分布

（3）电场只存在横向分量，即始终垂直于波导中波的传播方向，电力线从导体一个壁出发，终止在另一壁上，并且始终平行于 y 方向。磁场既有横向分量，也有纵向分量，磁力线环绕电力线。微波在波导中的这种传播模式和自由电磁波不同，产生这一情况的原因是由于波导中电磁波实际上是在两个面对面的导体壁之间来回反射，以"之"字形方式前进的，两束相互呈一夹角的同频率波叠加就形成了场的纵向分量。

（4）从波导横截面上看，TE$_{10}$ 波电场沿 y 方向是均匀的，沿 x 方向是呈正弦变化，$E_y \propto \sin\left(\dfrac{\pi x}{a}\right)$，在 $x = a/2$ 处，电场有一个极大值。

（5）电磁场在波导的纵方向（z 轴）上形成行波，在波导的传播方向上，场包含因子 $\mathrm{e}^{\mathrm{i}(\omega t - \beta z)}$，这表明图 37.6 所示的周期性分布的场以速度

$$v_{\mathrm{p}} = \frac{\omega}{\beta} = \lambda_{\mathrm{g}} f \tag{37.7}$$

沿 z 轴传播着。光速 $c = \lambda f$，显然 $v_{\mathrm{p}} > c$。我们知道，任何物理过程都不能以超过光速的速度进行。理论分析表明，相速度 v_{p} 只是相位变化的速度，并不是波导中波能量的传播速度（群速度 v_{g}），因此相速度可以大于光速。微波在波导中传输的群速度为

$$v_{\mathrm{g}} = \frac{\mathrm{d}\omega}{\mathrm{d}\beta} = c\sqrt{1 - \left(\frac{\lambda}{\lambda_{\mathrm{c}}}\right)^2} \tag{37.8}$$

可得相速度 v_{p}、群速度 v_{g} 和光速 c 之间的关系式为

$$v_{\mathrm{p}} v_{\mathrm{g}} = c^2 \tag{37.9}$$

可以看出波能量沿波导轴向传播的速度 v_{g} 小于光速。电磁波在空气中传播的速度可近似认为等于光速 c，波导内的介质虽然也是空气，但由于波导的尺寸与微波波长已经可以比

拟,波导必然会对其中传输的微波产生影响,使得微波在空气中和在波导中传输时具有不同的速度。这意味着对微波来说,波导与空气是两种不同的介质,微波从一种介质向另一种介质中传输时,在界面处就会产生反射和透射。

3. 驻波测量线

电路理论与传输线理论的关键区别是电气尺寸和波长的关系。对于普通无线电波来说,电路的尺寸比工作波长小得多,沿线电压、电流可认为只与时间有关而与空间位置无关,分布参数产生的影响也可忽略。但微波的波长很短,传输线上的电压、电流既是时间的函数,也是位置的函数,导致微波的传输与普通无线电波完全不同。探测微波传输系统中电磁场的空间分布情况,是微波测量的重要工作,测量所用的基本仪器是驻波测量线。

驻波测量线是一段精心加工的、宽边正中开槽的波导或开槽同轴线(这样开槽,不会影响微波场的分布,微波功率的泄漏也很小)。探针经窄槽插入波导内并与电场平行,探针插入深度为 $1\sim2$ mm,它可以沿波导移动(见图 37.7)。由于探针与电场平行,电场的变化在探针上感应出的电动势(在探针深度一定时,感生电动势与所测电场成正比)经过检波晶体变成电流信号输出。

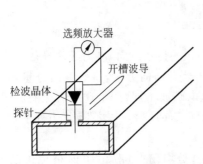

图 37.7　驻波测量线结构示意图

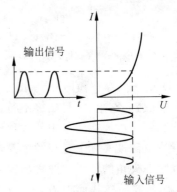

图 37.8　检波晶体的伏安特性曲线

检波晶体(检波二极管)是一种非线性元件,它的伏安特性如图 37.8 所示。从图中可以看出,检波电流 I 与场强 E 不是线性关系,在一定范围内,大致有如下关系:

$$I = kE^{\alpha} \tag{37.10}$$

其中 k,α 是和检波晶体工作状态有关的参量。当微波场强较大时呈现直线律,当微波场强较小时($P<1$ μW)呈现平方律。因此,当微波功率变化较大时,α 和 k 就不能当成常数,而是和外界条件有关,所以在测量中必须对检波晶体进行校准。常用的校准方法步骤为:将测量线终端短路,这时微波在波导中形成驻波,电流最小值为 0,最大值为 $I_{峰}$。为了使得 α 值为常数,微波的功率应比较小,这时沿线各点驻波振幅的大小与到终端的距离 l 的关系为

$$E = k'\left|\sin\frac{2\pi l}{\lambda_{\mathrm{g}}}\right| \tag{37.11}$$

上述关系中的 l 也可以以任意一个驻波节点作为参考点。将上两式联立并取对数得到

$$\lg I = K + \alpha\lg\left|\sin\frac{2\pi l}{\lambda_{\mathrm{g}}}\right| \tag{37.12}$$

作 $\lg I - \lg|\sin(2\pi l/\lambda_{\mathrm{g}})|$ 曲线,若近似呈现为一条直线,则可以认为当检波电流在 $0<I<$

$I_峰$ 的范围内，α 为常数，并且等于该直线的斜率。若不是直线，也可以方便地由检波输出电流的大小来确定与电场的相对关系。

4. 负载驻波比

在微波波段中，电磁场的能量分布于整个微波电路而形成"分布参数"，一般无线电元件如电阻，电容，电感等都不再适用，因此微波在研究方法上不像低频信号那样去研究电路中的电压和电流。微波系统的测量参量是功率、波长和驻波参量，这是和低频电路不同的。

驻波测量是微波测量中最基本和最重要的内容之一，通过驻波测量可以测出阻抗、波长、相位和 Q 值及其他参量。当微波在波导中传输遇到负载时，部分能量被负载吸收或透射，另一部分则被反射回来与原来的波叠加形成新的电磁波。为了描述这个电磁波，引入参量驻波比 ρ，它定义为波导中波腹电场 $E_{\max}$ 和波节点电场 $E_{\min}$ 之比：

$$\rho = \frac{E_{\max}}{E_{\min}} \tag{37.13}$$

不难看出：对于行波，$\rho = 1$；对于驻波，$\rho = \infty$；而当 $1 < \rho < \infty$，是混合波，如图 37.9 所示。

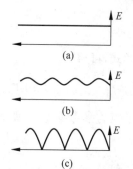

图 37.9　电场空间分布示意图
（a）行波；（b）混合波；（c）驻波

测量驻波比的方法与仪器种类很多，用驻波测量线测驻波比是常用的一种基本方法，根据驻波比大小的不同，测量方法略有不同。

（1）小驻波比（$1.0 < \rho < 1.5$）

这时，驻波电场的最大值和最小值相差不大，且不易测准，为了提高测量准确度，可移动探针到几个波腹点和波节点记录数据，然后取平均值再进行计算。若波腹点和节点处电流分别为 $I_{\max}$、$I_{\min}$，则驻波比为

$$\rho = \sqrt[\alpha]{\frac{\sum I_{\max}}{\sum I_{\min}}} \tag{37.14}$$

（2）中驻波比（$1.5 < \rho < 6$）

此时，只需测一个波腹点和一个波节点，即直接读出 $I_{\max}$、$I_{\min}$

$$\rho = \sqrt[\alpha]{\frac{I_{\max}}{I_{\min}}} \tag{37.15}$$

（3）大驻波比（$\rho \geqslant 6$）

此时，波腹点振幅与波节点振幅的区别很大，因为 $I_{\min}$ 的数值很小，直接读数的话，相对误差很大，造成 ρ 的计算值不准确。为了减小 $I_{\min}$ 的读数误差，可通过调节微波功率来增大 $I_{\min}$ 的数值，但这样会使得 $I_{\max} > I_峰$。由于我们只测量了检波电流在 $0 < I < I_峰$ 范围内检波律 α 的数值，并不知道 $I > I_峰$ 时检波晶体的 α，无法得到 $I_{\max}$ 对应的电场 $E_{\max}$，所以无法计算 ρ。为了准确测量大驻波比，通常采用等指示度法，也就是通过测量驻波图形中波节点附近场的分布规律（如图 37.10 所示）的间接方法。

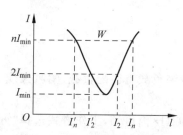

图 37.10　节点附近场的分布

我们讨论某一时刻电磁场的分布,可略去 $e^{i\omega t}$ 因子。若 l 以终端负载为原点,设入射波为

$$E = E_i e^{i\beta l}$$

反射波为

$$E = E_r e^{-i\beta l}$$

可得反射系数

$$\Gamma = \frac{\text{电场的反射波}}{\text{电场的入射波}} = \frac{E_r e^{-i\beta l}}{E_i e^{i\beta l}} = \Gamma_0 e^{-i2\beta l} = |\Gamma_0| e^{i\varphi} e^{-i2\beta l} \tag{37.16}$$

那么在波导中微波的电场分布为:

$$E(l) = E_i e^{i\beta l} [1 + |\Gamma_0| e^{-i(2\beta l - \varphi)}] \tag{37.17}$$

可得

$$\begin{cases} |E|_{max} = |E_i| [1 + |\Gamma_0|] \\[3mm] |E|_{min} = |E_i| [1 - |\Gamma_0|] \end{cases} \tag{37.18}$$

合并两式,可得

$$|E(l)|^2 = \frac{1}{2}(E_{max}^2 - E_{min}^2)[1 + \cos(2\beta l - \varphi)] + E_{min}^2 \tag{37.19}$$

以波节点为参考零点,在距离波节为 d 处的电场分布为

$$|E(d)|^2 = (E_{max}^2 - E_{min}^2)\sin^2 \beta d + E_{min}^2 \tag{37.20}$$

当 $|E(d)|^\alpha = n E_{min}^\alpha$ 时,即 $n = \dfrac{\text{测量读数 } I}{\text{最小点读数 } I_{min}}$ 时,可推出

$$\rho = \frac{\sqrt{n^{\frac{2}{\alpha}} - \cos^2\left(\dfrac{\pi W}{\lambda_g}\right)}}{\sin\left(\dfrac{\pi W}{\lambda_g}\right)} \tag{37.21}$$

I 为驻波节点相邻两旁的等指示值,W 为等指示度之间的距离,需保证 $0 < n I_{min} < I_{\text{峰}}$。

当 $n = 2$,且 $\alpha = 2$ 时,上式就简化为

$$\rho = \sqrt{1 + \frac{1}{\sin^2\left(\dfrac{\pi W}{\lambda_g}\right)}} \tag{37.22}$$

称为"二倍最小值"法。必须指出的是,W 的测量精度对测量结果影响很大,因此必须用高精度的探针位置指示装置(如千分表)进行 W 的测量。

【实验装置】

整个实验的装置示意图如图 37.11 所示,其中常见的待测负载有匹配负载、喇叭天线、开路、失配负载、短路负载。

① 微波源:提供所需微波信号,频率范围在 8.6~9.6 GHz 内可调,工作方式选择"方波"模式时,输出的微波信号是经过 1 kHz 方波信号调制的,只有在此模式下,才可用选频放大器来测量微波。

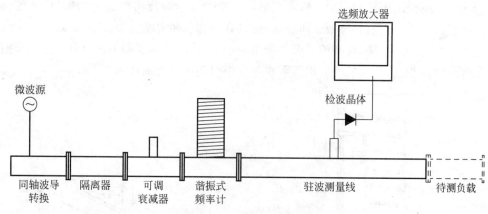

图 37.11 实验装置示意图

② 波导管：本实验所使用的波导管型号为 BJ-100,其内腔尺寸为 $a=(22.86\pm$ $0.07)$ mm, $b=(10.16\pm0.07)$ mm。其主模频率范围为 8.20～12.50 GHz,截止频率为 6.557 GHz。

③ 隔离器(见图 37.12)：位于磁场中的某些铁氧体材料对于来自不同方向的电磁波有着不同程度的吸收,经过适当调节,可使其对微波具有单方向传播的特性,起隔离和单向传输作用。

④ 可调衰减器(见图 37.13)：把一片能吸收微波能量的介质片垂直于矩形波导的宽边,纵向插入波导管即成。吸收材料在波导中位置不同,对电磁波的吸收强弱也不同,用此特性,可使输入电磁波得到不同程度的衰减。衰减器起调节系统中微波功率的作用。

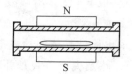

图 37.12 隔离器结构示意图

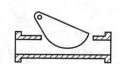

图 37.13 衰减器结构示意图

⑤ 谐振式频率计(见图 37.14)：通过改变谐振腔的长度来使其与微波谐振,微波通过耦合孔可以从波导进入频率计的空腔中。当频率计的腔体失谐时,腔里的电磁场极为微弱,此时它基本上不影响波导中微波的输出。当微波的频率满足空腔的谐振条件时,被吸收的能量最大,相应地通过的微波信号强度将减弱,输出幅度将出现明显的减小,从频率计的外壳表面上可直接读出输入微波的频率。

⑥ 选频放大器：用于测量微弱低频信号,输入信号经升压、放大,选出 1 kHz 信号,经整流平滑后由输出级输出直流电平供给指示电路检测。

⑦ 晶体检波器：从波导宽壁的中点耦合出两宽壁间的感应电压,经微波二极管进行检波,输出电流信号(与驻波测量线原理相同)。调节短路活塞位置,可使检波器处于微波的波腹点,以获得最高的检波效率。

⑧ 匹配负载：波导中装有很好地吸收微波能量的介质片或吸收材料,它几乎能全部吸收入射功率。

⑨ 单螺调配器(见图 37.15)：插入矩形波导中的一个深度可以调节的螺钉，并可沿着矩形波导宽壁中心的无辐射缝做纵向移动，通过调节探针的位置来使失配负载与测量线相匹配。调匹配过程的实质，就是使调配器产生一个反射波，其幅度和失配负载产生的反射波幅度相等而相位相反，从而抵消失配负载在系统中引起的反射而达到匹配。

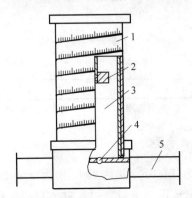

图 37.14　谐振式频率计结构原理图

1—螺旋测微机构；2—可调短路活塞；

3—圆柱谐振腔；4—耦合孔；5—矩形波导

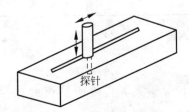

图 37.15　单螺调配器示意图

【实验内容】

1. 开启微波源，接短路负载，任意选择微波频率，功率较小，工作方式选择"方波"。

2. 用谐振式频率计测量微波频率，并计算微波波导波长。

3. 作短路负载时的 I-l 曲线，通过此曲线实测波导波长，计算出微波在波导中传播的相速度 v_p 和群速度 v_g。

4. 根据短路负载的 $\lg I - \lg |\sin(2\pi l/\lambda_g)|$ 曲线，求出检波晶体的检波率 α。

5. 测量不同负载的驻波比(匹配负载、喇叭天线、开路及失配负载)，并对所测数据进行分析、讨论。

6. 匹配调节：将单螺调配器和失配负载共同作为一个新负载，调节单螺调配器的探针，使这个负载的驻波比尽可能接近于 1。比较有、无单螺调配器时负载驻波比的大小，分析单螺调配器可以改变负载驻波比的原因。

7. 耿式二极管工作特性的测量：测量线后接匹配负载，用选频放大器测量微波信号的大小。按下微波源上的"教学"方式键，通过"电压"调节钮，在 0～13 V 范围内连续改变耿式二极管的所加电压，测量耿式二极管的电流及微波源输出微波信号大小，分析微波产生的机理(注意：耿氏二极管不宜在 12 V 以上的电压下长时间工作，以免影响二极管的使用寿命)。测量完毕，提起"教学"钮。

8. 微波辐射的观察。

相对放置两个喇叭，用一个喇叭作为微波输出器，另一个接有晶体检波器的喇叭作为接收器，二者距离保持不变(见图 37.16(a))，将金属板放入两个喇叭天线之间，观察终端的输出有何变化。再将金属栅框竖着和横着分别代替金属板，观察输出又有何变化，并进行分析。

使两个喇叭天线呈垂直放置(见图 37.16(b)),然后分别将金属板、竖放及横放的金属栅框按图中所示的位置放置,再记录下你所观察到的现象并进行分析。

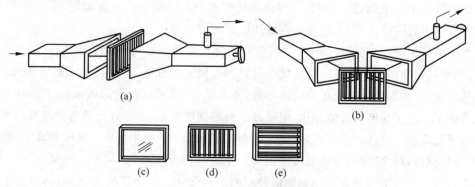

图 37.16 微波传输特性的观察

(a) 栅网对微波的阻挡;(b) 栅网对微波的反射;(c) 金属板;(d) 竖直栅框;(e) 水平栅框

【参考文献】

[1] 沈致远. 微波技术[M]. 北京:国防工业出版社,1980.

[2] 林木欣. 近代物理实验教程[M]. 北京:科学出版社,1999.

[3] 吴思诚,王祖铨. 近代物理实验[M]. 2 版.北京:北京大学出版社,1995.

【附录】

1. 波导中电磁波传播的物理描述

考虑两束同频率的平面电磁波,以夹角 2θ 在空间传播,当两列波相遇时将发生干涉。图 37.17 表示了某时刻两列波干涉的情况,实线和虚线表示波阵面的位置。在实线上,电场为最大,指向纸外(+y 方向)。磁场也为最大,指向斜下方。在虚线上,电场和磁场均为负的最大,但方向与实线上的相反。

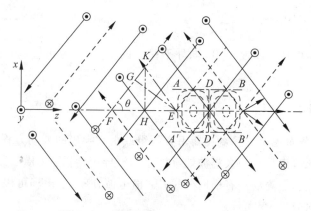

图 37.17 两列同频不同方向波的干涉

从 z 轴(两列波传播方向的合成方向)上看两列波合为一列波,两条实线相交处,合电场与合磁场均为正的最大,两条虚线相交处,合电场与合磁场均为负的最大。沿着 z 轴方向,这种正负最大点交替出现,随着时间的变化又沿着 z 方向移动。

在平行于 yz 平面的 AB 和 $A'B'$ 平面上,任何时刻、任何地点的合电场总是零,合磁场则始终平行于上述平面,这正好符合导体的边界条件。由解的唯一性定理,在 AB 和 $A'B'$ 处放置两块理想的导体板,不会影响两板间电磁场的分布。

对于平行于 xz 的任意平面,合电场方向始终与平面垂直,合磁场方向则总是与平面平行,这同样满足导体的边界条件。因此也可以加上两块平行于 xz 平面的理想导体板。

这样,由上述四块导体板组成的矩形管(即波导管)就可以将电磁波限制在管内沿 z 轴方向传播了。由于导体的屏蔽作用,电磁波不会跑到管外去,而在管内的电磁波却并不因为有了管子而改变。这样的电磁波,实际上是与 z 轴夹角为 θ 的平面波在 AB 和 $A'B'$ 两导体板间来回反射,以"之"字形方式前进的。

我们再来看一下波导管中场是如何分布的。从图 37.17 不难看出,合电场总是平行于 y 轴方向,在 DD' 平面上,电场沿 $+y$ 的方向,合磁场则在 xz 平面内,并构成闭合曲线。这正是 TE_{10} 波的场的分布。DD' 平面也正相应于波导的截面。

设自由电磁波的波长为 λ(即 $\overline{EG}$),波导波长为 λ_g(即 $\overline{EF}$ 或 $2\overline{FH}$),AB 和 $A'B'$ 的距离(即波导宽边长)为 a。由 $\triangle EGF$ 和 $\triangle KHF$ 及 $KH=a$ 可以得到

$$\begin{cases} \lambda = \lambda_g \sin\theta \\ \dfrac{\lambda_g}{2} = a\cot\theta \end{cases} \tag{37.23}$$

两式相乘得

$$\begin{cases} \cos\theta = \dfrac{\lambda}{2a} \\ \lambda_g = \dfrac{\lambda}{\sin\theta} = \dfrac{\lambda}{\sqrt{1-\left(\dfrac{\lambda}{2a}\right)^2}} \end{cases} \tag{37.24}$$

上述波导波长的表达式仅在 $\lambda/2a < l$ 时才有意义,这样就得到了 TE_{10} 波传播的截止波长 λ_c 为

$$\lambda_c = 2a \tag{37.25}$$

事实上,将导体板从 AB 或 $A'B'$ 向外平移 a 的 n 倍(n 为正整数),还可以得到其他可能的波型。

2. 微波在波导中的传输

根据电磁场的普遍规律——麦克斯韦方程组或由它导出的波动方程以及具体波导的边界条件,可以严格求解出只有两大类波能够在矩形波导中传播:①横磁波 TM_{mn}:电场可以有纵向和横向的分量,但磁场只有横向分量;②横电波 TE_{mn}:磁场可以有纵向和横向的分量,但电场只有横向分量。

在一个均匀、无限长且无损耗的矩形波导中,可以解得沿 z 方向传播的 TM_{mn} 型波的各个场分量为:

$$
\begin{cases}
E_x = -\mathrm{i}\,\dfrac{\beta}{k_c^2}\,\dfrac{m\pi}{a}E_{mn}\cos\left(\dfrac{m\pi}{a}x\right)\sin\left(\dfrac{n\pi}{b}y\right)\mathrm{e}^{\mathrm{i}(\omega t-\beta z)} \\[2mm]
E_y = -\mathrm{i}\,\dfrac{\beta}{k_c^2}\,\dfrac{n\pi}{b}E_{mn}\sin\left(\dfrac{m\pi}{a}x\right)\cos\left(\dfrac{n\pi}{b}y\right)\mathrm{e}^{\mathrm{i}(\omega t-\beta z)} \\[2mm]
E_z = E_{mn}\sin\left(\dfrac{m\pi}{a}x\right)\sin\left(\dfrac{n\pi}{b}y\right)\mathrm{e}^{\mathrm{i}(\omega t-\beta z)} \\[2mm]
H_x = \mathrm{i}\,\dfrac{\omega\varepsilon}{k_c^2}\,\dfrac{n\pi}{b}E_{mn}\sin\left(\dfrac{m\pi}{a}x\right)\cos\left(\dfrac{n\pi}{b}y\right)\mathrm{e}^{\mathrm{i}(\omega t-\beta z)} \\[2mm]
H_y = -\mathrm{i}\,\dfrac{\omega\varepsilon}{k_c^2}\,\dfrac{m\pi}{a}E_{mn}\cos\left(\dfrac{m\pi}{a}x\right)\sin\left(\dfrac{n\pi}{b}y\right)\mathrm{e}^{\mathrm{i}(\omega t-\beta z)} \\[2mm]
H_z = 0
\end{cases}
\tag{37.26}
$$

其中,ω 为电磁波的角频率,$\omega=2\pi f$,f 是微波频率;a 为波导截面在 x 方向上的长度;b 为波导截面在 y 方向中的长度;m,n 均为正整数;β 为微波沿传输方向的相位常数,$\beta=2\pi/\lambda_g$,λ_g 为波导波长,其满足

$$
\lambda_g = \frac{\lambda}{\sqrt{1-\left(\dfrac{\lambda}{\lambda_c}\right)^2}}
\tag{37.27}
$$

$$
k_c^2 = k_x^2 + k_y^2 = \left(\frac{m\pi}{a}\right)^2 + \left(\frac{n\pi}{b}\right)^2
\tag{37.28}
$$

$$
\lambda_c = 2\pi/k_c
\tag{37.29}
$$

k_c 为矩形波导中微波的截止波数,λ_c 为截止波长,显然它与波导尺寸、传输波型有关。m 和 n 分别代表 TM 波沿 x 方向和 y 方向分布的半波个数,但 m 和 n 均不能为零,TM_{11} 波为基模。因此可以认为波导是一个高通滤波器,低频信号无法通过。

同样,可以解得沿 z 方向传播的 TE_{mn} 型波的各个场分量为:

$$
\begin{cases}
E_x = \mathrm{i}\,\dfrac{\omega\mu}{k_c^2}\,\dfrac{n\pi}{b}H_{mn}\cos\left(\dfrac{m\pi}{a}x\right)\sin\left(\dfrac{n\pi}{b}y\right)\mathrm{e}^{\mathrm{i}(\omega t-\beta z)} \\[2mm]
E_y = -\mathrm{i}\,\dfrac{\omega\mu}{k_c^2}\,\dfrac{m\pi}{a}H_{mn}\sin\left(\dfrac{m\pi}{a}x\right)\cos\left(\dfrac{n\pi}{b}y\right)\mathrm{e}^{\mathrm{i}(\omega t-\beta z)} \\[2mm]
E_z = 0 \\[2mm]
H_x = \mathrm{i}\,\dfrac{\beta}{k_c^2}\,\dfrac{m\pi}{a}H_{mn}\sin\left(\dfrac{m\pi}{a}x\right)\cos\left(\dfrac{n\pi}{b}y\right)\mathrm{e}^{\mathrm{i}(\omega t-\beta z)} \\[2mm]
H_y = \mathrm{i}\,\dfrac{\beta}{k_c^2}\,\dfrac{n\pi}{b}H_{mn}\cos\left(\dfrac{m\pi}{a}x\right)\sin\left(\dfrac{n\pi}{b}y\right)\mathrm{e}^{\mathrm{i}(\omega t-\beta z)} \\[2mm]
H_z = H_{mn}\cos\left(\dfrac{m\pi}{a}x\right)\cos\left(\dfrac{n\pi}{b}y\right)\mathrm{e}^{\mathrm{i}(\omega t-\beta z)}
\end{cases}
\tag{37.30}
$$

m,n 及 k_c 的定义同上,不同的是 m 和 n 不能同时为零,TE_{10} 波为基模。

我们知道波导中的微波每种传输模式都有确定的截止波长(或截止频率),不同的模式也可以有相同的截止波长(TM_{mn} 和 TE_{mn},当 m 和 n 分别相等时),这种现象称为简并。各种模式的截止波长分布如图 37.18 所示。

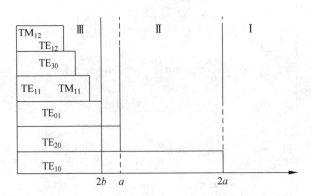

图 37.18 矩形波导中 TE 和 TM 波截止波长分布图

Ⅰ区：截止区。当工作波长 $\lambda > 2a$ 时，矩形波导中不能传播任何电磁波。

Ⅱ区：单模区。当工作波长 $a < \lambda \leqslant 2a$ 时，矩形波导中只能传播单一的电磁波模式 TE_{10} 波。

Ⅲ区：多模区。当工作波长 $\lambda \leqslant a$ 时，矩形波导中至少可以传播两种以上的电磁波模式。

为在矩形波导中实现单模传输，对于给定的工作波长 λ，应选择波导的尺寸使 $a < \lambda < 2a$ 成立，即波导的宽边尺寸 a 应满足 $0.5\lambda < a < \lambda$ 的条件，一般采用 $a = 0.7\lambda$，这样就实现了单一波形的电磁波的传输，但还必须采用合适的激励方法使得电场与 y 轴平行。激励方式如图 37.19 所示。将波导宽边中点开孔，用电偶极子激励(电偶极子可以是同轴线的内导体的延长部分，像一根小天线)，因电偶极子中高频电流方向是轴向的，所以自然诱导出与波导上下宽边垂直的电场，并在宽边中央最强，在靠近左、右壁处电场强度为零，这样就能保证在波导中只能有一种波形 TE_{10} 传输。

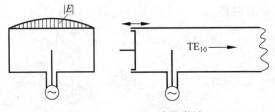

图 37.19 TE_{10} 波的激励

（张慧云）

实验 **38** 超声原理与应用

超声学是声学的一个分支,它主要研究超声的产生方法和探测技术、超声在介质中的传播规律、超声与物质的相互作用(包括在微观尺度的相互作用)以及超声的众多应用。超声波测试分析是利用超声波在介质中传播及与介质相互作用的特性,获得介质内部的信息,从而达到对介质的某些物理量和性质进行测试和分析的目的。

本实验的目的是了解超声波产生与检测的原理、纵波探头和横波探头的结构及其原理;学习超声的传播规律及其声场特性,掌握用超声法测量固体介质弹性参数的方法及超声扫描成像技术的应用。

【思考题】

1. 超声检测和功率超声中产生超声波的方法相同吗?本实验中超声波是如何产生的?

2. 第一临界角、第二临界角有什么实际应用?如何通过波型转换得到超声波横波?

3. 横波(斜)探头的延迟和折射角对声速的准确测量有什么影响?其值与哪些因素有关?

4. 测量纵波和横波声速时,如何正确判断每个信号来自哪个人工反射体?

5. 测量时在超声探头和试块之间加机油的作用是什么?利用声波在两种介质界面上的透射关系解释探头与被测材料间隙中的气体对声波透射的影响。

6. 测量波速时如何减小测量误差?

7. 对超声波的应用你还了解哪些?这些应用对应的原理是什么?

【引言】

超声是指频率高于 20 kHz 的声音。超声学是声学的一个分支,它主要研究超声的产生方法和探测技术、超声在介质中的传播规律、超声与物质的相互作用,包括在微观尺度的相互作用以及超声的众多应用。超声波是一种弹性波,对它的描述有两个物理量:一个是振幅,另一个是频率,根据应用方向的不同,人们在频率、振幅这两个方面作了大量的研究工作,形成了超声检测学、功率超声学、表面波电子学器件学科等领域。

在国防和国民经济中,超声的用途主要可分为两大类,一类是利用它的能量来改变材料的某些状态,为此需要产生相当大或比较大能量的超声,这类用途的超声通常称为功率超声,如超声加湿、超声清洗、超声焊接、超声手术刀、超声马达;另一类是利用它来采集信息,超声波测试分析包括对材料和工件进行检验和测量,由于检测的对象和目的不同,具体的技术和措施也是不同的,因而产生了名称各异的超声检测项目,如超声测厚、超声激发声发射、超声测硬度、测应力、测金属材料的晶粒度及超声探伤等。

超声波与电磁波不同,它是弹性波,不论材料的导电性、导磁性、导热性、导光性如何,只要是弹性材料,它都可以传播进去,并且它的传播与材料的弹性有关,如果弹性材料发生变化,超声波的传播就会受到扰动,根据这个扰动,就可了解材料的弹性或弹性变化的特征,这样超声就可以很好地检测到材料特别是材料内部的信息,对某些其他辐射能量不能穿透的材料,超声更显示出了这方面的实用性。与 X 射线、γ 射线相比,超声的穿透本领并不优越,但由于它对人体的伤害较小,使得它的应用仍然很广泛。超声波测试分析是利用超声波在介质中传播和与介质相互作用的特性,获得介质内部的信息,从而达到对介质的某些物理量和性质进行测试和分析的目的。本实验就是利用超声法来研究固体介质中的几个常用的参数。

本实验的目的是了解超声波产生和发射的机理、超声换能器的结构及作用;学习超声的传播规律及其声场特性,掌握用超声法测量固体介质常用参数的方法及超声扫描成像技术的应用。

【实验原理】

1. 超声波的发射和接收

应用超声波进行探测,首先要解决的问题就是如何发射和接收超声波。如果不计固体里的晶格热振动,那么在自然界很少有超声,特别是为人类(而不是为其他动物)应用的超声,而人类的耳朵又不能听到超声,因此需要人为地设计仪器来产生、察觉、测量或显示超声,这些问题都可以通过使用超声波换能器来得到解决。超声波换能器可使其他形式的能量转换成超声能量(称发射换能器)或使超声能量转换成其他易于检测的能量(称接收换能器),其中应用最多的是声电、电声换能器:当一个电脉冲作用到探头上时,探头就发射超声脉冲,反之,当一个超声脉冲作用到探头上时,探头就产生一个电脉冲。有了探头,再配上电信号的产生和接收等装置,就构成了整套超声波检测系统。

产生超声波的方法有很多种,如热学法、力学法、静电法、电磁法、磁致伸缩法、激光法以及压电法等,但应用得最普遍的方法是压电法。

1.1 压电效应

某些介电体在机械压力的作用下会发生形变,使得介电体内正负电荷中心产生相对位移以致介电体两端表面出现符号相反的束缚电荷,其电荷密度与压力成正比,这种由"压力"产生"电"的现象称为正压电效应,如图 38.1(a)所示。

反之,如果将具有压电效应的介电体置于外电场中,电场会使介质内部正负电荷中心发生位移,从而导致介电体产生形变,这种由"电"产生"机械形变"的现象称为逆压电效应,如图 38.1(b)所示。逆压电效应只产生于介电体,形变与外电场成线性关系,且随外电场反向而改变符号。晶体是否具有压电效应,是由晶体结构的对称性所决定的。压电效应仅存在于无对称中心的电介质离子性晶体中。

压电体的正压电效应与逆压电效应统称为压电效应。如果对具有压电效应的材料施加交变电压,那么它在交变电场的作用下将发生交替的压缩和拉伸形变,由此而产生了振动,并且振动的频率与所施加的交变电压的频率相同,若所施加的电频率在超声波频率范围内,则所产生的振动是超声频率的振动,即超声波的产生。我们把这种振动耦合到弹性介质中去,那么在弹性介质中传播的波即为超声波,这利用的是逆压电效应。若利用正压电效应可将超声能转变成电能,这样就可实现超声波的接收。另外,还可以利用电压激励压电晶片,使

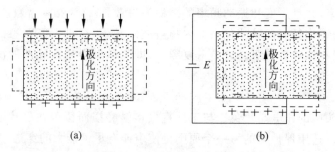

图 38.1　压电效应示意图

(a) 正压电效应；(b) 逆压电效应

其按固有频率振动的方式产生超声。两种不同方式产生的声波应用领域也不同。压电效应广泛应用于声呐系统、气象探测、家用电器、精密仪器和机械控制、微电子技术、生物工程等领域。

1.2　压电材料

压电材料分为两类。一类是天然的或人工制造的压电单晶：如石英、酒石酸钾钠、双氢磷酸铵、硫酸锂、碘酸锂、铌酸锂等。石英是最早使用的压电材料，它是透明的晶体而且又非常坚硬，居里点高，适合在较高温度下使用，它的抗腐蚀性能很好，但压电转换性能比较差。

另一类是多晶压电陶瓷材料：对于多晶材料，每个多晶颗粒由随机取向的电畴组成，宏观上并不具有压电效应。若在一定温度下施加强直流电场，这些电畴沿外电场方向规则排列（极化），并在撤销外电场后保持很强的剩余极化强度，从而在一定的温度范围内表现出宏观压电性。如锆钛酸钡、锆钛酸铅、锆钛锡酸铅、钛酸铅等。

由于压电陶瓷具有烧制方便，易于成型，机械强度高，能耐温耐湿以及经济等，并且具有比石英高得多的机电耦合系数，为了获得同样大的声压，施加在压电陶瓷上的电压仅为石英的数十分之一，因此压电陶瓷在超声中应用得相当广泛。

选择压电材料，我们不只考虑它的力学性质，还要考虑它的电学性质，而且要进一步考虑电学和力学相互耦合的性质，这些分别涉及弹性常数、介电常数和独特的压电常数。

1.3　超声换能器（探头）

把其他形式的能量转换为声能的器件称为超声波换能器，亦称超声探头。在超声波分析测试中常用的换能器既能发射声波，又能接收声波。超声波有纵波和横波两种波型：当介质中质点振动方向与超声波的传播方向一致时，称为纵波；当介质中质点的振动方向与超声波传播方向相垂直时，称为横波。在实际应用中要根据需要使用不同类型的探头，主要有：直探头（纵波），斜探头（横波），水浸式聚焦探头，轮式探头，微型表面波探头，双晶片探头及其他型式的组合探头等。这里只简单介绍最常用的几种。

1）直探头

直探头也称平探头，用于发射和接收纵波，其结构如图 38.2 所示。下面简单介绍它的几个重要元件。

（1）压电晶片

根据所需材料和所需声场的不同要求，压电晶片可以做成不同尺寸，大部分晶片都做成圆片状。其厚

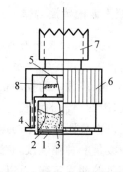

图 38.2　纵波直探头的结构

1—保护膜；2—晶片；3—吸收块；4—内套；
5—接线；6—外套；7—接插件；8—匹配电感

度决定了振动频率,并且厚度和振动频率的乘积为一常数,称为频率常数。脉冲超声中有两个频率概念,一是工作频率即脉冲包络线内超声波的频率,这是大家熟悉的标称频率、中心频率等术语,一般在兆赫数量级。二是重复频率,即每秒发射超声脉冲的次数,又叫脉冲频率、扫描频率。

（2）保护膜

为了使直探头中的压电晶片免于与工件直接接触磨损而覆盖在晶片上的保护层,一般需选用耐磨材料。选用保护膜的另一个原则是使声能有尽可能大的穿透率。

（3）吸收块

它是用来提高探头分辨力的。一片振动的压电晶片在除去外力后仍要经过多次振动才会停止,这就会使超声波的脉冲变宽,从而有损探头的分辨力,因此要在晶片背面装上兼作支撑体、吸收噪声能量的阻尼块。吸收块材料的选择还需要考虑吸收块与压电晶片之间的声耦合匹配问题。

2）斜探头

由于产生纵波最为容易,而且转换效率也高,因此,在超声波分析测试中需要其他波型时,大都考虑首先获得纵波,然后再利用波型转换来得到其他波型。斜探头即是考虑了斜楔对波型转换的作用原理后,利用纵波在斜楔与工件界面上的波型转换而在工件中产生所需波型的一种探头。其结构如图 38.3 所示。

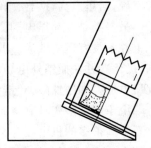

对于斜探头,主要应考虑两个方面。其一是使工件获得所需的波型及足够的声能;其二是不应由于斜楔的存在使杂波增加而影响超声波的测试分析。对于后者必须很好地设计斜楔的形状,使斜楔中由界面反射回来的声能不回到压电晶片上来。

图 38.3　斜探头结构

3）水浸式探头

探头采用水浸形式可以获得稳定的声耦合,由于用水做耦合,无需与工件相接触,可不用保护膜。但由于晶片与水直接接触,而且二者的声阻抗又相差极大,因此只有 17% 的能量传入水中,为了提高水浸探头辐射到水中的声能,可以考虑在压电晶片前面覆盖一层匹配介质。

2. 超声波的传播规律及其声场特性

2.1　超声波的反射与折射

我们仅限于讨论幅度足够小和波长足够大的超声波,振幅足够小的含义是,声波强度不是很大,因此,声波中的扰动量是小量,远小于某个标准;波长足够大的含义是,声波的频率不是极高,因此声波的波长远大于组成介质的微观粒子(如原子、分子)间的距离,这些微观粒子于是以大集团做整体的运动,从而介质宏观上可以看作是连续的。

超声波是一种弹性波,它遵从波传播的普遍规律。在各向同性的固体材料中,根据应力和应变满足的胡克定律,可以求得超声波传播的特征方程

$$\nabla^2 \Phi = \frac{1}{c^2} \frac{\partial^2 \Phi}{\partial^2 t^2}$$

(38.1)

其中，Φ 为势函数；c 为超声波传播速度。

超声波从一个媒质传播到另一个媒质时，在两种媒质的分界面上，一部分能量反射回原媒质内，称为反射波；另一部分能量透过界面在另一种媒质内传播，称透射波或折射波。反射波和折射波的传播方向（类似于光波一样）由反射、折射定律（又称斯涅尔定律，Snell's law）来确定，即

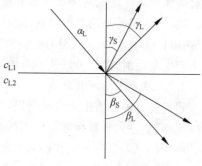

$$\frac{\sin\alpha_L}{c_{L1}} = \frac{\sin\gamma_L}{c_{L1}} = \frac{\sin\gamma_S}{c_{S1}} = \frac{\sin\beta_L}{c_{L2}} = \frac{\sin\beta_S}{c_{S2}} \quad (38.2)$$

式中，α_L 表示纵波入射角；γ_L 表示纵波反射角；γ_S 表示横波反射角；β_L 表示纵波折射角；β_S 表示横波折射角，c_{L1} 表示第一媒质中的纵波声速；c_{S1} 表示第一媒质中的横波声速；c_{L2} 表示第二媒质中的纵波声速；c_{S2} 表示第二媒质中的横波声速，如图 38.4 所示。

图 38.4 超声波的反射与折射

2.2 临界角、波型转换及全反射

根据声波反射和折射的正弦定律，入射声波存在一些特征角，即第一、第二临界角。

(1) 第一临界角

超声波纵波倾斜入射到界面上，若第二介质纵波波速 c_{L2} 大于第一种介质中纵波波速 c_{L1}，则纵波折射角大于纵波入射角，即 $\beta_L > \alpha_L$。当纵波折射角为 90° 时的纵波入射角定义为第一临界角 α_{1m}。

$$\alpha_{1m} = \arcsin\frac{c_{L1}}{c_{L2}} \quad (38.3)$$

显然当入射角 $\alpha_L \leqslant \alpha_{1m}$ 时，折射介质中既有纵波又有横波，如图 38.5(a)所示。

(2) 第二临界角

若第二介质横波波速 c_{S2} 大于第一种介质中纵波波速 c_{L1}，即 $c_{S2} > c_{L1}$，则横波折射角大于纵波入射角，即 $\beta_S > \alpha_L$。当横波折射角为 90°时的纵波入射角定义为第二临界角 α_{2m}。

$$\alpha_{2m} = \arcsin\frac{c_{L1}}{c_{S2}} \quad (38.4)$$

当入射角 $\alpha_{1m} < \alpha_L < \alpha_{2m}$ 时，折射介质中只有横波存在而无纵波存在，如图 38.5(b)所示。当入射角 $\alpha_L > \alpha_{2m}$ 时，折射介质中既无纵波也无横波，此时在第二介质的表面上就会产生声表面波，如图 38.5(c)所示。

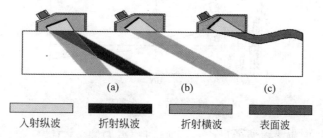

入射纵波　　折射纵波　　折射横波　　表面波

图 38.5 斜探头中纵波入射角大小与折射波型的关系

(a) $\alpha_L \leqslant \alpha_{1m}$；(b) $\alpha_{1m} < \alpha_L < \alpha_{2m}$；(c) $\alpha_L \geqslant \alpha_{2m}$

由斯涅尔定律知道,当纵波倾斜入射到异质界面时,除了产生与入射波同类型的反射波和折射波以外,还会产生与入射波不同类型的反射波和折射波,这种现象称为波型转换。波型转换现象只发生在斜入射的场合,而且与界面两侧媒质的状态有关。

由于气体和液体没有剪切弹性,只有体积弹性,因而在液体、气体媒质中只能传播纵波,只有固体媒质才能同时传播纵波和横波,因此波型转换只可能在固体中产生。同时还应指出,尽管气体媒质理论上可以传播纵波,但由于气体特性阻抗远远小于固体或液体的特性阻抗(声阻抗 $z = \rho v$,ρ、v 分别为材料的密度和在材料中的声速),使得声波在固/气或液/气界面上产生全反射,因此可以认为声波难以从固体或液体中进入气体。

2.3 超声声场及其衰减

超声在各种媒质中的传播问题,实际上是声场问题。在超声的研究和应用中,声场都是由换能器产生的,多数换能器产生的是有限束声场。声场特征常用声压、声强等特征值来描述。声压(p)是指超声波在媒质中传播时,媒质中空间各点受到扰动而产生的压强。声压的大小反映了声波的强弱,一般是时间和空间的函数,其单位为 Pa(帕斯卡)。在声场中的某点,在与指定方向垂直的单位面积上,单位时间内通过的平均声能,称为声强度,以 I 表示。

声波在媒质中传播时,其强度随传播距离的增加而逐渐减弱的现象,通称为声衰减。按照引起超声强弱的不同原因,把超声衰减分为三种类型:吸收衰减、散射衰减和扩散衰减。前两类衰减取决于媒质的性质,后一类衰减则由声源特性引起。声学理论证明,吸收衰减和散射衰减都遵从指数衰减规律。对沿 x 方向传播的平面波而言,声压 p 和声强 I 随传播距离 x 的变化分别表示为

$$p = p_0 e^{-\alpha x} \tag{38.5}$$

$$I = I_0 e^{-2\alpha x} \tag{38.6}$$

式中,α 为衰减系数;x 为传播距离。α 与波的频率以及媒质性质有关。频率越高,衰减得越厉害,传播的距离也越短。水中超声波的衰减系数比在空气中小得多,与电磁波刚好相反,再加上超声波波长短,因此可用于在水中探测或搜索鱼群,探测海深以至搜索水雷和潜艇等军事目标。超声波在软组织和肌肉中衰减系数也较小,故可用于医学上探测体内病变。

超声检测时测得的信号强度与声压成正比。图 38.6 为圆形晶片中心轴线上的声压分布。声压分布分为两个区域,近场区和远场区。当 $x < N$ 时,称为近场区;当 $x > N$ 时称为远场区,N 为近场区长度。由于近场区中波的干涉使声压的起伏很大,在工件探伤时近场区内难以探测到缺陷,也称为盲区。

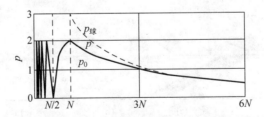

图 38.6　圆形晶片轴线上的声压分布

近场区长度 N 取决于声源的尺寸和声波波长,当 $D/2 \gg \lambda$ 时,N 值可用式(38.7)获得

$$N = \frac{D^2 - \lambda^2}{4\lambda} \approx \frac{D^2}{4\lambda} \tag{38.7}$$

从中可以看出,压电晶片的直径 D 越大、频率越高(波长 λ 越短),则近场长度 N 也越长。

当 $x > 3N$ 时,远场区的声压分布可由式(38.8)计算

$$p = p_0 \frac{\pi D^2}{4\lambda} \frac{1}{x} \tag{38.8}$$

远场区中心轴线上的声压与晶片面积和起始声压成正比,而与波长和声程成反比。声场中的声压不但随距离 x、时间 t 而变,同时还随声束的半扩散角 θ 而变。半扩散角直接反映声场中声能集中的程度和几何边界。其计算公式为

$$\theta = \arcsin(1.22\lambda/D) \tag{38.9}$$

半扩散角 θ 取决于晶片直径 D 和波长 λ。提高频率和加大晶片尺寸,均可改善超声的指向性。探头发射的超声波能量的 80% 以上集中在主瓣的声束上,副瓣的能量小,传播距离短,因此可以认为副瓣束集中在近场区,如图 38.7 所示。

超声检测大多采用脉冲波,由于脉冲波是持续时间很短的波动,所以它们可能不产生干涉或只产生不完全干涉。脉冲波中脉冲个数对近场区内的声压分布影响极大。当脉冲个数小于或等于 6 时,近场区声压明显变得简单,副瓣数目和尺寸均减小。

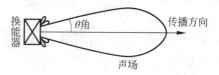

图 38.7　探头发射声场的扩散和衰减

3. 探头的延迟、声速及弹性参数的测定

3.1　超声探头的延迟和折射角

在本实验中,用斜探头产生横波超声波,用直探头产生纵波超声波。

沿超声波传播路径声波传播的距离称为声程,超声波沿某一声程的传播时间称为声时。

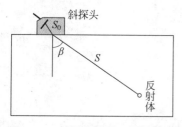

图 38.8　斜探头的延迟和折射角

在利用超声探头进行测试中,超声源产生超声波并不是直接进入被测材料的,而是先在探头内部产生超声波,再通过一定的媒介使超声波进入被测材料内部,因此超声波产生后在介质中传播的声程包括探头内部的声程 S_0 和被测材料中的声程 S,如图 38.8 所示,其中 S_0 定义为超声探头的延迟,单位可用毫米(声程)或微秒(声时)表示。理论上讲,直探头和斜探头都有延迟,只是直探头的延迟通常较小而被忽略。

对于斜探头,我们定义晶片中心法线与探测面的交点为探头的入射点,定义在被测材料内部声束线与探测面法线的夹角为探头在该材料中的折射角 β,一般情况下,斜探头的标称角度是指该探头用于某一特定材料(如钢,声速约 5900 m/s)情况下声束的折射角度。对于不同材料,该折射角不同。

3.2　声速与弹性常数的测量

声波在弹性媒质中传播的速度,称为声速。声波的传播只是扰动形式和能量的传递,并不把在各自平衡位置附近振动的媒质质点传走。声速的量值与媒质的性质和形状有关。

在固体介质内部,超声波可以按纵波或横波两种波型传播,对于同一种材料,其纵波波速和横波波速的大小一般是不一样的,但是,它们都是由弹性介质的密度、弹性模量和泊松比等弹性参数决定,即影响这些物理常数的因素都对声速有影响。无限大各向同性均匀固

体中,纵波声速公式为

$$c_L = \sqrt{\frac{E(1-\sigma)}{\rho(1+\sigma)(1-2\sigma)}} \tag{38.10}$$

横波声速为

$$c_S = \sqrt{\frac{E}{2\rho(1+\sigma)}} \tag{38.11}$$

式中,E 为杨氏模量,σ 为泊松比,ρ 是介质的密度。由此可知,固体媒质的弹性性能越强,密度越小,声速就越高。而且可以导出纵波声速与横波声速之间的关系

$$\frac{c_L}{c_S} = \sqrt{\frac{2(1-\sigma)}{1-2\sigma}} \tag{38.12}$$

对一般固体,σ 在 0.33 左右,$c_L/c_S \approx 2$,因此,在同一种介质中,纵波波速约为横波波速的两倍。

固体在外力的作用下,其长度沿着力的方向产生变形,变形时应力与应变之比就定义为杨氏模量,一般用 E 表示。

固体在应力作用下,若沿纵向有一正应变(伸长),沿横向就将有一个负应变(缩短),横向应变与纵向应变之比被定义为泊松比,记作 σ,它也是表示材料弹性性质的一个物理量。

固体在应力作用下还将产生体积的变化,应力与体应变 $\Delta V/V$ 之比定义为体弹性模量,记作 κ。

由式(38.10)、式(38.11)、式(38.12)可以将材料的弹性常数表示为声速的函数

$$E = \frac{\rho c_S^2(3T^2-4)}{T^2-1} \tag{38.13}$$

$$\sigma = \frac{T^2-2}{2(T^2-1)} \tag{38.14}$$

$$\kappa = \rho c_S^2(T^2-4/3) \tag{38.15}$$

其中

$$T = \frac{c_L}{c_S} \tag{38.16}$$

因此利用测量超声波速度的方法可以测量材料有关的弹性常数。无论纵波还是横波,其速度 c 都可以表示为

$$c = \frac{d}{t} \tag{38.17}$$

其中,d 为声波传播距离;t 为声波传播时间。

4. 超声波扫描成像

在超声水槽内,利用丝杠移动水浸式聚焦探头改变其位置,可对试块进行二维扫描式测量,将逐点的测量值传输给计算机,用色彩表示不同的深度等,应用相应的程序作出图像,这样就可对试块直观地进行观测。

扫描观测的对象不同,成像的原理也不完全相同,在本实验中,成像分为以下三种方式。

4.1 水下地貌测绘

超声波在水下传播时,被水下地面反射,通过该反射波可以计算探头到地面的距离,利用该距离进行成像。

4.2 水下地壳扫描

超声波传播透过水层进入地下,被地下地质分层反射,通过该反射波和地面反射波可以计算地质分层到地面的距离,利用该距离进行成像。

4.3 水下地藏勘测

超声波传播透过水层进入地下,如果地下有石油储藏,则石油的上下层将反射超声波,通过这两层的反射波可以计算出石油的厚度,利用该厚度进行成像。

【实验仪器】

本实验使用的是一台数字智能化的超声波分析测试仪。它主要由主机、超声波发射接收卡、A/D 转换卡和超声波换能器(探头)组成。超声波卡和 A/D 卡在使用时,是插在微机 ISA 插槽中。

超声波分析测试仪工作原理示意图如图 38.9 所示。主机是一台微处理机,它是整个系统的枢纽,由它完成系统的控制操作、数据采集、数据存储和数据的分析处理。超声卡实现超声波发射和接收功能,发射功能可以产生 100～400 V 高压电脉冲,激励探头上的压电晶片发出超声波;接收功能可以把经探头声电转换而得到的微弱电信号,经三级频带放大和视频放大输至 A/D 卡输入接口。A/D 卡或 A/D 转换器就是一个编码器,它对输入模拟量进行二进制编码,输出一个与模拟量大小成一定比例关系的数字量。A/D 转换实现了超声波接收信号的数字化。利用计算机强大的控制功能和高速运算功能对数字信号进行数字处理可以实现超声波分析测试智能化。

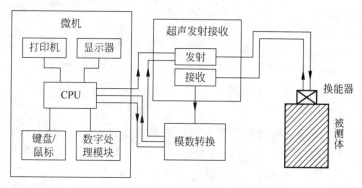

图 38.9　超声波分析测试仪工作原理

本实验所用的探头为纵波直探头、横波斜探头、水浸式聚焦探头。测试试块为钻有 6 个直径为 1 mm 的横通孔的钢试块和铝试块各一块,其尺寸如图 38.10 所示。

超声测量水槽和若干扫描成像试块用于模拟水下地貌测绘、水下地壳扫描、水下地藏勘测。探头和试块之间所用耦合剂为机油。

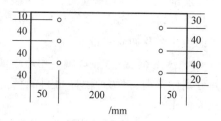

图 38.10　试块的尺寸

在实验中,利用脉冲反射方法进行测量,仪器首先产生一个高压负脉冲激励超声波换能器,换能器则产生一个有一定周期的波包,该波包在材料中传播遇到缺陷或障碍物时发生反射,反射波被同一个换能器接收,通过仪器显示在示波器上,如图38.11所示。在示波器上显示的波包的振幅正比于接收到声波的声压,而波包的波峰对应的时间为超声波从发射到被接收在探头内部和材料中的传播时间。

在实验中,由于探头声源的尺寸(晶片大小)相对于实验采用的超声波波长不是足够大,因此探头发射的超声波不是严格的平面波,并且声束呈发散状,如图38.12所示,因此在声波传播方向上,声压随声程的增大而减小;而在垂直声波传播方向上,声束中心轴线上声压最大。当声程足够大时,声波可以看成按球面波规律传播,在分析测试中,声程由反射回波波幅的最大点对应的声程确定。

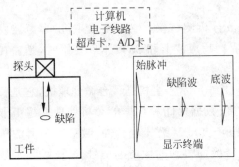

图38.11　测量声速及探伤原理示意图

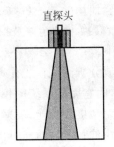

图38.12　探头的扩散和衰减

本仪器是基于微型计算机的分析测试设备,其操作使用是通过软件界面实现的。软件界面的操作和使用请参考仪器的操作说明。

【实验内容】

1. 了解仪器的软件操作界面和界面中各个功能的意义;利用超声探伤的原理探测试块中的横孔位置,分析示波器界面上各回波对应试块中反射面的位置。

2. 了解探头结构及直探头和斜探头的异同;测量直探头和斜探头的延迟及斜探头在不同材质中的折射角。

实验中可以采用横孔人工反射体测量探头的延迟及折射角。设探头的延迟为 t_0,两个横孔的深度(已知)分别是 H_1 和 H_2,在示波器上可以测得两波对应的声时分别为 t_1 和 t_2,它们里面都包含有探头延迟 t_0,通过联立方程计算,可以得到探头延迟。

注意:由于斜探头上并未标明超声波入射点的位置,因此要得到折射角,必须测量如图38.13所示的 l 值。请考虑为什么及如何测量?

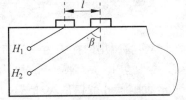

图38.13　斜探头折射角测量

3. 测量钢、铝两种材质中超声纵波速度和横波速度;并分别计算钢、铝两种固体材料的杨氏模量、体弹性模量和泊松比。

4. 改变"探头和试块设置"中系统的频率,测量直探头发射的超声波的中心频率,探究本实验中超声发射的机理和决定探头振动频率的主要因素。利用测量到的频率计算纵波在铝和钢中的波长。

5. 测量重复频率,分析重复频率对检测的影响及它和工作频率的差别。

6. 利用超声扫描成像进行水下模拟观测,了解超声技术在水中探测和医疗领域的应用原理。

7. (选做)设计实验,测量探头的近场区长度和发散角,并分析它们对实验测量的影响。

8. (选做)设计实验,测量较薄样品的厚度,分析超声波包宽度对薄样品厚度测量的影响。

9. (选做)设计实验,分析超声波型转换对测量和探伤的影响。

10. (选做)纵波测量时试块底面的两次回波信号之间是一系列衰减的波包,通过实验分析其产生原因和影响因素。

【注意事项】

1. 测量声速和延迟时注意正确判断示波器界面的各个回波信号与试块中各反射面的对应关系。

2. 本实验是通过测量声波对人工反射体反射回波的传播时间进而测定声波在固体材料中传播的速度,最后计算出材料的弹性常数,因此在测量过程中,以下因素可能带来测量误差:试块的加工精度及其材质的均匀度;人工反射体的几何尺寸;探头延迟;斜探头折射角和声束宽度;A/D采集卡的采样速度;同步信号的触发精度。

根据上述可能产生误差的各种情况,可以利用下列方法来提高测量精度:

(1) 多次平均法,如利用直探头测量纵波声速时,选多个测量位置,取其平均值;

(2) 增大测量声程,如利用多次反射回波进行测量;

(3) 相对测量法,如利用不同深度反射体回波声程的差进行测量可以消除延迟的影响。

3. 超声扫描成像时注意闸门宽度要选择适当。闸门太窄会丢失测量信息,太宽则影响颜色分辨率。

【参考文献】

[1]　何元金,马兴坤. 近代物理实验[M]. 北京:清华大学出版社,2003.

[2]　应崇福. 超声学[M]. 北京:科学出版社, 1990.

[3]　北京市技术交流站. 超声波探伤原理及其应用[M]. 北京:机械工业出版社,1980.

[4]　郑中兴,藤永平. 超声检测技术[M]. 北京:北京交通大学出版社,1998.

[5]　沙振舜,黄润生. 近代物理实验[M]. 南京:南京大学出版社,2001.

[6]　罗斯 J L. 固体中的超声波[M]. 何存富,吴斌,王秀彦,译. 北京:科学出版社,2004.

[7]　冯若. 超声手册[M]. 南京:南京大学出版社,1999.

[8]　超声波探伤编写组. 超声波探伤[M]. 北京:电力工业出版社,1980.

【附录】

1. 压电晶片的参数

压电晶片除了具有介电常量、弹性系数和压电常量外,还有一些其他参数如:谐振频率、介质损耗(或称介电损耗或损耗因素)、品质因数和机电耦合系数等。

1.1 介电常量 ε

根据电磁学理论,电位移 D 与电场的强度 E 的关系为

$$D = \varepsilon_r \varepsilon_0 E \tag{38.18}$$

式中,$\varepsilon_0 = 8.85 \times 10^{-12}$ F/m,是真空中的介电常量;ε_r 为相对介电常量,介质的介电常量 $\varepsilon = \varepsilon_0 \varepsilon_r$,上式写成矩阵形式为

$$\begin{bmatrix} D_1 \\ D_2 \\ D_3 \end{bmatrix} = \begin{bmatrix} \varepsilon_{11} & \varepsilon_{12} & \varepsilon_{13} \\ \varepsilon_{21} & \varepsilon_{22} & \varepsilon_{23} \\ \varepsilon_{31} & \varepsilon_{32} & \varepsilon_{33} \end{bmatrix} \begin{bmatrix} E_1 \\ E_2 \\ E_3 \end{bmatrix} \tag{38.19}$$

介电常量是表征压电体的介电性质或极化性质的一个参数。

1.2 压电常量 d

根据压电理论,在正压电效应,压电体的电位移矢量与应力 T 成正比,即 $D = dT$,用矩阵表示为

$$\begin{bmatrix} D_1 \\ D_2 \\ D_3 \end{bmatrix} = \begin{bmatrix} d_{11} & d_{12} & \cdots & d_{16} \\ d_{21} & d_{22} & \cdots & d_{26} \\ d_{31} & d_{32} & \cdots & d_{36} \end{bmatrix} \begin{bmatrix} T_1 \\ T_2 \\ T_3 \\ T_4 \\ T_5 \\ T_6 \end{bmatrix} \tag{38.20}$$

比例系数 d 称为压电常量,在逆压电效应中,压电体应变 S 与电场 E 的关系为

$$\begin{bmatrix} S_1 \\ S_2 \\ S_3 \\ S_4 \\ S_5 \\ S_6 \end{bmatrix} = \begin{bmatrix} d_{11} & d_{21} & d_{31} \\ d_{12} & d_{22} & d_{32} \\ \cdots & \cdots & \cdots \\ d_{16} & d_{26} & d_{36} \end{bmatrix} \begin{bmatrix} E_1 \\ E_2 \\ E_3 \end{bmatrix} \tag{38.21}$$

1.3 谐振频率

压电振子本身是弹性体,具有固有振动频率 f_r,当施加于压电振子上的激励信号频率等于压电振子的固有频率 f_r 时,压电振子由于逆压电效应而产生机械谐振,这种机械谐振子又借助于压电效应而输出电信号。

压电振子谐振时,它的弹性最大,输出的振幅和电流达到最大值。相应于振子的阻抗为最小值时的频率称为最小阻抗频率(或称为最大导纳频率),以 f_m 表示。当信号频率继续增大,振子的输出电流减小,阻抗最大的频率称为最大阻抗频率(或称为最小导纳频率),以 f_n 表示。通常称阻抗最小的频率为谐振频率,阻抗最大的频率为反谐振频率。如继续提高输入信号的频率,还将规律地出现一系列次最大值和次最小值,其相应的频率组合 f_{n1},f_{m1},f_{n2},f_{m2},$\cdots$,f_n 和 f_m 称为基音频率,f_{n1} 和 f_{m1},f_{n2} 和 f_{m2},则分别称为一次泛音频率和二次泛音频率。

1.4　介质损耗

压电振子一般总有耗损,介电体在电场作用下,由发热而导致的能量损耗称为介质损耗,介质损耗用损耗正切 $\tan\delta$ 来表示。

1.5　品质因数

介质耗损 $\tan\delta$ 的倒数 Q_e 称为电学品质因数。

机械品质因数 Q_m 表示压电谐振时,因克服内摩擦而耗损的能量,是衡量材料性能的一个重要参数,它与压电振子谐振时储存的机械能 W_1 与一个周期内耗损的机械能 W_2 的关系为

$$Q_m = \frac{2\pi W_1}{W_2} \tag{38.22}$$

1.6　机电耦合系数 K

反映压电材料的机械能与电能之间相互耦合程度的参数

$$K = \frac{U_1}{\sqrt{U_M U_E}} \tag{38.23}$$

式中,U_1 为压电体输出的机械能和电能相互作用的能量密度;U_M 为压电体储存的机械能密度;U_E 为压电体储存的静电能密度。

2. 一些材料的声速和密度

一些多晶或非晶固体材料、流体及气体的声速和密度见表 38.1、表 38.2 和表 38.3。

表 38.1　一些多晶或非晶固体材料在室温下的声速和密度（频率为 1 MHz 时）

材料	$C_L/$ $(10^3$ m/s)	$C_S/$ $(10^3$ m/s)	$\rho/$ $(10^3$ kg/m$^3)$	材料	$C_L/$ $(10^3$ m/s)	$C_S/$ $(10^3$ m/s)	$\rho/$ $(10^3$ kg/m$^3)$
金	3.24	1.20	19.8	铅	2.16	0.7	11.4
铁	5.85	3.23	7.7	银	3.60	1.59	10.5
不锈钢	5.79	3.10	7.9	火石	4.26	2.56	3.6
铝	6.26	3.08	2.7	冕牌	5.66	3.42	2.5
铜	4.70	2.26	8.9	派热克斯	2.67	1.12	1.18
镍	5.63	2.96	8.8	有机玻璃	2.73	1.46	1.18
钨	5.46	2.62	19.1	聚乙烯	1.95	0.54	0.9
钛	5.99	2.96	4.54	聚苯乙烯	2.35	1.12	1.06

表 38.2　一些流体的声速和密度

液　　体	温度/℃	$C_L/(10^3$ m/s)	$\rho/(10^3$ kg/m$^3)$
水			
	4	1.4216	1.00
	10	1.4472	1.00
	20	1.4823	0.998
乙醇	20	1.15	0.79
蓖麻油	20	1.54	0.95
甘油	20	1.98	1.26
汽油	20	1.14	0.706
水银	20	1.45	13.6

表 38.3　大气压下一些气体的声速和密度

液　体	温度/℃	$C_L/(m/s)$	$\rho/(kg/m^3)$
空气	0	331.6	1.293
	20	343	1.21
氧	0	317.2	1.41
氮	20	349	1.25
氢		1209.5	0.09
二氧化碳	0	258(低频)	1.98
		269(高频)	

3. 功率超声的应用

超声除了可用来做检测超声外,还有另一大类用途——功率超声,它是利用超声振动形式的能量使物质的一些物理、化学和生物特性或状态发生改变,从而对物质进行处理、加工的方法。功率超声已经在工业、农业、国防和医药卫生、环境保护等部门得到了广泛的应用,它提高了处理产品的能力,并能完成一般技术不能完成的处理工作。功率超声最常用的频率范围是从几千赫兹到几十千赫兹,而功率则由几瓦到几万瓦。在这里我们对功率超声的应用作一些简单的介绍。

3.1　超声清洗

空化是液体中的一种物理现象,在液体中由于涡流或超声的物理作用,液体的某一区域会形成局部的暂时负压区,于是在液体中产生空穴或气泡,这些充有蒸气或空气的气泡迅速膨胀,然后突然闭合,这时会产生激波,因而在局部微小区域有很大的压强,可达上千大气压,局部温度可达 5000 K。这种膨胀、闭合、振荡等一系列动力学过程称为声空化。超声清洗是利用换能器通过槽壁向盛在槽中的清洗液辐射声波,由于超声空化的力学效应以及洗液池中清洗液的充分搅拌作用,使浸在液体中的零部件的表面污物迅速被除去。超声清洗具有速度快、质量高、易于实现自动化的特点,特别是其他方法难以进入的小孔、微缝中的污垢,声波一到即刻除掉。

3.2　超声粉碎

超声在传播过程中,会引起介质的压缩和伸张,从而构成压力的变化,这种压力的变化将引起机械效应。由于超声的频率较高,使得介质质点的运动速度虽然不太大,但其加速度却很大(有时超过重力加速度数万倍),因而造成了对介质的强大机械效应甚至达到破坏介质的作用。我们巧妙地利用超声技术就可以对食品工业中的可可粉、咖啡粉、巧克力粉等进行粉碎,还可对矿山矿粉、碎性药品、上浆淀粉、化学日用品等的粉碎以及生物细胞的破碎都有效果。

3.3　超声焊接

超声波作用于介质中被介质吸收,使介质产生强烈的高频振荡,介质之间因互相摩擦而发热,这种能量可使液体、固体温度升高。超声在穿透两种不同介质的界面时,温度升高会更大,这就是超声热学效应。超声焊接金属或塑料时不需要外部加热,将焊件置于反射声极上,焊接时在焊件上施加一定的压力,当超声焊头以每秒几万次的高频做切向振动时,会产生局部高温,接触面迅速熔化,在一定的压力作用下两介质片即焊上。超声焊接的特点是不需要焊剂和外部加热,不因受热而变形,没有残余应力,不但同类金属,而且异类金属之间也可以焊接在一起,现在还发展超声焊接塑料等工艺,具有高效、优质、美观、节能的优越性。

3.4 超声加工

超声加工是指利用加工工具做超声振动并通过磨料冲击被加工工件来碎除材料的技术,包括钻孔、切割、套料、振动切削、研磨、抛光等。加工时,工具以一定静压力压在工件上,在工具和工件之间加上磨料悬浮液,工具做超声纵向振动时,对磨料进行周期性的锤击,通过磨料的冲击把加工区的材料粉碎成细粒而从材料上脱落下来,这样就可在工件上形成与工具形状相同的孔穴。超声加工的特点是被加工材料不受导电的限制,可以加工各种复杂形状的型孔、型腔、深孔等,加工精度和表面光洁度较高,已被广泛应用于非导电硬脆材料的加工、套料、切割和雕刻等。

3.5 超声金属成型

20 世纪 50 年代 Blaha 和 Langenecker 在用锌单晶加超声振动做拉伸实验时,发现张应力下降的"软化"现象,人们把它用于工业上帮助冷拔金属材料,就称为超声金属成型。它的特点是:降低拉拔力,减小破裂,能够拔出复杂形状的管子,以及可以延长工具寿命等。

3.6 超声悬浮

超声悬浮是在重力或微重力空间利用强驻波声场中的辐射压力与固体、液体微粒或生物细胞的重力相平衡,而使其稳定悬浮在声场中或在空中移动的技术。利用这种新技术可以用较少的设备实现一种无明显机械接触的理想实验环境来研究液体和生物媒质的力学性质,也可实现无容器的熔化和固化材料,消除容器对所制备材料的污染,得到纯度很高的材料,这一技术已在航天飞机的太空实验中得到应用。声悬浮技术还可以实现非接触的物体传输等。

3.7 超声电机

它是一种新型电机,主要是由压电材料或电致伸缩材料制成。当利用逆压电效应或电致伸缩效应在弹性体中激发某种类型的超声频振动和波动时,弹性体的表面借助于摩擦力推动与其接触的物体运动,若物体转动则称之为旋转超声电机,若物体作直线运动则称为直线超声电机。超声电机与电磁电机相比具有下列优点:①低转速高转矩,不需要减速机构;②不受磁场和放射线的影响,也不产生磁干扰;③体积小,响应快,能适应以计算机为代表的现代电子技术的需要。所以超声电机被认为在机器人、计算机、机动车和仪器仪表、宇航等领域有广阔的应用前景。但是超声电机是靠摩擦驱动,它的功率还比不上电磁电机。

4. 超声在医学中的应用

在生物学、医学领域,人们研究超声波与生物组织(主要指人体组织)的相互作用机理、规律及其应用,它主要包括两大方面:超声诊断和超声治疗。超声诊断研究如何利用各种组织声学特性的差异来区分不同组织,特别是区分正常和病变组织。超声治疗则研究如何利用超声波的生物效应(超声波照射引起的组织结构、功能和生物过程的变化)来治疗某些疾病。

4.1 超声诊断

生物组织既不同于固体介质,也不同于液体介质,它的结构很不均匀,这就造成了超声在生物组织中传播问题的复杂性。要精确描述生物组织的声学特性及超声波在生物组织中的传播规律是不现实的,解决这一问题的方法是根据特定的目的寻求有足够精度的近似描述,也就是说,首先要找到一个适当的声学模型,这个模型的声学参量及空间分布规律描述了某生物组织的声学性能,然后建立这个模型的波动方程,根据已知声源,求解声波在模型中的传播规律,即得到声波在该组织中的传播规律。通常我们认为生物组织(指活体组织)的声学特性是不随时间变化的,这对于短时间的观察是适用的。

显然,在讨论不同问题时对模型的近似程度的要求是不一样的,最粗略的近似是把骨骼看成各向同性的均匀固体,而软组织和各脏器则被视为均匀液体,上述模型可用来检测不同组织间的界面上的声学行为。若要观察生物组织的细微结构,则必须利用组织的微弱散射信号,而声散射的形成是由于组织的非均匀性,这要求建立较好的声学模型。

超声诊断是以超声波为信息载波,将超声波探测得到的信息以某种方式显示出来由医生观察,作出诊断。下面介绍几种常用的超声信息显示方法。

(1) A 型显示

A 型显示是一维显示,它只用一个换能器发射一束脉冲声波至体内,并接收散射(或反射)回来的声波,转换为电压信号,在示波器屏幕上显示。纵轴表示散射或反射信号的大小,横轴表示到达时间,亦即散射源或反射界面与体表的距离。A 型显示可以进行病变和内脏器官的定位和估计大小。

(2) M 型显示

M 型显示是运动器官或界面的一种动态显示方法。与 A 型一样,用一个换能器发射一束脉冲声波进入体内,但其接收到的散射(或反射)回波信号被用来调制荧光屏上光点的亮度,光点的纵坐标代表回波信号相应点到体表的距离,横坐标则表示不同时刻。这种显示方式最适用于观察运动器官的工作情况。

(3) 二维图像显示

二维图像显示是目前超声诊断中最常用的显示方法,它所显示的图像与体内某一断层相对应,光点的亮度对应于该位置回声信号的强度。其主要有 B 扫描和 C 扫描。

B 扫描:显示的是与声束方向平行的断层图像,声束沿 z 方向向生物体内传播,我们沿 x 方向扫描,逐次照射物体的不同区域,并接收声束所达区域内物体的散射声信号,将声信号幅度调制荧光屏上相应位置的光点亮度,从而获得声束扫描断面内与声散射信号幅度对应的图像。光点的纵坐标表示回收信号相应点离体表的距离,横坐标对应横向位置。

B 型扫描图像在超声诊断中已得到了广泛的应用,因为它具有真实性强、直观性好、容易掌握、诊断迅速等优点,并且它还能给出实时动态图像,因而也可以观察某些运动器官如心脏、血管等的运动情况,从而判断某些疾病。

C 扫描:显示的是与声束垂直的断面。在 C 型成像中,声束不仅要沿 x 方向扫描,而且还要沿 y 方向扫描,即为面扫描。为获得某个与声束垂直的断面的清晰图像,扫描声束应聚焦于该平面。

(4) 三维图像显示

由于荧光屏本身是平面显示器,真正的三维显示是难以实现的。所谓三维图像显示通常是指按照立体投影原理,在一个平面上获得有立体感的三维物体的图像显示。为此,首先要得到物体在一个空间内的三维图像信息,或者得到若干个相邻断层内的二维图像信息,然后按照投影原理,组成一个有立体感的图像。三维图像显示的目的在于使图像更加直观,便于作出诊断。

（5）彩色编码显示

上述的图像显示方法均为黑白灰阶显示，由于人眼对灰阶的分辨能力远不如对不同颜色的分辨能力，且对于有不同背景亮度的灰阶信号，人眼的判断会有不同，而对在不同颜色背景下的同一颜色，人眼却可以给出客观评价。鉴于这种情况，彩色显示对图像细节的鉴别会有好处。彩色编码显示就是指将图像信号的强弱人为地译成不同的颜色来显示，这样所得到的图像的颜色是伪彩色，它由信号的强弱和彩色编码方式来决定，而与物体本身的颜色无关。

4.2　超声治疗

超声治疗可分为超声理疗和超声手术两种。

（1）超声理疗

超声理疗是利用强度较低的超声波（每平方厘米数瓦以下）的热效应、机械效应等对疾病部位进行"加热"和机械刺激来治疗疾病，主要包括超声按摩、超声针灸及超声热疗。

（2）超声手术

超声手术是利用较强的超声波的剧烈作用，来切断、破坏某些组织，包括超声碎石和超声手术刀两种。

超声碎石是利用聚焦的有相当高强度（每平方厘米数十至数百瓦）的声波的空化作用以及机械效应使体内结石碎裂，从而自行排出体外。

超声手术刀主要是将超声通过变幅杆聚焦于刀端，通过刀的强烈振动打碎某些软组织等。

（王合英　张慧云）

实验 **39** 锁相放大器的原理

> 随着科学技术的发展,微弱信号的检测越来越重要。锁相放大器(lock-in-amplifier,LIA)是检测淹没在噪声中的微弱信号的仪器。它可用于测量交流信号的大小和位相,有极强的抑制干扰和噪声的能力,极高的灵敏度,可检测毫微伏量级的微弱信号。本实验旨在了解锁相放大器的工作原理。

【思考题】

1. 交流信号的大小和位相是如何测量的?
2. 交流信号的有效值和峰-峰值分别用什么仪器测量?

【引言】

锁相放大器自 1962 年问世以来,其相关技术有了迅速发展,测量性能有了很大提高,现已广泛用于科学技术的很多领域。通过本实验,可以了解锁相放大器不同部分的工作原理。

【实验原理】

1. 噪声的基本知识

在物理学的许多测量中,常常遇到极微弱的信号。对这类信号检测的最终极限将取决于测量设备的噪声。这里所说的噪声是指干扰被测信号的随机涨落的电压或电流。噪声的来源非常广泛复杂,有的来自测量时的周围环境,如 50 Hz 市电的干扰、空间的各种电磁波,有的存在于测量仪器内部。在电子设备中主要有三类噪声:热噪声、散粒噪声、$1/f$ 噪声(f 代表频率)。这些噪声都是由元器件内部电子运动的涨落现象引起的。热噪声顾名思义是由于温度引起的涨落,散粒噪声基于散粒的布朗运动,$1/f$ 噪声是频率的效应。从理论上讲,涨落现象永远存在,因此只能设法减少这些噪声,而不能完全消除。为定量说明噪声的大小,通常引入噪声功率密度和噪声功率谱两个概念。单位频率间隔内噪声电压的均方值称为噪声功率密度,而噪声功率按频率的分布则称为噪声功率谱。在很多文献中见到的“白噪声”一词,即指功率密度与频率无关的噪声,其功率谱是一平直线。热噪声和散粒噪声都属于白噪声一类。$1/f$ 噪声是其功率密度与频率成反比关系的噪声,频率越低噪声功率越大。在低频测量中,它的影响最大,要特别注意。

2. 锁相放大器

锁相放大器是采用相干技术制成的微弱信号检测仪器,其基本结构由信号通道、参考通道、相敏检波器三部分组成。图 39.1 是其原理方框图。

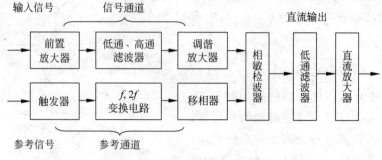

图 39.1　锁相放大器原理方框图

2.1　相关检测及相敏检波器

相关反映了两个函数有一定的关系,如果两个函数的乘积对时间的积分不为零,则表明这两个函数相关。相关按概念分为自相关和互相关,微弱信号检测中一般都采用抗干扰能力强的互相关检测。锁相放大器通过直接计算相关函数来实现从噪声中检测到被淹没的信号。

锁相放大器的核心部分是相敏检波器(phase-sensitive-detector,PSD),也有人称它为混频器(Mixer),它实际上是一个乘法器。加在信号输入端的信号经滤波器和调谐放大器后加到 PSD 的一个输入端。在参考输入端加一个与被测信号频率相同的正弦信号,经触发整形和移相变成方波信号,即参考信号,加到 PSD 的另一个输入端。

用傅里叶级数展开,幅度为 1 的方波的表达式为

$$u_{\mathrm{r}} = \frac{4}{\pi} \sum_{n=0}^{\infty} \frac{1}{2n+1} \sin[(2n+1)\omega_{\mathrm{r}}t], \quad n = 0, 1, 2, \cdots \tag{39.1}$$

若加在 PSD 上的被测信号为 u_{i},加在 PSD 上的方波参考信号为 u_{r},幅度为 1,于是 PSD 的输出信号为

$$
\begin{aligned}
u_{\mathrm{oPSD}} &= u_{\mathrm{i}} u_{\mathrm{r}} \\
&= [U_{\mathrm{i}} \sin(\omega_{\mathrm{i}}t + \varphi)] \left\{ \frac{4}{\pi} \sum_{n=0}^{\infty} \frac{1}{2n+1} \sin[(2n+1)\omega_{\mathrm{r}}t] \right\} \\
&= \sum_{n=0}^{\infty} \frac{2U_{\mathrm{i}}}{(2n+1)\pi} \cos\{[(2n+1)\omega_{\mathrm{r}} - \omega_{\mathrm{i}}]t - \varphi\} - \\
&\quad \sum_{n=0}^{\infty} \frac{2U_{\mathrm{i}}}{(2n+1)\pi} \cos\{[(2n+1)\omega_{\mathrm{r}} + \omega_{\mathrm{i}}]t + \varphi\}
\end{aligned}
\tag{39.2}
$$

从上式可以看出,它包含下列各种频率的分量:

$$(2U_{\mathrm{i}}/\pi)\cos[(\omega_{\mathrm{r}} - \omega_{\mathrm{i}})t - \varphi], \quad (2U_{\mathrm{i}}/3\pi)\cos[(3\omega_{\mathrm{r}} - \omega_{\mathrm{i}})t - \varphi], \quad \cdots$$

在正常工作情况下,参考信号的频率与被测信号的频率是相等的,即 $\omega_{\mathrm{r}} = \omega_{\mathrm{i}}$,这时 PSD 的输出信号 u_{oPSD} 中含有直流成分:

$$u_{\mathrm{dc}} = \frac{2}{\pi} U_{\mathrm{i}} \cos\varphi \qquad (39.3)$$

经低通滤波器（low-pass-filter，LPF）过滤后，PSD 输出信号中的交流部分被滤去，只有直流成分 u_{dc} 被输出，它的大小与输入信号和参考信号之间的相位差 φ 有关。当 $\varphi = 0$ 时，输出信号最大

$$u_{\mathrm{dc}} = \frac{2}{\pi} U_{\mathrm{i}} \qquad (39.4)$$

可见，输出信号大小还与被测信号的幅值 U_{i} 成正比。由于参考通道有精密可调的移相器，假设参考信号与被测信号之间的相位差是 φ，可以调节移相器来移动 φ，使 PSD 输出达到最大值。此时所调节的相位 φ 即为交流信号的相位。经过校准，一般让输出最大值代表输入信号的有效值乘以仪器的放大倍数。当 $\varphi = \pm\pi/2$ 时，$u_{\mathrm{dc}} = 0$。由以上讨论可以看出，在被测信号中若混杂有相同频率而不同相位的干扰信号时，经过 PSD，会受到一定的抑制。图 39.2 画出了 $\varphi = 0°$ 和 $\varphi = 180°$ 典型数值时的 u_{i}、u_{r}、u_{oPSD} 的波形。若输入信号为三次谐

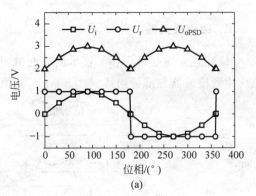

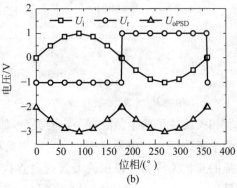

图 39.2　不同相位的 U_{i}，U_{r}，U_{oPSD} 波形图

(a) $\varphi = 0°$；(b) $\varphi = 180°$

波，即出现了 $3\omega_{\mathrm{r}} = \omega_{\mathrm{i}}$ 情况，这时 $3\omega_{\mathrm{r}} = \omega_{\mathrm{i}}$ 分量就是直流分量，其数值为

$$u_{\mathrm{dc}} = \frac{1}{3} \frac{2}{\pi} U_{\mathrm{i}} \cos\varphi \qquad (39.5)$$

与 $\omega_{\mathrm{r}} = \omega_{\mathrm{i}}$ 的基波情况相比，除大小降低到 1/3 以外，其他情况一样。同理，如果 $\omega_{\mathrm{i}} = (2n + 1)\omega_{\mathrm{r}}$，则可得到相应的直流分量

$$u_{\mathrm{dc}} = \left(\frac{1}{2n+1} \right) \frac{2}{\pi} U_{\mathrm{i}} \cos\varphi \qquad (39.6)$$

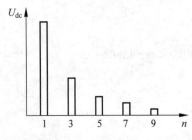

图 39.3　PSD 的谐波响应示意图

这表明被测信号中的奇次谐波成分，在输出信号中仍占有一定比例。或者说，PSD-LPF 系统对奇次谐波的抑制能力有一定限度。图 39.3 给出了 PSD 的谐波响应图。

因此，在实际的锁相放大器内，在信号通道中，还设置有高通滤波器、低通滤波器和调谐放大器，以便对混杂在被测信号内的干扰信号和噪声先进行一定的抑制，然后再输给 PSD，以加强整个锁相放大器对噪声和干扰信号的抑制能力。

2.2　信号通道

待检测的微弱信号和噪声混合在一起输入低噪声前置放大器，经放大后进入前置滤波器。前置滤波器可以是低通、高通、带通或带阻滤波器，或者用这些滤波器的两种或两种以

上组合构成具有宽带或窄带滤波特性的滤波器,用于防止在严重的噪声或干扰信号条件下使 PSD 出现过载,滤波后的信号经过调谐交流放大器放大到 PSD 所需电平后输入 PSD。

2.3 参考通道

参考通道用于产生相关检测所需的和被测信号同步的参考信号。参考通道首先把和被测信号同频率的任何一种波形的输入信号转换为占空比为 1∶1 的方波信号,其频率和输入移相器的参考信号的频率 f_r 相同。现代的锁相放大器还可以给出频率为 $2f_r$ 的方波信号,主要用于微分测量中的相移电路,可以精密地调节相位 φ_2,使 PSD 中混频器的两个输入信号的相位差严格为零,获得最大的检波直流输出。方波信号通过移相器改变其位相,使得 PSD 输入的参考信号与被测信号同相位,即直流输出最大。锁相放大器的 PSD 直流输出信号一般还要再经过滤波和直流放大,最后输出给测量仪表。

2.4 对噪声的抑制

如图 39.4(a)所示,这是一个最简单的 RC 低通滤波器,它以复数表示的传输系数(即输出输入信号之比)为

$$\dot{K}(j\omega) = \frac{\dot{U}_o}{\dot{U}_i} = \frac{\dfrac{1}{j\omega C}}{R + \dfrac{1}{j\omega C}} = \frac{1}{1 + j\omega RC} \tag{39.7}$$

它的模为

$$|\dot{K}(j\omega)| = \frac{1}{\sqrt{1 + (\omega RC)^2}} = \frac{1}{\sqrt{1 + (2\pi f RC)^2}} \tag{39.8}$$

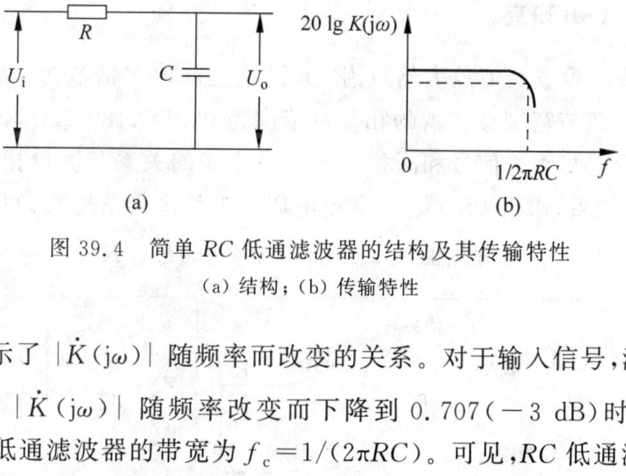

图 39.4 简单 RC 低通滤波器的结构及其传输特性

(a) 结构;(b) 传输特性

图 39.4(b)展示了 $|\dot{K}(j\omega)|$ 随频率而改变的关系。对于输入信号,滤波器的带宽通常定义为当传输系数 $|\dot{K}(j\omega)|$ 随频率改变而下降到 $0.707(-3\ \mathrm{dB})$ 时的频率值 f_c。由式(39.8)可知 RC 低通滤波器的带宽为 $f_c = 1/(2\pi RC)$。可见,RC 低通滤波器的带宽和时间常数 RC 成反比,仪器的时间常数 RC 可以从 1 ms 改变到 100 s。当时间常数为 100 s 时,等效噪声带宽 $B = 0.0025\ \mathrm{Hz}$,这个数值相当小,如此小的带宽可以大大地抑制噪声。我们知道,一般的调谐放大器或选频放大器要想把带宽做到这么窄是极其困难的,锁相放大器的特点在此就表现得非常突出了。从抑制噪声的角度看,时间常数 RC 越大越好。但 RC 越大,放大器反应速度也越慢,幅度变化较快的信号的测量将受到限制。所以在锁相放大器中,用减小带宽来抑制噪声是以牺牲响应速度为代价的。在测量中应根据被测信号情况,选择适当的时间常数,而不能无限度地追求越大越好。

【实验方法与内容】

1. 参考信号通道特性研究

使用 ND-501 型微弱信号检测实验综合装置,接通电源,使仪器预热 2 min。调节多功能信号源的输出信号为正弦波,用频率计测量其频率,用交流电压表测量信号的有效值,用示波器测量信号的峰-峰值。调节输出信号的频率为 1 kHz 左右,有效值为 100 mV 左右。按图 39.5 接线。按宽带移相器 0°调节,调节 0°～100°相位调节按钮,用示波器观察宽带移相器的输入和输出信号的相位变化,使相位差计显示参考信号和输入信号的相位差分别为 0°、90°、180°、270°,画出宽带移相器的输入和输出信号的波形。改变信号的幅值和频率,观察同相输出信号幅值和频率的变化,并根据式(39.2)做简要分析。

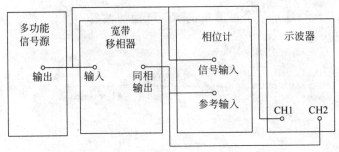

图 39.5　参考通道特性研究

2. 相敏检波器 PSD 研究

按图 39.6 接线。设置交流放大倍数为 10,设置直流放大倍数为 1,相关器低通滤波时间常数设置为 1 s。调节宽带移相器的相移量依次为 0°、90°、180°、270°,用示波器观察 PSD 的输出波形,并分析它与输入信号和同相输出信号之间的关系。测量相关器输出直流电压大小与位相差 φ 的关系,作出 PSD 输出直流电压 u_{dc} 和输入信号有效值 u_i 的比值 u_{dc}/u_i 与位相差 φ 的关系曲线,并与理论曲线 $u_{dc}/u_i = (2^{3/2}/\pi)K_{AC}K_{DC}\cos\varphi$ 对比。

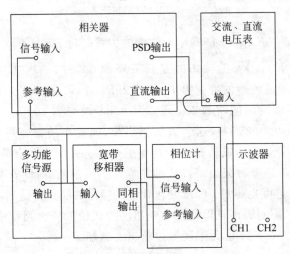

图 39.6　相关器 PSD 波形研究和 U_{dc}-φ 测量

3. 相关器的谐波响应研究

将图 39.6 中宽带移相器的输入信号接至多功能信号源的"分频输出"，其他输入信号还是用多功能信号源的正弦波，如图 39.7 所示。此时，参考信号的频率为多功能信号源信号频率的 $1/n$ 倍。先设置分频数 n 为 1，调节移相器的相移，使输出直流电压最大，记录该输出直流电压的最大值，并画出 PSD 输出波形。改变 n 的数值分别为 $2、3、4、5、6、7、8、9$，重复进行上述测量，根据测量结果，画出相关器对谐波的响应曲线 U_{dc}-n，并将实验结果与理论计算进行比较。当 n 为偶数时，可以不用调节相移；当 n 为奇数时，可以微调相移，使 U_{dc} 的绝对值最大。

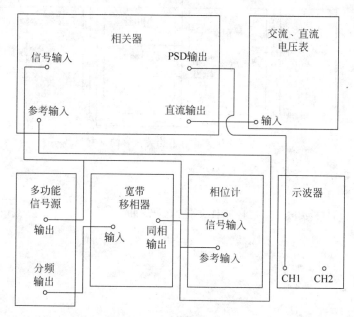

图 39.7　谐波响应研究

4. 相关器对不相关信号的抑制

按图 39.6 所示接线。多功能信号源的输出信号为正弦波信号，为相关器的输入信号。另一个低频信号源的输出信号作为相关器的干扰信号，由相关器的"噪声输入"端输入，如图 39.8 所示。用交流电压表测量输入信号、干扰信号的有效值，用直流电压表测量相关器的直流输出的大小，由频率计测量输入信号和干扰信号的频率。选择相关器的交流放大倍数为 10，直流放大倍数为 1，时间常数为 1 s。调节多功能信号源的信号频率为 $f_i = 200$ Hz，电压有效值为 100 mV。首先不要接另一个低频信号源的信号，即相关器输入信号不混有干扰信号，调节宽带相移器的相移量，使相关器输出的直流电压最大，记录该相关器输出的直流电压最大值。调节另一个低频信号源的输出电压有效值为 70 mV，并将该信号接入到噪声输入端口，改变该信号的频率 $f_n = n f_i$（$n = 1, 2, 3, 4, 5, 6, 7$），观察相关器的输出直流电压的变化（对干扰信号的抑制能力），对实验现象进行总结，分析相关器抑制干扰信号的能力。当 $n = 1, 3, 5, 7$ 时，理论计算直流电压的变化范围，并与实验结果比较。

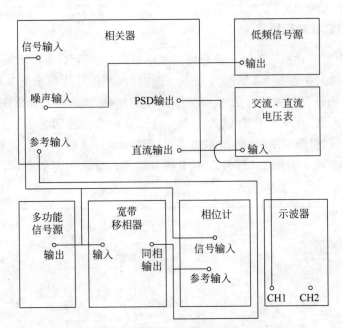

图 39.8　相关器对不相关信号的抑制

【参考文献】

[1]　曾庆勇. 微弱信号检测[M]. 杭州：浙江大学出版社,1996.

（侯清润）